中國茶葉研究社叢書
吳覺農 主編

茶 葉 全 書

威廉 · 烏克斯原著
中國茶葉研究社社員集體翻譯

上 冊

中國茶葉研究社出版
上 海

中國茶葉研究社叢書

茶葉全書 上冊

ALL ABOUT TEA VOL. I

一九四九・五・一・（一——一〇〇〇）

原著者　WILLIAM H. UKERS

翻譯者及出版者　中國茶葉研究社　上海四川北路一六三〇號

主編發行人兼　吳覺農

經售者　開明書店　上海福州路

定價：

茶葉全書 上冊

目次

茶葉全書（上）

3

原序

作者於二十五年前訪問東方產茶國家，開始收集茶葉方面之材料。經初步調查後，繼在歐美主要之圖書館與博物館搜集資料；此項工作直至一九三五年付印時完成。

資料之整理與分類開始於十二年前。其後作者復在各茶葉國家旅行一年，校正各項紀錄。本書之實際寫作則長達十年之久。

作者前著之「咖啡全書」（ALL ABOUT COFFEE）爲一單册，本書因材料較多，不得不分裝二册。本書共計五十四章，一千二百五十二頁，約六十萬字。其最艱鉅之工作爲：世界主要茶類總表；茶葉辭庫（TEA THESAURUS）；包括五百件歷史之年表；二千種著作及其作者姓名之書目；四百二十五條定義之辭典，及一萬項之索引。

自紀元七八〇年陸羽著述「茶經」以來，付有多種茶葉書籍出版。此種書籍多爲特殊方面及有宣傳性者。此四十年間，一般性而有系統之英文茶葉書籍，亦未之見。本書爲第一部獨立性及全面性之茶葉書籍，對普通讀者尤爲適合。

全部歷史方面之記載，均曾與原始資料校對。貿易及技術方面者，均經有資格之權威人士審閱。作者力使本書完全而可信。

本書之完成有賴於貿易及實業界內外人士之良好而無私的合作，作者謹向協助完成本書者致謝。

譯　序　一

本書是美國茶與咖啡貿易雜誌（TEA AND COFFEE TRADE JOURNAL）的主編人威廉・烏克斯（WILLIAM H. UKERS）所著，凡茶葉的歷史、栽培、製造、貿易以及社會、藝術各方面，都有豐富詳盡的記述。出版以後，各產茶國及消費國均視爲茶業必讀書之一。因爲篇幅極多，遂譯不易，而且又是比較專門性的書籍，所以還沒有譯本。我在抗戰初期承辦東南各省茶葉統購統銷及中蘇易貨工作，協助浙省府成立油茶棉絲管理處，深感有普遍提高茶葉知識和技術的需要，付建議該處費鴻年、馮和法二兄以集體力量翻譯本書。歷時一年，才告完成。後因該處結束，無法出版。一九四二年，許多茶葉研究人員都集中在貿易委員會所設的茶葉研究所，我又和各研究人員各就專門學科，將初稿分章校訂。一九四六年秋天，正準備交由開明書店承印，適值日本投降，研究所奉介結束，又未能付印。抗戰勝利後，我們一部份人到了上海，因政府對出口事業備加摧殘，茶業界自存不遑，更是無暇及此了。一九四八年夏，我又與若干滬上研究茶葉同志組織的中國茶葉研究社，在彼此苦於營生之際，百忙中抽出一些時間，希冀以集體研究之所得，貢獻於將來的建設性的社會。在出版方面，除籌辦定期刊物外，並計劃出版叢書，使貨弱的中國茶業界稍有點生氣。我個人以前曾刊行過幾本茶業的書籍，但時隔十餘年，內容多須加以訂正；我又限於時間，手頭資料也多散失。而本書質不失爲今日茶業著述中唯一具有世界性和綜合性的偉構，所以決定先將本書出版，以供給研究茶業者和茶業工作者的參考。現在此書排印完成，回顧十一年來這一鉅著在我國出版的艱難經歷，不禁感慨萬端！

作者烏克斯氏關於茶與咖啡方面的著作極爲豐富，除本書外，尚有咖啡全書（ALL ABOUT COFFEE）、茶葉小史（ROMANCE OF TEA）、咖啡小史（ROMANCE OF COFFEE）及咖啡貿易（COFFEE MERCHANDISING）等，在無酒精飲料中可稱一權威作家；他並且又是旅行家、演講家、無線電播音家及廣告家。嚴格地說，他並非一茶葉技術

與科學專家；但他收集豐富，編纂詳盡精密，論述博大深湛。

本書中如「茶之化學」和「茶之藥物學」兩章，烏克斯氏指出
為印度托格拉茶葉試驗場名化學家 C. R. HARLER 所著，更
為不可多得的珍貴的研究成果。其餘各章中，也都經過專家校
正，並注明資料來源。

本書人名除中日文外，均用原文。專門術語及名詞，悉取
最近通用者。地名的譯名，採用中華版葛著最新中外地名辭
典。但因為本書是集體翻譯的，且因篇帙浩繁，前後譯名或仍
有不統一處，故譯名後均附原文，以免誤會。

一九三五年原文版出版以後各年的貿易統計數字，本社已
盡量予以收集補充。

本書上冊第三章「中國與茶經」章內的「茶經」，原文係
抄錄英譯節本，本社為存真起見，特抄錄祁門茶業改良場胡浩
川先生校訂的明代鄭允爕校本，又與日本諸岡存所著「茶經評
釋」中的原文重加校對，並加新式標點。「茶經」在中國失傳

已數百年，現在借了這一機會，全部予以刊印了。下冊第十三
章「英國著名之公司」和各章中不甚重要的公司人名等，因無
參考價值，未予譯出。原書中銅鋅版附圖極多，並且都是精美
而有價值的資料，雖製版費用極高，多不忍割棄，本書仍儘量
採用。

本書的主要翻譯者為費鴻年、呂叔達、周匝、李日標諸
先生，其餘譯者甚多，不克備錄，深致歉意。執筆諸君或已加
入本社為社員，或正在邀請入社中，故用本社社員集體翻譯名
義。又本書由柴元鼎、王澤農、葉作舟、莊任、葉鳴高、許裕
坼諸先生分章訂正，又經陳舜年兄在戰事緊張業務繁忙中，全
神貫注肩負責將全部譯本校訂，同事陳寅昭、喬祖同、郁玉
珍、李啓臣諸若子以鼓勵和協助，均應在此誌謝。本書編輯過
鉅，掛漏難免，幸海內茶界同志，不吝指示，當在再版時予以
訂正。

一九四九年五月一日吳覺農謹識

四

譯 序 二

茶葉最初在被發現作爲日用飲料的時候，即開始依存於市場關係，其性質主要的是商品性產物。而且，茶葉又是中國對外貿易上最早亦最主要的商品，所以，茶葉的生產運銷的一切形態也就是當時中國經濟發展的一種反映。

近百年來中國的社會經濟形態是半封建半殖民地的，這在茶葉的生產關係中可以充份看出來。茶葉的種植採摘以至毛茶的販運，是完全容止的副業性的，茶農幾乎完全受制於產地原始的商業高利貸之下。製造方面是小規模的作坊性的手工業加工，而其經濟命脈及運銷決定因素是操縱在純粹買辦性的中間商之手。對外出口銷售完全全是由外商洋行所壟斷。在這種生產方式可說是標準的半封建半殖民地性的。在這種生產關係下生產力是無法改進的，生產者祇有日趨於式微，甚至趨於淘汰。

由於茶葉在中國整個農業生產上所佔地位的重要，尤其是在中國對外貿易上的重要，多少年來，曾有不少的人化了不少的力，努力於茶葉的改進。其中，吳覺農先生可謂以畢生的力量盡瘁於此的一個人。但是在某種一定的經濟基礎上，是不能有超越其所限制範圍以外的改進的，在中國半封建半殖民地的經濟基礎上，欲求茶業之獨立的健全發展，是事實上所不可能的。即以吳覺農先生二十餘年來所努力的經過中一個片斷爲例，即可概見。他在年輕的時候，即致力於茶葉製造技術的改進。他在日本學習了全部新的機器製茶的方法，回國來後很困難的糾集了一些資金，完全採用新法製茶。茶是製成了，品質也改良了，但是商品性的茶業最後決定成敗的因素是在於市場，買辦與洋行控制下的運銷機構是不願意中國茶葉生產現代化的，結果他的改良茶業被視作與手工作坊所製的茶葉同樣等級，甚且所得價格還比不上；他的資金固然虧蝕，在原來經濟基礎上改進中國茶葉生產技術的嘗試，亦告失敗，以致在抗戰以前的幾年中，他的努力不得不集中於消梅的茶葉出口檢驗與產地檢驗上，以求局部的功效。這是一個明顯的例子。

神聖的對日抗戰爆發了，國內統一團結亦建立起來了。這本來應該是中國歷史上的一個轉捩點。全國的人民都希望中國由此擺脫帝國主義的束縛，消滅封建的殘餘，而走上獨立民主的現代化國家的前途。凡是有心肝的人沒有不以宗教式的熱忱來獻身於這個神聖的事業的。吳覺農先生就其本位上來參加這個神聖的工作，他認爲：抗戰的開展亦同樣正是中國茶業擺脫

原有的桎梏，走上現代化前途的最好起點。

當時由於經濟動員的實際需要，成立了貿易委員會。吳覺農先生參加了該會，擔任了管制全國茶業的工作，我亦於二十八年春季中途參加。這一段時間的工作，在我個人回憶上是覺得很可珍貴的。當時，貿易委員會若干主持人的計劃，原不過想把若干外銷物資，由政府收購了過來，用以和別國交換作戰物資。而吾人不會忘記的事實是：在吾國抗戰的初期，以最大的力量扶助吾人物力，甚至人力的國家是蘇聯，這時候兩國間的友誼是極好的，貿易關係隨之開展，中國可以從蘇聯的物資主要的是茶葉，所以貿易委員會決定收購全國茶葉，來與蘇聯貨。在貿易委員會的大部份主持人中，對於茶葉的需要與認識，不過祇此而已。唯吳覺農先生認為茶業是與各大展開「抗戰建國」的前途，吾人的使命不僅僅是限於收購及易貨工作為已足，而是應於這個時候對於茶葉運銷的整個生產過程，予以本質上的變革，蛻變為獨立自主的現代化生產。增進茶農利益，以合作社等方式，使農民零星的副業生產，而發展為專業性的大規模的現代化茶場。改進製造技術，改善茶工生活，使作坊式的手工業生產面發展為現代化的機器生產。而於銷售方面，更是必需打倒買辦洋行的壟斷，而成為國營出口，對世界市場作有組織的直接推銷。在吳覺農先生指

示的原則下，我曾寫了一本「戰時中國茶業政策論」的小冊子，以農業經濟的原理，對於中國茶業改革作了一些說明。當時吾人的情緒是非常緊張，而期望工作的成功是相當急迫的。

但是，對於吾們的主張，貿易委員會的主持人未必是一樣的看法，所以，吾們的工作祇有走着曲折迂迴的路，吾們的奮鬥仍是相當艱苦的。

貿委會收購各省茶葉是與各省政府合作的，我與費鴻年、李鋅二位先生派在浙江工作。當時，浙江有單行的政治綱領，建設廳對於全省的經建工作，也有一個整齊的方案，配合着我們的統賠統銷的方針。各地青年紛紛來歸，對於抗戰建國的熱忱與信心，非常強烈。所以，吾們對於戰時茶業政策的一套理論，頗能得到省當局的支持，即由省政府建設廳與貿委會合辦了一個特產管理處，名稱叫做油茶棉絲管理處，對全省上述四種特產的產銷運銷，作有系統的改進。處長由伍展空先生兼任，費鴻年先生任副處長，我即擔任了茶葉部主任。貿委會浙江辦事處主任是李默賓先生，李先生是個著名的學者，對吾們主張亦竭力支持，使吾們在浙江得以比別處為痛快的放手做去。

我在浙江工作近一年，是個可紀念的興奮時期。茶葉部工作人員約一百四五十人，在費鴻年先生領導下，共同負責的是舊同學蔣鴻澤、劉河洲、沈育萬諸先生。吾們同學時期最熱烈的心情，忘我地為工作而努力，全部同事大部份都是經

過考試錄取，再經短期訓練的優秀青年，對於工作都是熱情奔放，具有極大的信心。吾們彼此互勵，不斷工作中不斷學習，一切都依照吾人的理想在逐步展開。訂定了若干章則及各種辦法，後來都做了其他各省的示範。

吾們把工作心得及為了學習上的需要，什編印了多種有關茶葉方面的書籍，其中如「茶與文化」等書且曾引起一般讀者的愛好。就在這個時候，吳覺農先生與費鴻年先生提出了這本「茶葉全書」，認為在茶業改革中是工作人員最好的一本參考書。費鴻年先生卽開始領導茶業部中幾位同事，大家來分擔翻譯工作。因篇幅較巨，環境變遷過快，這部書的全部翻譯審訂是經過了近十一年時間，和費了無數人的心血；而其時，我却不幸的已離開了這茶業抗建工作的陣營。

在抗戰後期，誰也不能否認，大家初期的熱情逐漸低沉下來，全國抗戰陣營的內部，亦發生了變化，有許多人走上了更直接更進步的路上去，亦有許多人被壓迫排擠了出來。卽以茶葉工作而言，到了廿九年初，茶葉的產銷關係又被商業高利貸者及買辦與帝國主義者的聯合陣線所控制，吾人微薄的力量所產生的成果，早隨大局的變化而被拋棄一旁，隨後又因軍事上的失利，作為中國珍貴特產之一的茶葉，幾乎已陷於全部毀滅的命運中。這時候吳覺農先生亦祇有退居福建崇安，對種植及製造技術，作些局部的研究，而寄希望於茶樹更新運動了。

抗戰勝利以後，真是一切「復員」，中國茶業亦「復員」於抗戰以前的經濟基礎之上。這對於以茶業改造為終身職志的吳覺農先生，甚至就是半途參加過的像我這樣的人，自然是一種悲哀。港幸這部「茶葉全書」譯稿全部保存，我態遇吳先生，設法把這本書印刷出版，固然想以之作為吾們過去一段時間的一種紀念，但我更希望這本書的出版，將成為中國茶業改革途上的一個里程碑。這本書出版以後，吾人將有一個新的真正能夠完成吳覺農先生及其同道們的理想的時期。

光明之前總有一陣黑暗，而光明必然會來的，歷史的車輪是前進的。展開在我們面前的是：成千成萬人工作着的現代化機器製造的大茶廠，以及每年空前數額的箱茶的輸出……這一切均將在最快最速的時間內實現。過去對於茶業革新有貢獻的人們將不會像過去的徒勞無功。從今日起，吾們是真正可以興奮的，吾們的希望將不是夢想，而將一步一步地成為現實。

本書的出版，自然不僅是在於紀念過去，而應該是鼓勵卽將來到的將來。

馮　和　法

一九四九年五月十五日

於上海砲聲中

本書提要

茶葉為世界上之一種資源。最初茶樹為中國所獨有，一切試圖移植茶樹至他地者均遭拒絕。飲茶亦為中國特有之事，其後採用之國家乃變其方式以適合其國情而已。今已證實英國人之生活特別宜於飲茶，惟美國人則永不能瞭解英國所習飲之午後茶，此與THAMES河HENLEY地方之競舟年會然，為世上獨一無二者。

文明世界已有三種重要之無酒精飲料——茶葉之汁、咖啡果實之汁及可可果之汁。此種葉及果實均為世上最受歡迎之溫和飲料之來源。茶葉居此類飲料總消費量之首位；咖啡果實次之；可可果實又次之。性情燥急之人仍習飲酒精飲料，此種偽興奮劑常為麻醉劑與止痛藥。茶、咖啡及可可對於心臟、神經系統及腎臟為真正之興奮劑；咖啡尤便頭腦興奮，可可刺激腎臟，而茶則處於兩者之間，對於全身官能起溫和之興奮作用。此「東方之恩物」已變為極優美之溫和飲料及一種出自然界所合成之純粹、安全而有用之興奮劑，並為一種人生之主要享樂。

作者敍述茶葉之全部項目，分為六部份：歷史方面、技術方面、科學方面、商業方面、社會方面及藝術方面。

歷史方面——第一章敍述傳說中之茶葉起源約在紀元前二七三七年，紀元前五五〇年見於孔子之著作，但最早之可信紀錄則在紀元三五〇年。原始之自然茶園位於東南亞洲，此區包括中國西南部之邊省、東北印度、緬甸、暹羅及印度支那。

茶樹栽培及飲茶習慣廣佈於中國及日本，乃由於佛教僧侶之推薦，僧侶以茶節慾。約在紀元七八〇年，第一部茶葉手册——茶經出版，已栽於本書第二章。日本文學中最早之茶藥紀錄始於紀元五九三年，其栽培則始於紀元八〇五年。

紀元八五〇年，首次茶葉消息傳至阿剌伯；一五五九年傳至威尼斯；一五九八年傳至英國；一六〇〇年傳至葡荷牙；荷蘭人在一六一〇年首次將茶葉帶至歐洲；一六一八年到達俄國，一六四八年到達巴黎；約在一六五〇年到達英國及美洲。以上均見第三章。

第四章敍述 GARWAY 之故事及其在倫敦之著名之咖啡

八

館；第五章敍述爲反抗茶葉稅而戰爭之國家；第六章敍述世界上最大之茶葉專賣公司；第七章敍述運茶葉快剪船；第八、九、十章敍述荷人在爪哇與蘇門答臘、英人在印度及錫蘭經營茶業之發展。第十一章敍述其他各地之植茶史。

技術方面——第十二章敍述世界上之商品茶。第十三章敍述各種商品茶之貿易價值及其性徵，並附一完全之總表。以後八章專述中國、日本、台灣、爪哇、蘇門答臘、印度、錫蘭及其他國家茶葉之栽培與製造。第二十二章敍述製茶機器之發展——自最早之中國手工製茶用具至近代茶廠之機器。

科學方面——第二十三章爲茶之字源學，由此吾人知廣東音之中國「茶」字爲「CHAH」，但廈門土音則爲「TAY」，後者傳至大部份歐洲國家。其他歐亞國家發音爲「CHA」，植物學章敍述一七五三年時 LINNAEUS 之第一次植物分類，將茶定名爲 THEA SINENSIS，雖然以後改稱 CAMILLIA，惟現今植物學家仍稱此名。

茶之化學及藥物學章，爲前托格拉印度茶業協會之化學師 C. R. HARLER 所論述。葉之組織、製造時之化學變化及咖啡鹼與單寧之作用，均在第二十五章及第二十六章中分別敍述。

第二十七章爲茶葉與衞生，介紹茶葉鑒評家、茶商及廣告家對於茶葉科學的、醫藥的及一般的意見。

商業方面——下冊第一章至第五章敍述在蘇彝士運河開通以後茶葉由生產國運至消費國之情形，對於茶葉自產地初級市場至消費國零售商售與消費者之情形，均予詳述。以後十章敍述中國、荷蘭之貿易史，英國國內及海外貿易狀況，茶葉協會、茶葉股票及股票貿易，日本台灣及其他各地之貿易。美國茶葉貿易史見於第十五章。

第十六章爲茶葉之廣告史，自紀元七八〇年迄最近之合作推廣爲止。並論述茶葉之廣告效力。第十七章討論世界茶葉之生產與消費。

社會方面——茶葉曾被稱爲「風度與風雅之侍女」。第十八章爲茶葉之社會史，敍述早期中國、日本、荷蘭、英國及美國之飲用情形。第十九章敍述茶園中之故事。第二十章敍述十八世紀時英國男女在公開飲茶之倫敦茶園中之歡樂情形。第二十一章敍述早期飲茶之習俗，並述原始的暹羅人以野茶樹之葉作爲食物及飲料；繼述西藏人飲用牛乳茶湯之習俗；以及英國午後茶之起源。

第二十三章述現今世界上飲茶之方式與習俗。由此吾人可連。

知年後茶在英國為「一天中有陽光之一刻」。在美國人能充分體會飲茶之美德以前，首先必須學習閒暇之藝術。第二十四章敍述賣茶用具之發展——從最初之茶壺至美國之袋茶（TEA BAG），若干人以為此種袋茶將使茶壺絕跡。究以何者為實用？

藝術方面——第二十六章為茶與藝術。指述繪畫、彫刻及、體會飲茶之美德以前，首先必須學習閒暇之藝術。第二十四章音樂中對於茶之贊美，並附述若干著名之陶製及銀製茶具。最後一章——二十七章為茶與文學，摘錄詩人、歷史家、音樂家、哲學家、科學家、戲劇家以及小說作家關於茶之著述。

附錄——下冊之後部包括（一）茶葉年譜，（二）茶葉辭典，（三）茶葉書目，及（四）索引。

第二十五章為茶之泡製方法。HARLER 討論科學的調製法，並告知嚐茶者如何購茶及如何使泡製完美。

茶經卷上

唐　竟陵陸羽鴻漸者

明　新安危士賢　校

一之源

茶者南方之嘉木也一尺二尺迺至數十尺其巴山峽川有兩人合抱者伐而掇之其樹如瓜蘆葉如梔子花如白薔薇實如栟櫚蒂如丁香根如胡桃瓜蘆木出廣州似茶至苦澀栟櫚蒲葵之屬其子似茶胡桃與茶根皆下孕兆至瓦礫苗木上抽其字或從草或從木或草木并其字出開元文字從草當作茶其字出

陸羽及其茶經——第一部茶書（紀元七八〇年）

中國福建武夷由九曲圖

中國安徽一綠茶產區圖

（以上第一、二章）

茶葉全書（上）

一六五五年廣州荷蘭東印度公司之
船隻

一六五七年英國首次
售茶之倫敦 GARR-
AWAYS 咖啡室

英國第一位飲茶之皇后——CATHER-
INE 皇后（一六三八——一七〇五）

一七七三年十一月十六日美國波士頓
（BOSTON）之抗茶會

（見上第三、四、五章）

心 一 堂　飲 食 文 化 經 典 文 庫

一七六〇年時廣州之外國商行

一八〇七年黃埔移消處之東印度公司船隻

一八〇八年東印度公司之拍賣室

著名之快剪船設計者
DONALD MCKAY

（以上第六章）

一八六六年著名之快剪船競賽中之玲拳號（ARIEL.）與太平號（TA?IN'?）

一八五一年美國運茶快剪船飛雲號（FLYING CLOUD）

中國福州閩江口之老塔修泊處

（以上第七章）

心一堂　飲食文化經典文庫

爪哇 WANAJASA 南園之
茶園之遠景

爪哇植茶之父 J. I. L. L. JACOBSON（一七九
九——一八四八）

爪哇 TJIKADJANG 最老之中國種茶
樹，開始種植於一八六三年

（以上第八章）

一八三五年印度 CHUBWA 由中國工
人種植之中國種茶樹

一八八七年時印度 CHUBWA 在中國人管理下種植之茶樹（此茶至今仍在栽培，成為一種良好之中國亞西姆雜種茶樹）

印度加爾各答印度茶業協會（IN-DIAN TEA ASSOCIATION）之皇家交易所（ROYAL EXCH-ANGE）

WILLIAM JACKSON（一八五〇—一九一五）為 JACK-SON 式茶葉揉撚機、乾燥機及其他劃時代之製茶機器之發明者

SAMUEL C. DAVIDSON（一八四六—一九二一）為著名之SIROCCO式茶業乾燥機及其他革命性的製茶機器之發明者

（以上第九章）

十八世紀七十年代錫蘭咖啡園改闢為
茶園、圖為 DIMBULA 之 BOGA.
HAWATTE 園改闢時期之景象

一八四一年錫蘭首次植茶之
PUSSELLAWA 園

在錫蘭之 MASKELIYA 區，有若干
錫蘭全島者之茶園

（以上第十章）

一九〇〇年時CHAKVA皇室
領地之茶園

帝俄時，俄國農民在中國人指
導下以錫蘭方法採摘茶葉

FIJI島VANOALEVU地方之茶樹

台灣等高線種植之茶園

非洲NYASALAND之MLANJE
山林區最早之茶園，海拔二千呎

一八九五年時台灣之茶園

非洲NATAL最早之茶園——KERR-
SNEY地方之HULETT茶園，海拔一
千呎

美國PINEHURST之中國秧茶園內景
人小孩摘茶之一景——一九〇五年

（以上第十一章）

第一章　茶之起源

神農本草中茶之起源——詩經中關於茶之記載——迦羅傳
——第三世紀時有關茶之記錄——最早之可靠記錄——茶之商
品化——茶菴作飲料——第一部茶書與第一種茶稅——泡茶——
茶之起源問題——自然茶園——茶之輸入日本——述所傳——
佛教僧侶宣揚文化

茶之起源，遠在中國古代，歷史甚久，事蹟難考。一般記載雖免雜
有神話傳說，其間何者爲虛構，孰能大致加以甄別，故如
何發見茶葉可以供作飲料，而以茶葉供作飲料又始於何時，煙難得一正
確之考據。即如黑人遠在有史以前已知咖啡爲飲料，誰
作確切斷言，正如黑人遠在有史以前已知咖啡爲飲料，中國人知茶樹並
利用茶葉爲飲料及食品，亦在不可追憶之往古。

依據紳農中國方面之傳說，茶葉之起源約在紀元前二七三七年，而最早
見於中國古代之可靠史料者，茶葉之起源約在紀元前二七三七年，在此期間，曾有若干
僅憑臆測之茶葉文獻，所謂臆測者，因「荼」字直至第七世紀始有確定
之意義也。在此以前，則係用以記述茶以外之數種其他植物，唐代（六
二〇—九〇七）以前，一般習用「荼」字爲茶之假借名詞，荼字之原
義爲薊，「荼」「茶」二字，字形相似，在字源學上有密切關係，易於
引起「茶」字來源出於「荼」字之聯想，古代作家之用荼字是否另指其
他漱木，目前質雖以判斷，故欲從古代文獻中探求茶葉之最初歷史，確
非易事。

神農本草中茶之起源

中國茶之起源問題，在傳說上歸諸神農時代（約在紀元前二七三七
年），Samuel Ball 以爲依照古代習慣及傳說，多數藥用植物及茶葉
之發見，均歸功於神農氏，故推定茶葉起源於神農時代，當非憑空之判
斷。（註一）

神農本草中云：「菁荼，一名苦荼，一名選，一名游，生益州川谷山
陵道旁，凌冬不死，三月三日採乾」。另一記載謂茶葉可醫頭痛、膀胱
病，受風發熱，又胸部發炎，能止渴興奮，使心境爽適，惟神農之本
草雖屢被引用爲茶葉歷史悠久之證明，但其記述是否確係出諸紀元前二
七〇〇年時代之作者，實屬疑問。惟考本草一書，實爲東漢時代（二五
—二二〇）之作品，當時本草尚未見於經錄，其中關於茶葉之記載，
必須第七世紀以後之作家所加入，此去神農時代已三千四百餘年矣。

詩經中關於茶葉之記載

上述之茶葉文獻上錯誤之一端，尚有更大之誤解者，則爲孔子所編
詩經中關於茶之記載，是書約成於紀元前五〇〇年方右，其中有「誰謂
茶苦，董茶如飴」之句，後人特誤釋爲孔子論茶之明證，其實據學者考
據之結果，不獨此種詩句與茶無關，即在全書中亦從未論及茶葉，英國
牧師 James Legge（一八一五——一九〇七）以譯詩經而傳名，註釋「荼」爲
「蘍」，「董」爲「薺菜」句云："Who says the sow thistle is
bitter? It is sweet as the shepherd's purse."（註二）

註一：S. Ball 著：中國茶葉之栽培與製造 Cultivation and Manu-
facture of Tea in China, 一八四八年倫敦用版。
註二：見 J. Legge 著：中國文學名著 Chinese Classics, 一八七一香港
出版。

茶經為第一部茶藥專著，係臨羽於紀元七八○年以後所著，該書引用「誰謂荼苦」及「堇荼如飴」之句，被指出詩經所謂「荼」草不從木，而茶係木本，因此謂詩經之句應改為「誰謂荼苦」二五年以前尚未應用「茶」字，故此種解釋亦非合理。在紀元前五百年尚有一種資料為晏子春秋，其中有茗茶之記述，熟悉東方學術之荷蘭植物學家 E. Bretschneider，以為晏子既與孔子同時，是見若茶嘗時之飲品，惟恐荼即屬茶類則又屬疑問。（註三）

迦羅傳

證明四川在古代已種茶樹之論據，可於迦羅傳中發見之。謂中國任何有關茶葉之主要書籍內，均未述及此事，殊遜可異。迦羅於魏代由印度研究佛學踵來，據閱茶樹七株，栽培於四川之岷山，此種記載，似有相當事實根據，葢茶譜中亦述及最初茶葉受皇室之注意係在魏代（二二——二六三），此或係指迦羅而言，惟 Samual Ball 則謂茶譜多詩詞，缺乏歷史價值。

第三世紀時關於茶之記載

紀元三世紀以後，關於茶之記述漸多，且亦較為可信。前述神農之本草，實為漢時代之著作。但在本草古本中，未見有茶之記載，有之當為三世紀以後所加入。死於紀元二二○年之名醫華陀曾著食論一書，內云：「苦茶久食，可以益思」。又三國志中亦有亦有關於茶之記載，謂吳王孫皓（二四二——二八三），因其臣韋曜不能飲酒二升，故密賜茶荈以代酒。

最早之可靠記錄

四世紀時，即三一七年左右，晉將軍劉琨致其姪兗州刺史劉演之信中云：「吾體中憒悶，常仰於茶，汝可遺之」。其次有關古代飲茶習慣之記載，見於第四世紀時之世說，其中謂晉惠帝之岳父王渾喜飲茶，彼常以茶饗客，惟均以味苦而辭謝。

爾雅乃中國之古典，為紀元前一五○年著名學者郭樸所編，始予「茶」字以確切之定義，並以「檟」或「苦茶」名之，且說明除「一種煎藥而成之飲料」。書中謂茶早採為「檟」，晚採為「茗」，此種記載據茶史學者之研究，當視為茶之最可靠記載，世人遂常謂茶樹之最早栽培時期，約在紀元三五○年，惟郭樸時代所飲之茶，依據郭樸之記述，世人遂當謂茶樹之最早栽培時期，以未加工之青葉煎服，其味甚苦，但香氣頗濃，頗能引起快感，鮑照之妹鮑令暉因此前著香茗賦。又在晉史中亦謂七葉，慌茶與生薑（三一二——三七三）為揚州牧，性甚儉，每讌飲，所設七奠，惟茶與生薑而已。

茶之商品化

常時之製茶方法及醫用方法，在後魏時代之廣雅中亦可稱得梗概。書中述及湘北四川之間操茶製成茶餅，灼至變為紅色。然後碎成小片，投磁器中，將沸水沖入，復加蔥薑及橘皮等配合而飲。

在第五世紀時，茶葉漸成為商品，宋（四二○——四七九）時之江氏家傳中，江統上疏有云：「西園賣醯、麵、菜、茶之屬」。南齊世祖武皇帝（四八三——四九三）遺詔中栽明不得用牲畜為祭，但設餅、菓、茶、飯、酒、脯而已。王肅（四六四——五○一）喜飲茶，以上等茶葉作為寶品之習慣，即始於是時。在宋代山謙之所著之吳

（註三）見 E. Bretschneider 著 Botanicon Sinecum II 載 Journal of the China, Bch. 1 八九二年上海 Royal Asiatic Society 出版」。

興記一書中，謂浙江之烏程縣西二十里，有温山，所產之茶，專作進貢
之用。

茶充作飲料

六世紀末葉，茶葉由藥用而轉爲飲品，晉詩人張載揚（五五七——
五八九）所作登成都樓詩中，即描寫當時以茶爲清涼飲料，有「芳茶冠
六情，溢味播九區」之句。登芳譜之著者證質當時飲茶已由藥用轉變爲
飲料，據稱茶葉最初充作飲料，當在隋代（五八九——六二○）文帝之
時，當時雖不十分重視，但已認爲佳品，且在藥用方面仍爲人稱揚，以
其有解體毒，治昏睡之功效也。

第一部茶書與第一種茶稅

第六世紀時，茶之傳播益廣，但關於茶葉產製方面，直至紀元七八
○年始有詳細記載之瓷籍，當時有文人及茶葉專家陸羽氏，應茶商之請
著茶經一書。此書除敍述一般情形外，更詳瓷茶之品質及效用，並引用
漢代某帝皇之語：「用茶使胶頗感驚異，其妙不可思議，有似酒後頓感
興奮，精神亦備受舒暢。」足可證明陸羽時代之飲茶，已由古時未加工
之青葉煎汁進展爲醇美之茶湯，使茶葉品質更趨良
好，無需再加香料以增香味。陸羽對於選擇茶水及煮茶之沸度，頗爲重
觀，當時茶之應用，漸見普遍。德宗元年（七八○）政府以茶葉爲課
稅之重要項目，是爲茶稅之起源，惟不久因變各方反對，曾告中止，至
德宗十四年（七九三），復徵微茶稅。

由是足證茶之普遍飲用當在隋文帝（當時茶譜上已有飲茶之紀錄）

至唐德宗（當時第一次開徵茶稅）之二世紀時期中，當時泡茶之方法，
見於起元八五○年左右，二阿剌伯人旅行中國之遊記。彼等竹見茶葉
爲中國普遍之飲料，並常中國人如何以沸水冲茶，飲其液汁，且術飲之
可以防刖痛（註四），是見華人在第九世紀時之泡茶方法，已與今日相
同，而至今仍爲有瓷藥之效用。

泡茶之出現

據萃芳醴中所述，宋代（九六○——一二八○）飲茶之風，盛行各
省，且泡茶方法已能迎合一般嗜好，磨成時趨風尚，其法即以乾葉磨碎
成末，置熱水中，用輕竹箒提邊之，不再加鹽以佐香氣，至此茶葉固有
之芳香，始得爲人所領略。當時嗜茶者，漸轉移於欣賞方面，致成爲社
會與知識界交際上之必需品，以是相率探求新品種，並風行比賽，品評
優劣。徽宗（一一○一——一二六）尤愛好藝術，不惜重金以求最名
貴品種，並御定二十種爲「白茶」，視爲具有異香而最珍貴之茶，其時
各城市均有精緻之茶宴，佛門中亦以飲茶爲一種肅穆之儀式。至一一、一二
世紀後之明代（一三六八——一六四四），又有第二本茶書出現，即顧
元慶著之茶譜，此書被認爲極少歷史價值。

茶之起源問題

茶起源於中國，在本章篇首述及，惟就植物學觀點言，則又別
成問題。多數科學家與學者對於茶樹究係起源於中國抑印度，意見各
執，爭論不休。在一八二三年印度發見土生野薩姆種（Assamica）以前，
著于人曾競賛苦心，將中國茶種輸往印度。同時又有薬茶出印度輸入之
古代傳說，且至今若干學者仍深信中國栽培之茶樹最初保由外國移入。
Samuel Baildon 主張印度茶樹原產地之說最力，彼所持理論，認爲
中國與日本約在一千二百餘年以前，由印度輸入茶樹，更謂印度茶樹有一
種，即印度種，中國茶樹之所以根幹矮短及葉片細小，乃因移植於遠距
原產地受不同氣候土壤等條件所引起之結果。（註五）

（註四）見 Eusebius Renaudot 著之第九世紀二回教徒旅行中國印度記
Accounts of India and China by Two Mohammedan Travelers Who
went to those Parts in the Ninth Century, 一七三五年繪教士出版。
（註五）已 Samuel Baildon 著亞薩姆之茶樹 Tea In Assam, 一八七
七年加爾各特出版。

瓜哇茶葉試驗場植物學家 Cohen Stuart 博士，關於茶之起源曾著有論文，彼遍覽關於在中國邊境（即西藏、雲南及交趾支那等處未開發之山陵）所發見野生茶樹之各種文獻而作詳盡之檢討，認爲茶之起源地間題如能解決，則必屬中國邊境無疑。他如法屬印度亦可供解決此問題之線索，彼以爲最初茶園之發源地或即隱藏於此，亦未可知。

自然茶園

自然茶樹在東南亞洲之季候風區域，至今多數野生植物中，尙可發見野生茶樹，遍緬北部之老撾（Laos State 或 Shan）、東緬甸、雲南、上交趾支那及英領印度之森林中，亦尙有野生或原始之茶樹。因此茶可視爲東南亞洲（包括印度與中國在內）部分之原有植物，在發現野生茶樹之地帶，雖有政治上之境界，別爲印度、緬甸、暹羅、雲南、交趾支那等，但究係一種人爲界線。在人類未慮及割分此界線以前，該處早成爲一原始之茶園，其茶葉氣候及雨量狀況，均配合適當，以促進茶樹之自然繁殖。

現代中國所有記述，均確定在公元三五〇年前後，開始栽培於四川，由此逐漸擴展至揚子江流域，再繁延於沿海各地。茶譜一書，出版稍遲，謂該書首持茶樹起源於武夷山之說，此種見解，一方面雖與一般見解不同，一方面或因跨躍中國產茶區域之偉大。唐時（六二〇—九〇七），茶樹之栽培，已遍佈於現今之四川、湖北、湖南、河南、浙江、江蘇、江西、福建、廣東、安徽、山西、貴州等省，湖北、湖南之茶樹，以品質優良著名，故該處所產之茶，均作貢品。

昔時有用猴採茶之傳說，此種離奇不經之譚，爲僧侶所傳播，蓋茶樹生長山崖石壁之間，不易採取，故非假乎於猴不可。據傳茶樹生於岩石間，採茶時以石投猴，猴怒而搔折茶枝擲下。

茶之栽培，旣普遍於中國各省，以後漸爲一般旅行家所注意，中國遂成爲世界各國栽培茶樹之發源地，日本則爲移植中國茶樹之諸國中最早之一國。

茶輸入日本

茶在日本社會上之地位，較中國爲重要，此種知識之輸入日本，當在聖德太子時代（五九三年方右），與美術、佛教及中國文化同時輸入。至於茶樹之實際栽培方法，則係以後日本佛教僧侶所傳入。此輩僧侶在日本茶史中顧不乏著名之人物，因彼等在中國研究佛學時，習知茶樹之栽培技術，歸國時即攜同諸干茶籽，在國內播種栽植。

茶樹之原始產地

四

東南亞細亞南季節風區域之自然茶樹圖，上圖黑影處爲茶樹之原始產地，包括印度、緬甸、暹邏、交趾支那及中國之雲南省。又松嵩山實爲新羅山，見茶經。

達摩傳

日本神話中稱中國茶樹起源於達摩，據傳達摩爲欲免除坐禪時之瞌睡，乃割其眼皮投於地上，生根而長成茶樹。簡事實上茶在今日已成爲日本社會與文化生活之必需品。日本史學家具有一種普遍觀念，以爲寺院中之國廁，大抵均種有茶樹，因此彼等常稱茶爲日本文化之一部。根據日本權威歷史紀錄古事類抄及奧俵抄二書，日本樂武天皇於天平元年（七二九）召集僧侶百人，在宮中喃誦佛經四日，事畢各賜以粉茶，若蒙得此珍貴之飲料，遂引起自行種茶之興趣。籍載有高僧行基（六六八—七四九）一生建築寺院四十九所，並在各寺院中種植茶樹，是爲日本種茶之首次記錄。

不獨僧侶人愛好中國之茶樹，即稱武天皇於延曆十三年（七九四）在平安京之皇宮中建築宮殿時，亦採用中國武建築，內廁一茶園，專設官員管理，並受御醫之監督。可見此時茶葉尙未脫離藥用植物之時期。

佛教僧侶宣揚文化

延曆二十四年（八〇五），高僧最澄（後通稱爲傳教大師）由中國研究佛教返日，攜間若干茶種，種植於近江（滋賀縣）阪本村之國臺山麓，現在之池上茶園相傳即爲當時大師種茶之舊址。次年御大同元年（八〇六）另一僧侶弘法大師（即空海）（名空海）又從中國研究佛型歸去，亦對茶樹非常愛好，且見鄰國（即中國）皇宮及寺院中文化發遙之情形，深表羨慕，故頗思恩在其本國內造成同樣或更偉大之地位。彼亦攜多量茶籽，分植各地，並將嬰茶當識傳佈國內。

日本寺院對找茶一事顯然獲得相當成功。據日本古代歷史日本後紀及類聚國史中所載，弘仁六年（八一五）嵯峨天皇巡遊至滋賀之梵釋寺，寺僧獻茶，皇飲之大悅，爲在帝都附近九縣廣茶樹，裁茶亦顏成功，退竹之元慶寺，裁培亦顏成功，退竹之宇多天皇賞於紀元八八八年訪問此寺，寺僧亦進以香若。

日本之第一部茶書

當時飮茶已漸次成爲承平時期中首都社交上普通之風習，但在高貴階級中，仍有視作藥用者。迨後內戰爆發，約有二百年無人過問茶事，飮茶之習慣亦日久淡忘，對於栽植更不加注意。戰後建久二年（一一九一）飮茶一事，又復盛行，是時存一日本史上最著名之寺僧榮西爲禪宗之領袖，彼復由中國輸入茶籽，種於脊振山之斜坡上，該山在筑前之輻闢城西廂，其餘則稍於博多附近之寺院中。

榮西不獨栽培茶樹，且撰著茶爲聖藥之本源，因著喫茶養生記一書，此爲日本之第一部茶書，書中稱茶爲神樂藥品，爲上天所賜之恩物，有養生延壽之功效。經此宣傳以後，向爲僧侶及貴族所專享之茶葉，遂普及於民間。茶之推行能如此迅速，同時亦得力於其本身具有醫療功能所致，蓋當時大將軍源實朝（一二〇三—一九）因過食患病，召集諸術病人欽服，榮西除獻茶外，遂立即返寺探榮若平茶葉，親自泡製，供其即飮，大將軍即成爲茶之信徒，而新藥之名，遂播揚全國，榮西乃獻以養生記一書，自此將軍即成爲茶之究竟。

茶之成爲社交必需品，因陶工藤四郎之供應茶具而益臻完美。彼於宋代時由中國攜入特殊釉塗面茶具，使飮茶者之興趣更爲提高，當時在京都附近近海信地方有付名高瀨者，爲佛教界之領袖，榮西嗣以茶種，並授以栽培及製造方法，經高瀨懷軍奉行之結果，其園中所產之茶，以後即供本寺及其他各處之用。

當茶成爲普通之飲對時，其栽培範域亦遂漸擴展至醍壺（Daigo）宇治（Uji）羽室（Hamuro）等地，其後又擴展至鳩根（Hatori）河井（Kawai）及上屋治（Kamlo-ji）等地，其發展之步代與生產之要求相齊。

綠茶之製造法爲一七三八年長谷宗一郎所發明，予日本帝國各地發展茶葉以最後之動力。

第二章　中國與茶經

茶葉發現方法之起源——茶葉普及中國——茶葉專籍之問
世——陸羽，茶經之作者——茶之起源——必需之選其一——茶
葉之加工——飲茶之流傳——歷史上之記錄——茶經

第一部茶書

自中國西南部之居民發現茶葉有醫藥價值後，不久生葉之嬌嫩與之
激增，致中國人寬將三十餘呎高之野茶樹伐倒以採摘橫枝之要。然當時
還用此種採葉方法，頗有完全將茶樹伐盡之虞，故欲避免上項方法之遇
果，並欲穫得較便給之來源，即根據耕種其他農作物之常識，而開始
初步之茶樹栽培。醫如當時之農人觀察茶樹與初桃相似，謂其根深入地
中，直至沙礫所乃生幼芽。由此前得一結論，以為茶樹之生長於碎石組
成之土壤中最適宜，砂礫土次之，粘土則不適宜。以後，茶料開始播種
於四川適宜之山區，此時約為紀元三五〇年。至唐代（六二〇——九〇
七），飲茶之風大盛時，需要激增，各省農人遂致力植茶，無論崎角由
隴，遍植茶樹，自四川沿長江流域擴展至沿海，至宋代（九六〇——
一二七）乃遍展於今日中國優良綠茶區之安徽及紅茶區之武彝山。

當茶樹之栽培普及各地時，對於茶之栽培及製造之膚淺知識，均由
當語傳播，雖有著平種關於茶葉之著述，亦屬片斷容屖，能供農家應用
者，極尠勘系統。至七八〇年，中國興唐省陸羽著第一部完全關於茶葉之
青籍（即茶經）。於是在當時中國農家以及世界上將對於飲茶興趣之知
識，遍在中國當時中國對於茶之栽培及製造之知識，則世上將對於茶葉問題並不輕易隨便意見，更
瞭。蓋因當時中國人對於茶葉問題並不輕易隨便與外國人交換意見，更
不洩露生產製造方法，直至茶經問世，始將其中真情完全表達。茶經簡

化各種瘴氣之知識，減少侷讀之時間，但相反者，雅不願使中國栽茶知
識洩漏於外國之商人，亦即為散播此類著作之負貢人也。

陸羽

當中國茶商正需適當人才，擬將其片斷之茶葉知識級成稿於之時，
適逢才能高超學問淵博天資有素養之陸羽，藥者從事此項工作。參閱中
國書籍記載中，易得陸氏冒險生活之史實。相傳陸羽為一棄嬰，且可與
聖經上所載棄於盧蒂中之 Moses 相媲美。原籍湖北復州，為一僧所豢
養而牧養之，及長，拒絕僧侶生活之役，以驅其徵性；致其謙
卑，使其就範，以恢復八世紀固有之習慣。由於受此種奴役之影響，陸
羽成為一極端個人主義者，一開出路，即行潛逃而去，擔任舞台小丑，
亦為久善之内心，一般觀眾均驚嘆其演技滑稽，但其内
心並不真正愉快。蓋彼雖身任俳優，總不忘情於讀書求學。時復州都督
以羽為異人，使學，陸羽遍遊遠方賢書後，以創造
國家文化為己任。當時遇陸羽茶商者人寫作關於茶藥書籍，志益堅決，
其非，以發揮其天才，使陸羽從粗放貿易於進入理想化，希望使陸羽能任
斷知識有一系統記載。陸羽先着手於應用茶藥法典之訂立，為後來日本「
茶業典」之基礎。

自此陸羽成名，其所成就，在其國內實屬罕見，茶業界泰奉其為組
師，正如 Ruskin 所言：「以平凡之文學傳述及探求事物，為較大之事
功」，故無人能否認陸羽之崇高地位。
陸羽晚年處境甚佳，為居皇所器重。以後專尋求生命之玄奧，至七
七五年，成一隱士，五年後出版茶經，八〇四年逝世。

茶經之原本存於倫敦大學之圖書館，書係唐代（六二〇——九〇七）新安汪士賢校。竟陵陸羽字鴻漸著，明代（一三六八——一六四四）

茶經凡三卷十節，第一節論茶樹之性質，第二節探茶之器具，第三節茶葉之處理，第四節逐一述及二十四種茶具，由此節中可見陸羽偏好中國道教之象徵及茶葉對於中國製陶術之影響，第五節述泡茶方法，歷史上有名之茶產地及各種茶具之圖解。

茲將明代晉安鄭煾（允裳）校本全文抄錄如下：

一之源

茶者，南方之嘉木也，一尺、二尺迺至數十尺。其巴山、峽川，有兩人合抱者，伐而掇之。其樹如瓜蘆，葉如梔子，花如白薔薇，實如栟櫚，蔕如丁香，根如胡桃。〔瓜蘆木，出廣州，似茶，至苦澀。栟櫚，蒲葵之屬，其子似茶。胡桃與茶，根皆下孕，兆坼瓦礫，苗木上抽。〕

其字或從草，或從木，或草木並。〔從草，當作茶，其字出開元文字音義；從木，當作搽，其字出本草；草木並，作荼，其字出爾雅。〕其名一曰茶，二曰檟，三曰蔎，四曰茗，五曰荈。〔周公云：檟，苦茶。楊執戟云：蜀西南人謂茶曰蔎。郭弘農云：早取爲茶，晚取爲茗，或曰荈耳。〕

其地，上者生爛石，中者生礫壤，下者生黃土。凡藝而不實，植而罕茂，法如種瓜，三歲可採。野者上，園者次。陽崖陰林，紫者上，綠者次；筍者上，芽者次；葉卷上，葉舒次。陰山坡谷者，不堪採掇，性凝滯，結瘕疾。

茶之爲用，味至寒，爲飲最宜。精行儉德之人，若熱渴、凝悶、腦疼、目澀、四肢煩、百節不舒，聊四五啜，與醍醐甘露抗衡也。採不時，造不精，雜以卉莽，飲之成疾。茶爲累也，亦猶人參。上者生上黨，中者生百濟、新羅，下者生高麗。有生澤州、易州、幽州、檀州者，爲藥無效，況非此者，設服薺苨，使六疾不瘳，知人參爲累，則茶累盡矣。

二之具

籝，加追反。一曰籃、一曰籠、一曰筥，以竹織之，受五升，或一斗、二斗、三斗者，茶人負以採茶也。〔籝，漢書音盈，所謂黃金滿籝，不如一經。顏師古云：籝，竹器也，容四升耳。〕

竈，無用突者。釜，用脣口者。

甑，或木或瓦，匪腰而泥，籃以箄之，篾以系之。始其蒸也，入乎箄，既其熟也，出乎箄。釜涸注於甑中，〔甑，不帶而泥之。〕又以穀木枝三亞者製之，〔亞字當作椏，木椏枝也。〕散所蒸牙筍并葉，畏流其膏。

杵臼，一曰碓，惟恆用者佳。

規，一曰模，一曰棬，以鐵制之，或圓、或方、或花。

承，一曰臺，一曰砧，以石爲之，不然以槐桑木半埋地中，遣無所搖動。

襜，一曰衣，以油絹、或雨衫、單服敗者爲之，以襜置承上，又以規置襜上，以造茶也。茶成，舉而易之。

芘莉，〔音杷離〕一曰籯子，〔音力下反〕一曰篣筤，〔音如〕以二小竹，長三尺，軀二尺五寸，柄五寸，以篾織方眼，如圃人土羅，闊二尺，以列茶也。

棨，一曰錐刀，柄以堅木爲之，用穿茶也。

撲，一曰鞭，以竹爲之，穿茶以解茶也。

焙，鑿地深二尺，闊二尺五寸，長一丈，上作短牆，高二尺，泥之。

貫，削竹爲之，長二尺五寸，以貫茶焙之。

棚，一曰棧，以木構於焙上，編木兩層，高一尺，以焙茶也。茶之半乾，昇下棚；全乾，昇上棚。

穿，〔音汏東、淮南〕剖竹爲之。巴川、峽山，紉穀皮爲之。江東以一斤爲上穿，半斤爲中穿，四兩、五兩爲下穿，峽中以一百二十斤爲上穿，八十斤爲中穿，五十斤爲小穿。字舊作釵釧之釧字，或作貫串，今則不然，如磨、扇、彈、鑽、縫五字，文以平聲書之，義以去聲呼之，

其字以穿名之。

育，以木制之，以竹編之，以紙糊之。中有隔，上有覆，下有床，傍有門，掩一扇，中置一器，貯煻煨火，令熅熅然。江南梅雨時，焚之以火。〔育者，以其藏養爲名。〕

三之造

凡採茶，在二月、三月、四月之間。茶之笋者，生爛石沃土，長四五寸，若薇蕨始抽，凌露採焉。茶之芽者，發於叢薄之上，有三枝、四枝、五枝者，選其中枝穎拔者採焉。其日有雨不採，晴有雲不採。晴，採之、蒸之、搗之、拍之、焙之、穿之、封之，茶之乾矣。茶有千萬狀，鹵莽而言，如胡人靴者，蹙縮然；〔京錐文也〕犎牛臆者，廉襜然；〔犎，音朋，野牛也〕浮雲出山者，輪囷然；輕飈拂水者，涵澹然；有如陶家之子，羅膏土以水澄泚之；〔謂澄泥也〕又如新治地者，遇暴雨流潦之所經。此皆茶之精腴。有如竹籜者，枝幹堅實，艱於蒸搗，故其形籭簁然；上離〔離，力几反〕蒂者。有如霜荷者，莖葉凋沮，易其狀貌，故厥狀委萃然，此皆茶之瘠老者也。自採至於封，七經目，自胡靴至於霜荷八等。或以光黑平正言嘉者，斯鑒之下也。以皺黃坳垤言佳者，鑒之次也。若皆言嘉及皆言不嘉者，何者？出膏者光，含膏者皺；宿製者則黑，日成者則黃；蒸壓則平正，縱之則坳垤。此茶與草木葉一也。茶之否臧，存於口訣。

四之器

風爐　灰承

風爐：以銅鐵鑄之，如古鼎形，厚三分，緣闊九分，令六分虛中，致其杇墁。凡三足，古文書二十一字。一足云：坎上巽下離于中；一足云：體均五行去百疾；一足云：聖唐滅胡明年鑄。其三足之間，設三窗。底一窗以爲通飈漏燼之所。上並古文書六字：一窗之上書伊公二字；一窗之上書羹陸二字；一窗之上書氏茶二字，所

謂伊公、羹陸、氏茶也。置墆㙞於其內，設三格：其一格有翟焉，翟者火禽也，畫一卦曰離；其一格有彪焉，彪者風獸也，畫一卦曰巽；其一格有魚焉，魚者水蟲也，畫一卦曰坎。巽主風，離主火，坎主水。風能興火，火能熟水，故備其三卦焉。其飾以連葩垂蔓曲水方文之類。其爐或鍛鐵爲之，或運泥爲之。其灰承，作三足，鐵柈擡之。

筥：以竹織之，高一尺二寸，徑闊七寸。或用藤作木楦，如筥形織之，六出圓眼。其底蓋若利篋口鑠之。

炭檛：以鐵六稜制之。長一尺，銳一豐中，執細頭系一小鐶，以飾檛也。若今之河隴軍人，木吾也。或作鎚，或作斧，隨其便也。

火筴：一名筯，若常用者。圓直一尺三寸，頂平截，無蔥臺勾鎖之屬，以鐵或熟銅製之。

鍑：〔音輔，或作釜，或作鬴。〕鍑，以生鐵爲之。今人有業冶者，所謂急鐵。其鐵以耕刀之趄，煉而鑄之。內摸土而外摸沙。土滑於內，易其摩滌；沙澀於外，吸其炎焰。方其耳，以正令也；廣其緣，以務遠也；長其臍，以守中也。臍長則沸中，沸中則末易揚，末易揚則其味淳也。洪州以瓷爲之，萊州以石爲之。瓷與石皆雅器也，性非堅實，難可持久。用銀爲之，至潔，但涉於侈麗。雅則雅矣，潔亦潔矣，若用之恒，而卒歸於鐵也。

交床：以十字交之，剜中令虛，以支鍑也。

夾：以小青竹爲之，長一尺二寸，令一寸有節，節已上剖之，以炙茶也。彼竹之篠，津潤于火，假其香潔以益茶味。恐非林谷間莫之致，或用精鐵熟銅之類，取其久也。

紙囊：紙囊，以剡藤紙白厚者夾縫之。以貯所炙茶，使不泄其香也。

碾　拂末

碾，以橘木爲之，次以梨、桑、桐、柘爲之。內圓而外方，內圓備於運行也，外方制其傾危也。內容墮而外無餘木，墮，形如車輪，不輻而軸焉。長九寸，闊一寸七分，墮徑三寸八分，中厚一寸，邊厚半寸，軸中方而執圓。其拂末以鳥羽製之。

籝合　羅末以合蓋貯之，以則置合中，用巨竹剖而屈之，以紗絹衣之。其合以竹節為之，或屈杉以漆之。高三寸，蓋一寸，底二寸，口徑四寸。

則　則以海貝、蠣蛤之屬，或以銅、鐵、竹匕、策之類。則者，量也，准也，度也。凡煮水一升，用末方寸匕，若好薄者減，嗜濃者增，故云則也。

水方　水方以椆背木、槐、楸、梓等合之，其裏并外縫漆之，受一斗。

漉水囊　漉水囊，若常用者，其格以生銅鑄之，以備水濕，無有苔穢腥澀意。以熟銅苔穢，鐵腥澀也。林栖谷隱者或用之竹木，木與竹非持久涉遠之具，故用之生銅。其囊織青竹以捲之，裁碧縑以縫之，紐翠鈿以綴之，又作綠油囊以貯之，圓徑五寸，柄一寸五分。

瓢　瓢，一曰犧杓，剖瓠為之，或刊木為之。晉舍人杜毓《荈賦》云：「酌之以匏」，匏，瓢也，口闊，脛薄，柄短。永嘉中，餘姚人虞洪入瀑布山採茗，遇一道士云：「吾丹丘子，祈子他日甌犧之餘，乞相遺也。」犧，木杓也，今常用以梨木為之。

竹夾　竹夾，或以桃、柳、蒲葵木為之，或以柿心木為之，長一尺，銀裹兩頭。

鹺簋　揭　鹺簋，以瓷為之，圓徑四寸，若合形，或瓶，或罍，貯鹽花也。其揭，竹制，長四寸一分，闊九分。揭，策也。

熟盂　熟盂，以貯熟水，或瓷，或沙，受二升。

碗　碗，越州上，鼎州次，婺州次，岳州次，壽州、洪州次。或者以邢州處越州上，殊為不然。若邢瓷類銀，越瓷類玉，邢不如越一也；若邢瓷類雪，則越瓷類冰，邢不如越二也；邢瓷白而茶色丹，越瓷青而茶色綠，邢不如越三也。晉杜毓《荈賦》所謂「器擇陶揀，出自東甌」，甌，越也。甌，越州上，口唇不卷，底卷而淺，受半升已下。越州瓷、岳瓷皆青，青則益茶，茶作白紅之色。邢州瓷白，茶色紅。

壽州瓷黃，茶色紫；洪州瓷褐，茶色黑，悉不宜茶。

畚　畚，以白蒲捲而編之，可貯碗十枚。或用筥。其紙帊，以剡紙夾縫令方，亦十之也。

札　札，緝栟櫚皮以茱萸木夾而縛之，或截竹束而管之，若巨筆形。

滌方　滌方，以貯滌洗之餘，用楸木合之，制如水方，受八升。

滓方　滓方，以集諸滓，制如滌方，處五升。

巾　巾，以絁布為之，長二尺，作二枚互用之，以潔諸器。

具列　具列，或作床，或作架，或純木、純竹而製之，或木、或竹，黃黑可扃而漆者。長三尺，闊二尺，高六寸。其列者，悉斂諸器物，悉以陳列也。

都籃　都籃，以悉設諸器而名之。以竹篾，內作三角方眼，外以雙篾闊者經之，以單篾纖者縛之，遞壓雙經，作方眼，使玲瓏。高一尺五寸，底闊一尺，高二寸，長二尺四寸，闊二尺。

五之煮

凡炙茶，慎勿於風燼間炙，熛焰如鑽，使炎涼不均。持以逼火，屢其翻正，候炮出培塿狀蝦蟆背，然後去火五寸。卷而舒，則本其始若茶之至嫩者，蒸罷熱搗，葉爛而牙筍存焉。假以力者，持千鈞杵亦不之爛，如漆科珠，壯士接之，不能駐其指，及就，則似無穰骨也。炙之，則其節若倪倪如嬰兒之臂耳。既而承熱用紙囊貯之，精華之氣，無所散越，候寒末之。末之上者，其屑如細米，末之下者，其屑如菱角。

火用炭，次用勁薪。謂桑、槐、桐、櫪之類也。其炭，曾經燔炙，為膻膩所及，及膏木、敗器，不用之。膏木，謂柏、桂、檜也。敗器，謂朽廢器也。古人有勞薪之味，信哉。其水，用山水上，江水中，井水下。其山水，揀乳泉、石池、漫流者上，其瀑湧湍漱，勿食之。久食令人有頸疾。又水流於山谷者，澄浸不洩，自火天至霜郊以前，或

潛疾消，其山水……

潛龍蟄蟲於其間，飲者可決之，以流其惡，使新泉涓涓然酌之。其江水
取去人遠者，井取汲多者。其沸，如魚目，微有聲，為一沸；緣邊如湧
泉連珠，為二沸；騰波鼓浪，為三沸。已上水老，不可食也。初沸則水
合量，調之以鹽味，謂棄其啜餘，〔啜，嘗也；市稅反，又市悅反。〕無迺䘏䀤而鍾其一味
乎？〔䀤，古暫反。䀤，無味也。〕第二沸出水一瓢，以竹筴環激湯心，則量末當中
心而下。有頃，勢若奔濤濺沫，以所出水止之，而育其華也。凡酌置諸
盌，令沫餑均。〔《字書》並《本草》：餑，均、茗也。蒲笏反。〕沫餑，湯之華也。華之薄者曰沫，厚
者曰餑，細輕者曰花。如棗花漂漂然於環池之上，又如迴潭曲渚青萍之
始生，又如晴天爽朗有浮雲鱗然。其沫者，若綠錢浮於水渭，又如菊英
墮於鐏俎之中。餑者，以滓煮之，及沸，則重華累沫，皤皤然若積雪
耳。《荈賦》所謂「煥如積雪，燁若春藪」，有之。〔此第一煮，水沸棄其
上有水膜如黑雲母，飲之則其味不正。〕第一者，為雋永。〔徐縣、全縣二反，至
美者，曰雋永。雋，味也；永，長也。味長曰雋永。《漢書》蒯通著《雋永》二十篇也。〕

煮水一升，酌分五盌。〔盌數少至三，多至五。若人多至十，加兩爐。〕乘熱連飲之，以重濁凝其
下，精英浮其上。如冷，則精英隨氣而竭，飲啜不消亦然矣。茶性儉，
不宜廣，則其味黯澹。且如一滿盌，啜半而味寡，況其廣乎？其色緗
也，其馨敫〔香至美曰敫。敫音使。〕也。其味甘，檟也；不甘而苦，荈也；啜苦咽甘，茶也。〔一本云
苦荼，甘，嘗而不甘，啜而不甘，荈也。〕

六之飲

翼而飛，毛而走，呿而言，此三者俱生於天地間，飲啄以活，飲之
時義遠矣哉。至若救渴，飲之以漿；蠲憂忿，飲之以酒；蕩昏寐，飲之
以茶。茶之為飲，發乎神農氏，聞於魯周公。齊有晏嬰，漢有揚雄、司
馬相如，吳有韋曜，晉有劉琨、張載、遠祖納、謝安、左思之徒，皆飲

焉。滂時浸俗，盛於國朝，兩都并荊俞間，以為比屋之飲。〔俞，當作渝，巴渝也。〕

飲有觕茶、散茶、末茶、餅茶者，乃斫，乃熬，乃煬，乃舂，貯於瓶缶
之中，以湯沃焉，謂之痷茶。或用蔥、薑、棗、橘皮、茱萸、薄荷之
等，煮之百沸，或揚令滑，或煮去沫，斯溝渠間棄水耳，而習俗不已。

於戲！天育萬物，皆有至妙，人之所工，但獵淺易。所庇者屋，屋精
極；所著者衣，衣精極；所飽者飲食，食與酒皆精極之。茶有九難：一
曰造，二曰別，三曰器，四曰火，五曰水，六曰炙，七曰末，八曰煮，
九曰飲。陰採夜焙，非造也；嚼味嗅香，非別也；羶鼎腥甌，非器也；
膏薪庖炭，非火也；飛湍壅潦，非水也；外熟內生，非炙也；碧粉縹
塵，非末也；操艱攪遽，非煮也；夏興冬廢，非飲也。夫珍鮮馥烈者，
其盌數三；次之者，盌數五。若座客數至五行，三盌；至七行，五盌。
若六人以下，不約盌數，但闕一人而已，其雋永補所闕人。

七之事

三皇　炎帝、神農氏。
周　魯周公旦。齊相晏嬰。
漢　仙人丹丘子。黃山君。司馬文園令相如。楊執戟雄。
吳　歸命侯。韋太傅弘嗣。
晉　惠帝。劉司空琨。琨兄子兗州刺史演。張黃門孟陽。傅司
隸咸。江洗馬統。孫參軍楚。左記室太沖。陸吳興納。納兄子會稽
內史俶。謝冠軍安石。郭弘農璞。桓揚州溫。杜舍人毓。武康小山
寺釋法瑤。沛國夏侯愷。餘姚虞洪。北地傅巽。丹陽弘君舉。新安
任育長。宣城秦精。燉煌單道開。剡縣陳務妻。廣陵老姥。河內山
謙之。

後魏　瑯琊王肅。
宋　新安王子鸞。鸞弟豫章王子尚。鮑昭妹令暉。八公山沙門
譚濟。
齊　世祖武帝。

心一堂　飲食文化經典文庫

梁　劉廷尉。陶先生弘景。

皇朝　徐英公勣。

神農食經：「茶茗久服，令人有力悅志」。

周公爾雅：「檟，苦荼」。廣雅云：「荊巴間採葉作餅，葉老者，餅成以米膏出之。欲煮茗飲，先炙令赤色，搗末置瓷器之。用蔥、薑、橘子、芼之。其飲，醒酒，令人不眠」。

晏子春秋：「嬰相齊景公時，食脫粟之飯，炙三弋、五卵茗菜而已」。

司馬相如凡將篇：「烏喙、桔梗、芫華、款冬、貝母、木蘖、蔞苓、芩草、芍藥、桂、漏蘆、蜚廉、萑菌、荈詫、白斂、白芷、菖蒲、芒硝、莞椒、茱萸」。

揚雄方言：「蜀西南人謂荼曰蔎」。

吳志韋曜傳：「孫皓每饗宴，坐席無不率以七勝為限，雖不盡入口，皆澆灌取盡。曜飲酒不過二升，皓初禮異，密賜茶荈以代酒」。

晉中興書：「陸納為吳興太守時，衛將軍謝安常欲詣納。（納兄子）俶怪納無所備，不敢問之，乃私蓄數十人饌。安既至，所設唯茶果而已。俶遂陳盛饌，珍羞必具。及安去，納杖俶四十云：汝既不能光益叔父，柰何穢吾素業」。

晉書：「桓溫為揚州牧，性儉，每讌飲，唯下七奠拌茶果而已」。

搜神記：「夏候愷因疾死，宗人字狗奴，察見鬼神，見愷來收馬，并病其妻。著平上幘、單衣，坐生時西壁大床，就人覓茶飲」。

劉琨與兄子南兗州刺史演書云：「前得安州乾薑一斤、桂一斤、黃芩一斤，皆所須也。吾體中潰悶，常仰真茶，汝可置之」。

傅咸司隸教曰：「聞南方有以困蜀嫗作茶粥賣，為廉事打破其器具，後又賣餅於市，而禁茶粥，以蜀姥何哉」！

神異記：「餘姚人虞洪，入山採茗，遇一道士，牽三青牛，引洪至瀑布山曰：予丹丘子也。聞子善具飲，常思見惠。山中有大茗，可以相給，祈子他日有甌犧之餘，乞相遺也。因立奠祀，後常令家人入山，獲大茗焉」。

左思嬌女詩：「吾家有嬌女，皎皎頗白皙，小字為紈素，口齒自清歷。有姊字惠芳，眉目粲如畫，馳騖翔園林，果下皆生摘，貪華風雨中，倏忽數百適，心為茶荈劇，吹噓對鼎䥶」。

張孟陽登成都樓詩云：「借問楊子舍，想見長卿廬，程卓累千金，驕侈擬五侯，門有連騎客，翠帶腰吳鉤，鼎食隨時進，百和妙且殊，披林採秋橘，臨江釣春魚，黑子過龍醢，果饌踰蟹蝑，芳荼冠六情，溢味播九區，人生苟安樂，茲土聊可娛」。

傅巽七誨：「蒲桃、宛柰、齊柿、燕栗、峘陽黃梨、巫山朱橘，南中茶子，西極石蜜」。

弘君舉食檄：「寒溫既畢，應下霜華之茗三爵而終，應下諸蔗、木瓜、元李、楊梅、五味、橄欖、懸豹、葵羹各一杯」。

孫楚歌：「茱萸出芳樹顛，鯉魚出洛水泉，白鹽出河東，美豉出魯淵，薑、桂、荼荈出巴蜀，椒、橘、木蘭出高山，蓼、蘇出溝渠，精稗出中田」。

華佗食論：「苦荼久食，益意思」。

壺居士食忌：「苦荼久食，羽化，與韭同食，令人體重」。

郭璞爾雅注云：「樹小如梔子，冬生葉，可煮羹飲。今呼早取為茶，晚取為茗，或一曰荈，蜀人名之苦荼」。

世說：「任瞻，字育長，少時有令名，自過江失志，既下飲，問人云：此為茶？為茗？覺人有怪色，乃自申明云：向問飲為熱為冷爾」。

續搜神記：「晉武帝宣城人秦精，常入武昌山採茗，遇一毛人，長丈餘，引精至山下，示以叢茗而去，俄而復還，乃探懷中橘以遺精，精怖，負茗而歸」。

晉四王起事：「惠帝蒙塵，還洛陽，黃門以瓦盂盛茶上至尊」。

異苑：「剡縣陳務妻，少與二子寡居，好飲茶茗，以宅中有古塚，每飲輒先祀之。二子患之曰：古塚何知，徒以勞意。欲掘去之，母苦禁

而止。其夜夢一人云：吾止此塚三百餘年，卿二子恒欲見毀，賴相保護，又享吾佳茗，雖潛壤朽骨，豈忘翳桑之報。及曉，於庭中獲錢十萬，似久埋者，但貫新耳。母告二子，慚之，從是禱饋愈甚。

廣陵耆老傳：「晉元帝時，有老姥每旦獨提一器茗，往市鬻之。市人競買，自旦至夕，其器不減，所得錢散路傍孤貧乞人，人或異之。州法曹繫之獄中。至夜，老姥執所鬻茗器，從獄牖中飛出」。

藝術傳：「燉煌人單開，不畏寒暑，常服小石子，所服藥有松、桂、蜜之氣，所飲茶蘇而已」。

釋道說續名僧傳：「宋釋法瑤，姓楊氏，河東人，永嘉中，過江，遇沈臺眞君，武康小山寺，年垂懸車，飯所飲茶。永明中，勑吳興禮致上京，年七十九」。

宋江氏家傳：「江統，字應遷，愍懷太子洗馬，常上疏諫云：今西園賣醯、麵、藍子、菜、茶之屬，虧敗國體」。

宋錄：「新安王子鸞，豫章王子尚，詣曇濟道人於八公山，道人設茶茗，子尚味之曰：此甘露也，何言茶茗」。

王微雜詩：「寂寂掩高閣，寥寥空廣廈，待君竟不歸，收頜今就槚」。

鮑昭妹令暉著「香茗賦」。

南齊世祖武皇帝遺詔：「我靈座上愼勿以牲爲祭，但設餅果茶飲乾飯酒脯而已」。

梁劉孝綽、謝晉安王餉米等啟。

傳詔：李孟孫敎旨，垂賜米、酒、瓜、笋、菹、脯、酢、茗八種。氣苾新城，味芳雲松。江潭抽節，邁昌荇之珍，疆埸擢翹，越茸精之美。羞非純束野麏，裛似雪之驢，鮓異陶瓶，河鯉，操如瓊之粲，茗同食粲，酢類望柑。免千里宿舂，省三月糧聚。小人懷惠，大懿難忘。

陶弘景錄：「苦茶輕換骨，昔丹丘子、黃山君服之」。

後魏錄：「瑯琊王肅，仕南朝，好茗飲、蒓羹，及還北地，又好羊肉、酪漿，人或問之，茗何如酪？肅曰：茗不堪與酪爲奴」。

桐君錄：「酉陽、武昌、廬江、晉陵，皆東人作清茗，茗皆有餑，飲之宜人，凡可飲之物，皆多取其葉，天門冬、拔揳取根，皆益人。又巴東別有眞茗茶，煎飲令人不眠。俗中多煮檀葉并大皂李作茶，並冷。又南方有瓜蘆木，亦似茗，至苦澀，取爲屑茶飲，亦可通夜不眠。煮鹽人但資此飲，而交廣最重，客來先設，乃加以香芼輩」。

坤元錄：「辰州漵浦縣西北三百五十里無射山，云蠻俗當吉慶之時，親族集會歌舞於山上，山多茶樹」。

括地圖：「臨蒐縣東一百四十里有茶溪」。

山謙之吳興記：「烏程縣西二十里有溫山，出御荈」。

夷陵圖經：「黃牛、荆門、女觀、望州等山，茶茗出焉」。

永嘉圖經：「永嘉縣東三百里，有白茶山」。

淮陰圖經：「山陽縣南二十里，有茶坡」。

茶陵圖經云：「茶陵者，所謂陵谷生茶茗焉」。

本草木部：「茗，苦茶，味甘苦，微寒，無毒，主瘻瘡，利小便，去痰渴熱，令人少睡，秋採之苦，主下氣消食。注云：春採之」。

本草菜部：「苦菜，一名荼，一名選，一名游冬，生益州川谷山陵道傍，凌冬不死，三月三日採乾。注云：疑此即是今茶，一名荼，令人不眠。本草注。按詩云：誰謂荼苦。又云：堇荼如飴。皆苦菜也。陶謂之苦茶，木類，非菜流。茗，春採，謂之苦搉」。

枕中方：「療積年瘻，苦茶、蜈蚣並炙，令香熟，等分，搗、篩，煮，甘草湯洗，以末敷之」。

孺子方：「療小兒無故驚蹶，以苦茶、葱鬚煮服之」。

八之出

山南：以峽州上，峽州生遠安、宜都、夷陵三縣山谷。襄州、荆州次，襄州生南鄭縣山谷，荆州生江陵縣山谷。衡州下，衡州生衡山、茶陵二縣山谷。金州、梁州又下。金州生西城、安康二縣山谷，梁州生襄城、金牛二縣山谷。

淮南：以光州上，生光山縣黃頭港者，與峽州同。義陽郡、舒州次，生義陽縣鍾山者，與襄州同。舒...

心一堂 飲食文化經典文庫

三三

浙西，以湖州上，湖州生長城縣顧渚山谷，與峽州、光州同。若生山桑、儒師二寺、白茅山懸脚嶺，與襄州、荆南、義陽郡同。生鳳亭山伏翼閣飛雲、曲水二寺、啄木嶺，與壽州、常州同。生安吉、武康二縣山谷，與金州、梁州同。

常州次，常州義興縣生君山懸脚嶺北峰下，與荆州、義陽郡同。生圈嶺善權寺、石亭山，與舒州同。

宣州、杭州、睦州、歙州下，宣州生宣城縣雅山，與蘄州同。太平縣生上睦、臨睦，與黃州同。杭州臨安、於潛二縣，生天目山，與舒州同。錢塘生天竺、靈隱二寺，睦州生桐廬縣山谷，歙州生婺源山谷，與衡州同。潤州、蘇州又下。潤州江寧縣生傲山，蘇州長洲縣生洞庭山，與金州、蘄州、梁州同。

劍南，以彭州上，生九隴縣馬鞍山至德寺、棚口，與襄州同也。

綿州、蜀州次，綿州龍安縣生松嶺關，與荆州同。其西昌、昌明、神泉縣西山者並佳，有過松嶺者，不堪採。蜀州青城縣生丈人山，與綿州同。青城縣有散茶、末茶。

邛州次，雅州、瀘州下，雅州百丈山名山，瀘州瀘川者，與金州同也。

眉州、漢州又下。眉州丹稜縣生鐵山者，漢州綿竹縣生竹山者，與潤州同。

浙東，以越州上，餘姚縣生瀑布泉嶺曰仙茗，大者殊異，小者與襄州同。

明州、婺州次，明州鄮縣生榆莢村，婺州東陽縣東目山，與荆州同。

台州下，台州始豐縣生赤城者，與歙州同。

黔中，生恩州、播州、費州、夷州。

江西，生鄂州、袁州、吉州。

嶺南，生福州、建州、韶州、象州。福州生閩方山山陰縣。

其恩、播、費、夷、鄂、袁、吉、福、建、韶、象十一州，未詳，往往得之，其味極佳。

州生太湖縣潛山者，與舒州同。壽州下，生盛唐縣霍山者，蘄州、黃州又下。蘄州生黃梅縣山谷，黃州生麻城縣山谷，與荆州、梁州同也。

九之略

其造具，若方春禁火之時，於野寺山園，叢手而掇，乃蒸，乃舂，乃復以火乾之，則又棨、撲、焙、貫、棚、穿、育等七事皆廢。其煮器，若松間石上可坐，則具列廢。用槁薪、鼎䥶之屬，則風爐、灰承、炭撾、火筴、交床等廢。若瞰泉臨澗，則水方、滌方、漉水囊廢。若五人已下，茶可末而精者，則羅廢。若援藟躋岩，引絙入洞，於山口炙而末之，或紙包合貯，則碾、拂末等廢。既瓢、椀、筴、札、熟盂、鹺簋，悉以一筥盛之，則都籃廢。但城邑之中，王公之門，二十四器闕一，則茶廢矣。

十之圖

以絹素或四幅或六幅分布寫之，陳諸座隅，則茶之源、之具、之造、之器、之煮、之飲、之事、之出、之略，目擊而存，於是茶經之始終備焉。

譯者按：茶經一書，自唐迄今，刊校頗多，錯訛難免，本書所採用之茶經，係郡門吳覺農改良楊晦清用氏校訂之油印本及日本諸網存著「茶經評釋」中之原文。

第三章　茶葉輸入歐洲

歐洲文學中最早之記述——東方貿易之先驅者葡萄牙人——傳教士與旅行家之記述——荷蘭人到達東方——荷人到達東方之茶葉爭——早期歐洲茶葉——法國及斯干的那維亞文學中之數種珍貴記錄

茶代酒之習慣，東方與西方同一重視，惟在東方飲茶之風盛行，數世紀之後，歐人始習飲之。世界上有三種主要飲料，即茶、可可及咖啡是也。可可較輸入歐洲之第一種飲料，在一五二八年由西班牙人輸入，葡茶則越一世紀許，於一六一〇年由荷蘭人輸入歐洲。威尼斯商人將咖啡輸入歐洲，則在一六一五年，爲三種飲料中輸入歐洲之最遲者。

歐洲文獻上最初述及茶葉者，爲一五五九年威尼斯著名作家 Giambatista Ramusio(一四八五——一五五七)所著之中國茶(Chai Catai)及航海與旅行記(Navigatione et Viaggi)二卷中見之。Ramusio 曾收集寶貴之古今各種航海及探險記錄而發表之。彼任威尼斯秘書時，會搜集商業上許多珍貴資料，且與多數著名旅行家相遇，其中有名 Hajji Mahommed 者，爲波斯商人，相傳最初之茶葉知識由此輸入歐洲。共事兄 Ramusio 所著之航海與旅行記第二卷序文中，曾有關於茶葉之一節云：

Hajji Mahommed 爲裏海(Caspian Sea)趨倫(Chilan)即今之波斯人，自印度蘇剋(Succuir)即今之薩剋(Sakkar)返威尼斯作此口述。彼告余曰：大秦國有一種植物，或僅就其葉片供飲，人人稱之曰中國茶，視以珍貴食品，此茶生長於中國四川嘉州府，焦乾葉或成乾藥，用水煮沸，空腹吞服一二杯，可以去身熱、頭痛、胃痛、脇痛、醫痛或關節痛，惟此項痛疾愈熱，飲汁愈佳。茶能解外邪與諸疾病，以茶渣滓亦宜有效。如飲之過度，罔中感受不快，飲此汁少許，不久即可消化。做茶爲一般人所珍視，惟旅行家必備之

物品，當時有願以一喞茶葉與一袋大黃交換者，故大秦國人謂：若波斯及法蘭克(Franke)諸國知之，商人必不再購大黃矣。(註一)

Ramusio 時代，威尼斯以地處歐亞交通之要道，成爲商業之重心。當地商人與學界，對於如何增加貿易之商業威信與財富知識，均具有極大之東遊歸來以後，關心此種消息者，其熱忱更濃。當 Mahommed 來訪時，Ramusio 正在從事於 Marco Polo 遊記之編輯，Ramusio 初次聞及茶樹與飲茶譜來，即在招待此波斯商人之席上。

在 Marco Polo 之遊記中，未提及茶葉，雖然一二七五——九二年時代，飲茶在中國已極盛行。但其理由至爲簡單，因 Marco Polo 在中國之時期，適值韃靼族侵入中原，而爲忽必烈汗之客卿，故對於被統治人民之習慣，未予充分之注意。

東方之先驅者——葡萄牙人

自 Vasco da Gama 於一四九七年發見經好望角而至印度之航線以後，葡萄牙人更推進其探險事業，設根據地於馬來半島之麻剌甲，一五一六年最初由麻剌甲航行中國。翌年有數船結隊同來。此等葡萄人爲歐人最先由海道到達東方者，並派公使至北京。

註一：見 Ramusio 航海與旅行記第三卷。此書共三卷，第一卷出版於一五五〇年；第三卷出版於一五五九年；第二卷出版於一五五九年，關於 Rummusio 之最初在歐洲發裝茶之紀錄，在於何時，論者紛紜，惟此項紀錄載於此書第二卷中，此卷出版最遲。

平，一五四〇年行抵日本。

中國人對於葡人心懷疑慮，不加歡迎。但葡萄牙使者，終能說服中
國皇帝，使其明瞭彼等之來登，非為侵佔土地而在於交換及購買物品，
以此中國准其居留於澳門。

傳教士與旅行家之記述

在歐人與中日兩國通商初期，並無茶葉出口之紀錄。惟故早逃入中
日兩國之天主教士，耳知飲茶而傳往歐洲。傳教士中有葡萄牙人 Gasp-
er da Cruz 神父，為在中國傳播天主教之第一人，於一五五六年到達中
國，一五六〇年左右返葡國，以葡文寫作茶葉之事，內云：

凡上等人家習以獻茶敬客，此物味略苦，呈紅色，可以治病，為一種藥
草煮成之汁液。

意大利派至日本之 Louis Almeida 神父，於一五六五年寄回該國
之信件內，述及「日本人頗喜一種可口之藥草，稱為茶」。此為東方茶
葉消息再度到達歐洲者。

Ivan Petroff 及 Boornash Yalysheff 二人山遊歷中國返俄時所傳入。
但彼速顏為簡單，祇謂茶樹為中國之奇物，但以未將該物攜歸故
難在一五五九年〕有一種關於茶葉之記載，出版於威尼斯，但直至
二年後，即一五六七年，茶葉消息第一次傳至俄國，此種消息為

一五八八年，始轉載於一意文之著作中，是即有名作家 Giovanni
Maffei 所著佛羅稜斯（Florence）出版之遊印書扎選錄四卷：Almeida
神父之調，亦轉載於此。Maffei 時常引證之在羅馬同一年出版之印度
史（Historica Indica），亦有關茶事之記載：

日本人之飲料為一種藥草之流汁，稱之曰茶，常資沸供歐，其為檔生。
茶可止渴生津，保腸明目，且可延年益壽，幾不知疲。
日本人不用葡萄釀酒，彼用稻米釀酒，彼等於歐酒之前，常用沸水混以
茶葉之粉末，此茶製造甚精，高尚家庭往往親自調製，用以饗客，或輕關一
室，室中陳設雅潔，儲有潔麗，當客來及送客時，均捧茶奉敬。（註二）

與此時相去不遠，一五八九年威尼斯牧師及著作家 Giovanni Bote-
ro 在其所著都市繁盛原因考(On the Causes of Greaness in Cities)
一書中，又述及「中國人用一種藥草榨出液汁，用以代酒，可以保健康
而防疾病，並可避去飲酒之害」。當時中國以茶充作飲料及藥用已有八
百餘年，故該作者所稱，當係指茶無疑。

Butero 之著作發表後，約經十三年，另一葡萄牙神父 Diego de
Pantoja 述及中國之儀式，亦有關於茶之記述：「當主客見面互通寒暄
後，不獨詳及茶之價格，且就中日兩國製造茶葉方法，加以比較，為半
年茶葉文獻中最主要之一種。其紀述採用書信體，後由法國大主教牧師
Padre N. Trigault 於一六一〇年發表，茲節錄於次。

意大利牧師 Padre M. Ricci（一五五二——一六一〇年）自一
六〇一年至其死為止，竹任北平內國朝廷之科學顧問，對於茶葉之記
述⋯⋯

余特嘗過茶之一知此項植物，可以覆蓋，不禁冬寒。彼輩於陵天採取茶
葉，以供料出演汁之用，此汁貯於綠夜及客人臨門時用，在初期每用在
歐人之以消磨時間。茶此須煮沸，其味略苦，供客飲之多令常飲之對於
身體健康，顏有益處。惟茶葉品質至不一律，上乘茶材磅須待一兩二三銀幣
（G id seu），約合五金幣，而中國桐料有不同。日本人將茶片磨成粉末，投
茶葉於日本之用法，與中國桐料有不同。日本人將茶片磨成粉末，投
加茶末二三匙，混和兩次，中國則投數片於一滿沸水中，俟其泡出液汁
而具有香味時，即飲此汁，兩留茶葉。（註三）

一六一〇年即在 Ricci 之著作在意大利發炎之同一年，有一葡萄牙
旅行家出版波斯及和爾島皇族紀（An Account of the King of
Persia and Ormuz）一書，申有茶葉之紀述，謂：「茶為從祖祖國運

（註一）：見 Maffei 著印度史，一五八八年出版。

（註二）：見 Ricci 在中國之日記（Annua
della Cina del 1606 et 1607 del Padre M. Ricci），一六一〇年編為
出版。

（註三）：見 Trigault 編，一六〇一——一六〇七年出版。

來之一種植物之小葉，余在麻剌甲時曾見及之」。

此後復經三十年，始再有關於茶之記述。此種記述，列入於福荷牙天主教牧師 Alvalo Semedo（一五八五——一六五八）所著之中華帝國史（The History of the Great and Renowned Monachy of China）中。此書於一六四三年用意大利文出版於羅馬，一六五五年復譯爲英文在倫敦出版。

其次關於茶之記戴倘有三種，均出於法國傳敎士之手。第一種爲 Alexander de Rhodes（一五九一——一六六〇）所著之傳敎旅行記，此乃東方所常用之飲品」。第二種爲 Jacques de Bourges 所著 Beryte 主敎赴交趾支那傳敎旅行記，一六六六年出版於巴黎，內云：「旅居邏羅時，吾儕初次嘗茶，頗發有益。茶與葡萄酒之功效，互相比較，頗難斷定其孰優劣」。一六五三年出版於巴黎，內云：「中國人之健康與長壽，當歸功於茶，第三種爲 L. Lecompte 神父（一六五五——一七二八）所著最近旅行記一六九六年出版於巴黎，書中述及中國頭之多種睡眠、神經痛及膀胱石病，深望防止此種之疾病或與飲茶有關。

荷蘭人到達東方

在一五九六年以前，遠東運貿易爲葡人所獨佔，葡人攜絹緞及其他貨乘物品囘至里斯本（Lisbon），前由在該處荷蘭船轉運至法國荷蘭及波羅的海各海口。

荷蘭航海家 Jan Hugo Van Linschooten（一五六三——一六三三）计與葡萄牙人同航印度，一五九五——九六年著述關於旅行所得之印象，對荷蘭商人及船長，頗多刺激之辭，冀其分潤優厚之東方貿易。彼之著述，對荷文中爲最早之著作，故頗可注意。由此書並可明瞭關於日本早期飲茶之習慣與儀式之概略。一五九八年後，譯爲英文，在倫敦出版。內云：

閣所用者相似。酒用米酒，各飲其泔，飲後欲口種飲料，然後欲其之溫水，不論寒暑，均用沸水以種熱茶之飲料粉，不論熟水以一切所謂茶之飲料粉製成，頗受期當所愛好，彼等均極任調製，招待友人時，始即以種茶。盛於茶內，欲時用有陶器杯盛之。若變愛好金鋼石寶石等珍品，即於其內，亦用瓷杯盛之。若我人之受好金鋼石寶石等珍貴者其珍，等用技術精巧之工人製造，且珍寶珍貴商之知賞，有高深之技術，一若工匠之賞鋼價值，與珠寶商之知賞其之種類，如爲故物，則每件價值值達四、五千ducat以上，常時在 Bungo 皇（日本古代皇帝）曾以一萬四千ducat之價值購三鋼之茶甕，又有一將軍以價值一千四百ducat償其價值

就荷蘭通商史而言，當及於一五九五年葡人封鎖海港以阻荷船之事件，內荷國爲此事作而激船四艘，在 Cornelius Houtman 指揮之下，駛往東印度各島。次年六月抵爪哇之萬丹（Bantam），設立貨棧，以收集裝運遠東貨物等至國內。荷人兒佘地土人，無不樂於與荷人交易，每次滿有無數貨物運囘本國，遂引起東印度貿易之濃厚興趣。第一次繞船隊囘至當時之商港推銷絲綢（Taxel）以前，約八艘文復出發，於是發至一六〇二年，有六十五艘以上之商船，完全航行至東印度，於是發生激烈之競爭。爲解除此種糾紛計，而有荷蘭東印度公司之設立，藉以合併互相競爭之商業，免囘遭損失。是爲有荷蘭首次轉爪哇到達日本，一六〇七年復自澳門運載若干茶葉至爪哇，是爲歐人自東方所設根據地起運茶葉之最早記錄。（註五）

（Hirado）。荷人於一六一〇年由此島裝運茶葉至爪哇萬丹，再轉囘運往歐洲。其日期雖稍有不符，但大體上當可認爲正確。瑞士之著名解剖學及博物學家 G. Bauhin（一五六〇——一六二四）在一六二三年之著

註四：Jan Hugo Van Linschooten 著旅行語（Discours of Voyages）一五九八年在倫敦出版，係用著者從原文荷蘭版（一五九五——九六年）譯爲英文。

註五：見 Francis Valentijn 著古近代之東印度，一七二四年在 Dordrecht 及一七二六年在阿姆斯特丹版，第五卷第一九〇頁。

日人之淡介習摺爲：译人各有一樽，無蓋布與膳巾，膳時即本菜，與巾

作中，仍堅持荷船運茶在一六一〇年之說，故謂：荷人最初由中日運茶赴歐，在十七世紀初葉。（註六）

最初運至歐洲之茶葉爲綠茶，由蘇格蘭醫學家及證學著作家Thom-as Short（一六九〇──一七七二）之著作中可以見及。彼謂歐人最初所訂購之茶葉爲綠茶，其後則改爲武夷茶。（註七）

次年，即一六一一年，荷蘭公司得日皇之特許，准在平戶島設立貿易商館經商，對於貿易上之限制，荷人頗受寬待，以爭先抵該處之德敦士。仇恨荷人侵佔其臨時權利，應成數次械鬥。日皇乃宣告驅逐一切歐人，循入避雞山上。高臨海港，藥瘡固守，皇軍無法攻入，荷人協助日人以船上砲火攻平葡人之居留地，荷人以助攻關係，准留居該島，但得遇甚薄，彼等由平戶島移居於長崎港之擯島（Deshima）之內，在此種狀態下，荷蘭與日本之茶葉貿易，即見衰退，而改向中國交易矣。

英人到達遠東

至十七世紀，荷人已幾握東印度香料貿易之主權，一六一九年建立巴達維亞城（Batavia）於爪哇，作爲到達大東方目的地──香料羣島（或摩鹿加羣島）──之新根據地，不久又有英國東印度公司之出現，英人航行遠及日本，且與中國朝廷建立友好關係。一六一〇──一一年在印度之蘇立自登（Masulipatam）及貝塔布里（Pettepoli）設立代理商行，並備居於香料羣島之安保那島（Amboyna），此時荷人已先在該處樹立據地。

英人欲佔領印度羣島，荷國貿易商反對之，因荷人執有此島之優先權，此種爭執相持不下，乃積成一六二三年安保那島之大屠殺。結果使英國公司不得不承認荷人所主張之遠東貿易之權，而英人則退讓於印度本土及其附近各地。自一六五七年起，英國所用之茶，悉由荷蘭輸入，惟以一六五一年航海法之限制，仍由英國註冊之船隻輸入。除一六六四年及一六六六年二次進貢於英皇之少量茶葉不計外，英

其他國家之採用

茶葉除由海路運至歐西以外，更有用商隊經利凡說（Levant）地方由陸路運至歐洲其他各地者。最初由此路到達者，爲一六一八年由中國公使所攜運之數箱茶葉。當時中國欲將此種贈品以交換其他貨物，但因雞株多，蓋常艱苦路程。當時俄人對此茶葉向木及俄人所好，因此自贈品若干至莫斯科竟經二十年之後，亦時荷茶葉向木及俄人所好，因此自贈品若干至莫斯科竟經二十年之後，亦過去敎令方面頌揚茶葉之具有偉大醫藥功效，此時已有人提出異議，如當時德醫 Simon Pauli（一六〇三──一六八〇）即說：一醫學之短論，充滿恐怖論調，謂茶不過是世界上一種普通植物而已。彼又謂：「一般所稱茶之功效，如作醫藥用，反有危險。凡飲茶可以拆壽。尤以四十歲以上之人爲然」。（註八）

另外讚美用茶之記錄，亦不較少。如德國靑年旅行家J. A. von Ma-ndelslo於一六三三──四〇年，與Holstein-Gottorp大公派至Muscooy大公及波斯王之公使同行，在其旅行記中云：「在余等每日之午常集會中亟用茶，此爲印度各處所通行，不獨土著爲然，荷人與英人亦常以此

註六：見 Goopard Bauhin 著植物學（Theatri Botanici）一六二三年在巴賽爾（Basel）出版。

註七：見 Thomas Short 著茶、糖、牛乳、酒及烈酒（Discourses on Tea, Sugar, Milk, Made Wines, Spirits, Punch, Tobacco, etc.）一七五〇年倫敦出版。

註八：Simon Pauli 著藥用烟茶之評論（Commentarius de Abusu Tabaci et Herbe Thee）一六三五年在德國羅河托克（Rostock）出版。

國東印度公司之最初輸入茶葉，在一六六九年，計由爪哇爲丹所得者當一四三磅牛。此後貿易額逐漸增加，迨及利二世時，又投英國東印度公司以政府所特有之各種優越權利，該公司遂能迅速發展，不久即後獨於荷蘭及僅葡萄牙人各商業組織之上。

37

為藥料。波斯人則不用茶，而以咖啡代之」。

一六三七年 Mandelslo 在波斯皇宮時，因身體衰弱，請假赴印度作海上旅行，在旅行中顏得飲茶之益處。彼云：

余等自咖龍（Gamron）翌印度蘇拉（Surrat），計程十九日，途中船長招待以為餞勸，備有藥羊及其他飲料，更有上白葡萄酒、英國啤酒、諸國燒酒以及其他飲料。此種新鮮肉類，對余均為有益，兩余之健康提赤漸見恢復○每日必飲茶二、三次，習以為常，此種飲料，對余之健康頁獻良多，是又不勝感謝者也。（註九）

關於荷蘭用茶之最早記錄，當由「第十七董事」（Lords XVII 此名為荷蘭東印度公司十七董事之通名）於一六三七年一月二日致巴達維亞總督之信件中見之。彼詞：「自有人漸次採用茶葉之後，余等均覺各船能多載中國及日本茶葉運至歐洲。

當此時期（一六三七—三八），飲茶之風，漸次瀰漫歐陸，在 Mandelslo 描述日本泡茶之記載中可證實之，中稱茶為 Tsia。

Tsia 為 The 之一種，但較 The 為優美，故一般更珍視之。高何家庭，每將茶葉慎重盛於陶瓷壺中，加以密封、免走香氣。惟日人之冲茶，與歐洲煮沸，侯其苦味泡出而呈黑色時，乃加以茴香、茴香實、丁香、鹽等，混和飲用。（註十）

Adam Olearius 為 Holstein-Gottorp 大公派往波斯王公使之總書記，著遊歷觀察一書，所為者全不相同。

在一六三八年，派至蒙古 Mogul Khan Allyn 皇朝之俄國公使 V. Starkoff 持有茶葉，但並未饋贈俄皇，或因俄皇無需於此。然俄國與東歐尚未明瞭飲茶之利益時，海牙之高級社會，在一六四〇年左右，早已有飲茶之風尚。

茶葉始和輸入德國，在一六五〇年，係假道荷蘭而入境。至一六五七年，茶已成為商業市場上之主要物品。在 Nordhausen 化學物品價目表標明茶價為每一把十五 Gulden，除近海各地外，擴威頗為稜慢。如俄斯殼弗立斯倫特（Ost Fries land），茶之消費，較德國任何地方為大。

閃受飲茶新趣味之刺激，引起荷蘭博物學家 William Ten Phyne 於一六四〇年著茶之植物學方面的觀察一文。一六四一年，荷蘭著名醫學家 Nikolas Dirx 博士（一五九三—一六七四）以 Nikolas Tulp 之筆名，著醫學觀察一書，這為最初用醫學立場以讚揚茶葉之著作，顏引趨各方之注意。書中云：

無論何種植物，不能與茶葉相比擬，此種植物，既可免除一切疾病，並可延年益壽○陰發神清、健體力以外，又可防止膽石病、頭痛、登冷、炎症、結石、胃病、腸病等，且可提神，而善於夜間之思考與寫作工作，有良好貢獻○惟茶具有此種珍異，亦人愛好茶具，足下我人之愛好寶石珍玩。

爪哇之巴達維亞醫生及博物學家 Jacob Bontius 博士，在一六四二年出版之東印度之博物學與醫學史一書中，用問答體裁描寫茶葉，此文後來轉載於 Gulielmus Piso 之印度自然與醫藥用品一書中，所引之句云：

Dureus.：對於歐洲中國茶有何意見？

Bontius.：

正如同教徒之對於咖啡相同。

中國人愛此物含有神秘性，莫不以此發客，似未盡束人之優禮，可此睡眠，有益於患息之病人。

此期之著名荷蘭醫家，有 Blankaert、Bontekoe、Sylvius、Van Duverden、Bidloo 及 Pechlin 等，亦均持同樣讚頌茶葉之論調，與著名化學理想家 A. Kircher 神父，植物學家 J. Breynius，著名化學家生理學醫理想家 J. B. Van Helmont（一五七七—一六四四）之調調相同。Helmont 對其肛徒致以茶有促進血液循環與清腸之功用，故可作為同類藥劑之代用品。

在當時荷揚揚茶葉讚家之中，Alkmaar 地方之 Cornelis Decker（一六四八—八六），彼稱 Bontekoe 醫生可謂特殊宣揚茶葉之一名化學家，彼對於促進一般人在歐洲普及應用茶葉之功績，較任何宣傳家為人。

註九：Mandelslo 著東印度旅行記（Travels into The East Indies）英譯本一六六九年倫敦出版英譯本。

註十：公使旅行記（Travels of the Ambassadors）英譯本一六六二年倫敦問版。

大。彼勤人每日飲茶八杯至十杯，但即使飲五十杯一百杯，蓋至二百杯亦屬無疑。蓋彼自身亦常消費茶水如此之鉅（註十一）。歷史上曾言Bonteko＝醫生或曾受東印度公司之請托商作關於稱揚茶葉之文章，總之在歷史上一般醫生關於東印度公司之稱揚茶葉之宣傳，對於東印度公司之貿易有極大幫助，亦無可諱言也。

最初記述用牛乳為茶之調味品者，見於荷蘭旅行家及著作家 J. Nieuhoff（一六三〇——七二年）之記述。彼於一六五五年，隨東印度公司出使至東方任駐中國皇朝之代表，記及廣東城外政府招待蠻夷國公使之宴。在宴席開始，先以著于瓶之茶，放逐檯面，以供各公使飲用，並致歡迎之辭。此飲料以茶葉製成，先以半握之茶葉，投於清水，乃煎至剩三分之二，再加以熱牛乳，其量約為四分之一，略加食鹽，乘其極熱時飲之。（註十二）

最見諸茶葉州售，以藥房為主，荷蘭以繼計，與繼籠及香料同售。後漸見諸於出售殖民地產品之所，以後逐漸發展，一六六〇至一六八〇年，茶之應用，已普及於高貴門第，後普及於貧窮之家，有社會抱負之家庭往別繼一室，專供飲茶，雖貧窮之家，亦必以小室供此用途，或在餐室中飲之，與咖啡相同，荷蘭對於茶葉，亦素無加以限制之舉。

德國之 Feltman 醫生，早已著文陳述茶可防治疫癘，Woler 醫生更謂茶葉可以強胃長命，並減少不必要之睡眠。Waldschmidt 教授並謂高貴士紳，日日有明察複雜歐洲情況之重任，宜多飲熱茶，以保其健康。

一六八九年中俄訂立尼布楚條約以後，中國茶葉即源源經風茨傳之滿深商陸路線之高原，運往俄國。俄國與中國之貿易，受條約之限制，祇限於中國北方邊境之恰克圖，因此該地即成為二國物產交換之主要市場。

斯下的那維亞諸國最初與茶葉發生關係，全由荷蘭商人商業活動之結果，自一六一六年丹麥參加印度貿易以後，丹麥之商業活動亦有連帶關係。

註十一：Jean Nieuhoff 著荷蘭省東方公司出使中國皇朝記（The Embassy of the Oriental Company of the United Provinces to the Emperor of China），一六六五年阿姆斯特丹出版。

註十二：C. Bonteko：發伽著俊送茶葉談。（Tractate van het Excellente Cruyt Thee）一六七九年在海牙出版。

茶葉在歐洲大陸之論爭

德國中對於茶葉亦有極力反對者，其中最著名者為天主教徒 J. M. Martini，彼謂中國人之所以而容乾枯者，由於飲茶之結果，因此彼暢力主張拒用茶葉，同時更有其他方面，主張禁止德國醫生採用外國藥品，並堅持應出命之科學士中，雖有愛好茶葉者，但亦不乏嗜煮茶葉之人。且高貴之傳教士中，雖有愛好茶葉者，但亦不乏嗜煮茶葉之人。

自經致會方面之注意，以及荷蘭醫界之解釋以後，新中國之飲料，一時成為歐洲都會議論之焦點，茶葉即於此時流入法國，其年代據傳[13]一六三五年。但據蘇黎世長 Delamarre 所著警政全書第三卷第三七九七頁所載，巴黎最初有茶，在於一六三六年，惟 A. Franklin 對於三者之年份，均表懷疑。因法國著名醫士與作家 G. Patin（一六〇一——七二）之年在一六四八年三月二十二日之書函中，已述及茶葉，稱當代無關重要之新產物。據云有一醫生，名 Morisset，為一對於誇張茶於其醫道者，曾著一種關於茶之論文，發表後竟指摘甚烈，有數醫生甚至主張將其著作焚燬，遂將此事諸於大學校長，一時傳頌甚笑談。惟世人稱 Patin 為各種改革之敵人，尤以發藥為然，偶不贊反對採用茶葉或藥料而已。Morisset 之論文得同售「茶葉能否增進淨力」，稱茶為萬能藥，因此引起法國醫界之瞑論，法國士人敵論諸生，無人敢贊同之解。

前已述及之巴黎 A. de Rhodes 神父在數年後（一六五三）予茶葉以最高之估價，彼謂荷蘭人由中國運茶至巴黎，每磅以三十法郎出售，但原價實僅八 Sous（荷幣名）或十 Sous，且為陳茶，故其交易失敗

註十：兄 C. Bonteko：發伽著俊送茶葉談。

• 人民觀此爲名貴藥物，不獨可以醫神經性之頭痛，且可治關節痛與砂淋症。

Rhodes 醫生證明茶葉有醫藥效力之言論，引起法國著名廷臣及內閣總理 Mazarin 大主敎用茶以醫治風痛之念，關於此事，可在 Patin 醫生一六五七年四月一日之另一函件中見之。彼嘲笑高貴長者之採用茶藥以治風痛，謂：「Mazarin 用茶治風痛，茶果爲治風痛之眞藥乎。」

法國其他名人在 Rhodes 之著作出版以前，用茶爲藥料之事蹟，均見 Rhodes 之著作中。彼歸結茶葉之盛譽曰：

余屢與法國之名人往來，得知其應用茶葉，並屢承名人厚誼，使余過去三十年中得此經驗。

彼所稱名人之中，C. Sequier 校長常爲其中之一人，彼愛好茶葉，且對於茶葉亦最有貢獻。

一六五七年 Sequier 接受著名外科醫生 Pierre Cressy 之子所提出關於茶葉之論文，彼熱心接受之。因此茶之頑固敵人 Patin 大爲不悅，用文雅而戲謔之語氣，函述其當時情形：「下屆期四，此間當有一關於茶之論文提出於校長，而爲彼所許者。上述之偉人眞影諒當列席。」若嘗校長本人出席，有失身分也。惟靑年 Cressy 將詼諧茶葉如何可以醫治風痛之論文，繼續至四小時以上，遂使大學中之敎授羣，毅然放棄其過去對於茶葉之敵意，且黃至視作煙草而飲用之。是當時似乎 Patin 醫生之外者。Patin 在一六五七年十二月四日所作之壽信中，述及是日除聽校長之繁瑣外，並有多數著名人士，其中不少患風痛之樞密院委員，直坐至正午，敍述異常勳聽，校長聽講興趣濃厚，得校長之繁褯危坐與凝神靜聽，途使聽衆亮無倦齋。靑年醫生之議論，敍述異常生動大廟廣衆之間，得力克力輪入以後，在上中階級間，茶之流行頗受影響，而法國珡深刻之印象。如是之後，茶葉在法國地位，益加穩固，其實上在一六

五九年，Denis Jonquet 醫生已發表茶爲一種神祕藥科，引起巴黎醫界之一般注意。且劇作家 Paul Scarron 早已成爲飲茶之信徒。

法國與斯干的那維亞之記錄

一六六六年，法國傳敎士 P. Couplet 由中國歸來，輸入一種新之製茶方法，其法：

取一品股（Piat 英美容蠶）之茶，混以鮮蛋黃二枚，再加糖少許，使茶葉能充分甜蜜，再攪拌均勻，加燒水冲之，過熱分鐘卽可供水。

一六七一年 P. S. Dufour 在里昻發表「應用咖啡、茶及巧可力之方法」一書。一六八〇年著名書簡作家 Sevigne 夫人，記及 Sablière 夫人用牛乳與茶混用，彼之書簡頗多歷史價值之故事，此爲歐洲用牛乳冲茶之最早記錄。在一六八四年，同一著者所作之書簡中云：「Tarente 女皇每日飲茶十二杯。M. le Landgrave 每日飲茶四十杯，於其臨終前貧用茶以蘇醒之」。

一六八五年時代，茶已流行於文藝社會中，亞倫起（Avranches）之著名神父 P. D. Huet 作一首拉丁詩，長五十八節，描述其對於茶之愛好，其題爲「可愛的茶」。又一著名法國作家 P. Petit 發表一首五百六十節之長詩，題爲「中國茶」。巴黎藥劑師 Pomet，於一六九四年，以綠磅七十法郎出售中國茶，並以一五〇至二〇〇法郎出售日本茶。惟自咖啡與巧克力之輸入後，在上中階級間，茶之流行頗受影響，而法國之戲劇詩人 Racine，在晚年對茶葉頗爲愛好，每晨至少須飲一次。

至於斯干的那維亞之文學著作，在一七二三年 Ludvig Holberg 男爵所著之喜劇癲婦（The Lying-in Woman）一書中，最初提及茶葉。

第四章　茶葉輪入英國

英人之第一種茶葉記錄——Garway 廣告蜜出售茶葉——
第一張茶葉招貼——Pepys 君observ見茶菜——第一次報紙上之茶
廣告——英國婦女開始之飲茶——咖啡室之禁止——咖啡室之
衰退——雜貨店出售茶葉——第一家茶室——早年蘇格蘭之茶
菜——純粹茶葉論爭。

茶葉輪入英國供給之原料，共開曾發生不少冒險離奇之事跡。茶之記
載，首先見諸於英國文獻者，當推一五九八年出版之林孝登旅行記（
Linschooten's Travels）。此書原本一五九五——九六年在荷蘭出版英
譯本，當時英人稱茶爲 Chaa。

孟島（Isle of Man）庇顏（Peel）城堡之傢具活冊，其中杯碟一項，
列有鍍金茶杯一隻，該清冊編造日期爲一六五一年十一月三日。世人遂
以此證明孟島之飲茶，當在一六五一年以前（註一）。但據倫敦公業記
錄局之考古專家意見，鍍金茶杯一項之茶字，在英文字母排列上，當爲
銀字之誤，故當係爲銀杯鍍金，方有意義。

據蘇格蘭醫生及醫學著述家 Thomas Short（一六九〇——一七七
二）之意見，英國之有茶，當在詹姆士一世（James I）之時，蓋初次
駛往東印度之船期，在一六〇一年。當時如確已應用茶葉，則既屬新奇
風俗，當不致不得早期英國編劇家之注意，蓋劇本最能象微當時流行之
嗜好與性癖。

荷蘭東印度公司在一六三七年時已能每船滿載中國及日本之茶葉歸
於「英國東印度公司何以不能同樣營運茶葉而發展之」此點頗饒奇異。
惟一六四一年英國刊本知茶葉爲何物，確爲事實，因在这年發行之熱啤
酒（Treatise on Warm Beer）一書，記錄當時各種熱飲品，偷引用意
大利神父 Maffei 所著印度束中「中國當欽一種熱液，乃一種植物，稱
爲茶之液汁」一節。

英人之第一種記錄

英人所作關於茶之最初記錄，Wickham 致浅公司澳門經理人 Eaton 一函，該函爲一六一五年六月二
十七日所發出，請其寄遞精美茶壶一把。此函發現於東印度公司之擋卷
內，現尙保存於倫敦印度局中，由此可證明英人之知茶葉，最早當在一
六一五年。

當時在英文中爲無 TEA 字，故常與中國語「茶」
字相近之發音 Cha字表示之。一六一五年潘起斯邀綬記（Purchas His
Pilgrimes）一書中則用 Chia 字以表茶字，當中謂彼等常用一種稱爲茶
之植物粉末，以胡桃大之數量，放入磁杯中，再加熱湯冲飲。Purchas
更註明怪逢日本及中國各安會中，茶乃必備之品。（註二）

一六三七年英人初次到達東方，駛帆船四艘駛入珠江口，在澳門雖
遭葡人拒絕，但終能倚勢前進，及抵廣州，直接與華商發生關係。當時
有無茶葉輸出，以及二十七年後英人第二次到達澳門，有無茶葉，均無
記載可考。

迨至一六四四年後，英國商人父在厦門港創立業務，處處爲近百年
.

註一：W. Ralph Hall Caine 著「孟島名稱之原始及其特徵」（The
Origin and Significance of the Name Isle of Man）。

註二：Samuel Purchas 著 Purchas His Pilgrimes 一六二五年倫敦出
版，見第三卷三二六頁。

來英人在華之主要根據地。彼等在該處取茶之輻建土音 t'o (tay)，拚成 t'ea，ea 讀 a 之長音。

Garway 首次公開出售茶葉

茶葉輸入英國之最初時期，雖無明確記錄，或與十七世紀中葉茶葉開始輸入荷德法國之時期相近。由一倫敦咖啡店之招貼觀之，在一六五七年前，倫敦有一咖啡店，名 Thomas Garway，簡稱 Garway，曾有茶葉出售，但慣供貴族宴會之用。蓋此時茶葉既仰給於海外，在英國尤屬首次公開出售，故出售者竟須六至十英鎊之品。（註二）

Garway 為當時著名之連牌店主發煙商，其經營處所，數代以後，仍負盛譽，成一商品交易之中心。凡當時城中商界聞人，咸集於該店，暢飲白蘭地、可可、咖啡與茶等飲料。

Garway 所售之茶，以品質及勁勁優良見稱，但在倫敦一般人心，對茶尚少知識，因此 Garway 由熟悉此道之商界及旅行家學得冲製之法，依法冲製。又為供應熟客在家庭中做製起見，以每磅十六先令至六十先令之代價，用匣訂新價格後，用招貼宣揚茶葉之品質與效用，成為歷史上茶葉之最早而最有勁之廣告。

第一張茶葉招貼

當時 Garway 廣告中，有下列之文句：

茶葉效用甚著，故見智慧在古國聞名之各國家，無不高價售之。此種飲料無不靜受其國人採用，其最主要之效用，在於質地溫和，冬夏咸宜，飲之有益衛生，保持健康，頗有延年益壽之功。

Garway 歸納其顯著效能如下：

α體健快，壓膜提神，清除脾臟障礙，對於膀胱結石及砂淋症更為有效，可以清腎臟與腎管。以飲用重濁液之致呼吸窘迫者，減去五官疲憊，防除水腫與胃酸。明目清眼，防除疲與肝熱。治心懣與消化力。尤以當行肉食及肥胖之人為然。波少惡夢，增強記憶力。制止過度睡眠，必……

三三

嬰兒飲茶湯，可愈夜熱等研究，不傷身體。廳用適當品質之茶葉液汁，可以醫治痰冷鬱熱。又可與牛乳和同，治水腫擴血，出發汗而排尿，洗滌血液，以防傷染。又可消卻肌膚，因其效用深大，故為憲法肯及其他各國衛生家名人所採用。

此種菜凡屬傳品，因使 Garway 之智助人中，有胃弱體肥以及波濕不良者，英國人皆可飲東方之百病藥，且將中國醫書上有關茶葉之效用以及遠東傳教致師之傳述，參攷會於一頁說明書中，Garway 編纂之功，誠屬不小。

Povey 之文稿

議員 T. Povey 在一六八六年曾將一頁灣文之詮成英文，其譯文現今尚保存於倫敦博物館中，係東方輸茶至英國之一種證據。其文曰：

依據記載（由中文譯成）茶有下列諸效能：一、澄清血液。二、制止夢魘。三、減少之悶鬱。四、減輕頭重與頭痛。五、防止水腫。六、除去頭中之濕氣。七、驅去疲混。八、加強記憶。九、增進觀息。十、除去肝熱。十一、治腸胱與腎臟之病。十二、使人敏捷與愉快。十三、制止腹瀉。十四、波逃心力。波少悲佈。十五、除去困風而起之苦痛。十六、增進食慾。十七、增遊意念，促進消解力。十八、清靜眼囊。十九、清靜。二十、拾加善記。

（錄自 Povey 之譯述，一六八六年十月二十日）

英國社交界與宗教界間人，對於此項由中國輸入之新飲料頻盛譽醉，由英國東印度公司代表人 Daniel Sheldon 於一六五九年致其連關（Bandel）商公司代表人一閱，可見當時英人對茶葉重視之一班，函中：

見信謂即代辦茶葉著干，其價幾何，在所不計，謹據囑與家叔，因家叔之友人曾命令被探求此項神奇植物之茶片，亦為家叔好奇心所驅使，極願能赴中國及日本一行而研究之。

大意係：

註三：Garway 店之招貼廣告及貨價表，現仍保存於倫敦博物館中。

綢以彭達網地方不易購得茶葉，D. Sheldon 又去一函，略謂：「

如有茶葉，不論優劣，請酌量代購，並希將用法及其效用見告」。惟究竟有否購得，以後因來往函件中未有述及，不知其詳。越數年，倫敦市場已有對茶葉出售，故一般對茶葉有好奇心者，均能如願以償矣。

Pepys 發見茶葉

英國日記作家及海軍部秘書 Samuel Pepys（一六三三——一七〇三），曾記述當時之習俗及日常生活逆詳，故在其著述中，可以窺見當時概況。彼在一六六〇年九月二十五日之日記中，記有：「余素未飲茶（中國飲料），今姑求進一杯以嘗之」。

東印度公司之董事發現當時之潮臣顯官，用茶已慣，且極名貴，在其賬冊中曾登錄由咖啡店購茶數次，其價每磅自六鎊至八鎊左右。

倫敦咖啡店之茶

參個十七世紀各種史料，英國最初以茶正式充作飲料，當創始於倫敦之咖啡店。該項店舖原係供應咖啡，巧克力及果汁等飲料，即自Garway售賣眞實茶葉倡導飲茶之時，亦僅限於招待顧貸人士與特別宴會，及至十七世紀，則一般人民均能在咖啡室享受此新飲料，不久則盛行於全市矣。

闊後倫敦各咖啡室均附陽凰增設該項新飲料。該時無分特殊階級、自由職業或商界及教育界人士，均樂於聚集茶咖啡店飲茶，但由於飲咖啡之習慣較茶葉爲早，故該項顧客雖趕赴茶室飲茶，而口頭上仍稱上「咖啡」不稱上「茶室」。咖啡室爲當時倫敦社交之先驅，最合英人之性格，爲公衆聚集必諳之場所。無論中上等階級，均集會於咖啡室飲茶或飲咖啡，懸以議論當日各種政治問題，因之一切時事新聞等常識得以廣爲傳佈。

一六五〇年，有自黎巴嫩（Lebanon）而來之猶太人 Jacob 者，首先在英國創開咖啡室於牛津（Oxford）之聖彼得（St. Peter）教區，據英國考古家 A. Wood（一六三二——九五）所記載，當時開關於飲料者，即在該區開咖啡。（註四）

一般常誤會 A. Wood 曾於一六五〇年時記及 Jacob 之售賣茶與巧克力之事。其實Wood著作中，並無此種記述。惟有多種事實，證明Wood所謂英人歡喜此種新飲料茶非虛語。不久都市各區咖啡室林立，並波及於鄉村，既供給茶葉，復備其他合時飲料。

最早之茶葉廣告

咖啡室增設飲茶一項，以皇后傢咖啡室（Sultaness Head Coffee House）爲最早，該室主人於一六五八年九月三十日，刊登一廣告於政治報（Mercurius Politicus）內謂：「全體醫生所證明之便與中國飲料茶——現出售於倫敦皇家交易所旁之皇后傢咖啡室」，此可稱爲第一張茶葉廣告。

當時任何地方之喜賣茶葉，均認茶葉爲不可思議之健康刺，且飲用此物，類多思及於藥劑效能。此種心理，對於茶之推行，未嘗無相當助力，故六久茶即被視爲「康樂飲料之王」。

據一六五九年十一月十四日政治報 T. Rugge 之記述，世界上三大飲料，不久即通行於倫敦之咖啡室。「當時各衙道均有一種土耳其溫和之飲料，稱爲咖啡，另有一種稱爲巧克力之飲料，並有一種稱爲茶，亦爲一種急性飲料」。

尚有「Jonathan 咖啡室，設於交易所街，亦有茶出售。在 Centlivre 夫人所著翻本「繁婁記」（A Bold Strike for a Wife）中，描寫 Jonathan 當時開張營業之一幕，遭一年青侍役高呼：「新鮮咖啡，先生！新鮮武夷茶，先生！」

咖啡室逐漸發達，酒店次第衰落，二者互爲消長。政府以酒稅之故

註四：荷特偉（The Life of Anthony Wood）爲彼自著，一八四八年出版於牛津。

入銳減，不得不轉嫁其稅金於咖啡室所消費之飲料，以是咖啡室亦與酒館及麥酒店同樣看待，需要一種營業執照。

英國課征茶稅

茶葉兩字最初見諸於英國法規中者，為查理斯二世（Charles II）之時，英國法令第二十一章第二十三及二十四款，規定出售一加侖茶或巧克力及果汁，課消費稅八辨士。並規定咖啡室按季須領取營業執照，並繳付應課稅金之保證金，如違背是項規定，每月罰金五金鎊。

牧稅官錄經一定期間，奔驗咖啡室，估計並記載其所製造各種飲料之分量。此項設施，流弊叢生，不易實行。牧稅官須在牧稅官爾及來室調查之間隔，先備充分之茶汁，貯藏於桶中，應用時再取出加熱，逃避捐稅。

一六六九年英國法律禁止茶葉由荷蘭輸入，是為英國東印度公司專賣之肇始。

茶與咖啡店發行代幣

十七世紀之時，英幣缺乏，兌換困難，當時咖啡室主人及其他商人均自備大眾代幣或輔幣等。以資流通周轉，代幣幣面刻有發行者之姓名、地址、職業、幣領以及屬於其營業上之種種記載。該項代幣以黃銅、紫銅、白鑞製成，加以鍍金，甚至有用皮革製成，通用於鄰近各商店，惟大都以一厘為限。據 G. C. Williamson 所述：「代幣發行完全為民主政治之表現，並隨時可以兌現。當時英國內亂方殷，朝廷無暇顧及於匪政，故人民可請求政府頒佈法令施行之。」當時幣幣雖不美觀，但其古色古香，不失具有考古藝術之價值。

E. F. Robinson 研究英國咖啡室營茶制度之起源，發見交易所街上某咖啡室所發行之代幣與一般模素之代幣不同，由此種代幣之印模，即可見雕刻家 John Roettier 之技術精巧。現在所僅存之一種咖啡室代幣，雕刻甚美，有一土耳其皇后像，在此代幣上並刻有茶字。多數有趣味之咖啡室代幣，現在保存於倫敦之奇爾特霍爾（Guildhall）博物館中。

Beaufoy 之蒐集品中。

英國婦女開始飲茶

嗜好飲茶之葡萄牙 Catherine 公主於一六六二年嫁於英皇查理斯二世以後，飲茶之風，瀰漫行於英國紳女界中。在英國皇后中，彼為飲茶之第一人，而可稱許者，彼以嗜好溫和飲料——茶——使成為朝廷風行之飲品，以代酒、蘋蒲酒及燒酒。蓋英國之紳女與男子因有飲酒習慣，常使其頭腦發熱日夜昏迷不清。（註五）

十七世紀初葉，英國人口為二百萬，至末葉增至五百萬，Catherine 皇后時代之英國，享受 Elizabethans 女皇之文化，人民安居樂業，和悅活潑。英國詩人 E. Waller（一六○六——八七）於一六六二年皇后出嫁一年之誕日，作詩一首，恭祝大禮，為贊揚茶葉最初之英文韻詩，其詩開始如下：

花神媚仙女，嫦娥粉月桂，
引壽與秋色，茶味與茶比美。

皇后嗜茶莫深，故一六六四年東印度公司董事會覓選取茶製作為貴品之一。當年公司日誌中曾有駛後之一段記錄：一六六四年七月一日有一船自爪哇萬丹駛取至埠，即派領班待役至船上檢視，有無特別烏獸或其他珍貴品，可供貢品之用。八月二十二日市長得悉該公司代表於每次輪船返國，均未能裝載此種珍奇物品，以送該意如公司意為安富，不妨送銀茶桂子油及若干精美茶葉，可望皇上接受。公司方面退為妥善，故在總海上九月三十日有下列一項。

譯者 J. Siammon 之精祿
贈品——銀蓋中國瓶六個一箱……十三鎊

註五：Agnes' Strickland 著：英國皇后列傳（Lives of the Queens of England），一八八二年倫敦用敏，見五卷五三○頁。

一六六六年，Arlington 爵士與 Ossory 伯爵由海牙間倫敦，在行李中攜帶大量茶葉，其家中照歐洲大陸最新式最貴族化之方式調飲之，故對於從荷蘭二世朝廷中之流行飲茶，亦為一大動力。當時荷蘭飲茶方式最為宏麗，任何家庭，均別闢一室，專供茶之用。

Arlington 爵士等攜入之茶葉，頗受紹女皇之寶賞，其影響殊是稱對茶葉開名，復作文告廣為覆印。攻擊彼蜚為由荷蘭遠來入英國之首腦人。惟 S. Johnson（一七〇九——一七八四）博士，在其反對 J. Hanway 之文中，喚起一般人之注意，謂彼在一六六〇年以後，政府已征茶稅，且在征稅前數年，倫敦亦早已公開出售。

述● 當時有一英國慈善商人 J. Hanway（一七一一——一七八六）以著論反

在 Arlington 爵士閱國時期，法國歷史家 Raynal（一七一三——一七九六）謂倫敦茶葉每磅價雖達七十 Livre（等於二鎊十八先令四辨士），倫敦之價雖昂，但在巴達維亞則僅傳三、四 Livre（即二先令六辨士至三先令四辨士），因價格昂貴，茶之普及不免受阻，但其價格始終頗少變化。而倫敦廷之流行飲茶，引起婦女界加倍興趣，故倫敦之藥房，愈於加增茶之一項新藥。一六六七年 Pepys 在其日記中記云：「余見余妻亦自沖茶葉，並受 Pelling 君之勸告，飲茶可以醫治其受寒與傷風」。

咖啡室之取締

咖啡室之盛行，政府潮感厭惡，在理斯二世為於一六七五年十二月二十三日發出佈告，禁止咖啡室（包括傳茶之所），徐關死詞外，其論旨如下：

「為朕……顧得玩年咖啡室林立，滿佈令國，遠及威爾斯（Wales）諸國及塔成克梯怨特（Berwick-upon Tweed）城，棄無委游民，茶臺社令不洩，前買及其他人等，消磨時間於是室，地棄正當職業，或散佈悖逆謠言，影響治安。今黎上一念及此，覺有禁止此種咖啡室之必要，故嚴令所有關咖啡室，自本年一月十日起，均禁再售咖啡、巧克力、果汁及茶，苟則當自取其咎……（牌照一律取消）。不本朝二十七年十二月二十三

日傳會」。

是項佈告，於一六七五年十二月二十三日決定，至同年十二月二十九日始行公告，禁止咖啡室營業之期限，則定於一六七六年一月十日。此佈告發出後，群情譁然，咖啡室執行其期間相隔十一日，已足以向英皇說明誤會，各驚驚員咸以得荷之嗜好被奪，大聲疾呼。茶、咖啡及巧克力商人，又以禁止咖啡室，是以減少朝廷稅收為藉辭。騷動與不滿，次第擴大。英皇遂不得不探討此意，於一六七六年一月八日，再頒一佈告，以代替第一次之佈告。但仍保持皇上之體面起見，維持至六月二十四日，此懷，慣恤商艱，姑准茶及其相似液汁之店鋪，繼持至六月二十四日，此種嘗詞，斯密為一種托詞，故以後愈各執行，亦殊疑問。

Anderson 批評上述兩種佈告，視為最無恥而最懦弱之事●Robinson 評云：「在議會政治及出版自由尚未存在時期，此一問題竟能以會論自由獲勝」。

十七世紀後期至十八世紀，倫敦咖啡室成欣向榮，茶葉銷棄亦驟然增加，有時被稱為「辨士大學」，因該處實儲談論之學校，而其人學費，懂為一、二辨士，可得茶與咖啡各一杯，並包括報紙及電燭費在內，相傳常來之顧客，往往有特別坐位，並受別女侍者慇懃招待，Thomas B. Macaulay（一八〇〇——一八五九）說明當時英國咖啡室流行之理由，在於「可在城中任何一地約會友朋，並可以小費用，前過其晚間社交生活，其便利之大，遂使此風流行極速」。

俱樂部之進展

每一職業，每種商業，每一階級或黨派，均各有其相熟之咖啡室。咖啡與茶能吸收各式顧客於一所，又此種混雜之集會中，又產生一部份顧客專光顧於一咖啡室，遂使該咖啡室具有特殊色彩。久而久之，轉變為俱樂部，俱樂部起初在咖啡室集會，其後始有自備房屋之要求。其間轉化之跡，不難探察之。

咖啡室之衰退

正如公共集會所之供一般平民集會之用，咖啡室漸成為有間階級之娛樂場所，嗣後俱樂部發達，咖啡室又退至酒店之地位，故在十八世紀時，見咖啡室之發展達於最高峯，又見其衰退。相傳十八世紀末期，俱樂部之增多，有如雨後春筍，正如十八世紀初期咖啡室之情形相同。若咖啡室仍逗留至十九世紀之初，但共社交作用早已消失。因茶與咖啡已深入家庭，同時又有俱樂部之繼起，以代其過去之便利而維持原狀。咖啡室之轉變為酒店與鬻室，懂少數句能以其過去之情形，知者究屬有限。

雜貨店開始售茶

十七世紀之末，茶已為一般優裕家庭所採用，倫敦若干雜貨店（Tea Grocer），用以與其他茶葉出售。此種雜貨店稱為茶雜貨店（Tea Grocer），用以與其他不售茶之雜貨店相區別。當時茶價，在英國一般民眾尚覺其過為昂貴，故莫不視為奢侈品。且在蘇格蘭與愛爾蘭二姊妹國，雖非完全無茶之知識，知者究屬有限。

第一家茶室

有一事足以表示茶之進步者，為一七一七年 Twining 將湯姆斯（Tom's）咖啡室改名為金獅（Golden Lyon）為倫敦若干茶室，茶室不如咖啡室之專為男子所光顧。姑人同樣亦祝臨。故查 E. Walford 之著作中曾述及高貴婦人亦常蒞臨茶室，以啜飲此小杯愉快飲品，至常付以數先令而去。

茶葉普及民間

茶葉之價格雖昂，但巴樹立基礎，迫至一七一五年左右，低價綠茶始漸普及。據 Raynal 記述：「以前除武夷茶以外，無其他種類，至一七一五年以後，對此亞洲植物之嗜好始見普及，或雖認為茶不當，惟以為茶葉對於國家節飲之供獻較諸實法律為多，蓋基督教佈道者係道德良好之人，藉此可以作極流利之演說」。

H. Broadbent 在國內咖啡人（The Domestic Coffee man）一書中，總括一七二二年時地方對於茶葉之意見，觀為古來食品及藥品之中，未有如茶葉飲料之優良，愉快而安全。一七二八年英國記事文家 Mary Delany（1700—88）於一七二八年記述云：「住於倫敦保爾托來得（Poultry）之家庭，均備有各種價值之茶葉，有二十至三十先令之武夷茶，有十二至三十先令之綠茶」。

早年蘇格蘭之茶葉

一六八〇年，茶葉首次在蘇格蘭愛丁堡 Holyrood 宮中為 York 公主所採用，共為彼瑪與愛瑪姆士二世，為英格蘭及愛爾蘭之皇后。公主嘗學得茶葉在社交上之藝術，為輸入此新飲料品，頗為屬僚所炫賞，遂成為蘇格蘭貴族之愛好品。

一七〇五年，愛丁堡洛根自斯（Lucken-booths）金匠 George Smith 有以綠茶每磅十六先令，紅茶三十先令出售之廣告。認為茶葉之價愈，不亞於珠寶。證至一七二四年，飲茶之風已流行於各階級間，但茶以節儉開名之蘇格蘭人，究能消殺若干，殊成問題。

亦有若干人士，視茶葉為不良飲料，價值既貴，又耗光陰，易使人民氣質變為備弱。一七四四年 Forbes 爵士之申告書即其一例，當此時期，蘇格蘭各地發起一種拒絕飲茶運動。城市鄉村均通過議案，非難中國茶葉，主張採用啤酒。亞爾顯壺（Ayrshire）及福拉東（Fullarton）領地之農民，更共立誓曰：

茶葉之初期論爭

金等為為農為梁，本無禁止飲醒於外國者奢品質調茶之必要，飲茶者大帮為身機羸弱之上流社會人士，故此種物品，顯終不合於我等粗劣肺窮怠惰及無用之人流用可也。

在英國攻擊茶葉之各種言論中，一六七八年，H. Saville 致其鰥父之函中，述共友人「每於餐後用茶代醼酒」，頗為學習「低賤之印度人行為」而懊喪之，此乃攻擊之開始。一七三〇年蘇格蘭醫生 Thomas Short 博士，著一茶之論文，否認茶葉有任何想像之優點，以害人，產生種種不幸之疾病。

一七四五年，英國發生許多關於茶之議論，可於婦人評論（Female Spectator）中窺見之。在該雜誌中，稱茶為家庭之禍患。又常時妬有權威之政治經濟學家 Arthur Young（一七四一——一八二〇）亦稱飲茶在幾個國家經濟上，全屬有害無益，彼謂不獨男子耽於飲茶，工人婦女亦均荒廢工作，溺愛飲茶，甚至農家之僕役，亦要求早輕飲茶，深致嘆息。勸告國人，倘社此以不良飲料殘害身體消耗時間，則將來一穀平民所受之困苦，當較前更為悽慘。

惟茶在英國之繁榮，並未減色。一七四八年又遭另一新攻擊，貴大佈道家 John Wesley（一七〇三——九一）立於醫藥及道德觀點，以飲茶有害身弱，促成友發止用茶。中國日本佛教附侶，最初採取此無毒飲料，促進以前所爆刺激性酒類之攻擊武器，而 J. Wesley 則以攻擊強性飲料之同一語氣，攻擊飲茶，而勸人民以節省所得，作為慈善事業之用。

J. Wesley 自瘋痺症痊愈後，據其所述，常陸功於停止飲茶，彼在攻擊飲茶之演說中，反對飲茶者曰：

可悟哉，竟初之病夫也！意欲去此茶之習慣，則健康與事業均可少損害，獨益非淺，我人或此一事，足齊同胞「人之衣食，或竟可拯救一人之生命……或有反對者曰：茶非完全無益者，余敢答曰：勿妄作此想，者許多著名將家之例證，有時未嘗免不無偏見也。

惟從 J. Wesley 之晚年生活觀之，彼又變為正常之飲茶者，且有時設茶會宴客。倫敦 Wesley 教會之主教 George H. McNeal 曾述 Wesley 在家時，倫敦之美以美會牧師常於星期日皂集合於其寓中早經，終後釋

趙各地約會，在早餐時，常用一半加侖之茶壺，為著名飲茶樂，此W. 及關 wood 專為 Wesley 所造，此壺現尚保存於城鎮（City Road）Wesley 故室中，為陳列品之一種。

雖用種種企圖以制止飲茶，而飲茶之習慣，在十八世紀時，有增無減，且擴展至娛樂園及英國之窮鄉僻壤，至一七五三年，鄉人已手持茶葉而與其他食品相併據。

倘有一種以攻擊茶葉之著名著作，為倫敦富名商人及著作家 Jon is Hanway（一七一二——八六）一七五六年所著之八日旅行記（Journal of an Eight Days Journey），著者痛斥飲茶有礙健康，荒廢家業及損害國力之物品。

J. Hanway 之旅行記為英國著名醫學翁藥家 Samuel Johnson 博士所見，乃以自稱愛好茶葉之活潑語調為其愛好之飲料答辯。彼之作傳者 John Hawkins 傍士所述 S. Johnson 博士之嗜好茶葉，已至難於置信之程度，任何時候一見茶葉，彼即談談，並要求加入調味品，使共可口，彼之饕顱魁梧，體力一見茶葉，和比。（註六）

既知 Johnson 博士之此種性辯，讀者常懂了解彼所以為共嗜好茶之料加以嘲諷。文藝雜誌（Literary Magazine）所發表一文，以幽默嘲笑之態度回答 Hanway，並自稱為堅毅之飲茶家：「數年以來，祇用此可愛之植物液汁，以減少食量，水壺中永熱不冷，用茶以娛樂晚間，用茶以慰藉深夜，更用茶以歡迎朝辰」。

其他著名作家，其中如 Aoidison、Pope、Coleridge及詩人Cowper 均嗜好飲茶。其後 Sydney Smith 牧師記述：「感謝上帝賜我茶葉，若無茶葉，世界不知將若何！余生於此有茶葉時代，深以為榮也」。

　註六：J. Hawkins 著約翰絲博士傳（The Life of Samuel Johnson）一七八七年倫敦出版。

第五章　茶葉輸入美國

新阿姆斯特丹人民首先改茶——新英格蘭飲茶之初期——茶葉在荷蘭約及菲列得爾菲亞——茶稅使帝國分裂——一七七三年之茶葉法——殖民地之激憤——菲列得爾菲亞之反抗——不滿茶葉延至紐約——自由之子黨——波士頓之民衆大會——波士頓、格林威治、查理士敦、菲列得爾菲亞、紐約、亞那波里斯及愛丁東之抗茶令——不飲茶黨家之誕生

十七世紀之初，不獨聚集大西洋沿岸一帶之美洲殖民地人民尚不知以茶爲飲料，即其祖國，亦未知茶爲何物。一六四○年，荷蘭貴族首先用茶，迨至一六六○—八○年，始次鄰傳達全國，故美洲最初用茶時期，雖無明確記錄，但其習慣之由荷蘭傳來，自無疑問。就美洲殖民地而論，以緯遠新阿姆斯特丹 (New Amsterdam) 人民飲茶最早，其時期約在十七世紀之中葉。

當時新阿姆斯特丹之豪富，或至少力能購茶者，咸已採用茶葉，已無疑問。就遺留於後代之當時種種用具觀之，亦可推測該處之飲茶早已成爲一種社交習尚，正與荷蘭本國無異。其時期亦適相脗合。茶壺、茶罐、罐碗、銀匙以及濾篩，均爲新世界中荷蘭家族之珍品。茶壺、茶罐、罐碗、新阿姆斯特丹之社交閨秀，不獨約親密茶，且用不同之茶壺窰製數種茗茶，以迎合質客倜恨之嗜好，彼等不加牛乳或乳酪於茶中，因此種風俗，日後始由法國傳入美洲。但常加糖，有時竟用番紅花 (Saffron) 或桃葉以增香氣。

在馬薩諸塞 (Massachusetts) 殖民地，約在一六七○年，已有一小部份地方知茶或竟飲茶。最初以茶葉出售於波士頓者，在一六九○年，係 B. Harris 及 D. Vernon 二氏依據英國法律，商人售茶均須領用執

照，故彼等亦取得執照而公開售茶。後來波士頓飲茶之風，顯已不足爲奇，就法官 Sewall 之日記觀之，彼於一七○九年飲茶於 Winthrop 夫人之住宅，亦未表示特殊觀感。

當時英國所通用之茶，爲武夷茶或紅茶，亦即爲美洲殖民地所常用之茶類，但在一七一二年，波士頓之包爾斯東 (Z. Boylston) 藥房目錄上，見其列有零售綠茶及脊連茶之廣告。

早在一七○二年，勃來茅斯 (Plymouth) 已採用小銅茶壺，最初製造鑄鐵水壺者如馬薩諸塞之勃來勃東 (Plympton 現改爲加浮Carver) 地方，約在一七六○年至一七六五年間，爲人赴會，常各攜茶杯、碟及匙，杯盛上等磁器，形狀小，彷彿普通之葡萄酒杯。(註一)

初時新英格蘭 (New England) 採用茶葉，正與其母國採用之初時情況相同，因缺乏之烹製茶葉之智識，致發生許多意外事件。在沙倫(Salem) 將茶葉煮製過久，俟成爲極苦照汁，不加牛乳及鹽而吸飲之，然後將其茶葉用鹽加牛酪而食，亦有若干城市將茶液棄去，僅食煮後之葉。(註二)

茶葉在傳紐約

新阿姆斯特丹於一六七四年，歸英國管轄，改名紐約，以迄瀰易爲英國風俗，模倣十八世紀上半期倫敦娛樂園之習俗後，在咖啡室及酒店中

註一：Francis S. Drake著：茶葉 (Tea Leaves) 一八八四年波士頓出版。

註二：Alice Morse Earle著：新英格蘭古時之習慣與時尚 (Customs and Fashions in Old New Eng'land) 一九○九年紐約出版。

三八

附沒茶園。後又在都市之近郊開闢拉乃來（Ranelagh）及佛克哈爾（Vauxhall）花園，全以倫敦初期著名之園名而命名，與佛克哈爾園之名者有三所。第一園在格林魏希（Greenwich）街，位於華倫（Warren）及張磐（Chambers）兩街之間，地臨北河（North River），可縱覽哈得孫（Hudson）之美麗風景，最初稱包林格林（Bowling Green）園，至一七五〇年乃改稱佛克哈爾園。

拉乃萊園在段乃（Duane）及華斯（Worth）兩街間之大路上，共空卽爲後來紐約醫院之院址，約有二十年之歷史。園中備有早餐與晚點，咖啡茶以及若干熱茶，以供遊園仕女隨時享用，相傳年期間之廣告觀之，知得週在兩花園中各舉行煙火與音樂會二次，園中更有一寬敞之跳舞園。第二佛克哈爾園，開設於一七九八年。現在之潛州培來（Mulberry）及格蘭特（Grand）街之間。第三園開設於一八〇三年，在包魏路（Bowery Road）卽鮑斯托（Astor）地方附近。亞斯托園書館於一八三三年建造於該園原址。

William Niblo 爲松街（Pine Street）之銀行咖啡室主人。彼於一八二八年開設一娛樂園，梅爲勝斯沙西（Sans Souci），此園設於原有馬戲館舊址之旁，後又建一更富麗之戲院，於百老匯（Broadway）之前，園地廣闊，濃木滿佈，間有小徑，並羅小燈點綴其間，世人均以尼勃洛園（Niblo）稱之。

在其他最著名之娛樂園中，備有茶點者：爲康托脫（Contoir）園，（後改名紐約花園）櫻桃（Cherry）園以及茶水咖館（Tea water Pump）花園。最後一園爲近一泉水之郊外花園，在卡遜（Chatham）街（現爲公園路）及羅斯福街（Roosevelt）之交叉處。泉水及其附近，形成飲茶及其他飲料之遊閒地。關於此泉之紀錄，最早見於一七四八年之一旅行家遊紐約之日記中，振云：全城無餘良飲水，惟在近郊有一清泉，佳民常汲此泉以飲茶。

城中水管中之水。因此街上有多數水販叫賣茶水，成爲當時一種特殊風俗。至一七五七年此種營業發達逾恆，市政會議遂頒布紐約市茶水販管理規則。

倘有其他著干泉水，亦拥作茶水，如位於現在之第十號路及第十四號街附近之克那勃（Knapp）著名泉水，以及近克利斯考福（Christopher）街及第六號路之另一泉水，此二泉水自負盛譽，爲一般人所重視，惟所謂茶水咖啡之泉水，保指卡遜街一最早之泉水，而爲時輩之紐約人最初往遊之地。

茶葉在舊非列得爾非亞

茶葉之輸入教友殖民地（Philadelphia 之別稱）或歸功於William Penn 氏。該殖民地發源在一六八一年創立於德拉華（Delaware）江畔。咖啡亦爲彼等所輸入於教友城之另一重要飲料，在一七〇〇年咖啡亦如茶之供富有者飲用，後來飲茶之風勃興，一般家庭亦如其他英屬土漸樂咖啡而飲茶。一七六五年印花條例頒佈以後，又經二年（卽一七六七年），而有貿易與賦稅法規出現，於是賓夕法尼亞（Pennsylvania）殖民地遂與其他各殖民地攜手，一致抵制茶葉，該地咖啡亦與其他各地相同，銷路又發達。

茶稅使帝國分裂

當七年戰爭結束時，英國獨霸海上與美洲。英皇喬治三世認爲此次戰爭全爲殖民地之利益，故至以常課稅以充防禦軍費之一部份。英國政府在英皇主持之下，遂思整頓殖民地之賦稅，於 G. Grenville（1712—1770）內閣時代，於一七六五通過不祥之印花條例（Stamp Act），凡殖民地人民所用茶葉及其他物品，均須課稅。以徵收情事繁然，不獨美洲爲然，卽在國內反對 Grenville 內閣者之一，聲稱英國議會未得美洲殖民地代表之同意，無權向美洲殖民地人民徵稅。Pitt（1708—1778）爲著名反對稅者之一。

政府雖堅持依據法規宣佈條例，對於殖民地有課稅及制定法規之設高權，但終於和平處置，於一七六六年將印花條例廢止。

其後，在一七六七年，議會通過 C. Townshend 之貿易與賦稅法規（Act of Trade and Revenue），對於油漆、油、鉛、玻璃、及茶葉均課稅金，以是反對之餘燼復燃，高唱抵制任何英貨之論調，政府爲使商人滿足起見，議會通過除茶葉每磅徵稅三辨士外，其餘捐稅，均予廢止。但殖民地人民仍拒絕繳付，寧向他國購運茶葉，而不願犧牲其抵拒英茶之主張。以是荷蘭私運茶葉進口之風大熾，美洲茶葉貿易之大部分乃落於荷人之手。

一七七三年之茶葉法

東印度公司因喪失美洲殖民地市場，致發生茶葉過剩之現象，乃請求議會救濟。內閣總理 North 勳爵士（一七三二——九二）許其所請，極力予以援助。以是特准該公司有輸出茶葉之購銷特權，蓋以前英國經紀商人，均由東印度公司購入茶葉，再轉傳於殖民地商人。自一七七三年之茶葉法頒布以後，授權公司直接輸運茶葉至殖民地，遂使英國中間之商人，以及美洲入口商人之利益，均被剝奪。更規定公司於茶葉出口之後，可領囘百分之二百之英國出口稅，而祇須向殖民地海關繳約三辨士之茶稅。以是如此，當可低於荷人之茶價。同時殖民地人民亦可較英國內地得更廉之茶葉。但其結果，似未獲大效。蓋美洲殖民地人民爲維持其主張起見，即對此行徵磅三辨士之小稅，亦不願繳納，仍拒購英茶。

經此次調整以後，東印度公司爲實施其計劃起見，遂指派代理人在波士頓、紐約、非列得爾菲亞及佐理士敦（Charleston）付清輕微之美洲關稅後，即可將貨物運售。公司所選派各代理人中，駐馬薩諸塞者有與輿情不洽之英國總督 Hutchinson 之子姪輩。其他代理人亦大多遂忠於政府利益及彼之財政立場者，彼等處境境本已艱難，復不諳事理，妄冀恢復英茶在美國所失之市場，故其失敗實會中邪也。

殖民地怨憤之激起

與本國隔海相對之美洲，對於茶葉法及其政府以前各項措置怨憤日深。若干殖民地遂即開會抗議，其中一部分向英國政府呈遞請願書，均未蒙採納或立予拒絕。因此在美國各海港，有所謂自由之子（Sons of Liberty）各種團體舉行種種集會與示威運動，尚有許多殖民地婦人之集團，亦均被鼓勵自動廢止飲茶。波士頓有五百婦人相約不再飲茶。紀錄上尚有哈脫福特（Hartford）地方之婦女，以及其他美國城市或鄉村婦人，亦採取同樣舉動。就大體而論，此種表示，均爲贊助抵制銅英國貨之輸入，自願佈忌茶葉法以後，更有特別抵制茶葉。在馬薩諸塞州之若干地方，即確佈爲藥用之康內提克（Connecticut）歷史學會圖書館中，今尚保存於哈脫福爾特之威搭克斯 Wethersfield 地方所印發。共文如下：

註明佈馬薩諸塞州 Wethersfield 地方印發，要於彼之年遇體養情形，自當用本會保制之例。特啟證明。此致 Leonard Chester 先生，Elisha Williams 謹啟。

査 Baxter 夫人講求登於賺買武夷茶四分之一磅之證明書，

爲代替此項嗜好之飲料起見，便有多種代替品出現。所謂茶者，爲一種四葉之珍珠菜（Loosestrife），去其葉前煎共粗，乘放於鐵鍋再用葉梗之液浸漬之，用乾燥鍋烘乾，如此製成之代用茶，以每磅六辨士出售。凡婦人之各種縫紉會、紡織會，以及其他集會，均非有此或其他代用品不可，草莓及小酸菊葉，亦可製造假茶。此外如紫蘇、鼠尾草以及其他醫用植物，亦常用之。更有所謂原始神茶（Hyperiontea）者，保用複盆子葉所製成。

殖民地之愛國婦人，以如此拒用茶葉方法，訓練自己及其子女，另子則注目於國內政府之任何新壓迫。蓋當時政府已在建議，將殖民地之茶葉貿易，悉委託東印度公司專利經營。查一七七三年以前的反對國內政府之措置者，又可分急進與保守二派。對於急進派之議論，謂爲近於幻想，其氣焰本已漸趨冷淡。鑒於議會立法之結

果，恐自身所經營之茶業行將移轉於東印度公司之手，自難繼續緘默，乃亦急進派合灑。逮年十月二十一日，用馬省通信委員會之名義，出發通告內云：此種企圖，顯屬爲消滅殖民地商業並增加稅牧，凡我殖民地人民，自當探取有效措置，以阻止此項計劃之推行。（註三）

又在一七七三年十月十八日波士頓代理人致倫敦公司之函中，有東印度公司此項辦法使茶商與入口商發生反感，將來消起何種糾紛，自難預測。……友人中有彼風潮之不難半息者，亦有持相反見解者等語。Abram Lott 爲紐約之一代理人，亦述及關於銷茶一事，已爲無望，蓋人民寧購毒藥，不願購茶。

決定阻止卸貨

報章對於此事之評論，較前更爲激烈，認爲在此上皆之茶，依照成約，此茶稅應在倫敦致付。因此如何起卸，成爲問題之焦點。商人得多數愛國團體爲之後盾，登起抵止，其中尤以自由之子團反對最力，以是一致決定不令卸貨，亦不使茶葉運過。紐約之一英國官吏，曾致函其倫敦友人，內謂「凶東葉輸入美洲，全體人民均極憤怒。紐約、波士頓以及菲列得爾菲亞城人，似均決定不再使茶葉上陸。彼等集合成隊，幾每日練習砲擊，各分隊亦日日外出練習。……彼等誓將入口之茶船，悉予焚毀，惟余敢斷言，如以皇軍數營壓鎮眼，當不致釀成事變」。

紐約商人於一七七三年十月二十五日集會議決，對於駛來紐約之英輪船長表示謝忱。因其拒絕裝戴東印度公司茶葉，以免繳付不合理之船入口，此實爲彼等所最感失望者也。

菲列得爾菲亞之反抗

菲列得爾菲亞爲殖民地中最先進之一地，對於反抗役國政府征牧茶稅計劃，居於首腦地位。編印各項宣傳品散佈全城，共標題爲：合則存，分則亡。並貌召居民儘可能應用各種方法，以防本身權利之被侵等，且特別指出東印度公司所任用之代理人，爲破壞整個自由山組織之罪魁，故各代理人在衆目注視及聲言之下，不敢有所妄動。宣傳品罵名爲 Scaevola。按 Scaevola 爲一羅馬士兵，曾以兵卒誤於寇火上挾燒，顯示於 Etruscan 王之前，示不雖受嚴刑而不畏懼，該宣傳品之深名，亦取其意。

一七七三年十月十八日，在市政廳舉行民衆大會，當衆議決，發表宣言，聲明茶稅爲未經惡可而加於殖民地人民之不法捐稅，因東印度公司貨企圖強迫牧稅，故發告任何人民，如爲裝卸或出售茶葉，即爲國家之罪人。

抗稅運動蔓延至紐約

一七七三年十月二十六日，在紐約市政廳亦舉行同樣之民衆大會，宣布東印度公司企圖獨佔殖民地茶葉貿易，實爲公開之強賊行爲。此時在紐約出現一種報紙，將爲警報（Alarm），其中有謂：凡取納毫可咒詛之茶葉，即爲罪人。美洲之處境，已較埃及及奴隸爲尤慘。財政法堤上之文句，明言汝等並無可稱爲屬於自己之財產，汝等不過大英帝國之奴僕與牲畜而已。

紐約自經此次騷勤以後，約越三週，東印度公司之代理人相率敢跡，乃爲宣佈由海關撤銷代理，以迅速緊告倉庫業商人，不得好藏茶葉，正如菲列得爾菲亞人之所爲，凡買賣茶葉，當視爲公敵。

自由之子團

每一殖民地，幾乎均有一自由之子團。該團初創於波士頓，稱爲聯合俱樂部（Union Club），後採用 Isaac Barre 上校在英國議會中演說所用之詞句，而援用此名。其團員包括多數愛國先進份子，爲一種秘

註三：F. S. Drake 著：茶葉（Tea Leaves）一八八四年波士頓出叔。

密組織，並用暗號以防英國王黨之間諜，凡在公開示威時，波士頓團員各於頭上懸一徽章，一面彫刻持杖之手臂，杖頂爲一自由之冠，四週寫「自由之子」字樣，背面則彫一自由樹圖案。（註四）

該洲組織採取自我保證制，如信念勸搖份子，則予以拘捕懲處，在政治會議中準備選舉名單，並草擬各項公衆紀念大會之計劃。質言之，在當日選出能孚衆望之領袖領導之下，使成爲各種民衆運動之首腦。

在波士頓有所謂北極會（North End Caucus），常集會討論如何開展其任務，十月二十三日議決，必要時當不惜犧牲生命財產以抗拒被卻或洲僞東印度茶業。團體中以藝術家如木數，爲 Joseph Warren 博士所組織，常集會於北極豪（North Battery）附近之 William Campbell 家中，有數次則在青龍族社（Green Dragon Tavern）開會，北極會另一同性質之團體，稱爲會長室俱樂部（Long-Room Club）者，均爲自他之子團之支部，商保持原會中之一切習慣。當時波士頓著名愛國彫刻家 Paul Revere 曾謂「我等集會爲謹愼機密，故每次會議必指聖經宣誓，除對 Hancock 及 Warren 二人或敎堂及一、二其他領袖之外，不得洩漏秘密」。

波士頓之民衆大會

十一月二日自由之子團途一驟文與波士頓東印度公司之代理人，限其於次週星期二赴自由樹旁，正式宣告辭職務。是日旗幟飄揚，鐘聲齊鳴，絡繹羣集於樹旁者達五百餘人，獨各代理人均未親自到場，以致到會者（包括 J. Hancock. S. Adams. W. Phillips）推舉代表赴克拉克（Clarke）倉庫與代理人會兒，交涉結果，彼竟拒絕辭職，且不允在茶葉到達時停止裝卸，各代表將交涉結果報告於自由樹旁之大會，以是決定再集全城大會於法瓜爾廳（Faneuil Hall）。是會於十一月五日舉行，由 Hancock 爲主席，市民代表及各愛國領袖均同時出席，意見亦告一致，經慎重考慮之結果，議決依照菲列城大會辦法，頒佈宣言，聲討茶稅之苛政，並反對政府對於美洲各自由民所施行之捐稅。

政策•

代理人拒絕辭職

市民代表及其他二人組織委員會，將議決案送達代理人 Thomas 及 E. Hutchinson 等，惟據代表在大會中之報告，其中有四百餘當地商人認此爲極端侮辱，因此大會經期，另商對付辦法。當地市長偵知該會有叛逆言論，但瀏覽證據未獲，情勢緊張達二星期，至十一月十七日倫敦運來，謂裝有東印度公司茶業船三艘，將駛來波士頓，尚有數船將開往紐約，菲列弗爾菲亞，及查里士敦，駛來波士頓之三船，爲達德茅斯（Dartmouth）、皮維亞（Beaver）及裝德福（Bedford），爲達德特開赴（Nantucket）開出，裝運鯨油至英國，駛來時裝載若干東西印度公司之茶業。

十一月十九日，波士頓各代理人深知甚怒可提，籲請市長及市商會維護其生命財產之安全，並請求保護共茶業直至出再後爲止。市長盡其能力所及者爲之，而市商會則以爲護衛東印度公司倉庫，非其應負之義務，懇辭拒絕。波士頓各代表婉勸代理人退回茶業至倫敦，均有渚干保守派友人，亦作同樣勸告，但若菲茵恃有市長之援助，卒不爲所勁。

波士頓抗茶會

最先到達目的地之船，爲達德馬斯號，船長 Hall，於十一月二十八日駛入港內，所載茶業，計八十大箱與二十四小箱，則到達稍遲，諸德馬斯受該城大會主席，即馬等愛國份子 Adams 之命，駛靠格利芬（Griffin）即現在之利物浦（Liverpool）碼頭卸貨，但勸令不得起卸茶業於船中，同簽於派人監親之。船未 Rotch 在各項貨物憑數起卸後留茶業於船中，

註四：自由樹現存於波士頓之愛色克斯（Essex）街及華盛頓街之轉角，該處爲一七三三至七四年愛國者舉行露天大會之所。

再裝出口貨物時，將茶葉運囘倫敦，免囚延課船期而受損失。惟囚進口貨物尚未完全繳清，以致不能從海關取囘出口稅。向市長請求發給退閜茶葉至倫敦之許可證，亦遭拒絕。以是該船不得不停滯於港口。依據英國法律，凡船駛入口過二十日，即應繳納關稅，倘未繳清者，海關有沒收及拍賣其貨物之權。市長既希望茶葉起卸，而海關派有緝私艦兩艘駐在港口，以防達德馬斯號未領執照私自出口。市長除馬斯號外，常然有充公之權，代理人之避居於變藝者，亦正靜待此事之結束。至狍豫期間之最後一日，即預定茶葉沒收或起卸日期之前一日，爲一七七三年十二月十六日，是日附近城市之居民及停止業務而將來老南教堂（Old South Church）開會者，不下數百人，爲該教堂空前未有之盛會。

Rotch 探約衆議，其他各城市代表亦申途决薯拒用茶葉，爲該批報告大鵲羣衆歡呼擁護。以免讓決用茶葉者認爲下流之舉，各城市爲應組織委員會以防止此可譏訕之演說，至四時半逾一致通過，不准茶葉智 J. Quincy 諸氏，更作大聲之演說，至四時半逾一致通過，不准茶葉上岸，惟關於如何應付之計劃，則在各領袖之執行會議中决定之，以防閜體探悉。同時大會勢須暫綏解散，直至 Rotch 向市長申請之結果分曉爲止。Rotch 氏於六時囘來，報告於大會，將市長站在政府代表之地位上，不能允許該輸出口之法律立場。報告於六時囘來，以是大會應再延長。各城市均聚集於街道及格林芬碼頭，匆布波士頓代表之商人 John Rowe 於火會將散時，大聲疾呼：「將茶葉與海水相混和」，此語一出，不知是否爲領定之符號，即有身穿馬哈克土人（Mohawk Indians）服裝之一簟人，各執小斧或大斧，自淸龍旅店方面鮮擁而來，似若有緊念事務而向格林芬碼頭集中。其人數或謂二十餘人或謂九十餘人，傳說不一。頃刻間，此一隊人攀登船上，聲告關員及水手避開，乃從艙內取出茶葉，將茶箱一一破壞拋棄茶葉於港內。關於此舉世震驚之茶葉事變，

一七七三年十二月二十三日馬省時報（Massachusetts Gazette）有下列之記事：

若畢將該船茶葉拋棄以後，復送 Bruce 及 Coffin 二船長之船上，不及三小時，已將各船所有之茶葉共三百四十二箱完全毀壞，而傾出茶葉於船塢中，勛作之敏捷，於此可見。當潮水高漲時，水面充滿碎箱與茶葉。自城市之南部絕豆至多却斯頓股頸（Dorchester Neck），並有一部份冲至海中。毀棄茶葉之碼頭，現在立有一紀念碑，其文如下：

此惠以南爲格林芬通之碼頭，一七七三年十二月十六日有英屬裝茶之船三艘停泊於此，內裝英船之茶三鄉三箱，有九十餘箱波士頓市民（一部份份七人）反抗英皇喬治之苛稅，而成爲世上聞名之波士頓抗茶會之愛國批舉。

在英國有一部份人同情海外同胞，一部份則反爲快慍之幽奉行爲，議會中因此立卽採取高壓之措施，通過封鎖波士頓港之議案，並變更馬薩諸塞殖民地之法律，以後市會員，不再由人民選舉，而改由市長任命。不久卽釀成獨立戰爭，結果使美國脫離英國之羈絆，而成立獨立之共和國。

波士頓事件之消息，迅速傳遍紐約、菲列得爾菲亞，以及南部各殖民地，各該處以搖鈴傳播此項消息，聞者無不稱快，而尤以青年最爲熱烈，隨時準備阻止須納捐稅之茶葉之進口。

格林威治抗茶會

當時之格林威治（Greenwich），爲新澤西（New Jersey）最大最繁盛之城鎮，位於高亨綏河（Cohansey River）之畔，與波士頓、紐約及菲列得爾菲亞有水路可通。凡出遠道而來之船舶，常在此靠岸，以裝運農產品。一七七三年十二月十二日，有獵火號（Grey hound）由船長 J. Allen 駕駛，裝載若干茶葉到港，此爲運出於尊外之事。此船本定開往菲列得爾菲亞，似似受德拉華（Delaware）領港人之警告，不宜將這開往高亨綏河。以恐潛入高亨綏河，祕密將茶葉在格林威治起卸，藏於市區方場忠於喬治英王之英國人 Dan Bowers 之地窖內，

一切勤作，雖頗敏捷，但不久仍被人發覺。

克姆培爾蘭州（Cumberland）當地人民召集大會於橋鎮（Bridge-town），惟委員會之報告，過於和平，不合青年之要求，以是青年自動起來對付，是晚年乘徘徊於郊外，與一羣國份子共謀迅速破壞茶葉，旋即勸員民衆，此輩青年均由費菲特（Fairfield）、橋鎮以及格林威池而來，念趨預定集會之所，喬裝為士人。是晚，即十二月二十二日，平靜之澤西鄉村人民，為隆隆砲聲及火光所驚醒，此為人所痛恨之茶葉，連同茶翁，均焚毀於市區方場之中央，無一人敢出面阻止當時漆面藏羽之怪物。

此種偽裝士人，仍不能掩藏其真面目，以是茶葉所有者，對於彼輩之犯罪行為，即提起控訴，經數次之延期，最後交新澤西之政府始終拒審理，彼衆討企圖連得大陪審員偵查正式公狀，但歷任陪審員始終拒絕公訴，以是終未得結果。

當時堅事之處，凡現立有一紀念碑，以示崇仰。蓋彼衆之舉動，對於殖民地之最後成功，有莫大貢獻恣。

查理士敦抗茶會

在南加羅里那（South Carolina）之殖民地人民，對於抗拒茶葉後之活動，不亞於上述各地。當倫敦號船於十二月初抵達查理士敦時，船上載有東印度公司之茶葉，以是居民召集會議二次，議決此項茶葉不得上岸，亦不得躉貨於境內，且在非法加稅之法令未取消以前，任何人不得輸入茶葉。茶葉代理人懍於衆怒，途同意拒收貨物及納付茶稅。

若干匿名恐嚇信投與倫敦號之船長，關如收企圖將茶葉卸貨，當焚毀該船。此種信件使船長驚懼，遂將信件呈送市長，海關牧稅員亦請求保護，因依法律規定，茶葉如經過二十日尚不納稅，彼等不得不予以沒收。一七七三年十二月卅一日市議會，召集會議命令鄉長及警官，採取適當措置，使牧稅官沒收茶葉時不致發生爭端。迨到限期終了，召集會議命令鄉長及警官，採取

而納稅，因此船上貨物即被沒收，藏於交易所之潮溼地客中，此種措置是否出於預定計劃抑別有其他原因，不得而知。不久，茶葉即告損壞。

其後尚有繼續到達之茶，亦同樣沒收而貯藏之，但於一七七四年十一月三日，勃立頓白爾號（Britannia Ball）船又裝到茶葉七箱，奔運至 North

住民決定此為輪及彼輩舉行抗茶會之時機，乃聚集於港岸，手持 North 爵士及英皇之肖像，自用小斧將茶箱劈開，將箱中之茶傾注海中。

不久，有若干同樣事件發生於南查理士敦之佐治敦（Georgetown）。惟無論查理士敦或佐治敦，其參加抗茶會者，均不用偽裝亦無偽致之必要，蓋當地之領袖人物，亦均親自參加此項破壞茶葉之工作。

菲列得爾菲亞抗茶會

菲列得爾菲亞為一七七三年時美洲之主要海港，同時又為人煙稠密及政治活動之重心，故東印度公司之經理，強使英國茶葉唛入美洲殖民地人民之咽喉時，該處亦最先起面抗爭。

一七七三年十月十八日，大批羣衆合於市政廳空地上，舉行民衆大會決定拒絕任何茶葉上岸。十二月一日，該地報紙上發表新聞，謂九

月二十七日，有載茶輪船，已由倫敦啟行，並向菲列得爾菲亞駛發，時無剋不待船之到達，已有自行組織之「漆面戴羽懲罰委員會」發出一種傳單，告發特拉葉之領港人，其文曰：「君等如有機會遇到茶船包來號（Polly）及船長 Ayres，請執行君等之義務」。

十一月二十七日，更有其他傳單：「余等期望於與茶船相遇之青年者甚殷，領港人如能先報告該輪之消息者，常有重賞，其賞格雖難確言，但如有人領該船至港內者，衆認必以相當方法對付之」。此第二種傳單，更對於船長 Ayres 之警告，謂「如不立即停止其危險之行動面

同時更要求各代理人拒絕起貨，載東（Wharton）公司當即允諾，駛問原來之港口，自當公開加以懲處，並焚毀其輪船。

惟詹姆斯（James）獨林克魏脫公司（Drinkwater）則稍事編纂，簽該公司頗有愛國心，彼等與其他市民聯合反抗印花稅法，故簽字於不檢入同盟。惟後一公司因未作答覆，乃於十二月二日再發通告如下：

公衆謹向齊爾斯獨林克魏脫公司進一賈，余等待一報告，謂君等已於本月撥受將領害於顧國之使命，君等竟以未得勸告結果，賞然忽加茶葉計劃，行使不道德之勾當，此種卑率行為，已再撻人耳目，望速明告公衆是否確有此種企圖，請用文字投於投印咖啡室中，我輩當視此而決定對付之手段。

公司主人 Abel James 對於此通告之從衆，保證不將茶葉起卸，但必須使原船運回。

樂觀簡曰，久已盼望之茶船行將到達港灣之消息傳到菲城，不久即散佈全城，有一委員會於十二月二十六日於格維斯考角（Gloucester Point）中途被發議約，以大會之議決案通知船長 Ayres，復要求彼停將船於是處，然後邀衆與委員同赴岸上，使親聆民衆之激烈情緒，船長依其所諸，於是晚到達城中，日睹種種緊張狀況，更見污辱人之標語。是時被城中人皆前之集會，情形至為激昂，至翌晨，市政廳門外，人山人海，道路為寒，而被能在室外舉行大會，且為晚起何來駛破駛用港外，會，本諸簡明瞭之主旨，遂議決議案如下：

1. 船長 Ayres 之包來輪所載茶葉，不得上岸。
2. 船長 Ayres 不得將此船進口，亦不得報關。
3. 船長 Ayres 應立即將茶運回。
4. 船長 Ayres 應立即令其領回茶葉後於大潮漲時將船駛至長乞合島（Reedy）
5. 准許船長 Ayres 留於市內至翌晨為止，以準備航行上各項品。
6. 倘令項備完畢後，即迫令船員離城過船，以準備即駛回港口。
7. 懇請委員若干人執行比項決議。

演說完畢以隣近波士頓服殖民地之帥華行動報告羣衆，以是又通過一議案，對於該地人民之宰願將茶葉破壞，而不願起貨受苦之決心，表示嘉許。

船長 Ayres 當場表示不願服從衆議，遂停一切決議案，次日間至船上，即攜茶葉復回倫敦之原路開問。（註五）

紐約抗茶會

船長 Lockyear 之極船南錫號（Nancy）於一七七二年九月二十七日由倫敦裝載武茶藥開往紐約，同時有其他茶船駛赴波士頓、菲列得爾非蘭、及查理士敦，但以氣候惡劣，致使該船離去航線，駛至英屬西印度羣島中之安的瓜（Antigua）島，至一七七四年四月十八日，始抵散地（Sandy）灣，索得紐約第一次獲得則隣近殖民地同樣之抗茶機會。

茶船到達波士頓之消息，於十二月十五日傳到紐約，自由之子團於十二月十五日晚舉行大會，迄日適逢波士頓愛國份子破壞茶箱投諸海中之日，決議不准茶船駛入紐約港，更組織保安隊以執行決議。

南錫號既抵紐約港外，領港拒絕再由散地灣領船前進，乃逕拔自由之團頭號第十五人組成小隊，監視該輪，並將觸艦加鎖，以防水手離去，致不能駛問倫敦，一同時要求單身入城，經船長 Lockyear 坦白發述，自願停止茶葉起卸，不再進口。蓋根彼所得傳聞，代理人業已辭職故也。此種要求，當即退准，船長 Lockyear 在嚴密護衛之下，乘登碼頭，而與多數市民相見。船長 Lockyear 照例先訪問代理人 Henry White，經拒絕收貨，並勸告船長攜回倫敦，船長瞽寓於咖啡室中。民衆盡量助其採辦閏航所需要之物品，但不許其近海關或與海關關員通訊，彼不久即知茶葉已運至錯誤之市場，遂從速連檣個閨航之事務，四月二十一日處置茶船之委員會又散佈傳單於全城，其文日：

謹向民衆報告：本市對於卓定東印定公司茶葉之意見，難已與委員會向及東印度公司奴領本邦之企圖為氣火之到惡，故至於該船長下星期六下午九時出發之時，且集民衆大會有所表示。凡我人民自當源隨赴會，在該船長由馬來（Murray）碼頭出發前一小時，當鳴鑼為號，委員令停。

註五：F. M. Etin著：一七七三年菲城之茶會（The Philadelphia Tea Party of 1773）一八七六年菲城出版。

一七七四年四月二十二日 Lockyear 船長仍逗留於市中時，船長 Chambers 所經駛之倫敦號已到達該地灣，保安隊得到有茶葉藏匿於其他貨物中之情報，領港受該隊之指示，拒絕領船進港，船長 Chambers 提出申辯，對領港人及自由之子團否認其船中載有茶葉，並示以貨單及海關納稅源單上並無茶葉一項，以證明其官之非虛，故該船得進港靠岸。惟至下午四時，保安隊全體隊員，仍不遜信，登船檢在一切貨物，並認為有匿藏茶葉嫌疑之貨物，必要時將逐一打開檢查。船至此，殆已認為難再掩飾，乃承認有茶十八筒，為數個人之物，並繳出共海關納稅憑單。於是保安隊，船長及貨主均為難，而讓登船辦法，而留大業於船埠。商議者正在設法如何處置最為安善，而躍登船上之眾業已自行動作，打開茶箱，將茶葉拋入海中。眾對船長之詐為極為憤恨，咸認須以激烈手段對付之，但彼已聞風先逃，在薄縣時彼已潛入南錫輪中。

次日，即一七七四年四月二十三日，星期六。紐約及其近郊警鐘大鳴。九時，城中所有市民集合向湯了（Tontine）咖啡室前進，一路軍樂聲與眾業喝聲蜂起，及行至咖啡室，門乃大開，船長 Lockyear 偕自由之子團代表登鑄鑫，表示因彼前惹起不幸之事端，承認眾及自由之子團之優容，非常感謝。詞畢，途將船長護送至華爾街（Wall）底之馬來碼頭，鳴砲奏樂，以示歡迎。船長 Lockyear 之離市情況，充份流露英美感情之融洽。

次日，啟程赴英國倫敦號之船長 Chambers 同船回去，所有茶葉悉數運囘英國，但該輪自此發至此日，已達七月之久。

亞那波里斯抗茶會

一七七四年十月十四日，亞那波里斯（Annapolis）之蘇格蘭商人 Anthony Stewart 或貨船 Peggy Stewart 號到達該城。船上載有可疑讓之英國茶葉二千磅。全城附近之市民立刻集合，以聽著名領袖於茶我之熱烈痛斥，最後於歡呼聲中，議決不准茶葉入口，並將會期延至十

九日，以決定處項貨物之最後命運。

十月十九日之大會，到會眾業聞悉其業主業已繳納茶稅，破壞若舉抗茶計劃，大為震怒，羣情激烈，咸欲致貨主於死地。當後或代理人會見羣衆時，恐懼異常，一再謝罪，並願將茶葉送至岸上，當衆焚燒。羣衆仍無諒解之意，適恩乃亞龍台爾（Anne Arundel）州之 Charles War-field 博士率領一隊自由會（Whig Club）愛國志士趕到，遂同意於博士之建議，將此公衆處詢。為恫嚇起見，在貨主之宅前立絞肖台，令其就死刑或自行焚燒船舶之三途中，任擇共一。船主驚怖之餘，顯擇後者，於是不出數分鐘，船與貨物均付之一炬，不久貨主即情然離去。至一七七四年十月出事之地點，有一紀念碑，記載貨主自焚船舶之始末。在巴爾的摩爾（Baltimore）之法院刑事庭走廊西壁，亦有一壁褂描繪當時焚船之情狀。

愛屯東抗茶會

愛屯東（Edenton）為當時北加羅里那州之重要城市，該地婦女雖不能為國家若何英勇，但亦不乏愛國心。一七七四年十月二十五日，該地婦女五十一人聯名起草一文，讚揚若久以前在新百爾居（New Bern）之各殖民地代表間會決議反抗不合理茶稅之舉，繼又大膽簽名於一文件，此文登載於一七七五年一月十六日之倫敦晨報（The Morning Chronicle & London Advertiser），頗能引起英人之注意，蓋以愛字者均有社會地位及家族淵源者，其文如下：…

十月二十七日北加綿里那那來關摘要：

北加羅里那之地方代表，已議決不再飲用茶葉，不再使用英國布西等物，此同等數婦人爲表示其深切之愛國心起見，均加入於將退職貴英勇之丈夫之後，一致剛結，以爲顧同之政府對務；余等爲婦女向貴高尚賢婦人宣告：英屬婦女亦均將退隨貴英勇之丈夫之後，一致剛結，以爲顧同之政府對務，凡以影響國家和平與福利之任何事件，吾人自當視若無諸抑有進者，吾國公衆利益，願由全等推舉華代表共同解決之。此不獨對於鄰近各地之親愛同胞應有互相協助之義務，亦爲關係本身福利者所不容忽視，惟力是視，

義無反顧，特書數行，聊表決心。

共下則有五十一人之簽署。

前北加羅里那文獻委員會會員 Richard Dillard 對於愛屯東之茶葉故事，有極扼要之記述，其最有趣之小冊，有如下之敍述：

當時愛屯東此會頗爲風雅而有教養，愛國男女蔬麻烈酒之事蹟，足以媲炳千古。當時之茶會正與現在相同，爲一種最時行調之飲料。飲茶一杯可使精神安逸，特加心理上之興奮，故爲打破舊式奧會時之沈寂空氣所不可或缺。奧此茶會有連帶關係之事故，亦富有興趣，現在推溯一世紀以前之事，當知愛與茶會者各衣錦服之兄袍，圓坐閒談，復推定濃青潭誄者向索作長談，然後以茶饗客。茶有武夷茶與假茶兩種，但第一婦人不存偏見而拒飲，認爲有毒之武夷茶，一致歡迎一種乾覆盆子葉所製成之香液性假茶，惟就著茶之意見，此種假茶實較以前喬大之冬青（Yu Pon）葉尤爲無益。

有一古代彫刻之銅板，將宣言列印於舖於台面之玻璃板上，使姑人見之知所警惕。其文句爲勸告不飲茶葉，其印刷人擴稱卽爲喬治三世時印刷 Junius 著名文件之同一人，惟圖畫之來源不明。

雷累（Raleigh）爲北加羅里那之美國革命策源地之一，其市政廳之興室中有一銅台，爲紀念愛屯東婦人之毅然通過一議決案而設。而在以前舉行茶會之舊址，則放置一革命時用過之大砲，上面置一有歷史性之銅茶壺，壺上刻有字句：此處原爲 Elizabeth King 夫人之佳宅，一七七四年十月二十五日愛屯東姑女集會於此，反抗茶稅。（註六）

不飲茶國家之誕生

當美國殖民地人民參加茶會共謀反抗茶稅之時，國內政府亦堅決主張貫澈其對於美洲之措施。二者之爭端遂愈趨激烈，終於使一大民主國在槍林彈雨中誕生，不久卽成爲世界上最富之消費國，但仍保有不好茶葉之遺風。

註六：Richard Dillard 著：愛屯東歷史上之茶會（The Historic Tea-Party of Edenton）一九二五年愛屯東出版第六版。

第六章　世界最大之茶葉專賣公司

綦負隆替之東印度公司——專營權之開始——競爭十六家
東印度公司——早年之艦隊，船之事務長、船主之利潤及茶葉
走私——百年中之對華貿易——巨人之失敗——國內之約翰
公司

世人常謂英國東印度公司因胡椒而誕生，但其有驚人之發展則全恃茶葉。該公司閃在遠東經商，故最早即與中國接觸，迨後中國之茶葉成為該公司治理印度之一大資源。

約翰公司（印東印度公司），當其在全盛時代，握有中國茶葉貿易之專賣權，操縱華茶之供給，限制輸入英國之數量，故得帝斷茶葉之市價。該公司不惟遺成世界最大之茶葉專賣制，亦為對於茶之宣傳之一種最先原動力。宣傳之結果，促成英國最大之茶葉飲料革命，亦為咖啡之嗜好，一變而為商業茶。數年之間，英人之嗜好變為之不變，亦可見其宣傳效力之宏大。

英國東印度公司在國際間亦為一支勁旅，該公司有權佔領土地、鑄瓷貨幣、結軍備武，並得與他國締約、宣戰或媾和，行使民刑及司法上之職權，儼然一強有力之行政機構也。

英國東印度公司於一六〇〇年秒領到特許證書，James Lancaster大佐於一六〇一年御公司之命，作一次著名之航行，並且在爪哇萬丹（Bantam）設立商館，所以荷人之經營印度，雖早於英人四年，但荷蘭東印度公司，則遲至一六〇二年始得特許證書。

歐洲大陸在各時期所策勳互相競爭之東印度公司，凡十六家。就國別而論，有屬於荷蘭、法國、丹麥、奧地利、瑞典、西班牙、與舊譽魯士等國者，但就其所處地位之重要而言，則無一能與英國東印度公司相抗。

約翰公司之創始

最初東方貿易之權，操諸利凡脫公司（Levant Company）之手，

在十六世紀時，歐洲之國家與東印度有經常貿易者，僅有葡萄牙一國，並處於絕對專利之地位。至一六〇二年，荷人驅逐葡人而奪取其主要之印度殖民地，在荷蘭東印度公司之旗幟下展開商業之陣容。法人於一六〇四至一七九〇年間，在印度先後創設公司六家。丹麥人會於一六一二及一六七〇兩年中，分別開辦公司兩家。騷格蘭人亦於一六一七及一六九五兩年間，先後成立東印度公司二家。

奧人所辦之俄斯頓德公司（Ostend Company）係向荷、英兩國東印度公司借材料所組成，一七二三年開辦，至一七二七年起帝菜上活勤七年，但終於宣告破產。一七三一年在該公司停止營業之時期中，斯德哥爾摩（Stockholm）之 Henry Koning 羅致該公司之舊有人員，加入瑞典東印度公司。該公司全賴倫敦茶葉至英國獨利以維持者。至一七八四年，英國議會通過減茶稅率滅低，該公司亦即趨速消滅。

在菲律濱羣島之有一西班牙皇家公司設立，共設立之勒機，在於對抗明斯忒條約（Treaty of Munster 1848）。該公司自一七三〇年成立，至一八〇八年停業，其間營業上互有得失。在一七五〇至一八〇四年及一七五一——五六年間，先後有普魯士、亞細亞、與孟加拉（Bengal）等公司之設立。奧東印度公司被稱為脫利斯脫帝國公司（Imperial Company of Trieste for the Commerce of Asia）者，為 William Botts 所創立，彼於一七七五至一七八一年曾在英國東印度公司服務，對該公司深表不滿，彼雖富有投機天才，但終失敗於一七八五年。

該公司取道小亞細亞，從陸路與印度貿易，獲利甚鉅。及至繞道好望角，由海路至東方之航線開闢時，該公司有一部份人首先覺察此航線之有利益。

因此該公司中人即於一五九九年討論發展此海道至東方之可能性。

即當時荷人與英人在東方已有鞏固之地位，故除非立即有所舉動，否則始將失去機會，乃向依利沙伯皇后請願，直至一六〇〇年之最後一天，始獲批准，特許該公司得享受印度貿易之專利權十五年，本身已極有價值，更可寶貴者，乃在其先四次之航行，得免徵出口稅，並許以得本國現金攜帶出口，此本為國法所禁止者，此種專利權之期限頗廣泛，凡在西半球之荷恩角（Cape Horn）與東半球之好望角（Cape of Good Hope）之間，一切商業上或發現所得之利益均歸該公司獨享。其特許書上並載明授以東印度貿易之特權，如有非法攫利之徒，一經查獲，得將其船貨一併扣留充公。

早年之艦隊

第一隊東印度艦隊於一六〇一年初夏駛離英國，其旗艦為 Cumberland 伯爵之紅龍號（Red Dragon，原名 Mare Scourge），該艦隊專為搜捕西班牙敵船而設，除旗艦外，尚有漢克多號（Hector）、亞生興號（Ascension）及蘇珊號（Susan），與一糧食船苟斯脫號（Guest）。J. Lancaster 為該艦隊之司令，但各艦艦長亦有相當權力。此項海軍之任務，以在輸入各種香料，故不至印度本部游弋，而駛往荷屬印度。荷蘭當局雖嚴禁他國商人入境，但對於此種海軍艦隊則頗加禮遇。英國軍艦不僅在蘇門答臘探購多種貨物，且從葡萄牙人手中掠奪更多之財物，雖在海中遇險而蒙相當之損失，但若輩均已腰纏甚富。

十七世紀末葉，有一新東印度公司成立，目的在為英皇斂錢，此新舊二公司，有一時曾互相傾軋，但終於消釋嫌隙，而趨於合併。東印度公司人員，第一次於一六三七年春遠入廣州，但若輩對於茶葉似乎漠不注意。在中國及日本之英人，雖早於一六一五年已知飲茶，但從無有將茶葉攜回國內者。當時東印度公司之船舶，雖較通常之商船略優，但優劣相去並不甚遠，就大小而論，大多數之船，載重不過四百九十九噸。因當時法律規定，凡五百噸或五百噸以上之船，必須有一隨船之牧師，而東印度公司董事欲把持爵位，引用私人，視公司爲禁臠，非他人分肥故也。

第一批所購之茶，尚不足一擔（等於英衡一百三十二磅）之數，但不久茶之銷行日廣，由東印度公司大批源源運入。該公司雖云祇運回品質較優之茶，然就當時裝運之情形觀之，所謂「最優品質」之解釋，似尚有疑問。荷人及俄斯頓德公司所運入者，多爲次等之茶，其中有大部份係偷稅走私之傾向，因此收稅機關防範綦嚴，一俟東印度公司船舶下椗，即勤員將所有小艇嚴密監視，以防止船員將東方冒險得來之私貨，運送岸上。

將中國列入專利範圍

東印度公司與中國通商，雖早在十八世紀初期，但其特許書至一七七三年始完全修正，授以與中國及印度貿易之特權。由於此種經常航線之擴展，所得間接之利益頗大，因東印度公司在遠東並無如在孟買之船場設備，今航線延長，使該公司不得不建造較大而堅固之船舶，但該公司對於遠船及航行之措施均極浪費，如能在經營上稍加注意，則其所得成績當決不止此。

至印度之航程已頗極長，至中國則更有不必要之遷延，不僅未能增進船舶之航行速率，且在中國海面滯留甚久，以待裝貨。其滯留之久，往往非將船上桅索等具逐件拆卸不可，追開船時，須得重新裝置。

東印度公司一切仍屬個別商人之一種聯合團體，正與伊利沙伯皇后初創立時之情形相同，每個商人各自行其志，自謀其利，僅由董事部維持某種之紀律而已，公司從無自備之船隻，多年以來，皆由董事個人所供給。此輩董事，通常將為船之事務長，按照議定之水脚，將船舶租與

公司行駛。普通以行駛六次為限，以後則依照公司之定章辦理。其後此種州租船隻之權利，雖不限於董事，但與公司方面毫無關係者，如欲將船隻租與公司，亦非易事。

船主之利潤

一船之事務長，當獲得其船舶為公司租用之權利以後，每多將此項權利轉讓於其船主，有時可得代價至一萬英鎊之多。所得之水腳，優厚之津貼，兼因東印度公司許以某種貨物得私自經營（以出口五十噸，進口二十噸為限），獲船主每次航行，優厚之水腳，故船主之所得合計，獲利甚豐。此外倘以自有之艙位租與旅客，因此從各方面之所得合計，一次航行可得一萬英鎊之厚利者，赤屢數見不鮮。當正在此種習慣流行時期之內，東印度公司人員，對於船主一職，幾成為世襲，甚至毫無航海經驗者，亦得濫竽充數，後經選事部進前干涉，規定須有航海經驗者擔任船主，此風才稍殺。

赴印度之船客，親族客在公司中職位之高低而異，因船上搭客，多寡公司制服，一堂可鑑別。食物與酒類由公司供給，且極為豐盛。然極可奇者，公司對於房艙內之設備，竟置之不顧，故旅客在包定艙位以後，第一件應做之事，即向河濱專製此項傢具之店舖，購置一切應用器具，復以高主或船員，往往在航程之終點以極低廉之價格購入此項傢具，復以高價傳與鄰國之旅客，一轉手間，獲利倍蓰。

茶之走私

十七世紀時，茶葉走私之風甚盛，政府頒行各種專律，嚴禁茶葉從歐洲各地運入英國。後又變更辦法，每遇東印度公司運來之茶供不應求時，特許他國商人亦得領照運銷，其實東印度公司所運之茶，不夠分配，固為常有之事。但東印度公司製從中國運來之茶，總較任何方面為多。在一七六六年，該公司製選之數兼為六百萬磅，由商人裝選者四百五十萬磅，其餘公司所運之茶，絕無近於三百萬磅之數量者。

十八世紀中葉，東印度公司開始陷入窘境，至一七七二年，乃不得不向政府請求撥付所積欠之補助費，同時並請貸款一百萬英鎊。此二項請求，均得政府核准。但同時當局並頒佈印度條例（India Acts），使實行較為經濟之經營。不久以後，該公司又得政府之特許，得先出具保結，將茶葉存儲堆棧中，提貨時再行繳納稅款。此種辦法，在茶葉貿易上激起極大之變化，因自此茶葉在全年之銷售，祗有三分之一納稅，其餘皆係走私。

印度貿易專營權之廢止

英國議會於一八一三年通過議案一種，使政府有權干預東印度公司在商業與行政方面之一切活動，同時遂廢止該公司對於印度貿易之專營權。惟對於中國貿易（大部份為茶葉）之特權，仍許繼續廿年，至一八三三年終止。同時該公司所屬之船舶，亦即予以解散。

在隸屬東印度公司各船之事務長中，有一、二人即以獨立之船主資格駛往印度及遠東，而與各該邦貿易，最著名而成功最大者，當推下列諸人：George Green, Money Wigram, Henry Loftus Wigram, Joseph Somes。彼等所有之船隻，均係舊東印度公司之遺產，船身笨重，行駛不快，惟船內佈置，頗為舒適，載貨容量，亦極寬大。自一八三二年美國快艇出現以後，在貿易上乃有極大之變動。英人於一八四六年赤織起仿製。

東印度公司紀錄中關於茶之記載

在東印度公司之紀錄中，首次言及茶事見於一六一五年 Richard Wickham 著名之書簡中，此為英人提及茶之最早者。

此項記載，可從標題為「日本雜錄」之舊檔案內尋得，所謂「日本雜錄」，包括從該公司駐日平戶代辦 Wickham 寄來之函件。據 Bird-wood 語人：Wickham 第一次於一六○八年以聯會代表之資格赴印度，在桑給巴（Zanzibar）為土人所拘捕，而遣交葡萄牙人。葡人將彼

帶至科品（Goa），在科亞逗留時與一旅行家名 Francoise Pyard 者相遇。一六一○年，彼又與其他被俘之歐人同被押解至葡萄牙，稱爲荷蘭返英國，再作第八次之航行。John Saris 大佐將 Wickham 與 Richard Cooks 二人留於日本平戶商館中。一六一四——一六年間，Wickham 在日本商館服務期間所爲之函稿，現仍保存於印度辦事處之紀錄中。

一六一五年六月二十七日 Wickham 致東印度公司駐澳門代理人 Eaton 之兩中有云：Eaton 先生，煩君在澳門代購最好之茶葉一罐，美女子，兩二發，澳門囚焉約半斤，槽敷精洁，裝上三輪船中，所費一切，歸必負擔可也。Wickham 啓。

老東印度公司

東印度公司最早之名稱，爲東印度貿易公司（The Governor and Company of Merchants of London Trading into the East Indies），該公司有權製定規章，免稅繪出各種貨物，裝運外幣及金銀條塊出口，執行嗣則，並享受其他許多極有經濟利益之權利。

最初，茶葉祇能從中國購辦，保一種極名貴之物品，在饌附帝皇、王公及貴族之禮物單中，偶然可以發現此種「世界珍寶」。英人對於茶在商業方面之效用，覺察似頗遲，當荷人正在歐鏈積極促進茶之銷售，並經由倫敦咖啡店以每磅十六至五十先令零售之時，東印度公司之代理人，竟堅失良機，而不自行直接採選。然其所以趕趨不前，亦自有相當理由，最主要者則爲當時荷人在遠東所佔之優勢。自 Wickham 之著名書簡中曾及茶葉起以後之五十年（即一六六四年），始在東印度公司之紀錄中，有蕭非部從 T. Winter 購入名茶二磅二喘賦賦英皇，表示公司不忘皇上之一段混載。據傳查理斯第二曾將此項真品轉贈其皇后 Consort，因伊爲一熱烈之啥茶者。

在一六六六年英皇收到之珍品中，有茶葉二十磅又四分之三，每磅價五十先令，英皇方右兩個貴臣所得之茶，每磅價值六英鎊十五先令。約在此時，亦有其他之方法向倫敦之咖啡店購買茶葉，以作宮廷附議時

飲用。

該公司之原負雖肯向共主人報告，關於藥人沒製一種有香氣植物，稱爲 Tay 之習慣。但此輩主人，則正謀以英國之布交換東方織品之一種貿易，而未能遞料茶葉將成爲一種最有利之貿易。該公司第一次購茶之定單，係於一六六八年寄與萬丹之代辦，囑其設法購寄最優良之茶一百磅。

第一次進口之茶共裝二箱，計重一百四十三磅八哺，在一六六九年由萬丹發到；一六七○年復有四罐茶葉遞入，重七十九磅六哺，此二次所運之茶葉中有一百五十二磅受損壞，而由公司以每磅三先令二辨士售出，其餘之茶，則皆由董事會自行消費。

此後，茶葉每年（一六七三——七七除外）由萬丹、蘇拉特（Surat）、干杳姆（Ganjam）與麻打撻斯（Madras）等處源源選入，直至一六八九年，始有從廈門輸入之第一次紀錄。某次從萬丹輸入二百六十六磅，據載係臺灣地方所贈禮物之一部份。惟就當時之實際情形而論，保該公司之代辦在萬丹向運載茶葉之中國船上所購得。在蘇拉特係從澳門、科盟及達漫（Daman）一帶往來銷售之葡萄牙船上所購入，絕少有進入較此更近之地方面與中國交易者。

在萬丹之英國當局，特派一船赴皮門，而於一六六六年在該處設立一商館；在一六七八年，該公司從萬丹輸入茶葉四、七一七磅，於一六八一年上存貨充斥，而使銷路停滯數年之久。但該公司之董事，喝令在萬丹之代理人被驅逐出境，而董事部即於此時知照萬打拉斯之代理人，每年購寄最優良新鮮之茶葉約五、六箱，自此英國東印度公司即散勁荷蘭東印度公司，在以一六三七年所施行之成規，定期輸入茶葉，在以一六八六年爲終止期之十年中，茶葉在倫敦之市價，似爲每磅白十一先令六辨士至十二令四辨士。

一六八六年，該公司董事會令知在蘇拉特之代理人，以後對於茶葉應親作公司進口貨之一部份，不能作爲私人經營之商品。在一六八七年，

董事部並表明凡最優良之茶，可裝入白銅罐之內，繼後再安為包裝於箱內，以免途中受損。因茶葉現已成為公司所經營之商品，故應特別加以注意。以前經營此項商品之人雖多，但每致玷低劣之賤價脫售不可。

一六八九年，當該公司公主就將從廈門馱抵廈門時，除非用罐桶或箱裝最優良之茶，方有銷路。因茶在市場上視作一種藥物，董事部頗有怨言。同年，從廈門與麻打拉斯裝入之茶，共數二五、三○○磅。在一六九○年，由倫敦及公司所許品質最高之茶運入之。惟因課稅甚重，該公司貳許品質最高之茶運入之。四年以後，據 Beckles Willson 所云：倫敦之主結，忽染飲茶之嗜好，此輩婦人，乃間接成為荷蘭商人之顧主。但在一六八九年，該公司定購優良綠茶三百桶，武夷茶八十桶，在國內皆極受顧主之歡迎。在一七○一年，公司對於押貨員重申公善包裝與貯藏之意。至一七○二年，市面對於茶之黏婆激增，公司為令裝載一整船茶葉，其中配新鮮茶（Singlo）三分之二、圓茶六分之一、武夷茶七分之二。

商業上之作法自斃政策

十七世紀經，駢枝公司紛起，對於遠東之有利貿易，均狂起爭奪，而在東印度公司中發生一種作法自斃之情形，使政府不易想出規歷此怪物之方法。在最初一百年中，政府巧設各種賦稅名目，給予一般從事東方貿易商人一種特殊之權利，而以微牧適當之關稅，作為交換條件，藉肥皇室之私囊。此種稅捐，為西方人士所必付之茶價之一部份。茶商及飲茶者，受此種苛政之擾，達兩世紀有半，直至一九二九年始行廢除，但三年以後，重又恢復。

最初凡屬半私性質之商人，常能較其所屬之公司獲利更多，結果有勳家公司在享受特殊之權利下經營，而此種公司又轉而為私人企業家所左右或控制。在一六九八年，若干攫利者得議智之批准，創設一新東

印度公司（The United Company of Merchants of England Trading to the East Indies），最後於一七○八年與舊公司安協，遂合併為東印度貿易聯合公司。

在此事發生以前，舊東印度公司除在國內有種困難以外，對於「敏銳之華人」，亦甚難於應付。其他對於馬來海盜及同在印度經商而心存嫉妬之荷、法、葡諸國商人，亦時起衝突。而公司內部職員貪得無饜，祇知偶人之私利，而不顧公家之利益，其所受損害，亦非淺鮮。結果惟有最初一百年中，力圖榮固公司對於印度貿易所享之特權。迨珊籍所載，當時雖有走私影戲假冒之相傾軋種種積弊，但政府在一七一一年至一八一○年間，祇就茶葉一項收入之稅款，已達七千七百萬英鎊之鉅。其所徵稅率自百分之一二‧五至二○○不等。

在理斯二世在位之時，東印度公司之潘勢炙手可熱，迭次須伟特許狀，授予該公司以更大之權利。除其他已得之權利外，該公司又有獲取領土、鑄造錢幣、指揮砲臺與軍隊、宣戰與媾和、簽理民事及刑事訴訟等等特權。又在印度之孟加拉、麻打拉斯及孟買等地設立監督處，結果使東印度公司儼然成為一統治而兼商業性之特殊勢力。

後來該公司之組織法稍有變更，意在使該公司受政府直接之節制，但其原有之龐大權力仍繼續存在。甚至遲至一八一四年當此種權柄轉讓與個別之商人時，此帝商人之貨物，仍須交該公司之船隻運送，在印度之商人裝運貨物至英國亦須假手於該公司之船隻。該公司之茶葉專賣權勳力最大。內地稅收試驗川（Inland Revenue Laboratory）代理主任 Richard Bannister 於一八九○年五月十二日在倫敦藝術學會（London Arts Society）之公開市場購買同量同質之茶，以與東印度公司專賣之茶相較，每年可減少二百萬英鎊之損失，推實之彼等因東印度公司之操縱，使每年須多付如許之金額。政府對於該公司之根本專賣權之彼力過及於推銷者與消費者兩方面，政府對於消費者與

制，使茶價日趨高漲，又因無競爭之故，使該公司得以任意提高茶之價格，結果除富有者外，一般平民簡直不能嘗到茶之滋味。又因政府之定章，每使裝公司所售之茶常積壓十二月之後方能達到消費者之手，有一時期，茶葉平均須擱置十六個月以後而始行出售。但對於華茶所受之影響尚不若印茶所受之烈。印初時印茶之供應，不及華茶之乾燥，且該公司因須將專賣權得以操縱茶之供給；而有囤積居奇之流弊。R. Bannister云：

私人企業如遇批准，即可矯正上述之弊端，合理之競爭可以杜絕專賣之流弊，但未獲政府允准，結果不值從茶商上榨取極大之利潤，且因無商業上之競爭，使彼等在中國與國內揮霍無度，亦許取償於茶商。以如此之公司，北工作雖須假手於所雇用之人員，若輩之趨奉盡，因須公司之溫柔文撫育而愈失卹盡，一般念無商業經驗而對於公司之溫柔赤誠而所知者少，若輩對於任何建議，即使與有杯葛之意義者，亦許未其樂聞。往往知識須用散漫而不通行之方法，殊不值坤方法，在現代商業中早已陳腐而不適用矣。

兩管理上之浪費，以致在業下所售貨物之酒值逐步高漲。因此對於公司之種種之浪費，以稽核，使明瞭管理上之浪費及有託銷銷售時所得之利潤，或所索取之貨而將有fraud過大陸過口商之價格，排技之結果，餘現下列奇異之專實：

公司在一八二八年以前之三年中所得之利益為二、五四二、五六九英鎊，而每年藥利八四七、五二三英鎊。

○○英鎊。

三百年中之對華貿易

英人在一五九六年以後，會歷次謀與中國接近。當時伊利沙伯皇后亦曾致書中國皇帝，但未送達。英國在東方之貿易，自東印度公司於一

因實實制之施行使每年損失達六五二、四七七英鎊之鉅。且此制度足以減少貿易、抑止競爭，而生活上必需品之物價○當特許書列展期之日，對於此種車實當然不能忽視，威廉四世乃頒布第三、第四兩條法律廢除專賣制，准許任何人均得營運茶葉，因此凡欲與中國貿易者，皆須依所許可。○（註一）

註一：Richard Bannister著：茶業演講詞（Cantor Lecture on Tea），藝術學會會報第三十八卷第一九八○號，第一○二頁，一八九○年倫敦出版。

六二五年及一六四四年明末之時，會先後在臺灣及廈門開設代辦處，該公司在一六二七年有取道澳門而與廣州商商之一種企圖，但舊葡人所阻而未果。

東印度公司於一六三五年與科盞之葡萄牙總督訂立協定，許英船偏赴號船主Weddell可將該船駛入澳門港口，然因葡人之澳速，以致廣東總督於一六三五年七月允許英人在廣州通商。東印度公司在廣州控英船經波格砲臺（Bogue Forts）所轟擊，經倫敦號之護察而止。

商最早之紀錄，係在一六三七年四月六日，初因葡人之嫉視成爾，英人之商業多被摧殘，直至一六九四年英皇克朗威爾（Oliver Cromwell）與葡皇約爾四世訂立條約，乃許兩國商船得在東方各口岸自由出入。

該公司於一六六四年在澳門覓得房屋一所，自一六七八年起即開始對草埔直接經營之貿易。一六八四年得中國當局之許可，在廣州沙面探定地點建造商館，但英商在一切商業上之活動，嚴限於該區域內。此次核准以為建造商館之濫觴。次年（一六八五）廈門之代辦處始得駛入黃埔停泊，而與廣州通商。

東印度公司於一七六○年派遣特別使團，向廣東總督抗讓反對公行制，並請求釋放之公司職員Flint，結果無效，Flint仍被拘禁，直至一七六二年始得釋放。但該公司後以行賄方法而使商業仍得維持於不墜，並於一七一年實通宣諭許以在營業期間可在廣州居住，惟一過營業季，則各外國公司之商業代辦，均須從其所指定設立之商館內，每年回澳門或本國一次。一切商貨於西曆每季候風將告終止時——自十進口，至東北季候風時期內——自十月至三月——開出。至一七八一年公行制收消，一七八二年由行商起而

代之。此舉行商有經營對外貿易之特權，同時對於一切外人之安全行動，亦須負擔保之責。

東印度公司保持其專利權幾達二世紀之久，英國人民非經該公司許可不得在廣州登陸，除領有執照者外，英國商船亦不准駛至東方經商。但其他國家之商買則起而與東印度公司競爭。由澳門而來之葡萄牙人，來自馬尼拉之西班牙人及來自臺灣之荷蘭人，均在該公司之前到達東方，自不甘任後來者居上而反被擠擯。丹麥與瑞典商人於一七三一年，法人於一七三四年連同其他國商人接踵擁而至。中國探禁止外國他國商人干涉。更有一部份英商，擅將外國之國籍證明文件取出，而亦予該公司以多方掣肘。

英國自由貿易最早之創始者為怡和公司 (Jardine, Matheson & Co.) 之創辦人 William Jardine，彼在一八二○年至一八三九年間僑居中國。其次為 W. S. Davidson，居留中國之時期為一八○七年至一八二三年。顛德公司 (Dent & Co.) 之 R. Inglis，在中國之居留期間為一八二三年至一八二九年，及在一八五六年至一八五○年居住中國之 Matheson 兄弟，彼等於一八二七年創辦廣州紀錄報 (Canton Register) 以宣揚自由貿易之原理，並反對東印度公司獨佔制之延長。在特許書於一八三四年四月廿二日滿期以前之三、四年中，該公司職員在行使權力方面憲見鬆弛，而自由貿易實際上已於此時發軔矣。

中國當局於一八三一年對於廣州之外商予以極嚴厲之限制，致使東印度公司有停止一切商業關係之恫嚇。但彼輩終於示降服，將英國商館之領袖，遂交一位官吏以示降服之意。五月三十日在廣州有一次憤激之集會，一致反抗公司之政策，到會者有一小隊之自由貿易商人，如 Jardine, Matheson, Dent, Gibbs, Turners, Hollidays, Braines 等人。其營業範圍包括從印度裝運大量鴉片至中國，然為避免對於鴉片船裝卸

施之限制起見，彼僅在波格都豪外面之偷釘洋面，設置幾艘，以儲藏鴉片及其他貨物。該公司之獨佔權自一八三二年頒發命令沿海各省建造砲彈，認為戰事已迫在眉睫，乃於一八三四年廢止。在地方面中國政府備戰船，以備肅清海洋，驅逐或將在海岸發現之歐洲兵船，同時更下令禁止外國船隻逗留於偷釘洋面。

在一八三四年之英國貿易從廣州出口之主要商品中，茶佔首倡。達三千二百萬磅。英國衆議院於一八四七年組設委員會，專事調查與中國之商業關係，證人向該委員會提出之報告中，載有許多關於英國茶葉貿易之消息。該委員會建議：每磅二先令二又四分之一辦士之茶稅，即等於平均每磅售價一辦士以令。委員會議程內所印 R. M. Martin 於一八四五年七月提出於委員會內云：親茶在英國已達到消費之頂點，決非減輕捐稅所能增加此項無益有損之葉之用途。英國在一八四六年輸入之茶約五六、五○○、○○○磅；一九二九年為五六○、七二○、○○○磅，等於一八四六年之十倍。

茶與美國

東印度公司曾命令一七一三年茶季在廣州裝載茶葉之勞而·比利斯號 (Loyal Blisso) 船，將茶「裝桶勿裝桶」。六十年以後，在波士頓之印鄰安人裝得茶箱比桶罐易於處置。

至一七一八年，茶已開始代絲茶為中國州口貿易之大宗。一七二一年時，西方情形亦發生變化，Robert Walpole 在執政時代取消茶葉進口稅，前代以在提貿易時發收國產稅。

因此種政策之變更，隨即有禁止茶葉從歐洲各地運入之命令，使東印度公司之專賣權更臻穩固。故至一七二五年，英國茶葉受東印度公司統制之結果已變成一種神聖不可侵犯之物品，如有假買偽造等情，即可將違犯罪律捕而繩以一百條鎊之罰金。一七三○——三一年間，罰規更形加重，對於作偽之物主，每磅茶葉罰金十英鎊；在一七六六年，除罰

四四

金以外，更可予以監禁。

在一七三九年，就價值而論，茶在荷蘭東印度公司輸入荷蘭之一切商品中居於領導之地位。當茶葉偷運至英、美之風愈熾，則爲英國東印度公司之獨佔權所引起不能避免之結果。十年以後，倫敦成爲茶葉之自由口岸，由此轉口運往愛爾蘭與美洲。

至十八世紀中葉，美洲殖民地所受之痛苦愈見深刻化。二十世紀最公允之歷史家多認美國之革命戰爭，應歸咎於所謂「大商業」。此種大商業，一方面以東印度公司之茶葉專賣權爲代表；他方面則以殖民地茶商爲代表。此或因糖漿或甜汁酒自由賣買開其端。但實際上則爲茶葉。

在印花條例通過以前之二年，波士頓商人已聯合反對對於糖漿有任何徵稅之舉。如後來 John Adams 所云：慫慂爲美國獨立之一重要因素。則茶葉當爲另一重要因素。

一七六五年經國會通過之印花條例，招致由浮李尼亞（Virginia）州人 Patrick Henry 爲背之美洲殖民之激烈抗議與反對。此不過爲美人對於徵稅所起之一種尋常抗議，James Otis 謂未得若輩自己許可，不應貿然徵稅。

其時在廣州之茶葉貿易，已躍居最重要之地位。共條處於對立地位之大陸與東印度公司所發運之茶，遠過英國公司所裝運之數量。共理由極爲顯明，因此項貨物，多係私運至英國與美洲。總之，高昂之稅收，實足爲自由貿易之誘因。

所堪注意者，美洲殖民在十八世紀時已成爲茶葉之大消費者，正如在以後數世紀中澳洲人之爲茶葉之大消費者相似，不過彼等自始即採取走私廉價之茶，而不願購用由倫敦所經售之納稅茶。至一七六六年取消，然已嫌過遲，不能在美洲發生道德上之効力，因在美洲之商業已爲荷人掠奪淨盡。繼於一七六七年施行不祥之湯孫德（Townshend）稅則，追至一七七〇年取消──惟每磅茶收稅三辨士一條除外。此後更演出極端怨苦之勾當、

因在經濟上陷於窘境，彙以積存有一千七百萬磅茶不能脫售，東印度公司乃於一七七三年向國會聲訴，殖民地茶業已爲荷人吸收，因一般殖民世不願購買納稅之英國貨物。同時更提議英國正可趁此時機將不列顛出口商及殖民地進口商之權利悉予剝奪，則倍大之東印度公司方可保全。共方法乃請求國會准許東印度公司得以自己名義，將茶葉免稅輸往美洲，共他之英國出口商，則仍須納稅。由該公司在美之代辦，徵納少數美國稅銀，即可將茶葉出售，因殖民地商人爲主治關係，不肯付此項稅款，用此種乖巧方法，即可除二重中間人之從中取利，一方面尹擭利之荷人以嚴重之打擊；在他方面則使茶葉走私之風亦可斂跡。同時使美洲殖民以比較英國國內之消費者可得價値更廉之茶葉。

此項計劃雖爲國會所批准，事在必行，英國出口商與殖民地進口商對此項深懐憤恨。後者對於殖民地政客所鼓吹之革命運動，本極冷淡，但此時同情此種深憤恨，適足爲政客造成煽動之機會。新世界最有希望之商業，因此遭受極大之打擊。原來殖民地商人，爲一種有自由思想迷信仰今若奪之生活因此所信仰之政府與世界最大之專賣公司，最爲若輩所詛咒，乃大呼「訴諸武力！訴之武力！」之口號。

波士頓抗茶會與美國獨立戰爭於迳爆發。英國之「人民」對此取袖手旁觀態度，衛希根大學（University of Michigan）之已故院長 Alvord 曾加以評論云：最初之原因爲對於過去繁榮之回憶，共近因則爲固讓延績一種同樣之英、美商人所嫌惡之茶葉專賣。英國政府因欲挽悅於東印度公司而不惜斷送一大帝國。

巨人之失敗

正如一般人所預料，東印度公司不因美國獨立戰爭而受動搖，仍得勉力渡過經濟上之難關；且因政府制定有利於該公司之法律，取締假冒與走私，使該公司進入第二世紀時，共攤位益擴大。

一七八四年，交易法則（Commutation Act）取原有之稅則而代

之。其征稅率約達百分之一百十九，以代替按照東印度公司每季售價收取百分之一二．五之稅率；並加以某種限制，使該公司不能因綠爲利。

但雖有此種防範，倫敦之躉賣商與零售商約三萬人，仍起而反抗該公司之高壓手段。在十八世紀末期，若輩以小冊子及開會爲激勵與論反對該公司之方法。此又爲英國人民對於特權權利宣戰之一種表現。共用意在於強迫政府依法於三年前通知該公司，取消其專賣權。此次雖未能達到目的，但已爲一八一二年之攻擊，須伏畎兆。該公司董事依恃國會之機智以及國內一般之理解，抗拒對於公司制度有任何粗暴激烈之改革。若輩復加爭辯，以爲「公開之競爭，足以毀滅公衆之利益，茶價亦必將因此而提高」。

一七七三年時，美洲茶商對付一切獨佔制，已有一危險之先例：因美國獨立戰爭，曾因喚起輿情注意前獲得自由貿易理想之勝利。今與此新興國家，又將爆發第二次戰爭，英國茶商對於美人如何打擊東印度公司，不僅表示同情，而且予以暗助與鼓勵，咸觀一八一二年之戰爭爲一種福祉。約翰公司至是乃爲陷入四面楚歌之中。當 Buckingham 伯爵作爲公司兇悍之態度，受打擊之答覆時，若輩更於共固執成見違反輿情，因此大受打擊。至一八一三年該公司對印度之獨佔權，遂不得不宣告終止，對中國之獨佔權，則仍許繼續二十年。

自該公司仍懷其僅存之中國貿易獨佔權，亦將受影響，而不顧考慮在印度植茶一事以後，一八二三年在薩薩姆爲有土生茶樹之發現。十年以後，反對共繼續享受特權利之呼聲又復高漲，一八三四年即被迫而放棄中國之茶。誠爲供給治理印度之資源。惟較爲該公司之獨佔權，一手包辦鴉片之輸入。因東印度公司一手包辦鴉片貿易質爲中英兩國發生戰爭之主因。

如 Macaulay，在國會中描述東印度公司所云：從大西洋中一偏島嶼上之少數買險家，爲利所驅使，而有征服一個割據半球之龐大國家之

像讀。因此若覺得權益較享受印度之統治權，直至一八五八年八月二日印度發生叛變，始將統治權移歸於英皇掌握中。

經過二百五十八年光榮之事蹟，此世界最大之獨佔權，在今日之蘇俄政府，仍但有人相信此種規模宏大之資本主義貿易組織，在今日之蘇俄政府，仍在實行。

該公司對於美洲殖民之態度，爲其歸於最後毀滅之一大原因，實無可疑議。總之，美洲殖民本屬英人，其在國內之同胞，對於若輩之行動與志趣，均表同情；若嘗對於該公司欲阻其帝國之好夢，固漠不關心，迫後責令付稅時，則羣情憤激，以致掀起軒然大波。

在國內之約翰公司

約翰公司最初之地址在倫敦菲爾波斯巷（Philpot Lane）Thomas Smythe 之房屋內。該公司第一任總理 T. Smythe 之大廈中，有數橡梯平庸之房舍。後來足以形成帝國命運之事業，即開始於此。在三十一年以後，該公司遷移至主教門街之克洛斯培大廈（Crosby House）。越十七年（即在一六三八年），又遷至利巴爾屯衛爾街（Leadenhall Street）N Christopher Clitherow 僦邸內。第三次亦即最後一次，該公司購入此所房屋，後來又購入鄰接之房屋，將範圍漸加擴充。

六四八年遷入稱瘟之克累大廈內。在一七一〇年，迫遇真正之敵手。老公司與上所離刻之圖樣，爲玫瑰花、軍械、在碧海中行駛之三艘大船，兩旁有青色之海獅扶持，共頂上爲一地球，上寫有蟠蜷雙翼之格言「神示」（Deus indicat）二字。此種徽章，仍爲聯合公司所採用，惟對於其頂上加以一不適合之渾名「貓與乾酪」，該徽章繼續沿用至一八九八年爲止。

克黑文大廈在三個不同之時期內，有三種不同之圖樣。一種稱爲荷蘭圖樣，現保存於不列顛博物院 Grace 收集類中，係根據 Pulham 所藏

翻製之鏤刻畫（用鑿水所繪成）。Pulham 為 Charles Lamb 之友人及私人書記，接於鏤刻悲藝術。

George Vertue所選克累文大廈之另一圖樣，現保存於倫敦博物院之紳士雜誌（Gentleman's Magazine）中。第三種即俄佛萊圖樣（Overley View）列印於一七八四年十二月號，係從 William Overley 翻木匠之滅昔上所倣效，Macaulay 對於屋之裝繪云：一所由木材與灰膏所築成之大廈，有奇異之雕刻與伊利沙伯皇后時代之方格工程。在窗隔上方繪有一隊商艦在海浪中顚簸之畫幀；在屋頂上樹立一巨大木製之水手，該木製水手挺立於二海豚中間，俯視門檻上之槳葉。

其他圖樣顯示印度大廈中設有一新舊貨室，此項圖樣在一七二六——二九年間由 Theodore Jacobsen 所設計；在一七九六——九九年間，則為該公司之測量員 Richard Jupp 所設計。此第三種亦即後一種之建築，現已成為陳列處之一。

在改造之朱普大廈中設有一新售貨室，其原有之舊房間，則改為董事之會議室，現已改為倫敦陳列處之一。

Charles Knight 於一八四三年所著「倫敦」一書，描寫該公司定期競賣祭兒，充滿熱烈色彩，內云：

茶葉定期競賣，極其龐大，連從事此業者至今回憶猶存驚奇。一年定期四次，即三月六月九月及十二月。競精相期用賣數數期均逹八十五萬磅，有時竟較此為高。出賣日期接連數笑，每日中竟售用一百二十五萬磅之巨，出賣由茶葉經紀人任之，約計三十家所組成，每一組紀人寢二十萬磅，實行其業務。一茶箱均行其業務，每一組員，均點頭以示方式，以便遠處將往取貨。以便個別地方。接批判賣，等候四分之一鐘，以法逹（Farthing，英國最小之銅幣名），傳語酒人進行競賣。價格之高，且狂呼喊，倒喊咆哮，如開始時疑特殊大呼大號；此種價格特加一法逹時，則令加於購買者拖懶之價值，竟使生人以為發生可怕之笑鬧事件；如生席揭令第二賣者發賣用竭時，則稍靜片刻，但不久仍照舊如前相同之呼聲。

R. Jupp 在其所設計之房屋改造竣工以前逝世，由 Henry Holland

續任其職；後又由 S. P. Cockerell繼任，於一八二四年辭職；William Wilkins 繼任為測量員，此繼測量員，對於其式樣與 Jupp 式之屋宇正面，增設若干花樣，如在一八二六年所完成之式樣，可從 T. H. Shepherd 之圖畫中窺見之。

其後在公司大廈中，足以引起遊客之注意者，厥為以「東方倉庫」出名之圖書室與博物館。該館成立於一八〇一年，經逐漸擴充而成為一著名之東方文物收藏所，後遷入於印度事務所，纔又遷移至維多利亞與阿爾伯（Albert）博物館內。

從「新街倫敦」一書內，吾人得知往昔約翰公司在各棧樓中所用之職工，約有四千人。在與印度貿易停止以前，此世界首屈一指之茶葉公司，祇用職員四百餘人，以辦理一切業務。內設軍事部，管理印度軍隊之招募與軍需；運輸部下分設主任室檔核室，在驗室、會計室、轉運室、及司庫，進貨處所轄之堆棧共有十四處，常有積存之茶約五千萬磅。在茶葉傳賣季中，有時一天內可售出一百二十萬磅之多。

約翰公司中之著名派務者

東印度公司之董事會亦如其他商業上成功之領袖相似，其成就端在知人善任，凡為董事會繼聲之人，其才能均高出於自己之上。除為該公司在約翰公司之職員中，不乏奇才異能之士。該公司在爪哇，印度、中國及其他海外各站服務之軍官與船主，及時之傑涇而收為已用。茲列舉少數較為著名之人物如下：John Houle（一七二七——一八〇三）為一戲劇家前兼翻譯家，在東印度公司任會計之稽樣之職。James Cobb（一七五六——一八一三）亦係一戲劇家：Charles Lamb（一七七五——一八三四）為一詩人、文學家、幽默家、及評論家，係供利阿倫文集（Essays of Elia）之作者，其一生之大部份時間均任職於東印度公司；James Mill（一七七三——一八三六）為一新聞記者、心理學家、歷史家及政治經濟學家，在公司之考驗部供職；其子 John Stuart Mill（一八〇六——一八七三）為一售

學家，即「政治經濟」一書之作者：Thomas Love Peacock（一七八五——一八六六）爲一諷刺派詩人而兼小說家；此外尚有許多比較不甚聞名之學者或教士。

如欲對於東印度公司作更進一步之研究或得到更深切之瞭解，則可參考 William Foster 之著作，彼任印度辦事處之修史官達五十餘年之久，此外 H. B. Morse 之「年鑒」及 Beckles Willson 之「石與劍」（Ledger and Sword）亦可供參考。

J. S. Mill 在一八五八年之告別講演詞中內有云：東印度公司茲鄭重向國家聲明，不列顛帝國在東方之基礎完全爲該公司所築成。當時該公司並不乞助於國會，亦不受國會之干涉，惟在他方面當其一切行政受國會之管理節制時，使大不列顛國王失去大西洋彼岸之一大國。

此種演辭可謂有才而有力量，但仍不能發生効力，在演辭中充滿熱情，目的似在使後世明瞭約翰公司不貪失去西方大國之責。即使不能

免去責任，亦不應遺忘不列顛在東方所得之一龐大國家，指出於約翰公司之功。且在一世紀之長時期內，對於彼邦之治理與防守所需之一切費用，將取之於戰地，並不向英國國庫支取分文。

約翰公司爲一般深思遠慮人士之集團，Macaulay 於一八三三年向國會宣稱，在十八世紀中葉以前，視約翰公司爲一純粹之商業團體，實爲一大錯誤。其後，該公司之性質始形改變，以商業爲目的。但如對立之荷、法等國公司一樣，亦具有政治作用，其初爲一大商家，同時亦爲一小國王，後則變成一大資本，即全印度之統治者。

○年 Alfred Lyall 云：東印度公司邀留一印象於世界。在一八七三之泰晤士報上亦謂：該公司所成就之事業，在人類史中從無其他貿易公司能抱有此類雄心，即將來亦未必有此種企圖。

約翰公司之榮譽名冊內包括許多具有大政治家才能之商人。一八九

第七章　快剪船之黃金時代

安麥金號，第一艘巴爾的摩所產之快剪船——虹號，美國超
級快剪船之先驅者——其他早期之快剪船——羅氏兄弟公
司船隊——東方號，美國第一艘運茶至倫敦之快剪船——
快剪船——美國第一艘運茶至倫敦之快剪船——
帆船濃位與汽船——快剪船時代之初展巷——一八六六年
之運茶大競賽
——Donald McKay 之船與其他美國著名之快剪

東印度公司之專賣權取消以後，茶葉貿易日趨重要，商人鑒於茶葉
為季節性之營業，運輸須力求其迅速。故緩慢之東印度船已趨落伍。此
等軍艦式之船，當時渾名稱為茶車（Tea Waggons）。此時在美國有一
種帆船世現，係由一八一二年戰爭中巴爾的摩爾（Baltimore）地方所造
之武裝民船演變而成，稱麗巴爾的摩快剪船（Baltimore Clippers），
其裝置如兩桅混合型之帆船，且桅桿從來無兩根以上者。在快剪船時代
以前之船，則有三桅。

一八一六年，著名之黑球航線之橫帆裝置式郵船，來往於紐約利物
浦之間，載運旅客郵件及貨物，在一八二五年，伊利運河（Erie Canal）
開通以後，競爭者亦增多。紐約及新英格蘭之造船業者，紛紛建造快
船，以應航行七處海洋之需。

安麥金號——第一艘快剪船

一八三二年巴爾的摩爾商人 Isaac McKim 創意製造一艘裝備完善
之三桅船以供對華貿易之用，此船由佛爾斯角（Fells point）之Kennard
及 Williamson 承造，命名為安麥金（Ann McKim），齋其妻之名
也。因此船為彼所好，故艙口用最貴重之西班牙桃花心木裝置，一切裝

設以黃銅配製，有銅砲十二門，此登記頓數為四九三噸，長一百四十
三呎，寬三十一呎。此船雖確為航行中國之船中最佳最快者之一，但於
長度及船員之需姿言，則容量比較狹小，故此船對於當時其他商人之保
守主義，終不能給以深刻之印象。但當安麥金號某次在紐約船廠附近修
理時，該廠有青年海船建築師 J. W. Griffiths 及 D. McKay 二人則從此
船從得啟示，其後即造成極頂型快剪船。

I. McKim 於一八三七年故世，此真正快剪船之前身安麥金號乃轉
入紐約最早之茶商 Howland 及 Aspinwall 之手。後彼等又建造第一艘
美國超級快剪船虹號（Rainbow），將安麥金號售與智利政府。當十九
世紀三十年時代前期，該船初航行中國時，不問當時海運界之滿懷憧憬
獎，總曾引起注意，開始證實茶之運輸愈快愈妙，而從事商運者亦認為
時間即金錢，因而促起虹號之建造，此船較安麥金號改進之點甚多。虹
號之後，更繼以大眾之美國快剪船。此時實為美國商業海運史中最富於
羅曼斯之一頁。

快剪船之演進

常海軍造船術開一新紀元時，笨重之船乃為一種進步之式樣所代
替，鱷魚頭鯖魚尾之舊式傳統，演進成為一種美麗優雅而快速之船，軸
部以弧形向前延伸，將船頭從水面抬起，吃水線本為凹形，然在船頭及
船尾兩處變為凸形，桅桿則更加高，拱以數層帆蓬。

一八四一年，史密斯第豪（Smith & Diman）造船公司，雇用 J.
W. Griffiths（一八〇九——八二）為製圖員，彼漂某天才，提供第一
艘快剪船之模型，而倡導海軍造船學之革新。Richard C. McKay 在其

所著各著名帆船及其建造者一書中，盛讚 Griffiths，推爲此種船型之設計者。其後 D. McKay 使此種船益形著名。

虹號驚人之表現

Griffiths 擬定快剪船計劃保在一八四一年，而設計虹號則在一八四三年。該船發記噸數爲七百五十噸，於一八四五年在紐約史密斯第蒙（Smith & Dimon）船塢下水，某觀察者謂該船頭部內外顛倒，北整個形狀與自然栍相反，關於這船能浮起與否，則見解各別。但該船終非前資料所及，其自身價值美金四萬五千元外，於二月中作中國之處女航，九月返抵紐約，北整除付其自身價值更速，返抵紐約時竟能自己賺問其駛抵廣州之新勢粗等。其第二次航行起程，過於其他任何航行同一路線之船：去程九十二日，閒程八十八日，其船主 J. Ladd 稱之爲世界最快之船。不幸在第五次航行時失事，但其所表現則已證明快剪船型之優越。南北戰爭後，又有第二艘之虹號。

Griffiths 之第二快剪船海巫號（Sea Witch），八九〇噸，一八四六年由 Howland與Aspinwall定造，在三年之間，認爲海上最速之船。其後該船曾以一百零四日駛抵香港，而以八十一日自廣州返抵紐約。其後該船自廣州至紐約更減少四日，每日行程達三百五十八哩。以後又有一船赤有名者爲海巫。

其他之早期快剪船

美國人自最初以自造之船航海外時，即已認識對華貿易之重要性，新英格蘭人數少，即已囚此獲利。英國商人認爲競爭不洽嚴重，因英國商人估葉火保勢，且特獨估爲後援，能永遠保證彼等之利潤；但鴉片戰爭第一次戰役以後，對華貿易大增，美商正式放出一隊快船，估得貿易之大部份，竟使英商不得不追隨之。同時在一八四四年，紐約茶商 A. A. Low 兄弟向自郎培爾船廠

（Brown & Bell）定造一船，爲簽號接廣州行商侯官（Houqua）郭見，即以其名爲船名。

一八四六年，英國亞伯頓（Aberdeen）之哈爾公司（Alexander Hall & Co.）代怡和洋行造一快帆船，名爲托林頓（Torrington），以與航行中國海之美國運鴉片之快剪船競爭。Frank C. Bowen 認爲第一艘英國快剪船，但 Arthur H. Clark 即謂第一艘爲蘇格蘭處女號（Scottish Maid），一五〇噸，一八三九年哈爾公司所造。

托林頓爲一兩桅帆船，且其構造之體制亦即傳統於運茶閒英之各船：航海法本規定英本國與殖民地間之貿易，限於使用英國船，此法廢止之後，允許美國船運茶到英國，於是兩國商人競爭之烈，開空前未有之紀錄。

一八四七年，羅氏兄弟公司（A. A. Low & Brother）又添造一船，名薩繆爾羅素（Samuel Russell），九四〇噸，自郎培爾公司承造，此時其他美國所造之快剪船尚有駐中國南派金公司(Nye, Parkin & Co. of China)五〇二〇噸之建築師號（Architect）及波士頓 Warren Delano 爲與美國競爭對華貿易計，英國怡和洋行亦有五〇六噸之斯陀諾威（Stornoway），於一八五〇年下水，此爲第一艘英國製超級快剪式之船，亦由哈爾公司承造。其他英國運茶之快剪之船，尚有六百噸之阿伯格第（Abergeldie），一二三〇噸之凱恩果格第（Cairngorm）等九艘，及唯一鐵製之運茶快剪船絮品之主號（Lord of the Isles），此船於一八五五年當東北季候風之時節，以八十七日自上海駛至倫敦。在同世紀第五十年後期中，其他英國鐵殼船尚有倫滿墨（Lammermuir）、魯賓忽特（Robin Hood）、火十字（Fiery Cross）等九艘。

挑戰者號（Challenger）爲倫敦之林葉公司（W. S. Lindsay）所有，該船即爲打擊 William H. Webb 之挑戰號（Challenge）而建

造、後者為紐約 N. L. & G. Griswold 所有，但此兩船曾於一八五二年共同參加一早期之茶運競賽，卻從未直接敵對。挑戰者號從上海出發，以一百十三日駛至第爾（Deal），而挑戰號從廣州出發以一百另五日駛至篤爾。○一八五三年加利福尼亞又有美國造之快剪船亦有之。

在一八六三年，英國之挑戰者號為各國最早在漢口載茶之船。船長 Thomas Macey 以一千鎊之代價，僱美國拖船火花號（Firecracker）拖滯該船，瀕揚子江上駛至漢口，此係一種冒險之嘗試，但其他在華之船長亦即隨而倣效之。當時航行楊子汇上最大困難，即船上須經常武裝戒備，以防意外。T. Macey 於一八六三年六月以每噸九鎊之價，裝茶千噸，經一百二十八日駛回本國。

羅氏兄弟公司之快剪船隊

美國羅氏兄弟公司之快剪船隊，於一八四四年以 Houqua 號開始，在各方面均其優勢。該隊有船十六艘，其中數艘怡怡盛名。Houqua 首次航抵香港，費時八十四日，在一八五〇年曾以九十八日從上海駛抵紐約，但不幸於一八六五年該船在中國海中遇颶風而沉沒。

葉穆爾羅素號係因羅素公司（Russell & Co.）之創辦人而得名，該公司設在中國，A. A. Low 以前亦係共股東之一，故以此名其自有之船。羅氏公司一駐華經理名 J. B. Taylor 者實謂：當新茶上市時，該船可以先讓他人以較高之價收買，待三星期後，彼則出較低之價，裝載於該船，仍能首先趕到紐約，其對於該船速度之信任如此。

巴爾泰號（N. B. Palmer）在中國稱為快船（Yacht），由其船長之名役名，N. B. Palmer 菲率領保羅瓊斯（Paul Jones）、Houqua、葉穆爾羅素號及遠東號等船，在一八五二年之舊金山航行賽中，該船設役為飛翦號（Flying Cloud）所做，在競霆之頂點期，此二船並駛中國，巴爾泰號曾以早二星期而獲勝。該船從廣州至紐約經八十四日。勞異號（The Surprise）係一著名快船，於一八五一年下水，趕赴舊金山之

航程，該船須九十六日。另二快而美區之船競爭號（Contest）則須九十七日。驚異號其後在爪哇海上為軍艦阿拉巴馬（Alabama）所捕獲焚毀，鴉各以爾號（Jacob Bell）亦為南軍巡洋艦佛洛利達號（Florida）所捕焚。

羅氏船隊中最大之船大共和國號（The Great Republic）則並非為該船隊所建造，係由轉買而來，某次在失火之後，廢去一部甲板，該船容積大而行駛甚速，在名利米亞戰爭中，法國政府曾租用為運輸船，以後在美國南北戰爭中亦然，開往舊金山須九十二日。

橫濱號為三桅之船。據云該船在日本裝貨時，一蘇格蘭船名高勒奧（Callor Du）者亦在裝貨，但先該船一日開出，船長 Berry 恐蘇格蘭船羅以追及，遂決計抵抗中國海當時之西南季候風，嘗試駛出日貨，然後合恩角而歸。彼得順風之便，返抵紐約卸貨之後，又裝駛出口貨，使蘇格蘭船船長起望開出，常經過散地角時，始遇在進口中之商勒奧號，慶莫及之數。

金邦號（Golden State）造於一八五二年，噸位略低於巴爾麥號，自中國回航之記錄為九十日。達維包郎號（David Brown）造於一八五三年，為一美區之船，航行舊金山費時九十八日。海之荒怪號（Romance of the Seas）較前號遲兩月自波士頓開出，但追及於巴西海岸，兩船緊緊相隨，最後則並列而過金門。金門開出，全程四十五日之中，兩船彼此不相見，但俱於同日在香港拋錨，相差不及六分鐘，海之荒怪號之副橫帆及小檣帆，直至香港始終未用。

恩人號（Benefactor）為三桅船，較 Houqua 號少一百噸，為最初自日本運茶至美國者。已利號（Maury）為六百噸三桅快剪船，因海軍上尉 Maury 而命名。但當南北戰爭發時，Maury 傾向南方，該船遂改名女恩人號（Benefactress）。一八五六年該船與鐵裂之翠島之主號毅賽，自福州至倫敦，較先到埠者，則有每噸一鎊之賞金。翠島之主號先四日離開贛州，但毛利號竟於同一日之早晨抵唐恩斯（Downs），

兩船以十分鐘通過格雷夫斯特（Gravesend），但聚島之主號有最快之拖船，故首先靠岸而得獎。

其他之紐約快剪船

紐約其他歡家從事中國貿易之公司，亦有自備之船隻，有時所運之貨，亦為共自己所有，此等公司中有格林乃爾明脫公司（Grinnell Minturn & Co.），其最佳之船為飛雲號（Flying Cloud）、北風號（North Wind）、海蛇號（Sea Serpent）、勝利錦標號（Sweeping Stak s）、海王號（Sovereign of the Seas）、固德候公司（Goodhue & Co.）之船有中國官員號（Mandarin）；浩蘭阿斯平瓦爾公司（Howland & Aspinwell）為最大之商號，其船有安婆金號，虹號，海巫號等四艘；葛立司魏爾特公司（W. L. & G. Griswold）之船有喬治葛立司魏爾特號（George Griswold）及挑戰號等六艘。

挑戰號，二一〇〇六噸，造於一八五一年，為第一艘最大之快剪船。貿易風號（Trade Wind）較挑戰號多二十四噸，係 Jacob Bell所造，為菲列爾南亞之物來脫父子公司（N. Platt & Son）所有。挑戰號最初由赳牛 Waterman指揮，航海作家對其業績極盡有聲有色之描寫，退職船員亦以之為豐盛之傳說資料。該船有「世界最快最貴之商船」之名，但服務多年之後，終於在巴西海面失事。

遠東號載茶至倫敦

英國航海法令廢除以後，第一艘自中國載茶至倫敦之美國快剪船為遠東號（Oriental），一〇〇三噸，辦於一八四九年，為紐約羅氏兄弟公司所有，長一八五呎，寬三六呎。此處女航經東方路線往香港，費時一百零九十日，其載茶返抵紐約則八十一日；第二次赴香港亦費八十一日。以後該船則由繩索公司租賃遠茶至倫敦，每噸取貨六磅，佔四十立方呎，英國船則須三磅十先令，佔五六立方呎。

遠東號於一八五〇年自香港運茶一千六百噸至倫敦，費時九十七

日，其遠度為前所未有，首次載價值美金七萬元，該船此次之租費為四萬八千元，於此自紐約經遠東海道至倫敦之三百六十七日航程中，造成六萬七千哩航海紀錄，每日約行一百八十三哩。

繼遠東號之後而至倫敦，並使所有英國船在倫敦貿易上幾全讓位於美國船者，何有加里福尼亞號，驚異號、無震之藝風號（White Squall）、海蛇號、夜鶯號（Nightingale）、阿羅瑞號（Argonaut）及挑戰號。美國快剪船皆能獲得倍於英國船所來之運費。

航行中國之著名快剪船

英國航海法之廢止後，航行中國之著名快剪船，層出不窮，常創海上之話史，但自加里福尼亞發現金鑛以後，美國人之注意力迅速轉向本國沿海，只餘數艘美國船繼續渡太平洋往中國運茶。惟此時快剪船亦互相間之競爭大起，其失銳一如以前對美國之時。

船型繼續改進，年年競遲首批新茶返英，以博厚賞，成為年常例。自五十年代與六十年代，此等船不斷進步而成為海上之貴族，一如以前東印度公司之船然。運茶快剪船之黃金時代，且達一代。起自一八四三年，終於蘇彝士運河開通之一八六九年。

加里福尼亞快剪船時代，始自一八五〇，迄於一八六〇年，在共早期，自舊金山開往遠東各船之傑出者為天朝號（Celestial）、無震之藝風號、雄獵犬號（Stag Hound）及飛雲號。在一八五〇年，下列各快剪船皆為合恩角作競賽，即Houqua號、海巫號、藤爾羅萊號、中國官員號（以上皆舊中國快剪船）及較新之加州快剪船天朝號、中國官員號、競馬號（Race Horse）。海巫號竟以九十七日獲勝。

一共其他加州快剪船為流星號（Shooting Star），九〇三噸，一八五一年造，波士頓李特公司（S. G. Reed & Co.）所有；羚羊號二一八七噸，一八五二年造，紐約哈培克公司（Harbeck & Co.）所有，

Donald McKay之船隻

一八五〇年堆獲犬號之出現，設計者 Donald McKay（一八一〇——一八八〇），顧受業中人之注意。Richard C. McKay 曾云：「D. McKay 雖非快剪船之創始者，但使此種船出名者，實即彼也。彼之更進而造出一極頭快剪船級之船，對於美國之成為一海運國一大供獻」。航運界認堆獲犬號為快剪船型中，幾已近於完備。該船一五三四噸，為當時最大之商船，自廣州駛紐約約發八十五日。其後於一八六一年，在伯南布哥（Pernambuco）附近海中失火焚燬。

一八五一年，McKay之第二艘超級快剪船又下水，此即飛雲號，一七八二噸，本為波士頓托來恩公司（Enoch Train & Co.）所定造，但未遣成時，即轉售與紐約之格林乃爾明悅公司，該船以八十九日又二十一小時繞合恩角而抵舊金山，三年之後又縮短十三小時，而打破自身之紀錄，此等紀錄從未有打破者。Longfellow之「船之建造」一詩，據云即受靈感於飛雲號下水時之暗示，該詩由美國財政家及作家G. F. Train（一八〇九——一九〇四）命名，彼即該公司之股東。

飛雲號亦越太平洋而往中國運貨，以十二日之時間，駛抵檀香山，某日，該船張掛小橫帆及副橫帆而駛行三十四哩。在澳門裝茶後，費時九十六日而返抵紐約，以十日之差，為巴爾麥號所敗，後者之用發吐較遲三日，但如前所述，其後至一八五二年舊金山競賽中擊敗巴爾麥號。一八五九年，該船為出售而加入倫敦、中國間之航行，首次自福州載茶至倫敦，費時一百二十三日。一八六三年由利物浦之詹姆斯公司（James Baines）購入，用於澳州移民貿易。最後於一八七四年至埠約翰（St. John）船埠焚燬。

McKay又於一八五一年造斯達福特爾號（Staffordshire）及飛魚號（Flying Fish）二船，均為超級型之加州快剪船，前者於一八五四年在沙培爾岬（Cape Sable）遭難毀壞，後者亦於一八五八年自福州載茶駛出後損壞。

McKay之海王號於一八五二年下水，係燕尾航線（The Swallow Tail Line）所有省紐約明悅恩公司定造，二四二二噸，為以前所未有之最大快剪船，用於對華茶葉貿易已嫌過大。當一八五二年十一月十五日，該船在快剪船航行舊金山之競賽中獲勝時，水手唱「蘇三郎歌」（Oh Susanna）云：

呵！蘇王娜！親愛的，安心吧。
我們已擊敗了快剪船。
海上之王號！

一八五三年，McKay對於加州快剪船之繼續供獻有句四實號（Wasteward Ho）、幸運車號（Chariot of Fame）、海后號（Empress of The Sea）、海怪號及登峯造極之大共和國號。大共和國號當時所造最大之超級快剪船，四五五五噸，前已述及，未及加入航行，即在船場中焚燬，其後由羅氏兄弟公司購入重遷，雖縮小規模，成為三、三五七噸，但仍為當時最大之商船。

繼此以後，澳州郵船利物浦黑球航線之創始者 James Baines，聘請McKay建造著名快剪船四艘，即四電號（Lightning）、詹姆斯號（James Baines）、海之選手號（Champion of The Seas）及麥凱號（Donald McKay），皆於一八五四——五五年下水。閃電號尤為特出，每二十四小時能駛四三六海哩，平均每小時在十八哩以上，此項速率為任何帆船所不及，即在今日，亦僅有數之汽船，能超過此項紀錄。

英國之運茶快剪船

英國之熱烈建造運茶快剪船，開始於一八五九年之鷹號（Falcon），該晶木製，為濤麥兒東公司（Shaw, Maxton & Co.）所有，此後十年之間，英國所造之木製及混合製快剪船，不下二十六艘，其中著名者計六艘，即太平號（Taeping）、羚羊號（Ariel）、倫綏脫俗士號（Sir Lancelot）、熱門號（Thermopylae）、短襯衣號（Cutty Sark）、

及黑蛇號（Black-adder），以上最後一艘爲鐵製，餘以各項材料混合建造。

騰號之後，同年下水者有八二二噸之海島號（Isle of the South），次年有八八八噸之火十字號（爲茶運競賽之選手，第二艘取此名之船）及六百噸之茶師號（Chaa-sze）；一八六一年下水者有六二九噸之閩江號（Min）及開爾沙號（Kelso）；一八六三年則有白爾的魏爾敦號（Bel-ted will）、綏利加號（Serica）、太平號（此二船亦茶葉競運選手）、愛立薩蕭號（Eliza Shaw）、揚子江號（Yang-tze）及黑太子號（Black Prince）；一八六四年下水者爲八五三噸之玲羊號、八八六噸之偏設設的士號（Taitsing）；六八六噸之亞大號（Ada）、八一五噸之太清號，一八六六年有八七九噸之鐵塔尼號（Titania）；一八六七年有八九〇噸之紡織號（Spindrift），九四三噸之前進啊號（Forward Ho）、八八三噸之林民號（Leander）、七七九噸之拉勞號（Lohloo）。

一八六八年著名茶競船更多，有九四七噸之熱門號、九二一噸之短襪衣號及八四七噸之溫特好桓號（Windhover）；一八六九年有九一四噸之問敦主號（Caliph）、七九九噸之魏羅號（Wylo）、七九五噸之漂鬆號（Lothair），及美麗之諸婭宮號（Kaisow），七九四噸之麥退飼號（Norman Court）。黑蛇號亦於一八七〇年下水。

火十字號爲 J. Campbell 所有，船長 Robinson，號爲「駿驄籠薄的中國海之硬漢」。該船曾於六十年代之茶運狂賽中獲勝四次，北競賽時期過後，則出售於挪威人，其後失火沉沒於希耳尼斯（Sheerness）埠方之港灣中。

給與一八六一——六二年各茶季中首先到達之船，每噸十九先合之賞金，份爲火十字號所得，太平號即係打倒火十字前設計者。木製之綏利加號及混合製之太平號，皆有數度鬥爭，綏利加號自一八五一年起，即用於茶葉貿易，且十分幸運，於首次對火十字號自福州運茶之競賽中獲勝，太平號則至一八六六年之大競賽中，始眞正顯名，於一八六七年及一八六八年董獲勝利，該船最後於廈門至紐約之途中，觸雷特斯晤

德（Ladds Reet）而毀壞。

玲羊號由 John Keay 船長指揮，彼以前曾襄駛勞禮斯號（Ellen Rodgers）及露號而獲極大成功。據諸曼宮號縳船長 Andrew Shewan 之論，認該船爲「理想運茶之快剪船，爲水面上風所能吹送之最速物作」。Lubbock則云：

該船亦如類似神仙Steele之運茶船，爲一種於抹持之寶玉，必須一船提爲之張力保漾。該船有一韌性，即對壓力過重，則船尾下傾，此時須急放下船後之帆，不然則舵手即將沉入海中。此種缺點，由於船尾缺乏支持力，有時疏忽之。

Hawthorne Daniel 在「快剪船」（The Clipper Ship）一書中，亦認爲：

在一八六六年之運茶大競賽中，玲羊號在唐恩斯（Downs）獲勝，但因缺乏潮水，致於泰晤士河中等候，較其敵乎太平號竟遲二十分鐘。又以玲羊一八七二年，該船雖倫敦赴雪縏（Sydney），其後即無下落。又以玲羊號命名之船凡四腹，其中只此腹一八六五年在英國建造者爲運茶船史上重要之船。

著名之運茶快剪船倫綏設的士號爲玲羊號之姊妹船，其船頭像爲一着甲之騎士，簡部之甲張開，右手持劍，其載茶量在一、五〇〇噸以下，[13]著名之挑戰者號之後在漢口載茶之第一艘船，由怡和洋行租賃，每噸七鎊，時在一八六六年，該船於一八六六年，旋於次年競賽中，自福州至倫敦而據第三名；旋於次年競賽中，自福州至倫敦以八十九日獲勝，其後改航澳洲、上海、紐約之線，最後售於一印度商人，於一八九五年由旋風沉沒於孟加拉灣。

熱門號爲英國運茶快剪船中最進步之一船，該船由阿伯頓（Aber-deen）港建造，設計者爲 Bernard Weymouth。彼以前所設計之林毀

號（Leander），速度甚高，但容易浸水。熱門號之橋造，則使其雖在疾風中駛行，亦如在晴天之安全，Shewan 船長稱之謂速門快剪船隊中之最佳者。該船為英國所造之快剪船中第一艘能受風浪壓力者。曾有兩次以六十三日自倫敦駛抵養爾邦（Melbourne）。其就茶競多時，達一、四二九、○○○磅，其後出售而用於橫斷太平洋之貿易，後又轉入葡萄牙政府之手，於一九○七沉沒於里斯本（Lisbon）附近。

熱門船之勁敵為短襖衣號，係由 Hercules Linton 專為打倒熱門號而設計者，為驕號稱「白帽老人」之倫敦人 John Willis 船長所定製。自一八七○年至一八七七年，運茶多次，拆半半無奇，以後則作不定期之航行，何處有貨，即停何處。該船曾遭種種險奇遇，直至其由 Woodget 船長指揮後，乃從事冒險，挽至一九二二年，又返於英國人之手，駐於法爾馬司（Falmouth）海港，作為固定之練習船。

該船與熱門號從未得有特關身手之機會。在唯一可以一試之機會中，該船竟失去其舵而裝以一臨時用者。但雖如此，其到達之時較其競賽之敵不過遲數日而已。可見當時事情如果順利，則必能獲勝也。

黑蛇號係為一鐵製之快剪船，與好樂溫號（Hallowe'en）之姊妹船，特為對華貿易而設計，在一八七○年之處女航行中，即凶構造上之缺點，而隕遭不測，當其在逆境中，並以後則稱讚。經七十及八十年代，該船長期在逆境中，但以後則稱佳。此二船均已過時，因利物浦船商 Alfred Holt 已在但澤茶葉運競及蘇彝士運河實際已完成，輪自帆船轉換汽船之運動也。後期之快剪船，大部均用於澳洲貿易中。太清號及紡織號兩船於一八八三年燬壞。

按利加號及 Zanzibar 洋面燬壞。

在桑給巴爾島（Zanzibar）洋面燬壞。

帆船時代之短促，有類一幕戲劇。一八六九年蘇彝士運河之開通，對於煤之給養問題，予汽船以前所未有之便利，使其既倒帆船，對於煤之給養問題，予汽船非洲西海岸，頗可盈利，於迄，趁機立即建造新船，既經濟而速率又高，數年之內，彼之藍煙囪固定期船，在茶葉貿易中佔有最燦爛之地位。

嗣後其他公司崛起，其中有成功者，亦有失敗者，帆船變仍繼續挣扎多年，但其中最佳之船，則漸次轉入澳洲之貿易，該處之淘金者及羊毛貨物給養，予此等船以幸運，而競運新茶返國之舉，則從此告終。汽船所有者審慎比較各種船的之費用，覺汽船載貨容積大而商就，性既減少，又為穩獲利潤之事業。在五十噸之著名汽船史底林堡號（Stirling Castle），再然起速度發養之狂焰。該船行駛蘇林中國倫敦航行時間至三十日，即約當快剪船時代之三分之一，另一艘來拿格爾號（Glenogle）則須四十日。但其後發現此種競賽之獲利不抵所費，於是茶運仍歸於正規之載貨汽船。

快剪船時代之明星巷

在快剪船時代，陸居而不航海之人，對於此種競賽之注意與興趣，只有對於大賽馬時可與之匹敵。茶葉貿易在當時為最高等之商業，而在茶季中，一般觀眾尤集中於飛駛之「運茶快剪船」，張掛無數雲白之帆，自遙遠之中國駛向英國或美國之本國海中念願，船上裝載最上等之新茶，此種貨物給養與其最先到達之代運者之利益，甚為可觀。最快之船，當時茶船競賽為其代表，最精之航海者及最快之船船，皆以運茶船隊競賽在交易所及俱樂部或爐邊之最有吸引力之話題，其應勝者，皆能名利變收。

報告茶船何時經過某某地點之電報，在明星巷（Mincing Lane）中宣讀之忙碌，一如現在之股票行市報導之緊張。當茶自出發點之消息報告快剪船已沿英國海峽上駛時，興奮頓時增大。在未有電報之時代，因消息遲緩，快剪船之到達甚至更神秘而驚人。

有時貨主親與獲勝船之全體船員之賞金達五百鎊之多，蓋第一批茶葉上市時，其價較遲到之船所載者，每磅再價可賣三至五辨士也。當競賽各船通過格拉維生特（Gravesend）時，大批樣員即齊集船塢，為攜客及批發商抖取茶樣。彼等或在附近之旅館中過夜，或即睡於船塢上。上午九時，茶樣在明屋售得品評，並即由各大商家評價，並按毛重完稅之後，此批新鮮之工夫茶即可出現於利物浦及曼徹斯特之市場。

在明屋街茶葉中間商 Thompson 之辦公室中，今日仍有可引起快剪船時代之有趣囘憶。有一風鐘（Wind-Clock），懸於販賣室中之壁上，以報告風之方向。蓋因帆船時代，逆風能使快剪船被阻於唐恩斯至一星期以上也。此鐘之指針，連接於一安置於屋頂之風標。西南風為一種疾風，被認為使快剪船在海峽中飛速上駛之風，但東北風則為船更加邊延之信號。而扦樣員則盻窣歡迎東北風，蓋由此可以稍稍延緩其緊張迅速之工作也。當風鐘之指針自東北轉向西南時，即有騎馬者自市中趕赴綠亭（Tooting）或巴蘭罕（Balham）——當時倫敦郊外之村落，離市八哩——以茶船將到之消息報告居住該處之商人。

一八六六年之運茶大競賽

一八六六年運茶大競賽之故事，在明屋巷中至今仍傳為佳話。Basil Lubbock 在其所著之『中國快剪船』一書中，有最佳之敍述，此為運茶競賽中最精彩之一次，以一八六六年五月廿八日自福州下游閩江之羅星塔出發開始，而於九十九日後，在倫敦過中終結。B. Lubbock 云：

在各船自閩江駛出頗久之前，鬥爭即已開始。此實開始於各船經理人之濟庫處及中國茶商之行中，蓋爭先上之命運，全依獲勝之船兩決定也。參加競賽之船最需佳先裝貨，茶葉扦以舢板自福州沿閩江先運至羅星塔前之船後，由中國裝貨者將惠裝填入極一角落，此等人輪流晝夜工作。

箱茶裝載忿忿舉，船員即整頓船裝，以備鬥爭，一樹起最精之防撕聯動裝置，俾一根桅及槳，捍繫桅檣亦有，即以新者與換之，橇繁翼帆，帆之兩輪及掛起其下桁。當鰡一隻船側始裝貨哮，情緒極為緊張，船上各種

船音喈嘽，裝貨者之洋涇英語及大副二副及水手長等之航海英語亦作其聲之應和。

一八六六年五月廿日在羅星塔泊所裝茶之頭等快剪船名單如次：

「羚羊」八五一噸，船長 Capt Keay，載茶一，二三○，九○○磅。

「火十字」一六九五噸，船長 Robinson，載茶一，八五四，二三六磅。

「愛利爾」一○八噸，船長 Innes，載茶八五四，二三六磅。

「太清」八一五噸，船長 Nutsford，載茶一，○八一，○○九磅。

「賽利加」七三五噸，船長 Rytie。

「中國人」六六八噸，船長 Downie。

「黑太子」七五○噸，船長 Inglis。

「齊巴」四九六噸，船長 Tomlinson。

「泰平」八九七噸，船長 Gunn。

以上次序係依照行之先後排列，二者之倒閩江口。其他各船啟程之一期如次：並無大差異，膝敗之次，船各之技巧與精力等船之本身皆同樣重要。

在啟程時百日總過全地球四分之三之競賽中，或有人以發出發時數日之先後，結果常不至有差異，即有亦必甚小，但常競賽上此時競賽之船，將照察相顧，有如同一式競賽之船員，每一小時特有一定之價值。但在此次競賽中，各船從未長時間失一虛。每船中諸船皆屬精選，凡「羚羊」計三十二名），但皆無輪班特換之船員儲備，在競賽中諸外之船員儲備兩名），計三十二平常維三千名也。

六月二日「太平」與「羚羊」互相在望，一星期後，爾船在北緯七度東（赴利物浦）六月六日，「黑太子」六月三日，「中國人」及「飛剪」六月五日，「阿達」六月七日。

各船最後啟程日如次：「愛利爾」，「太清」，「賽利加」，「火十字」五月卅日，「羚羊」六月二日，「太平」以信號通知，謂「太平」已超過「羚羊」，但 Robinson 實仍為「鐵漢」，在變幻多端之中國海上，於極短時間內，絲文佑先。

印度洋中之海風，不稍強大猛烈，壞帆折檣為常有之事，當時「羚羊」自六月二十二日通過基陵島（Keeling Island）起至同月三十日，每日頻程仍偏有三一五至三三○哩之

遠，其他各船亦接同樣順利，「火十字」於六月二十四日行三二八哩，「太平」於廿五日行三一九哩，「羚羊」則於六月二十六日行三二八哩，「太平」

常抵達好望角時，「羚羊」捲巴完全爭閒同時滯後之二十四小時，較諸「火十字」遲後十二小時，雨「太清」更落後，五船於大次西洋時，五船接近此處附近，但彼此不相知，先頭之五船之二日半之間大第越赫勒拿島（St. Helena）。其航線言「火十字」遲後此水島時，「太平」

利加」，於八月四日於維，「太平」則在一星期以上。

八月九日正十七日，「火十字」與「太清」於無風之天氣中彼此相平，後散小時中乘微風向前，駛出親線失利實勢，但至西方島（Western Isles）時，電佑前駛。在此處，時間更可注目，在各船通佛繼勃斯（Flores）時，電風如下：（1）「太平」八月二十九日經過，已行九十二日，（2）

「火十字」（4）同日經過，已行九十三日。新起之西風，使五船於六月間忖行駛於水深可測之虞。九月五日上午一時半，前行之西南風向轉西南，自天明後經格尼斯（St. Agnes）燈塔，五船牛，消海峽岸進，而者略佑先，西南方「羚羊」（3）八月二十日經過，已行九十一日。「太平」

九月一日經過，已行九十三日。同日經過，已行九十一日，（5）「太清」

九月六日上午五時，望見「太平」，扯叫共發信號，吾人須力爭以免「羚羊」與領港船之便利，但二船之所有在赤道立即在其船理人先獲知其方位作款集西進之準備故尤港梯度，以知角逐之對海日記中，可以想見心弦悸眠，在競雀之對冷照中，竹表現其興奮遇，抵毕支治角（Dungeness）時，即

其方巴由信力強之船投，綠一行動，同人須力少以免之模集，並放火筒，以招領港者。

此時猶有上廻船主之興奮，可以想見，對於兩茶船錐鞭英國海峽新聞之傳播，速則偉原之火，恨唯船之位置之消息之傳遞遇不距離最近之郵其方作款集西進之便利，但二船之所有在赤度立即

在Keay船長之對海日記中，可以想見心弦悸眠，知角逐之顛峰。彼慌一有輕驗之對等貿易商，在競雀之對海日記中，竹表現其興奮遇：

一況游及自信力強之船投，怖起綠於航海日記中：九月六日上午五時，望見「太平」，扯起共發信號，吾人須力爭以免其巴得領港由。在「太平」與領港船系小船之便利，五時五十五分，轉彎就近小船，首先得到領港者。六時，向南岬（South Foreland）南進，駛起全部茶之裝格而受敬趣。

不帆，立即被「太平」趕上。我船仍佑先，「太平」又趕至我船一、二哩之內，但趕於格後一哩之外時，我船乃先「太平」一哩，並深持此距離直至將帆全部收起而止。「火十字」九月六日上午八時，「羚羊」已行九十九日，「太平」九月六日上午八時，已行九十日，「火十字」九月六日上午九時，已行九十九日，「羚羊」於七日上午九時，經過聖測第勒拿島（St. Catharine）燈塔之外，方可領悟完畢之西南風此際，競賽直至倫敦始終，但因強競之西南風此際，竹承頓十先令之額外利得，竟託辭不能確定，而私自感謀分割先到領之船之賞金，兩船之茶格終一無所知，Keay船長之日記止於此結束。

Basil Lubbock 曾將此時期中各帆船一日航程之達四百里或其以上者，以表格記錄，達此速度者，表中有八次，牛津大學之 S. E. Morison 教授又增加二次於此中。此十次稀有之成績全部屬於五船，時期在一八五三—五六年，其中四艘爲 McKay 在波士頓設計與建造之海王號、邊恩號、麥頭號及閃電號，其他一艘則爲波士頓 S. A. Pook 設計在梅恩州洛克蘭（Rockland）建造之紅衣號（Red Jacket）。此等航程大部分皆保在英國旗下對於澳洲貿易時所造成。

運茶快剪船裝置美麗，設計精巧而建造堅固，甲板室小而甲板面之空處大，以便工作得以迅速。此項船隻之外觀將如標準之抹剪船、船體作黑色或綠色，有金色之經摩光，甲板皆用石打磨，帆桁索具均整備完善。此等船有一特徵，即其繪繪物皆爲二百

順至三百噸之海濱粗石，平鋪於船底，以爲茶箱之墊底，船員普通爲三十名，其船長均爲極有能力之人。

此項船隻，海運家認爲最易傾側之船隻，其所載貨物一經卸下，移動非易。船形甚高，具桅桿三枝，每枝桅裝以多數之方帆。早期之快剪船皆係木製，五十年代末六十年代初所造者，幾全爲混合製，即骨架爲鐵製，外部則木製而包以紫銅，再後乃進而以鋼。

現在紐約約人能記憶見靠定泊所內快剪剪船之景象者已甚少，W. G. Low述其對於巴爾麥號停泊布魯克林（Brooklyn）時之回憶云：

此新漆之黑色船體，飾以金綫一道，杆上顯出雪白之帆，以交叉之黑帶綁作。其油漆桅桿之頂上呈赤色，頂色或內色之公司旗，隨風招展，旁新之美國國旗則飄颺繽彩於船尾之斜桁，當夕陽西墮，益示該船之麗兩肚觀，幾使其周圍環境有相形見絀之感。

在快剪船時代，紐約之南街（South street），波士頓之印度碼頭（India Wharf），非列得爾菲亞，撒冷(Salem)及巴爾的摩爾之常邊，皆帆檣如林。Andrew Shewan 船長在其所著之「帆船之偉大時期」一書中，搜集各運茶快剪船長之回憶錄，材料至爲豐富。書中描述茶師號一中國人，捧一牌，上書中國字，沿船頭艙浪處則有表彰茶箱、茶壺、茶杯、茶盤之圖形，其中并有一類似帶帝之物，表示爲茶樹。

據 Shewan 所述，在福州羅屋塔碇泊所裝茶時之景象有如圖畫，編州茶葉交易之開市有其特殊情形。當五月初方過，首批新茶到達福州城

中時，中國商人不能即剝以外商所同意之價格出售，經過數星期之爭論，最後價格已充分低下，外商中較重要之一家且表示將關閉停業，於是茶市方開，而搶裝逮開始。過秤及封貼茶箱需時四十八小時，每一行皆用駁船將其各批之茶葉運至羅屋塔，其地在福州下游十二哩，三四體保有良好起錄之快剪船被選送之次等茶葉，其運裝較廉於新茶，用以鋪於船底所墊粗石之上，以期給與上面之新茶以更多之保障。

在數星期等待開市時之懈怠之以後，乃可聞得一種吹海螺聲及更多之喧噪聲，此爲首批新茶到來之信號。其信號就發出在日間，常類如其來，機之駁船上之人即聲高唱該茶所有者之中國名稱，恰和洋行所屬之人則以哀戚之諧調，連續不斷高呼「恰和！」「恰和！」華記公司之人則態念之以調和的「華記！」其他者亦照樣喊成一片，船長 Shewan 云：

吾不知何人問答彼等及其應門之地位，但彼等決非船上之員工，吾信常被彼等搭透在罪時，中國船戶即待於碇泊之小船中。天明後，即可見二三隻半運之快剪船旁，各有半步上下之駁船環集，其船各船則須忍耐等待，俟來不及過久，約至四十八小時之內，幸運者中之一艘，或不止一艘，即可裝滿，扁等一批一批之茶，即可轉向於其次各船矣。

欣賞船等開市時之情況，爲最佳之一次，當推一八六九年，當時參與之船不下十五艘，皆泊於羅屋塔外，船皆皆已整帆，屏船物皆裝於船尾，以待新茶之到。余認識當時閩江上如此一美麗船隊之集合了，在全世界其他任何港口，實不能見也。

船體持光彩奪目，新鮮油漆，少見有經之處，其銅翼之船底包皮捍桿手工打得明，並仔細繪油，使在日光中閃閃發光，桅桿亦特油漆光亮，船頭船尾皆張彩白之布旗，公司旗號飄於主檣，以炫茶貨恣來時之榮耀，在船上時，於船尾懸一中國旗，在夜離開碇口時，此旗立即投下。英國國旗到島傲然高揚，有時張於捲揚，但平常多懸於船尾之旗桿上。

第八章　茶樹征服爪哇及蘇門答臘

茶樹最初生長於肥城私人花園中——J. L. L. Jacobson
之故事及商用茶樹栽培之傳入——政府專營失敗——私人企業
時代——J. Peet輸入亞摩剌茶籽——黃金時代——茶葉試驗場
及茶業隆昌之歷史——茶樹繁殖無論極高原——茶業勞組
之家族……茶葉開拓在蘇門答臘東海岸。

以前皆認為除在中國，日本以外，茶之栽培與製造，皆不能成功。故在葡萄牙航海者開闢南洋及遠東路線長時期以後，荷園人及英國人始提在其殖民地嘗試此事。

德國博物學者及醫生 Andreas Cleyer 最先在爪哇植茶。彼以走私致富，在巴達維亞（Batavia）虎河（Tiger Canal）之旁有壯麗之住宅，彼覺茶樹可以為其花園之裝飾品。一六八四年，乃自日本攜印茶籽，育成茶樹數株。雖然彼之植茶試驗，並無任何供獻，但因此而享有爪哇第一人植茶者之盛名。其後彼之花園管理員 Georg Meister 將茶樹輸入好望角及荷蘭。

教會歷史家 F. Valentyn 在一六九四年之記載中稱，彼曾見中國來之幼茶樹，其大小如紅醋栗樹，植於總督 J. Camphuijs在巴達維亞附近之別野花園中，但對於來源，似語焉傳。總督曾至日本，後 A. Cleyer之保護人，且為隣居，故二人似曾交換茶籽與茶樹，無論如何，此事可說明荷蘭人如何發現殖民地新事業之可能性及植茶成為繼中國、日本之後植茶成功之另一遍地方。征服爪哇之茶樹最初來自日本，繼來自中國，至一八七八年印度亞薩姆茶籽輸入後，此一征服乃告完成，計前後經過二百年以上。在 A. Cleyer 輸入日本茶籽後約經四十年，荷屬東印旋公司始決定以中國茶籽自行種茶，蓋由於陝觀奧國荷蘭商人在中國、

日屬貿易中之競爭，而思有以挫折之。

荷屬東印度公司之董事會所謂「十七巨頭」(Seventeen Lords) 者，在一七二八年曾於某次對荷屬東印度政府之建議中，主張中國茶籽不但應植於爪哇，且應植於好望角，錫蘭，及夫那怕南(Jaffanapatnam)以及其他各處。並提議招募中國工人，以中國方法製茶，出品雖運於中國，但並無妨礙，蓋可逐漸改進，而同時歐洲正準備購買得之「茶」之物品，且指出事實，謂爪哇咖啡之種植在以前竹被認為不可能，而今在歐洲市場上已取 Mocha（譯者註：一種上等咖啡）而代之。

荷屬東印度政府對此項計劃非常冷淡，甚至懷疑茶樹能否在爪哇生長，但若有人能最先生產一磅製成之土產茶葉，如此等互頭所計議者，則政府對於此種試驗亦可給以獎金。但荷屬東印度公司顯未進行此事，蓋數年之後，該公司又恢復其在歐洲茶葉貿易中之獨佔，已滿足其慾慾獨家供給者之地位，為不再斤斤於茶之生產。

直至一八二三年，英國人在印度發現土生茶樹以後，爪哇種茶問題始重行提起。根德(Ghent)皇家農業畜牧公司之總經理爲此時之積極分子，彼致函教育部、實業部及殖民地部之部長，請求遺送日本植物多積至荷蘭。但其中亦涉及茶。當此要求遞於駐巴達維亞總督之手時，國家植物園指導者 C. L. Blume 博士提議將此任務付與其友人德國醫生少校軍醫官 Ph. F. Von Siebold（一七九六——一八六六）後即轉往日本，服務於長崎港平戶島上東印度公司之經理處及祖屋中。

十九世紀第一件遠及茶籽輸入之公文，爲該文調令在日本之主管員，政府決議案第六號，爲一八二四年六月十日荷印實行。Blume博士之要求，將具有特殊用處或性質之植物及其種籽，每年運往

巴達維亞。但當時未想及在爪哇植茶，此等植物不過送往荷蘭，充實植物園之點綴，該島價爲其中轉站而已。

雖然，茶樹並未提及，而第一次之運輸亦告失敗，直至一八二六年之第二次運輸，始包括茶籽，此等茶籽卽播種於茂物（Buitenzorg）植物園及加果特（Garcet）附近一實驗園中，均獲成功。

一八二〇年，法國博物學者 P. Diard 於遊歷英屬印度及蘇門答臘之後，到達爪哇。一八二五年，彼被任爲各種農作物之觀察者，而溝卽於醫藥、木棉樹及其他一切可認爲有望之作物。彼爲荷屬印度之科學調查中，仲完成重要之任務。

此時保守東印度公司爲企圖爲政府保持東印度公司之獨佔體系，而自由主義集團則欲開放殖民地供私人企業，雙方之鬥爭達於極端，結果爲由荷蘭政府特派一大員前往處理，付以根本改革之權。所派之大員爲委員長 Gisignies 子爵，荷主予彼之訓令，係命改造現有之各種植物，並創組各種新植物，以復興殖民地之疲弱財政。彼爲知行合一之人，立卽組織一農業委員會，自任主席，此卽農業試驗場之前身，其結果，由政府之援助擴展至私人企業，而茶則成爲委員長所特別關心之物產。大規模實驗之農業試驗場，則創立於克拉溫（Krawang）及外府普（Banjoe-Wangie）。此果爲爪哇創設茶及植茶之父 J. I. L. L. Jacobson 開闢之進路。

Jacobson 之故事

Jacobson 本爲一評茶專家，彼荷蘭貿易公司自荷蘭往廣州擔任打樣工作，當彼途經爪哇時，茂物及加果特四周之茶樹，生産甚茂盛，但割去在爪哇之中國人，能知茶葉如何製造應市者，則客無一人。Gisignies 給予 Jacobson 以絕佳之機會，指定彼擔任自中國牧集並發送各種栽培製茶葉之方法、用具及工人之工作，以期促進荷印之茶業。Jacobson 來往中國、爪哇間凡六年，共費則在爪哇工作十五年之久，而使其名字在荷印茶業史上，獲得最高之地位。

J. I. L. L. Jacobson 於一七九九年三月十三日生於鹿特丹（Rotter-dam），爲咖啡與茶葉經紀人 L. Jacobson 之子，從其父學得當時一切評茶之技術。荷蘭貿易公司任命彼爲該公司在中國及爪哇之茶師，彼遂於一八二七年九月二日抵巴達維亞，受命於 Gisignies 之後，卽前往廣州，周旋於各大茶商間凡六年，每年返爪哇一次，每次攜返有價值之報告及大量茶籽或茶樹。

在其各種事蹟之記載中，可知彼於二十歲開始此項工作之時，卽有驚人之自信力，並成爲有決斷之人，故常獲得成功。但因引起他人之猜忌，樹敵甚多。從最可靠之傳記所載，知彼不僅曾至河南（Honan），且深入內地參觀各茶園。

C. P. Cohen Stuart 博士在所著之「爪哇種茶之起源」中，對於彼一點頗表懷疑，彼指明外國人在中國不得進入內地之事實。Jacobson 在其記載行程之文中曾訓經一長途入河南，此河附實爲廣州對岸之一小島。Stuart 認爲 Jacobson 所到不能更遠於河南碼頭附近之茶廠，蓋粗製之毛茶，皆於該處精製，以備出口也。

Jacobson 謂中國人皆允領彼至茶園，且斷言彼曾至該處販茶，尤其爲至三十哩之定遠（Tingsue），見該處茶葉甚多，再達六哩，則有千畝以上之茶園，其環境條件一如茂物者。Ch. Bernard 博士在其荷屬東印度茶史中云：Jacobson 必須正式被認爲此種植物之際創始者；Stuart 亦承認其有可欽佩之堅忍，並承認其以後出版之著作植茶便曁其有永久之價值。

Jacobson 之成功有頼於正式被開創者，尤其爲成功之一要素。

Jacobson 於一八二七——二八年第一次至中國所獲稱之一婆素，雖如 Stuart 所云：彼本質上爲一評茶家及商人，而非一植茶者。其後之評論則云：視關於此等栽培及製造之報告，並無若何重要。

Jacobson 到達爪哇，爲植茶試驗重要成功之……

Jacobson 在廣州之職務爲與一本國人 Thure 共同工作，協助管實

人 Buchler 為茶師。時彼年僅廿八，但年俸已達四千美元，宿具大志及富幻想，熟悉茶之購買方面，當時並無一人能明瞭茶之栽培及製造。彼對於此充滿危險之任務，並未逡巡畏避，故在年青時，政府卽授予過分之榮譽獎。在當時侵入一不甚友好之國家而企圖攜去其工人與物產，實為極端危險之舉，但彼對於此二項任務，均能完成。一八二八——二九年第二次赴華，自福建携囘十一株中國茶樹；一八二九——三〇年第三次赴華，無甚結果。一八三〇——三一年第四次赴華，攜囘二百四十三株茶樹及一百五十顆茶籽；一八三一——三二年第五次赴華，攜囘三十萬顆茶籽及中國工人十二名，Stuart 稱之為彼之成功。其後發生工人騷動，該十二名華工被殺。彼後於一八三一——三三年作第六次旅行，攜囘七百萬顆茶籽及十五名工人，其中有積茶者、茶司及箱板工，並有其收集之一批材料與工具。此為彼最後一次之旅行，蓋幾次染病工，中國政府頗懼應此舉動，並欲捕獲其裝載茶籽及工人之船。但在另一正欲開行之船上，捕獲並遞解 Acheong，彼則攜同資費之貨物而乘原船離去。其後 Acheong 由廣州荷蘭領事五〇二 Plaster（西班牙幣）贖出。

當政府予彼以此種任務時，卽已認為設困難之事，並明知彼有無數暗探監視。從總督 Bosch 之諭件中可知此事之重要。當 Jacobson 返抵安朱港（Anjer）外時，岸上鳴禮砲，以讚馬迎彼赴巴達維亞，此盛況有如近年美國人之歡迎林白（Lindbergh）。

在最早一批日本茶籽安全播種七年以後，Jacobson 於一八三三年開始熱心從事於爪哇之茶業。在是年以前，始創工作之大部份雖已有他人進行，但彼於茶籽、茶樹、人工、材料及製茶之技術指導上，均曾作有價值之貢獻。

在此時期，其他重要創始者之中，Stuart 認為首推 De Seriere。因彼具有與 Jacobson 同樣之熱心與自信，而有不同之才幹。彼原為駐比利時公使，以議員之資格隨 Gisignies 至荷印。到爪哇之初，卽受聘為茶業之查報官報（卽以後之爪哇時報）之主筆，同時並為農業委員會之威書；其次為克拉潑濃之副總督及其他數省之總監，最後則為摩鹿加（Molu-cca）羣島總督及議員。彼負有最先促進爪哇茶樹栽培之榮譽，彼詳述一八二六年委員長受植督察員 Diard 之勸告，前命 Von Siebold 自日本送茶籽之事；據云 Siebold 卽以一小盒茶籽交荷蘭船帶囘應命。此事亦無政府文書為之證實，但 Stuart 認為有可能性，並指出此字種子為 Siebold 自一八二四年受命每年由日本輸送茶樹時所輸入者。

由於 De Seriere 對於 Von Siebold 與 Jacobson 在茶籽運送上之盡心，及以後在克拉潑區作首次大規模茶園、茶廠之管理，其為種茶事業之最後成功，裨益甚多。彼始創爪哇植茶之功，曾於一八三三年在巴黎世界博覽會中獲頒金牌。尚有一事應提及者，乃在一八三九年，曾有一人名 M. Diard 者要求在爪哇獎勵植茶事業，彼在一八二一——二四年之三年間，曾由中國輸入茶籽，但運到時皆已腐壞。惜此等報告，竟無政府文件以為之證明。

De Seriere 在一八二七年之已達維亞時報上，亦云：Amherst 爵士或 Minto 侯爵在一八二三年以前，已由中國輸入茶樹，植於茂物植物園中，事實上一八二三年 Blume 博士最初之園藝目錄中，已列有武夷茶樹。

據農業委員會之報告，在一八二七年四月，植於茂物之一八二六年所輸入之茶樹，已經長大，竟能有一部份輸往加累特。該處同時又種植一種樹，其葉具有特殊香氣，而可與茶葉相混者。初視為一新變種，其後始知為中國茶樹（Mandarin tea），此種樹葉含有丁香油，以前在中國及日本本作為窨花茶之用。

一八二七年，茂物有茶樹一千株，加累特有五百株；但至次年，茂物只餘七百五十株，其他皆指第一次發現之害蟲所毀，其生存者已開花結實。是年四月委員長下命製造爪哇第一批樣茶。農業委員會以深刻之印象，竟能予 Gisignies 以種產爪哇之中國人義務擔任，結果予 Gisignies 以深刻之印象，彼云：此種產品之所以仍不完美，實在於缺乏良好之工具。農業委員會於是奉命盡力推廣植茶事業。但荷蘭貿易公司對於此事則無好感，該公司之報告，謂茂物樣茶採擷毫無規則，製造又不適當，無論本地消費與輸至歐洲，皆

不合宜，並勸告委員長往廣州招聘一專門製茶司。於是擬定原則，以為
後來招募茶葉專家局之張本。其後爪哇種茶之成功，大部份實由於荷蘭人常
聘求專家之指導。

同時，農業委員會並向日本方面定購大量茶籽與茶樹，以使其試驗
不致遭受妨害。一八二八年，運到大批茶樹，即分配於數省之農業分委
員會，以便在各種不同之土壤與氣候使試植。G. E. Teisseire 曾任巴達
維亞外圍地方之高級委員，並為省分會之會員，植成茶樹數千株。同年
，馬藍邦（Malambong）咖啡栽植督察員 Fischer 之報告，謂發現若
干中國茶樹，係一中國人自其祖國輸入者。在此時期，中國人時常攜來
茶樹，但多半不能發芽，其原因如農業委員會所謂：未混和泥土包裝而
致腐敗。

在此時期，中國人多有在蘇門答臘之班庫蘭（Benkoelen）及馬領邊
（Marlborough）附近佈置家庭小茶園者。當該處英國東印度公司勢
力已經確立，於是荷屬東印度最後成立植茶事務之一省，即巴達維亞
茶區之一。

一八三三年以降，Jacobson 致力於爪哇植茶事業之發展者凡十五
年，指導十四省之產製技術。荷蘭政府為酬答彼任彼為植茶督察
員，助手二百名，其後並附以荷蘭計劃植茶事業更進一步之發
展時，不幸於十二月二十七日逝世。同年 Robert Fortune 赴中國攜帶
雜要出版「茶葉產製手冊」一書，一八四五年出版關於「茶葉之蒯分與
包裝」一書，二者均為初期之茶葉技術書籍。

第一階段——政府之失敗

茶樹之栽培在彼指導之下，遍及爪哇西部及中部，且能速增加；但
彼不及親其最後之成功，在一八四八年返國計劃植茶事業更進一步之發
展時，不幸於十二月二十七日逝世。此時中國茶尚在支配
各國茶人之思想，直至三十年後一八七八年亞薩姆茶籽傳入爪哇，乃成
為茶業發展成功之轉捩點。

在一八二八年十二月 De Seriere 就任農業委員會秘書以前，發生
另一重要事件，即農業試驗工作於 Diard 指導之下在華那乍沙（Wan-
ajasa）建立其基礎之初。一八二九年末，遂有茶樹植於波蘭格斯（Boe-
rangrang）斜坡之上。據 De Seriere 氏一八二九年之報告云：Jacobson
與茂物之中國製茶司樣種為相得，故彼在第二次赴中國之後，曾製成綠茶
及紅茶，蓋窒小種及白毫之樣品，而得荷蘭貿易公司之讚許。同年六月
二十七日至七月十日，在巴達維亞舉行之第一次展覽會中，其茶葉獲得
銀牌獎。展覽會之目錄中記載如下：

茂物國家植物園產製之樣茶一小盒計五種，龐丹（Bandj）、雷巴克（Lebak）地
方產製者一種，布林加州（Preanger）之加特產製者三種，茂物植物園者
四種……日本輸入者二種。

在此後數年內，進展甚速，一八二九年在華那乍沙創立有二七八三
株之種植場。一八三〇年又增植五千株，一八三一年已增至一一九、〇
〇〇株。一八三二年自中國、日本首次大量輸入四二五、〇〇〇株。一
八三三年，更自日本運入四一五、〇〇〇株。至一八三三年末，總計達
九六四、〇〇〇株。假定此等茶樹悉實際存在，而依照 Jacobson 之主
張茶樹株開為五尺，則 Stuart 以為：

此說明茶於英屬印度正計議試植茶樹時，爪哇之種植面積已達二百公頃，
（四九四英畝）以上，且一八三〇年在華那乍沙更有一擁有四座爐灶之小茶麻
，並有爪哇最早而完全之裝箱設備，庫藏以是開始矣。

最初，製茶並無定製。其間計奉送一小包與總督，其後則送茶樣陳
列於巴達維亞博覽會。一八三二年又有一小箱獻予荷屬王。當一八三二
年 Jacobson 攜回其重要之貨物及中國茶工時，內在芝蘭加浦（Tjilankap）之中國工人發
重狀態，竟生演成流血管制，幼稚之爪哇茶業即呈嚴
生不滿情緒也。新總督 Bosc 偏袒中國人，因彼對爪哇一般勞工有不良
之印象，而新平人（Singkeh）則起而騷動，於是事態惡化，至於出兵
鎮壓，裂痕愈擴大，華那乍沙之中國茶工雖傾向和平，但不參與芝頭
加浦方面之基亂，但彼等終遭攻擊，結果竟被殺至貳餘二人。

De Seriere 雖受此一挫折，仍繼續進行其試驗，但至一八三五年三月，汎園加浦之試驗場終於結束，華那乍沙之茶園則由 Jacobson 繼續經營。

Von Siebold 在日本之助手 H. Burger 博士曾於一八三三年視察華那乍沙，對該處之爪哇工人發生良好印象。彼稱讚彼等對於新工作之適應性云：余曾見十名爪哇工人在四座爐灶製成二十斤（約二十七磅）茶葉，包括綠茶及較精之茶。

Bosch 總督於一八三三年之公開拍賣中，以二〇二、〇〇〇弗(florin)購入普獨格德(Pondok Gedeh)之土地，彼以後受封為伯爵。此份私有土地，世襲至一八八七年普獨格德種植公司成立之時。在此土地上除赫威朱蘭（Herwijnen）及勒各尼隆（Legok-Ngenong）兩地之外，在一八九〇年以前皆未植茶。Bosch 為爪哇栽植制度之父，彼雖為一爵學派之獨佔主義者，而與主張私人經營之 Gisignies 思想正相反。

栽植制度

爪哇之植茶業，雖有較良好之開端，但由於一八三〇年荷印政府所行之土地財政政策，在一八六〇年以前終不佔重要地位。此時委員長 Gisignies 之倡設已為總督 Bosch 所代，Gisignies 熱烈主張私人企業與歐洲殖民地農工業上之自由活動。Bosch 則提倡栽植制度。當爪哇在英國統治下時，副總督 Raffles 因土著王侯在其統治區內擁霸專壇，乃制定法則，規定政府為一切土地之所有者，不論其已否墾植，土人居住之土地，由機承及享用使用權利者繳納地租，租額約當其土地所生產之五分之一。

Bosch 規定土人村落納租之法，土人應將其所有土地之五分之一，種植歐洲市場所需之作物，在此部分土地之工人，則由政府供給。地租之又一支付方法，則為供給在未墾地上種出口作物之勞工，政府發見此法可以用低價操縱大量之咖啡、甘蔗、藍靛，以及新傳入之作物——茶，同時須用強迫手段。此種制度，在茶業方面終歸失敗，因茶之

栽培與製造許需專門之技術，在一八三五至一八四二年間，政府僅於少數與私人特約經營之種植場中生產少量茶葉，其製造亦有私人特約承辦，彼等先收定銀，然後按產量計值。此法結果當然使彼等對於量之注意更甚於質，且證明政府欲作有效之監督，亦不可能。

一八七〇年以後，Gisignies 之主張再獲勝利。此種政府栽植制度，因受封建土地保有制度及與歐洲種植省契約之束縛，在茶葉方面已顯示其無力，此後政府茶園皆歸放棄，而委棄未滅絕。一八五一年，在華那乍沙之茶園，至一八六〇年，由政府獨佔之爪哇茶葉於損失六百萬磅（合美金二百四十一萬二千元）之後，前作最後放棄。

同時，在一八三五年，阿姆斯特丹接到首批爪哇茶之貨單。一八四一年，在布林加有工廠八家，因所產茶葉不能應市場之需要，故決定在巴達維亞附近之米斯特康乃爾列斯（Meester-Cornelis）設立一中央茶廠加以精製。此舉亦無甚效果，因茶園王資高而運費昂貴也。一八五九年，政府為彌補損失，乃將其所有產業轉讓與私人公司，與之訂立契約，並作款協助之。該約規定各地方初製之茶葉以一定之價格售與中央茶廠。至一八四二年，除巴達維強、布林加、井里汶及巴加勒（Bagelen）各居留地外租者六，政府終於全部份阴其所有產業，當時出品雖已改進，但成本仍超過售價，中央茶廠亦於一八九四年停閉，租質契約亦經改訂，茶葉由本地茶廠完全製成，然後以精茶傳給政府。自一八四九至一八五三年政府村與特約省之價，平均每半公頃為六

五·五荷分，價格之評定則依據阿姆斯特丹市場之時價之損失繼續增高，但當 Jacobson 品評茶工作由政府官員為中央茶廠之茶葉評中。彼及 Jacobson 同荷蘭，評茶工作由政府官員在承包人之茶廠中執行。彼等於茶所知甚少，或竟一無所知。於是，不法之承包人皆使用不正當之手段，其結果使全部之政府企業不得不予開放，以每公頃二五至五〇弗

之代價讓售與私人經營。

第二階段——私人所有

茶租征服爪哇企業之第二階段（私人企業時期）開始於一八六二——六五年。政府低貶離茶業之冒險，乃轉向正在繁榮中之咖啡業，此業貢獻國家以可觀之利益。但幼稚之茶業招致六百萬弗以上之損失。茶與咖啡間之競爭，機緣尖銳化，經營茶業之人，常思別求適於種植咖啡。茶業之發展因而受阻，蓋恐其對於咖啡之發展有不良影響，且其所需勢力，亦遠較咖啡為多。

私人植茶企業遂受多方面之妨害，開始之時，植茶者所守之契約即不斷使彼等與政府間發生種種糾葛，甚至引起訴訟，於是未經選擇之土地收援不佳，且病害開發，僅有數處地勢較高之茶園，如芝加特宗（Tjikadjang）及巴加勒（Bagelen）之茶作為合製上等拼和茶之用；至於低地茶園之茶，在市場中則唯以強烈之爪哇味開名，絕不能取中國產者競爭。一切困難中之最大者，殆為運輸問題。道路崎嶇，運輸常用殺慢之印度離水牛、駄馬，或苦力，甚至自華斯帕達（Waspada）發出一批樣茶之貨單，但其貨物到達巴達維亞，已在十個月之後。

一八七〇年懷有十五個種植場有作物栽植，面積自一五〇至二一〇公頃。政府茶園之面積在一八四六年曾增加至四、五〇〇公頃以上，植茶二〇、〇〇〇、〇〇〇株，但至一八六四年乃減至九〇〇公頃以下，茶柵僅六百萬株。產量在一八六〇年栽達二、〇〇〇、〇〇〇磅，亦降至八〇〇、〇〇〇磅以下。

直至一八七〇年，Waal 總長之「土地法令」公佈以後，茶業始見光明。依照該項法令，土地可租借至七十五年，並得自由擴展，不受在咖啡業方面有利益之官員之妨礙。同時現存各茶園之質借契約則轉成承佃權。一般而論，因低價格葉茶之競爭，及印度、錫蘭茶葉之供給不斷增加之故，境遇仍為不利。Bernard 博士稱：此為黑暗中之長途

摸索。

其後有數家茶廠於日暮途窮之中想及試銷倫敦一法，一八七七年乃有首批巴拉更沙拉（Parakan Salak）之貨單到達倫敦茶市中心之明屋巷。英國茶葉掮客之應度尚稱友善，但亦老實不客氣指出爪哇製茶較印度茶不但較法低劣且品種亦遜。在此種困難情形之下，爪哇植茶者其有二路可行，即退出市場或產更好更合用之茶葉。所幸者爲探取後者，引起爪哇茶業革命之亞薩姆茶籽，於一八七二年首次輸入。種菜總視察員 Bosch 由丁尼孫公司（Dennyson & Co.）向印度定購茶籽數百磅，由 Patjet 將其試植於 Bosch 之芝邦吉爾（Tjiboengoer）種植場。至一八七六年，該場轉入他人之手，試植工作亦因新主之疏忽而中止。

Jhon Peet 傳入亞薩姆茶籽

一八七八年父有一茶業先進出現，即 John Peet，亦卽約翰皮特公司（John Peet & Co.）之創立者。彼極明瞭英國市場之需裝情形，並熟悉印度、錫蘭所用之製造法。爪哇植茶者在彼指導之下，開始經常自亞薩姆輸入茶籽，並改製造方法。Peet之首批亞薩姆茶籽，由 A. Holle 播種於芝巴達（Tjibadak）Slnagar Tjirohani 地產之上，Peet則爲該企業股東之一。有一種子園在毛安特祁爾（Moendjoel）開設一八七九年在辛那加爾設立由 Van Heeckeren 所收到之第二批茶籽種植之。甘邦（Gamb eng）之經理員 R. E. Kerkhoven 曾將一八七七年及其後數年自錫蘭運來之亞薩姆茶籽播種於該地，但結果不甚佳。一八八二年，彼鑒於錫蘭運來之亞薩姆茶籽播種者平不甚佳，乃從印度定購若干年自叔父 E. J. Kerkhoven 在辛那加爾之成就，乃從印度定購若干浦（Jaipur）茶籽，同年 Peet 亦爲 Holle 及 E. J. Kerkhoven 等加爾各答定購茶籽十馬特（Maund，印度衡量名約合八十磅），其中之故探摘法。毛安特祁薩爾茶園所產之往者，則送往毛安特祁薩姆及鄧特喬租（Tendjoajoe）兩地，前一處所產往者，其後曾大量售出，此等茶園至今日仍有存在。

　荷日之中國茶樹，逐漸爲更强健之亞薩姆種所代替，新式機械則代

替舊式之採捻方法，乾燥機更取炭燃而代之。是爲輸入茶樹征服爪哇之

第三階段，在此時期內因咖啡園之衰落，茶業乃大見繁榮，茶園之面積

擴充，品質改進，而爪哇茶乃在世界茶葉市場上享其盛名，一如其舊日

之咖啡。

第三階段——黃金時代

　現代之萎凋法，爲製茶過程中最重要各階段之一。據 Bernard 之述

，此在爪哇較任何其他手續爲進，H. J. Th. Netscher 及

A. A. Holle 在一九〇二年赴印度考察製茶之報告中謂：初次見到該地

萎凋方法之特殊，頗爲驚異。直至當時爲止，爪哇製茶皆於日光之下，

曝於竹製平席之盤上，或廠房地板上行萎凋，此後即作有系統之萎凋試

驗，其結果發表於一九〇四年之「栽培指導」(Culture Guide)中。

Bernard 博士述及一八七五年至一八九〇年間，爲爪哇茶業界之親

善而友好之黃金之時代。當時在各茶業大王之邸宅中，款待賓客之禮極爲

隆重，此等豪富之生活有如封建地主。其茶園工人數以千計，皆仰望彼

等爲「大白父」（Great White Father）。當時出入茶園行數目之

久，且多險境，交通工具爲轎子、氣球車(Balloon Cart)及野牛。其中

可舉行獵行雜，賽馬、騎馬、射獵、夜會、午餐會、及奢麗之東方式宴

會。吾人今日雖生活於速度較高之時代，例如鐵道、飛機、汽車、無線

電、電話、大路等，已稍失去舊日之精神始終未

變。作者曾間遊爪哇，覺彼等之款待賓客，即在一九二四年，亦仍愉快

如一九〇六年。當年僅遊過二三處茶園，大部時間耗於辛那加爾名勝之

所「東方花園」中，爲 Heeckeren 之上客；在一九二四年，所經歷及見

聞者皆十倍於前一次。

　最初之茶園氣象觀察，爲 K. F. Holle 於一八五八——五九年在芝加

特宗（Jikadjang）行之。其後 Meijboom 於一八六四——六九年在芝愛

婦保爪哇（Tjioemboeleuit）行之。Bernard 博士在一九二四年茶業會議

之演說中，曾指出早在一八三四年，關於植物繁殖法在 Seriere 與

Jacobson 之間，已有不同之意見：一八四五年，各種植茶土壤之樣品

曾送往荷蘭從事分析：一八四七年，Jacobson 曾紀錄茶蚊在耕耘不良

之土地上大肆蹂躪之情形。

爪哇茶葉協會

　一八八一年十二月二十日，爪哇植茶者首要分子十一名集議組成索

卡保密（Soekaboemi）農業協會，該十一人爲 E. J. Kerkhoven, A.

Holle, G. C. F. W. Mundt, W. R. de Greve, P. Zeper, B. B. J. Crone,

G. A. Ort, F. C. Philipeau, G. W. Eekhout, Ch. J. Hausmann, 及 D.

Burger。

　此爲爪哇茶葉協會之開端，其第一屆之主席爲 A. Holle，繼者爲

G. C. F. Mundt。

　一八八五年，Mundt 被派往錫蘭考察茶業，其考察結果刊成小冊，

名「錫蘭與爪哇」。

　一九二四年該協會與橡皮種植者協會合併，自一九二七年以後，索

卡保密之組織乃輔與吧城（即巴達維亞）之農業總理事實，主理地方事

件。一般農業事情，亦由該理事會負責。

吧城之植茶者組合爲一荷蘭僑民茶園主人之新組織，與在阿姆斯特

丹之山居住本國之茶園主人組成之植茶者協會相似。

茶葉試驗場

　早在一八八六年，植茶者已感覺有一諮詢及科學觀察服務機關之需

要。在國家植物園指導者索卡保密農業協會副主席 Melchior M. Treub

博士及 E. J. Kerkhoven 間作初步協議之後，一八九三年其計劃完成，

並由數家公司保證供給薪俸，聘一助手，使其在植物園之農業化學實

驗室內研究茶樹栽培問題。C. E. J. Lohmann 博士被委任該職，在

P. Van Romburgh 博士指導與合作之下，服務五年之久，Lohmann

第一次之茶葉調查報告於一八九四年六月十四日出版。其經費由農業協會派定之委員會辦管。E. J. Kerkhoven 為該委員會之首任主席。

一八九八年由 A. W. Nanninga 博士繼 Lohmann 之任，一九〇二年，由於 T. G. E. G. de Dieu Stierling 之建議，茂物之臨時研究所乃成為茶業試驗場，Treub 博士繼 Stierling 之建議，Nanninga 博士則仍為經理。

一九一六年該場脫離農業協會，改組為獨立機關，自有其理事部，理事出面參加之植茶者於選出。現在該場代表一百七十家茶園，仍與該協會合作，且仍附屬於農工貿易部。直至一九二五年七月，一切關於茶、咖啡、橡皮及金雞納霜業之科學研究工作，凡由試驗場擔任者，均轉交農業總理事會（General Agricultural Syndicate）管理，該理事會為荷印山區茶園之最高組織。

該理事曾現任主席為 W. J. de Jonge，一八九八年九月八日生於荷蘭，大學畢業後曾在海牙及三寶壟（Semarang）為律師，先任該理事會之經濟多年，至一九三三年，被選為主席，以繼前任之 G. H. C. Hart博士。

自一九〇七至一九二八年，試驗場之科學研究員，均由 Bernard 博士指導。彼於一八七六年十二月五日生於日內瓦，一九〇五年應 Treub 博士之邀請，到茂物任植物研究所所長，一九〇七年，Nanninga 博士卸任茶業試驗場場長，後由 Bernard 繼其職。至一九二八年，彼任農、工、商業監督，於一九三三年退休。

繼 Bernard 之後者為 J. J. B. Deuss博士，一八八三年生於荷蘭，一九〇八年在列日大學獲得化學博士學位，一九一二年到茂物任場長。

該場現任場長為 Ir. Th. G. E. Hoedt 博士，生於爪哇，在荷蘭受教育，於一九三三年任場長之職。該場之場長為一本地植茶事業之顧問。該場每年得政府津貼美金三千元。一九〇七年聘請一植物學家及一化學家，主持各種關於茶葉之製

造、化學變化及病害、施肥等之試驗。人員漸次增加，至一九三一年，茶葉試驗場乃與橡皮試驗場合併成為西爪哇試驗場。

一九二七年九月二十四日，茶葉試驗場現在辦公所用之新式大廈，在茂物正式開幕。

茶葉評驗局

一九〇五年吧城鄧祿普柯爾夫公司（Dunlop & Kolff）之F. D. Cochius 倡議組織茶葉評驗局，初設於萬隆（Bandoeng），後遷吧城。植茶者可以將樣茶送局品評，以保持在海外市場之名譽，其於改進爪哇茶葉品質供獻良多。此外該局並研究各種應市之茶，又在澳洲及美國從事宣傳。

在該局成立以前，植茶者須待貨物運到倫敦或阿姆斯特丹後，方能得到關於評價及品質鑑定之報告。此等報告之到達，一般皆在貨物運出後八至十星期以後，該局之茶師除消除此種稽延外，並予植茶者以機會，使在裝運以前改正其產製上之缺點。在一九〇五年末，該局代表十三家茶園。最初聘用之茶師為 H. Lambe，彼服務至一九〇五年。以後彼曾受聘於倫敦蘭培公司（Walker Lambe & Co.）多年，以後在加爾各答以「自己」之名字代表同一公司，然後赴吧城擔任茶葉出口公司經理之職。

J. Th. Hamaker 在茶葉評驗委員會成立時，即被選為首任會長。以 H. Van Son, S. W. Zeverijn, F. D. Cochius 組成之三人委員會受命與森卡保緝植茶者協會派來之兩代表，輔助並監督茶師之職務。

一九〇七年萬隆降被選為評驗局茶葉總辦事處之地點，一九一〇年茶葉評驗委員會合併為茶葉評驗局，遷駐吧城，以便與其首腦部密切接觸。該局常時包括會長 S. W. Zeverijn 經濟聯會計成利公司（Geo. Wehry & Co.）及 E. H. Evans, Odo Van Vloten 及 K. A. R. Bosscha諸人。

該局每年經費約六萬至七萬磅（合五〇〇〇至五八三三磅），此款之籌集方法，一部份由於捐助，每槃茶一百公斤（二百二十磅），捐十分（二辨士），試茶樣一件取發廿五分（五辨士），其一千鎊爲宣傳費用，大部份用於美國；至一八三二年以後，放棄在消費國之宣傳而轉向於爪哇土人方面。

茶樹攀登潘加倫根高原

自一八八〇年至一八九〇年，爪哇茶園遂漸增加，茶樹遂得發展於潘加倫根高原（Pengalengan）之上前完全征服爪哇。此絕佳之臺地，高度與大吉嶺相等，配合赤道帶之強烈氣候，予茶葉以各種有利條件。在此廣大高地之肥沃熱帶土壤上，茶之栽培大部由於植茶葉者彙慈濟家 K. A. R. Bossca（一八五五——一九二八）之促進。當常被稱爲「布林加農業大王」及「爪哇茶王」，曾協助馬拉巴茶園述三十年以上，該園於一八九六年倡設，其名與「哥蘭巴拉」（Goalpara）同樣，幾與「爪哇茶」爲同一意義。當時該地甫脫熱帶蠻荒狀態，予茶葉以六十五英畝植金雞納霜樹。

Bossca 一八八七年離荷蘭赴南洋，在楽下保密附近之辛那加爾茶園（Sinagar Estate）中，與其男父 Kerkhoven 共事，不久即赴爰紐約探採金礦，爲歐洲人在西爰繼承私人企業者之第一人。彼於一八九二年返爪哇，與其舅父合組布林加電話公司，彼爲監督及技術顧問，直至該公司爲政府接收停止。彼於馬拉巴茶園發展之征一階段中，處於指導地位，即發明 Bossca 式茶潤機，設立實驗室，使一切茶葉經常在化學家監督之下：建立三千四百力之發電廠一所，供給該園之電力；並建設水利工事，包括一提四千呎之水溝。彼亦爲其他多數戲工企業中之主婆分子，其中有萬隆電力公司，萬隆樹膠廠，及吧城附近製造炸藥之藥廠。

Bossca 以對於公私福利之熱心著名，如指助萬降大學十萬盾，以及對於醫院、科學圖籍及其他教育機關之無數捐助。並創議在藍姆邦（Lembang）附近建立氣象台，該台常見於世界天文界新聞之中。彼卒於一九二八年。

潘加倫根高原開發之成功，引起投資界之興趣。而發生一種「到來業法」之狂潮。一八九〇年以後爲茶業之繁榮期，新茶園不斷創立，初時雖限於其最適當之土壤、氣候、及勞工力之內部爪哇山區，其後則及於爪哇其他各地區。至一九一〇年前後，其數增至二百家內外，大部份皆在西部，尤其在布林加。

一九二七年時，僅爪哇島上即有茶園二百六十九家，植茶地二十一萬英畝；蘇門答臘則有二十六家，植茶地三萬一千英畝；此外馬來土著所有之茶地約六萬三千英畝，總計植茶地達三十萬四千畝，每年產茶一萬萬磅以上。至此，茶之征服爪哇，可謂已經完成。

一八九〇年以後，採用進步之栽培方法，每單位前積產量，比較以前增加甚鉅，實際今日每公頃產茶一千五百公斤，不復爲例外之事。

繁榮時期績至一九一四年中，其後即經歷數年之困難，至一九二〇——二二年之恐慌時期而達其極盤，其後環境確有進步。

一九二四年在萬隆舉行茶樹栽培傳入爪哇百年紀念時，召開一茶業會議，由農業指導員 A. A. L. Rutgers 博士致開幕詞，在報紙上討論茶業問題者，則有 Bernard 博士、Goss 博士、Stuart 博士及 Keuchenius 等人。

隆茶業會議四年以後，一九二八年又由茶園經理會議在萬隆召集，由榮卡保密農業協會協助之。

茶葉限制

一九二九年不景氣發生後，荷印茶業界即與印度、錫蘭茶業界聯合成立一限制採摘之協定，規定爪哇及蘇門答臘在一九三〇年之產量應減至九、五〇〇、〇〇〇磅，惟實際上並未減少，翌年此計劃乃被放棄。生產過剩之輸粗，乃引起茶葉輸出之調整，此舉由倫敦之英國商揚

部東北印度委員會發起，使印度、錫蘭與荷蘭聯合於一個五年計劃之下，於一九三三年減少茶葉輸出量百分之十五，並於以後數年中皆作遞度之減縮。

經營茶業之大家族

敍述爪哇茶業歷史時，不可遺略者，有大家族 Holle-Kerkhovens，此等堅忍之荷蘭人乃爪哇茶業之眞正創造者。此處所記之資料，得諸於茶葉試驗場之 Stuart 博士者爲多，特此誌謝。

Guillaume Louis Jacques van der Hucht 於一八四六年時，隨帶親屬三十三人抵達巴達維亞，此對於爪哇茶業，挾値得大書特書者。Hucht 生於一貧寒之大家族中，其父死於俄國戰爭後，彼決計往海上謀生，以養其母。彼服務於來往南洋之荷蘭大商船上，於航海中自行敎育，自買敎授課本。彼服上之眺望臺中讀津自習。升至大副，於船長逝世，乃繼其職。當時此種航行獲利甚豐，船長於此致富，於是困少年乃成爲富人。彼希望征服其他之世界，乃轉其目光於爪哇，此乃創六年，彼乃作其末次航行，攜其親屬所結成之殖民團渡隔此土，此乃創業精神，一如 Hucht。

同行者之中有 Holle 夫婦，Holle 夫人卽 Hucht 之妹。Holle 有子女七人，子與壻拊爲茶業及財政界要人。Holle 曾經營波耶茶園(Boieang Estate)，但不久卽逝世。Heeckeren 之父母亦係 Hucht 家族團體中之人。

G. L. J. Hucht 於其前妻死後，續娶 Mary Pryce 女士，不久卽創設約翰普來斯公司(John Pryce & Co.)。A. W. Holle 之子 Alexander Albert Holle 在 G. C. F. W. Mundt 之下，受僱於巴拉更沙藏茶園，會於一九〇二年與 Netscher 同往印度考察。

Hucht 另一妹夫 Johannes Kerkhoven 死於荷蘭，其幼子 Edward Julius(一八三四——一九〇五)，在一八六一年前往爪哇，在其表兄 A. W. Holle 之下受僱於巴拉更沙藏茶園，其後卽繼 Albert Holle 爲幸

那加爾茶園之監理，同時該園卽由 Hucht 向 B. B. Crone 手中購入，E. J. Kerkhoven 在其工人中簽稱爲「老主人」，於 Albert Holle 死後管理辛那加爾達九年之久，一八七二年彼之表弟 L. B. Heeckeren 受僱而與彼合作。Kerkhoven 又付參與索卡保密農業協會之創立。

Albert Holle 亦係協會創立者之一，並任第一屆會長，於一八七八年在裒特編爾(Moendjoel)設立第一所亞薩姆茶樹種子園。

因 Holle 一族開發巴達區(Tjibadak)故 Kerkhoven 乃出發甚隆區之南部。R. A. Kerkhoven 之次子 R. E. Kerkhoven(一八三〇——一八九〇)於一八六五年至爪哇創立亞耳沙利茶園。R. A. Kerkhoven(Ardjasari)後，由其子 A. E. Kerkhoven 繼續經營。一八)，於一八七一年至爪哇，在辛那加爾茶園爲其叔父之代理經理。彼與其父在今日甘邦茶園之地址開始栽植咖啡與茶，於一八八二年採用亞薩姆茶籽，開發潘加魯邦高原，選定馬拉巴原所產茶爲理想之植茶地。甚多人對於此項頗表疑難，溢逃此種印度平原所產茶籽，至此一帶高度之高原氣候中，雖得佳果。R. E. Kerkhoven 需築之資本，經過相當困難，終於獲得布倫皮特公司在金融上之援助。彼聘請 A. R. Bosscha 爲經理。繼又聘任馬加拉大陸茶園(Taloen)之經理。該園爲最近由 K. F. Kerkhoven 經營之尼加拉茶園(Negla)奠立基礎。

R. E. Kerkhoven 諸子之中，共長子 R. A. 先在馬拉巴茶園任經理，後升爲監督，卽川爲甘邦茶園監督，K. F. 則爲尼加拉茶園之監理。有一特異之點，卽川身護家族之人，連 A. R. W. Kerkhoven 在內，皆係先得工程師之學位，然後再從事經營業者。

Karl Frederick Holle 族中最著名者之一，生於一八二九年，十五歲時卽至荷、印，在芝安祖爾(Tjiandjoer)受僱於總監爲書記，彼雖在行政機關中任職達十年之久，並無官僚習氣，埋頭研究蘇丹人及爪哇人之生活與語言，從事歷史之探討，於古文字之註釋，尤顯特異之天才。一八六年，彼乃辭去政府之職務，而從事研究荷印人民之生活狀態與習慣。於一八五八年任芝加特崇茶園之經理，至一八六

五年則就任於華斯伯達茶園（Waspada）。

彼致力於復興巽他（Sundanese）文學，於布林加設店肆，出售康價織物，並輸入織機。一八六六年在萬隆創設士人師範學校，政府獎以荷蘭大勳章，賜勳布林加保護區。一八七一年更任彼隆士人問題之名譽顧問，但彼決定留任華斯伯達之經理。彼頗戴士耳其式紅近帽，力求適合巽他人之風俗，但小手指上，仍御一高貴指環，以顯示士人知彼仍爲彼等之主人。彼不久，即成爲大農業家，能幹之茶園主及民俗學者。彼曾云：「若欲茶園發達，對待茶園工人必須一如愛士。」彼使何人甚多改進巽他人之福利事業，如獨角綿羊之輸入及蠶絲業之促進等。彼曾刊行各種小冊子，及一組農業小叢書，名爲「農民之友」以供人民閱讀。凡關涉阿致之大衆教育，農業及勞工一切問題，政府常徵求 Holle 之意見。一八八六年，彼終於退隱。其他爪哇茶業開創者，尙有 W. P. Bakhoven，曾爲本格偷茶園（Bengelen Estates）之管理者，對發展中部爪哇之茶業，立下偉大之功勞。

實業前驅 E. J. Hammond

在西爪哇較後之開創者中，Ernest John Hammond（一八七七——一九二六）應佔一重要之地位。彼爲爪哇英荷種植場之監理。到爪哇之時，該處顯然已無隙地，彼乃盡心使用精密之栽植法，由此竟便數萬英畝之荒野，化爲大片生產茶葉、咖啡、木棉、橡皮以及其他產品之土地。此舉不但使業主大獲共利，且使過剩之士人，享受夢想不到之繁榮，彼等皆自人煙過密之地，迅速移入此新區域。

Hammond 一八七七年生於英國，其從事商業開始於倫敦皮克兄弟及瀰司公司（Peek Bros. & Winch）之茶葉購買部中，最初，彼特別熟練於評茶工作，不久卽獲得偷敦茶葉市場中最優秀茶師之榮譽。嗣該公司以皮克公司（Francis Peek & Co.）之名派，在巴達維亞開設一分行時。即由彼主持之。彼最初之努力卽在組織爪哇英荷種茶場，該場於一九〇九年購入，巴變諾可汗（Pamanoekan）及芝亞瑟姆（Tjiasem）之士地，至一九一三年彼乃任爲監理。

自荷印農業公司接收而來之茶樹，擴大至五萬英畝，種植茶葉、橡皮、咖啡、龍舌蘭，及木棉等。在彼管理之期間，該場更購入其他茶園及咖啡園十六所，散於爪哇各地，總計面積二萬四千英畝。該公司所有之士地共達五十一萬英畝。

Hammond 對於該公司內部及其附近土人之繁榮，均極關切，彼曾建造數所供土人居住之房屋，大部皆有電燈與飲水之供給，一般生活條件皆大加改善。彼創立巴諾邊可汗及芝亞瑟姆基金，以供土人醫藥及改善飲水之用。並供給養老金及養路費，彼將附列特效弦撥（Kalidjatt）鐵車電機場之地基贈與政府，僅取讓費一居，但根據公司之規定，彼不能直接以該地贈與政府，此種行爲使輿論大受感動，荷蘭女王乃任命彼爲佩達 Orange Nassau 勳堂之官員。

爪哇茶葉之進步

茶葉製法在一八九〇年以後，大有改進。爪哇茶在阿姆斯特丹及偷敦兩市場中逐漸確立其地位，特別由於其濃烈與水色，極適於與香氣濃烈之印度、錫蘭茶拼和之用，若干國家中，對爪哇茶特別愛好，不必與其他茶葉拼合。

一九一〇年時，茶業條件及狀況之順利，竟至引起一種突然景氣，其結果使更多之土地闢爲新種植場，爪哇境內一切可用之土地，均用以種茶或他種種植作物，毗連之蘇門答臘島遂被侵入，該島因土地較大而人口稀少，故予茶業之擴展以尤量土地及絕好之機會。

茶樹征服蘇門答臘

在蘇門答臘由於行政官人之供給茶籽並加於鼓勵，Palembang之巴蓮馬（Pasemah）及仑曼特（Semendo）兩區亦曾開設數處土人之茶園。

但最初大規模傳入植茶事業之嘗試，則係由於數位有名之植茶者之提倡，彼等挾來自布林加，其如 O. van Vloten，為經營豐富之茶葉專家，與茶葉試驗場之 Bernard 博士，數度考察爪哇之東西沿海，並播聞土壤樣品者；彼等發現此等土壤茶適於種茶，恳用於在爪哇多年成功與失敗之經驗，蘇島茶葉乃得急速發展。

在十九世紀九十年代之早期，得利(Deli)即有一亞薩姆種之茶園，係英國得利種植加股公司所有，由 J. Inch 管理之。一八九四年，為第一批之蘇門答臘茶葉送到偷敦，林本茶園(Rimboen)，得磅得價二辨士，即為林本茶園之出品。不久該企業內銷豆款維持一批工人，費用浩大，不得不停歇。此等工人多為中國人，蓋當時尚不能自爪哇輸入必要數量之苦力。

一九〇六年，由於遜克郎斯菲爾特公司經理人 C. A. Lampard 之努力，顯示種茶為蘇島東海岸之獲利事業。該公司即在當年首次獲得其在蘇島茶園之利益。而 Lampard 來蘇之結果，更深信種茶事業在該島可以繼續成功。至一九〇九年，為作種種準備，並在該公司之德冰大基茶園(Tebing Tinggi)中作一大規模之植茶試驗，該園常時由 F. Hess 經理。為供蘇茶樹栽培以精溉之專門智識起見，Lampard 更聘請一有經驗之南印度植茶專家 H. S. Holder 為該公司蘇島茶園之職長。Holder 自該島茶業之幼稚時代從事工作，至今仍為該島茶業主要樞紐者之一。

德冰大基茶園試驗之結果，使人興奮，於遠方有聲稱茶區(Siantar)及橡皮種植投資信託有限公司大茶園之開設。其他尚有哈里通公司各支店或其他便利交通工具之新區域中開創事業，更有蔗多須在一無道路或其他種者協會之創設人，及第一任會長——指導之克服之困難。但該公司各地人員在該公司蘇島首席種植技師 Victor Ris 頭，產業八、四三五公頃。是年植茶總面積自一九一五公現在有力之地方種植協會之勝利，竟急速引起其他荷德英各方茶園之經理。那加忽他茶園發展之精神。其後，更佐以 C. G. Slotemaker，彼為該信託公司辦他顧之義爭，皆在該區域取得土地，從事植茶，使此重要產業由此確立。因茶業調在香港為只有森林土地適於茶樹，故潘馬坦與他爾之高面荒野之平地，首先成為墾草種植發展之所，但不久即發見茶在草地上，亦能生長良好，一如在林地然。約在一九一二年卑馬隆根(Slme-loengjoen)乃成為一茶葉中心地。

一九一二年，荷印地產公司開設巴比隆與鑾茶園(Bah-Birong Oeloe)；馬立哈股蘇門答臘栽培協會在巴加辛德(Bah Kasinder)開設茶園。

一九二六年荷印地產公司在可林芝(Kortoeji)區父有重要新發展，該公司在該地購入土地多處，而積總計約達一萬公頃，建立第一所茶園，名為加佐遊廷(Kajoe Aro)，計劃中包括開闢茶地二萬五千英畝。其在巴鄰林米干(Balimbingan)之茶廠為世界最大者。

一九一一年十月蘇島茶園第一批樣茶之成績雖不甚佳，但第二批運往偷敦，於一九一一年四月獲得漸當之報告。那加忽他第一茶園之首批茶葉於一九一四年四月在偷敦出傳，佳訊傳來，植茶事業隨之擴展，東海岸一帶更開闢新茶地。最近茶園開闢於南部之西海岸及北部之亞齊照(Atjeh)，在東西兩海岸有數為數公頃之土地，坪當頭之亞齊照(Atjeh)千呎，多在巴蘭邦、本庫蘭、可林芝、莫拉來波照(Moeara-Laboeh)奧菲蘭(Ophirlands)及大利蘭德(Dairielands)等地。

由於開創者如 Ris, Slotemaker, Von Guerard, Holder, 及 Marinus 等之努力，蘇島今日乃為有茶園約二十八所，皆附以完全現代化之茶廠；在西部塔潘諾里(Tapanoeli)本庫蘭及巴蘭邦者十所；其他十八所則在東海岸，此十八所茶園之商面積在一九二六年為一二四、一七八公頃，產業八、四三五公頃。是年植茶總面積自一九一五公頃擴充至一四、一七八公頃，以二一、〇六三公頃之土地生產茶葉八、四三五噸。

植植者協會

為各種企業服務者之統合有二：一為煙草業方面者；一為A. V.
R. O. S.，代表茶、橡皮及煙草以外之熱帶產物。後者成立於一九一〇
年，總會在棉蘭（Medan），在該地設有一試驗場。

蘇門答臘茶葉開創者 J. H. Marinus

蘇島茶業中有一顯著之人物，即為 J. H. Marinus。彼於一九一〇
年創設荷印地產公司，以後更開設大茶園十二所，在蘇島東海岸之發展
工作上，曾任重要角色。

Marinus（一八六五——一九三〇）於二十一歲時自阿姆斯特丹來
至荷印，乃圖利之聖斯爾（St. Cyr）於園中即始其種植生活。直至一九
〇六年，彼之出現於蘇島茶業中而為一園創者，實始於一九
一〇年，其所創之公司，在荷開幕，彼之時間精力大半耗於該公司。現
在該公司之種植園在東海岸者有五所，在南部巴蘭邦及本庫蘭者，

生產茶葉、咖啡、金雞納及油棕櫚。該公司有許多大規模而完全現代化
之茶廠，其中芝加布拉塔（Tiga Blata）有白色及金色之採捻機二十具，
為世界最大茶廠之一，每年製茶五百萬磅以上。最近讓公司希望能增加
產量至每年一千萬至一千二百萬磅。

其後 Marinus 更致力於巴蘭邦及本庫蘭二區之土地開發事業。在
其三十八年之種植生活中，曾在蘇島開創大園地二十五所，全部皆極發
達。彼於一九二七年退休，至荷蘭之希爾惟松（Hilversum），但仍致
力於茶葉貿易，一九三〇年逝世。

蘇島之茶葉種植仍有極大之發展餘地，據估計，如全部適宜之土地
均經使用，則全島每年產量增至一萬萬磅以上，亦非難事，此數當超過
爪哇目前之產量。茶在征服爪哇之後，今日正一帆風順，以更偉大之規
模在蘇島重穫此種勝利，當可斷言也。

第九章　風行全球之印度茶

印度茶統治世界茶葉市場 —— 土種之夢現 —— Bennick
爵士與第一個茶葉委員會 —— Bruce 與其他先進人物 —— 亞
薩姆公司之興起 —— 狂潮與恐慌 —— 亞薩姆昔年之情形 ——
Jackson與Davidson 著干先進之植茶者與代理商 —— 印度
茶業協會 —— 科學部

印度茶所以能稱雄於世界市場之經過情形，可分二部份敘述之，首
述茶葉在印度未成爲永久性事業以前之沿革，次述英國企業家如何促進
印茶在全世界之銷售與消費。

印度茶之蹤跡，遍及於世界飲茶或產茶各國。在錫蘭與爪哇，以印
度茶種代替中國各種茶種。歐洲茶葉市場本爲華茶獨佔達二百年之久，
而印茶竟起而代之。北美洲之茶葉市場，初爲中國，繼爲日本，今亦爲
印茶所擾攘。拉丁諸國數世紀以來以可可爲唯一飲料，巴西以咖啡爲主
要飲料，巴拉圭以所產冬青葉爲飲料，然今亦不得不問印茶低首。非
洲、澳大利亞、紐西蘭等地，嗜飲印茶爲數極繁，即在產茶諸國如中
國、日本，亦有許多外僑及一部份本地居民，對於印茶表示歡迎。或謂
印茶銷場無落日，此確係事實，並非誇大。

第一，印度本有土種茶
樹，不過知者極少，一般有愛國思想之英人向當局建議採辦中國茶種以
備在印度自行種植，但調和派之政客，以及對於東印度欲圖把持遠東商
業霸權有相當關係之人，則竟起表示反對。

印度之土生茶雖經十年之呼籲，仍不能喚起社會之注意。後雖略露
頭角，但仍未引起一般人之興趣。蓋華茶在印度之勢力已根深蒂固，一
時不易搖動。當一般雜亂之商人開始脫離東印度公司專賣之魔力時，袴

得歧途，不知所措，結果惟有仍在藥茶方面嘉想。若衆機續從遠遠之中
國，運入茶籽、茶樹與工人，競競焉在一已有土生茶之印度試種中國茶
樹。其實此項土生茶其合於當地之風土，對於此點，祇有少數幸運之軍
人、政治家與科學家認識最淸。若羅在此方面之努力，而對於印度土生
茶之栽培，終始布有顯著之成功。其後政府主藥竇竇而私人企業家紛起
而仿效，競相栽培土生茶，經三代（共約一百年）之長期經營，英國實
業家在印庭之森林中，創立一偉大企業，在二百萬英畝之土地上，投資
達三六、〇〇〇、〇〇〇鎊，並在七八、八四二英畝之茶地上，每年
產茶四三二、九七、九一六磅。在此方面所用之人數，約有一百二十
五萬人。同時對於國民經濟及英國政府之稅收，均有極大之利益。
印度土人在往古似已知有茶葉，其最初以藏汁茶當作一種蔬菜，其後
將茶浸入湯內，猶如西藏奶油茶之製法。在印度之酉人，對於中國茶必
知之極早，因英國東印度公司派駐日本與爪哇之代表，早已將此項消息
傳往其印度之同事，可無疑矣。

茶在印度之萌芽

Mandelslo 於一六四〇年遊歷印度，而於一六六二年在共所著一書
中論述印度之飲茶有云：「吾人在平日聚會時總喜飲茶，飲茶在印度極
爲普遍，不僅土人喜歡飲茶，即在荷、英人間，亦莫不以茶爲一種飲
料，惟波斯人不飲茶而飲咖啡」。在Ovington所著「蘇拉特航行記」一
書內，亦有同樣之記載。

英國博物館中所藏之Sloane 臘葉植葉藥品內，有一種古時茶之標
本，據稱保由Samuel Browne與Edward Bulkley二氏於一六九八至一

七〇二年之間從馬拉巴（Malabar）海岸所探得。在Cohen Stuart之意，以為此或係一種中國茶樹，在荷蘭東印度公司時代遞至馬拉巴者。直至一七八〇年，始發生歐人掘得在英屬東印度植茶之運動，但在當時，茶祇視作一種觀賞品，其情形正與在爪哇首次所種之茶相同。

一七八〇年，有少數中國茶籽由總督Warren Hastings寄與在印度東北部不丹（Bhutan）地方之George Bogle，其餘茶籽則為孟加拉步兵營陸軍中校Robert Kyd在其加爾各答私人種物園中栽植，Kyd雖不諳茶之栽培方法，但其所種茶樹頗為茂盛，此為印度第一次種之茶樹，當時印度係在東印度公司統治之下。

英國自然學家Joseph Banks（一七四三——一八二〇）早在一七八八年即已提倡引種茶樹，Banks實為印度倡導栽培茶樹之第一人。彼對於傳播商用植物問題頗感興趣，嗣應英國東印度公司董事會之特約，寫成一套小冊子，詳述印度所可採用之新作物，特別為種茶方法，並指明別倫爾（Bihar）、倫浦爾（Rangpur）、可初別含爾（Cooch Bihar）三處為最適宜於植茶之地點。此項小冊子極得Kyd中校之贊助，但因與東印度公司所專營而有厚利可圖之華茶貿易，在政治及商業上均不相容，故Banks之計劃卒未能見諸實行。惟在一七九三年有隨駐中國公使McCartney爵士至中國之科學家多人，曾採辦中國茶籽若干，寄往加爾各答，並依據Banks之方法，在皇家植物園中栽植。

一八一五年，Govan博士——後充珊哈倫浦（Saharanpur）之國家植物園第一任主任——對於Kyd中校及Banks之意見復加以補充，主張在孟加拉西北部植茶，但結果亦一無成就。

一八一六年，當Edward Gardner寓居於尼泊爾時，在卡孟多

（Khatmandu）之一宮園內發見一種灌木，即疑為茶樹，將標本寄與加爾各答皇家植物園主任N. Wallich博士（一七八七——一八五四）代為考驗，經其詳加檢驗後，斷定此為一種山茶，並非真正之茶樹。

印度茶樹之發見

對於植物學研究有濃厚興趣之Robert Bruce少校於一八二三年為商業上之任務而遠行，越英屬印度之東部邊境，而進入當時之緬甸暨薩姆省。少校攜帶大批貨物到倫浦爾——現稱稀吊賽珈（Sibsagar），與當地之新福士酉Beesa Gaum聞。當其滯留該處之時，少校曾數次闖入附近一帶地方，作植物學上之探索。因見有土種茶樹生長於隣近之山谷中，乃在行前與土酋訂一協定，訂定在彼第二次來到，土酋應備種茶樹茶籽，供給少校。

在一八二四年，土種將茶樹及茶籽送交Bruce少校之兄C. A. Bruce，當英國與緬甸開戰時，奉命至倫浦爾附近，將一部份茶樹寄與亞薩雅省行政專員David Scott上尉，彼即將茶樹栽植於高哈蒂（Gauhati）之私人花園中，其餘茶樹則於一八二五年種於Bruce在薩地雅（Sadiya）之私人花園中。Scott少校卒於一八二五年。

一八二五年，Scott上尉將其在馬尼坡所發見野生茶上探得之葉與籽，分別寄往印度政府之藥劑長G. Swinton及主持印度植物園之Wallich博士。Scott上尉堅持此項野生茶樹為真正之茶樹，但Wallich博士則指該係山茶之一種。以後有幾檬權威以為Scott上尉在馬尼坡所探得之茶樣品，或為另一種普通山茶，或為Bruce所覓得之真正亞薩姆種不同之茶樹〉但無論如何在加爾各答一般人對於亞薩姆茶之真偽，終不能有確定之鑑別能力。

在一八二七年，新聞記者F. Corbyn博士曾在洞陀位（Sandoway）地方發見一種茶樹，當將樣品寄往印度總督Amherst爵士，並附以報告，後來印督又將此項報告分送東印度公司之董事部。

其時在倫敦致正醞釀一種強烈之空氣，主張在印度創辦植茶事業，即

使爲東印度公司所反對，亦在所不顧。一八二五年，英國技術學會懸一賞格，以金眉一兩或五十基尼（Guinea，自一六六三至一八一三年間英國發行之金幣名，一七一七年共價值爲二十一先令），獎給在東印度或西印度或其他任何英國殖民地種茶最多而品質最優良者，但所產之茶至少需二十磅。

此外有一著名植物學家 J. Forbes Royle 博士於一八二七年對於英屬印度宜於種茶之二種理論，亦予以科學上之支持。Royle 博士爲古門（Kumaon）珊哈倫浦國營植物園之主管人，竭力勸吹於喜馬拉雅山脈之印度西北區試種中國茶樹。並深信喜馬拉雅山一帶區域亦極宜於茶之種植。在一八三一——三四年間，一再大聲疾呼，以期喚起國人之注意。當時亞薩姆、卡察（Cachar）、雲爾赫脫（Sylhet）西北諸省之一部及旁遮普（Punjeb），均屬土人管轄，倘未供入英國之版圖。

第一個印度茶業委員會

將茶樹從中國移植於歐洲人殖民地之企圖，大都均用於個人之努力。惟在英屬印度，其情形稍有不同，多出於國家一種迫切需要之結果。東印度公司爲保全其自身之利益計，對於此種情形，則置之不理；同時並不許任何人干涉其華茶貿易之特權，因此竭力阻止在印度植茶之企圖。至一八三三年，該公司與中國所訂之商約滿期，而中國政府又拒

在一八三一年，據 Andrew Charlton 中尉報告，在亞薩姆省皮賽（Beesa）附近地方有野生茶樹。彼從該處辦來三、四株茶苗，寄與 John Tytler 博士種於加爾各答之國家植物園中。但此項茶苗寄到時業已枯萎，則亦認爲山茶之一種，不久即告死亡。次年麻打拉斯省（Madras）外科醫生 Christie 博士負有在南印度調查氣象與地質之特殊使命，在尼爾吉利（Niligiri）山上得政府許可，圈定一塊土地，開闢一茶、咖啡與桑樹之種植園。不幸不久即行逝世，工作遂半途停頓。其後彼所植之茶、咖啡與桑樹，分配於尼爾吉利山各區試種，有三株遞與 Crewe 上校，種於私人花園內。

印督 Bentinck 爵士

Bentinck 爵士對於英國有極大之功績，其在印度總督任內最重要之政績，即爲提倡種茶。因爵士有遠大之目光與堅決之意志，使印度之土壤及氣候與所植各種茶樹是否適宜一問題，得以完全解決，使以後不致再啓爭辯之門，係先搜集事實，加以整理後再求得結論。不幸在事實尚未蒐集全以前，爵士遽爾逝世，否則早期茶業上所發生之數種錯誤，或可避免。

Bentinck 爵士生於一七七四年，爲第三波特蘭（Portland）公爵 William Henry 之次子。因屢次出征有功，乃於一八〇三年被委爲麻打拉斯之行政長官，但於一八〇五年即重被召回。爵士於一八一〇年以司令官名義率軍協助兩西里王 Ferdinand，同時兼任西西里島之英大使。在一八一二年爵士爲西班牙制定一自由政體。一八一四年率軍征伐在意大利之法國人，因戰勝之結果，佔領熱那亞（Genoa）。一八二七年，受 Canning 首相之派任印度總督，被認爲一位仁慈賢明之總督，其在印度域卓著之政績，尤爲盡除寡婦殉葬之陋俗，與剿滅暗殺凶徒等事。

Bentinck 在早年公務繁忙時，對於茶之各種報告猶能加以懇切注意。其對於茶業能有斷然之處置，係受教 Walker 之鼓勵。Walker 在一八三四年宣稱：鑑於茶葉於國家之重要，故除中國政府所許對於茶之供給有相當之諒保以外，應有更妥善之保障。彼便倡議東印度公司應在泊爾山及其他區域內切實從事於茶樹之栽培，因此這土地原已有山茶及其他野生似茶之樹存在。

Bentinck 於一八三四年一月二十四日設立一富有歷史性之茶業委員會。該委員會最初由 James Pattle、G. J. Gordon、Lumqua及一在加爾各答居住之中國醫生組織而成。其後擴充至英人十一名，印人二

名。消費對於在印度種茶能否得到最後成功之一種觀念，均抱懷疑態度。但總督堅持此項計劃必須予以試驗，並責成委員會草擬在印度植茶如何可收成效及其實施計劃呈獻政府，以備採納。

茶業委員會本此方針於一八三四年三月三日發出一種通告，詳述適宜於茶樹生長之氣候、土質與地勢，徵求合於上述條件之土地或供給有關之消息。委員會又派遣該會秘書 Gordon 至中國，研究茶之栽培與製造方法。同時採辦茶籽茶樹及屆用中國工人。Gordon 每月薪給

為一千磅比，可見其所負荷之重要。

由於總督之堅持，委員會必須繼續進行其已着手之調查工作，終於有非常重要之發見。常時在亞薩姆中所發見之野生眞茶樹，使印度可種茶樹之理論更得一強有力之證明。

經 Bentinck 總督竭力提倡茶業，使從前一般人對於茶業之冷淡態度一變而爲熱烈。許多有識之士已料定英國茶葉貿易必將從中國而轉移至印度，中國茶樹輸入於亞薩姆省、喜馬拉雅山與尼爾吉利山一帶，雖亦有相當之成績，但印度土種茶之栽培更爲繁榮發達。

印度茶經過多年之努力而始達到今日在世界市場不可動搖之地位。此雖非一人之功，但 Bentinck 總督之卓識與奮勇，實爲印茶成功之最大原動力。總督於一八三五年閏體弱辭去總督職務，四年後在巴黎病故。

Gordon 在一八三四年六月間偕 C. Gutzlaff 教士從加爾各答啟程，在途中雖遭海盜之後規，但終於到達中國。二人同至產茶之安周山（Ankoy）參觀，但因中國政府禁止外人遊歷內地，著名之綠茶產區，惟 Gordon 終能設法購得大批武夷茶籽，而於一八三五年寄到加爾各答，同時委員會曾微詢宜於耕作華茶種植之園地之通告達於 F. Jenkins 之手。彼繼 Scott 上尉而爲亞薩姆省之代理人，對於開發

亞薩姆山中齊源一事極爲注意。彼因住於山谷中心之高哈蒂（Gauhati）地方，故熟知有茶樹野生於山之東北一帶。此種珍貴之發見，Bruce 於一八二六年首先加以實驗，繼由 Charlton 中尉於一八三一年重加敲吹。Jenkins 復於一八三三年繼起而喚醒社會之注意，當時 Bruce 曾勸告此對於此事歷年加以考察。

茶業報告所得之驚人效果

Jenkins 上尉認爲時機已至，乃於一八三四年五月七日作成報告，遞寄加爾各答政府以答復委員會所發之通告。報告內敘述在皮珊（Beesa）之新疆區有野生之土種茶，並指定亞薩姆省宜於栽培茶樹之地點，同時並遺派 Charlton 中尉至薩地雅（Sadiya）附近之山谷中搜覓茶之標本。當覓得全株標本，包括葉、果、花以及山中土人用作原始飲料之製成茶葉，並云此項成茶足以證明出中茶樹並非如 Wallich 所鑑測之山茶。此爲第二次七種茶之發見，Wallich 博士將此次寄到之標本經化驗後，亦認爲確係茶葉，與中國茶相同。委員會對於此項重要消息於一八三四年十二月二十四日繕具下列之報告，呈送政府：

一八三四年委員會所發通告而激動並引起興趣之當地行政人員、植物學家與科學家中，共收最著者爲古門專員 G. W. Traill 及喜哈倫浦園營植物園主任 Hugh Falconer 博士等。Falconer 亦爲提倡保護茶葉貿易主義最力之一人。Traill 最先處慮茶業問題在經濟上之重要，故凡茶業委員會所提出之建議均一一予以實施。彼有一得力之助手 Robert

飛會以發興奮及最滿意之情緒向諸公報告：『在上亞薩姆省礦有土種之茶樹，其生產域爲在東印度公司所管轄之範圍內，從殖地、皮濱二州之邊地，以至於中國邊疆之一月之旅程，土人栽種茶之目的在於增取茶葉，彼等認爲此外帝國在農業與商業源方面之最重要且最有價值之一種發見。余信此項已發見之茶樹在適當之經營下，將來必能在商業上獲得厚利。』職等所我力之目的，亦將於近期內完全實現。

Blinkworth，彼為Wallich 博士在阿爾莫拉(Almorah)之茶樹採集者。

Falconer博士因對於 Wallich 博士所持中國茶樹最宜在印度高原上栽植之主張表示同情，故被派往在護河（Jumma）與恆河間之古門與瓦爾寨種植地址，並以所得結果作成報告。Falconer因此成為古門與瓦爾（Garhwal）二地茶業之創造人。後於一八四三年由William Jameson 繼任其職務，彼亦為印度山區種茶發展史上之一個重要人物。

仍不能擺脫中國茶種之羈絆

印度政府對於土生茶之發見，所受印象甚深，並與茶葉委員會所抱之意見相持。茶葉委員會報告之第一個結果，為一八三五年二月三日召回 Gordon，因認為彼之任務已無繼續之必要。但在 Gordon接到該函以前，已有三批茶籽裝出：第一批係從武夷山辦來之茶籽，由彼親自裝邁，據稱純係優良紅茶之種子，第二第三兩批則未經其檢視，而選由廣州裝出，惟就其購辦之來源推測或為次等茶，最後一批裝到時已過植茶季節，致未能發芽。

委員會報告之第二個結果，即為一八三五年組織之科學調查團。委派植物學家 Wallich博士、Griffith博士及地質學家 McClelland等為團員。調查團之職責，專在研究或調查印度土生茶，並查勘茶樹試驗園最適宜之地點，該團團員於一八三五年八月二十九日自加爾各答啟程，向亞薩姆省進發，至該省最遠之藤咀地雅，費時約四月又半。

在薩地雅 C. A. Bruce 以繁荣齐格加入同行，在一八三六年一月十五日至三月九日之間，遍歷土生茶繁殖最多之五個地點。調查團至一八三六年三月二十一日結束。據 Griffith博士報告，此項土生茶質地甚繁，自由本以至高達十二呎至二十呎者，樹幹直徑多在一寸以內，而絕無超過二時者。在一八三六年十二月間，大多數成長之茶樹上，種籽累累，惟亦有仍在開花者，較老之樹，葉形大而呈美麗之深綠色。

調查團中對於可作為試驗茶園之適宜地點之意見，亦不一致。Wa-

Iilich博士贊成在喜馬拉雅山一帶，但 Griffith與McClelland二人則以為在喜馬拉雅山植茶不宜在上亞薩姆省較為適宜。二氏並謂亞薩姆茶原係中國茶之變種，不過野生已久，在品質自不免較遜耳。惟對土生茶既認為確係茶樹，即無再從國外輸入茶籽之必要，彼認為「無理由可顯從中國辦來之各種茶，能產生異於印度土生之茶樹」。

最後決定採用中國茶樹，而不用品質較低之亞薩姆種，以供政府之試驗。故 Gordon 於一八三六年又被派遣至中國，以後中國茶樹之栽培，歷時頗久，當時一般人之注意力多集中於中國茶樹之栽培，此實為茶業調查團之第一錯誤。

其時印度一般科學家對於茶之間形成三派，Wallich 與Falconer請求贊成喜馬拉雅由中國茶樹成為一派，Griffith與McClelland 則傾向亞薩姆各答植物園中栽植成四萬三千株。Gordon第一次至中國辦來之茶籽在一八三五——三六年間分別寄往上亞薩姆省、古門、台拉屯（Dehra Dun）及尼爾吉利山等處。

茶業調查團在亞薩姆省竟選定一處為茶樹所不能生長之地點而設立第一個試驗茶園，此為茶業調查團之第二錯誤。其所選擇之地點為實迪爾穆克（Koondiluukh），在薩地雅附近實迪爾穆克含流之處。在該處固定一片廣遠十哩之沙地，保一活沙之沙灘，浮面堆積精沙殺至數寸之厚。當苗木之類根伸入沙土時，茶樹早已枯死。David Crole有云：「當布拉馬普得拉河流經此第一個亞薩姆茶園之地址時，在短時間內即將一種至可悲衰之失敗埋葬於滾滾之洪流中」。

在實迪爾穆克試驗失敗以後，有一部份茶樹移植傑浦爾（Jaipur）地方。傑浦爾係拉肯晉（Lakhimpur）區城中之一角，在當時亦為駐兵處所，此處繁殖茶樹，直至一八四〇年將園地售與亞薩姆茶業公司時為止。惟為歷史上留一紀念起見，原來之茶園，至今仍有數欉保存。

第二次之種茶企圖係於一八三七年在茶浦（Chabua）即今稱查活（Chabua）地方推行。在浦離迪勃耸加（Dibrugarh）十八哩，在拉背青土種茶區之中心。據一印度橋波人士所云，查浦之原名即為種茶之意。此地種茶情形相同，所種茶樹頗能滋生繁衍。但 J. B White 反以為「此次試驗未遭遇薩地雅同樣之命運，深覺可惜。因亞薩姆之毒害，歷來中國茶種之移植——自此將蔓延於全矣」。所最為可異者，歷來中國茶種或種種——自此將蔓延於全矣。Couperus 在其所編之東方故事中云：「彷彿冥冥中有一種神祕之勢力，嫉妬中國之名貴茶子之出口而加以損毒或破壞」。亦有許多人疑為華人將售茶樹於外人之茶子，先行煮沸，使其不能發芽，或用其他種種詭計，以阻止中國茶子之繁殖。往往良好之茶子茶樹，待裝到時，總迄包裝破損、發霉、有病害、枯死或將近枯姿。即使檢得健全之茶樹而加以栽培，但製成之茶，總不能與中國所製之優良茶葉。蓋唯有中國之土質氣候而始能源源產生中國特有之優良茶葉，正如華人自詡得天獨厚而非他人所能說觀者。白種人對茶葉亦有同嗜，故歷年向中國購入大批茶葉，以供享用。但最奇者，茶一經由種人外外國試種，即變成海蛇，未見共利而先受其害。

對於上述情形，僅 Fortune 為例外。彼於一八五〇——五一年間探辦大批中國茶籽與茶樹，當運至加爾各答時，色澤仍非常鮮艶。從萌芽之種子培成新樹一二、〇〇〇株，即加入於喜馬拉雅山茶園中。Stuart 博士因此加以評論云：「至少茶業調查關之勸告，在喜馬拉雅山已可完全證實為不容，惟亞薩姆土種茶之優點未能得到普遍承認，事實上著馬拉雅山茶園則能確實證明在某種情形下，中國茶可變成較優之茶種」。惟今日從中國種或中國雜種雜種所製成之茶，在商業上已不重婆。而亞薩姆土種則為除中國、日本以外世界產茶各國之最所最歡迎之茶種。惟 Fortune 從前所栽植之中國茶樹，在當時頗著成績，至今仍有一小部份保存。

在一八三五——三六年從加爾各答運寄 Bruce 之中國茶樹共約二萬株。Bruce 於一八三六年四月機 Charlton 中尉而為亞薩姆茶葉督導員，遂照 Wallich、Griffith、McClelland 諸氏之指示，將經過長途運送而未曾枯死之茶樹栽植於薩地雅附近之絞兒華（Saikhwa）苗圃內。該批茶樹裝到時紙有八、〇〇〇株未枯死，然據 Griffith 博士報告，在栽植以後枯死者亦屬不少。二三年以後，據 Bruce 報告者有一、六〇〇株中國茶樹移植於鄰接查浦之提喬（Deenjoy）地方，至一八三九年始有茶葉三十二磅之收穫。

另有二〇、〇〇〇株中國茶樹寄往沿喜馬拉雅山之古門與台拉屯三地，除枯姿者外，其僅存之三、〇〇〇株有較好之成績，古門專員 G. W. Traill 採納 H. Falconer 博士之言，選擇備作試驗茶園之地址二處，一在別歇爾（Bhemtal）附近之浦股帕（Bhurtpur），一在拉初米叟（Luschmesir）即與剛勃莫拉（Almora）毗連之地方，此二種植園在一八三五年後期開始栽培茶樹，北後 Falconer 博士於拔海三、〇〇〇呎至六、四〇〇呎之古門、加瓦爾（Garhwal）及契摩爾（Sirmore）等處栽植中國茶樹，成績頗佳。珂哈愉布浦所植之茶樹即由此等種植園中得來之茶籽所培養而成。

剩餘之茶樹二、〇〇〇株運往南印度之麻打拉斯，後闢在二年以內即盡數枯死。該批茶樹分作二十箱裝運，每箱裝一〇〇株，在到達麻打拉斯以後，分配各遇來（Mysore）六箱、庫耳（Coorg）六箱、麻打拉斯之農業園藝社二箱，寄與在尼爾吉利山境役（Kaity）國營試驗場中之 Crewe 上校六箱。不久以後 Crewe 逝世，其所分得之茶樹遂無人過問。一八三六年八月間據法政府所派遣之植物學家 Perrottet 調查，在 Crewe 遺下之茶樹中紙有九株未死。Crewe 在世時曾有一小部份之茶樹分與駐紮西高止山（Western Ghauts）埋耐吐提（Mannantoddy）地方之 Minchin 上尉，根據一八三六年六月所作報告，此一小部份茶樹其初頗能繁殖，但至最後終不能避免在南印度栽植中國茶樹所共有之命運。Bevan 少校於一八三九年有記事一則云：「自余離開惠耐（Wynaad）在亞薩姆西高止山（Western Ghauts）以後，即有茶樹栽植，前途似有光明之希望，但因在亞薩姆

「有野生茶發見，致在惠耐植茶一事，比較不甚重要」。

之報告內有云：

居住於爪盤谷（Travancore）之 Cullen 將軍在一八五九年十月所寫

在爪鑾谷之茶樹，無論何種在與海洋相平之低地處高度在一、八〇〇呎至二、〇〇〇呎之高地上，均適處彼繁茂。園內第一次出及此樹，諸處濱海約四十哩，高出海面六百至七百呎。此處茶樹約有十餘株，高可二十五呎不等。此處茶樹悉係在 Lushington 郡政時代所傳入。前在尼羅吉利山地方所得之茶樹，此純粹係在香料園之南一帶海拔一、八〇〇呎之山上。現在香料園內之樹已高達二十呎至三十呎，大有欣欣向榮之氣象。二〇〇呎之山上得好許別在一接近丁尼佛萊（Tinnevelly）邊處海拔三、〇〇〇呎之山上亦有此種播種。現已有四百株茶樹長成，可知在此處茶樹繖楊易繁衍。但現植茶前途之發展當甚無良影也。

余在此處所選擇之地點不甚高峻，然氣亦稍嫌潮濕，如能選擇較低之地爲尤之地點。

麻打拉政之 H. Waddington 在一九二九年曾致函作者，謂 Cullen 將軍有錯誤，蓋一八三二年茶籽之分發在 Luehington 退休之後，被認爲 Cullen 作加爾陀普（Caldourty）之茶樹，多半從一八三四年所運入之茶籽培植而成。據 Waddington 云：

加爾各答等扶分配於各營茶園者。S. T. Best 在加爾各答等扶編爲社中演說，追述茶業委員會如之歡數在居爾吉利山約三、一〇〇噸，在惠耐茶園約的二五〇噸，在計南第几（Kanan Devans）約三、一五噸，在爪鑾谷之氣候地方共約五、〇〇〇噸，在南印度一六、〇〇〇噸之每年產中至少有一〇五、〇〇〇噸係在一八九三年以後新製茶園。

除加爾谷谷所植者外，尚有九千餘株扶分配與印度各地，計南第一百二十餘處在一八三五——三六年有中國苗木四二、〇〇〇株分配於各營茶園以外。

除此項試種之中國茶種以外，C. A. Bruce 又於一八三六年在蘇地

雅閣辦一個專種土種茶之種植茶園。此即爲 Bruce 在一八二五年之原始植茶計劃之擴展。Bruce 繼續搜尋野生茶之新產地，於一八三七年在薩地雅附近之馬坦克（Matak）覓得幾處新產地。於一八三九年又獲一百二十處，而以那伽山（Naga）範圍最廣。但在體旁（Tippoom）與古勃倫（Gubru）二山亦有極多之野生茶。據 Bruce 云：「野生茶區域自伊洛瓦底江（Irrawaddy）至胡康新路以東之中國邊境，綿亘不絕」。

一八四九年，印度政府將查洛茶園以九、五二盧比（Rube）十四安那（Anna）八派（Pie）之代價傳與一中國人。該華人以經營不能獲利，於二年以後以四、七五盧比賤價輸賣與 James Warren。此純粹之中國茶種已漸被淘汰。在一八七一年該園所種七、一三噸之茶葉，而今日從一五四一噸所得之產量則爲一、一二〇、〇〇〇磅。在一八八七年所種之一種中國茶種之茶樹，亦在栽培之中。又在一九一〇年以亞薩姆茶所播種之茶樹，至今仍在栽培之中。

在一八三八——三九年又有三個栽培中國茶種之茶園開闢於打薩姆（Tinsukia）附近。第一處在提窗，第二處在可旦丁格里之加布羅（Chota Tin-gH）。第三處在胡甘帕克利（Hukanpukri）。

亞薩姆茶首次製造之成績

種植土生茶之第二步手續，爲防令土區清除第一次發見有茶樹之叢林，同時印度政府所派之科學調查團證實地考察之結果，乃勘定下列地點：新編區之頒鐃（Kuju）與窗格亭（Ningrew）：麥塔克（Muttuck）之加布特華（Nadowar）與丁格里（Tingri）：新甫（Singh）之加布羅物拔（Gabroo Purbut）。

Gordon 自中國運來之茶籽於一八三六年初，預備少許樣茶，寄往加爾各答。此項茶葉係麥塔克區土生茶樹之嫩芽製造而成。在同年後期 Bruce 又送出第二批樣茶，共製五箱，此批樣茶在加爾各答各答顏受社會之好評，印督 Auckland 亦嘗許此種飲料品質之優良。

就一般而論，對於土種茶之效用最早之感想已如上述，均以為此項土種茶存在之區域中國茶樹成功希望或為較佳。若漸集中意力於儘速完成外來茶之栽植為基礎，使所產茶之品質可與中國、日本之茶相競爭，而臆度土種茶之可能利用，須經過若干年之蕃殖與選擇，方可出而問世。

發見者獎品之爭執

亞薩姆茶樹之發見者究竟何人，引起極大爭執，Wallich博士先保舉Charlton中尉為茶之最先發見者，但後又將發見權歸Bruce少校兄弟二人。惟Robert Bruce於校送交 C. A. Bruce 其繼，故英國技術改進社所贈之獎品由孟加拉農業園藝社送交 C. A. Bruce 其繼。孟加拉農業園藝社社長於一八四二年一月三日以金牌一枚贈與 Charlton 中尉。內 Charlton 為最先倡議茶樹係亞薩姆土生之一人，該社又以金牌一枚獎給 Jenkins 少校，內由於 Jenkins 之努力而使調查工作有完滿之結果。所未得獎者厥有原始之發見者 Robert Bruce 一人而已，但彼已逝世，與世無爭矣。〔亞薩姆茶葉〕一書之作者 Samuel Baildon 偶然述及有一印度土人 Moneram Dewan 對於茶之發見亦殊有功，彼或曾將關於土生茶之消息告知 Bruce 少校，可能由彼帶領 Bruce 少校至發見土種茶之處，但究屬如何，尚無從考證。

C. A. Bruce 之開創工作

印度茶葉之發展首應歸功於 Charles Alexander Bruce，彼實為亞薩姆植茶業之創始人，亦為植茶業之第一個督導者。就以後之事實證明，彼並非一科學家，亦非一善於經商之人。但雖無傾軋或闖藝之智識，亦能熟諳如何開闢叢林，而發掘其蘊藏之富源。彼係一探險家，皆久居亞薩姆。故深知當地之氣候人情。彼體格壯健，能耐勞苦，且極機警而富謀略。彼探悉茶樹不僅限於少數偏僻之地點，即在有叢林之殖民機構而，

茶樹之生長亦極為廣泛。

Bruce 斬荊披棘在綿亙數百英里之叢林中探險，最初為一般土酋所猜疑與嫉妒。但彼不惟能設法除去土酋之成見，且進一步更能則土酋引為己助。Mann 博士推崇 Bruce 為一可欽佩之開闢者，退能遵察茶樹之習慣，克服許多原始之困難，而終於製成第一次可飲之茶，使茶之栽培與製造達到營商業公司樂於採行之地步，皆出於 Bruce 一人之勞績居多。Bruce 所經營或負責指導之茶葉，大部份皆出於亞薩姆土生茶之民地。此項土生茶樹係從 Bruce 所開闢之森林中分配而來。

在第一批樣茶運往加爾各答以後之第二年，Bruce 有裝運茶寨至偏敦之偉舉。同年——即一八三八年，Bruce 刊印「紅茶製造——如今日由所僱華工在上亞薩姆、蘇梯地方所實施者——之經過以及對於茶在中國與亞薩姆梨植之觀察」一淒，內述作者曾見一株高約四十三呎周圍達三呎之茶樹，惟如此高大之樹實不多見。

Bruce 認為茶樹最宜於在有蔭藏之處栽植，彼甚至將夠候茶樹種於蔭藏處，並令所顧之華工，俟芽上生有四葉後即將全部嫩芽採摘。第二次或第三次採摘時亦同。採摘之葉在日光下凋萎，用手揉捻，然後在炭火上焙乾。

Bruce 係一有聲有色之人物，在廁身印度茶業界以前，其生活極為冒險，富有刺激性。彼生於一七九三年一月十日，十六歲時即已開始其冒險生活。彼於一八三六年十二月廿七日致書愛在高哈蒂（Gauhati）之 Jenkins 書內，洋述其所經歷之生活：

余發於一八○九年離英，在斯特訥特（Stewart）任艦長之溫特號中任舵補士官。經二次濱烈戰役後，余曾被法人俘擄兩次，在船幣威特之下被押至法國兩島，拘禁於一船內，直至該島為英人所奪，始得俟復自由。余在俘虜時期內備容痛苦，余之一切所有，經爾度損失而速未獲賠償。後余在一戰爾之以一官長之資格而進攻瓜哇，並佔領之。在緬甸戰事發時，余在印度總督之代表 Scott 處投效，被委以炮艦艦長。去年余奉命討伐叛亂逃境之薩姆，率能立奏膚功，將敵人盡數殺逐。Duffa Gaum 酋長及其部屬，亦能立奏膚功，將敵人盡數殺逐。Bruce 死後葬於德士帕（Tezpur）敎堂填場內。而在該敎堂內刻有

Bruce之紀念碑。今日Bruce之子嗣仍有在德士帕茶園繼續經營先人之舊業者。

第一次裝運英國之茶葉

在一八三七年間試製成茶之樣品，但在一八三八年竟破天荒第一次裝運茶葉產倫敦，此次所裝之茶葉共計八箱，亞薩姆專員Jenkins在宣佈茶葉於五月六日起裝時，頗以此為自豪。此批茶葉在該年後期裝到，轟動一時。在一八三九年一月十日即在拍賣場公賣，各箱分別出售。亞洲日報對於此事有下列一則之記載：

從英屬產地亞薩姆輸來之茶計有八箱，實約三五○磅。由運自印度公司換一八三九年一月十日在期屆拍賣場舉行公賣。一游勤勉命之好之心，肇始一八八○年，在他代初為始，三箱係亞薩姆小種（紅茶之一種），五箱係亞薩姆白毫。在拍賣第一箱小種茶時，實方經紀人Thompson宣布每箱磅須自壹。第一箱白毫者得磅五先令，第二次十先令，繼過多次競爭，以明價最高者得磅六先令，得主為Pidding上尉。第二次砂十六先令，得主為Pidding上尉。第二箱小種仍為區師主所得，磅六十種之多，經過幾次競爭之結果，終以砂二十四先令，又從Pidding所得，為主。第三箱白毫得磅三十四先令，終以砂二十七先令，得主為Pidding上尉。第四箱仍為Pidding一人。最後一箱自毫競爭最烈，叫賣幾有六十種之多，終以砂二十先令之高價拍定，得主仍為Pidding。結果第一次運入之亞薩姆野茶為Pidding一人獨得。彼不惜以如此之高價兩購買亞薩姆州一種之愛國思想所驅使，兩欲以此鼓勵英屬亞薩姆種一種之生產品而已。

Pidding上尉為「侯官混合茶」（Howqua Mixture）之所有人，其後Pidding將此批茶之一樣以每件二先令六辨士之代價分布各處。此舉為證明英國茶之一種最好廣告，但作品質上自須加以研究與改進。在第一批茶葉九十五箱於一八三九年末期裝到時，茶葉品質顯然已有極大之進步。除茶葉由東印度公司之董事部留存十箱備作私人之餽贈外，其餘仍由該公司於一八四○年三月十七日公開拍賣。有若干茶葉經紀人及茶商估價為每磅二先令至三先令三辨士，一般有愛國心之顧主

亞薩姆公司之興起

當上述各種試驗正在着着進行之時，茶之天然產區上亞薩姆仍為土人Singh所管轄，唯英人已派有少數軍隊及一政治代表駐該地。一八三九年因土酋不能履行條約上之義務，為英國代表所驅除。政府自覺對於英人所產之茶在試驗方面已克盡厥責。故最後向其本國商人宣稱：

將茶價抬高到每磅八先令至十一先令之間，惟有一種稱為泰莊茶（Toy Chong）者則為例外，每磅賤售四先令至五先令。

特威寧公司（Messrs. Twining & Co.）對於此第二次裝來之茶表示意見如下：

就一般而論，吾人以為亞薩姆能產生一種適合於此商市場之商品——茶，實為至堪欣慰之事。雖目前商主品質上尚未臻佳境，但亞薩姆將來在栽培與製造方面經驗漸增，經逐步改進之結果，必有興盛茶並駕齊驅之一日，此則可斷言者也。

上述預習果有相當應驗，在六年以後，Bentinck總督組設一茶業委員會，政府亦竭力被吹英國茶加產量，以供市場需求。但此後十二年中印度茶產的未能達到商業性之成功。一八四○年為其有重大意義之一年，因自是年起華茶在英國之銷路開始進入末途。

亞薩姆茶在第一次輸入加爾各答之一種財務，現保存於印度公署中。此係記載茶葉銷傳之一種傳單，經國營茶場場長T. Watkins之簽署，又經皇家植物園園長Wallich博士之副署。傳單上所載之地址及日期為上亞薩姆省傑浦爾（Jaipur）——加爾各答市場之第一次輸入。此傳單之標題為「出售亞薩姆茶之叙述」。第一宗三十五箱，係由新編土醬Ning-roolia所製造；第二宗九十五箱，為國營茶場之出品。G. Watt得士對於土種茶上述情形前有下列之評語：「所可注意者，當Wallich博士正在懷疑之際，新編土人已在亞薩姆實行製茶，此可使Wallich相信其

「請觀澄汀格黑河在那伽山（Naga）四周迪勃魯加（Dibrugarh）地方之茶園，現已卓著成績，此後則有賴於諸君之努力」。

一般商人受政府之策動，果能急起直追。首先響應者，為加爾各答城，該城有數資本家得政府之許可設立孟加拉茶業公司。在一八三九年二月倫敦又有一聯合物產公司之組成，其目的在栽植亞薩姆新發見之茶樹。此二組織在事實上顏有合併之必要，故在一八三九年五月卅日由孟加拉茶業公司建議與倫敦之物產公司合併。惟附以條件：即在加爾各答當地業務由該城自己選舉之董事會主持之。印度最初之茶葉公司之組織顏為奇特，公司所有任務由一在倫敦一在加爾各答之雙重董事會共同負責。

倫敦之亞薩姆公司，係得東印度公司首領之特許而設立，Charles Forbes對於此舉極力加以反對，其理由以為公司一經給與專利權以後，恐將發生欺詐之流弊。然Forbes之主張並不為當局所注意。政府於一八四〇年三月將所在亞薩姆所辦三分之二之試驗茶園發交亞薩姆公司。在最初十年內並予以免費經營之優待，政府所辦之茶園，除在杳活者外，幾已全數包括在內。

一八四〇年三月Bruce加入亞薩姆公司而任該公司之北部主持人，總辦事處設在傑浦爾，另有一農學兼博物學之研究者J. Masters任南部主持人，駐在耐齊拉城（Nazira），至今亞薩姆公司在印度之總辦事處仍在此城。

亞薩姆公司不久在僱用勞工方面發生困難，因內亂與緬人之侵犯而使亞薩姆人口大減，以致當地工人極感缺乏。乃決定從加爾各答及旦加坡二處招僱數百名苦工，但所招募者多屬粗魯不馴之徒，其中有許多且為市梢上之駐匠與木工，毫無製茶智識，其後在派那（Pabna）地方與土人發生衝突，結果有五十七名華工被捕入獄，其餘工人即拒絕前進，辛致取消契約，任若幹遣返加爾各答。自此招募中國勞工至印度茶園之企圖，遂完全打銷。

此後又招募漢加可顧斯人（Dhangar Coles）六五二名，但在中途

染疫死亡者頗多，其餘幸未傳染者亦持逃亡一空。此次在歐人及土著勞工中死亡頗重，即該公司之醫生亦罹於難。

雖然迭經勞工缺乏及瘟疫之打擊，但據該公司於一八四一年八月十一日在加爾各答所舉行之年會報告內稱：從叢林中剛墾植茶之地共有二、六三六敏，在前一年中裂成茶葉之產額為一〇、二一二磅，惟倫敦投資者於所費已逾五萬五千英鎊，殊屬得不償失。但公司當局並不灰心，且更能設足勇氣，向前邁進。從加爾各答董事會之報告中可以親見其對於前途之樂觀。據董事會之預計，在一八四一年產額可達四〇、〇〇〇磅，至一八四五年更可增至三三〇、〇〇〇磅。

無論中國製茶工人或歐人助理員均無滿意之成績可言。對於前者，據Masters云：「以三盧比一月之牧人而即欲以紳士自居，雅不願操勞工作」。Masters於一八四二年二月十二日寄與董事之書中有云：「如果若堂纏繼不受約束，在公司方面惟有暫行停工二、三月，使諾聲覺悟則謂：「不能使人認識一個憐憫幹線之經理」。

至於歐人助理員，Masters亦有「一個生性急躁之歐人在如此不合衛生之氣候中，對於當地方官及其本身之職務又全不瞭解，當然不能稱職，而且一無所用」之怨言。但此輩歐人最大之困難在於疾病與死亡。凡此種種，皆迫使Masters感覺棘手，而認為無法解決之問題。

據該公司一八四二年之報告所載：「在Masters之轄區內，加布盧勃拔（Gabroo Purbut）茶園佔地四四波拉（Poorah，等於一二一啾）；赫替渥(Hatheeah)茶園二二五波拉，并里多(Cherideo)茶園二三波拉、艴亞潘尼（Deopani)茶園一〇波拉，路干荷比(Rokanhabbi)茶園有新鞹植之地三五〇波拉，Bruce之轄區內，在荷洪（Kahung)地方有三一波拉，在荷雷里(Hoholea)三四、五波拉，荷立乾（Hoogrijan）三一、二五波拉，丁格立（Tingri）一〇波拉，胥里（Goorie）三三波拉，荷漢(Hookham)三〇波拉。特榜（Tippum）一五波拉。至於巳拉，錄羅尼（Bozaloni)種籽園之地點係在荷立乾地方。

茶葉全書（上）

101

該公司在前一年雖有樂觀之預計，但實際上一八四一年祇有二九、二六七磅之產量，所費成本則達十六萬英鎊，以是大損與論所不滿，新開紙又以諷刺之語調大肆抨擊，一時空氣極為惡劣。

加爾各答董事認為其間必有錯誤之處，乃於一八四三年決定派遣 M. Mackie 與 Bruce 與 Masters 二人至亞薩姆調查，以明其糾結之所在。經調查結果，Bruce 與 Masters 二人均被免職，在倫敦方面之董事亦承認受二人之欺，且尤以後至為極徹底之改革。

在此後數年，開支減少而出產增多，一般董事極為興高采烈，居然於一八四六年一月宣布發給股息，每股十先令，惟無利可圖。同時，亞薩姆公司因國會已於一八四五年製定專律，乃正式改組為有限公司，東印度公司鑒於此種情形以及一般經濟制度之成立，認為正可乘機活動，以便攫取權利，其調如下：

在加爾各答所售之茶，從其成本科磅須十四安那一磅加以觀察，否人深信此種物產如在適當之經營下必能獲利，是以逕向貴政府（指孟加拉政府）建議，以俊政府對於亞陸栽茶之栽培與製造完全脫離關係。

上述之兩種處置，無非要使一般人相信橫茶為有成功把握之一種實業，但如 Mann 博士所指出，此事之實實情形，與其所下之制語並不相符，產業之估計係出於偽造，腐敗不堪之經營依然如故。其尤可痛心之一事，莫如無人能懂得種茶之方法，以致不能增加茶之產量。易言之，從事人學來之種茶與採茶方法已不適用，如無較好之新方法，能使茶之產量增加，更能維持茶樹之繁殖，則此種實實勢非停止不可。

倫致業事日暗贈上所書雜之字句，則在丁格里與傑浦爾二處之茶園於一八四六年閉歇。若舉於一八四七年竟直認前途希望極微且無利可圖，故以為殊無繼續經營之意義，甚至欲將公司財產歸併於加爾各答之董事，但後者保持沈默，不作任何表示。每股二十英鎊之股票慘跌至半克郎（Crown 值五先令），此與東印度公司向世界宣稱印度茶業為已有成功把握之事業，相隔之下，最後決定再繼續辦理一年，一般董事在一八四八年即較後一年中，相隔不過二年。

經覺既不充裕，意志亦極為消沉。公司至此已瀕破產之境，無法再加粉飾。此為亞薩姆茶之黑暗時期。亞薩姆公司之持票人身受其難，當感更感切膚之痛。

在建築及墾植方面已耗費二百十萬盧比，據後來發覺實在之用途，尚不到上開數目之十分之一，因此公司之信用與資金均告匱乏。在倫敦負債七千鎊，在加爾各答負債四萬盧比。以致在亞薩姆公司修理房屋與維持種植所必不可省之開支亦均無着落。

在此次暴風雨中，有一部份人對此勢將崩潰之茶業，急思擺脫，但亦有少數目光較遠之人認為茶業在較善之經營下未必無復蘇之望。「印度之友」雜誌曾評論云：「若輩之精神、毅力與信心足以感召一切，以共個人之信用，負責招集資金，而使亞薩姆公司得以重振旗鼓」。誰能參想到此起黎明以前所有之黑暗？但事實果真如此，往往在非常之時即有非常之人出現，當時在茶業界有三位傑出之人才，即加爾各答之 Henry Burkinyoung、Stephen Mornay 及稍後在亞薩姆之 George Williamson 是，其時為一八四七年。

H. Burkinyoung 任加爾各答董事會之副主席，S. Mornay 為亞薩姆之負責人，在五年內二氏使一個破產之公司漸能自給自足，改進方法與專門技術，首由 Mornay 割實施，繼由 Williamson 加以推進，使一種不可救藥之失敗漸成利益慢厚之工業。Mann 博士曾證揚云：「三氏對於茶業有莫大之功績，後繼者紙不過將三氏所得之成果加以發揚光大而已。總之印度東北部茶業之有起色，自不得不歸功於三氏」。此確是一種非常之變遷，據公司一八四八年之報告獲利三千英鎊，所負七千英鎊之債務竟能償還二千英鎊，又因信用恢復之故，每股漲價至一英鎊，合計即有一萬英鎊，用以推廣墾植之面積，此種成功乃產生於繼續開發所謂「可靠况之中國茶種」之時期中。

此為值得注意之一事，該公司在審慎之經營與合宜之指導下，如何於茶種之選採尙未加以考慮，而印度土得種茶之拾頭尙須經過若干歲月也。

加爾各答人士對於其事業之前途極感興奮，而一意向前邁進，但倫敦方面則殊無如此勇氣，總是抱一種旅進旅退之態度。在一八四九年丁格里與傑浦爾二處又重行開墾，此舉大為倫敦所恐懼與不快，然種植面積推廣之後，仍能繼續獲利，且在二年之內將全部債務還款償清。在一八五二年始有第一次盈餘，可發股息百分之二·五，公司顯然已走向成功之路。在一八五三年發給股息百分之三，Mornay 與 Burkinyoung 二人即於此年退休。

亞薩姆之新經理 Williamson，為發展亞薩姆茶業之中心人物，彼於一八五九年脫離亞薩姆公司後即創辦魏林遜公司（Messrs. George Williamson & Co.），此即加爾各答麥高公司（Major & Co.）之前身，當時加爾各答之顛董為屯洛浦公司（Dunlop & Co.）之 W. Roberts。Williamson 後來對於中國茶樹，忽表示嫌惡，從彼所謂偵波克利（Kachari Pookri）茶園有「不種中國茶樹之優點」一言而觀，即可窺見其所抱有力較低，現已成為一種確定之事實，彼親觀其質，即巢起艱難，彼亦不為所勵，而從容答之曰：「請靜觀其後，自不致使請公失望」。後果果如其實，彼查悉全部茶場每波拉紙能生產二三·五磅，於是積極從事改造，使亞薩姆之土種茶遂漸代替外來之中國茶樹，此作印度茶業史上為一劃時代之變遷，經 Williamson 苦心研究之紅利可分，該公司於一八五六年發給股息百分之九。

上述情形發生於 Bentinck 總督組設第一個茶業委員會以後之二十二年，Bentinck 之理想與信仰至此始得實現而獲得成功。其餘茶業公司一時如雨後春筍，紛紛設立。故以後十年中更有驚人之發展。因茶業已打定堅固之基礎，無怪其能克服阻礙而終於達到科學栽培之時期，此一時期延續至於今日。

吉大港之植茶，開始於一八四〇年，當時從省加爾各答植來之中國茶樹及由亞薩姆辦來之種子，栽植於現今所辦俱樂部附近之原始茶園中，該地因氣候不宜，未有多大發展。台拉屯植茶始於一八四二年。W. Jameson 博士在一八四三年繼 Falconer 博士之後任古門茶業督導員。

因在西北諸省辦理頗有成効，故中國茶樹猶為茶業委員會在一八四八年之計劃中所最注意之一事。當時有一英國旅行家及園藝家 R. Fortune 受東印度公司之指使，喬裝華人深入中國內地，採辦最優良之茶籽、茶樹及工人，Fortune 果能不辱使命。第一批所裝之茶籽於一八五〇年夏季到達加爾各答，路上未受絲毫損壞。Fortune 於一八五一年返回加爾各答，帶來華工八名，一宗茶籽及二萬餘株茶樹，保從中國紅綠茶產區所收集者。此後 Fortune 又至古門及加瓦爾（Garhwal）茶區考察，以其考察所得之結果，於一八五二年印行「中國及印度茶遊歷記」一書，於 Fortune 復於一八五八年第三次遊歷中國。

在一八五一年陸軍中校 F. S. Hannay 在亞薩姆創設第一個私營茶園，此為茶園私營時期之濫始。該茶園所種為中國茶樹，現在後之後裔中尚有與印度之重要茶葉公司有關係者。在一八五四年西北省之代理總督授權於 Jameson，使在別士耐斯（Byznath）附近之埃多里（Ayer Toli）設立一主婁之茶樹種植園。此園以後成為古門最好最豐富之產區。Jameson 博士於一八五五年在西北省植物園中所發表之報告中有云：

發培茶樹之最後目的，在於改變與中國慾之狀廉，而使山慾對於國家之貢獻不落於牢原之後，現在自甘拉亦古門一帶皆有茶樹之繁殖，由政府派遣 Fortune 從中國北區如武彜山、徽州、婺源、天臺（譯音）銀島等處採辦較優之茶種，分佈於全區，茶產生大量之茶籽，可供次年各方之需求。

亞薩姆野生茶出一八五五年在雪爾赫脫之張卡尼山（Chandkhani）與卡祭二地發現，有一設謂西爾赫脫之茶樹保由土人名 Muhamed Warish 者所發現，後來發見沿加仙（Khasia）與傑仙山（Jaintia）一

帶挾有野生之茶樹，在當時認爲有土生茶之存在即爲該區可種茶之一種
證明。雪蘭赫脫之植茶产 Sweetland 之指導下卽開始，第一個茶園馬朗
尼希拉（Mainicherra）於一八五七年開闢。卡察於一八五六年在馬遂
白穗山（Mauza Barsanjan）第一次植茶，種植於山頂上，自白拉爾山
（Barali）綿亘至白拉克山（Barak），一堂皆起，纏在山巖上栽植，在
一八七五年又開墾低窪之地以植茶。

大吉嶺（Darjeeling）在至一八五六——五九年間着手種茶，在當
時首席行政長官A. Campbell 博士之支持下進行。至一八五六年末，在
托克佛（Tukvar）及大吉嶺之肯寧（Canning）與賀普湯（Hopetown）
茶園中，注意力卽集中於甘桑（Kurseong）平原，以及在甘桑戚成爲潘克（Pank-
habari）之間均有茶之種植。種茶在大吉嶺區成爲一種商業性之事業以
後，一八六二年開闢茶園，在推斯太（Teesta）以東即所稱杜亞斯（Dooars）
區域，不久亦加以開墾。加查爾荷巴（Gajaldhoba）於一八七四年開始墾
植，其後在浦湖爾巴里（Phulbari）格拉可度（Bagrakote）二處相繼
栽植，當種茶區域逐漸向東擴展而最後達到亞薩姆邊界珊可斯（Sankos）
之時，在西杜亞斯與丹雷等處均改種優良之土生茶，以替代原來所種之
中國茶樹。

Mann 上尉於一八六一年在南印度尼爾靑利山重新以中國茶籽播
種，吉大港與其他南帕爾（Chota Nagpur）約於一八六七年始有規模較
大而合於商業目的之植茶。

對於古門、加瓦爾早期茶業史之回顧，前古門專員 J. H. Batten 檜
括分爲七時期：第一期爲無知與淡漠：第二期爲揣想與摸索：第三期爲
第一次有實際之正式試驗之廢除：第四期爲政府實行開墾：第五期爲私人經營
之濫觴，第六期爲官營試驗之時期：第七期爲在商業上之成功時期。就
大儆而論，第六期對於幾個印度頗覺切合。

茶業之狂潮與恐慌

約於一八五一年，印度對於茶之投資，開始感覺極端之興趣。因應
薩勒公司之發達，（一八五八年繼起之韵蘿得公司亦獲厚利），與其他
各區新關茶園之勃興，凡此種種現象，均使一般人集中注意力於此新興
事業。在一八五九年私人經營之茶園多至五十處以上，不僅在亞薩姆、
其途如大吉嶺、卡察、雪蘭赫脫、古門及哈薩利巴（Hazaribagh）等
處在投資者之目光中亦皆認爲極可樂觀。當正常健全之發展正在進
行之中，不料至一八六〇年，此富有生氣之茶業，竟不幸轉入黑暗之角
落，商況淪於投機之流中，以至於毀滅。大多數歷史家目此爲「茶業
狂」，可謂名符其實。

其初因政府有意挾植茶之栽培，故以極寬大之條件，撥給邁宜之土
地。後因茶業日極發展，對於地之需求激增，政府乃採取較爲嚴厲之
法律，如一八六四年所頒佈之亞薩姆條例，即地契之簽訂。在極苛刻之條
件下，規定九十年之租期，此項條例，大爲植茶者及投資家所痛恨。
此種不滿之情緒日益高漲。結果在一八六一年對於亞薩姆條例有肯寧法
規（Canning's Rules）之補充，准許以相當之款項收槃地，在政府方
面同時對有其他幾個合理之讓步。

在肯寧法規頒布以前，茶業狂之象徵已到處蔓延，一若處處有燎原
之勢。一般投機家發財迷者，喪思利用時機，將少數積較佳之新茶
園作爲宣傳之資料，大吹大擂。一若處即可在目前當然。結果途有許多
公司紛紛設立，而各公司之股票市價亦激漲。

在加爾各答新公司日有開設，一般有發財迷所爭
購（頃刻即可傳播），人類之一切理性，金爲瘋狂之投機迷所掩沒。有
若干且拋棄其正當職業或有希望之地位，而專從事於茶之投機。A. F.
Dowling 云：「此可謂垫時期，假使當新律例之訂立途出於茶之投機，
而非爲獎勵投機之動機，則殊有益於茶業」。

背寧法規之修改，不幸出於遠在英國不明當地情形之內閣大臣之

手。致使茶地之出售價格陷於最不合理之狀態。且採用最不公道之方法，以二至八盧比之賤價，用競賣方式出售，致使購買者常因一安那之差，而失却所欲得之地。即森林中未經開墾之荒地，每畝亦須售十盧比或十盧比以上。

在一八七四年出版之「孟加拉茶業彙報」中有一段描述產茶區情形之記事：

在茶業狂潮中，一般投機家之主要目的，在於獲得一所或數所廢地。在領取廢地規則中所載，在賒買之前例須割界與調查之後文牘認以後，使廢地之獲得更易。比較誠實之投機家所取之第二步手續，係將所得廢地之一部份，予以當時稱為草率之墾植，然後不惜以高利僱用本地勞工，並以電溜賤賣茶秤。肥泥土捆鬆撒下種子以後，即可售與投機公司，以其間釀有未完竣之屋舍開闢，作為開辦費，同時將傢俬不需要之廢地處買得與改訂。但其即對此種植人耳目之集，亦照時將過於近處，實無資本時，一般聰明之商人招聘股本時惟將及早脫售而已。諸巔狀（Nowgong）所提供之資產例，有一倫敦投機家曾以同一廢地作茶園出售之一個公司。

此種惡習常時在亞薩姆、卡察、大吉嶺及吉大港等處亦頗為普通。

在吉大港有許多陵峭之山坡或地力已盡不堪植茶之瘠土，枯得以善價出售，甚或一地有重售至二次三次者，上述一切現象，對於公衆心理之影響，正如 J. Berry White 所云：

在一八六二——六三年間之茶業狂潮中，凡在亞薩姆各省有廢地並種少許之茶秤，即自認爲極大之財產。有許多人爲欲取得投機之財產，遂把穩收之股發現款，惟請受主在慎審考慮之後而購取。茶越爲一種使人得而並不使人沉醉之飲料，但在狂熱之程度，不亞於金融發明者之不可思議之私醉力。其狂熱之程度，在印度係一新茶風之開關，必有許多人寄以無窮之希望，其實宜有蒙蔽以冷靜之頭腦加以切實之估計。（註一）

Money 云：「在茶病熱度正高之時，誰不心存奢望，以爲前途祇有成功，決無失敗，此實爲一種瘋狂。一般植茶業者無異爲一種奇妙之泥合體，包括退位之海陸軍人、醫生、工程師、船主、化學家、店員、窓志堅強之人、疲態之警察、書記等。形形色色，幾於無奇不有，茶業失敗於此輩之手，自不足爲奇」。

在最初之狂流中，每個人以爲祇要有少數之茶園即可致富，不惟買有之茶園可售超過原價八倍十倍以上之高價，甚至有許多在購入時名義上爲五百畝，而後來一經丈量，則還不到一百畝。新茶園委諸一般從無見過茶樹之經理，在不能生長之地域開闢。倫敦加爾各答之董事，皆坐享厚祿，幹非則支更高之薪給。此蓋無所事事，僅虛糜經費與經營之不善，實爲各地之通病。（註二）

茶業泛濫之洪流，至一八六五年而達到頂點。於此即有不可逾免之反應，茶業之崩潰洪屬意中之事，不過狗嫉其崩潰過速耳。當時一般經營不善之公司，均已奄奄一息，而卒至於倒閉，然水泡一經破裂，即痛苦隨之，從前不惜以任何代價倩爭購茶業財產之風氣，一變爲不顧血本惟將及早脫售爲快。前值數十萬盧比之茶園，今顧以數百盧比出售，有幾處茶園因每畝前無一先令之收穫，故祇茶者敬展，不值一顧，蓋已山窮悵而人於潰敗之時期矣。特票人之唯一希望祇求自己之名爲登記即上勾銷，以免再受共累。茶業股票從前無限制抬高，今則共價值幾等於零，因茶而使親破朋友同受蹂累者亦有之，因此一般投機者視茶業爲畏途，甚至喻茶爲洪水猛獸，可見其創鉅痛深之一斑。

情勢之嚴重已如上述，政府自己不能再袖手旁觀。在一八六八年初期，政府乃派遣一團在關考察此事之經過及茶業之現狀。經調查團考察之結果，悉每個有思想之學者與謹慎之投資家仍能進行順利，並未受絲毫影響。茶業本身亦極爲健全穩固，調查團之報告，祇須取締無意識之膨脹與投機之徒，僅有繼續經營之可能，調查團之報告，係關於亞薩姆、卡察、及西爾赫脫三處，該團察覺凡未捲入投機漩渦之老公司，依然營業興隆。茶業之信用，約在一八七〇年開始恢復，有幾家新公司次第開設，

註一：J. B. White著：印度茶業五十年滄桑記，一八八七年倫敦出版。

註二：E. Money 著：茶之栽培興製造，一八七八年倫敦出版。

其餘有股息可發之舊公司，其營業益有慘澹日上之勢。印度茶業因在一八六六——六七年間受地價之跌與股票狂漲之打擊，以致發生普遍之經濟崩潰，但卻極棄來爲事理之當，從茶業之眞正建設者一方面觀察，不久彼等卻進入前一時代遺傳下來之科學栽培與正當利益之康莊大道。

如欲洞察印度茶業之眞正歷史，下列各書可供參考。W. N. Lees所著之「印度栽培茶棉及其他農業試驗」(Tea Cultivation, Cotton and Other Agricultural Experiments in India)，M. K. Bamber所著之「茶之化學與栽培」(A Text Book on the Chemistry and Agriculture of Tea)，G. Watt所著之「印度之產品」(Commercial Products of India)，H. H. Mann所著之「東北印度早期茶業史」(The Early History of the Tea Industry in North East India)及C. P. C. Stuart所著之「茶樹選種之基礎」(A Basis for Tea Selection)等書。

亞薩姆茶業始創情形

亞薩姆往昔之茶業對於一般有冒險性而並不計較費用之人，或可猶爲生焉其時，但在他方面植茶者所遭困苦艱難之生活，有非他人所能想像者。

就一般而論，亞薩姆全地幾盡爲深密不能穿過之叢林，高達支餘之蔓草原野，觸目皆是，偶有幾處「沙漠」中之良田，當日曾種水稻，今已荒蕪，其餘一半地面，則爲樹木茂密之森林，當英人着手開闢叢林以備種茶之際，正値野獸猖獗，使亞薩姆土人之森林，不能安於故居，一再遷避，以致叢集於其他較爲安全之地區。

大概有喬木之森林，總比雜草滋蔓之藪地更合於茶之種植，在喬霍得，迪勃魯加及陀姆陀馬等區之茶場，栽盡由茂密之森林開闢而成。Linde在一八七九年描寫植茶者猶如原始之民，生長於一古代之大森林中，森林之邊界雖其居處，下述即爲Linde 描摹之情形：……

註一：一個植茶創始人所僅用之一畝土工，其足跡所到之處，森林均與世界其餘部份隔絕。此蜜土工視碾禾如嚴父，如保相率俛首而得。若歡及其裸主均與世界其餘部份隔絕。

遷人，亦如何新曲霜之法言。此地開始人所處之地位，何獨獲高已論，其生活則非常枯瘦，四壁無一同資格同等級之人，經年累月亦不能一覩白種人之面目，亦不能一聞各種人之語言，背煉瘴井，遠別親友，人生一切享樂，均被剝奪，終日惟事呼吸山中之烈氣，在酷熱之反候下探汗工作而已。但一個始人旣有目的而來，對於一切艱險，自能有恃無恐，彼在事業未告成功以前，次不放棄責任，印度患病或冒暑死亡，亦所不顧。

在當時植茶者之居室，景象頗爲蕭條。室內除燒飯用之鍋爐、竹編之眠床、一桌一箱(即作爲坐椅之用)及一具藥架以外，即別無長物。而藥架實爲其最重要之傢具，如無藥物，則一個植茶者即難望生存，每晨必須服若干奎寧，每星期服篦蔴油二次，每月服甘汞一次，此爲一植茶者必需遠守之規律。

Jackson 及其所發明之製茶機

十八世紀後期，在布拉馬普得拉河(Brahmaputra)沙灘上，某次有一小舟擱淺，該河以多沙洲著名，航行者多視投途。但因此件一革命之巨浪。

此兩個名人，即爲 John Jackson與 William Jackson 昆仲。二人自上亞薩姆一茶園遊返英國之途中，船因擱淺受損，修理需時，故船中搭客多至附近村落遊玩，Jackson 昆仲於偶然中遇見 Marshall 所發明之最便捷蒸汽機，此種蒸汽機使印度土人使用已有十年之久。W. Jackson見此機器，頗感無窮興趣，即將製造蒸汽機不成，即逕往英吉利之甘斯飽洛甫城(Gainsborough)與不列顛亞鐵廠(Britannia Iron Works)合組一個公司，此公司對於茶業有極大之意義，其後以製造製茶機等名之馬敏爾爾父子公司(Messrs. Marshall Sons & Co.)即由此公司改組而成。此公司直至一九一五年當Jackson 逝世時始行停辦。

Jackson 昆仲最初擬將個人意見發表，以喚起社會對於製茶機之注意。但後來中途分袂，John Jackson 前往美國，William Jackson 仍

在印度及甘斯鮑洛甫城體檢工作，一切Jackson製造品之商標，幾乎成用William之名焉。

W. Jackson 大部份之實驗工作保存在布拉馬普得得拉茶葉公司所辦之聶格列丁茶園及喬寵得二地進行，彼之第一部製成之採捻機，於一八七二年在蘇格蘭亞臨薩姆茶葉公司所辦之希利卡茶園中裝置試用，彼坦白承認從 Kinmond 與其他發明家之製造品得到不少啟示，但彼顯然有其革命性之新作風。Jackson 採捻機雖與 Kinmond 採捻機類似，但在日後即可辨識 Jack on 顯已另關一條新途徑。即使印度植茶專家隨眾中校 Money 在未見 Jackson 採捻機以前，不信任何機器可代手工採捻，當舉世忮忮在黑暗摸索之中，Jackson 能衝破黑暗而見光明，其見識自是高人一等。)

Jackson 之發明，不僅限於採捻機，且進而對於茶之烘焙，乾燥揀別及包裝各問題，亦均有所表現。彼在現代製茶各部門所用之機械均作有價值之發明與改良，原來之 Jackson 各種採捻機如直交動作式（Cross Action）高壓式（Excelsior）手工式（Hand Power）等各式均屬製造複雜而蔴柔重之機器。後在一八八七年 Jackson發明更進步之迅速採捻機，風行於市場重二十年之久，在一八八九年一年中此項採捻機售出二五○具以上。其後在一九○七年及一九○九年分別發明單動式及雙動式採捻機。

Jackson 於一八八四年第一次發明乾燥機，有「勝利」「威尼斯」「模範」等牌號，爲茶業界所熟知，係應用吸力風扇之原理，吸引熱空氣從葉盤上升，此項乾燥機亦在市面上風行二十年之久。

Jackson 對於各種發明有極強大自信力，彼採用直軸與斜齒輪以製造採捻機。雖經十五年之研究，但並一八八七年竟予以全部推翻，重加改造。因 Jackson 相信輪軸以一種簡單之旋轉爲最佳，在同年發明 Jackson 製成第一部碎茶機，在一八八八年發明裝箱機，在一八九八年復有裝箱機之發明。

Jackson 有過人之腦力，在採捻、乾燥及篩分機各方面不斷發展新

Davidson 博士及其所發明之機器

理想，其中有許多機器皆已註冊專利。然馬歇爾父子公司能儘速製成Jackson 所陸續發明之改良機器，其能暢銷於市場，且爲各產茶國所樂用者，蓋Marshall一家均共有工藝天才，對於Jackson之各種發明，亦自有極大之幫助。

在一九一○年，Jackson 對於乾燥機有一種著名之改革，從前係用吸收原理，今則應用向上壓力之原理，此項乾燥機係用風扇將空氣經由著名之Jackson 多管爐抽出，使其通過烘焙室內之葉片。

在一八七二年當 Jackson 開始從事發明之際，印度製茶之成本每磅需十一辨士，至一九一三年用新式機械前使成本減少至每磅二辨士半至三辨士，今日用八千具採捻機製茶，可抵從前一百五十萬勞工用手工製茶之數量；從前烘乾一磅茶葉需由八磅好木所燒成之炭，今則 Jackson 機器用任何木材，草料或垃圾亦能產生同様之結果，如用煤燃燒，則每磅茶之烘乾，僅需煤四分之一磅。

Jackson 最先主張茶葉一經移入乾燥室後，即須停止發酵，在烘乾以後須儘速使涼，彼又發明當茶葉需涼時，如用腳踏緊，起初茶葉製造係用手採捻，在炭火上烘乾，裝箱時工人用腳踏緊，在印度亦如中國。Jackson 一流人士反對此種操作，若鑾場力提倡用科學方法製茶，力求合於衛生。

W. Jackson於一九一五年六月十五日在蘇格蘭亞伯頓（Aberdeen）桑格羅城（Thorngrove）逝世，享年六十五歲，其兄弟 John 於一八八○年應美國農業司長之選，在南加維林那（S. Carolina）指導茶葉試驗工作。一八九○年死於鞏保羅城，是爲其從事茶業故後之遺。

W. Jackson將其遺產之一半約二萬英鎊，委託印度茶葉協會的量撥助各慈善團體。杭茶業者公益會成立於一九二一年，亦從Jackson遺產保管金項下分得一部份。

Samuel C. Davidson 爵士之名，在茶業界頗負盛名，因其名與雪洛谷（Sirocco）式乾燥機及其他 Davidson 所發明著名之製茶機均有密切之關係。

S. C. Davidson。

Davidson 生長於愛爾蘭，但原籍在蘇格闌，一八四六年生於唐城（Down）。早年在培爾蘭法斯特（Belfast）皇家學院受教育，十五歲時離校至培爾法斯特之工程師 William Hastings 處學藝，以至一八六四年為止。

當時 Davidson 之父購入勃克哈拉（Burkhola）茶園之股份，即遷其子至該茶園學習種茶業。彼於一八六四年秋首途至加爾各答，該處距勃克哈拉茶園僅有三星期之水程，而今日乘輪船火車二日即可到達。

Davidson 在此茶園以副經理地位開始其種植事業。二年以後，當 Davidson 二十歲時，即升任為經理。

Davidson 於一八六九年在其父親死後將該茶園歸併，而成為獨資之園主，繼又將該茶園出售，而加入另一茶業公司，後又將該公司收歸獨資經營。

年輕之 Davidson，目光銳利，不久即感覺用原始之中國方法製茶之不適宜，乃勉思苦索以求製茶方法之改進。對於最初發明機器之先進如 Kinmod, Nelson, Me Meekin, Gibbs 及 Barry 諸人之成績，極感興奮，而以機械代替籠之乾燥法，尤為彼所注意。由試驗之結果，使渠深信用機器製茶固可得到較慢之成績。而製茶機本身之在商業上之成功，有更勝於製茶者。彼最後於一八七四年將薩勇（Subong）茶園改中法，回至培爾法斯特，在 Messrs. Combe, Barbour & Combe 廠中監督製造其自己發明之機器，在一八八一年創立雪洛谷機械工程廠（Sirocco Engineering Works）自任打樣及經理之職。

Davidson 之第一具雪洛谷式乾燥機於一八七七年問世，繼而於一八七九年有第一號上曳雪洛谷式乾燥機之發明，其後陸續製成各種製茶廠用之機械。

Davidson 於一八八一年從一個懂用工人七名之小規模工廠開始前

擴展到有工人一千餘名分廠遍佈世界各大城市之私營有限公司。雪洛谷工廠專製 Davidson 所發明之機械外，尚有雪洛谷式離心推進風扇，此不僅推翻從前空氣原動力與風扇設計已成立之理論，且促進工廠與開鑛設施上以及水上生活之革新。此外更有一種新法生棕膠機，惟 Davidson 之名因發明製茶機械前在茶業界流傳較久。Davidson 對於其原來發明之乾燥機，隨時加以改進。其餘如採捲機、碎茶機、篩分機及裝箱機等亦均獲得多科學權利，Davidson 之出品，包括向上及向下曳引之各種雪洛谷式機。

Davidson 保多才多藝之人，張在百忙中，仍有餘暇發明新式之鍋球柱，皮帶上用之鉸釘、蒸氣機，並從茶、咖啡與可提製不含酒精之飲料。後在歷城、班高城（Bangor）之海考得（Seacourt）鄉村農場中，在園藝及樹藝方面付作多次科學試驗。印度茶在美國及歐洲設立經售處，亦以張為第一人。

在第一次歐戰時，雪洛谷工廠對於軍械之製造頗居重要之地位。Davidson 亦有數種戰時發明為當局所採用。

在一九二一年六月二十二日，英國政府授 Davidson 以爵士勳位，但不二月即與世長辭，時在一九二一年八月十八日。

植茶業之先進

英人在印度植茶成名者甚多，如欲一一紀錄，則可寫成一厚冊。著者雖未必在茶葉公司或茶業團體中有顯著之地位，惟均不足某種特長，或為製茶專家，或在栽培方面有特別研究，或對於勞工問題措置得宜，或在茶業界有直接時期之服務——自五十年至五十年不等。須知在酷熱之氣候下工作，最不合於白種人之體質。茲擇其中最著名者之姓名記錄之

William Roberts 為薩薩姆種茶最早之一人，與喬蜜得茶業公司關係最為密切，現由其子 F. A. Roberts 任該公司之總經理，印度茶業協會第一次在倫敦開會時渠亦為參加者之一。

W. H. Verner 歷任杜亞斯茶業公司（Doars Tea Co.）、印度錫蘭茶

葉公司（The Single Tea Co. 及新羅茶葉公司(The Empire of India and Ceylon Tea Co.）等之董事，爲杜亞斯茶業之重要人物，對於倫敦之印度茶業協會亦極有貢獻，曾任該會之副主席，卒於一九〇二年。

W. Magill Kennedy 中校，曾任印度茶業專員，在丹薩姆有顯著之功績，一九一五——二〇年間任薩姆勞工協會第一任主席，並擔任茶區勞工協會之代表，因在此方面多所效力，故在植茶業者中頗享盛名。退於一九二三年九月在火車上遇刺身亡，雖經當局之嚴緝，兇手終未緝獲。

Claud Bald爲印度茶業技術方面之著名著作家。一八五三年生於格拉斯哥城（Glasgow），在加入大吉嶺區里防公司以前，在丹雷從事茶之栽植。副在里防公司卓著聲名與榮譽，所著「印度茶業」（India Tea）一書已印行四版，此外關於茶與橡樹之種植者以及習通農作物之生產者亦著有二種稿幅較少之書，退在大吉嶺植茶業協會中擔任會長數年，於一九一九年辭職，退休於蘇珊克斯（Sussex）地方，一九二四年卒。

加爾各答最初之茶業代理商

十九世紀末葉有許多新茶園開闢，此賴茶園大都爲家庭式之營業，後漸次向有限公司之途發展。至今日則茶業已成爲一種極有組織之企業矣。

往昔自英國至印度，路途遙遠，茶業代理商爲事實上所必需，即使今日交通進步，旅程縮短，然代理商制度仍不能廢除。因此種制度兼有茶園經營之程重政策，及售貨人可在運輸與銷售方面取得合作之變頭利益。玆略舉一二與印度茶代理商有關之著名代理商如下：

加爾各答最早之茶業代理商首推吉蘭段公司（Gillanders, Arbuthnot & Co.），該公司由F. M. Gillanders奉John Gladstone爵士之命於一八一九年所創立。但直至一八六六年方與茶業發生關係，而蒂葉哥拉哈殼茶園（Golaghat Tea Estate）與蒂葉里茶葉公司(Teelwaree Tea Co.）之代理商。一八六五年 Thomas Kingsley 始以植茶業者聞名，彼

从此時起以至一八九九年死時爲止，成爲哥蘭段公司最親密及最忠實之友人。

巴利公司（Barry & Co.）亦曾歷史上一重要之加爾各答代理商，其創辦人 J. B. Barry 係一富於冒險性之愛爾蘭人，在聯合王國研得醫學以後，即有遠處發展之決心。在上世紀中葉，Barry 投入開往印度之一營中當一士兵，在同輩中有 R. S. Thompson 醫生，於旅程中多發Barry 對於醫學具有基礎，頗愛其才，遂代爲謀免兵役，而令入湯普生公司（R. Scott Thompson & Co.）爲棟胥生。著半時期以後，Barry 對於此項業務務感興趣，在一八六〇年前後，東印度公司董事正苦於無法羅致醫學人才，退途被聘爲德土怕（Tezpur）之外科醫生，此時正值茶業裝務時期，茶葉不論價格，祇求出售，Barry 醫生乃與友人以最低之代價購得若干茶園，此即爲其加爾各答茶業代理商制度之先河。

印度茶業協會

早於一八七六年間，北印度各茶園主人即有組織一種會社之企圖。但此種企圖直至一八七九年始獲實現，印度茶區協會即於該年在倫敦成立。今日全印度茶業協會係將倫敦與加爾各答二處之茶業團體合併而成。

加爾各答印度茶業協會於一八八一年五月十八日在孟加拉會中開會宣告成立。在開會時 A. B. Inglis 被推爲主席，聲述在五年前即有聯合業主而成立此種團體之計劃。在各茶區因由於此種需要已有數處地方組成此種團體，自倫敦茶區協會於一八七九年成立以後，更覺在印度有組織同樣團體之必要。以前因業主之間缺乏聯絡，致此項計劃遲遲未能實現，今將此種缺點糾正以後，如成立印度茶業協會，對於政府必能發生極大之力量。

印度茶業協會初成立時，所有公司與茶園主人加入之會員，可代表栽地約一〇三，〇〇〇畝，至一九二八年終則增至五三〇，〇〇〇畝。該會之總機關設在加爾各答克剌夫街皇家交易所大廈內。每區有一分會，屁詣就地發生之間

題。亞薩姆分會之總辦事處設在迪勃魯加城（Dibrugarh），森周谷（Suma Valley）分會之總辦事處設在於卡察之實那甘地城（Binnakandi）。該協會之目的與責任在於增進一切在印度從事於茶之栽培者之公共利益，茶園之主人、經理與代理人皆有被總委員會遴選為會員之資格。協會之事務與總經費由九人組成之總委員會負責「理」。此項委員係由每年選出之九個公司各推代表一人所產生，在總委員會中又互推主席與副主席各一人，孟加拉商會之幹事與助理幹事即為該協會之當然幹事與助理幹事，每年三月間開年會一次。

勞工供給協會

印度東北部茶業有一辦理勞工事務及招募勞工之協會，該處茶業界早於一八五九年感覺從國外輸入勞工之重要，因此而有植茶者協會之設立，該會目的之一即為組織從事於孟加拉省輸入勞工之一種制度，因茶業之突然蓬勃發展而有承攬人之產生，承攬人以勞工供給各茶園，使植茶業者紙須用錢雇用勞工，得以免去種種麻煩，但因專前無愛憎之弊癥，以致勞工震集，而形成極不良之結果。往往因承攬人間之競爭，發生嚴重之命案。政府於一八六一年指派一委員會負責審查歸於勞工入口之一種制度。

經此種春充及從他方面調查之結果，乃有各種人口律之訂定。一九一五年將假手於承攬人招募勞工之辦法廢止，此後唯一合法之招募，須由茶園工頭辦理。此些工頭受一領有執照之本地代理處之管理，所謂茶園工頭係為茶園雇用之土著工頭，領有一種特許證書，得在其本鄉為雇主招募勞工。本地代理處之職責，在於保障茶園工之利益。上述證害者紙須由地方官之調澤，以明工頭之身份是否相符。上述證害須經本地地方官之調澤，以明工頭之身份是否相符。
孟加拉商會於一八九二年召集會議，討論組織設一可以解決勞工供給問題之台社，結果有茶區勞工供給協會之組成。將所有同性質而範圍較小之組織，盡行合併，惟亞薩姆勞工協會除外。上述兩大協會均得政府帶一次之承認，即在共辦事方面有予以某種之讓步，如本地代理處之行勤不必受地方官之拘束，即其一例。

一九一五年有亞薩姆勞工局之設立，以代政府負管理本地代理處之責，該局對於本地代理處執照之發給有決可否之權。同時亞薩姆勞工協會與茶區勞工供給協會合併，在一九一九年改名為茶區勞工協會。進行頗為順利，惟費用較大，平均每一勞工之輸入約需一五○盧比。

在一九一八年，印度因季候風之失調而發生嚴重之災荒，同時有一種流行性感冒傳染甚虜，致其時印度人民因染病而死亡者，超過在歐戰時之死亡人數。

一九三二年通過一新律，取消對於招募方法及雇用人員之限制，僅管理移民之輸送，並注意著羈在茶園所受之待遇，使每個移民或勞工在亞薩姆工作滿三年者，即有休假回里之權利。一切費用由雇主負担。並有一勞工管理員常用駐於亞薩姆。但此種新律祇能適用於亞薩姆，而杜亞斯與丹電二處則不在此例，該二處招募勞工大都通過協會而採用工頭制度。

茶區勞工協會由一委員會負責主持，委員包括倫教與加爾各答變方之代表以及從各茶區選出之植茶業者。該協會管理招募之範圍，據估計約佔北印度茶園所雇用勞工總數百分之九五。

茶稅

如不將茶葉稅法列入，則印度茶業協會之簡史似不完全。印度茶稅由印度政府於一九○三年制定第九號專律，而自同年四月一日起發生效力。最初定得茶葉輸出之茶徵稅四分之一派（Pie，幣名，等於英幣十二分之一辨士），有效期五年，其後於一九○八、一九一三、一九一八、一九二三、一九二八及一九三三年重予繼續實施，現行稅則至一九三八年三月三十一日滿期。
自一九○五至一九二二年間之稅則，每磅微收四分之一派、一九二一年所訂立之第二十一號專律，授權政府凡經茶業界之請求，得將稅率

増加至每百磅出口茶徵稅八安那。自是年起，即徵稅六安那。一九三三年則增至八安那，由海關代徵代為稽仔。

茶稅委員會由印度政府委派之二十人所組成，根據一九〇三年印度段法之規定，委員會得採取必要之措置，以推廣銷售與增進茶在印度及其他各國之消費，委員之遴選方法如下：

孟加拉商會推舉三人，麻打拉斯商會推舉一人，阿薩密各答印度茶協會推舉七人，印度茶業協會亞細亞分會推舉二人，印度茶業協會薩爾分會推舉二人，大吉嶺與升霸二處之植茶者協會合推一人，杜亞斯植茶者協會推舉二人，韋爾派古利植茶者協會推舉一人，兩印度植茶者聯合會推舉一人。

茶稅之收入除供擴展印茶在本國及國外市場之用，派遣專員分駐各國，利用雜誌報章進行宣傳，及在展覽會陳列所做為陳列，以期達到推廣茶業市場之目的。

茶稅委員會於每年三月間舉行年會一次，在七月間舉行常會一次，委員會臨時亦得舉行會議，以解決與宣傳無直接關係之問題。

科學部

印度茶業協會設有人選俊秀設備完善之科學部，以研究茶葉產製有關之各項問題。根據協會一八九九年年會中之議決，為於一九〇〇年有一小規模科學部之創設。自此次年會議決以後，協會即向其各分會徵求關於任用一個科學家之意見，經慎考慮之結果，決定任用一農業化學家，倫敦 Harold H. Mann 博士遂應聘而任斯職。任期訂定三年。最初估計費用每月需一千五百盧比，由協會餘款項下撥付，不足之數除由孟加拉政府及亞薩姆行政當局補助外，復由各分會捐助之。最初規定實驗用之設備費為二百英鎊，實驗時所需用之一切儀器材料係向加爾各答印度博物院經濟部借用。研究工作在此種情形下繼續進行，直至一九三二年為止。後在喬霍得省希利加（Heeleakah）設立一小站。一九一一年遷移至喬霍得附近之托格拉（Tocklai）地方。

科學部自上遠之小範圍開始，發展成一規模宏大之機構。今日內部所用人員由英人擔任者，有科學部主任一人，化學家二人，昆蟲學家一人，細菌學家一人及黴菌學家一人，此外更有許多絡緯之印度助手。在一九三〇年科學部經費為三二七、五三八盧比，係由協會會員每噸補助六安那醵集而來。此外亞薩姆與孟加拉二政府及南印度植茶者聯合會亦有少數之補助。

Mann 博士為印度茶業協會第一任科學部主任，生於一八七二年十月十六日。初在約克郡之愛爾姆菲特（Elmfield）學校求學，繼入里池（Leeds）之列克大學，及巴黎之巴斯德（Pasteur）學院，後在一八九五——九八年間任皇家農業研究部之化學助理員，一八九三——九〇〇間任皇家農業會所辦胡勃（Woburn）試驗場之駐場化學師，一九〇〇——〇七年間任胡勃各答印度茶業協會之科學部主任，一九〇七——一八年間先後任蒲那（Poona）農學院院長及孟買政府之農業化學技師，一九一八——二〇年及一九二一——二八年間任茶區農業督導員，一九二五年任孟買立法會議議員，於一九一七年榮獲一等 Kaiseri-Hind 獎章。著作豐富，尤以關於茶之栽培與製造方面者居多。其餘如關於印度之社會與經濟問題亦有所闡發，其最著名著則為與 George Watt 合著之「茶樹害蟲之研究」一書。Mann 博士於一九二七年辭退政府方面之職務，但後仍以尼塞姆（Nizam）政府農業顧問之名義遠返印度，最後於一九二九年仍閉至勞維斯農業信託局所辦之胡勃試驗站任職。

Claude Mackenzie Hutchinson 於一九〇七年繼 Mann 博士任科學部主任。著有若干關於土壤微菌學、植物病理學及肥料學等之小冊子。自一九〇四年入印度茶業協會工作，至一九〇八年因受印度政府之聘任為帝國農業細菌技師而辭職。

G. D. Hope 於一九〇八年繼任科學部主任，在其任期中科學部工作有顯著之進步。Hope 博士曾至爪哇、蘇門答臘及波斯等處考察，歸來後寫成「爪哇與蘇門答臘之茶業」及「波斯沿裏海諸省之茶產」二種專著，Hope 於一九一一年退休。

P. H. Carpenter 爲現任之科學部副主任，自一九〇九年入印度茶業協會任科學部副主任，中途曾一度從軍，至一九一九年重囘托格拉拉試驗站任職。自一九一九年起繼續擔任印度茶業協會科學部主任之職。

南印度種植者協會

南印度種植者協會之成立，爲各植茶者公會於一八九三年在邦加羅爾（Bangalore）開會議決之結果。其第一次大會於一八九四年在同地舉行。該會之主要目的，在於增進與維護南印度全體植茶業者在世界各處之利益。

凡加入協會之植茶者，得推舉麻打拉斯立法會議之議員一人。協會之工作包括勞工部，該部有分事處七處，指由歐人負責主持，在南印度過設代理處，科學部現有專家三人，在提伐羅拉（Devarsho'a）、蒙達達陽（Mundakayam）、雪特包（Sidapur）三處設立茶業、橡皮及咖啡之試驗站。公益金爲資助或救濟同業中之遭難者而設。一九〇六年該協會在麻打拉斯發刊一種「種植者紀錄報」（The Planters, Chronicle），現改爲二星期出版一次。

協會一切事務由每區植茶協會各推代表二人所組成。總會委員會由主席、種植會員一人、勞工會員一人與各區會代表三人所組成之執行委員會共同辦理。同時選出候補委員四人，以備委員中遇有缺席或補充。

該協會由倫敦出有之南印度協會代表，與麻打拉斯商會及麻打拉斯之南印度僑主同盟聯絡，並與加爾各答印度茶業協會及 Quilon 植茶者協會合作。同時亦爲加爾各答印度茶稅委員會之會員。

南印度科學部

南印度種植者協會初於一九〇四年有設立一科學部之提議，五年以後，即在一九〇九年，麻打拉斯政府委派 R. D. Anstead 爲協會之科學顧問。總部及實驗室設在邦加羅爾，所有費用由政府與協會分擔，在一九二二年協會出資增聘歐人助理員二人，在邁索來（Mysore）與庫耳

（Coorg）二處工作，但至一九一四年歐戰爆發時，助理員二人即相率辭去。

經重加調整之結果，協會總爲 Anstead 應加入麻打拉斯農業部爲農業副指導員，意在擴展科學部之工作，但爲大戰所阻而未克實現。一九一九年協會着手進行已擬定之計劃，因前有四處小規模試驗站之設立。其中在中爪鑾谷之比爾麥特（Peermade）一站專爲茶之試驗而設，該站由一印度職員在 Anstead 之指揮下主辦。在一九二三年 Anstead 被任爲麻打拉斯農業部副指導員，所選科學顧問一席由 D. G. Munro 禮任，總部設於科因巴托（Coimbatore）農學院內四千年，自一九一四至一九二四年以後，協會重將科學部之管理權收囘。同時麻打拉斯政府允允每年捐助二八、〇〇〇盧比，以五年爲限。自一九二九年起又繼續捐助五年。

以一人兼管三種物產之一專任計劃，事實上不甚適合。故早於一九二一年即提議對於各種物產有一專任之人，並在該牟聘用一菌學家研究橡膠之質。繼於一九二四年又增聘一科學家專任茶葉方面之工作，同時另覓一處合宜之地點以作爲茶葉試驗站之用。原來之比爾麥特站不適用。在一九二五年 W. S. Shaw 博士被任爲現今茶葉試驗站之員，該站在尼爾吉利城摂伐縮村佔地二七畝，一九二六年比爾麥特站停辦，Munro 鶴囘國立農業部任職，現在之科學部乃成一種獨立單位。

查爾派古利協會

查爾派古利（Jalpaiguri）之印度種植者協會成立於一九一八年，以聯絡在孟加拉、亞薩姆及英屬印度共餘各處之種植者間之感情並促進共關結爲宗旨。其職責在於辦理有關公衆之事業，一面與政府接觸，以保障一般種植者之利益，凡屬印人經營及印人所有之茶業公司均得加入爲會員。

茶產限制

因生產過剩與市場疲弱之結果，印度茶業協會勸導各會員限制一九二〇年之生產額不得超過自一九一五——一九一九年間平均產額百分之九〇，或自一九二〇年十一月十五日起停止採摘。此種建議頗爲各會員所贊助，故能一致通行，翌年該協會復提議減少產量百分之八〇，仍以一九一五——一九一九之五年間平均產額爲根據，此次提議未能獲得全體之同意，唯大多數同業仍能切實遵守。

一九二九年因茶葉生產過剩，在英屬印度、錫蘭與荷屬印度茶葉生產者之間，協議限制一九三〇年之採摘量。依據一九二六——二八年間之茶價與品級，在印度方面對於錘磅傳一先令五辦士之茶減少百分之一五，每磅傳一先令五辦士至一先令七辦士者減少百分之一〇，每磅傳一先令七辦士至一先令九辦士者減少百分之五，每磅在一先令九辦士以上

者減少百分之三。印度與錫蘭之限制已超過規定之此額，但荷屬印度並未履行議定之限制辦法，在一九三一年該項限制辦法即行取消。推一九三三年在荷屬印度、錫蘭與印度之間復訂立一種關於茶葉輸出額約之五年計劃，故一九三三年輸出額減少百分之一五，其後各年亦均有相當減少。

茶葉合作宣傳

茶業界之意見，以爲限制茶葉產量僅爲一種救急辦法。五年計劃在一九三八年滿期，又須遇到仔貨堆積茶價慘跌之命運。因此爲喚醒英屬印度之植茶者，有聯合錫蘭及荷屬印度二處同業從事合作宣傳之必要。此項宣傳運動開始於一九三四年，以期增進茶葉消費不虧諸國之銷量。

第十章　錫蘭茶之成功

咖啡為茶業所代替 —— 轉向至茶業 —— 早期植茶之嘗試 —— 昔日之咖啡業 —— Worms兄弟，茶業先通 —— 羚爾廉特拉，最古之茶園 —— 錫蘭種植者協會之歷史 —— 茶業研究所 —— 勞工問題 —— 錫蘭茶主協會

茶在錫蘭攫奪咖啡之地位，在產業史上，為一饒有興趣之事。咖啡在錫蘭之種植，已有五十年之歷史，後因發生咖啡樹之葉病，不到數年，竟將價值一六、五○○、○○○磅，綠年輸出達一一○、○○○、○○○磅之巨大產業，完全毀壞。

當時植茶尚在試驗時期中，茶地僅一二○○畝至三○○畝之間，以觀咖啡佔地達二七五、○○○畝之多者，真不可以同日而語。時至今日，咖啡種植地反減小至於零。茶葉之產額在一九二九年達三五一、五○○、○○○磅之紀錄，現在植茶地已超過昔日咖啡面積約一九二、○○○畝。

當英人繼荷人而領有錫蘭時，對於此地力肥厚之島嶼，銳意開發，其首先經營之事，即為在肯第安區（Kandyan）未經開闢之森林中，興辦墾人之咖啡事業。

一七九六年，咖啡在錫蘭早已馳名，土人對於咖啡之嗜好幾已有一百年之久，內土人對於咖啡嗜好已深，故對於英人用科學方法栽培咖啡，並不表示反對，其後茶葉代咖啡而興，土人方面即無如此之友好態度。小規模之咖啡園在農村間頗為普遍，在一八三○年至一八四五年間，投產於錫蘭咖啡園之數額，約有五百萬磅。雖然新海爾斯（Sinhalese）鄉人墨守習法，不願協助英人開闢森林栽培咖啡，但對於從前印度運入坦密耳（Tamil）勞工之集，則不表示反對。坦密耳勞工勤苦耐勞，此種勞工對於將來茶業之發展極有關係。

植茶之最初嘗試

Wolf 於一七八二年著有「人生與事業」(Life and Adventures, London, 1807) 一書，其中云：「茶與其他數種香料為錫蘭所無，對於此等之栽培，雖曾經多次嘗試，但均無成效」。此當指荷人迭次在此島上試植藥茶而言。J. E. Tennent 爵士在其著作中曾言及荷人試種茶樹之失收。

在一八○二年七月二十五日之倫敦觀察報中有云：「最近有一著名博物學家，在錫蘭舉行茶樹栽植試驗，曾探采附近各地之一切茶樹與花質，但結果仍無失收」。

Cordiner 於一八○五年謂茶樹野生於特嶺可馬里（Trincomalee）附近地方，當地駐軍將樹葉烘乾泡製，認為其味較優於咖啡。但此並非野生茶樹，乃山扁豆之一種，因當時多數人對於真正之茶樹忄不能分辨清楚。

Bertolacci 以為茶樹對生於錫蘭之森林中。但 J. W. Bennett 於三十年後在其所著「錫蘭及其能力」(Ceylon and Its Capabilities) 一書內刊印一種土生茶樹之彩色圖版，此係依據 S. S. Crawford 生於一八二六年從巴送加羅（Batticaloa）寄來之標本而描繪者，但以後再不能在馬哈格姆（Mahagam）山地發見此種茶樹。

Tennent 更負責說明山扁豆在錫蘭南部一帶用作茶之代用品。時代大辭典中亦將一種錫蘭茶附記於茶字項下。Trimen 博士則謂此種小樹生於丁蒲拉（Dimbula）江岸，葉多鋸齒。

　總督 E. Barnes 爵士於一八二四年在干楷魯華（Gangaruwa）開闢第一所歐人之咖啡園。彼不僅爲咖啡事業之開創者，更在肯偷妙妓與康提（Kandy）之間建築公路，使彼華拉愛立耶（Nuwara Eliya）成爲休養勝地，而爲發展茶與咖啡之階梯，使此二種實業集中於康提及肯華拉愛立耶二處。George Bird 繼 Barnes 總督之後領導咖啡事業，於一八二四年開墾新闢四送雅（Sinnapittiya）及格姆波拉（Gampola）。

　咖啡在一八六四年前後幾成爲特大之麤子，在錫蘭以後，即在可脫愛利爲栽植咖啡之區域，自 H. D. Elphinstone 到錫蘭時，將其所有之產業完全摧毀。但同時引進一種運動，使咖啡之崩潰轉而爲茶葉之成功。經一亞薩姆植茶者 W. Cameron 之波揚，惜爲經濟所迫，而於一九〇〇年賣志而終。

ron 在一八八二年改良剪枝與摘方法，使產量大有增加。

　在一八四五年因瘋狂之投機而發生第一次咖啡不景氣以後，多數歐人所有之產業均告破產，但在鄉村之咖啡事業仍極興盛，其後發現咖啡葉病時，鄉村之咖啡業亦同受影響。錫蘭之咖啡業於一八七七年達到繁榮之頂點，十年以後，政府因遭遇財政上之困難，對於此類似栗若敗腫，同時咖啡事業亦瀕於破產。查夫那（Jaffna）之坦密耳人與受縻之居民追隨於一般失敗之後，相率離開此島，猶如澄鼠之離沈之舟。彼等多投奔至馬來諸州，因此馬來諸州之開闢，恰與咖啡之失敗同時發生。

　錫蘭在受咖啡葉病打擊之後，始有茶葉試驗之計劃，在此新經濟恐慌之際，對於一種新興寶業之前途似乎希望甚微。錫蘭所恃爲經脈之一種極有組織之農業頓告摧毀，所有咖啡樹全然腐朽，在此不景氣之環境下，而欲徵集鉅資，以興辦植茶事業，確非易事。在數年以前，在咖啡

　樹葉之下面發見一種奇異之橘紅色斑點時，科學家 Thwaites 博士——派勒特尼雅（Peradeniya）皇家植物園之主持人，一見此植斑點，即警告各植種者。無如膏者誠計，聽者藐藐。果然灾禍不久旋踵而至，昔日一般快樂前自恃之經植者今乃一變而爲愁容滿臉。

　祇有一小部份種植者徘徊於其已毀滅之產業中，雖未免觸景傷神，但並不因此而悔心。彼等在錫蘭關係史中最黑暗之時期，而能毅然不投艱難，努力奮鬥，從事偉大之寶業，振興一種偉大之寶業。錫蘭茶業在經營之始，固極艱苦，然至今日居然成爲世界最優良茶葉之生產地。

　咖啡毀滅至於如何程度，可從下述事寶窺見之，人有將枯萎之咖啡樹樹皮剝去，並將枝條斫斷，運往英國用作製造茶桌之桌脚者，此可稱爲咖啡之刼運。

轉向至茶葉

　一班咖啡種植者，新受咖啡之打擊，窮苦不堪，甚至連種咖啡籽亦無力購買，每月祇能得三〇至四〇盧比之人，不在少數。故彼咖啡養商以至於恢復元氣，其間一切經過，確爲殖民地史乘中一最重要最顯著之成功。凡因咖啡破產之人種稻問至錫蘭，脫去外衣，咬緊牙關，努力工作，此種精神，以後永足爲英國移民之規範。彼等紋先試植金鷄納樹，結果良好，但其後價值慘跌，大有一落千丈之勢，然此後一切藥物所共有之命運，亦不足爲奇。彼等購得金鷄納樹種籽植於咖啡之間，聊以彌補在咖啡方面之損失。當時金鷄納每磅約一•五盧比，但因生產過剩而降至每唂七角五分，最後，提煉奎寧之樹皮，已不値刈取，於是彼等關於茶籽，播種於咖啡行列中間。錫蘭之種植者，在一種不甚適宜之氣候與嚴重之時期中，而能表示敏愍堅忍自我犧牲與苦幹之精神，大爲世人所稱許與推崇。

　在咖啡完全崩潰以前，茶之試驗，已略其眉目，金鷄納樹對於多數種植者不過爲從咖啡過渡至茶業之一種居間物而已。

一種大企業之開始

在一八三九年之末，第一次茶籽從新發見之亞薩姆土生茶樹上運到派勒特尼雅之植物園中，此項茶樹，係 Wallich 博士在加爾各答之植物園中所種植者。一八四〇年，有二〇五株茶樹繼茶籽遷入，在一八四〇——四二年此項茶樹分植於首席法官 Oliphant 在皇后茅廬與伊瑯克茅廬附近之二處茶園中。

同時，M. B. Worms 於一八四一年從中國遊歷回來，帶來亞薩姆株中國茶苗，將其栽植於菩塞拉華（Pussellawa）地方之羅斯却特（Rothschild）咖啡園中，後來德人 G. B. Worms 與 M. B. Worms 兄弟在沙格馬（Sogamma）與其他園地上栽植茶樹。據傳說每磅價值一基尼（Guinea）之茶葉，爲羅斯却特茶園所製造。其後錫蘭公司——現稱東方繁植公司——從孟加拉輸入熟練之勞工，在已告退休之亞薩姆種植者 Jenkins 指導之下，在康特格拉與賀浦二處合辦之一個臨時茶廠中用手工製造茶葉。

Worms 兄弟——茶業先進

Worms 兄弟生於一著名之家庭中。爲 Benedict Worms 之子，兄弟三人皆爲天生之商賈或企業家。Solomon 居長。次子 Maurice 於一八二七年赴英國經商，幼子 Gabriel 亦於一八三二年隨兄來倫敦，後來昆仲二人均成爲倫敦證券交易所之會員。Maurice 於一八四一年東行，後來與 Gabriel 亦於翌年追蹤至哥倫坡，兄弟二人在哥倫坡開設華氏兄弟公司（G. & M. B. Worms）。專營運輸及銀行業務，Gabriel 在哥倫坡主持店務，Mauriel 本人則轉移其注意力於種植方面，在菩塞拉華所經營佔地二，〇〇〇畝之羅斯却特（Rothschild）茶園，以設備完全與辦理得宜著稱，W. Sabonadiere 在其爲咖啡種植者所編之敎科書內，推爲模範茶園。該公司之商標在市場上享盛譽達二十五年，嗣後更大事擴展，增闢茶園多處，連同原有之茶園共計佔地七，三一八畝，此項產業山

Worms 家管達二十四年，後於一八六五年售與錫蘭公司，得價一五七、〇〇〇鎊。Worms 昆仲功成身退，返問英倫，且云：「吾儕已達到有用而滿意之人生歷矣」。Maurice 死於一八六五年。Gabriel 死於一八八一年。

當 Worms 兄弟輸入中國茶種而正在試種之際，加爾各答之 Llewellyn 傳入亞薩姆土種茶樹，植於多羅斯貝其（Dolosbage）之本尼蘭（Penylan）茶園中。

魯爾康特拉——最右之茶園

最早在栽植方面成功者，首推魯爾康特拉茶園（Loolecoidera），初爲 Hewaheta 所有，其後爲 G. D. B. Harrison 與 W. M. Leake 所有，經現今爲英錫公司（Anglo-Ceylon & General Estates Co.）所有。經 J. Taylor 苦心經營之結果，其出品在八十年代之錫蘭茶業中極負盛名。

魯爾康特拉茶園原來亦爲一咖啡園，Taylor 有時亦稱爲錫蘭植茶之父——早於一八六五年奉 Harrison 之命，開始從派勒特尼雅探辦茶籽。於一八六六年沿路旁之籬笆分行栽植，在同年，種植者協會之籍書 W. M. Leake 請求政府派遣有經驗之籬笆分行栽植者到亞薩姆茶區實地調查，結果作成一極有價值之報告，由政府列印，後在一八六五——六六年之「熱帶農人」雜誌中亦有轉載。Leake 因受此項報告之影響，於一八六六年購辦一批亞薩姆雜種茶籽，此或爲錫蘭第一次運入之亞薩姆茶籽。Leake 即將此茶籽交出 Taylor 播種，乃於一八六七年終闢地二〇畝，進備栽種，直至一年以後，始有錫蘭公司繼起仿行，伐林種茶，故一般人公認魯爾康特拉在錫蘭最早之茶園，多數茶園時或暫時或永久或無論永久或暫時停止栽植咖啡，開始改作魯爾康特拉園植茶以前，均已停止種植。後由錫蘭公司輸入亞薩姆茶籽，於一八六九年開始作種植咖啡之處。

Taylor 於一八三五年三月二十九日生於門婁多（Monboddo）之邊斯派克（Mospark）地方，幼年時曾在風景幽邃之奧潮勃來村（Auchenblae）受敎育，至十七歲時即往錫蘭，在康提人 G. Pride 處供職，年

耕一百磅，頗爲東翁所器重，後在魯爾康特拉茶園任職達四十年之久，直至逝世。種植者協會於一八九一年贈送Taylor獎狀一種，以紀念其在錫蘭奠定茶業基礎之功績。

茶葉之勃興

一八六九年咖啡樹開始遭受一種病害之襲擊，一八七七——七八年已達到危險之頂點，但至一八七五年，始有一千噸之咖啡地改植茶樹。不久以後即稱爲「向茶業突進」時期，當時情境，可從下表覘見之：

一八七五年植茶面積	一，０八０噸
一八八五年植茶面積	三０，五００噸
一九一五年植茶面積	四０二，０００噸
一九二五年植茶面積	四一八，０００噸
一九三０年植茶面積	四六七，０００噸

在一八六六——六七年，據植物園主任報告，有一種由中國武夷種茶栽所製成之樣茶，在倫敦頗受歡迎，Taylor博士亦嘗數年間政府的及公衆鼓吹栽種此種植物之利益。在一八六八年有高約二呎之亞薩姆茶種二七０株，在海克加拉園(Hakgala)種植，頗爲茂盛，二年以後，乃有茶籽分播。據一般人之見解，均以爲亞薩姆種成功之高度將可超過咖啡限度之上，Thwaites博士更認爲較高之山嶺亦無不適合於茶之種植，以是至一八七五年，錫蘭種茶固然獲得商業上成功之基礎。

Taylor將魯爾康特拉茶園第一次所產之鎊薩姆種茶於一八七一——七二年在康提出售，次年又有茶二三磅運往倫敦，價值五八盧比。在一八七三與一八七四年，有亞薩姆雜種及中國種之茶樹山派勒特居雜與海克加拉兩個茶園傳佈各處，其後則由加爾各答輸入大量之亞薩姆茶籽。此種辦法現已爲法律所禁止，以防止葉捲病之傳入，一切茶籽均由島上之本地茶園供給。

錫蘭之種植者協會

一般種植者早已感覺有建立一種組織以謀自身利益之需要，錫蘭種植者協會於一八五四年二月十七日在康堤成立，以 J. K. Jolly 上尉爲第一任主席。在一八六二年訂定第一次會章，規定以地主或茶園主爲基本會員，非地主如欲加入爲會員者須付普通會員之會費，惟對於有關捐稅之問題則無投票權。

在一八六七年，協會對員可代表七五園，至一九二一年增至二三九四園，此外尚有個人會員。各處分會陸續成立省有二十七處，但後來爲謀內部團結起見，在一九三一年減少至十八個。由各處分會推派代表爲協會之委員。在一九三二年終協會會員之總數，共有四０六、七二七噸，在一九三三年會員總數爲一二二個。

在最近三十年內，協會之活動範圍大起變化，其原因在多數錫蘭茶園已從私人經營而轉爲有限公司性質，公司內屬於財政者之事務，皆由經理處經辦，因此協會之大多數會員，已非茶園之所有者，而其一切行勤，亦祇處於顧問地位，不過政府及其他與植茶事業有關方面，對於會員大會或委員會所提出之任何建議，常能加以愼重之考慮。

協會在一九一六年註册，一九二０年修改會章。此時正有組織另一協會之運動，修改會章即爲針對此種運動，以防止內部之分裂。在多數會員之意見，以爲將會章修改以後，各關係方面或仍可在一個組織下通力合作，此新會章規定設立二分委員會，其一專就地主或所有者之利益着想，另一個處理關於茶園監理人或助理監理人與問題。結果私人經營之茶園皆反對此舉，故祇能成立一新協會，此新協會爲茶園代理人所發起，在一九二二年以後，即用倫敦錫蘭茶園主協會名義，設於倫敦。

茶葉研究所

一八九八年，化學家 M. K. Bamber 受聘至錫蘭研究茶用土壤，自此被專事研究有關土壤及茶葉製造上之各種問題，Bamber 於一九二

117

四年在格雷富夫生特(Gravesend)因汽車肇禍而死，著有「關於茶之化學與農業——包括生產與製造」(A Text Book on the Chemistry and Agriculture of Tea, Including the Growth and Manufacture) 及與 A. C. Kingsford合著之「爪哇、蘇門、日本茶業報告」(A Report on the Tea Industries of Java, Formosa and Japan) 二書。其後此項科學工作在山派勒特居雅吳家植物園之農業指導員在茶樹栽培及施肥方面庶幾進行，但不過為此世界著名茶園之普通試驗室工作。欲發展錫蘭茶業，糧領種植者個人對於茶之栽培與製造有科學之知識與經驗，此種經驗，係逐漸得。

為撲救此項缺點起見，乃有一種所謂錫蘭茶葉研究計劃之發表，此種計劃係由 R. G. Coombe 所提出，經錫蘭種植者協會之贊助，於一九二四年役倫敦錫蘭協會之批准。按照此種計劃，設立一個茶葉試驗場，由錫蘭茶葉研究所特設之委員會辦理，聘用化學家細菌學家及昆蟲學家從事茶葉之調查，此外更有巡迴指導員二人。採用此計劃以後，茶業方面每年須負擔經費九萬盧比（等於英幣六七五○鎊，或美金三二○○元）。錫蘭政府於此亦補助與茶商相等之數額。並將一百磅茶葉課稅五錫蘭分（等於十分之九辨士），在政府方面其總數約與支出者等。

錫蘭茶園主協會初因財政關係織為其他理由，對於上述辦法未能予於贊助，政府因此取消往年補助九萬盧比之預算，茶業方面亦不願受政府之補助，而自願負擔全部之經資，以後每年一百磅茶葉徵稅錫蘭幣十分，由政府負助辦理。一九三○年稅率增至十四分。

一九二五年初期，在倫敦錫蘭兩處舉行投票，結果贊成者所代表之噸數為三七八、五七二噸，反對者八、六六八噸，無表示者一七、○○噸，是即特成者佔百分之九七、七。茶葉研究條例於一九二五年十月九日經立法會議通過，在同年十月二十七日，其第十二屆所議設立茶葉研究所與管理委員會一項，均得錫蘭總督之批准，並公佈自一九二五年十一月十三日起開始徵稅。

管理委員會之十二委員由下列方法選出：

d 當然委員

農業局局。

殖民地司庫，如遇開會時事因事不能出席，由關司庫代理之。

錫蘭種植者協會之主席。

錫蘭茶園主協會之主席。

b 推選之委員：

錫蘭種植者協會在其普通會中推舉三人。

錫蘭茶園主協會中推舉三人。

低地生產協會中推舉一人。

在小栗市中由總督措派一人。

由各方推選之委員，其任期為三年，但連選得連任。

研究所之開始時並無適當之工作，侑在魯華拉愛耶(Nuwara Eliya)以一所茶會為實驗室與辦事處。同時，Petch所長移至各處種植者協會分會訪問，彙集許多有價值之建議，此項建議對於正待調查之間題頗為重要。

為避免調杏工作之重複起見，因此決定農業部在研究所成立以前，將已着手進行之工作儘速完成，至於研究所所轄任者為關於茶之栽培與製造方面廣泛之新調查。

當初研究所因無適當之臨時地址工作，進行頗為困難。對於調查之範圍，亦受限制。直至一九二八年始有一永久之地址，即為迪蒲拉(Dimbula)地方之聖可姆茶園(St. Coombs)，係向英國與植公司所購入，以後實驗室、焙焙茶廠、汽車路等均開始建築。在一九二九年十月更開辦一應用電氣之茶廠。但研究所迄至一九三○年始自魯華拉愛耶遷移至聖可姆茶園，該茶園佔地在四二三噸以上，其中已植有茶樹者

研究所於一九二六年三月八日委派植物學及細菌學專家 T. Petch 為所長，一切助理人員均歸其自行選用。Petch 在職三年，至一九二九年四月三十日辭職，由 R. V. Norris 繼任。Norris 曾任哺打拉斯印度農業服務處選為化學與師(一九一八——一二四)及印度科學院之生物化學教授(一九二四——二九)筆職。

一六五噸，新聞冊者七五噸，低溫地一八四噸，買進價值共六〇〇、〇〇
〇盧比。研究所更計劃在各產茶區設立試驗場，各場注意研究當地之一切問
題，但有一共同之目標，即為提高錫蘭茶之品質。

勞工問題

在一九〇四年錫蘭種植者協會所代表之全體種植者，在南印度坦
密爾省中心之多里奇諾波利（Trichinopoly）地方派近一常駐勞工專
員，以辦理招募勞工事宜。在共通過各場，更派遣勞工湖專員，以監理
各分機關之工作。此項計劃實施後，成效頗著，得錫蘭茶園百分之七五
之支持，共輪入之勞工總數之百分之九五。

從前在各茶園之主人工頭，可向庭主領取一種貿友款，以備支付辦
理勞工進口之一切費用，如在勞工離開家鄉以前，代為償付個人之債務
及安家費等等。

一九二一年，殖民地勞工法中之關於勞工雇傭一點加以修正，以制
止雇主方面濫用威權，工人之工資亦因此略有提高。

自一九二三年十月以後，法律規定招募人員須有經印度政府及錫蘭
之印度勞工局管理員簽字之執照，以示限制。

近年之茶業

起初，錫蘭所製造者紙有紅茶，但至一八九五年，擬錫蘭派遣駐美國
之茶業專員 Mackenzie 報告，謂美人嗜飲綠茶，故自一八九六年開始
製造綠茶，凡綠磅綠茶用日，檔貼國幣十分（等於1¾辨士）以資獎
勵。此種裝勵辦法施行六年，至一九〇四年停止。獎勵之原意無非欲提
高綠茶之價格使與紅茶相等，其後紅茶歇價，綠茶自不必另給獎勵，
惟共產電自此亦逐漸減少。

約在一九〇〇年，因茶葉生產過剩及儲藏設備前兩，使錫蘭之植茶
業蓬告停頓，直至一九〇六年以後始得重行恢復；至一九二〇─二一

年，又遭遇過第二次衰落，共原因為低級茶之生產過剩與缺少堆棧設備所
致。

錫蘭之植茶業者，最先感覺現代消費者需要優良之茶葉，故領悟全
體同業向此方面努力，經過一九二〇─二一年之不景氣以後，始覺悟
祇有高品質之茶業方有銷路，應即探取早採嫩揚揭製造之政策。在
一九二九年又因供貨過多而價格步跌，於是在印度、錫蘭、爪哇及蘇門
答臘之茶業生產者乃協議減少一九三〇年茶葉產量至五七、〇〇〇、
〇〇磅。依協議錫蘭茶園所用之分級制度，其於一九二六─二八年在倫
敦每磅售價平均在一先令五辨士以下之茶，減百分之二十；減百分之十五；每磅售價在
一先令五辨士至一先令七辨士之茶減百分之十；每磅售價在一先令七辨
士，上面價目係根據各等級之平均數。但此項計劃試行未久即告失
敗，在一九三一年以後終於無形取消。

一九二九年因保護之生產過剩，故對於茶之輸出不得不加以調整，由於在
倫敦英國商會中茶業委員會之倡議，英屬印度與錫蘭聯合荷印議訂一種
五年計劃，規定在一九三三年之茶葉輸出量減少百分之一五，以後各年
亦作相當之減縮。

錫蘭園主協會

自十九世紀終了以後，有多數錫蘭茶園從私人經營而變成公司性
質，公司內一切事務統歸茶園經理辦理，此與印度之情形相同。在種植
者協會中之私營茶園，於一九二二年八月五日組成錫蘭園主協會（Cey-
lon Estates Proprietary Association）

一九三一年時，該會會員包括五五四個園主，代表墾地六四一、九
二五畝，計茶三七五、五〇四噸，橡樹二四三、一〇〇畝，他種農作
物二三、三二一畝。該會設立之目的在於促進在錫蘭一切有關於茶、橡
膠與其他各種作物生產者之共同利益，會員之資格無論茶園主或代理人，
以有墾地在五〇畝以上者為合格。

茶葉全書

錫蘭園主協會之第一任主席為C. M. Gordon 共任期自一九二一年五月至十月；第二任主席為E. Turner，至一九二二年二月由T. L. Villiers 繼任，共後由 G. Turnbull、H. Bois、C. H. Fisk 諸氏相繼為主席。

100

第十一章　其他各地之茶樹繁殖

瑞典、英國及法國之植茶試驗——高加索、台灣、法屬印
度支那、暹羅、緬甸、英屬馬來亞及澳洲植茶史——非洲之茶
樹栽培——英屬哥倫比亞、美國、墨西哥、巴西、巴拉圭、
阿根廷及哥倫比亞之植茶試驗——澳洲及若干島嶼之小規模茶
樹栽培。

茶樹自中國移植於日本、爪哇、印度、錫蘭、蘇門答臘之外，更移
植於台灣、法屬印度支那、俄領高加索、納塔耳、尼亞薩蘭及
烏干達，且已至商品化之程度。尚有栽培較少之區域為緬與緬及英
領馬來、伊朗（波斯）、葡領東非洲、羅得西亞及速爾。至於在東半
球之植茶試驗，則有瑞典、英、法、意大利、保加利亞諸國，
及於略麥隆、阿比西尼亞、坦路尼加諸邦。

在西半球方面，如美國、英屬哥倫比亞、墨西哥、危地馬拉、哥倫
比亞、巴西、祕魯、智利、巴拉圭及阿根廷均有試植。島嶼上曾試植茶
樹者，有東半球之婆羅洲、菲律賓、斐害、莫里求斯及西半球之牙買
加、加亞那與波多黎各。

歐洲植茶之嘗試

在歐洲種植茶樹，曾經多次嘗試，但其結果均歸失敗。

瑞典——最初試種茶樹成功者為瑞典著名植物學家 Linnaeus（Ch-
arles 或 Carl von Linne，一七○七——一七七八）彼於一七三七年訂
定茶之學名，當時有一法國印度公司之船長瑞典博物學家 Peter Osbeck
受 Linnaeus 之委托由中國探得一優美之茶樹標本，本欲攜回瑞典，不
幸船經好望角時，為巨風吹落海中。此正與第一株咖啡樹由法國遞至馬

提尼克（Martinique）時之發生意外相同。

其後，得瑞典東印度公司董事及瑞典學者 Lagerstrom 之助，始得
中國茶樹二株，安然遞抵瑞典之烏普薩爾（Upsal），經二年以上之培
養。發現此植物為山茶，後得一眞正茶樹，遞至喬脫堡（Goteborg），
不幸抵埠未久，為鼠所斃，Linnaeus 並未因此氣餒，託其在中國經商
之友長 Eckburg 探取標本，Eckburg 在未離中國之前，先以茶籽種於花
盆中，使茶樹二株，在航海之中發芽，船抵高脫堡，已抽嫩苗，立即以生數遞往
烏普薩爾，但在途中枯死。其餘一半，彼於一七六三年十月三日自行攜
至高脫地，是為歐洲大陸最初長成之茶樹。

當時法國科學院發表茶樹紙可生長於中國不能種植於他地之理論，
Linnaeus 乃據知該院，說明在彼之園中已有此樹，生機旺盛，且將設法
繁殖之，並謂此樹之耐寒性不亞於其他當地植物如山梅花之類。

英國——在 Linnaeus 移植茶樹至瑞典成功之同一年（一七六三），
英國植物學家亦於山嶺東取得若干茶籽，在途中播種發芽，移至英國。在
航行期內，對於溫度以及避免強光烈風，甚為注意。此種栽成之茶樹並
非供作食用，商作為溫室標本或庭園佈景之用。最初在英國種茶而開花
者，為西洪（Sion）之 Northumberland 公爵。

法國——在革命前數年之一七九三年，倫敦有一花木商 Gordon 氏
贈給巴黎 Jansson 茶樹一株，此為法國之第一株茶樹。不久，Cossi 公爵
亦索得茶樹一株。一八三八年巴黎國立自然博物院植物按師 M. Guille-
min 接到巴西農部附近之茶樹三千株，因巴西早在五十年商移植此
樹。其中成活者不及一半，但植物國方面頗注意保護。後試種於沙姆
（Saumur）及安格斯（Angers）之海岸，以觀察其能否在廣野中繁殖，

惟生成之鴉片太輕，不能獲得商業性之成功。

俄領高加索——就各地栽培茶樹之年代及重要性之順序而言，次當述俄領高加索之輸入茶樹，此種移植，實開歐洲大規模種茶之新紀元，當一八四七年時，黑海沿岸蘇克亭港（Sukhum）之植物園，受高加索總督 Vorontzoff 之命，首先試種茶樹。此後若干年，俄國農業家更繼續在內地試驗，一八九三年始大規模種植，成為高加索重要資源之一種。

俄國最初從事茶樹試驗工作者為 A. Solovtzoff 上校，退於一八八四年由中國輸入茶種，栽培茶樹達五噸半。其先更進而作較大規模之栽培者為鮑博夫茶葉貿易公司之總經理 C. S. Popoff，在黑海東岸近巴統（Baturn）地方購園三所，設置種茶之苗圃。更於一八九三年以自種及由中國輸入之茶苗，種茶三八五噸，其後若干年復由 M. Klingen 及 Krusnoff 教授將印度錫蘭種子育成之茶苗加意培育，僱用中國勞工及炒工十五名，教本國人以製茶之方法。不久即造成在俄國市場，供給茶葉之商業基礎。

在 Popoff 領導之下，查克伐（Chakva）之皇家主地赤種茶六百噸，一九○○年農業部設立一試驗場，免費供給茶苗與當地地主。更因政府獎勵倡植茶之結果，民間滿感興趣，新茶園亦次第開闢。至一九○五年，已有茶園四十餘所，栽培面積增至近一、一二五噸。一九一三年，茶園總計達一四七所，栽培面積達二、四○○噸。一九○○年，巴統北部內地之高塔斯（Kutais）及高立頭（Gouria）設立試驗茶區二十五所，經六年之試驗，明格里亞（Mingrelia）及高立頭（Gouria）之多數農主，各種茶園一、二噸。在一九一三——一四年，多數農民亦以一部份土地圖為茶園。平均每畝可收獲一七○至二○○磅。

以是高加索之茶葉大受摧壞。一九一七年至一九二二年之間，該地受盎歐洲大戰發生，各茶區之交通阻隔，加以土耳其、孟希維克派（Mensheviks），英國以及蘇俄之軍隊經過巴統，將茶園變作戰場，

希維克派之支配，茶葉栽培面積減少至一五○俄畝（四○五噸）。其間曾有一時期被英國佔領，一般軍官竟在離巴統十五哩之克伐，設法恢復茶區，但總乏成效。自一九二三年喬治亞成為蘇聯之一邦，至一九二五年，喬茶區之茶園面積由一、○○○公頃（二、四七○英畝）擴至五門，一○○公頃（八四、○○○噸），專有試驗場設於查克伐、藥克亭、及喬其斯（Ozurgeti）及墾地地（Zugdidi）。

義大利——除上述各國外，歐洲栽培茶樹者計有二國，即意大利與保加利亞。二國俱以試驗式栽培為限。意大利之巴維亞（Pavia）省境倫斯（Florence）、比沙（Pisa）及那不勒斯（Naples）等處，茶樹栽有茶，且在西西里島（Sicily）茶園全年均能在室外長育。又在馬其來湖（Mggiore）之包樂門島（Borromeo）以及比沙省之山格立奎（San Giuliano）之一茶園中能開花結子。

保加利亞——近年栽加到與俄國移入茶樹，種植於菲利波波利斯（Philippopolis），結果甚佳，現已計劃大規模栽培。

亞洲植茶之擴展

台灣——台灣茶業與中、日二國比較，歷史較淺，最初從事栽培，約在十九世紀初葉，但在台中、台南以及高雄等處之二五○○呎以上之高山，發現有野生茶樹，因此往往誤為首種茶樹，或誤為該地原有產物。十七世紀末年，中國移民至台灣，張漳泉福建之僑民，佔領諸島之大都份，由隣近之福建傳入種茶。一八一○年後，中國商人由廈門傳入種茶方法。不久發見當地茶葉所製之烏龍茶，最易顯出特異之品質與香氣。一八六八年英商約翰杜德大規模茶業化之經營，出產三種主要茶葉——著名之半醱酵烏龍茶、新出之四分之三醱酵烏龍茶及花包種茶，此外尚有少量之紅茶及綠茶出產。

一八六八年夏間之專門製茶廠商，設廠於島上，開始大規模烏龍茶製造，此後各種烏龍茶業日漸增加，現在栽培面積抗口達一二二、○○○噸，每年產茶量將近二四、○○○、○○○磅。

包種茶在一八八一年由福建商人創始。在台灣設初試製紅茶約距今
三十年前，三井公司為最初從事大規模製造之製造者。日本政府鑒於印
度及錫蘭紅茶暢銷國內，遂急思製造紅茶以供國內需要。後於一九二六
年將台灣所製紅茶樣品，送至倫敦及紐約市場。一九二九年該公司製造
紅茶一萬箱，輸往倫敦市場，並供給美國、澳洲及日本，自後產率有
增加。綠茶之製造法於二十年前始由 Byorisu 農業協會教授於台灣之中
國人，專供內銷之用，現在銷行小規模製造。一九二三
年三井公司更設立一新工廠，製造四分之三醱酵之烏龍茶枝茶，送至美
國，頗受歡迎。迨至一九二八年底，已設立最新式之茶廠四所，完全製造
此種茶葉。

一八九五年中日戰役之後，日本乘佔台灣，政府對於葉業特別注
意。一九○二年設立機械製茶廠於 Anpeichin，一九一○年有一紅茶
製造公司成立，政府准許共應用 Anpeichin 工廠。一九一八年政府復
頒佈獎勵製茶業法規，凡有適合於政府計劃之工廠，給予獎勵金以添設
機器。一九二三年更頒佈工廠規則及檢查法規，凡出口茶葉，均須加以
檢驗。

一九二三年，各茶廠受政府之補助與監督，共實驗合併茶市場，除
由各工廠予以種種協助外，更由新竹州農會在該區（Heichin）設立茶
葉運輸訓練所，該處對於一般茶商予以種種便利。

法屬印度支那——法屬印度支那之土人種植茶樹，已有數百年歷
史，故措逃提倡創制之期，質不可能。二千年前，茶業係共運營產業之
一，後漸衰落，直至一九○○年以後，始由法國再度復與之。

暹羅——擴植物學家考在之結果，暹羅之土著，一如緬甸人以及中
國邊境之患南人，爲最先採用此種野生茶葉，經水蒸及
醱酵，製成小束，以供咀嚼之用。在遠古時代，彼等將此種野生茶葉，作醱酵之用。

緬甸——精岩最古之歷史紀錄，可知緬甸人竹以茶葉作爲疏菜，其
製茶方法，直至今日。近年曾有提倡採用近代栽製法，建立商業化茶葉
生產之趨動。一九一九年，在湯谷（Toungoo）正式開闢茶園，一九二

一年開始種茶。

英領馬來——一九一四年農藝化學家 M. Barrowcliff 視察海拔三、
五○○呎之路薄克泰孟（Lubok Tamang）地方。並參觀白登（Berjam）
之一部分，將採得之各種土壤標本，與東北印度之最著名之茶區土壤
比較，證明泰孟土壤在任何方面均達優良茶土之標準，顯然並無理由可
證明高等茶區茶葉不能生長於該處。

其後更有其他化學家，亦支持 Barrowcliff 之論見，直至一九二五
年始行質地試驗，是年取得三種亞藤婦茶樹品種，每種茶籽二○○粒，
種於坎麥倫（Cameron）之高地，並於較低地方，設一苗圃，發芽蔓
佳，共得四三七株之苗木。此種苗木移植於海拔四、六五○呎之高岸，
所種植之品種若 Betjan、Dhonjan、及 Rojghur 三種，一年後長大至四
呎高，茶叢擴展至三吸質。於探摘之前，於一九二七年四月先行剪枝，
在七月開始第一次探摘，直至翌年七月爲止。一年之間所收穫之乾葉計
七八磅。以種植面積六分之一畝計算，每畝可產幹製茶四七○磅。

有效試驗區設於低地，其中之修屯（Serdang）試驗場於一九二四
年播種亞薩姆種種籽五畝，惟當時製造方法尚
極幼稚，至一九三三年始有設備完全之新式工廠成立，栽培區域亦次第
擴大。

在一九二四及一九二五年，吉打（Kedah）土邦之古隆（Gurun）地
方，開闢一茶園，種植茶樹達三百畝；吉打爲馬來半島之最北區域，全
境多山，氣候與錫蘭相似，勞工工資低廉，終年可以僱用，故種茶頗有
希望。又在中國人習居地約佔土地三六○畝之栽奇偹門（Sungei Besi）
礦山區域，中國地主曾種中國茶樹一四○畝，專門製造中國式茶葉，供
給錫蘭中國僑民之用。

伊朗（波斯）——波斯於一九○○年始由波斯王子 Kashef-es-Salt-
aneh 每人入茶樹栽培法，渠由印度輸入栽籽，更滇滇斯人在中國與印度學
習製茶及製茶方法字當地農民。現在波斯平原沿夷襄海南
岸之殘蘭（Gilan）省之富曼（Fumen）、拉希甘（Lehijan）、蘭格魯

茶葉全書（上）

特（Langrud）諸處均有少量茶樹種植。

非洲茶樹之栽植

以一般言，非洲茶樹栽培，除遠東以外，在商業方面遠較他處爲成功，且非洲荒地極多，將來產茶葉增加之可能性甚大，故非洲對於世界茶業之開始。有其重要之地位。

納塔耳（Natal）——茶樹最初輸入納塔耳在一八五〇年，但僅種植於寶班（Durban）植物園供試驗之用，一八五七年榮稱繁榮之咖啡墨告失收，納塔耳之栽培協會，遠由加爾各答輸入數種印度茶種，是爲茶業之開始。後又因試種亞薩姆種之結果，證實此種茶種最適於納塔耳氣候與土壤，當即成爲納塔耳唯一栽培之茶種。其後 James L. Hulett 得士被認爲非洲茶業之父。

茶苗栽植於納塔耳之斯坦求（Stanger）附近，現在南非洲所栽培之茶樹，均由該地供給。余境遇拔充之栽培者爲洗頓去繁盛時亦慷開闢至四、五〇〇畝。該處現在最主要之栽培者爲洗頓股公司及亨特遜公司，均設總辦事處於面資班及斯坦求附近，前者擁地一、二五〇畝，後者擁地七五〇畝。除此二公司以外，尚有三、四小栽植者，共產量不足重視。

納塔耳所栽之茶，於一八八〇年初次收獲，計得茶葉八十磅。自後年年增加，至一九〇三年產額最高，計達二、六八一、〇〇〇磅。其後茶園面積無甚變更，一九一一年印度限制印度人移民至納塔耳，以是工資驟昂，茶業大受影響，產量逐年減退。至減退之最大原因，在於納塔耳所產之茶，價格低，而非洲工人之工資較貴。

尼亞薩蘭（Nyasaland）——最初企園輸入茶樹於尼亞薩蘭者，爲英國園藝家 J. Duncan，彼赴蘇格蘭搬來（Blantyre）參加蘇格蘭教堂傳道會時，愛丁植物園技師 Balfour 教授贈以咖啡苗三枝及幼茶樹一枝，渠雖在途中盡力保護，終以路遠迢遞，咖啡苗二株及茶樹一枝均告死亡。

九年以後，一八八七年，在勃蘭推來之敎會試驗園中另種茶樹數株，惟以該地雨量過多，茶樹栽培，不易成功。直至一八九〇年，始有 J. W. Moir 以勃蘭推來敎會所產之茶籽，委托錫蘭咖啡栽培家 Henry Brown 種植於姆蘭治（Mlanje）之老特台爾（Lauderdale）咖啡園中，生長頗佳。後更由 Moir 供給納塔耳所產之茶籽，亦種若干茶樹。數年後，Brown 亦在該地另闢一咖啡園，一九〇四年，姆蘭治一地已有二五〇畝之茶園。

一九〇二年，Moir 退休，將老特台爾園歸併於勃蘭推來東非公司，並自任莊非，該公司鑒於咖啡業漸形衰落，有改種他物之必要，另決定在後年輸入之茶籽均以印度茶種爲主。

當時所能得到之茶種均不純粹之品種，後知欲得優良茶葉，非栽培純粹之麥尼坡利種（Manipuri）及薩姆種不可。當時曾有輸入錫蘭茶種之企圖，但因路程遙遞以及當時聯絡未安，舉行數次，均告失收。現有可試此種方法之需要。

物蘭推來之麥尼坡種，輸入製茶機械，並將產品送至倫敦市場。當地之經辦者，目見此種盛況，深受感動，乃相繼傚尤，以致不出數年，姆蘭治附近，幾已完全變成茶園。

物蘭強推來東非公司於一八九八年在蘇格蘭成立，爲現在老物蘭強種茶樹及其他熱特台爾及其他各園之所有者，在尼亞薩蘭種茶樹及其他熱帶產物外，兼理各茶園之業務。在非洲之總處設於尼亞薩蘭之物蘭推來，最初在愛丁堡成立時，將蘇格蘭中非企業公司，至一九〇一年始改名，爲經營尼亞薩蘭茶業之最大企業組織。

一九二六年，倫敦之里昂公司（J. Lyons & Co. Ltd）亦在姆蘭治之路其里（Lujeri）購得八、〇〇〇畝，在前付在錫蘭種茶之 C. F. S. Shaw 指導下，開始種茶，並設機器製茶工場及水力發電廠。

姆蘭治之茶樹栽培，漸次擴展至隣近之科羅（Cholo），該處之雨量

雖不及姆蘭治，但赤稻充分。姆蘭治之平均高度爲二、○○○呎，但科羅則有三、○○○呎，故科羅所產之茶葉，品質稍見優良。

尼亞薩蘭之第二個最大之茶葉種植者爲魯氏（Ruo）茶園，此外尚有非洲湖地公司等渚干家。一九三二年尼亞薩蘭栽培噸數爲二二、五九五噸，產茶量爲二、六九九、九八四磅。

坦略尼加屬地（Tanganyika）——在第一次世界大戰以前，德人在德領東非洲，即現在英領坦噶尼加屬地及喀麥倫（Cameroons）省有多次栽培茶樹之嘗試。在坦略尼加之尼亞薩湖（Nyasa）北部，有豐富之雨量及良好之土壤，適於種茶。又在依林加（Iringa）之東北高源亦適於種茶，現在交通尙不便利，如敷設輕便鐵道，該地大可種植茶與咖啡。

羅得西亞（Rhodesia）——羅得西亞最初種茶於馬松鄉蘭（Mashonaland）省東邊麥爾色脱（Meisetter）區芝平加（Chipinga）地方之新年織物茶園。初於一九二五年種茶以繁植種籽，此種種籽生長以後，於一九二七年春季種茶一○○畝，再於一九二九年十一月開始殘損一○○畝，一九三○年三月始告完成。一九三○年初次收穫一、四○○磅，一九三一年約得四、○○○磅，如生產完成時，每年當可產茶四○○、○○○磅。後又由同一園主增闢另一茶園，足供全境之需要。

阿比西尼亞——阿比西尼亞之旅行家 K. Gebrou，最初輸入茶樹至內地，但數年後即告毀滅。至一九二八年，在快尼亞殖民地之種茶者 G. Howland 再輸入亞薩姆茶籽八箱。彼旅行各地，選擇適於種茶之士地，幾經更易，始在加發（Kaffa）地方發現有幾千方哩之土地，頗適種茶，途於該處之旁加（Bonga）創設一成功之苗圃。近年更有大規模之種茶計劃，勃洛克旁特公司（Brooke, Bond & Co.）即爲準備在該地開闢茶園而成立者。

烏干達（Uganda）及快尼亞（Kenya）——茶樹於一九○○年輸入烏干達之植物園，一九一○年在康巴拉（Kampala）之公地種植茶苗，顧再行及於加科密洛（Rakumiro）及托洛（Toro）二地之公地。試驗結果，甚爲圓滿，遂引起密那湯雲撥（Mityana Township）之著名種植家 F. G. Talbot 在該地建茶園，以後各方聞風而起，今烏干達至少已有一千畝以上之植茶樹。

快尼亞最先種茶者，傳說爲 Orchardson 兄弟。一九二五年，勃洛克勞特公司與普姆斯弗來公司賺買土地開始大規模種茶，前者在里蒙谷（Limoru）購地六四○畝，設立工廠，以應當地之需要，更創立合作種茶協會，有十五個種茶者加入此會。後者父與其他公司合組非洲高原產殖公司，以二六○、○○○鎊之資金，投資於開立可（Kericho）及龍勃華（Lumbwa）二地，擁地達二三、○○○畝。在購地之前，並聘當地印度之專家先行考察，所役報告稱該地土壤既佳，雨量亦足，用以種茶，可奧爪盤谷之高地相媲美，惟所費頗遠若於該地。

此種新實業之最大進步，爲一九三三年成立快尼亞種茶者聯合會，凡公司及個人種茶者擁地在五○畝以上者均得參加。

自一九三四年起，快尼亞、烏干達、坦桑尼加及尼亞薩蘭等均贊同在印度政府實行茶葉管理計劃時期中限制新闢茶地及禁止輸出茶籽，直至一九三八年期滿爲止，以是四殖民地之新茶區，限於其總面積七、九○○畝。

北美洲之嘗試

在北美洲方面，如英領哥倫比亞，美國之若干區域以及墨西哥，均曾有種茶之企圖。

英領哥倫比亞（British Columbia）——英領哥倫比亞曾於一九一五年由日本探取成長六吋之茶苗，移植溫哥華島（Vancouver Is.）之試場，其中雖有若干顆成長。此種試驗之目的，不在開闢商業性之茶樹種植，僅表示該地氣候之溫和而已。茶樹在哥倫比亞可於曠野中長育，惟在加拿大尙無商業性種茶之企圖。

美國——美國對於建立茶業企業使其成爲商業基礎之嘗試，頗爲努

力。最初於一七九五年由法國植物學家 A. Michaux（一七四六——一八○二）輸入茶樹，彼於一七九五年由法國政府委派至美國採集北美植物標本，在美十一年，最初二年因受英法戰爭之威脅，停留於離奇里斯東（Charleston）十五哩地方之植物園，經從事中國貿易之美國船長之手得若干茶籽及茶苗，種植於該國。其中視為原生茶樹之一株，長大至十五呎高，生存至一八八七年。

最初努力於樹立茶業者為史密斯 J. Smith博士，彼放棄在愉敬之之原有職務，於一八四八年在格林維爾（Greenville）開闢茶園，據其在一八五一年美國農學雜誌上之報告，各樹雖能耐寒雪而不死，但尚未賺離試驗時期。一八五二年因猖疫之逝世，種植亦告停止。

一八五○年另一醫生 Jones博士種茶於喬治亞（Georgia）之麥克因托希（McIntosh）。努力數年之後，由其女 R. J. Screven夫人繼任之，終亦宣告停止。一八五八年美國政府對於種茶發生興趣，擴其在一藝及旅行家Robert Fortune室中國探集茶籽，免費分贈於南方諸州之農民播種，在北部及南部加羅林那、喬治亞、佛維里達、路易西那那及用種籽除一部份由中國輸入之外，更由從前政府所散佈於民間種。Jackson子所生成之茶樹採取之，若干小茶園確獲成功，惟農人所生產之茶，均供自用，並不從事於商業化之生產，故種茶之興趣漸即告消誠。

至一八八○年，美國農業部長William G. Le Duc僱用在印度有十七年種茶經驗之 John Jackson 及其弟William Jackson二人在南加羅林那之森麥維爾（Summerville）地方，覓地二○○畝，從事更進一步之試驗，以是美國種茶之大規模試驗，又告復活，當時所用種籽除一部份由中國輸入之外，更由從前政府所散佈於民間種之，若干茶園確獲成功，惜以 Jackson 患病，在試驗倘未完成以前，工作即告中止。

其後，理化學及農藝方面之著作家Charles U. Shepard博士於一八九○年又在南加羅林那之森麥維爾爾開始一小規模之栽培，並受美國農部之聘，為茶樹栽培特約員，其企業即為著名之濱赫斯戳

（Pineburst）茶園，自一九○○年起，政府繼續補助十五年，每年約一千至一萬美金，茶園面積自六○畝擴大至一二五畝，每年所產茶葉，最多時達一五、○○○磅。

美國茶葉檢查師 Geo. F. Mitchell 於一九○三年至一九一二年與Shepard 博士共濱赫斯脱茶園共事九年。該園於一九一五年放棄種植茶樹。

此外懷有一商家性之茶葉計劃曾經進行，一九○一年時，Roswell D. Trimble之經理辦美國種茶公司，由退伍軍人 August C. Tyler上校經營。彼等曾於旅行中暫居濱赫斯脱茶園附近，對於Shepard博士之試驗頗感興趣，為在南加羅林那那近地六、五○○畝，擬以一二千噉為苗圃，第一年苗圃中育成幼苗六○○、○○○株，自行移植。此種植繼續數年，慎變成少量茶葉。一九○二年，該公司將Shepard博士所經營之茶園出品，在各地之食品店發售，但一九○三年Tyler上校枝哲徙，其政府取美國茶葉爭中每磅茶葉十分之進口稅，此種計劃卒告失收。

一九○四年，南加羅林那儘有一次小規模之種茶試驗，為 A. P. Bovlen與農業部合作，地區在得克薩斯州（Texas）之馬蓋茶園（Mackey），結果不佳，乃於一九一○年停止。一九一五年在加里福尼州有少數茶樹種於聖地牙哥（San Diego）附近之日本農人家庭中種害同樣繁茂，惜商業性之生產不再嘗試。

墨西哥——從一九二九年起，墨西哥在瓦克薩卡（Oaxaca）之庫加倫（Quicatlan）地方種植茶樹，數量甚少，但皆生產品質優良之商品茶。

危地馬拉——危地馬拉為中美洲唯一企圖種植茶樹之國家，在威爾他凡拉拜（Alta Verapaz）之科班（Coban），Oscar Majus竹種茶樹若干，生長旺盛，其樣品據製造可與優良之印度茶比美，惟此種試驗並非一種商業上之成功。

南美五國，均曾設法種茶，但均未獲得真正之成功。

巴西——巴西種茶，始於一八一二年。當一八〇八年葡萄牙朝廷遷去以後，該地即向農業與商業方面發展，從事有計劃之植物移植。在里約熱內盧（Rio de Jan-eiro）設立植物園，並屈用中國茶工來該國致授土人種茶及製茶方法，初僅在首都附近種茶，不久即擴展至聖保羅（São Paulo）及密乃斯吉拉斯（Minas Geraes）。一八五二年之產量達於最高點，聖保羅一地之三十九家農場生產六五、〇〇〇磅。但一八八八年解放黑奴以後，茶業即告衰落。一九二〇年後，茶業曾在密乃斯吉拉斯復活，該處之奧婁普累托（Ouro Preto）有著名茶園存在，又有日本僑民亦在聖保羅省種植茶樹。一九三三年，所種茶樹約有二三、〇〇〇株。

巴拉圭——巴拉圭在一九二一年亦設立試驗前聞於維拉立克加（Villa Rica），試驗成功，但生產俏未能達商業標準。

祕魯——祕魯最初種茶在一九一二年，但直至一九二八年政府由錫蘭聘請專家主持以後，茶業始實際開始。當時茶園有十七所，栽殖茶樹一、三四九、〇二八株。一九三三年製茶二一〇、〇〇〇磅，一九三四年可望增至五〇、〇〇〇磅。

阿根廷——阿根廷之農業都在一九二四年由中國檢人茶籽一、一〇〇磅，分給北都農民，以期茶業發展為商業化。茶樹生長尚佳，唯以製造上與市場上有一部份困難，以及阿根廷有一種稱為 Yerba Maté 之普遍飲料，故此業未能奪取此重要地位。

哥倫比亞——哥倫比亞在加查拉（Gachala）有小規模之種茶，共所製茶葉，傳於巴哥大（Bogota）內地一帶，僅有小量運至西班牙。

澳洲及大洋各島

澳洲及太平洋與大西洋各島，亦有種茶之嘗試，成功之程庶不一，較少之栽培分裝於各處，其大部份與歐人在各地發展墾殖企業有關聯。

澳洲——探究印度原生茶種之領袖 Charlton 中尉，於一八三四年作一報告，謂曾見茶樹生長澳洲，其後即無關於種茶之報導，可知茶樹種植亞未成功。一八五〇年時又有種茶之嘗試，但此試驗因澳洲多強烈之風暴及雨量不均勻之故而失敗，勞工工資過昂，亦為茶業不能發展之一因，最近又在昆士蘭（Queensland）開始另一種茶試驗。

婆羅洲及菲律賓——在世界大戰以前，婆羅洲與菲律賓均有企圖種茶，但在菲律賓種植一次，成績不佳，以後即不再續有。婆羅洲則有英領北婆洲公司從事試驗，一九二六年由印度輸入茶種若干，至今倚甚繁茂。振一製茶專家評論此種試驗，婆羅洲之土壤與氣候均適於種茶，但缺乏適當之工人以及交通不便，實為一大困難。

毛里求斯（Mauritius）——毛里求斯為英國政府中之英國領土，種有少量茶樹，一八四四年時 M. Jaunet 受英國政府之補助，最先種植茶樹，近年已能達於商業化之標準，現今常年產量為二九、〇〇〇磅。

斐青（Fiji）——一八七〇年時，一英商青年 G. Simpson 由囂薩姆來樂青，在來頁五十餘畝香蕉島中之第二大島後前來浮島（Vanua Levu）開闢茶園於該島之西部，是為斐青種茶之開始。茶樹積植以後，澳因病返英，茶園遂告荒廢。一八八〇年英國種植家 Robbie 船長承受 Simpson 之園地，重加整頓，年產達六〇、〇〇〇磅，但以後未能保持此生產紀錄。現在代前來浮島之茶園面積約二〇〇畝，在代前來裝有英國製之採撥機及乾燥機。斐青種茶試驗之結果，與其他若干地方相同，茶樹雖能充分生長育，終以工資太昂，不能獲得商業上之成功。

西印度各島——西半球中之島嶼，開闢茶園者載有三島。一九〇三年美國試驗場於波多黎谷（Puerto Rico）之馬耶奇（Mayagüez）種植茶樹，因開花過多，茶葉產量反少。法濁圭亞那（Guiana）之開雲島（Cayenne），由法人屈用中國工人從事種茶試驗，亦未能成功。英領

西印度中之最大島嶼牙買加島（Jamaica），則產有少量之商品茶。

一八六八年牙買加島金高納（Cinchona）地方之公立試驗場，試行種茶一噉，因試驗成功，故又復擴展面積。一九〇〇年Cox場採得茶籽與茶樹，在現安司弗立希（St. Ann's Parish）之偷勃爾

一〇八

（Ramble）種茶二五〇噉，最初用手工製造，其後輸入機器，以節工資。一九〇三年將所產茶葉推銷於本地市場，知其品質優良，遂於拼和之用。但後來工資日增，數量減退，茶葉乃日益衰落。一九一二年Cox逝世，茶園全告廢棄，該島遂不復再產茶葉。

心一堂 飲食文化經典文庫

第二篇 技術方面

原书空白

紐約茶葉進口商拍賣
場之審茶室

倫敦明星卷拍賣場
之審茶室

倫敦茶葉包裝庫之審茶室，
每日審評茶樣一千五百種

錫蘭 O.P. 級紅茶 | 錫蘭 B.O.P. 級紅茶 | 印度大吉嶺 B.O.P. 級紅茶

印度 P 級紅茶 | 祁門工夫紅茶 | 中國頭級珠茶

中國婺源眉茶　　　日本釜製撚茶　　　日本籠製撚茶

台灣烏龍茶　　　爪哇 B. O. P. 紅茶　　　爪哇 O. P. 紅茶

（以上第十三章）

中國之典型茶園，低地種稻，山邊種茶

揚子流域之桑植茶地

中國廖州翁州茶業公司之現代化茶廠

心一堂　飲食文化經典文庫

台灣之階段式茶園

揚子流域茶園採摘
茶葉之一景

（以上第十五章）

台灣新式茶廠之外景

台灣紅茶之製造——上圖為乾燥
機，下圖為茶園萎凋籂節

台灣新式茶廠之內景，圖示製造改良
烏龍茶之篩分機、抹捻機、烘茶機及
園篩篩等。

（以上第十六章）

日本農林省牧之原茶葉
試驗場

日本靜岡縣用採茶鋏採摘茶
葉，左下角為採茶鋏

133

日本茶之手工製法——在　　　日本茶之機製法——用蒸　　　日本外銷茶之覆火
紙面平鋪上乾燥茶葉　　　　　汽蒸茶　　　　　　　　　　（以上第十七章）

爪哇潘加倫根高原之茶園全景　　　　　　蘇門答臘 DELI 地方之茶園一景

蘇門答臘茶園之綠肥作物
及蓄水潭

蘇門答臘之茶樹苗圃　　　　　蘇門答臘之剪枝茶園　　　　　工人進廠前必先在流水中洗脚

爪哇PASIR RANDOE之姜調儀　　　　爪哇之萎凋室　　　　　　　爪哇之醱酵室

心一堂　飲食文化經典文庫

134

蘇門答臘西海岸 "TIGA BLATA" 之一行二十架揉捻機

蘇門答臘東海岸 BALIM-BINGAN 之茶葉乾燥機

蘇門答臘之層式陰涼揉茶機

BOSSCHA 茶葉電熱乾燥爐

世界最大之茶廠，在蘇門答臘之 BALIMBINGAN，此廠每年可製茶六百五十萬磅

爪哇茂物茶葉試驗場

《以上第十八章》

茶葉全書（上）

印度DOOARS之復藍茶園　　　　　印度DUM DUMA探摘茶葉之一景

印度亞薩姆 NAMDANG 茶葉公司茶園中之大路

印度之三種採茶法——左，用雙手採茶（大吉嶺及DOOARS）；　中，用雙手採茶
（亞薩姆）；　右，用一手採茶，以布袋代替竹籃（亞薩姆）

印度DOOARS之金屬鋼委凋架　　　　印度一佈置緊密之茶廠內景

印度亞薩姆之舊式
醱酵室

印度大吉嶺之舊式
醱酵室

印度卡托格拉拉印度茶業
業協會之茶葉試驗場

（以上第十九章）

錫蘭烏伐山茶區及
狹軌鐵道

一袋茶葉移車經過自
茶園運至茶廠

錫蘭UDAPOSSLLAWA採摘茶葉
之一景，此處海拔五千呎

錫蘭茶廠中之水門汀
醱酵槽

蘇俄CHAKVA園藝
農場中已長成之茶揚

切碎部分其菅堆處

外高加索CHAKVA
茶園中採茶者之一景

錫蘭處用之振動裝箱機

蘇俄CHAKVA附大
茶廠中之乾烤機

（以上第二十章）

法屬印度支那之茶園

非洲UGANDAN茶園——上，初植者；下，四齡者

非洲KENYA之茶園

（以上第二十一章）

一八七三年JACKSON之第一部抹捻機

SADOVSKY茶葉採摘機

MITCHELL茶樹剪枝器

一八七八年SIROCCO上引乾燥機

MARSHALL茶葉卷烘機

茶葉全書（上）

一八八〇年第一部VENETIAN
式乾燥機

一八八〇年第一部VICTORIA
式乾燥機

上引式乾燥機圖
EXHAUST FAN 風扇
DRY CHAMBER 乾燥室
AIR HEATER 熱氣壙
FURNACE 火壙
FEED 入口
DISCHARGE 出口

REID 最初之切茶機，此機
在十九世紀七十年代廣期由
亞薩姆植茶者 GEORGE
REID 專利

一八九四年MARSHALL
之 PARAGON 式乾燥機

SIROCCO 二�/斜罐膛
力乾燥機

CHALMERS 茶葉篩分機

MOORE連續自動篩分機

自動壺封之揉捻機——
上，GAWTHROPP 爛
動裝置，下，SIROCCO
式揩乾器

BATEMAN 茶葉著草陳
接聯合機

MARSHALL雙動作快
速搖筛機

錫蘭製茶機器——上，搖捻葉鮮塊
機，下，C.C.C.單動作揉捻機

MCDONALD之DEFLE-
CTOR式茶葉風扇

MYDDLETON 揀梗
機

SIROCCO總重下引茶葉
乾燥機

一組 MARSHALL 新式榨齊──左上，揉乾機；右上，劉 EMPIRE 火乾燥機；；左下，圓桶平衡篩分機，右下，杭摩擦部分機

一組 DAVIDSON 新式機器（SIROCCO）──左上，O.C.R. 揉捻機；左下，循環鏈壓乃乾燥機；右上，城塊機，右下，篩別機

（及上第二十二章）

心一堂　飲食文化經典文庫

142

第十二章　世界上之商品茶

世界上栽培茶樹成功者已有二十三國，但產量豐富當使茶葉能成為重
要商品之一者，僅中國、印度、錫蘭、爪哇、蘇門答臘、日本、台灣、
法屬印度支那及尼亞薩蘭等九地。

茶葉通常依出產國分類，如錫蘭茶、中國茶、爪哇茶等。在市場
上出售之各類各級茶葉，係出於（一）採摘季節及葉身老嫩之差異；
（二）種植地帶之氣候與地勢高低之差異；（三）土壤之不同；（四）製
造方法之不同，遂有所謂紅茶、綠茶、烏龍茶之別；（五）用篩分類及
出售前最後處理方法之差異，而有較為普通之非混合茶與各種外形及品
質不同之拼和茶葉。

印度、錫蘭之茶，多推銷於英國、澳洲、美國、非洲、加拿大及蘇
俄。爪哇及蘇門答臘茶多運往英國、荷蘭、澳洲、美國、英屬印度及蘇
俄。中國茶多敷運往歐洲大陸及地中海諸國，以及蘇俄、美國、加拿
大。英國。日本茶幾專銷於美國、加拿大及俄俄。台灣茶則以銷美國為
主，但有大量花香紅茶或種茶銷於荷屬東印度及遏羅。法屬印度支那
茶銷於法國及其殖民地。尼亞薩蘭所產之茶推銷於倫敦市場。

中國產茶數量，佔全世界茶葉產量之半數，但其輸出量反不及若干
其他國家。在茶葉產量上印度居第二位，錫蘭第三，爪哇及蘇門答臘第
四，日本第五，台灣第六，印度支那第七，尼亞薩蘭則佔第八位。茶葉
在各國輸出貿易中，有誌為重要之商品者，亦有視為不足輕重者。例如

印度蘭溪（Ranchi）地方，雖有茶葉栽培，但其產量過少，在商業上不
足重視。玉露茶產於日本，但以成本昂貴，遂不見諸國際市場。此類茶
葉，存品質上雖遜上乘，但以若干原因，致不能成為國際商品，茲就國
際市場上之主要茶葉種類略加說明，其他未列入本章者，當於下章論及
茶之性徵時再敘述之。

錫蘭主產地紅茶，即闔臘茶，依產地可分為高山、中等地、低地三
類。高山茶為內地高山區域所產，以味濃香高著名；中等地茶製工良
好，茶湯亦佳。但低地茶有製工精良之黑葉，但茶湯平凡，香味不足。錫
蘭紅茶之品級分為碎橙黃白毫、碎白毫、橙黃白毫、白毫、白毫小種、
小種、花香（Fannings）及茶末等八種。

印度為世界上輸出茶葉最多之國家，製造紅、綠茶，但紅茶數量遠
在綠茶之上，佔總產額百分之九八至九九。茶葉以出產地或以國名命
名。茶葉中較主要者，為北印度之亞薩姆茶、加爾各答茶（Cachars）、雪爾
赫股茶（Sylhets）、杜爾斯茶（Dooars）、特來斯茶（Terais）、大吉
嶺茶（Darjeelings），南印度之爪盤谷茶（Travancores）及加南鄰凡
茶（Kanan Devans）。就一般而論，乾葉常呈黑褐色，茶湯澄味醇厚。
大吉嶺茶有馥郁之芳香，故售價最高。印度茶與錫蘭茶相同，亦分為碎
橙黃白毫、碎白毫、橙黃白毫等。

中國產紅茶、綠茶及烏龍茶。華北工夫茶（或紅葉）液汁較淡。華南
之白琳茶、坦洋茶，均為購茶者所愛好。
中國綠茶，分為平水、湖州以及路莊綠茶。所謂路莊綠茶係包括除
平水、湖州及其附近各縣以外各地所產之綠茶。綠茶分為下列各品類：

雨茶（Young Hyson）、寶熙（Hyson）、珠茶（Gunpowder）及圓茶（Imperial）等。

中國之半醱酵茶在市場上均稱爲福州烏龍，其品質僅較次於台灣烏龍。

日本產綠茶較多，分三類——原葉茶（Natural leaf）、釜製茶（Pan fired）、籠製茶（Basket fired），而原葉即以前所謂釜製茶。就一般而論，其茶葉湘長如蜘脚，上等者各具特殊之芳香。其等級分爲：特等、超等、上選、最優等、優等、中上、中等、普通及茶末、花香等。

台灣向以產製半醱酵烏龍及包種茶二類茶葉見稱，在最近數年，亦產有少量紅茶及四分之三醱酵烏龍茶，分爲碎橙黃白毫、橙黃白毫及白毫三級。烏龍茶市場上頗受消費者歡迎：花包種茶每年約產七百萬磅，行銷於遏羅、荷屬東印度、馬來聯邦以及太平洋諸島。台灣烏龍葉色青褐，冲湯時具有特異之天然果香，分爲頭茶或春茶、早夏茶、第二夏茶、秋茶及冬茶。台灣政府茶葉檢驗機關分島龍茶爲十八級，在商業上則更有若干中間級。

爪哇及蘇門答臘所產紅茶保依其國名爲標識。爪哇茶均具有黑色而優美之葉片，惟在早季時，約在六月至九月，則稍變褐色而硬化。但經過此時期以後，則葉質又增進。茶葉製造雖佳，茶湯亦不劣，宜於拼和。蘇門答臘茶不若爪哇茶之易受季節變化之影響，全年所產茶葉均適於飲用。茶葉品級分爲橙白毫、橙黃白毫、白毫、碎橙黃白毫、白毫小種、小種及花香、茶末等。

法屬印度支那葉產紅茶，其輪出者爲安南紅茶及安南綠茶，均由較次等之粗葉製造。製茶者大都爲歐人，技術頗優良。

尼亞薩蘭爲東非洲英國之保護國，近來紅茶產量日見增加，品質倘佳，茶湯清澄，茶種則均屬印度種。

商品茶表

洲別	國別	主要出口岸	著名之市場名稱	貿易上性徵
亞洲	錫蘭	可倫坡	錫蘭茶、平地茶、低壩茶	大都爲紅茶。乾葉黑色至褐色。湯色濃厚。
	印度	加爾各答、青大港、孟買、麻打拉斯、加利庫特	大吉嶺茶、杜亞士茶、卡查及錫爾赫特茶、加爾各答茶、孟買茶、尼爾其利茶	大都爲紅茶，色至褐色而有香氣。
	中國	上海、漢口、福州	華北工夫茶、平水茶、路莊茶、福州烏龍	紅茶、綠茶、烏龍茶、磚茶。形狀及形式各不相同，如紅茶湯色濃、質地、珠茶、潤茶等。
	日本	横濱	日本茶	綠茶。形長而直，葉多綠色。上等茶具有特殊之芳香。
	臺灣	淡水	臺灣烏龍	烏龍茶。乾葉青褐色，其湯有一種自然之芳香。
	法屬印度支那	海防	安南茶	紅茶、綠茶及花香茶。濃淡帶苦味，最宜拼和。
大洋洲	荷屬東印度	巴達維亞、棉蘭	爪哇茶、蘇門答臘茶	紅茶、綠茶。乾葉黑而美麗。製工顏佳，最宜拼和。
非洲	尼亞薩蘭	只德拉	尼亞薩蘭茶	紅茶。湯淡，品質中等。

第十三章　茶葉之特性

商業上各種茶葉之價值、特性及其湯門，並世界上各種茶葉之索引表——以乾葉之外表、沖捲及香味，葉底之顏色、氣味，湯門之色澤、厚薄、強弱、刺激性、香味審評茶葉——

茶葉審評與評茶設備

讀本章所附全世界產茶種類表後，當知茶葉產製於錫蘭、印度、中國、日本、台灣、法屬印度支那、緬甸、暹邏、伊朗、荷屬東印度、大洋洲之婆吉島、非洲之納塔耳、尼頓薩蘭、怯尼亞殖民地、烏干達、葡屬東非洲、毛里求斯、亞速耳群島、歐俄之喬治亞共和國以及南美之巴西、阿根廷及秘魯等。茶區之分佈，雖廣及全世界，但大量茶葉之來源，僅亞洲一洲而已。大洋洲居次，再其次則爲非洲。非洲植茶之歷史甚短，倘不足稱爲重要產地，但其前途極有希望。

從商業上而言，茶葉可分爲三大類：（一）紅茶，或完全醱酵茶；（二）綠茶，或不醱酵茶；（三）烏龍茶，或半醱酵茶。倘有二種劣等茶，即緬甸人所用作蔬菜之醃漬茶及邏維人所用之名茶或口香茶。

各種茶葉均爲茶樹（Thea Sinensis L. Sims.）之葉所製成。各種不同之茶葉均爲採摘後處理之結果。若自茶園採摘茶葉後，立即移放於可以加熱之場所，以停止醱酵，則成爲綠茶；若用採捻方法，使葉片起物理之損壞，再使自然醱酵，經數小時，然後加熱，即成紅茶；茶葉如儘使其作短時間之醱酵即成烏龍茶。

紅茶之主要產地爲印度、錫蘭、中國、爪哇及蘇門答臘。綠茶則產自中國及日本，錫蘭及印度亦有少量出產。烏龍茶則僅產於中國之福建省及台灣。

紅茶、綠茶及烏龍茶，可分爲葉茶、磚茶、小京磚茶及可溶茶。葉茶以錫蘭茶作爲拼和之用時，常缺少如某種印度茶之濃味與刺激性。

茶各產茶國均有產製，磚茶大都爲中國所製，印度亦製造少數；可溶茶製於消費國家，在商業上無甚重要；至於壓製茶（磚茶或塊茶）及可溶茶，均可用紅、綠、烏龍茶製造之。

茶葉向商業上之茶葉，紅茶、綠茶及烏龍茶更可分爲許多種類。其分類標準，視茶葉採摘之季節，葉之老嫩、生長及採摘製造時所受氣候之影響，土壤之性質，製造之方法，分堆，勻堆時所用各種品質及大小茶葉之混合狀態，以及其他原因而定。

茶葉以綠之產地命名，如錫蘭茶、印度茶等。或更短以紅茶、綠茶、烏龍茶及貿易上之名稱，商有所謂中國紅茶、台灣烏龍等。有時各城市及地方名亦有作爲茶名者，例如福州中國烏龍。再各產茶國在其本國內更有其園有之名稱及品名。

錫　蘭　茶

錫蘭四季產茶，最佳之茶葉採於二月及三月，其次爲八月及九月，惟摘後者數量較少。茶葉產量以四月、五月、六月及十月、十一月及十二月當最多，品質以一月所採者較爲低劣。其主要產品爲紅茶。

錫蘭茶分爲高山、平地及低地茶三種，前者品質最優，但從葉形觀察，則三者並無顯著之分別。惟依茶湯方面，則高山茶有濃味與優雅之芳香。在七千呎以上之高地，茶樹亦能生長良好。平地茶則製工精美，茶湯亦適可。低地茶葉有良好之黑葉，易於轉捲而製成美觀之外形，色濃而味淡。可見四千呎以下低地所產之茶，雖有優點，但其味則較淡，在此高度以上，則能其備相當之香氣。

以錫蘭茶作爲拼和之用時，常缺少如某種印度茶之濃味與刺激性。

故錫蘭茶宜於單獨使用，而不宜與他種茶葉拚和，但人往往以葉之粗細判斷錫蘭茶及印度茶之優劣，其實若干粗葉茶反具有優美之香味。

錫蘭茶各有園名標識，國數達二千以上。此種名稱，印於摘外，有時僅爲園名之第僅一字母，例如：S. V. C. E. Ld 即指Spring Valley Ceylon Estates Ltd. 亦有用幾何圖形以作標識者，如大谷錫蘭（Great Valley Ceylon）用雙三角形表示之。

除若干貿易專家，尤以經紀人外，世人多不注意茶葉之出產地，勝者均僅憑對茶葉之品質，並從經驗上從茶葉特徵判斷其產地。但貝爾拉（Alagala）、革加爾拉（Kegalla）及其他較低之地方，所出品質平凡之茶。他如魯華勒愛立耶（Nuwara Eliya）、烏瓦布舍爾拉華（Udapussellawa）、迪浦拉（Dimbula），均品級極優之茶葉。

錫蘭紅茶之分級如下：碎黃白毫、碎白毫、橙黃白毫、白毫、白毫小種、小種、花香、茶末。此種分級乃用篩分別粗細而成，故屑採摘之茶於分別品級之後，各級中之香性質多少相似。

由於廣告之效力，一般消費者尤以美國消費者漸有以橙黃白毫一名稱誤認與品質特別優良爲同一意義。在茶葉貿易上爲分別橙黃白毫之各種茶葉形式起見，線狀（Wiry）又加全葉（Plain leaf）、嫩芽（Tippy）、鬆卷（Loose rolled）、線狀（Wiry）等字樣。橙黃白毫之名稱，其來源頗難明瞭，雖當初用以標明某積物理形狀者，現在字義上已擴張至比濕撚捲良好之茶葉，不論共有無葉尖，均稱爲橙黃白毫，而與較粗或碎葉多者區別，非爲表示品質之名詞。

一九二四年美國農業部對於橙黃白毫之名稱，規定僅適用於印度、錫蘭、爪哇、蘇門答臘等國所製造之完全醱酵茶。其他最小葉度（Leaf size）粗細之茶葉，如採用橙黃白毫之品稱時，上面更須加葉度（Leaf size）數字並附記其出產地名。一九三四年又頒布規則，對於台灣、日本、中國以及其他國家所產之葉形大小一定之完全醱酵茶，如與美國政府歷年所採用之爪哇標準茶相符者，均可稱橙黃白毫，惟在商業上之解釋，祇限於「冷醱酵」之東部印度形式之茶葉，方可歸入此類。

錫蘭尚產有少量綠茶，因湯水有不快之香味，品質不及中國與日本之綠茶。

印度茶

印度茶所指範圍甚廣，包括多數氣候、土壤以及緯度不同地方之產品。事實上在各種不同環境所產之茶葉，其品質及價值粗差極遠。因此亞薩姆茶與大吉嶺茶，以及康格拉、台拉屯、尼爾吉利斯及爪盤谷等茶葉，均不相同。每區所產茶葉，各有不同品質，僅茶師藉試茶方法，方能判別其產地。

印度製製紅綠茶，但紅茶之數量遠在綠茶之上。綠茶在品質上不及中國及日本所產者，大部均推銷於印度北部邊境。印度茶大別分爲南印度茶與北印度二類，大部份北印度所產於印度之東北部，其產製均有季節性，自四月至十一月爲產製期，六月至正月爲銷售期。南印度茶則終年均有產製。東北部茶葉之最上品者，爲二茶及秋茶，尤以大吉嶺及杜爾斯爲然。大吉嶺茶以在七月及八月初者爲佳。氣候漸寒，品質雖有增進，但葉之外觀漸呈退化，並帶褐色，梗子亦多。南印度茶在近十二月及正月中所產者品質爲較劣，以後品質逐漸降低，直至初秋之時，此時茶產爲全年中之最劣者。

東北印度茶產自亞加拉及邊薩姆二地及帖比拉山（Hill Tippera）之士人區域。台拉屯及康格拉所產之茶，常稱爲北印度茶。南印度茶產於邁索（Mysore）。惟南印度茶葉種類，極少冠以省名者。

印度產茶故以亞薩之省爲亞薩姆，此地又分爲布拉馬普得拉谷（Brahmaputra）與森馬谷（Surma）二區。布拉馬普得拉谷之卡察（Cachar）及雪爾谿脫（Sylhet）二處之地名稱之。布拉馬普得拉谷所屬主要茶區爲拉肯普（Lakhimpur）、悉薩加爾（Sibsagar）、達蘭（Darrang）及諾康（Now-

146

gong），倘有較小之產區，爲薩地耶（Sadiya）邊境、哥亞爾帕拉（Go-alpara）及加盧浦（Kamrup）等。

亞薩姆茶滋味濃郁，高級茶有優雅之香味及芽葉，中等茶葉則爲結實而製工精良之葉片，灰黑色，富有香氣，爲英國商人之主要原料。亞薩姆茶能泡出深色味濃之湯水，強烈而有刺激性，因此宜與較淡之茶相拼和。六月上旬，茶樹因生長緩慢，亞薩姆茶在此季節爲最佳。最優良之秋茶，則產於十月至十一月之間。

杜陀麥（Duna）爲拉肯普之一區，此處有若干優良茶葉產地，不獨產量豐鉅，茶葉品質亦屬上乘。卡察茶在外觀上呈灰黑色，其葉較在雪爾赫脫附近所產者粗小，湯水濃厚而味甘，但不及亞薩姆茶之醇濃。雪爾赫脫茶外觀頗美，製工亦佳，液汁濃厚適中，並具有溫和之香味。卡察茶及雪爾赫脫茶均屬優良茶葉。

孟加拉省所產之茶，大吉嶺茶葉中佔次要地位，其主要產茶區爲大吉嶺（包括丹雷Terai）、杂爾派古利（Jalpaiguri 包括杜爾斯）及吉大港。

大吉嶺之高山茶，栽培於海拔一千呎至六千五百呎之喜馬拉雅山上，此處所產之茶，輸出相當數量，就其特徵而言，大吉嶺茶湯味濃厚，水色紅豔，並具有馥郁而難以形容之獨異香味，此種芳香常稱爲胡桃香。茶樹栽培區域，高度相差極大，各茶園產茶品質自難一致。有若干茶園，產最優等茶葉，即其價格在倫敦市場上亦高出於一切茶葉之上。其中碎橙黃白毫級、橙黃白毫級之茶葉，葉形自極細而優美，惟以質主注重香氣，反不及他茶之被重視。葉形自極細而至極大之粗茶，任何茶人一經審查大吉嶺之優美茶葉，將永不能忘却其特殊之香氣。此種茶葉恐印度產品中唯一可供單獨飲用者。但專賣上常用以與中國紅茶或錫蘭茶相拼和，祇須混以少量大吉嶺茶，即瀰漫誘人之芳香。世界上任何區域所產之茶葉，其香氣未有能與大吉嶺相匹敵者。該地在六月所採摘之二茶及十月所製之秋茶，其品質尤佳。杜爾斯茶之外觀爲黑色，在某種氣候狀態下，往往能發見有大量茶

榎而帶紅色之茶葉，其製工不甚均勻，略帶有亞薩姆茶葉之特性，但料激性略弱。茶湯溫和、沉晦而濃厚，在十月及十一月時可用以製造玫瑰秋茶（Rosy Autumnal）。

丹雷茶，葉黑而較小，形狀不甚優美，湯水品質中庸，但有適當之色澤，且具甘味，不遜於次等之大吉嶺茶。丹雷茶常供拼和用，蓋大吉嶺茶之馥郁香氣，易被硬性及刺激性之茶所減損，而以丹雷茶相混用，最爲適宜。

吉大港所產之茶，葉色黑而形小，水色中等而味甜，屬於中等及次等之品質，惟因味淡而無顯著之特徵，故在商業上不被重視。

別哈爾省（Bihar）及奧理薩省（Orissa）內有哈薩利巴格（Hazaribagh）及蘭溪（Ranchi）又稱可他那格浦（Chota Nagpur）二產茶區域，茶種大多爲中國茶種，茶味強濃，略帶銅氣，蘭溪附近產少量之綠茶。

旁遮普（Punjab）之唯一產茶區爲康格拉谷（Kangra），乃印度西北部高地，以氣候嚴寒，對於茶葉有美妙香氣，是其特徵，故能青得�隽價，其餘則爲內銷茶用。

帖比拉山（Tippera）之土人地方，屬於孟加拉省，茶園大半爲印度土人所有，其茶葉在商業上不甚重要，與雪爾赫脫（Sylhets）之次等茶相似。

聯邦省中之產茶區域爲古門（Kumaon）——可分爲阿爾莫拉（Almore）及加瓦爾（Garhwal）二區——及台拉屯。古門茶葉小而緊，能泡出鮮明而有刺激性之湯液，但因氣候過寒，未能生產優良之茶葉。所產茶葉（包括一部份綠茶）越邊境而運往西藏與尼泊爾，台拉屯茶品質平凡，無香氣與濃味。

南印度茶區在地理上近於錫蘭茶區，故其一般性質亦不近北印度茶而近錫蘭茶。廓打拉斯省包括科印巴兒（Coimbatore）、交趾（Cochin）、康耳（Coorg）、馬都拉（Madura）、馬拉巴、尼爾吉利斯、尼爾吉利魏南特（Nilgiri Wynaad）及丁尼佛里（Tinnevelly）等區。

科印巴托茶常以其所屬之亞那莫拉（Anamalai）名之，湯水濃烈，

與爪蠻谷所產者相似，但較爲濃厚。交趾、庫坲及馬都拉在商業上儘不重要之產地，馬拉巴之魏南特，生產品質平凡之低地茶。

尼爾吉利斯爲一高山區域，高度由海拔四百至六千呎，所產茶葉有優美香氣與刺激味，湯水稍薄，有時具有如檬檬之誘人香氣。尼爾吉利魏南特位於斜坡之半途，所產茶葉似爪蠻谷茶，品質頗佳。丁尼佛來爲不重要之產地。

邁索（Mysore）位于麻打拉斯之西北，產茶不多，爲一新闢之茶區，茶樹均種植於舊咖啡園中及未開闢之林地。

爪蠻谷旁之產茶區爲中爪蠻谷或稱比爾麥特（Peermade）、南爪蠻谷。加南第凡（Kanan Devan）、蒙達加陽（Mundakayam）及南爪蠻谷。茶葉品質近於錫蘭蘭茶，多具有香氣、味濃，但葉形不甚優美。

中爪蠻谷位于加南第凡與南爪蠻谷之間，產中級之茶。

上級茶葉。

蒙達加陽茶亦爲普通之優良茶葉，南爪蠻谷茶爲普通之低地茶。印度紅茶之分級與錫蘭所採用者相同，即橙黃白毫、碎白毫、橙黃白毫、白毫、白毫小種、小種、花香、茶末等。印度綠茶之分級爲優春屑茶（Fine Young Hyson）、眉茶（Young Hyson）、頭號貢熙（Hyson No.1）、貢熙（Hyson）、平介（Twankay）、秀眉（Soumee）、花香（Fennings）及茶末（Dust）。

中國茶

中國產紅茶、綠茶、烏龍茶、窨花茶、磚茶、小京磚茶、珠茶以及東茶等；種類繁多，分類不易。若干縣區所產茶葉，或完全不出現於海外市場，或僅銷於某一國家。唯就大體而論，中國茶可依出產地、季節性以及貿易上之名稱等分類。

紅茶可別爲二大類——即華北工夫茶與華南工夫茶。此種茶葉均爲熟（鍋）醱酵茶。前者有時稱爲黑葉工夫茶，後者常稱爲紅葉工夫茶。

產茶期自四月至十月，以頭茶品質爲最佳。每年之三次摘採期爲四月至五月、六月至七月及秋季。

華北工夫茶，過去英國人嗜於早餐時飲用之，故名爲英國早餐茶。產於湖北、湖南、江西及安徽。上等之工夫茶，有香氣、滋味醇厚。下等者水色稍劣。

堪爲華北工夫茶之代表者，爲祁紅、寧紅及宜紅三種。以前曾通稱爲中國茶之巨擘，因其具有拔萃之芳香。祁門原爲綠茶產地，在十九世紀八十年代始改製紅茶。所產綠茶品質極爲普通，但紅茶則爲中國之最優產品。祁紅色澤雖厚，有馥郁之香氣，外形雖無特殊引人可愛之處，但其較嫩之茶葉確爲茶葉中之珍品。嫩茶外形美麗緊結，色黑，水色鮮紅引人，茶身較祁紅及宜紅爲輕，但在拼和茶中極有價值。宜紅身骨堪佳，水色香味亦佳，惟稍有一種至德黑味或黑油味。

著名之華北工夫茶中尚有一種特殊之清快香氣，水色鮮紅，湯味濃郁，亦屬上品。湘潭茶葉形狀不甚整齊，葉底粗老，呈黑色，水色淡薄，香味不高，爲低級之工夫茶。古潭（Kutoan）茶有時稱中國亞薩姆白毫，葉形短而稍帶銹紅色，味濃，貯藏稍久，即有養生草味之弊。

安化茶爲湖南省所產之一種優良拼和茶，上等者湯色鮮明，惟常有一種煙味。

蕪湖茶爲江西馬當地方所產之茶，通常歸入於九江茶，常由九江市輸出。九江茶有馥郁之芳香，但無身骨，乾葉色黑整齊，茶末少，易於變質。

湖北茶常稱作 Oopacks，乃由「湖北」兩字之廣東音轉譯而來。凡湘陰、武昌、漢陽及湖南之衡州地方所產之茶，因其品質相似，而又同在漢口之市場上出售，故均稱爲湖北茶。

湖北茶

其他較不重要之華北紅茶，有下列各種：

長壽街、通山、羊樓洞、羊樓司、太沙坪、張陽、聶陽、咸寧、蒲

沂、汶岸、景陽、漢陽、納溪。

湖南省

禮陵、桃源、瀏陽、瀏山、高橋、湘潭、雲溪、平江、長沙、寧鄉、湘陰、臨湘、石門、聶家市。

江西省

臨川、浮梁、寧都、武寧、瑞昌、修水、遂川、玉山。

安徽省

蕪湖、六安、屯溪、秋浦、徽州。

白琳茶係子緊而細小，優等者多有白色之芽尖，為中國紅茶中外形之最佳者。湯水鮮明而芳香，但缺少濃味。

華南紅茶以藥南工夫、北嶺茶及福州工夫等馳名。紅葉工夫及坦洋茶。產於四月至十月。最普通之品名為白琳茶。因土壤與氣候之不同，藥南紅茶之品質香氣與華北紅茶有區別。此種茶葉均為中國茶中之上品。

坦洋茶之葉較粗大，大都作拼和之用，較細者滋味濃厚，並有香氣。

坦洋茶，朗為特別，香氣類佳，稱為針狀坦洋茶（Thorny Panyongs）或稱強薩婦坦洋茶，清快而帶有刺激性。

北嶺茶葉小而均勻，色黑，做工精細，身骨良好而重，並有動人之烤香味。

政和茶常視為紅葉工夫中之最紅者。其葉常能捲捲勻緊，呈黑色，稍具藥芽，香味極佳，水色鮮紅，拼和時能分發香氣於其他茶葉中。

沙縣茶為紅葉工夫茶中之最紅者，除若干頭幫茶外，嬰王粗放，二邵武茶質頗優良，有香味，味濃，為優良之拼和川茶。

白毫工夫茶製工精美，葉黑而捲捲勻緊，要底鮮紅，惟湯水稍帶暗色，缺乏香氣。

精選紅茶（Pedraes）為火工設足之茶，乾葉呈黑色而捲縮，葉粗色，茶液亦強烈而快爽。

而不勻，在泡液中有快爽之香氣，色濃，味強烈，酷似黑葡萄，其普通品級，雖粗而光潤，但味亦強。

水吉茶（Suey Kuts）為捲捲美觀而黑色之茶葉，滋味不濃不淡，品質普通，中等者常有粉末。

安溪茶（Ankois）略與沙縣茶相似，惟葉較較沙縣茶稍黑，香氣亦稍劣，但亦不失為強味可用之茶。

星村茶（Singchuen）除本身有特殊之市場外，無甚價值，產並不多。

葉片粗鬆，泥有茶末，為烈性軟料。

小種茶為多數大葉工夫茶之通稱，特別適用對於藥南之建溪紅茶，湯水濃而呈糖漿狀，稍有少菜色，最著之者為正山小種茶，常用以加香於高價及精細之拼和茶，葉色純黑，稍捲曲。二茶與三茶較頭茶為柔和，此茶在美國雖曾一度暢銷，但現已無此需求。小種之名，又常通用於若干印度、錫蘭、蘇門答臘及爪哇等之大葉品級。

福建尚產一種商業上不甚重要之茶，即廈門工夫茶，火工甚足，味強，乾葉粗而寬鬆。

（譯者按：岩茶係半醱酵茶，前文之若干數量極少而不甚重要之紅茶，例如武夷茶或岩茶、沙縣茶、水吉茶、東蔣茶、武園茶、潛和茶、政和茶等以前尚有所謂一種新茶或糍地方茶（Province Leaf）或新產區工夫茶（New District Congous）均為廣東出品，由廣州出口，但現已無此種名稱。此種茶之主要品類河源茶、煙香河源茶、白毫茶、小種工夫茶以及金銀花工夫茶等。前二者色灰葉粗，湯水強烈，後二者則製工較精。其他普通之新茶，質劣而不重要。

河源茶（Hoyunes）形狀不佳，葉底有銅色，湯色紅濁而優美。尚有煙香河源茶，則有特殊之燻味。

白毫小種（品級名）工夫茶，有優美之捲葉，含有葉芽，茶液鮮明，濃厚而強黑，有若干幫茶葉且其有特殊之金銀花香味，葉常帶紅色，茶液亦強烈而快爽。

中國綠茶可大別為路莊綠茶（Country Greens）、湖州茶及平水茶三類。凡湖州及平水附近以外各地之綠茶通稱為路莊茶。綠茶主要產地為安徽、浙江及江西三省，他如福建、廣東、湖南各省亦有少量出產。

上述產地之主要茶類，為安徽之婺源茶、微州茶、屯溪茶、浙江之湖州茶、平水茶及溫州茶，江西之九江茶及福建之福州茶。綠茶之出產期，約自六月至十二月，以頭茶為最佳。

各地產製之茶，可分為珠茶或蝦目（Imperial）、眉茶（Young Hyson）、寶熙（Hyson Skin）、平介（Twankay）及茶末。此項名稱僅形容製造技術及地名，如屯溪蝦目、婺源蝦目等。

珠茶以細嫩及半老嫩之青葉製成，採捻成珠狀，其大小自針頭至豆狀不等，可分為特號珠（Extra First Pinhead）頭、二、三、四、五、六、七號及普通珠茶（Common Gunpowder）參級，中國品級名稱為癦珠、寶珠及芝珠三種。

珠茶愈小，價格愈貴，因此頭號珠茶形狀極細。頭號珠茶為細嫩之青葉捲捻而成，二號珠圓緊程度較差，三號珠已呈疏鬆狀態。珠茶中國名稱為小珠。

眉茶亦由嫩葉及半老嫩之青葉製造，揉捻成長形細條，其品名可分為珍眉、鳳眉及針眉等，有時亦稱為頭號、二號及三號圓茶。頭號圓顆粒圓聚，二號圓顆粒為細長緊捲之葉條，鳳眉條子較粗長而稍灣曲，針眉則為細小而捲曲之條子。

圓茶由較老之葉製成，通常為篩出珠茶時所餘之茶，仍做成珠茶狀而較鬆，可分為頭號、二號、三號圓茶。中國稱圓茶為大珠，此三等級又稱為寶珠、丹珠及細珠。

寶熙為粗老之葉所製成，其形狀在眉茶與珠茶之間，在中國又稱熙，可分為寶熙、正熙與湖熙三種。

平介為一種粗放破碎鬆散之葉，品質低劣。湖熙（Hyson Skin）

品質更劣。

婺源茶產於安徽省，不獨為路莊綠茶中之上品，且為中國綠茶中品質之最優者，其特徵在於葉質柔軟細嫩而光滑，水色澄清而濃潤。可分為三類：南京（Nankin）Packeong 及真婺源茶。南京與 Packeong 為一種俊美飲川茶，香氣馥郁，水色鮮明，味強而厚，惟葉身纖柔，真婺源茶稍呈灰色，有特殊之櫻草香氣，Ouchaines 為一種小粒狀婺源茶，味特強。婺源茶又有各種商標。每年常有三幫，第一幫約在七月初出現於上海市場，第二幫在九月初，第三幫在十月杪，中以頭幫茶最佳。

屯溪茶亦為安徽之路莊綠茶，形狀美觀，水色清淡，葉底鮮明，香氣與婺源茶頗為相似，但不甚濃烈。火候欠足。手工較婺源茶尤精。

徽州茶亦為路莊綠茶之一種，葉形倫佳，惟有顯著之煙味。在安徽尚有其他較不著名之茶，如屯溪、歙縣、婺源、休寧、績溪、黟縣及太平等，因以蕪湖為中心市場，故有時亦稱為蕪湖茶。

溫州茶為浙江之路莊綠茶，無特徵，湯水低劣，香氣宛如乾薇藜果。遂安茶在形式上與屯溪茶相似，但湯水與屯溪茶相去懸殊，且泡出茶液瞬即變紅，故不能久貯。

上海土莊茶由各地毛茶運至上海精製者，因其所做花色並不一定，故其特徵亦無法敘述。

湖州茶湯水淡薄，形狀美觀，有甜和香味，為中國綠茶在春季最早上市者。通常做成珠茶七至八種，圓茶二至三種，珍眉及鳳眉各一種。湖州茶為浙江省。

平水茶品質與湖州茶相同，但稍帶金屬味，水色平凡，僅形狀較湖州茶為佳，其頭幫與湖州茶之形狀及滋味均相似。製工甚佳，較婺源茶為聚結，故市場上統名之為浙江產品，該省之其他綠茶亦均以縣名名之。

湖州茶與平水茶均為浙江產品，故市場上統名之為浙江產品，該省之其他綠茶亦均以縣名名之。

加奉化、上虞、諸暨、永嘉、瑞安、遂安、開化等。永嘉、平陽之綠茶大多數爲內銷。杭州之龍井爲著名之內銷綠茶。浙江綠茶大都集中杭州、溫州，然後運往上海。

〇江西亦產綠茶，多爲內銷，少數外銷者，則集中於九江，然後運至上海，在市場上即以九江茶稱之，其地方名稱包括德興、婺平、萬年、玉山、鉛山、上饒及吉安。

福建赤產內銷綠茶，均銷於三都澳及福州，最有名者爲淮山茶，以香味甜和出名。

〇湖南製造少量之內銷綠茶。

〇廣東製造少量之貢熙及眉茶，經廣州銷於外埠。

白毫茶係福建所製之綠茶，在形式上，驟觀之宛若一堆白毫芽頭，幾全爲白色，且極輕嫩。湯水淡薄，無特殊味，亦無香氣，惟形狀殊爲美觀。中國人對此種茶葉常出高價購用。

中國烏龍茶可分爲福州烏龍、廈門烏龍及廣東烏龍三種，中以福州烏龍茶爲最著名。以前尚有高橋烏龍（Kokew），此種烏龍茶製造粗鬆，品質上等者頗爲快爽而清香。銀色烏龍爲特別採摘之茶，由頭茶中最嫩之葉做成。

福州烏龍茶昔曾稱雄一時，現因有台灣烏龍之競爭，頗受打擊。福州烏龍茶滋味醇美，但無身骨，葉粗長而色黑，二茶或叉茶品質最佳，秋茶較其他種類之三茶爲佳。烏龍茶每年可採製四次至五次。

著名之綠茶（Sring）即福州烏龍，其中有若干牌號如「同利」、「同茂」等頗爲出名。昔時該項綠茶製工極精，葉黑色美觀而潔淨，一經沖泡，則湯水清澄，香氣純正。優等者與婺源蝦目或眉茶相拚和，可成高級之飲料，但其價値甚昂。曾有一時市場上對烏龍茶之需要甚大，Tycoons、水吉等地均改製烏龍。

十九世紀末葉，大量烏龍茶由廈門輸出海外，如一八七七年廈門輸出烏龍茶達九萬担。此時台灣烏龍在台灣製造而裝於廈門出口。至一九〇六年，台灣始自行直接出口，輸送至海外消費各國。現在廈門烏龍大半均輸往新加坡及暹羅。倘有極小量之廣東烏龍則由廣州輸出。

中國主要之花茶爲福州審花茶，由福州出口∴澳門審花茶由廣州出口∴澳門審花茶係由澳門輸出。其種類有化香橙黃白毫，花香珠蘭（Capers）及包種茶等。就一般而論，審花茶之滋味並不足道，味極淡薄而不強烈。

包種茶爲福州市場上出售之審花烏龍茶。台灣包種茶常輸入中國。

福州橙黃白毫與福州珠蘭茶當視作同一種茶，祇由篩分時分開其不同形狀之葉而已，其長形者，共長形，製成橙黃白毫，其圓形者製成珠蘭茶。此種茶葉常供拚和之用。

福州花茶依照慣例均在五、六月間製造。福州審花橙黃白毫係捲曲均勻之黃色葉，湯水澄清，爲審花茶中之最上等者。福州珠蘭，味淡，不易以供拚和用，具有特殊紋形狀。

廣州審花橙黃白毫，葉形細長，呈暗綠色，常稱爲技葉審花橙黃白毫蜘蛛葉白毫，滋味濃厚而有剌激性，香氣頗佳，品質較珠蘭爲高。

尚有一種短葉廣州審花橙黃白毫，保仿福州式製造，味強而有剌激性，但缺乏香氣。

廣州珠蘭茶分爲二類，即光滑類與橢圓葉類之。前者曾用白臘磨過，後者則爲原來色澤。福州珠蘭花茶葉形甚小，頗有剌激性。澳門審花橙黃白毫，製工甚佳，葉帶黃色，有剌激性，其中最後級者稱爲高等白毫（Mandarin Pekoe）。

中國壓製茶，可分爲三類——紅磚茶、綠磚茶及小京磚茶。就一般而言，磚茶之味，較一般茶葉之六分之一。

中國紅磚茶爲中國、印度及錫蘭之低級紅茶末所製成。製造時，各用不同之混合法，其混合比例隨各守秘密。紅磚茶長八吋至十二吋，厚一英吋。茶磚裝於竹筐，每筐裝三十塊至一百四十塊不等，平均則爲八十塊。每塊磚重二又四分之一磅。商人有攙雜者，則往往混以樹皮、各種茶葉、木屑及塵次。

綠磚茶全用茶之葉片製成。做成後裝於木箱，每箱可裝四十五塊。

每磚面積 7×12吋或 8×5.5 吋。無論紅綠磚茶，均分爲上、中、下三等級。

在四川雅安與打箭爐（譯者按：打箭爐現改康定，爲西康省會。）所產之磚茶，其性質與其他茶完全不同。此種磚茶，係用粗葉或用剪枝剪下之枝梗所製成。將葉裝於濕牛皮中，乾燥後卽成一堅實包裹，重約六十五至七十磅，全供西藏貿易之用。

小京磚茶之製法與磚茶相似，完全以中國或爪哇及錫蘭之最佳茶末製造，製造時不用蒸汽而僅以壓力。塊小，重四、七八八嘴，用銀紙包之。

東茶由多數茶條束成，長二吋，用銀絲綫縛之，爲廣州烏龍茶之一種，僅用茶樹之頂芽所製成，產量極少。茶梗爲茶中篩出，僅供內銷用。

毛茶亦輸出於若干國家，均不分級。有時茶不僅指粉末而言，且指一部份之葉梗及粉末。此種茶末僅爲增加重量時而輸出。

日　本　茶

日本茶以綠茶居多，每年五月至十月產之，分爲頭幫、二幫、三幫。頭幫最優，湯水淡薄而香濃，葉底赤較二、三幫爲鮮綠。玉綠茶類似中國眉茶以後之茶，有時形狀亦頗美觀。頭幫採摘自五月至六月中旬，二幫自七月中旬至八月，三幫自八月中至九月，有時因氣候關係，更可在九月底採第四幫。

日本茶依其製造方法，可分爲釜製茶（長形）、玉綠茶（Guri 圓形）、籠製茶（Basket Fired）及原裝茶（Natural Leaf），最後一種在從前稱爲籠製茶。釜製茶由短葉製造，色淺綠。玉綠茶爲類似中國眉茶之釜製茶。籠製茶用長葉製造，最上等品則用嫩葉，捲性赤較小，但尚易於捲成緊而黑且常橄欖青之葉。中等品用老葉製成，捲工赤較小，但尚易於捲成；至下等品捲捻搓鬆，並含有多數粗而製工不良之葉。原裝茶之製法與釜

炒茶及籠製茶相似，但常含粗葉。日本上等茶各具其特異之芳香。在飲用上釜炒與籠製並無區別，所差異者僅外觀而已。

日本茶依其製造，可分爲商業用之煎茶，供神用之碾茶或稱玉露式茶，低級之內銷番茶，產生於蔭藏下葉片經特別製造之玉露茶。煎茶專供外銷。尚有新興之紅茶，亦供外銷。

靜岡縣爲日本外銷茶之最主要產地，所產茶葉，可分爲遠州與駿河茶二種。前者外觀稍遜於後者，而滋味則極佳。再細分之，有川根、森、大川及金谷，濱松等數種；其中以川根茶爲最優，葉細而捲，湯水味強而厚。森茶葉形與水色均佳；金谷茶品質中等，味強而色劣；濱松茶則品質平凡；大川茶在商業上不甚重要，但亦有與金谷茶相混後再輸出者。

駿河茶爲日本茶之外觀最優美者，大部爲籠烘，湯水品質不及遠州茶，且少香氣。可分爲二大類：一爲安倍茶，一爲富士茶。前者較優，後者色佳而味稍弱。

近京都之山縣，出產優等茶葉，宇治茶爲其中之一種。大部分山縣茶有種種品級，供作內銷；且因價貴，故輸出甚少。其附近有近江，產優良品質之茶，稱爲滋賀茶。三重縣所產之茶係供拂和用；岐阜縣亦產有品質優良之捲葉茶。

在崎玉縣之入間及玉一帶，又有一種茶稱爲狹山或八王子，葉形及湯水均佳，惟在外銷上價格稍過貴。九州島之鹿兒島縣，亦製造相當數量之低級茶，用於拂和而供內銷。

在宇治附近所生之葉，經特別方法製成玉露茶，品級上等。不作外銷。碾茶或式茶常爲粉末狀，亦如玉露茶用蔭藏葉製造，惟玉露茶爲捲葉，碾茶則在自然狀態中乾燥而再粉碎者；其用以供抹和用。番茶爲一種粗葉下等茶，供內銷用。焙茶爲焙製番茶，刺激性強。

茶尖（Nibs）爲塊狀之茶，製造時因不易捲輕而被揀出，在各種日本

茶中均有，上者湯水尚佳，但下等品質之茶尖則比原來之茶葉更劣。日本外銷茶之分爲下列各級：超優等、最優等、優等、最上等、上等、中等、普通、茶尖、茶末及茶片。

台灣茶

台灣所製茶葉可分爲二大類，即半醱酵之烏龍及包種（薰花烏龍）。最近更有第三類茶爲醱酵四分之三之茶，專銷美國。第四類爲紅茶，數量甚少，銷於日本。醱酵四分之三之台灣茶，分爲嫩橙黃白毫、橙黃白毫、白毫三種。但在美國必須註明「橙黃白毫葉形」(O. P. Leaf Size) 之標記。

包種茶在補火時用梔子 (Gardenia)、茉莉或玉蘭花薰之。在世界上主要烏龍茶市場上，雖尙未見此種包種茶，但對東印度貿易上，已製造七百萬磅以上。

台灣烏龍實稱爲茶葉中之檳酒、乾燥、青褐而捲縐，又含有芽葉。茶液有强烈之刺激性，且有最優美而誘人之天然果香。品級愈高則香氣愈烈，如葉底愈完全綠色或近於綠色，則菜液之香氣與濃度尙非最佳，如葉之邊緣有醱酵現象，品質較佳。

台灣烏龍之生產期在三月至十二月，分爲五次：第一次卽春茶，第二次夏茶，第三次晚夏茶，第四次秋茶，第五次冬茶。各次茶在品質上頗有出入。例如春茶與晚夏茶之間之差異，有如工夫茶與錫蘭茶或日本茶與眉茶之差異。就一般而論，春茶外觀較優，滋味較淡，而又茶與晚夏茶均有身骨與香氣。

春茶之採摘自四月初至五月中，六月發運。葉粗而鬆，芽葉較少。水色爲琥珀色，淡而薄。早採者有充分香氣，其品級通常在普通 (Common) 與上等 (Fine) 之間。

夏茶之採摘在五月末至六月底。晚夏茶之採摘在七月第一週至八月中旬。前者外觀美露，香濃味厚；後者葉形更美，芽葉較多，香氣及味更濃。其中級茶因其滋味濃厚，猶如用一小部分之錫蘭茶或工夫茶拼和而成。夏茶之品級差多，最高級茶卽在此時期產生。秋茶於八月下旬至十月下旬採摘，葉美味頗，但其香氣不及夏茶，故品級頗雜超過優等。

多茶在十月下旬至十二月初旬採摘，外觀華美，湯水輕淡而新鮮，茶葉品質隨氣候不同而異。有時初多寒氣迫人，往往在多季迤晚時能採得少量極香極美之茶，且其品質與春茶相似，但此種情形爲十年中難得一見者。

在地理上割分台灣之產地區域（不依品質而定），故主要之產地爲新竹及台北。新竹區域內之茶產地包括苗栗、竹南、竹東、新竹、大溪及桃園等；台北則包括文山、海山、基隆、七堵、新莊、淡水。至於台中、台南二州則產茶數量極少。在外國茶商中有時將烏龍茶分爲北區茶與南區茶，以產區大稻埕之南或北區別之。

中國舊式之名稱，亦常用於大陸。

台灣烏龍之分級，政府檢驗機關分爲十八級。即爲 Standard, On Good, Good, Good, Fully Good, Good Up, Good to Superior, On Superior, Superior, Fully Superior, Superior Up, Superior to Fine, On Fine, Fine, Fine Up, Fine to Finest, Finest, Finest to Choice, Choice. Fine, Fine to Finest, Fully Standard, Standard to Good, Strict Superior, Choicest, & Fancy 等級。

法屬印度支那茶

法屬印度支那之產茶區爲安南、東京及交趾支那各省。此外在上老撾之各山地，亦產有不少野生茶，土人有時亦製造之。印度支那之最主要外銷茶爲安南綠茶及安南紅茶，均爲歐人所製，製工甚精，常爲法國拼和茶應用。至於土人所製者，則均用較次之粗葉，有强烈之羊辣味而無香氣。尙有所謂花茶者，正如其名，保用茶花製成，有一部分運往法國，巴黎人士常作爲新奇飮品。

153

在印度支那製造而供當地消費之茶葉，除上述數種之外，更有日晒茶、東京紅茶、東京綠茶、東京餅茶及交趾支那綠茶等。前三省完全粗製濫造，毫無優點可言，蓋土人好強烈之辛辣味而不重視香氣也。東京餅茶與雲南所製之餅茶相似，主要者爲海在（Haijiang）餅茶及河內餅茶。交趾綠茶爲一種粗而有刺激性之茶葉，在商業上並不重要。

遏邏茶

遏邏採茗葉製茶，老樹赤爲 Thea sinensis (L.) Sims.之一種。每年常採摘四次，即六月、八月、十月及十二月。最後二月品質較佳。若干地方亦有全年採茶者，葉經蒸及醱酵，再加鹽以及其他味料，常用作口香品。

緬甸茶

緬甸茶共有三種，即紅茶、綠茶及土產醃茶。其中百分之九十產於潭平老隆（Tawnpeng Loilong）之北禪部（Northern Shan State）及南禪部。又亞拉根（Araken）、都拿舍廉（Tenasserim）及西北邊境亦有少量出產。

每年自三月至十月底，採茶三次，以五月至六月所採之二茶爲最佳，稱爲 Swépe。頭茶製成醃茶（Pickled），緬甸語稱爲Letpet，此茶乃經蒸及醱酵，在本地作蔬菜用，常與菜油、大蒜或乾魚共食之；二茶常製成乾葉泡飲，但不適於歐人口味。倘有旅居緬甸歐人所製之紅茶，惟數量極少，祇足供本地消費之用。

其他亞洲茶

在伊朗之幾蘭（Gilan）、莫山台冷（Mazanderan）及亞斯塔拉白特（Astarabad）亦有少量茶葉出產，其種籽採自外高加索及印度。又在馬來聯邦，吉打（Kedah）之古巒（Gurun）有三百噸之茶園，在商業上均無重要性。

瓜哇及蘇門答臘茶

瓜哇四季產茶，而以旱季——六月至九月——所產者爲最佳，其餘各季則品質次第低減，僅出產紅茶。

瓜哇茶以園名標記，有時則更冠以產地名，以示區別。因採茶季節及地勢高低之不同，致茶葉品質、香氣及滋味等均顯有參差。就一般而論，瓜哇茶有黑色之誘人之外形，但在旱季則得褐色多樣，而香氣反見增進。瓜哇茶湯水強烈適中，製工甚精，賣一優良之拼和茶。高山產者有錫蘭茶之香味，低地產者則香氣弱，茶水濃厚而不濃。瓜哇最上等之茶，產於潘加倫根高原，此地旱季所產之茶，可與印度錫蘭茶比美。其高度約在四千呎至六千呎。在布林加種之茶園占全爪哇百分之七十。此外，產茶地倘有萬隆、加累特、索卡保密、索婁丹及芝安羅禰等地。

巴達維亞州爲次於布林加之產茶區，其茶均產於高山之上，產區爲茂物及索邦（Soebang）。倘有若干優等茶產於巴索魯安州（Pasoeroean）及馬蘭（Malang）之隆馬特宗（Loemadjang）一帶。

蘇門答臘茶受季節之影響不若爪哇茶之選，全年所產各茶均有同一佳味，葉味勻整可愛，大凡茶葉產於東海岸之日里州，其大爲亞薩汗（Asahan）、巴吐巴廉（Batoe Bareh）、皇馬隆根（Simoeloengan）及潘馬潭翠他蘭（Pematang Siantar）。產品以後亦爲最優，茶園多位於八〇〇呎至二，四〇〇呎之高地，其他各地將來亦頗有發展之可能。

爪哇與蘇門答臘茶之品級亦分爲嫩橙黃白毫、橙黃白毫、白毫、碎白毫、一號及二號白毫小種、小種、碎茶、茶末及 Bohee 等。

斐吉島（Fiji）茶

斐吉羣島中之第二大島伐南來浮（Vaina Levu）亦有茶園，能製少量紅茶供島民飲用，低地則不適於植茶。

非　洲　茶

尼亞薩蘭——非洲植茶最多之國家爲尼亞薩蘭，產茶區爲姆蘭治（Mlanje）及科羅（Cholo）二地，前者海拔二千呎，後者三千呎，故後者產茶之品質較前省爲佳。所產均紅茶，品級在中等至上等之間，水色清淡。今日尼亞薩蘭茶在倫敦市場上漸被重視，故其價格亦能與錫蘭、印度之間一高度產茶區之出品相似。其分級與錫蘭、印度茶相同。

納塔耳（Natal）——納塔耳之茶樹僅生長於鄰近斯坦求（Stanger）之六個茶園內，該處爲一高地，海拔在一，○○○呎以上，在斯坦求濱海區之西及土共拉河（Tugela）之南——土共拉河爲納塔耳及祖魯蘭（Zululand）之界線。今茶業已漸衰落，僅有茶地二，○○○噸，但在一九○九年時有茶地五，九○九噸。採摘季節自九月至次年六月，僅產紅茶，種亞薩姆土種，茶葉分爲金黃白毫、白毫、白毫小種及小種四級，大部份在南非銷售，僅偶有一小部份在倫敦市場出現，此爲含單寧少而有輕香之茶葉。

快尼亞（Kenya）殖民地之產茶區在尼亞薩（Nyanza）之開力巧（Kericho）、基苦右（Kikuyu）之枝娠善（Kiambu），以及納伐綺（Naivasha）及烏生休特別州（Uasingishu）。地勢多高出海拔七，○○○呎。茶種均爲印度種。葉肉肥厚，湯水薄而相當强烈。品質亦佳。在商業上雖尚未臻重要，但在茶園之經營方面，則進步共速。一九二五年有茶地三八二噸，一九二六年已增至一、六八九噸。一九二九年有一批快尼亞茶正式在市場上公開出售。據評茶報告知其製造方法完全依據其他產茶國之方法行之。

烏干達（Uganda）——有少數茶葉產於烏干達五，○○○呎以上之高地，茶葉富含茶素、單寧及可溶物，故似印度茶而與中國茶不同。常推銷於快尼亞之內洛皮（Nairobi）供內銷用。

在葡領東非之莫三鼻給與尼亞薩蘭相聯之姆蘭治山，葡屬東非洲。有茶地四九三噸，行銷本地、葡萄牙，享受百分之五十之特惠稅。

湯水平淡，與尼亞薩蘭茶相似，亦無灌味，外觀殊佳，具有芽葉。

亞速爾及毛里求斯

在葡領亞速爾翠島（Azores）之聖密起蘭島（St. Michael）上亦栽培少數茶樹，採製紅、綠茶，其品質頗佳，亦享有特惠關稅。印度洋之英領毛里求斯島（Mauritius）亦有商業性之茶葉生產，每年產量約三萬磅。

外　高　加　索

在蘇俄外商加索之喬治亞蘇維埃共和國境內之亞治哈立司坦（Adzharistan）有廣大之茶地。茶園均在巴統（Batoum）附近黑海東岸之亞特加山（Adjar Hill）之南坡。產品均售於蘇俄。栽培及製造之中心爲Chakva集體茶園（Adjar Chakva Common）。上等茶與多種中國茶及印度平地產之普通級（Good Common）茶相似，葉形頗佳，但湯水平平。

茶　葉　審　評

昔謂茶師如詩人，係天才而非由於學習。雖然茶師之技術必須經調練而成，然必先具有敏感之味覺及微妙之嗅覺，始克有濟。優秀茶師正如晉樂家，一觀其音符之外形，即知其發音長短，又如烹飪家，就配合材料之智識，而能辨別調味之美惡。茶師不憑藉樣茶之審查而定幾千磅茶葉之價值，且須憑知多數種類不同之茶葉如何可以拼成佳品，故其有超拔之天才亦罕，再經過多年之研究與實驗，方能成功之茶師。

茶葉審評得保擧三要點：乾茶之外觀、撚捻及香氣，皆由觀覽與嗅覺檢定之：葉底之色澤及氣味亦由觀覽及嗅覺審評之，湯水之色澤、厚薄、强弱、刺激性及香氣等，則由觀覺及味覺評定之。惟緊捲黑色之茶葉，表示品潤良好，鬆而褐色者，表示萎凋不良。惟茶葉稍帶褐色，常爲湯水最佳之茶，黑而美觀之葉，其湯水恆不良。又不揉之葉易於泡出液汁，且初次冲茶，茶之內容物即能完全泡出；然

捲較緊之茶，第二次沖泡之茶常較初次爲佳。故在硬水區域宜選擇捲捲緊結之茶，而軟水區域則以選用疏鬆之茶爲宜。就一般而論，葉以小硬而捲捲均勻者爲佳。芽尖並不十分重要。在英國購茶者大都注重葉形，而以白毫之芽尖表示紅茶之品質，但實際上各種紅茶之優良者，未必均有芽尖。例如上等台灣茶中，捲捲良好均勻者，則其品質較葉粗，不勻而多芽尖則愈佳。葉小而黑硬，捲捲良好者，則其特徵在於呈全黑色。如有芽尖之茶，則芽尖又長而呈金黃色，且捲捲良好，多數購茶者庶採少許乾樣茶於手中，以辨別其樣茶之趣。有彈性或乾脆。新茶在輕輕壓捲之下，仍能不破碎而回復原狀，反之，陳茶則易碎而生粉末。

錫蘭、爪哇及印度紅茶之乾葉，在外觀上均極相似，實際上爪哇茶亦爲蘇姆茶種，分別自頗困難。中國紅茶完全與其他紅茶不同，每一種類矜其有特異之香氣，故久經訓練，便可依嗅覺辨別之，有時茶師儀用此法檢別乾葉，即可決定其價值。

葉底之色澤極爲重要。在紅茶，鮮明之葉底混有青色之葉片時，即爲含有生茶而裝示醱酵不充分。此種茶葉如屬過生，即稱爲「生」(Raw)或「綠」(Green)。葉底爲暗綠色而葉片平展者，表示有刺激性。金黃色葉片必不足及醱酵過度。紅葉底表示湯水豐富而濃厚，暗葉底表示低級及平常之茶葉。色澤必須平勻。在綠茶，液色澄清而帶青黃或金黃色，葉沉於杯底甚鮮明者，表示此種葉爲早採之嫩葉。如爲晦暗無光或帶有褐色之葉葉，保袞示老葉或低等茶。故一般在淡色茶中，水色愈淡即表示茶葉愈嫩，而葉綠亦愈佳。日本之上等茶及婺源之眉目或眉茶等，均有顯蓍之鮮淡湯水；若干臁茶及普通茶者確有懸濃葉底之含苦性。例外。因此特別淡色之茶湯，並不足以觀茶葉缺少其他湯水之性質，葉底亦可辯嗅鬐制則其特徵而決定其爲有無刺激性及性質厚薄豐富與否，以及爲濃烈或焙焦或醱酵過度之茶葉。在茶湯充分減出以後，富有含蓍之茶葉，仍含有相當之水質以評茶者。

份，故如壓捲海綿絲，倘可擠出相當分量之茶湯。可助乾葉與葉底之諗歪者，乃在於最後品評茶液之品質與香氣。最理想之茶，爲快爽，濃厚而有香氣之茶，且在杯中濃厚之汁液，不瞬而富有色澤。好茶之水色，在沖泡之後，即現有鮮明光輝之外觀。若爲蘇姆茶種，水冷時立生乳狀，中國茶則無。

在茶葉審評時所用之各種名詞，頗爲難以描述，例如茶可稱爲快爽(Brisk)、醇厚(Full)、濃(Rich)、厚(thick)、淡(insipid)、青味(Grassy)、腥味(Fishy)、煙氣(Smoky)、香味(flavory)、濁味(Harsh)、金屬味(Metallic acrid)、辛辣(Puckery)、烤鴉包味(toasty)、麥芽味(Malty)、銅味(Brassy)、又有濃烈(Body)及強烈(Strength)、刺激(Pungency)、辛味(Bite)、又有濃漿(Cream Down)。刺激爲腎液汁所得之感覺，在口中感覺粗糙或收斂，但並非爲一般之滋味。生(Rawness)與青(Greenness)爲一種苦味，快爽爲有此特徵，多係品質優良者。惟此非香味之表示。

就化學方面而言，單寧爲構成之濇味與刺激性，即因出味，遂使茶湯其有特殊之滋味。單寧又使茶液呈金黃色、紅色及褐色，一方面使葉起乳艘之現象。紅色單寧生新青銅色及烈味，褐色單寧使水色起老青銅色；單寧能使液汁起澀味與快爽。茶素能使茶葉成一種興奮劑。揮發油起有芳香。全部之可溶物使茶湯濃厚。

除上述各項性質之外，茶師則須在各茶中發說其特性，使一種茶加於其他種茶中或普通茶中使其特性能表現於拼和茶內。茶葉如能具有此種品質，即使湯水乏某種特性，亦可博得高價。

拼和冰茶

美國夏季時最常遍之飲品爲冰茶，不需加牛乳或乳酪。拼和茶商須

研究各種茶是否適於此種用途，因有若干種茶之茶湯常變濁而生沉澱。上等薩薩姆茶及大部份青通暹羅姆茶及高地產錫蘭茶，即具有此特性。欲拼成一種沉澱不過多之茶葉，亦非不可能者，譬應上多數茶葉如錫蘭、北印度與南印度之低地茶葉，台灣紅茶及華北工夫茶等，均不起沉澱現象。拼和冰茶在拼和之前，應用水冲泡六分鐘後再加冰歐之，使拼和茶減少沉澱，在於冲泡之時間問題，若熟茶在冲泡盤中約三分至五分鐘傾出，即可成為良季適口之飲料。

審評用具

光綫爲審評茶葉之最主要部份。理想之審茶室，需面北之窗戶，審茶應放於光綫勻和面各茶杯均能受到同一光綫之處，若光綫不一，則水色即不能比較，直接太陽光與人工光綫均不宜應用。在遠東方面，槽常放於窗下，窗外更加一幕，使光綫直接反射於茶面。

美國審評茶葉之方法及設備與英國同，後省更爲周詳而正確，美國審奮茶葉所用房屋較小者不有木架陳列各種茶樣。一銅壺放於火爐上，可以調節光綫。窗外有蔭，可以調節光綫。應試之乾茶樣品排列於槽上，此種磁缽通常無缺口，但在歐洲若干地方，亦有用有缺口者。在各樣品之前，放壼一定大小之磁杯。每一樣茶用小型手上天平稱取四分之一兩或四十三克。俟稱就十、二十或三十種茶樣後，各放入磁缽中，然後川水蒸準備冲泡，冲泡時所用之水，需剛到沸點，決不用二次煮沸者。水冲入磁缽中即將蓋蓋上。

茶在缽中約浸體四分、五分或六分鐘，其鐘點以沙時計，或用小鬧鐘計之，此鐘須定鳴響，能於一定時刻鳴鐘，然後將缽橫置於杯中，使茶液流出，葉底即放於反轉之審面，即放於杯上。如此，一方面可審查茶湯，一方面又可審查葉底。智慣上均自左至右審評茶葉，下等茶每較先飲之。

在美國審茶時常用圓槽，槽面可以旋轉，槽面可用木或假石，固定台之中央裝一天秤，固定於台基或裝於槽柱上，具近式者更有一突出之小用盤，用一軸與槽柱相速，此小盤適在台面之外緣。台面可轉動，而此小盤不動，用作比較樣茶與標準茶之用。台面之四周約缺去三四时，使在外磁有一層較低之台面，白磁杯即放於四周，背後放一淺盆或於以盛貯樣品。茶師蟹坐台傷之槽上。不用磁缽，茶葉重量等於一個 Halfdime 銀幣，秤後各放於杯中，再以沸水冲入。茶師注視茶葉在各杯底綫綫展開，並隨台之週轉，而測別由杯底向上昇之蒸氣。後以乾淨匙羹在杯底攪拌茶葉，以觀水色之變化。約經半分鐘後，葉已涼却，可再嗅聞，然後用匙取起棄底之，以辨別葉底之性質，再將棄底浸入槽上盛潔淨熱水之碗中洗淨，以防附近兩杯之茶香混淆，如此一再審查於其他樣品。其次每品檢親水色，有著乾樣品之色澤始終不變，其他樣品或有一標準樣茶澄於比較盤上，然後週轉台面，與各樣品逐一比較。此種工作頗爲費時。

俟茶漸冷却後，茶師乃開始實際試茶。茶師見茶湯已不甚熱而適於辨味時，乃取茶水一匙，愈速用上下唇吸入口內。茶水絕不嚥下，不然

一組英國審茶器

1.審茶壺；2.汽笛壺（Whistling Gas Kettle）；
3.審茶天平；4.審茶罐；5.泡茶缽；6.審茶杯；
7.唾盂；8.審茶匙。

必須相等，普通先便每杯中之液量相等，然後用小茶匙各加等量之牛乳。有若干外觀濃厚之茶，做為色澤富麗，加牛乳後則淡而無味。

就一般而論，倫敦茶商將強烈之亞薩姆茶運往蘇格蘭，大吉嶺茶及爪哇之印度及錫蘭拼和茶運往西北部，其餘之印度及錫蘭拼和茶則運往西南部，整齊谷茶運往約克夏（Yorkshire），錫蘭及若干中國茶則運往西部，茶師有在膳前試茶時吸煙者，有非先咀嚼蘋果或牛酪以引起味覺作用者；審查密中之茶杯與茶碗容氣必須相等，天平必須準確；水壺必須洗淨，茶杯與茶匙，亦須洗淨而用布抹乾。

註一：F. W. F. Slaycacre 著：Tea and Tea Dealing 一九二九年倫敦出版。

將腎時影響於味覺，試味舉，乃吐於一大口之水筒內，此筒放於地上，而夾於兩膝之中間，在美國此筒之高與椅相若，其他國家或有過於椅者。

茶為茶葉之水浸液，故水之重要不亞於茶葉之種類。若干茶師擬用蒸溜水以審查茶葉者，但此種試出茶葉之本來性質。若干茶葉有粃適於某種飲水者，例如各種優軟紅茶、綠茶，用純粹之軟水沖泡可產生香氣與強烈味，但如用硬水沖泡，必灘獲得良好之結果。火工太老之茶或較粗鬆之茶，用硬水反得良好之結果。飲用牛乳之國家，最後更須加牛乳試之。但用於每杯中牛乳之量，美國試茶上對於此點則不甚重視。倫敦方面為適合此種情形起見，拼和茶商常採取兩地之水應用，例如勃萊婦斯（Plymouth）之茶則採取南台望（South Devon）之水以檢驗之。歟水所發現之硬點。

世界主要茶葉種類索引　附述茶葉之貿易價領及性徵

「d 指城市或一貿易中心」，「mn 市場名稱」：d,區域、郡、或區；gd,小區。

洲別	國名	出口商埠	地方名　區域名　或市場名	產區	當地情形，定義，品質，貿易上特點及分級
亞洲	錫蘭	哥倫坡（錫蘭茶 m n）（紅茶及綠茶）		亞拉加拉 d（Alagala）	一般情形：：錫蘭茶在高地、中等地及低地均有出產。普通以其出產之茶團名之（茶團有二千以上）。本島西南部及中部，南部六十餘哩均有出產。最佳之茶係檔於三、四月及八、九月。茶葉製工佳良，色黑，當
				亞班巴加姆華 d（Ambagamuwa）	海拔自七〇〇呎至二、七〇〇呎，品質不當。最湖漂之茶區，海拔自一、八〇〇呎至三、〇〇〇呎，產中等地茶，品質平凡。
				巴杜拉 d（Badulla）	在島發（Uva）近秀，海拔自一、五〇〇呎至二、七〇〇呎，產中等地茶，滋味強烈。
				巴蘭姑達 d（Balango-ja）	高地區茶葉型最無特殊，但滋味濃湧。中等地區產者外形美觀，湯水優美，但不濃，因異有於葉。低地區者薬形美，有時為優級茶。
				箱可耶 d（Dikoya）	海拔一、八〇〇呎至五、〇〇〇呎，前為繁茂之咖啡產地，現產高地茶，海拔四、〇〇〇呎至五、〇〇〇

下笛可耶 d（Dikoya Lower）　呎，品質優良。

迪浦拉 d（Dimbula）　處中等地及高地茶，海拔自二、三○○呎至四、五○○呎，品質中等至優等。

多朦斯貝其 d（Dolosbage）　處中等地及高地茶，海拔一、三○○呎至四、○○○呎，品質平常。

達媬巴拉 d（Dumbara）　產低地及中等地茶，海拔七○○呎至一、七○○呎，品質平常。

加那革達拉 d（Galagedara）　海拔八○○呎至二、三○○呎，品質平常。

加爾 d（Galle）　低地茶。

亞蟾巴蘭容達 ºd（Ambalangoda）　低地茶。

愛爾舉地耶 ºd（Elpitiya）　海拔八○○呎至三、六○○呎，產各種品質之茶。

烏都加馬 ºd（Udugama）　產低地茶，海拔一○○呎至五○○呎，品質平常。

漢丹尼 d（Hantane）　產中等地及高地茶，海拔二、○○○至三、八○○呎，品質平常。

哈蒲他爾 d（Haputale）　海拔三、一○○呎至六、二○○呎，茶葉優良。

西哈蒲他爾 d（Haputale west）　海拔三、一○○呎至七、二○○呎，茶葉優良。

哈里斯巴都 d（Hariaspattu）　海拔一、七五○呎。

上希瓦希太 d（Hewaheta Upper）　海拔二、四○○呎至六、○○○呎，品質不一。

下希瓦希太 d（Hewaheta Lower）　最老之產茶區，海拔二、○○○呎至五、三○○呎，品質不一。

洪那解魏利耶 d（Hunasgiriya）　海拔二、○○○呎至四、○○○呎，產中級茶葉。

嘉都干耶羅 d（Kadugannawa）　海拔二、三○○呎至六○○○呎，凡海各種品質之茶。

嘉魯他魯 d（Katurara）　產低地茶，海拔一○○呎至五○○呎，品質平常。

革加爾拉 d（Kegalla）　海拔四○○呎至一、五○○呎，品質平常。

革爾尼谷 d（Kelani Valley）　海拔三○○呎至二、○○○呎，大部份錫蘭低地茶產於此區，品質平常。

亞傳斯沙維拉 ºd（Avissawella）　海拔三、○○○呎至四、五○○呎。

耶條耶安託塔 ºd（Yatiyantota）　海拔三、○○○呎至五、○○○呎，品質平常。

魯安縷爾拉 ºd（Ruarwella）　海拔二、○○○呎至五、○○○呎，品質平常。

吉吐爾加拉 ºd（Kitulgala）　海拔三○○呎至二、○○○呎，品質平常。

革爾卜加 d（Kelebokka）　海拔三、○○○呎至四、五○○呎。

勒吉爾爾 d（Knuckles）　海拔三、○○○呎至五、○○○呎，品質不一。

可脫侵利 d（Kotmale）　海拔二、○○○呎至五、○○○呎，品質平常。

苦拏尼加拉 d（Kurunegala）　海拔五○○呎至一、五○○呎，品質平常。

馬都爾雲馬 d 及海華愛裏耶（Madulsima and Hewa Eliya）　海拔二、○○○呎至五、○○○呎，品質不一。

馬斯奇寶耶 d（Maskeliya）
東馬他寶 d 及拉加拉 d（Matale East an1 Laggla）

前爲咖啡產區，海拔三、〇〇〇呎者五、五〇〇呎，茶葉優良。●

海拔一、二〇〇呎至四、〇〇〇呎，茶葉中等。

北馬他寶 d（Matale North）

海拔二、〇〇〇呎至二、五〇〇呎，品質不當。

南馬他寶 d（Matale South）

海拔一、五〇〇呎至二、五〇〇呎，品質平當。

西馬他寶 d（Natale West）

海拔一、五〇〇呎至一、五〇〇呎，品質平當。

馬吡拉他 d（Maturata）包括旁攣逢

產最高地區茶，海拔三、五〇〇呎至六、五〇〇呎，茶葉優良。

奥耶谷（Kurunda Oya Valley）

產最高地區茶，海拔三、五〇〇呎至六、五〇〇呎，品質優良。

米達馬哈華拉 d（Medamahanuwara）

海拔三、五〇〇呎第四、五〇〇呎，品質不一。

蒙那拉加拉 d（Monaragala）

海拔六、〇〇〇呎至三、五〇〇呎，中級非常之茶。

莫拉雅可拉爾或丹尼耶耶 d (Morawak Korale or Deniyaya)

海拔一、〇〇〇呎至二、五〇〇呎，品質平當。

紐馬爾威或威爾生之菊屋 d（New Galway or Wilson's Bungalow）

海拔一、六〇〇呎至三、五〇〇呎，品質中級。

尼拉姆比 d（Nilambe）

海拔二、〇〇〇呎至四、五〇〇呎，品質不一。

列梓里穴 d（Nitre Cave）

海拔三、五〇〇呎，品質中級。

努那勒愛立耶 d（Nuwara Eliya）

最佳而最高之茶區，海拔六、〇〇〇呎至七、〇〇〇呎，品質極優。

潘維拉及華替窩 d（Panwila, Watte-gama）

海拔一、五〇〇呎至二、五〇〇呎，品質平當。

帕沙拉 d（Passara）

海拔二、〇〇〇呎至四、五〇〇呎，品質中級。

潘達勞雅 d（Pundaluoya）

海拔三、〇〇〇呎至五、〇〇〇呎，品質佳良。

普塞拉華 d（Pussellawa）

前爲咖啡產區，海拔二、〇〇〇呎至五、〇〇〇呎，茶葉佳良。

拉克華那 d（Rakwana）

海拔一、〇〇〇至三、五〇〇呎，品質不一。

拉姆波達 d（Ramboda）

最老產茶區之一，海拔三、〇〇〇呎至六、〇〇〇呎，茶葉優良。

隔加拉 d（Rangala）

海拔二、五〇〇呎至四、五〇〇呎，中等至優良茶。

勒那布希 d（Ratnapura）包括克弁維脊及帕爾馬都拉（Kpruwity and Pelmadulla）

海拔一〇〇呎至四、〇〇〇呎，中級茶葉。

烏達布奇爾拉華 d（Upper Pussellawa）

海拔三、五〇〇呎至五、〇〇〇呎，優級茶至最優級茶。

下華拉潘尼 d（Wal?gane Lower）

海拔二、五〇〇呎至四、〇〇〇呎，品質中等。

翠狒加馬及潘維拉 d（Wattegama and Panwila）

海拔一、五〇〇呎至二、五〇〇呎，品質不當。

地區	名稱	產區／輸出港	說明
印度	耶克梅庵 d（Yakdessa）較小低地區，包括：加婉帕哈（Gampaha）衛耶安哥達（Veyangoda）馬勿拉或維羅窪（Matara or Weligama）莫拉吐華（Moratuwa）		海拔一、〇〇〇呎至四、〇〇〇呎，品質平常。全國產片通茶葉。
			錫蘭紅茶之分級：薄橙黃白毫，碎白毫，橙黃白毫，白毫，小種，花香（即茶片），癙碎，干介，茶片及茶末。
			錫蘭綠茶之分級：眉茶，一號及二號貢熙，癙碎，干介，茶片及茶末。
	印度茶 mn（紅茶及綠茶）		一般情形：印度釀醇茶（紅茶）之品質因產地而不同。成茶通常烏黑色，通常鑄紅色，其香味與早摘之茶有顯著之不同。湯水色頗濃。印度茶亦以茶園商標命名，茶園約有四千餘家。有數區亦製少許綠茶，由北部邊界輸出。
	產區 北印度 I. 亞薩姆（Assam）m n 及 d a. 布拉馬普得拉谷（Brahmaputra Valley）		通稱亞陵姆茶。製工良好，堅硬。灰黑色，高級者有光潤金黃之芽尖。葉片厚重，有刺激性，湯濃，多作拼和茶用。產量最多之區為悉蔔加爾（Sibsagar）及拉背瓷（Lakhimpur）。
	達蘭 d（Darrang）		在亞薩姆孤域中佔第四重要地位。
	畢斯那斯 s d（Bishnath）		市鎮。
	曼加爾代 s d（Mangaldai）		
	德士普 s d（Tezpur）		鐵路終點及輪船碼頭。
	哥亞爾帕拉 d（Gsalpara）		市鎮及火車站，產茶蔬少。
	加盧潽 d（Kamrup）	加爾各答（Calcutta）吉大港（Chittagong）孟買（Bombay）加利康特（Calicut）麻打拉斯（Madras）喀剌蚩（Karachi）吐的可恩（Tuticorin）	輪船碼頭在高哈蒂（Gauhati），產茶蔬少。
	諾猓（Nowgong）	加爾各答（Calcutta）吉大港（Chittagong）	市鎮及火車站，鏖申級茶。

心一堂　飲食文化經典文庫

一二八

b.

拉肯晋d（Lokhimpur）
北拉肯普d
狄布魯加d（Dibrugarh）
潘列吐拉s d（Panitola）
杜陸麥t及s d（Dum-Duma）
丁格里s d（Tingri）
陸地耶邊境d（Sadiya）
柔陸加爾d,t及 z d（Silsagar）
野拉哈脫d（Golaghat）
約哈脫d（Jorhat）
巴利巴拉邊境d（Balipara）
薩馬谷d（Surma Valley）
卡察m n及d（Cachar）

II.
鶯爾赫脫m n及d（Sylhet）
孟加拉（Bengal）
大吉嶺m n及d（Darjeeling）

奔臘泥古利t及d（Jalpaiguri）
杜爾斯m n及d（Doors）
加爾支尼s d（Katchini）
達爾將安s d（Dalgaon）
冰那古利s d（Binnaguri）
那格勒加塔d（Nagrakata）
查爾陸s d（Chalas）
馬爾s d（Mal）
奧稱拉巴里s d（Oodlabari）
丹爾m n及s d（Tetsi）

吉大港d
吉大港山區d

為亞薩姆最上品茶之一種，有刺激性，二茶多嫩芽，秋茶具有良好之番味。

市鐵及輪紛埠頭。
市鐵及火車站。
包含世界最佳產茶區域之一部份。質佳葉豐。

產茶甚少，鄰近喜馬拉雅山之小河合流處兩成布拉馬普得拉河。
產優良茶，火車站。
沿邊搒利河（Dhansiri）之市鐵。
茶葉品質中等，俱有一部份稀佳。
在商藥上不需要。

葉呈灰黑色，液汁而濃，惟不若亞薩姆茶之刺激強烈，形個嗇爾赫脫茶（Sylhete）而略小。

裝片美麗，製工佳，茶湯溫和而有香味，品質中上。

葉之形狀大有差異，自細小乘葉以至大葉均有；生於喜馬拉雅山之山坡，海拔一，〇〇〇至六，〇〇〇呎，為品質最佳香味最優之印度茶，以六月及十月探摘者為尤佳。

杜爾斯茶區及印人茶園之商業中心。
葉呈黑色，茶湯較亞薩姆茶為柔和，色重汁濃，多作拼和用。在某種氣候情形下，有大量茶梗及紅色茶片，秋茶尤多。

細小黑葉，茶湯顏色佳，其品質況於杜爾斯茶。柔軟，有良好色澤，有時與

低品質之大吉嶺茶無異。
茶湯顏色濃烈，係一種良好之茶葉，葉小兩黑。
產量甚少。

銷售市場	產茶區	特　性
加爾各答	III. 別哈爾(Bihar)及奧理薩(Oria) 哈薩利巴格(Hazerbagh)及蘭漢d(Ranchi)	大多數為中國種茶樹所產之綠茶，有相當濃烈之液汁，略帶玫瑰氣味。
加爾各答	滿爾尼亞d(Purnea)	此處製造綠茶，品質特佳，略有香味。
喀喇蚩	IV. 旁遮普(Punja'i) 康格拉d(Kangra)	茶葉仝藏於入土茶箱內，商業上不重要。
孟買	VI.V. 聯合省 帖比拉山 古門mn及d(Kumoan) 加瓦爾sd(Garhwal) 古拉屯mn及d(Dehra Dun) 阿爾莫拉sd(Almora)	葉片小而黑，茶湯清淡快爽，商業上不重要。有一部份綠茶在此區製造，大部份銷於當地之阿姆利沙(Amritsar)市場。 南邊界運往西藏及尼泊爾銷售。 低級茶，五、〇〇〇至七、〇〇〇呎。 低級茶，五、〇〇〇至七、〇〇〇呎。 茶湯清淡，缺少色澤興香味，為一種低級綠茶。

銷售市場	產茶區	特　性
麻打拉斯 加利康特 吐的可題 加利庫特	南印度 麻打拉斯 科印巴托d(Coimbatore) 亞那莫拉mn及d(Anamalai) 交趾d(Cochin) 康耳d(Coorg) 馬都拉d(Madura) 馬拉巴(Malabar) 魏南特(Wynaad)Sd及mn 尼爾吉利斯d及mn(Nilgiri) 尼爾吉利縊南特d 丁尼佛來d(Tinnevelly) 邁索土邦(Mysore) 爪盤谷土邦d 爪盤谷中部d 加南第凡d(Kana Devan) 蒙達加陽mn及d(Mundakayam)	有良好泡液及相當濃度，略似爪盤谷茶，但更較強烈而仝用。 庵景極微，商業上不重要。 商業上不重要。 商業上不重要。 低地茶，品質低劣。 平均高度三、〇〇〇呎。 優良有杳味之茶葉，茶湯快爽有刺激性。 一種爪盤谷式之良好茶葉。 非重要茶區。 慶焙不多，但現又開闢新咖啡坡及森林地。 就一般而論，此種茶葉較為近似錫蘭茶，而不似印度茶。 高地茶，質佳。 中級茶。 一種良好而仝用之茶葉。

市場	中國	說明
	南瓜鬆谷 m n 及 d	

中國紅茶之分級：碎橙黃白毫，碎白毫，橙黃白毫，白毫，白毫小種，小種，花香（茶片）及茶末。

印度綠茶之分級：優等眉茶，眉茶，一號貢熙，貢熙，平介，秀眉，茶片及茶末。

市場	中國綠茶	說明
	I. 浙江省	在貿易上中國綠茶分為路莊茶（婺源、屯溪、徽州、遂安，溫州及在本地包製者）、湖州茶及平水茶。路莊綠茶湯水清冽，香氣濃鬱。湖州茶無香味。平水茶略著色，湯水尚佳。
上海	平水 m n	
上海	杭州 m n 及 t	杭州市場上之茶名。
福州	湖州 m n 及 t	水色淡，帶不美觀，最佳者有鮮明動人之顏色。
上海 溫州 杭州	溫州 m n 及 t	劣質路莊茶。
	金華 m n 及 t	綠茶。
	龍井 m n	品級最高之綠茶。
	廣東省	在廣東省上不重要。
	湖南省	在商業上不重要。
溫州 杭州 福州 廈口 上海	**II. 福建省**	
	福州 m n 及 t	福州市場上之茶名。
	三都澳 d	三都澳市場上之茶名。
	武夷 m n	茶汁西香。品質佳。
杭州 福州 廈口 上海	**III. 安徽省**	除其頭批茶之形狀及湯水與湖州茶相似外，湯水較劣。
	激出 m n	
	屯溪 m n 及 t	中國最上等綠茶產區之一，包括歙縣、婺源、休寧、祁溪、祁縣、黟縣及太平。中國及上等綠茶，有美妙香味，藥灰色，惟捲攏捲不及平水茶之細。次勝急遲，為最合併飲莊綠茶，有鮮明之水色。
	徽源 m n 及 t	
	婺源 d	
	黟湖 m n	
九江 m 及 t	**IV. 江西省**	九江市場之茶名。滋味辛濃，惟水色不良，且有澀味。

漢口

| 上海　九江　杭州　溫州　福州　廣州　澳門　香港　上海 | 漢口 |

中國紅茶
（工夫茶 m n）

形狀、製工及分級：所有之中國綠茶製工及分級如下：珠茶自針頭形至碗形，分特殊，一號，二號，三號，四號，五號，六號，七號及秘珠；眉茶（一號，二號，三號），粒大，圓捲；雨茶（長粗而捲之茶）；貢照（細小製造良好之捲形葉）；淮山（葉棕色）；秀眉（葉小），貢熙片、干介，及茶末等。

普通之九江綠茶。

包括紹興、餘干及萬年各縣。

包括茂山、上饒及餘汇各縣。

在貿易上中國紅茶分為葉北工夫或「類園旱輕」茶，湯水強烈，西澎味雜；華南工夫茶，水色較淡，葉纖而紅色。前者如法蘭之謀根地酒（Burgundy）後者如法蘭之冰紅酒（Claret）。

I. 安徽省
祁門 d 及 m n　　為葉北工夫紅茶之最優等者，湯濃，香氣厚。
婺源 d　　　　　婺源縣所產之茶。
秋浦（至德）d　　秋浦（至德）所產之茶。
六安 m n　　　　六安縣所產之茶。

II. 湖北省
宜昌 m n 及 t　　葉小而勁人，近似寮州茶，味厚，水濃，有特殊之金屬味或焗香。
羊樓洞 m n　　　羊樓洞、蒲圻、咸寧所產之茶。
羊樓司 m n　　　蒲圻縣所產之茶。
長陽 m n　　　　長陽縣所產之茶。
崇陽 m n　　　　崇陽縣所產之茶。
通山 m n　　　　通山縣所產之茶。
咸寧 m n　　　　咸寧縣所產之茶。
蒲圻 m n　　　　蒲圻縣所產之茶。
江岸 m n　　　　宜昌四週各縣所產之茶。
江南 m n　　　　宜昌街一帶所產及通山一帶所產之茶。
長壽街 m n　　　長壽街一帶所產之茶。
羅窠 m n　　　　羅窠縣所產之茶。

IV.

江西省
九江 d 及 t
鄱陽 d 及 m n
浮梁 m n
修水 d 及 m n
寧都 d 及 m n
武寧 d 及 m n
瑞昌 d 及 m n
玉山 d 及 m n

湘江 d 及 m n
蔣家市 m n 及
黃州 m n 及
衡陽 d 及 m n

IIL. 湖南省
安化 m n 及 t
桃源街 m n
長海街 m n
高橋 m n
醴陵 m n
瀏陽 m n
湘潭 m n
霧溪 m n
平江 d 及 m n
長沙 d 及 m n
常鄉 m n 及
湘陰 d 及 m n
臨湘 d 及 m n
石門 m n
石門縣 及 m n

衡陽 m n
太沙坪 m n
湖南省
衡陽 m n

為湖南衡陽之茶名，但以湖北茶之名出售。

太沙坪一帶所產之茶。

南鄉所產之茶，水色鮮明，有煙味。

平江縣所產之茶。

瀏陽縣所產之茶。

醴陵縣所產之茶。

瀏陽縣所產之茶，形狀鬆散，成海綿狀，品質顏佳。

巴陵縣所產之茶。

平江縣所產之茶。

長沙縣所產之茶。

臨湘縣所產之茶。

湘陰縣所產之茶。

石門及桃源縣所產之茶及岳陽一帶所產之茶。

蔣家市所產之茶。

黃州所產之茶。

安化、湘陰、瀏陽、長沙、醴陵、常鄉、平江及臨湘茶之總名。

為江西省北部鄱陽湖一帶所產之茶。香澄，鍚水淥。

鄱陽一帶所產之茶。

浮梁一帶所產之茶，其一部份名為鄱門茶。

修水縣所產之茶。

為名貴之絆細茶，外觀灰色兩有芽尖，條子緊密，鍚水佳良。

寧都縣所產之茶。

武寧縣所產之茶。

瑞昌縣所產之茶。

玉山縣所產之茶。

一三一

廣州 澳門 香港

杭州 溫州 上海

鄞 海州 州

古潭 m n
馬當 d 及 m n
湖口 d m n

V. 浙江省
溫州 m 及 t

VI. 福建省
小種 m n
坦洋 m n
白琳 m n

白毫工夫 m n
精選紅茶 m n（Padrae）
關州 m n
屆村 m n
北嶺 d 及 m n
洋口 d 及 m n
政和 d m n
丹陽 d 及 m n
邵武 d 及 m n
水吉 d 及 m n
東鳳婧 d 及 m n
武園 d 及 m n
北嶺 d 及 m n
沙縣 m n
正山 m n

VII.
廣東省
河源 m n
烟香河源 m n
白荼小種 m n
金銀花工夫 m n

溫州市場上之茶名。

有時品質優良，葉照挺，有嫩芽，為強烈之中國茶。

馬當縣所產之茶。

中國紅茶外形上之佳者，葉小而勻，湯味可口而薄。

葉通常黑色，滋味美而香，水色良好而有特性。

小葉紅茶，滋味濃厚如糖漿，微有烟味，雖偽製中國拼和茶之極有用者，但美國人少改之。

葉色黑，均勻而緊捲。葉底有光澤，俱湯門淡而無香。

一種葉南紅葉工夫，火工甚高，乾葉黑色而捲翹。湯色濃味烈，香氣佳。

指集中於福州出口之一切閩紅。

建甌縣所產之茶。

黑葉捲捲如絲，略有芽尖，香氣馥郁，水色鮮紅，味濃兩香。

連江縣所產之茶。

邵武縣所產之茶，為一種特別製造之福建紅茶。

沙縣所產之茶。

建甌區所產之茶。

尊宮縣所產之茶。

武園縣所產之茶。

福州所出之形狀最合時之茶，水色清，薄，缺乏鮮明及本質。

為低價擠用茶之基本茶，葉色紅而略影，易變粉末，湯味濃厚。

在此等區域出產之茶，名為嶺茶或嶺地方工夫。

葉大，水色清醬，有烟香。

地區	茶類
福建 廈門 廣州 福州	中國烏龍茶 福州 mn 及 t 水吉 mn 東莞 mn 銀針 mn 綠茶： 廈門 t 及 mn 廣州 d 及 mn
廣州 澳門 福州	中國花薰茶 橙黃白毫 mn 茉莉 mn 珠蘭 mn 白毫 mn
福州 漢口	磚茶
嵊定（打箭鑪）	中國壓製茶 廣州 mn 茉莉 mn 包種 mn
松潘	包茶 茶傳 小京磚茶 茶球

紅茶分類：花香白毫、橙黃白毫、白色及小種。

中國烏龍茶為半醱酵茶，外形略似紅茶，但滋味則與綠茶相似。優等者水色為鮮艷黃色，劣等者則為棕色或紅色。烏龍茶多銷於美國及邇邇。

任何中國茶在細火焙或茉莉花或其他花類薰香之茶。

一種高香之小種，在福州及廣州包裝。來自福州者，葉小品質劣，常與他種茶拌和以傳其茉莉花香氣。

紅茶在細火焙以及茉莉花或其他花類薰香之茶。

在廣州市場上之廣東烏龍茶。

在廈門市場上之福建烏龍茶，商業上不重要。

福州烏龍茶之一種，綴醉較冰吉茶為輕。

特別採摘之福州之東莞茶，由頭茶之微白色嫩葉製造。

用絲線束成小東之廣州烏龍茶。

福州市場上之福建種烏龍茶名，葉長而粗，帶黑色。有炎焙味微有香氣。

嫩芽尖較花燻橙黃色毫為多。

一種重瓣花之下級紅茶，形似珠茶。

以葉重疊花之任何茶葉，通常為實熙或紅茶。

一種重瓣花之福州烏龍茶。

紅茶及綠茶均照各種大小之磚茶、小京磚及茶球，作為葉棗製造上之腹物利用，而成為大景之陸路運輸貿易。

紅磚茶由紅茶製造後之廢料製造，包括茶片、茶末及茶梗等混入。俄國從前購買大量中國磚茶，但現時之消費只限於中強細亞及西藏。

松潘市場上之茶，在雅安及四川製造，倉有茶枝及茶籽。

中國茶以季節分類。

赤名普洱茶，在普洱製造，供內銷用。

為小型磚茶，作塊重陷數哂，由一種特別品質之粗茶末製成，供內銷用。

一種將茶葉壓成球狀以抵抗水氣變化者，供內銷用。

上海市場上之分類（本國貿易名稱）：

春茶：頭春茶，二春茶。

夏茶：三春茶，四春茶。

國別	輸出港	區域（茶類與等級）	特　性
日本	清水港 橫濱 神戶 長崎		

輸出港	區域（茶類與等級）	特　性
清水港 橫濱 授神戶 崎（長崎）	**I. 靜岡** d	日本之外銷茶可大概分為釜製茶，德製茶及烘藥茶，後者在從前稱位〔裝箱茶〕。日本亦漆少量紅茶。日本茶葉偽白直面成蜘蛛腳狀者，頗茶最佳，優等茶有濃稀美味。日本茶有如白酒。
	a. 遠洲茶 mn 　　n. 川根 mn 　　森 mn 　　大川 mn 　　金谷 mn 　　濱松 mn	靜岡釀產製日本外銷茶之大部份，各種額及各等級之茶葉均產於此，如遠洲（川根，森，大川，金谷，濱松）及駿河（安倍及富士）為最佳之茶。處量較他種為多。
		遠洲茶雖不甚合時，但偽次於山形面偽日本最佳之茶。
		遠洲茶之一種，襲捲，湯水均佳。
		遠洲茶之一種，襲形及湯水均佳。
		遠洲茶之一種，商業上較不重要；普通與金谷茶相拼和。
	b. 駿河茶 mn 及 d 　　安倍 mn 　　富士 mn	駿河茶之一種，品質中較，味濃，水色不佳。
		遠洲茶之一種，品質中等。
		遠洲茶之品質優良者。
		偽日本茶之合時省外形類觀，品質不及遠洲茶，湯水有香氣。
	c. 玉露茶（覆擇） d	駿河茶之合時省外形類觀，品質不及遠洲茶，湯水有香氣。
		遠洲茶之一種，味薄，色佳。
	d. 日本紅茶 d	與兩茶種相似。
	II. 山形茶 mn 及 d	一種完全綠靜茶。
	III. 宇治 mn	日本茶之最佳者，水色及香氣均佳。山形茶之最著者偽宇治。價高，偽最佳之山形茶。
	IV. 近江 mn	一種優殺茶。
	V. 滋賀 d	一種完全綠靜茶。
	VI. 鹿兒島 d 及 m	九州島川產之一種低殺茶，在日本最多，用以供低價拼和茶葉。
	VII. 三重 d 及 m	一種佳良之拼和茶。
	埼玉 d	通常稱偽八王子茶，葉形水色均佳。此種茶盧自埼玉縣之八間及玉二鄉。
	狹山 d 及 mn	因價鉻之故，輸出甚少。
	岐阜 mn	一種摻藥之茶。

| 台灣 | 基隆 淡水 |

XIIXI.X.IX

罐玉露茶 m n
碾茶 m n
番茶 m n
煎茶 m n
焙茶 m n

在宇治由液下茶園中之茶葉經特殊過程製成之高級茶。非外銷茶。

本稱爲式茶，爲磚茶及番茶相對者。碾茶常爲粉末，非外銷。

普通日本外銷茶名。

由粗糙製成之低級茶，非外銷。

炙焙之番茶，刺澳性極彊。

日本茶之分級：過優等，最優等，優等，最上等，上等，中上等，中等，普通，茶尖，茶末及花香（茶片）。

台灣茶多製成烏龍或包種，前者狹如香檳酒。

台灣茶，或台灣烏龍，台灣包種，四分之三醱酵台灣茶及台灣紅茶。

烏龍 m n

包種 m n

改良減四分之三醱酵茶 m n

台灣紅茶

產區

新竹

苗栗 d
竹南 d
竹東 d
中壢 d
新竹 d
大溪 d
桃園 d
台北 d
台中 s d
文山 d
海山 d
基隆 d

台灣茶之特微爲自然誘人，有果香。烏龍茶之特微爲自然誘人，有果香。烏龍茶分爲北區兩茶，南區之標準乃依其出產於火稻堀之北或南而定。

一種用特別方法製造之半醱酵茶，而於烘火之前以梔子、茉莉或玉蘭等花薰之。特爲若爲東印度貿易而製造之。

由台灣烏龍茶相關製造，但以四分之三醱酵代替半醱酵。分爲檳橙費白亳，橙黃白亳：白亳等。

由輸入之亞薩姆及土生種茶樹製造之完全醱酵茶。

爲兩主要產茶區之一，在本島之西部。

市鎮及火車站。
市鎮及火車站。
市鎮及火車站。
市鎮及火車站。
市鎮及窓坑站。
市鎮及窓坑站。
市鎮及火車站。
商業市場及火車站。

在茶區中心。

爲另一主要產茶區，新輸入之亞薩姆種，多在是處。

爲另一主要產茶區，其經歷忽略，所有之北區茶均產於此。

最火之海口，在東北海岸。

一三六

國別	地名	茶類	備考
〔台灣〕		台南	台灣烏龍，採用台灣茶葉檢查處之分級法：標準，優好之好，最好之好，好上，好至佳，佳，佳良，良，良上，良至最良，最良，最良至超等，超等。貿易上分若干中級等級，如好藥，完全標潤，揚魚至好，最佳，揚魚至好，超等及異常。
		七星 d	
		新菲 d	
		淡水 d	
馬來聯邦	檳榔嶼(Penang) 佐治墩(George-town)	吉打馬來 m n（Kedah Malay）	鹿業上不重要，與卡茶相似。
		古巒 d（Gurun）	在商業上有希望。
		松溪倍丙 d（Sungei Besi）	狹小之中國人池區。
		丹那拉他 d（Tanah Rata）	種植試驗。
印度支那	吐蘭 (Tourane) 海防	〔羣茶〕日晒茶	粗製之茶葉，供土人消費。
		安南紅茶及安南綠茶 m n	安南洞開處之下級粗茶，強烈、辛辣而微有香氣。有少量藉法國以作拼和之用。由暹人製經齊則工較佳。
		東京紅茶及東京綠茶 m n	東京士人用處之粗茶葉，供內銷用。
		東京茶併 m n	東京區士人用處之粗茶葉，行銷本土及中國之雲南省。
		東京支那綠茶 m n	臻形之茶塊，分三級。
		交趾支那綠茶 m n	交趾支那區出處之粗茶，有時或以茉莉或其他花薰之，供土人所歡迎。
		花茶 m n（Fleurs de Thé）	曲茶花所製成之花茶。
緬甸		土人醃茶 m n	緬甸之歐人所處理，仿錫蘭通用之方法及分類，供內銷用。
泰國		紅茶及綠茶 m n	一種蒸過之醃酵茶，為土人所產製，行銷於本土，作為盒菜食品常以菜油及大蒜共介之，為緬甸之主要茶處。
		茗茶或綠茶 m n	一種蒸過之醃酵茶，與緬共嚼之，時或和以大蒜及豬油，供內銷用。
伊朗		波斯 m n	茶種為印度產，機器（Gilan）在座少量茶葉，行銷本土，自謂品質絕佳。
		富雯 d（Fumen）	
		拉希貿 d（Lahijan）	
		蘭格魯德 d（Langrud）	
荷屬東印度 巴達維亞		瓜哇及蘇門答臘茶	一般情形：荷屬東印度之茶葉在貿易上以茶園商標出名，僅製造醱酵茶。

爪哇

泗水
棉蘭
巴東
本庫蘭
巴蘭邦
泗水
巴達維亞

爪哇茶

產區　巴達維亞州

一年中之大部份，爪哇茶有黑色動人之外形，但在旱季（六月週九月）時略呈棕色，香氣較佳，製工亦佳而適用，為動人之拼和茶，波味之利樂性適中。

大部份之優良茶葉均產於此區之山地，在爪哇產茶區內僅次於布林加州

花物 d、t 及 mn — 海拔八〇〇呎。

克拉溫 d — 市鎮。

索邦 d、t 及 mn（Soebang） — 海拔約一、五〇〇呎。

比蘇克 d（Besoeki） — 茶只產於二茶園中。

井里汶 d、t 及 mn（Cheribon） — 在二茶園中有少量出產。

革德里 d（Kedri） — 在三茶園中有少量出產。

革多（Kedoe） — 在三茶園中有少量出產。

溫那蘇保 t 及 mn（Wonosobo） — 海拔三、四〇〇呎。

馬迪安 d（Madioen） — 在一茶園中有少量出產。

巴索魯宏 d（Pasoeroean） — 在五茶園中有少量出產。

隆馬特宗 d、t 及 mn — 本區之首邑及火車站，海拔五〇公尺。

馬蘭 t、d 及 mn（Malang） — 海拔六〇〇呎。

薛加隆根 d（Pekalongan） — 在三茶園中有少量出產。

布林加州 — 製造大量之爪哇茶，本州佔全爪哇茶園百分之七十以上。

萬隆 d 及 t — 海拔二、四〇〇呎。

潘加倫根 d — 產荷印之優等茶，旱季茶可與較佳之印度茶及錦蘭茶相較，海拔四、五〇〇呎蛋六、〇〇〇呎。

加里特 d、t 及 mn — 海拔三、五〇〇呎。

索卡保密 d、t 及 mn — 海拔二、〇〇〇呎。

索摩丹 t 及 d 及 mn（Soemedang） — 本區之首邑，位於鐵路線上，海拔六〇公尺。

芝安耀爾 t、d 及 m n（Tji ndjoer） — 本區之首邑，有火車站，海拔六〇〇公尺。

令馬蘭 d 及 t（Semarang） — 在四茶園中有少量出產。

沙拉提加 t 及 m n（Salatiga） — 本區之首邑中，有火車站，海拔五八〇公尺。

一六八

心一堂 飲食文化經典文庫

索撻卡值 d 及 t（Soerakar's）

蘇門答臘

蘇門答臘受氣候之影響不若爪哇茶之甚，今年品質均一，葉形動人。

產區	備註
本庫島 d	在二茶園中有少量相連。／在少數茶園中有少量相連。
上本康島 s d	此區之首邑。
羣柏亨 s d i（Kepahiang）	海拔一、五〇〇呎。
巴沙脫親爾洛 s d（Pasartjoetop）	洛列特庫（Redjang）殖民地之一部。
可遠芝（Korintji）	位於特律娜比（Djambi）土人領地內。
東海岸	出產蘇門答臘之大部份茶葉。
日里 d（Deli）	東海岸之主要區域。
亞薩汗（Asahan）s d	海拔不高。
巴吐巴臘（Batol Barah）s v	在巴吐巴臘河流域。
屏馬陳根（Simoeloengun）s d	品質佳良。
潘馬湿碧他羅 s d	為蘇門答臘茶之最佳者，海拔八〇〇至二、四〇〇呎。
巴鄰邦（Paalembang）s d	產額雖少，但有發展希望。
德冰灭基（Tebing Tinggi）s d	為黃襄之貿易中心。
上巴鄰邦	在攬西（Moesi）河畔，火車站。
莫亞拉比列提（Moearabliti）s d	在巴鄰邦高地上。
柏格亞拉婭（Pager Alam）s d	海拔二、一四〇〇呎。
塔潘諾里（Tapanoeli）d	商業上不重要。
達里（Dairi）d	海拔三、六〇〇呎至四、五〇〇呎。
西海岸	產量較少。
巴東高地 d	海拔四、〇〇〇呎。
路谍柔卡坪（Loebjek Sikaping）d	本區之首邑。
奥菲爾蘭（Ophirlands）s d	海拔約四、〇〇〇呎。
莫拉拉勒傛（Moerara Laboeh）d	爪哇及蘇門答臘茶之分級：橙黃白毫，橙黃白毫，白毫，碎白毫，白毫小種，小種，碎茶，茶末及 B. hea，後者合楔。

區域標題：棉蘭　巴鄰邦　本庫島　巴東

地域	區域	港口	產地	說明
非洲	變吉葉卡	利烏卡（Levuka）	變吉d及mn	應少製紅茶，在伐斯南來浮（Vanua-Levu）製造，供內銷用。
	納塔耳（Natal）	竇班（Durban）	納塔耳d及mn	由亞薩姆土生種茶樹製造紅茶，供本地消費。
	尼亞薩蘭（Nyasa land）	貝拉（Beira）／支德（Chinde）	尼亞薩蘭mn／姆蘭治d（M'anje）／科羅（Cholo）d	紅茶品質中至優級，品種爲印度種。水色淡薄，在倫敦市揚上已漸重要。
	肯尼亞殖民地（Kenya Colony）	蒙巴薩（Mombasa）	肯尼亞mn（Kenya）／卡維倫度d（Kavirondo）／怯蘭垮d（Kiambu）／烏生奇休d（Uasingishu）／閼力巧d（Kericho）	肯尼亞茶（各種印度種茶樹）在商業上仍不重要，但漸有發展。葉大，水色淡薄，味頗烈。
	羅得西亞（Rhodesia）	比爾拉（Beira）	馬松那蘭谷d（Mashon land）／麥爾色胶d（Melsetter）d	商業上不重要。
	烏干達（Uganda）	蒙巴薩	烏干達mn／姆賓地d（Muhendi）	藥溶台茶葉、單甯及可溶物，近似印度茶。供本地消費。
	中東非洲	達累斯薩拉姆（Dares Salaam）	坦噶尼加（Tanganyika Territory）／西南高地d	試驗茶區。
	葡屬東非	葛三桑給	葛三桑給mn	商業上不重要，水色淡薄，與尼亞薩蘭茶相似。
	毛里求斯	路易士港	毛里求斯mn	商業上不重要。
	亞連爾羣島	翠術起爾島	亞連爾mn	製造紅綠茶，輪往里斯本。
北大西洋	喬治亞共和國／外高加索	巴統（Batoum）	喬治亞d	大部品質不良，最佳者與若干中國茶相等，僅在蘇俄本國。
歐洲	意大利	里高那（Livorno）	比沙d（Pisa P.）／幾里安諾（Giuliano）d	在試驗時期。

心一堂　飲食文化經典文庫

地域	國・地方	都市	茶產地	備考
西印度	保加利亞 (Burgas)	布加斯 (Burgas)	東羅美里亞 (Roumelia) 菲利波波利斯 (Philippopolis) d	試驗期中，茶樹來自俄國。
	牙買加 (Jamaica)	京斯頓 (Kingston)	藍山 m n	試驗期中。
	波多黎各 Puerto Rico	聖璜 (San Juan)	波多黎各 d 及 m n	試驗期中。
北美洲	最西哥 (Veracruz)	韋拉克魯斯 (Veracruz)	瓦哈嘎省 (Oaxaca)	商業上不重要。
			庫拉倫 d (Cuicatlan)	試驗期中，有發展希望。
南美洲	巴拉圭 (Villa Rica)	維拉利卡 (Villa Rica)	維拉利卡區	試驗期中。
	祕魯		拉康凡辛省 (La Convention)	商業上不重要。
	哥倫比亞 (Buenaventura)	布宜那文圖拉 (Buenaventura)	丁那馬卡區 (Cundinamarca) 加查拉 d (Gachala)	試驗期中。
	巴西	里約熱內盧	密乃斯吉立斯 d (Minas Geraes) 俄盧普累托 z d (Ouro Preto) 聖保羅 d (Sao Paulo) 巴拉那 d (Parana)	由亞薩姆種茶樹製造之紅茶，大部供內銷。
	阿根廷 (Buenos Aires)	布宜諾斯文利斯 (Buenos Aires)	阿根廷 m n	茶樹為中國種，商業上不重要。

第十四章　茶葉之栽培與製造

栽製方法之發展——土壤、氣候及高度——整地——實庭
之理論與實際——耕作——遮蔭——防風及遮土植物——施肥
——病害及蟲害——修剪、採病及茶樹管理——茶廠——製造
方法——紅茶、綠茶及烏龍茶之製法——磚茶、塊茶、餅茶及
粗末——芬工——試驗場——種植者協會

種茶及製茶方法起源於中國，現今各產茶國，均直接或間接採用中
國舊法；但此種國家業將舊法加以改良，應用科學化之農業技術及節省
人工之機械。

在中國，茶籽播種於斜坡及荒地，栽植粗放，遂使茶叢矮小，產量
低下，較印度、錫蘭、爪哇等地均有遜色。中國舊法製造綠茶，保摘葉
後即行釜妙，然後揉捻及乾燥。製造紅茶保先揉捻、醱酵，然後烘焙。

爪哇及印度之最早經營茶業者，首先雇用中國之技工，輸入中國茶
種，並引用中國方法栽培製造。其後改植亞薩姆本地種，剪枝採摘，改
用新法；製造則採用機械。今日歐人之經營方法已與中國舊法相對。在
栽培方面，選擇適當園地，用苗圃育苗，再擇良苗移植；茶栽施行剪
枝，促其增產。摘葉亦注意增進日後之繁茂。至於爪哇、蘇門答臘、錫
蘭及印度諸國間方法之差異，全由於氣候及地理形勢之不同，大體上皆
之，此等新興產茶國，其產製技術均大同小異。

五百年來，中國茶葉之栽培與製造方法無甚變更，茶農仍以茶葉當
副業，晚近始漸引用印度錫蘭新法，採用機器製茶。日本則
自爪哇及印度學得新法種茶，且已發明多種特有之製茶機器。台灣亦已
採用進步之產製方法。

近代之茶樹栽培

地圖上栽培茶葉之區域，北自蘇俄高加索，南至北阿根廷，在北緯
四十二度至南緯三十三度之間，共計七十五度。但產茶最豐要區域，仍
限於北緯三十五度之日本至南緯八度之爪哇之間，相隔不過四十三度。
至於經度，自東經八十度至一百四十度。在此區域範圍者，計有中國、
日本、台灣、爪哇、蘇門答臘、錫蘭、印度等國。

今日大規模之茶葉栽培者，對於茶樹栽培已如其他園藝及五穀經營
者，採用科學知識及精密管理。並用積種方法，以增進效率。爪哇、印
度、日本、中國、蘇門答臘及錫蘭等國各試驗場，均從事於研究工作，
以求方法及產品之改進，並育成新種，使能抵抗病蟲害及適應不良之氣
候環境。

土壤條件

中國茶樹向栽培於不適宜種植其他殼物之土壤，因咸謂茶樹以栽培
於瘠土爲優。但據各國初期試驗結果，證明凡排水良好土質過於疏鬆之
土壤，栽茶難以豐收。事實上茶樹能生長於任何種類之土壤。例如亞薩
姆堅實之黏土及輕鬆之沙土中，均能產高量之茶葉。卡察茶生於泥炭土
（Peat）中，每莢畝仍能產茶二千磅。然欲茶樹生長繁茂，管理及
減省發用，仍以輕鬆、砂質、養料豐富而排水良好之土壤爲宜。

因茶爲採葉之作物，故土壤中氮之供給，最爲重要。至就有機物、
鉀及磷之需要而論，與其他植物無異；但不需要石灰。蓋最適於茶樹
栽培之土壤，必需具有酸性，酸度較高之土壤，所產茶葉之品質亦常較

佳；中性及礆基性土壤，均不宜茶樹栽培，且所產恆劣。

氣候與高度

茶為常綠植物，除過於乾旱之區域外，可生長於任何氣候。如英國寒冷多溼之南部既可生存，而在五月氣溫昇高至華氏一一五度，溼度減至一七％之印度蘭溪地方，如溼無礙，亦滋無礙。但最能繁茂而產量最多者，仍為熱帶及亞熱帶地方，如錫蘭、爪哇之高熱與潮溼，茶可終年萌發新芽。印度東北部在十月季候風停止時起至次年四月，氣溫低降，空氣乾燥，以迄十二月至三月，茶樹發育受阻，不能採摘。中國較印度乾燥，產量亦較少。日本在冬季甚寒，故雖發降雨，枝條均停止發育。

溼度為產茶葉之重要因子。乾燥空氣不合於茶葉之生長，在華氏八十五度左右而溼度逕大之情況下，茶樹之生長發育特佳。

寒冷之氣鈍使茶樹生長緩慢，雖然溫能使茶樹之葉發黑，但得高茶藥品質，如錫蘭高地茶、大吉嶺茶、亞薩姆初春茶及杜爾斯秋茶，均為良好之例證。

在印度，茶樹種於山地，其高度往往超出海拔一，〇〇〇呎至一〇，〇〇〇呎不等。錫蘭多栽茶於平地至七、〇〇〇呎高度之地面，惟大部則栽於三、〇〇〇呎之地面。爪哇茶多生長於海拔一，〇〇〇呎之地面，惟潘加偷根茶則栽於幾超出五、〇〇〇呎以上之山地。蘇門答臘茶則栽茶區域，在一、二〇〇呎至三、五〇〇呎之間。

中國之最優等紅茶，產於安徽省海拔三，〇〇〇呎之高地。最珍貴之綠茶，產於安徽省海拔四、〇〇〇呎之高地。日本最上等茶，產於河流兩旁之山坡，但半數之外銷茶葉，則產於靜岡縣海拔不高之地。台灣茶園，多位於二五〇呎至一、〇〇〇呎之丘陵地帶，著名之烏龍茶則產於平地至海拔三〇〇呎之丘陵地帶。

使茶葉生長繁茂之最主要條件，在於常年有調勻豐富之雨水，尤以採摘前之期間為最重要。不然，茶樹生勢柔弱，易滋病虫侵害。雨量每年至少須在八十至九十吋，不宜有長期之乾旱。多數重要茶區常超過此數，極少有低於此種限度者。不然必為該地空氣溼度特高，以彌補實際雨量之缺少。

印度各茶區之平均雨量，依地形位置顯有參差。東北部之屈薩姆地方，頗為溫暖而潤溼，每年雨量一百至二百吋，大吉嶺一帶當東北季候風時，氣溫較低而乾燥；但在西南風時期，如五月至八月間，印度西南部茶區平均雨量在一百至三百吋之間。

錫蘭氣候與印度東北部相同，無細明之乾溼季之分，全年有雨，平均雨量在十二月至四月為淺季，五月至十一月為溼季，每年平均雨量在七二至二七一吋。

爪哇各產茶區之雨量，分佈頗為平均，最低者如馬拉巴（Malabar）為一〇二吋，最高者茂物為一六八吋。七月與八月為故旱之月份，蘇門答臘氣候之雨量，絕年無甚變化，雨量最少時為六、七兩月。主要產茶區之要他爾（Siantar）終年雨景平均為一二六吋。

日本終年均有雨，無一定之乾季。九月為日本殷多雨之月，一月則為最少雨之月。京都得濃霧與露以補充。每年平均雨量約六十吋，靜岡平均雨量為一〇〇吋。

台灣每年有顯著之雨季，自六月至九月下旬，每日下午必有驟雨。全年雨量大都於此期。

整地

印度初期開墾茶地，仿中國舊法，多選波峭之傾斜地，其後知平地茶更為茂盛，故現在印度東北部之最佳之茶地均為平地。錫蘭、南印度、大吉嶺及爪哇之茶，大部栽於坡地，故須注意其方向。例如錫蘭選晨曦直射之斜地，大吉嶺亦為較佳。雪爾赫脫之丘陵地，亦同一情形，該處除有遮蔭樹害外，兩向坡地不宜種茶。

其方法悉依普通農業土木方法辦理。

當新區域整理耙平後，用木樁在坪上排定栽植茶苗位置，每一梯園可栽植一行或數行，坡度定之，斜度愈大，則每一梯園之面積亦愈狹。

平地栽植茶多採正方形或三角形栽植法，其栽植大抵四呎至六呎。每畝種茶株數依種植形式而異，種植較密，所費稍鉅，但早得收成。經濟之種植距離，在平地為四呎六吋，四年內即可使茶叢遍蓋地面。表一為平地用長方形種植法之每畝種茶株數。惟道路及水溝等其他空地，尚未計入在內。印度常採用之等邊三角形種植法，土地經濟，同時可以避免茶叢過密之弊。表二即表示每畝依此法可種植之株數，但道路及水溝等空地，亦未計在內。

表一　長方形種植法每英畝種茶株數

	3呎	3呎6吋	4呎	4呎6吋	5呎	5呎6吋	6呎
3呎	4840						
3呎6吋	4148	3555					
4呎	3630	3111	2722				
4呎6吋	3226	2765	2419	2150			
5呎	2904	2489	2178	1936	1742		
5呎6吋	2640	2263	1980	1760	1584	1440	
6呎	2420	2074	1815	1613	1452	1320	1210

表二　等邊三角形種植法每英畝種茶株數

株叢面積	3呎0吋×3呎0吋	＝每畝5590株
株叢面積	3呎6吋×3呎6吋	＝每畝4107株
株叢面積	4呎0吋×4呎0吋	＝每畝3144株
株叢面積	4呎6吋×4呎6吋	＝每畝2484株
株叢面積	5呎0吋×5呎0吋	＝每畝2012株

每一茶園當先立計劃，佈置道路；襯式茶園不但缺少道路，且少小徑。現代茶園如位於平地者，常用之道路分割每十畝至二十畝之小區，道路可通汽車，則茶園分割愈多，管理亦愈便利而完善。如用斜坡種茶，當先圍為梯園，植物種植於坪上。傾斜較緩者，不須作坪，常用土堆成環形，以防表土之沖失。種植茶樹後，當再佈置排水溝，主溝傾斜順流而下，小溝則橫過由坡入於主溝，使水注於主溝，

在庖定勞工及建築房屋之後，開墾土地之第一步工作即為設置苗圃；苗圃擇定後，先使種籽發芽，然後以四呎至十呎距離播種，若以森林地為茶園時，當先將地面叢莽刈去燒燬，再砍斷及焚燬大樹。最宜注意者，為除去一切之殘枝殘根，不然日後所種茶樹，將受嚴重根病。惟清除殘物，需工甚多，所費尤鉅，故有時使其次鄰隔斷。至於草地之整理，較為容易，惟遠不及林地之肥沃。

繁殖之理論與實際

茶樹繁殖除用成熟之種籽外，更可用無性繁殖，如扦插、壓條及嫁接等方法。種籽繁殖最為普遍，但台灣採製具有特殊香氣之烏龍茶之品種，以及試驗場中行各種科學研究試驗時，為防止茶樹之特殊性實發生變異，則均用無性繁殖。

多數茶園常開闢一小塊地培植經過選擇之茶樹，使其生長至十五至二十呎高，以產種籽。種籽成熟落地，始行拾取，再用篩選或水選法選種，俟充分乾燥，為貯藏於木炭、乾黏土或二者之混合物中。運達時常用箱裝之。

多數茶園播種亦有行直播者，但在印度頗為危險。因乾旱易使幼苗枯死，且不易充分灌溉於廣大地區。尚有一缺點，為苗木不易選優汰劣，即使每一穴中放三、四粒種籽，仍難避免此弊。

多數茶園均擇適當地點作成苗圃，或植遮蔭樹以遮蔽烈日，或以人工做成木架及竹架，上蓋茅草或棕櫚葉蓋之。苗床寬六呎，用小路分隔，旱時用水灌溉。

種好運到茶園，大多已經選擇，但常再用水選，棄其輕而浮於水面，

者，取其垂直沉者。種籽常放於遷沙徐中發芽，俟種發裂開，乃再植於苗床，深度為半吋，眼孔須向下。但優良之種籽而為出售者所保證時，可直接播種於苗床發芽。

茶苗之移植，蘇門答臘常在發芽後三四月，此時羅已發育充分，但遷移植困難，故普通移植期常以六個月至十八個月之茶苗為佳。錫蘭與爪哇之茶苗雖在乾季，亦不洪乾燥，故移植時不必附泥塊。中國茶園，則常備苗圃。移植時，幼苗附有泥塊，慎重移運至新地。

斜地植肥，不甚通行。但苗圃移植後，常施濃厚廐肥。苗圃遮蔭，頗為重要。故在種幼苗之茶園中，常種植半常綠植物，如 Boga medeloa 之類。中國祇有一小部分採用苗圃，而在英屬印度及荷屬印度之大規模茶園，則常備苗圃。

日本及台灣之種茶者不用苗圃。其播重方式採叢播，多採用叢播。台灣對於普通及性質較強之品種，用直接播種繁殖，但對於優良品種，往往採用扦插及壓條方法，而壓條法更為普遍。

扦插之手續，係將枝條插入淺土，並去其葉，使其生根。壓條將選其側枝，深入泥中，俟枝條生根，然後選種植。

爪哇對於品種選擇研究工作，進行已歷十六年，印度支那、中國及日本，近年來亦仿行之，但錫蘭與印度至今尚無此項研究。

耕作

在種植幼苗之土地，清除雜草為促進生長之要件。普通在雨季後行深約六吋左右之深耕；此外，每年約再耕四五次。印度南部及錫蘭常行除草，故極少雜草滋生，自無鋤耘之必要。中國每年除草四次，同時亦植綠肥作物。日本秋季各行茶樹間施行深耕者有達二十四時者。三月至十月間，行淺耕除草及翻土。但非全鋤犁鐵者可能時，更用耕牛翻

遮蔭、防風及護土植物

茶園栽植遮蔭樹，已盛行多年，因有藤與無陰相比，前者產茶常更佳。樹木對於茶樹，可使鉀及燐酸等礦物性養料有利於茶樹之吸收，阻止根深幹高雜草之生長，促進土壤之通氣與排水，並保護茶樹，使不受強光及蒸發。但其缺點則在易於俾佈根病，枯死倒下時，必害及茶樹，以及茶樹爭取水分及遮蔽，利害兼有，則與茶樹種類比。以及茶樹之供給礦物性養料既多，則於土壤之通氣，可用肥料代替；防止雜草滋生，亦可用除草方法避免，若多數地方太陽照射無蔽茶樹，則上等氣，可用適當樹木及蔭下亦能生茶，惟在一般情形之下，利用遮蔭樹利多弊少，且共陰姆茶園經標準試驗結果，知藤下所生長之茶葉，其可溶質分量增加而單寧室突減少。

多種樹木，只要不過密，均能造成適宜之蔭，惟薑料植物，有自空中吸取氮素貯於枝葉之功。共落葉及嫩枝即成綠土地之綠肥，因此普通作樹植蔭之植物，均為此種植物，如 Albizzia Stipulata、A. lebbek、Derris microphylla、A. Molu-ccanna、A. falcata、A. procera、Leucaena glauca 及其他種種 Dalbergias。Erythrina lithosperma、Leucaena glauca 及其他種 Dalbergias。此種遮陰用樹木之種植距離，在爪哇以十八呎或二十四呎平方為度。印度東北部以六十呎平方為度。

荼料樹木又可種植於沿茶園之路旁，排列成行，以防強風區域之風害。暴風頗能妨礙茶葉之生產，故在通常遮蔽植物之外，更宜種數行之防風林。錫蘭海拔四千呎之高寒茶園，種植銀樺（Grevillea robusta）

心一堂 飲食文化經典文庫

作為防風林。

濃木性之荳科植物，於茶園開墾之始，常種植於行間，以作綠肥並防止土壤沖刷。最普通者為 Crotalaria usaramoensis、C. Anagyroid-es、Tephrosia Candida、T. hookeriana、Leucaena glauca、Clitoria cajanifolia、Centrosema、Plumerii、Cajenus indicus、Sesbania aculeata、S. egyptiaca、Indigofera dosua、I. arrecta、Desmod-ium polycarpum、Desmodium tortuosum、D. retroflexum。

若干一年生草本荳科植物常種於茶叢間，俟其生長後數週，耕入土中，如 Phaseolus 屬之多種植物如 Vigna catiang(Cowpen)、Glycine hispida (Soyaben)、Cyanopsis、Psoralioides、Crotalaria juncea 及 Crotalaria striata 多作此用。

錫蘭及爪哇常因土壤受劇烈洗刷，養分損失甚大。故多植荳科護土植物，並加之清除雜草。其中以 Indigofera endecaphylla 適於錫蘭，而 Vigna hosei 適於爪哇。此二者均為綠肥植物，當欲用作綠肥時，可刈割埋入土中。此種植物經刈割後又從根部迅發新芽。印度最普通之護土植物為 Phaseolus truugo 及 Crotalaria juncea、Sesbania aculeata。

施　肥

施肥之目的，在增加土壤中植物生長所必要之養料，以補因栽種及土壤沖刷之損耗，而無損於茶葉之品質。

關於某一土壤需要何種肥料，應由土壤化學家決定之。為求完善起見，最好由栽培者將所用之土壤加以分析，以求得適當而最大之效果。

施肥方法。印度、錫蘭、爪哇、日本及台灣各茶業試驗場，均聘請富有學識之技術人員，從事栽培與製造之研究。各種土壤應滿要何種肥料，亦為其研究問題之一。

印度、爪哇及錫蘭除用綠肥外，更同時利用無機與有機肥料。印度較多用餅肥，中國及日本常用人糞尿，日本更用人造肥料，實際上各種

人造肥料均可用於茶葉，常用之氮肥為硫酸錏、炭酸鈉、硝硝化鈣及其混合肥料。又如鉀鹽、磷酸肥料、油餅、動物餅、魚鱗、骨粉等，在市價適宜時亦有用者。

通常每年於茶芽發期前施肥一次。日本秋季施用遲效肥料，春季則施用速效肥料。台灣經科學試驗之結果，已使農民加強施用人造肥料之信心，但在中國一般茶農，常任茶叢自然生長。

病害及蟲害

茶樹易受種種病蟲之侵害。蟲害中最烈者為茶蚊（Helopeltis），喜吸嫩芽之液汁。在爪哇印度南部杜爾斯及臺馬谷流域，雖用積種方法防除，亦未兒有效，惟如栽培良好，顏有實效，其他重要之害虫為茶播蟲（tortrix），用絲播茶葉成巢穴。偷有穿孔虫，常穿窒整枝，使其不能生長茶葉，在錫蘭蔓延甚廣。茶璧虱（Tea mite）依其體色而分有紅璧虱、種黃璧虱、淡紅璧虱、黃綠虱等，均在乾旱時期慢害葉片，使葉變黃色或黑色，最後使葉片脫落。若雨量充足，茶樹雖受慢害，但仍能恢復。

此外尚有一種顏色顯著之綠蠅，產於印度、日本、中國間亦有之，為唯一受栽培者歡迎之昆虫。印度大吉嶺一帶，茶葉受其妨害，而所製之茶葉，品質特佳。

中國茶樹病虫害尚少紀錄。日本冬季嚴惡，故得免南方各茶區多種熱知而嚴重之病虫害。如上所述，若干病虫害僅發生於某一地方或某一高度內。某種病虫害時發現於同一茶園中，實指出氣候與高度之所賜與。

關於茶樹害虫詳細情形，非本編所能述及，閱者可參考關於此項問題之專書，如倫敦出版 E. A. Andrews 著之「防除茶蚊之因子」（Factors Affecting the Control of the Tea Mosquito Bug, 1923），已達維亞出版 S. Leefmans 著之「茶蚊之研究」（Bijdrage tot het Helopeltis-vraagstuk Voor thee, 1916）以及倫敦出版 George Watt

著之「茶樹病蟲害」(The Pests and Blights of the Tea Plant, 18
98)。此外關於各種防除法，散見於加爾各答之印度茶業協會及爪哇茂
物試驗場之各種報告中。

各種茶樹之病害均為寄生菌類侵害葉、根、莖各部之結果。葉部病
害對於栽茶者最關重要，因茶樹以產葉為主，故發生葉病不但將來葉與
幹之發育將受影響，且立即使所之葉量減少，往往記載，茶樹之病害
已有百五十餘種，惟除北印度之 Blister 病外，其他幹病均未釀成大害。

概言之，凡茶樹之營養不良，以及其他原因而使樹力減損，乃為茶
樹被病菌侵入之誘因。因此如施肥及管理得法，即可避免之。葉病中足
以記述菩為 Blister blight、灰褐病、銅斑病、烏眼形斑病、Cercos-
porella theae 以及 Sooty mold、Phoma theicola、Phaeos phaerella
thene、Scabbed Leaves 等。以上各病除中國無詳細記錄外，其他各
國，均有其中若干之病。防除之法，為將其病害分速燒燬之，或用
Bordeaux 液及 Burgundy 液，或用石灰硫黃乳劑或採用精密栽培方法。

上述方法，更適用以防除其他病害。如赤銹病、細菌病、蓋病、黑
腐病。印度寄生性線蟲病。叢生性線蟲病、灰黴病、勁病。
病（Horse hair blight）又有兩種幹瘤病（Branch Canker）、馬毛狀
病，三種 Die-back、Massaria theicola、根腐病、紅根病、Poria hypobrunnea、
苗之根腐病、藓苔、地衣以及虫癭，枝上瘤瘤等。現在常為剪枝及切口
塗瀝青，可防止病菌侵入。

根病能害及枝幹，而促其枯死，最為栽培家所忌，但此種病菌，極
少傳染至枝之上。凡掘起已死之根，如無共他斷菌原因時，必發現病菌
之菌絲。根病最普通之來源為枯死之樹根，能傳佈菌絲於各部。根病有
下列數種。Rosellini arcuata、Rosellini abunodes、Ustulina Zona-
ta、Sphaerostilbe repens、Diplodia、紅根病、Poria hypobrunnea、
Trametes theae、Fomes lignosus、F. lucidus、F. applanatus、
Polyporus mesotalpae、Sclerotium 等。

關於茶樹病害之處理方法可於 T. Petch 所著之「茶樹病害」(The

Diseases of Tea Bush, 1923) 寺中見之，彼貿為錫蘭政府聘請之植物
學家及細菌學家，共後任錫蘭茶業研究所第一任所長。

修剪、採摘與茶樹管理

多數作物之生長，均非為自然之原有狀態，其中尤以茶樹為然。野
生茶樹能長成大樹，但栽培於茶園中則僅一濯木，此乃由於定期剪枝。
且剪枝後，並不任其生長，俟新芽抽發時，大部摘去，一再施行剪枝，
老，為保持茶叢之根與莖之平衡，故如葉部超過平衡時即須再行剪枝。

關於剪枝方式，印度、錫蘭、爪哇及其他產茶國，均依其地方情形
而不同，但其原則及目的則相同，即為刺激新芽之生長，並使茶叢能保
持適當之採摘之高度。剪枝時間，有於春植後六月或一年，即行去頂使其發生
側枝，亦有至三年後長成高五、六呎之勁枝，乃在離地面九時處，剪
去上幹，祗留基部。由此基部長出側枝，再將側枝自地面十五至十八時
處剪栽，造成至年之骨格，俾共同向外發展。次年再約於高十五至十八時
處剪栽，以後往次剪栽，較上次增高二時，直至產量減少或枝條太高為止。
而至此應施行中剪時，於離地十四時處悉數剪去，以後待闊剪枝復各加高二
時。

瑷薩姆以採剪栽枝一次為原則，但有若干茶園，則每二年剪枝一
次。印度南部持陷二、三年剪枝一次，錫蘭剪枝次數依栽培地之高度隔
十八月、三年、四年、五年不等。爪哇剪枝後之相距期間，為一年半至
二年，日本則十年或一次，惟於茶株衰老時，則施行台刈，任其生長
至枝復稠矣，然後再行整枝。台灣茶樹甚少剪枝，在五年至十年間，在

常施平摘及日本之刈用探摘鋏均有輕度修剪作用，並可保持適當採摘
面與促進茶芽之生長。

印度錫蘭之茶叢，以剪成平頂形為主，爪哇過去剪夜方法，使樹叢
成為中凹狀低，但近年則因切斷生幹之結果，使四圍枝條容易高枝，與

印度、錫蘭所採用方法相同。

中國培養較佳之茶叢，常不超過三呎，使矮小之採茶者，亦得便於工作。幼齡茶叢於生長之初期，用指甲去頂，每年二、三次，以促側枝發育；側枝又繼續去頂，使其繁生茶葉。除去頂以外，中國最優良之茶園更於必要時隨時用列枝刀剪枝，使茶叢保持二呎左右，以便採摘。

剪枝時期依地方情形而不同，然以寒季及雨季前行之為最適宜。此種情形，通用於印度。錫蘭茶樹終年生葉，可在任何時期行之。日本則視需要與否，於頂茶二葉後之生長盛季中剪之。

採摘為茶葉供應市場之第一步驟，採摘之精細與否，與成茶之品質有關。採摘普通常由婦孺為之。北印度採摘期在三月末或四月初，至十一月中，中國採摘亦自四月起繼續行之。日本初茶採於五月，繼續採摘三次至四次，最後一次，往往延至九月末或十月初。台灣茶農自三月起至十二月初採製。

（Tanil）採茶人用兩手採摘，每日可摘三萬芽，往往千二百芽約製茶一磅。

採摘頭茶，除留魚葉外，常以剩留已完全發育之三葉於原枝上為原則。（魚葉印度語稱 Jannum，乃生育之蕾，錫蘭及南印度稱魚葉。）常葉膠抽發新芽時，其第一葉（即魚葉）邊緣無鋸齒，形滅小，第二葉不及普通葉大，亦無鋸齒。普通於芽下第二葉下之嫩梗附近用指尖採取之。但葉梗不為購茶者所歡迎，故採摘時務必愈少愈妙，前有採一芽三

葉而留極短或保誰芽眼及葉腋者，但今已無人行之。

凡此，採茶葉以供製造、分別為精採（fine）、中採（Medium）、粗採（Coarse）三類，完全用以去除葉之嫩老，以及同時採摘葉片之多少。

第一次採摘以後，爪哇、錫蘭之一般習慣，剩一葉至第二次採摘，即有三葉一芽時，祇採二葉一芽。在亞薩姆第一次採摘，常採去新芽及葉之全部，此種採法可得優良之茶，製成上等茶葉，但對茶叢生長頗有影響。

從發育不良之芽所生之葉，普遍無繼續生長之希望，故稱為不育葉，其處置方法頗多討論，有主張從違採去，對於茶叢較為有益，但Claud Bald 主張此葉乃在休止時期，不宜加以妨礙。更較正確之解釋，為新芽倘未發育中，但其葉腋之芽，則在休眠，其原因由於根部養分供給不足或乾旱及過度採摘所致，經相當時期之休眠，再行活動向上發育之。（註1）

對於大面積茶園之茶樹生長發育不良時，可用暫停採摘方法，不加擾亂，任其自然生長。以休養其樹力。茶叢之負擔，原在於產生葉片而供採摘，若能暫免此種負担，即可休息而恢復原來生氣，為恢復全茶園健康起見，停止採茶一年，亦非過分。

停採為求恢復刞勢，並非放棄不加管理，其茶地管理工作仍須照常進行。土地亦經繼續除草，至年底茶叢已經休養之後，則對於新枝修剪亦如其他已採摘之茶枝同様較勢二、三吋。此種剪枝使茶叢不致開花的消耗樹力。如茶在上半期採摘而下半期任其生長，亦為一種休養方法。茶叢採摘後，常放證籃中數小時，以待運送至工廠。如堆積過多，則中部發熱，茶葉變紅，有影響製茶品質之虞。取籃內中央變紅之茶葉，試驗其含單寧量相比較，與籃面茶葉所含單寧量相比較，知其分量往往減少。

註1：見 Claud Bald 著：印度茶之栽培與製造（Indian Tea, Its Culture and Manufacture）一九二二年加爾各答出版。

去一半（註二）。由此可知生葉在茶籃中不宜積壓，且須多留空隙通氣，並宜隨時送至工廠萎凋，不可延遲。普通每日送工廠以二次為宜。

茶廠

現存規模安大之茶園需要附設設備完善之工廠，印度錫蘭東印度即屬如此。日本茶廠雖設備精良，但規模甚小。中國及台灣除少數有機械設備之新式工廠外，其他大部份，尚有賴於手採及舊式炭火爐之烘焙。

新式製茶工廠之房屋，為輕鋼骨建成，以波紋鐵板為頂，牆以磚建造，或用洋鐵板膠再加木板。亞薩姆之茶廠，幾乎全為半屋，萎凋則在另一室中。錫蘭、爪哇及南印度則用竿棚。

茶廠佈置並無一定標準，惟多數設計，僅為排列萎凋室或竿棚、採捻室、醱酵室、烘焙室、包裝室，以便於工作及管理為主。工廠大小依產量而定。在亞薩姆，每年產量之百分之〇・七五，作為每日平均應備足之設備量。因此若特李之產量為一萬 Maund（1 maund＝80磅），則所裝機器容量，每日應以七十五 Maund 為度。錫蘭機器設計，以最忙日每日所能容納之採摘葉量之四分之三為度。馬歇爾式（Marshall）乾燥機及採捻機，Davidson 之雪洛谷式（Sirocco）乾燥機為製茶機中之最普通者。錫蘭、爪哇亦有製造製茶機之工廠。最近加爾加答亦有此種工廠。

製茶工廠中之採捻室及醱酵室，均須低溫溼潤。因此常用磚牆或石工作與供焙室相關，使其不受乾燥機所發生熱氣之影響，亞薩姆茶葉醱酵工作常與工廠隔離之一室中行之，此室常在萎凋室之下，以其溫度較低也。如茶廠中有調節溫度機械之裝置，則可調節溫度與溼度。過去此醱酵室與採捻室無分設之必要。如二者合併，必須有極大之房屋。過去既無此種裝置，故當時萎凋易於調節室中溫溼度起見，不得不使房間縮小，而有分設之必要。

烘焙室與篩分及包裝室常相連接。分篩室中塵埃最多，近有破敗廠

埃之裝置，可使空氣稍為清潔。動力室常在建築物之中部，但常稍偏於一邊，主軸之一端轉動採捻機，中部轉動乾燥機，他端則轉動篩分機。

萎凋室高約八呎，過高則不便處置架上之葉片，太低則百分之空氣可以流入。但又不可太大，以防在熱天關窗時，熱氣透過窗戶而傳入。

茶廠之動力

茶廠中之動力常用蒸氣機，視地方之情形而不同，用煤或木材為動機器者。日本與爪哇用水力發電機，即用電以發動機者。爪哇之馬拉巴更用電熱以乾燥茶葉，此僅能在電費甚廉之區用之。普通乾燥機多用木材或煤。

紅茶之製造

紅茶之製造有四種重要步驟，即萎凋、採捻、醱酵及烘焙。（註三）紅茶之製造常用之國家，如印度、錫蘭及東印度，各有差異。萎凋為採捻之預備手續，使葉消失相當水分，變為柔軟。並使細胞內部液汁起重要之變化。採捻為破壞葉細胞，使液汁滲出與空氣接觸，同時造成細縐。醱酵使茶之一部分單寧氧化，葉色變紅。揮發油亦於醱酵時造成。烘焙則為制止醱酵之進行。

萎凋之物理狀況

萎凋方法，在主要產製紅茶國家，如印度、錫蘭及東印度，各有差

註一：見一九二二年印度茶業協會季刊第二部P. H. Carpenter及H. R. Cooper 合著之 Factors Affecting the Quality of Tea。

註二：關於紅茶製造之基本原理，可參考一九二二年印度茶業協會季刊第二部P. H. Carpenter 及 H. R. Cooper 合著之 Factors Affecting the Quality of Tea。一九三六年該刊第一部及第二部P. H. Carpenter 及 C. R. Harler 合著之 Important Points in Tea Manufacture。

異。錫蘭、爪哇及蘇門答臘之空氣，常年潮溼，印度在季候風時期之四個月較爲潮溼。因此錫蘭與荷屬東印度常在密室中萎凋，其空氣狀態不適於自然萎凋時，則以華氏九十度以上之熱風爲調節。在印度若干地方——尤以亞薩姆爲然——自然萎凋旣爲良好，無須設置萎凋室。

萎凋將葉均勻薄鋪於萎凋架之萎凋簾上。萎凋架有用竹製，而上鋪漆布與否不定。亦有全用鐵紗或全用漆布製造者，前所需時間，視空氣狀態而定。每一平方碼之簾面，約可萎凋一磅之鮮葉，種類殊不一律。每之情況而定，約需十八至廿四小時。萎凋時，葉肉水分蒸發漸係失去原有重量三分之一至二分之一，葉身柔軟，並發出一種特殊香氣。此時葉片起一種物理變化，但倘無顯著之化學變化發生，如別萎凋之進度，可依其所含水分之多寡，或一定份量葉片消失重量之多少而定。亞薩姆每百磅之葉萎凋後，常變成六十五磅左右。錫蘭每百磅變成五十五磅左右。

萎凋必需緩慢而均勻，不然芽梗尙未乾燥，葉已變硬而黑皺。萎凋之程度依時間、溫度及溼度而定，最理想之時間爲十八小時至二十四小時。如平均溫度爲華氏八十三度（亞薩姆製造期中之溫度）而一百磅之葉在萎凋後變爲六十五磅時，葉片卽適於揉捻。在錫蘭之溫度較低時，物理的萎凋更爲完全。

關於使用何種萎凋容器最爲合宜，曾經各方面之討論。其結果爲漆布及竹簾可以萎凋平勻，但須薄鋪葉片，因其面上之葉易於乾燥，並有過分乾燥之弊。漆布易藏有害細菌，在長期溼潮中，常起酸味，尤以亞薩姆爲綢可盛葉較多，因有細嫩葉芽易自綱眼漏下，尤以亞薩姆爲然，因在亞薩姆之萎凋室四周兩側均潮溼。

萎凋以勻爲製造優良茶葉之主要條件，欲達此目的，攤葉宜薄而勻。錫蘭每一磅之嫩葉，常用十至十二平方呎之面積，惟多數工廠，所用鋪葉面積，常較此爲大。有達三十平方呎者。印度平均與錫蘭相似，但較佳良之產茶區域，則常以二十五至三十平方呎之平面舖茶一磅，爪哇攤茶常較印度，錫蘭爲厚。

萎凋管理

種植者咸知若非獲得適當之萎凋，極難製成上等之茶葉。長期溼季時，葉片雖放置一晝夜，往往仍不能達萎凋目的。因此天然萎凋雖以遲行，不得不用人工方法代替之。惟欲製最優等之茶葉，仍以良好之天然萎凋爲最妥當。天然萎凋之條件，一方面有充分新鮮適當之低溫空氣（約在華氏八十度），相對溼度爲七○％至八○％，流通速度每分鐘爲五十至一百呎。此種狀態，殊難用人工仿造之。

錫蘭、爪哇及印度之若干地方，通常在工廠上層之萎凋室中萎凋，並引入乾燥室之熱空氣復以風扇排出。在多層萎凋室中使熱空氣先通至大概萎凋間，再由此熱氣開用壓力風扇或推壓器吹送至需要熱空氣之室內。然後再以强烈之風扇由萎凋室之一端排出。若干屋頂萎凋室開窗甚多，倖在適宜天氣下可行自然萎凋。由經驗所知，萎凋室以長一百呎寬四十呎爲度，此種長度爲熱空氣經過萎凋室而被吸收水分之最大限度，超過一百呎，室氣卽成飽和狀態，不能吸收葉面之水分。根據經驗所得，四十呎寬之限度，亦爲自然萎凋最大之限度。

萎凋室接近熱空氣室之一端，其葉面所接觸之空氣較熱而乾燥，故該處之茶葉，較他端接觸冷較溼空氣之葉萎凋度起快。爲平衡其萎凋程度起見，爲有反覆送緻空氣之辦法。即先從一端通過一端通過氣，再由另一端通過氣，任其進行萎凋，此種方法，亦須開陰熱氣進出口卽可辦到。爲得優良驗證明見，萎凋室之溫度，不可超過華氏八十五度至華氏九十度，從實驗證明用調節方法萎凋時，葉片必須舖攤平勻，斷絕熱氣與熱氣攤平勻，侯葉有相當乾燥，即應隔絕萎凋室與熱氣之連接，任其進行萎凋，萎凋必須緩進，在通常溫度華氏八十度左右，以十八至二十四小時之結果最好。

在上亞薩姆地方，全年中除十五天外，可以完全在僅有屋簷不裝牆壁之萎凋室中萎凋，該地雖可行天然萎凋，但多數工廠，仍以鉅資設置可以調節溫度之萎凋室。因此種萎凋室之成功，不數年後，亞薩姆谷之工廠，均次第設備若干萎凋調節之裝置。

除萎凋室外，尚有應用茶葉乾燥機之原理，以機器萎凋青葉者。放青葉於不斷迴轉之征上，使其接觸華氏一一〇度之熱空氣，以烹葉即變紅；但茶味稍辛澀，較天然萎凋爲劣。人工萎凋機之最大缺點，在於機器之容積不能過於膨大，故萎凋大量葉片時，不得不採用較高之溫度，若溫度保持八十度，則機器必大，而其過程緩慢，難合實用。鮮葉在高溫度之萎凋機中萎凋，遇熱即迅速失却水份，驟變柔軟，以致萎凋適度，但放置一小時後，葉細胞內之水份重行分配，葉之柔軟狀態卽消失去。此種情形同樣發生於乾熱空氣通過萎凋室中之時，此爲不可不加注意者。

最近爪哇馬拉巴茶園之 K. A. R. Bosscha 發明一有趣之萎凋機，爲一長八角柱之鐵絲網内，凡經普通方法萎凋之鮮葉，放入此筒，吹入萎氏一二五度之熱空氣，並以較速度使筒旋轉約三十分鐘。在此過程中，葉可失去水分百分之二三五，其色變褐而帶粘狀，發出熱頻菜之香氣，此爲釀酵已開始之表示。故發明者謂用此機器可以減少釀酵時間七、八小時至三、四小時。

萎凋之理想條件

據實際經驗所得，知萎凋之理想條件如次：

(a) 採摘後立卽攤葉。

(b) 萎凋時勿使葉片損傷。

(c) 均勻薄攤於潔淨之萎凋簾上。

(d) 在冷空氣中行徐徐而適當之萎凋，時間最少十六小時，最多二十四小時。

(e) 物理萎凋之程度，依溫度而異。若平均溫度在葉氏八十度時，一百磅青葉之重量減至七十五磅；七十度時，減至五十五磅，卽適度。

萎凋之化學狀況

萎凋時葉內究如何化學變化，從分析方法上尚難顯然表示新鮮葉與萎凋葉之差異。惟初察及其他可溶物，隨萎凋之進行，而以沸水渗出之，其量有增加之趨向。卽新鮮葉放於冷水中加氧化鐵一滴，數日不見起任何水色之變化，但萎凋葉用同一方法處理時，則數分鐘後，水色卽變青色，是爲萎凋葉中之單寧質立卽分散於水中之證明。葉中之單寧質及可溶物量，在萎凋時增化，亦無變化。

在萎凋之各過程中，其 PH 値均爲四、三至四、五。

關爲茶葉萎凋時單寧實化合物之變化，萎凋後則加水分解，而變爲易於游離之物。惟尚少試驗之證實。

鮮葉浸水後，得帶黃色之溶液，萎凋葉浸水後，則其青色稍淡。

經茶師品評結果，則鮮葉之浸液有生味，而萎凋葉汁之味辛澀，此二名稱之真正意義，雖茶師本人，亦不易解釋。惟前者袤示稍有味，而後者則有一種收敛性而已。

諾葉片完全受損傷，則其汁變爲紅色，此種浸液，茶師仍稱其爲生，又稱其有濯味。灌味於茶葉採捻後立卽發現，而其特性與收斂性相近。茶師稱茶汁潑爽，單寧紅化合物爲與酶激性有關，Fenco:k 甘藷茶汁中之收斂性，實由於 Philobaphenes 卽單寧紅所形成。

採捻

採捻之主要目的，爲破壞葉細胞，使細胞內所含液汁及酵素流出。共第二目的，在於造成特殊之香索。葉細胞一破，液汁與空氣相接觸，釀酵亦卽開始，吸收氧氣而發生一定之熱度，葉色由青而轉銅紅色，發出茶之特殊香氣，總括稱爲釀酵。以前製茶，在萎凋之後用手採捻，此種方式，至今中國製遺工夫茶或其他紅茶時仍沿用之，但後來在印度、錫蘭及荷屬東印度則改用機器採捻。

揉捻機台面包有黃銅，即爲揉盤，其表面裝有長短高低不同之稜齒（Batten），在此台上面，有一開底之葉箱（即揉筒），作週轉摩擦狀運勁，更有調節壓力之裝置，使青葉在揉筒內與揉盤接觸時可加適當壓力，便於揉捻。

用手揉捻與用機器揉捻，在工作效率上相差至鉅。一有力之揉捻機，可以代替七十人之工作，且能使工作均勻而可不致觸及人手，保持食品之衞生。

印度，錫蘭及爪哇雖均用揉捻機，但其形式並不完全相同。錫蘭及爪哇之揉捻每分鐘過轉四十五轉，每次須三小時；在印度每分鐘過轉七十轉，時間普通爲一至一小時半。

週轉之快慢，對於茶質有無影響，尚有相當研究，見在適當溫度之下，二者製成之茶葉，在茶湯上並無顯著之差異，惟徐緩揉捻，時間太長，在揉捻器中之青葉，易於發熱。印度氣溫較高，必須避免此種發熱。故常在揉捻後，立卽薄攤於醱酵室。

錫蘭之慢轉與充分裝潤者有關，蓋裝潤愈充分，則週轉必須緩慢，方爲有效。就外觀而言，揉捻愈緩者，碎葉愈少而芽尖愈多。快速揉捻，常缺少芽尖。

錫蘭茶葉往往揉捻至六次之多。每次揉捻，葉必分篩，葉上發熱者，易於發酵。如此揉捻過程，可延長至三小時之久，最後留於醱酵室。

印度分揉捻爲兩步驟：第一步爲輕揉，約須半小時。經此工作，葉片可彼此分離，而芽葉及細胞均與梗脫離，故選擇後卽可將細葉送至醱酵室；第二步爲重揉捻，可將壓力帽稍降低，約一小時卽非。

由經驗而知重揉可以增加茶汁之濃味，惟多茶梗，在揉捻時所發之熱，大部由醱酵而起，而非彎器而生。每數分鐘後，將壓力減輕一次，以免溫度抑太高。

揉捻過程中常使葉變爲球狀，倘卽以此醱酵，必使捲色內部之一部分葉片與外界空氣隔絕而仍保持青色，有醱酵不勻之弊。因此揉捻之

後，先行一次解散，分離成團之葉，此種工作，有助於葉汁之冷却。揉捻室之溫度，必須保持低溫，以使葉在揉捻機中保持低溫，若葉溫過華氏八十五度以上時，醱酵提早，不能製成優良之茶。

揉捻機台面稜齒之位置，數目及性質，對於揉捻之結果，極有關係。稜齒高低較深者，適於製造之茶級；關淺而低之稜齒，適於製造完整葉。揉捻機宜保持清潔，隨時將粘着於台之頭端之葉除淨，且多數茶塊粘着於茶筒內面及加壓蓋。

解塊機與青葉篩分機有裝成一具機器者，由揉捻機送來之葉，輕解塊散散後，由漏斗送入篩框或適當容積之圓篩。一框上往往配有二篩，篩眼二篩不同，普通綠方時三孔及四孔或四孔，五孔及六孔，依其垂直環境之需要而決定之，但同時用一篩較單則一篩方便，可無疑義。

通常每一架揉捻機的配置解塊機一架，但在揉捻機多之工廠，則其比例，可減至五與二。各種機器以及盛葉之器具，均須每日用水沖洗。

又揉捻室之地帏，常堆青葉，亦當保持清潔。

醱酵

裝潤葉從揉捻機及解塊機取出，葉帶青色而柔軟，送至醱酵室，鋪於磁磚地面或玻璃及水泥台面，完成其在揉捻時已開始之醱酵作用。此種醱酵室常以水洗濯，以防發生任何類似氫之臭味。

茶葉在醱酵時之氧化作用，常引起茶葉之化學變化，對於成茶茶汁之香氣、濃度、身骨、水色及葉底之色澤，有莫大之影響。以前之無色單寧變爲紅色鞣質，而葉綠素等，使茶湯顯現色澤。

醱酵在葉氏七十度至八十度時進行最順利（冷醱酵），惟在亞薩姆雨季時，不易使溫度保持在八十度以下。在大吉嶺及潘加爾根平原等較暖區域，則葉常鋪於乾燥器之附近，以助醱酵。錫蘭鋪葉甚薄，使得充份空氣，以促進醱酵。

醱酵室之溫度，常保持飽和狀態，其法用麻布幕懸於四壁，另有梁孔之水管噴水於麻布上。又有用溼布放於楷上，此種掛於離醱酵葉數吋之上面。更有若干工廠裝置如紡織廠之噴霧裝置（Humidifier），則更爲完備。

紡織廠式之噴霧裝置，係用壓力將水從管孔壓出，而產生適合需要量之水蒸氣，再應用溼布等以發散之。儲雷之，此種裝置由一呷筒積高壓力供給水至各噴霧單位；各噴霧單位中可以得到均勻之溼度。其位置以設適於流通及散佈溼空氣爲原則，使一室中可以得到均勻之溼度。噴霧裝置有二種，一種爲開放式，一種爲換氣式。開放式祇供給水分，而換氣式者則與外界空氣相通，引入新鮮空氣，經冷卻及濾過而入醱酵室。

揉捻室中裝設噴霧裝置之目的：第一，在熱天可降低室中之工作溫度；第二，爲防止揉捻；簡分，醱酵時葉片之乾燥。若醱酵葉乾燥，葉底色澤不勻。

凡醱酵時間愈短，則茶葉之味愈有親激性，醱酵時間愈長，則茶味愈溫和，且其色亦愈濃。此在化學上之理由，因實寮在自然狀態之下爲無色而有親激味，但醱酵之後，則變色而刺激性減少。

葉之醱酵，以俟其變成鮮明銅褐色爲止。最適當之時間約須一小時或一小時半至四小時，或四小時半，須依其菱凋長及揉捻之程度而異。地域之差異，亦有關係。不同茶園生產之任何裝面，必須無臭氣，無破損及無殘裂，以防停滯葉汁，不然葉片相接觸之面，如木及磚等有小孔之面，均度之時間與性質，須經過精密之試驗後方能決定。

凡與葉片相接觸之醱酵室之任何裝面，須依其化學上之性質而異。鐵雖無孔亦不適宜，因葉汁中之單寧與鐵易起作用，能逸對不宜應用。鐵雖無孔亦不適宜，因葉汁中之單寧與鐵易起作用，能變爲黑色。

醱酵之化學狀況

茶樹幼嫩芽葉，最易醱酵，老葉硬而少液汁，醱酵後亦難有良好之醱酵，則變爲古銅色；如在溼潤之醱酵室中醱酵，則變爲新銅色即紅銅色，

紅色。

溫度與空氣之供給，爲決定茶葉醱酵速度之兩種因子，惟空氣之供度對於醱酵亦有極大影響。

空氣爲醱酵之必需品，揉捻葉放於真空及炭酸氣中，仍爲青色而不醱酵。如欲製成良茶，一般均謂醱酵過程（包括揉捻時間）不得超過三小時半。

在醱酵時發生之種種反應，鹹高溫可促進此種反應的使醱酵時間縮短，但據經驗所知，因細菌而發生污穢以及失去香氣之外，慢度茶葉的以低溫醱酵爲佳。且醱酵之化學反應，在華氏七十五度時進行最佳。故與此溫度相差過甚即各種醱酵反應順利進行。

將揉捻茶攤於醱酵盤上，其厚薄爲一吋或一时半至五吋，愈厚則空氣透入葉面愈難，醱酵之時間亦隨之增加。但攤葉較厚，保留醱酵之溫度亦愈高，而使板面溫度增高，因而減短醱酵之時間。惟最後結果，攤葉過厚者仍較攤薄者所需之醱酵時間較長。

錫蘭之山地茶園，氣溫較低，攤葉赤常厚……約爲一時半：但印度溫度在八十度以上，如用薄攤，則在製造好茶時，殊感醱酵太速，因此葉攤至二吋半厚。

醱酵之作用，既大部分在於產生單寧紅，使茶湯及浸葉變爲紅色，醱酵之時間愈長，則水色亦愈濃，惟刺激性則被犧牲。此種刺激性爲單寧之特性，而與葉聚紅之含有量適當相反。

醱酵時板面之溫度逐漸上昇，二、三小時後即達最高點，約經五、六小時始專低降。當溫度昇至最高點時，即發出觸鼻香氣，經二小時則漸消失，以後又須隔相當時間方得發生。

故醱酵時間愈長，茶葉有強烈刺激性，而與刺激性則被犧牲。此種刺激性爲單寧之特性，而與葉聚紅之含有量適當相反。購茶者各在此二種特性中取其一種。故同時具有二種性質簡不甚強烈之茶，反不如祇具其一種性質而強烈者，在茶價上較爲合算。

明乎此，當可討論醱酵室中之溼度問題。茶葉如在乾燥之空氣中醱酵，則變爲新銅色即紅銅色，

亦即表示醱酵良好。一般視單寧褐為不佳之色澤，而以單寧紅為佳良之色澤。

關於溫度、光線、空氣、時間及濕度對於醱酵之影響，曾有種種研究，且對於醱酵之一般問題，亦有論及。此種研究，可在爪哇茂物茶葉試驗場及強葛姆之托格拉試驗場出版物中見之。科學試驗上所得之結論與實際上所得之經驗頗能符合。

為應得最適當之醱酵起見，當注意下列若干事項：

一、醱酵之地面必須常保清潔。

二、氣溫最好保持華氏七十五度，且空氣必須新鮮，應避免乾燥。

三、醱酵室空氣之相對濕度應為百分之九五。

四、攤葉宜薄而勻，不得超過三吋，務使醱酵葉之溫度不到華氏八十三度。

五、香葉一經發生或顏色已發展至鮮紅銅色時，即當停止醱酵。

論及醱酵不能不再述及所謂後醱酵，茶葉在乾燥及包裝之後，仍進行輕微之變化而產生炭酸氣。此種變化，稱為成熟（Mellowing），當屬一種後醱酵之結果。

紅茶之烘焙

當醱酵最初採用茶葉之時，中國茶為世界上唯一之商品茶，其焙茶方法即用淺鐵鍋炒培或用漏斗形烘籠烘焙，此種手工製法，至今仍沿用於中國、日本及台灣，惟自印度、錫蘭及荷屬東印度諸新產茶國供給大量茶葉以後，即有大量焙茶機之裝置。

乾燥機有多種形式，以不同之方式供給熱度，有自動送茶入機者，葉落於移動之框上，然後由機頂移至機底而排出於機外，亦有先預備若干盛茶之框，上攤茶葉，然後如烘麵包者然，將櫥放入機內烘焙。

培茶之原理在於吹進乾熱空氣於密封之容器內，當時使放於栅面通過此器，先與由機器排出之乾燥接觸，然後通過盛較濕茶葉之度為華氏二百度。在上行乾燥機，則乾熱空氣出器之底部途入，而茶葉放於栅面程，最後當空氣由乾燥機體排出於機外時，溫度降為華氏一百二十度，同時遇與新放入之濕葉相遇，則葉之表面硬化，而葉之中心則偏潤。

若葉在乾燥空氣中途過乾燥，則葉發生緩慢之化學變化，損害茶葉品質，茶葉醱酵常在華氏一百五十度停止，如遇熱風吹入時，則停止醱酵之溫度更低，因此茶葉送入乾燥機而遇一百二十度之空氣，其醱酵當即大致停止。惟有時醱酵葉過多，而通過器時之溫度降至一百二十度以下，則在機內之茶葉在短時內將急速醱酵，蒸煮茶葉之溫度一百或醱酵過度之茶。

送入乾燥機之茶葉，依萎凋之程度，含有百分之五十五至六十五之水份。初烘使葉之水分減至百分之三十，再在另一機內以低溫復烘，使水分減至百分之三，初次焙火時倘使葉中水分急減至百分之三十以下，則錫蘭及爪哇之茶葉，其物理萎凋程度，常較印度完全，故紙須一次焙烘。

高熱烘焙茶葉，從試驗結果，知初吹入之空氣不可超過華氏一百八十度。如乾燥初過一百八十度之高溫，不至過火，但若乾茶葉再過此種高溫，即使時間極短，亦變為過火。過火在底框最易犯之，蓋底框中之茶已乾，如焙火過高，葉片即起水泡。有時此種水泡極小，需用顯微鏡方可沿到。但此細茶葉片，常用機械分類時，則此泡面因摩擦而失去，變成灰色，顯為黑漆，灰色茶為一種紅茶之紅色者。

下列諸點為烘焙之最良條件：

（a）起初以低溫烘焙，漸使華氏一百八十度。在出口處之空氣溫度，最低應為一百二十度。

（b）吸入充分之空氣。

茶葉全書（上）

（c）攤葉須薄。

（d）葉由乾燥器送出機外時，應保持百分之三十之水分。

以上（b）（c）（d）三項為歷止葉片蒸熟所必要。

葉片覆烘後，水分降至百分之三，分堆及裝箱時又第吸取水分而增至百分之六左右。故在裝箱之前，倘須入乾燥器中覆火，使所含水分降至百分之六左右。如茶葉較此乾燥，即不致軟軟，若較此更潤，則將在箱中變質。

印度紅茶製造過程中之水分變化

鮮　葉約含水	77%
萎凋葉約含水	66%
醱酵葉約含水	66%
初烘葉約含水	30%
覆烘葉約含水	3%
裝箱葉約含水	6%

化如下表：（註四）

多數工廠於茶葉裝箱之前，將含水量加以正確之檢定，以判斷其是否需行覆火。印度在茶季之初，約一週或十日裝箱一次，常有覆火之必要；若在旺季，二、三日即裝箱一批，已無覆火之必要。印度茶水份之平均變化今已可作成一表。

烘焙之化學狀況

從化學上言之，烘焙之目的爲殺死酵素及其他微生物，以停止醱

錫蘭某產茶區在長期之優良氣候期間，常以日晒法乾燥已經萎捲及醱酵之茶葉，此種方法所製成之茶葉，味與色黑，且較機烘茶葉之芽葉爲多，但有當烈之金屬味。欲除此舉，可將日光晒乾之機與一部分機爲焙之茶相混。一方面可以改善外觀，同時又可避去金屬味。日晒法常先將葉用機烘烘之，然後再薄攤於適當物面，在日光下晒之。如此亦可避去溶于金屬味，日光乾燥之時間約爲四十五至九十分鐘，但先用機器烘過者，時間亦可減少。

碎切、揀選及包裝

碎切後之優良茶葉分堆攤放於地面，任其冷却，然後置於篩中或其他容器，以備分級。

醱。此種破壞作用賴熱度完成之，同時更可除去水分。除此種結果之外，更有葉中之一部分物質因熱而發生麥芽糖香味者，此種變化通稱爲糖膠化作用（Caramelization）。正如前在鍋中變化爲褐色相同。又在醱酵葉中如有果香之物質，則在烘焙後亦可消失此不快之性質。此係一定範圍以內，雖屬不可避免，但如溫度及氣流調節適宜，則其損失亦可儘量減少。最重要之損失爲產生香氣之物質，此種物質實隨蒸氣而散失。烘焙之溫度愈高，則揮發香氣之消失亦愈多。惟烘焙溫度低於葉氏一百七十之溫度時，則消失於貯藏中易爲劣變。除此種香氣消失以外，更有茶素之消失，但減低溫度，則消失之茶素量亦可減少。乾燥器中茶葉之蒸煮使香氣消失之一種原因，此種原因大多在葉片堆積於乾燥器時所發生。若充分吹入熱氣流通之乾燥器內，則可減少因葉面凝集水蒸汽而消失之揮發油。

爲避免此種消耗，有應用吹冷空氣而使之乾燥者，更有用石棉炎板中盛氯化鈣以吸收水分者，此種方法雖能製成優良茶葉，但茶葉不易保存，除非與日晒法並用，方可免除此缺點。同時並用熱力流冷兩種乾燥方法，亦可製成優良茶葉，惟在經濟上耗費太多，不切實用。

在烘焙時，葉中蛋白質凝固而變成不溶鮮物。除 Degraded form 外，茶白質不能飲出於茶湯中。若充分烘焙而變爲黑色，紅色之醱酵葉，經烘焙而變爲黑色，但用沸水泡之，則又復見紅

大堆之中級茶常需碎切以整外觀。將葉送入切茶機切斷，然後再行

一五六

註四：C. R. Harler 著：Moisture, During The Manufacture of Black Tea 載1928年印度茶業協會會刊第二部。

分篩及揀選。其結果可使高品級茶葉之成分增高。

普通茶葉作兩次揀選，第一次在切茶以前，第二次在分篩以後。此工作常由婦人擔任，以其手指藏巧活動，易於揀出粗枝、碎片、茶梗以及其他夾雜物。

次行分篩，將茶葉分為各種品級。因市場上每無一定之分級之茶出售。

分篩機備有多數篩盤，其網眼大小各有一定，分篩結果將茶葉粗細分別為若干級，如白毫，即頂嫩白茶，嫩橙黃白毫，為較優良之葉，含有多數芽尖；又分為橙黃白毫及白毫，亦可分為數種，在較粗之葉中，又分為白毫小種及小種。又碎葉經分篩後，亦可分為數種，其最上等者為碎橙黃白毫，其次為碎白毫。碎茶為最次品。硬小之碎片則不列入等級而稱花香（茶片）及茶末。

製成之茶，用箱任貯，俟每級有相當數量，即可以成為一寶花色。倫敦市場每品級以每十八大箱或二十四中箱或三十九小箱為一簀。坡則每簀至少一千磅，方可裝入目錄出售。

最後則行官堆（Bulking），所謂官堆者，即每日所製成同一品級之茶，最後加以徹底拌和，使同一品級之品質，不致有所差異。

官堆之後，茶葉立即裝箱封固，並標記茶園之名稱，然後運至最近之埠場。

發茶時常用一鐵機器夾住一箱或二箱，此器以電力作迅速振動，使茶葉因振盪而充實於箱內，可免在運輸途中壓擦而破碎。倘有一種裝箱機，應用振動與踏實二種動作而使箱內之茶葉壓緊。現在所用者有兩種，一種為木箱內襯鉛箔，一種鉛箔完全金屬製。木箱由小木板或三夾板造成。若干工廠在當地直接購買茶箱，亦有自行製造者。三夾板為用機器鋸成之薄板，乾燥後用酚質樹膠及壓力將三層薄板膠成一塊，外面二片與中間一片，其絲紋互相直交。此種三夾板箱，已漸替代印度之舊式木箱。

金屬箱通常用鈑製，其優點在於輕而容量大。24×19×19 时之木

箱，容積五立方呎，可密茶九○磅，同一大小之金屬箱則可盛茶一○六磅。

最近木箱中以襯鉛或鉛箔為最普通，將來鋁箱當更普通，惟鋁之溶解點為攝氏四百度，然現已克服製造上之困難。

綠茶之製法

製造綠茶有三種主要步驟，即蒸或釜炒、揉捻及烘焙。凡供製綠茶之葉，先蒸熱而不採用普通紅茶所用之天然委凋方法。蒸與釜炒不獨使葉變為柔軟，並破壞酵素，不使其醱酵或變紅。

中國及日本之大部份茶葉，均為不醱酵茶。北印度亦對一小部分綠茶，爪哇亦用以製綠茶，惟誠少先行委凋之一步。茶葉用釜加熱，其溫度較用於紅茶者為高，如為無醫者之機，則將鐵板後續行揉捻及烘焙。

凡供製綠茶用之青葉，採摘時必須無梗。

在日本，凡供製綠茶一經揉下，即用蒸氣殺死酵素及微生物，然後在用鐵板加熱之紙框上揉捻。當揉捻過程正在繼續進行時，可分為四個過程，此時水分亦次第消失。多數工廠採用電動機器以代手揉之四種過程，如用揉捻機時，吹熱空氣於箱內，如為無器之機，則將鐵板加熱。外鍋茶再用鐵釜殼火，使其水分減至百分之二左右。在中國則用印度製造綠茶有兩種不同之方法，亞薩姆及蘭溪之製茶者先將藥蒸熟，然後在揉捻前放入吸水器中以乾燥之。台拉邛及其他印度北部地方，在揉捻前用鍋炒之。此二種揉捻方法均用機器，與製造紅茶同。

綠茶炒拾之後，常在外觀顯現一種不勻而汚穢之綠色，細葉仍能保持新鮮之綠色，但粗葉則往往變成黑灰色，有礙茶之外觀。中國及日本之製茶者為使其上等茶葉有自盤之綠色，於是在焙炒完畢後，再在熱鍋

中擦炒約一小時。最初此種自變綠色之茶，不爲美國市場所歡迎。俟適合美國市場之需要起見，常將茶葉染上藍靛、普魯士藍、硫酸鈣、石鹼石、石膏及薑黃等有色物質，此種物質均於焙茶之最後階段加入，惟其分量極少，對於衛生尚無妨害。自一九一一年以後，美國禁止輸入此種着色茶，日本亦卽以法令禁製着色茶。中國則至今尚以此種茶葉運至境及與土耳其，因該處並無明令禁止也。

綠茶製造中之化學變化

關於綠茶製造過程中之化學變化，不若紅茶之有詳備資料。二者最主要之差異在於醱酵。綠茶中之單寧，尚爲原來之形狀，惟在製造前或因醱酵以及葉白質沉澱之結果，使單寧稍有消失，但單寧紅與單寧褐，在優良綠茶之茶湯中，絕少發現，蓄在綠茶製造之第一步，卽在於防止此種物質之產生也。

綠茶製造時初次蒸青或炒青之結果，使任何足以促進揮發油變化之微生物，均告死滅。因此不若紅茶之有因微生物產生之香氣。

烏龍茶之製法

烏龍茶製法介於紅茶與綠茶之間，前已述及之。茶葉先行萎凋，並於樹蔭下，每隔四、五小時翻轉一次。葉之溫度，在此時常爲華氏八十三至八十五度，俟變色而發特殊之蘋果香時，卽爲可以停止醱酵之徵象，乃行炒烘。

烏龍茶用鐵鍋炒焙約十分鐘。此鍋裝於磚或粘土製之火爐上，爐之溫度約華氏四百度，此時用手炒或其他機械拌燈，以防其焙焦。

炒後卽放於蓆面，揉捻約十分鐘。

烏龍茶用焙籠乾燥，台灣焙籠高三吋，直徑二十七吋，兩端寬大，中間較狹，放置焙心。地面開一圓穴爐，深十一吋，直徑十八吋，火中盛木炭火，俟其火焰及各氣體均散洩後，始將盛茶之籠放於穴面。火

面用灰掩覆，茶葉在此爐上烘三小時，中間不時將籠移開，以便翻拌茶葉。

在內地或鄉間完成以上工作後，茶行在內地收購毛茶送至城市中再行覆火，此時所用溫度爲華氏二一二度，時間約五至十二小時。品質最優之茶，覆火時間亦最長。

覆火工作完畢後，乃裝入襯紙之鉛罐內，再裝入木箱，箱面粘貼花紙，再用蓆巾包襄之。

烏龍茶在美國有特別銷場，全爲台灣產。以前在中國福州出產者亦不少。福州爲烏龍茶之發源地，但無台灣茶之香氣。以前印度及錫蘭曾派科學家赴台灣考察烏龍茶之製法，欲模仿以資競爭。但所得結果，知此茶之特別香味，全係地方土壤及氣候之關係，非他處所能模仿者。

包種茶之在台灣出現，僅最近四十年事。其方法與中國實花紅茶同，在約二十磅之茶葉中常混和一磅香花，然後加以緊密封藏。爲獲得最優美之香氣起見，須種香花，如茉莉、梔子等。其方法係在烏龍中混合各種香花，如茉莉、梔子等。

磚茶、塊茶茶餅及細末

磚茶多銷於西藏，在一九一七年以前，俄國爲磚茶之一大市場。此項磚茶，均爲中國所產。

銷於西藏之磚茶，爲中國四川所製，其製法頗爲簡陋。四川製茶者採取細葉製成上等茶葉外，其餘之粗葉、茶梗、茶枝，在裝中醱酵數日，然後用手揀選分爲三級，再用蒸氣鍋蒸之。俟其柔軟時，與用米水調和成11×14吋之磚塊，每塊之重六磅。

製造俄銷之磚茶，在中國向以羊樓洞及漢口爲中心，此種工業起源於古代，當時陸地交通利用駱駝運輸，爲便別起見，遂造成塊狀。此種磚茶放於模中，先分爲三種，較佳品質之茶末，放了模之頂細葉除去之後，其粗葉及茶梗，再切成一時長。此種葉片蒸過後放於模中，而其他切細之梗及粗葉，則造於中央。磚

块大小不一，重为三又四分之二磅至四磅。在溶冲之前，先刮去砖块之边缘，再捣碎至适当大小。

块茶为中国及爪哇所产，保用特别品质之茶末制成之砖。有一英国化学家，在数年前制成一种丸型茶，为一小圆丸，与药丸相似，此种丸茶保用上等茶去其茶末所制成，以防茶水变浊。丸茶装於小楠冶铅箱内。此种丸茶在一九一五年以前，在南加洛林那州之森麦维尔（Summerville）有一得美国政府补助之茶园亦曾制造，保用寻常制药丸搅在二，○○○磅之高压下所制成，每分钟可出一一五枚，但不加入粘胶物。此种茶叶在旅行及野餐时均甚方便。

饼茶——为云南西部普洱地方所製，此茶稱為普洱茶，中国各药店均有出售，视为对於助消化及兴奋神经极有效之物。此茶有颇著之苦味，製造时先焙炒、日晒及蒸熱，然後压成八时直径之地块。此茶歷史甚远，在纪元後七八○年出版之陆羽著作中，已有關於此茶製造方法之记载，随陆羽氏饼茶用竹片包裹運輸，此在今日普洱茶亦猶如此。

細末——在製茶工厂中，筛分機械常将嫩茶破碎并将葉片擦下，此種細碎之絨毛狀物均通稱細末。又用扇蒸時亦能将茶末纤維及細末分離，此種殘餘物售與药厂，供製造茶素之用，约可得百分之三・五之茶素。

茶園勞工

在製茶業經營上，廉價勞工之供給，與優良氣候、地势高度及土壤等條件俱有同樣之重要性。但事實上有多數國家，雖已具備自然界之優惠條件，然終因勞工供給之短少，而遭受種種阻碍。

印度幅員廣大，但勞工頗感缺少，因此勞工乃成為一嚴重問題，茶園勞工慣在旱季或遇荒年始有大量之供給，因此種勞工無法栽植其自有之作物，遂暫投身於茶園內工作。上述事實，在亞薩姆、杜爾斯諸地均感受同等之困難。大吉嶺情形較佳，可向山地僱用大批勞工。

錫蘭茶園之勞工多來自南印度之坦密耳族（Tamil）。錫蘭栽培者早已察覺本地土人之性情，對於茶園內之固定工作甚不相宜，故折轉向

南印度僱用廉價之勞工，坦密耳族人途多數被雇至錫蘭工作。爪哇茶園之勞工，皆來自選他能島，勞工分為長工與契約工兩種。爪哇雖為人口衆多之國，但勞工仍非常缺乏。蘇門答臘向爪哇僱用勞工，共待遇亦稍高於爪哇，實為促使移民入境之一良策。

近年來日本茶廠對於製茶工人之待遇已漸提高。茶葉栽植者之待遇亦隨同增高，但其提高程度，不及茶廠工人之多。中國茶園皆通為農父家自攬自營，無須另僱勞工。台灣亦然，茶葉之栽植及製造，均為本地人所經營。

茶葉試驗場

各主要產茶國皆設有茶葉試驗場，凡關於茶葉栽培及製造各方面，均作科學之探討與分析。

錫蘭茶葉試驗工作由歇公波（St. Coombs）茶園之茶業研究所担任，該所為一地處中心之試驗場，並附設一小工場，對於茶葉製造上作科學之研究，該所所址在迪浦拉（Dimbula）與塔拉韋克爾（Talawakelle）相近。

爪哇荼物有一國際著名之試驗所，進行茶葉及橡皮之研究工作，其實驗工作報告均有小冊刊行。除試驗室之內部工作外，茶園可供人參觀，並供給一切有關栽植之智識或消息。

日本有主要茶葉試驗場六所，在牧野原之國立試驗場為供試驗室及教育之用，又在牧野原設有靜岡縣茶葉技術訓練學校，由此試驗場或學

一九一二年印度茶業協會在托格拉設立現今世界最有名之茶葉試驗場，在相距二哩半之菩爾經塔（Borbhetta）設有一分場，該場科學部所作一切報告均在加爾各答該會之季刊上發表，并刊載於年報上。

南印度茶葉種植者聯合協會在尼爾吉利斯之提伐窩拉（Deversbola）附近設有一完備之試驗場，該場之工作報告在廠打拉斯出版之種植者誌（Planters' Chronicle）及協會會刊上發表。

第十四章　茶葉之栽培與製造

一五九

茶葉全書（上）

193

校訓練之學生，均派靜岡縣作實際之茶葉生產製造之發展工作。其他尚有四茶葉試驗場，爲京都茶葉試驗場、奈良茶葉試驗場、熊本茶葉試驗場及鹿兒島茶葉試驗場。

此外亦本州、四國、九州各島，尚有若干範圍較小之茶葉試驗所或試驗場，專作各種茶葉上之探討及研究。多數茶業協會亦從事同樣之試驗工作。

台灣有一省立茶葉試驗場，名平鎮茶葉試驗場，設於新竹，專作茶葉栽培及製造上之科學研究。又有專門研究茶葉栽培之試驗場二所，分設於台北之文山及新竹之桃園。（譯者按：或係台中魚池之誤）

種植者協會

在一般農業或製造業方面對於聯合組織均甚感重要。茶葉生產各國亦均有聯合組織之需要，以便謀公共之利益與保障。

加爾各答及倫敦之印度茶葉協會爲茶業組織中之二大柱石。其會員均爲代表印度茶業界之一切重要單位，作加爾各答協會內始終保持一種立法精神，並特設科學部以助栽植事業上發展，更策劃擴大印度茶葉在國際之市場。倫敦協會則處理在英國所發生之一切問題。該協會在各處設有分會或支會，散佈於亞薩姆、森馬谷、杜爾斯、台拉屯、大吉嶺、穿達普及麻打拉斯等地。

錫蘭種植者協會爲該島最早之組織，設立於甘堤。專爲處理一切關於茶園、勞工、立法、栽植者慈善基金等等問題而設，在各地設有十八個分會，總會代表則由各分會推選而出。

錫蘭國主協會有會員五百五十四人，均爲茶葉橡皮及其他農作物之業主或代理人。另有一重要產業組織爲低地協會（Low Country Association），對於茶業亦頗注意。

錫蘭茶業研究所指導委員會係由上述之三協會組織而成。創立於一九二五年。

爪哇茶業種植者之組織，在其茶業史上早已成爲一種法則，栽培者均爲企業聯合社之會員，總會設於巴達維亞。此組織主持西爪哇試驗場之工作。

巴達維亞茶業專家局供種植者即其會員在技術上之諮詢，所有待售之茶葉須將樣茶送至該會，由茶師鑑定後方得出售。因此得以糾正茶葉製造之不少錯誤。爪哇茶亦因之大有改進，此外該會對於茶葉市場亦加以研究或考察，在澳洲及美洲更積極推行茶葉之對外宣傳。

日本各地之茶業生產省協會組織爲日本中央茶業組合，該組合之主要目的在發展日本茶葉在國內外之市場。

台灣亦竭力鼓勵茶葉生產組織地方協會，由各區協會組成一中央茶葉工廠。此計劃發軔於一九一八年，在實施上已獲有相當成效。

一六〇

第十五章　中國茶葉之栽培與製造

產茶區域——中國茶葉生產者——土壤之性質——氣候與雨量——現代之繁殖及栽培法——修剪與採摘——紅茶、綠茶及半醱酵茶製造法——薰花茶——磚茶、餅茶及小京磚——中國外銷茶之分級——以產地、製造法及土壤分類——政府之援助

中國土地廣闊，面積大於歐洲全洲。包括蒙古、新疆及西藏，總面積為四、二七八、〇〇〇方里。人口據最近調查為四三八、〇〇〇、〇〇〇人。生產外銷茶葉之主要茶區，在北緯二十三度至三十一度之間。其最後產區在北緯二十七度至三十一度之間。鐵路交通在運茶上應用極少，箱茶均藉人力運送至最近之河流，再由水路運往上海、漢口，或福州出口。

洎十世紀以來，中國各省中栽培茶葉之省份，已達十六省，即：廣東、廣西、雲南、福建、江西、湖南、貴州、浙江、安徽、湖北、四川、江蘇、河南、山西、山東、甘肅，其最後四省——河南、山西、山東、甘肅——位於中國北部，產量甚少，大都供本地消費。其他各行省位於中國中部及南部，百分之九十五之內外銷茶均產此。紅茶主要區域為福建、安徽、江西、湖北及湖南，綠茶大都產於安徽、浙江二省。

中國茶葉生產者

中國茶樹大多山農民喜居種植於山坡之上，作為農作物之一種。如印度、錫蘭、爪哇、蘇門答臘茶或日本之大茶園，尚無所見。農人採摘茶葉，先事粗製，傳與水客或茶販，再轉賣與茶行或茶廠，再由茶行轉傳與中間商人，中間商人則供給出口商。當茶價跌落過甚之時，茶農任茶樹生長，不加採摘，直至價格相當，始再摘茶。栽茶面積每年變化頗少，蓋卽使海外市場完全消失，中國國內仍需要大量之茶葉。

土壤之性質

中國農鑛部研究茶區土壤之結果，知由雲斑性沙岩所成之壤土，並富於鐵質者，栽茶最為適當。此種土壤以皖南為最多，故該處附近所產綠茶、紅茶，品質優異。表一示皖南祁門區標準土壤之化學分析。

表　一

祁門土壤之化學分析	百分率
水分	2.41
燃燒之損失	6.58
不溶解於鹽酸之物質	80.453
矽（溶於鹽酸）	1.002
氧化鐵（Fl_2O_3）	4.48
氧化鋁（Al_2O_3）	6.22
石灰（Cao）	0.20
氧化鎂（MgO）	0.221
氧化鉀（K_2O）	0.161
氧化鈉（Na_2O）	0.336
硫酸（H_2SO_4）	0.117
磷酸（P_2O_5）	0.2035
碳	4.330
氮	0.1356
腐植質	2.041
共　計	99.9031

就中國一般茶地面言，土壤大都非常溼潤但排水佳。G. J. Gordon為一精明之觀察家，彼於印度最初種茶時代，曾對於中國茶葉栽培作一報告，發見茶樹完全需要一種疏鬆，不乾不溼，而甚組織上又頗能保持溼氣之土壤。

英國皇家研究院著名化學家 Michael Faraday 教授（一七九一——一八六七）將中國茶區土壤標本，作機械分析，其結果如要二所示。

表 二

中國茶區土壤之機械分析

標品	採地	砂	含礦質之黏土等	碎塊	共計
		百分率	百分率	百分率	百分率
1	澳門附近山地	46.1	53.9		100
2	福建東北部	17.7	56.53	25.77	100
3	福建東北部	10.	90.		100
4	武夷第1種	33.08	66.92		100
5	武夷第2種	44.61	55.39		10)
6	武夷第3種	36.15	63.85		100

此種土壤，均呈鐵銹，其顏色除第二號標品為灰色或褐灰色外，其餘為淡黃至紅褐色。且均富有黏土性質，但易粉碎，在水中裂散甚速。

表 三

平　均　溫　度　（華氏）

城市	地帶	緯度	全年平均溫度	正月平均溫度	七月平均溫度	特別高溫	特別低溫
北平	北部	北39度	53	23	79.0	105	5以下
上海	中部	北31度11分	59	36.2	80.4	102	18以上
廣州	南部	北23度15分	70	54	82.0	100	38以上

三為廣州、上海、北平之平均溫度，代表中國南部、中部、北部之氣候。紅、綠茶區既位於上海之南，廣東之北，故就此表亦可得一概念。

繁殖方法

中國茶樹，直接用種籽播種，或用苗圃培育幼苗，再移植於茶地。苗圃之幼苗，一年即可移植。用種籽直接播種者，三年後即可採摘，如係移植，則須略遲，但移植之茶樹生長較佳。種植時株距普通為三、四呎，行距約為四呎，每穴種茶五、六株。但在若干土質瘠弱之區，均密集種植，長成後外形頗不整齊。

栽培方法

冬季用玉蜀黍桿覆蓋茶樹之莖部，以防凍害及土壤流失。如施肥料，則用茶餅或豆餅，二者均富於氮質，木灰亦常與氮質肥料合用。普通施肥時期在九月與二月，次數依土壤性質及茶樹之年齡而定。供製造紅茶之茶樹，惡為不需施肥，只須除草，任其自然生長。製上等綠茶之茶樹，每年在春秋兩季，施肥二次，且全年中耕除草四次。下等茶樹稱為山茶菁，除每年除草二次外，不加任何處理，除下之草，盤於根穿，任其腐敗。

中國茶樹雖多栽培於山坡之上，但除作成較平坦之床地外，並無此式梯園之建築，最近在中國山地最多之江西省之寧州茶區，已有現代化

氣候與雨量

中國氣候受季候風之影響極大。北方之季候風為寒冷與霜雪之先兆，能抑止植物生育；南方之季候風含有熱與溼氣，顏能剌激植物生長。在有南方之季候風時，夏季雨量雖較多，但全年雨量多少分佈於各季，故不若印度之有顯著之旱季與雨季。

正確之氣象統計，倘較大之都會可以得之，產茶區域尚少記錄，表

修剪與採摘

中國農民為避免採摘之不便，頗少使茶樹長至三呎以上。苗木高至一呎後，即行去梢。其法保用栂指指甲摘去頂端嫩梢，使其中央部中止生長，而自旁發生側枝。第一年中約摘梢三、四次。除幼苗摘梢以外，處理周到之茶園，其已長成之茶叢，仍須每年修剪，修剪時左手握滿枝條，右手執刀向上切斷，使茶叢之高度，灘地的

一九二

為二呎。凡沿地面生出之枝條，均須除去，多節或彎曲之枝條，亦須在離地不滿一呎內之處切去，偏枝亦常切短，使其自主幹分叉點起約剩二呎。短枝則切短至僅剩一、二眼或芽為止。

採摘自茶樹長至三齣後開始，但仍嫌採摘過早，此乃由於其他作物收成較早之故。

每年以採摘三次為度，第四次採摘，當視為季末之清理工作，而非普通之採葉。第一次採摘稱首春，自四月中旬開始，當時剛抽出細嫩之葉芽，葉面覆有白色細毛。首春茶採量頗少，但其品質最佳，可製最上等茶葉。第二次採摘稱二春，常在農曆四月底至五月初——與西曆六月初相當。此時各枝條均滿生葉片，故葉量最豐。第三次採摘稱三春，於一春之下一月行之，此時茶叢復生佳葉，採得之葉片，供製普通之茶葉。第四次稱為秋露，祇能採得粗老葉片，所製茶祇供內銷之茶，不供外銷。

紅茶、綠茶可由同一茶樹製造，現已成週知之事，所差異者，在製造方法。但在中國每一區域，其製茶司均僅專司於一種，且中國探摘方法，二者亦不相同。探摘綠茶祇摘葉而不摘梗，因梗與葉同時萎凋時必將揉及茶味，但探摘紅茶，則用雙手同時採摘，連柄探下，因葉使可以增進紅茶之滋味。

採茶者各備一籃，隨摘隨放，除小籃外，園中每一分區，各備大籃四個，兩個供小籃盛滿時投入，二個備送至炒茶處。

福建每畝茶園，每年平均可產茶二十斤，即英畝可產一百六十磅。又就中國一般而言，茶樹生產量最高之時期在第六、七年。採摘以婦人及兒童為主，每日每人平均可採二十磅。

紅茶之製造

當青葉採集後，即攤於大竹席或淺盤，放於竹架上，藉日光乾燥。竹架高約二呎，向日光作二十五度之傾斜。葉質不佳，或在雨天採得之葉，必須用火乾燥，葉片攤於平籃或席面，逕於竹架上，離地面約六呎，室中則用木炭，放於陶製盆中燃燒之。

當烘萎葉片時，隨時用手攪拌，並在空氣中拋鬆，以防醱酵過度。如此繼續操作至葉梗失去脆性，葉有紅點時為止。

葉乾燥後，放於竹籃中冷卻，然後再攪拌並拋擲約三十分鐘，乃發出微微香氣，如是約重複操作三、四次，俟葉色變暗則柔軟，乃用淺盤盛行之。

手掌輕揉約十分鐘，然後再攪拌並拋擲約三十分鐘，乃行供焙。

第一次烘焙須五分鐘，用淺盤盛鍋行之，俟發紅點，乃行供焙。鍋為圓形，無把手，放於磚砌之灶上，而灶面多向工作者一面傾斜，火口在爐及工作者方向適相反，因此鍋火者可不致妨凝炒茶工作。

茶司每次取葉二磅，拋入鍋中，使其攤放平均，兩手自各方面翻茶，使熱力可以平均至各葉片。翻炒時慎防葉片粘貼鍋面而灼焦，炒茶繼續至發出香氣且葉體柔軟為止，然後移於篩以備揉捻。用刷價儘量刷去剩餘葉片，否則此種積葉將在下次炒茶時燒焦。

在揉捻時，工人取兩手所能握取之葉量，前後推搓使葉汁擠出，葉形亦具有商品上所需之條索。在揉捻過程中，葉灑成球狀，流出青汁，其水分亦逐漸減少，此種葉球經解塊後，再揉數次，又放入鍋內作第二次炒茶，時間稍短，以後揉捻與烘焙交互行之，至茶葉揉捻時無茶汁擠出為止，乃行最後之烘焙。

最後一次之烘焙乃將葉放於竹製焙籠中，其直徑約三十吋，高三呎，兩口稍大，中部為一竹籬，葉即勻攤於籬面。地下築有炭火穴，高三四吋，茜或放於炭火上。因稍有煙氣，即足以損害品質。

從焙籠取出葉片，乃行分篩及分級。篩眼依大小分為一號篩至十號篩，甚或有篩眼更細之篩。用篩分級之後，乃行裝箱。

綠茶之製造

供製綠茶之鮮葉，採摘後首先摘去葉柄，並用鍘除去一切沙礫及雜物，然後將葉放於鍋內殺青，即利用蒸氣使其萎凋。綠茶鍋較製紅茶

者爲深，直徑約十六吋，深約十吋。鑲裝於磚竈上，竈高約與膝齊，鍋低於竈面元吋，加上鍋之深度，自頂至爐共達十五吋。此爐用木柴爲燃料。鍋面燒成赤紅色，乃將葉投入，迅速翻拌，是時發爆聲，並發散大量蒸氣。工人且常用手將葉拋高至爐頂以上，拋時且將手掌振盪，使葉片之蒸氣可以透出。最後將葉猛力在爐面週轉二、三次，乃收集成堆，使葉片之蒸氣移入籃中，交與其他工人。

火工注意火力之調節，另有一人用扇搧風於葉面。

茶司在鍋中交互用手攪拌茶葉或揉捻茶葉，其方法與在揉捻上所作者相同。此種攪拌與揉捻，葉片仍放於半鍋中攪拌，再繼續向前搓撚，遂成細條。揉捻後，葉放於篩上，使其在短時間內冷卻後，再入鍋作第一次炒焙。此時火力減低甚多，且用炭代染，以防煙火。但鍋面仍蒸熱，予如傷及鍋壁仍將灼傷。

紅茶相同。俟葉片搗成球狀，再鬆開用兩手揉之，右手搓撚，左手稍用壓力前推。葉片仍放於半鍋中攪拌，直至比較乾燥而略變爲暗橄欖色而止。自鍋中取出葉片，再用鍋作第三次炒焙。

在若干地方爲謀迅速榨出漿汁起見，第二次加火時將茶葉放入厚布袋，每袋約十五至二十磅，將此袋向地面拋擊，並時常轉動，至葉之容積減至三分之一，乃將袋開放。俟袋內茶葉變爲固體而呈抵抗力時止。在最後炒焙之後，葉色即起此種特殊之變化而呈紫青色，此乃葉片乾燥程度適當之表示。在葉色起此變化以前，工人恰炒不停。三次炒焙共約費時十小時。

經此種炒焙後之茶葉稱爲毛茶，若非立即揀選及分級，則先裝入箱中，而山農人售於較大市鎮之茶行或茶廠。經過若干分篩工作，乃再用風車或用篩整篩茶，再分爲幾種商業上之品級，如珠茶、圓茶及眉熙等。中國綠茶經分篩以後，再屈婦孺用手工揀去夾雜物及碎片。此種揀茶廠均在中部之漢口、九江一帶，藏銷之磚茶在四川一帶製造。

中國製造綠茶者往往用染料着色，但英美之中國綠茶顧客，爾來漸漸潔之茶葉，因此着色之風，業已停止。惟藏往中央亞細亞、北非洲、土耳其、波斯及印度者，尚有着色之茶。

外銷綠茶裝於變重之油漆箱內，其內層大都爲鉛罐，使其與空氣隔絕，外層爲木板箱，此外更包有竹簍，以免運輸時損壞，箱外則註明商標或花色及廠號之名稱。

半醱酵茶

半醱酵茶即爲烏龍茶，其有若干綠茶與紅茶之特性。製造時任其萎凋而局部醱酵，其他方面之製造過程，完全與綠茶相同。以前在福建省製有大量烏龍茶，但以台灣具有產製上更佳之條件，以是此種貿易漸爲台灣所奪。

花香茶

中國植茶者有一熟語，謂祇有次等茶方需薰花。雖屬如此，但亦有若干薰花茶之品質與價值，均甚高貴，而銷中國人所珍視。凡欲薰花之茶，在最後一次炒焙後，趁其未冷時即裝入箱中，每敷茶三時厚，加一把新摘之花於箱面，如此花與茶葉互相重叠，直至裝滿箱止。普通所用之花，爲白菜莉花、梔子花及玉蘭花。茶葉加花後，放置二十四小時，最適當之用花數量，爲茶葉一百斤用花三斤。次日將花與茶葉相混，放於篩上榍加烘焙，每次約三斤，時間約一小時至二小時。有時任花混在茶葉中，有時則將花篩出，再行裝箱。

磚茶、包茶、餅茶及小京磚茶

中國磚茶有二種，一由篩末、茶屑所造，一由葉與梗所造。前者銷於亞洲與蘇俄，後者銷於西藏。二者之用途不同，俄銷磚茶常供其泡出之茶液，藏銷磚茶則供鹽、牛酪及其他香料沸煮而製成一種湯汁。俄銷之磚

俄銷磚茶——在漢口及九江一帶之俄銷磚茶廠，製造磚茶之方法簡單而有效。有一笨重之模型，上有精細花紋放於水壓機中，不論紅茶或綠茶，經過平常製造過程後，再加蒸熱而放入模型中。其程序爲先放一層上等茶，然後放一厚層之粗劣茶葉，再加一薄層上等茶於其上。俟復以水壓重壓之。旋去壓力，取出模型，即得磚茶。經三星期之乾燥，即告完成。磚茶每塊重兩磅半至四磅，依其大小而異。爲便於運輸，均包以紙，並裝入竹簍中，每簍八十塊，淨重二百磅。

茶屑包括碎葉、茶梗及粉末，常爲製造磚茶之用。雖大牛爲本省所產，但自印度、錫蘭及爪哇進口者亦不少，每年約爲一〇〇〇〇〇〇磅至一五、〇〇〇、〇〇〇磅，通常與中國之茶葉與茶片相混用，此種拼和磚茶，較單用中國茶所製者爲佳。

在湖北省之羊樓洞，山西茶商每年常設立臨時辦事處開設工廠，該地有數千農民及其家族從事製造磚茶。大都推銷於俄國及亞洲市場。原料約爲二茶或三茶，葉長約一吋，味濃，一般稱爲老茶。壓力多用木質平壓機，以此經營方式大都爲臨時性質，不利於購置新式設備。

藏銷磚茶——運銷於西藏，必經兩重要城市，即康定(打箭鑪)及松潘，供給康定市場之茶葉，均產於雅州區域，而在雅安、名山、滎經、天全、邛州(即邛崍)製造。栽培區域延及四千呎之高原，與雜草相混雜。六月至八月，將葉及幼枝切下，用火鍋加熱煮分鐘，然後攤曬。經此初製之後，乃盛於袋中或打成一捆，攜至市鎮，賣與茶行或茶廠。茶廠即設於此種鎮上。

茶葉到達茶廠，任其醱酵散日，然後將葉及枝攤開，由姑孀揀選，分別爲若干類。葉分三級，其第四級爲最粗老之葉以及切斷之枝篠及次等，揀選分級後，每級茶葉均放於布上，用爐蒸之，柔軟後，加入粘質之米水與葉末泥和，放入重壓，即成磚狀。每塊長十一吋，圓四吋，重六磅。放於架上三日，俟其乾燥，再用印有廠名之紙包之，四磅合爲一包，首尾相遞配成長條。外面用竹篾包裝。工人即負此

種竹篾經康定商運至西藏出售，由雅州至康定約一百五十哩，幾無可行之道路，每人常負三百至四百磅，約須二十日始可到達。

較上等之磚茶及銷售於西藏內部及拉薩中者，在康定先將竹篾解開，將各磚茶重行包裝，每十二塊用生犛牛皮包成一包，用繩縫緊，毛向裏面，以免在山路上損壞磚茶。

藏銷包茶——松潘市場之包茶，其製造方法較磚茶更爲簡單，摘取茶樹之幼枝及葉，甚至周圍之嫩草，在日光下晒乾，捆扎成包。偶或亦有加火培烘者，此茶包送至有茶廠之村落，任其醱酵數日，然後稍加揀選。茶枝用鍘刀切斷，此折斷之枝葉，放於沸水上蒸之，然後成包，重九十磅。

餅茶——普洱餅茶因產於雲南南部之普洱縣而得名，製成扁圓塊，直徑約八吋，用竹葉包之，再以棕櫚葉捆之，爲中國藥店一種普通物品。在西藏喇嘛寺亦常備此種茶葉。普洱茶生長於瀾滄，而在 Ibang 一帶者最多。有顯著之苦味，視爲藥物，供醫療消化器病及興奮神經用。

小京磚茶——有若干小京磚茶末放於一定模型內壓製而成。

球茶——球茶(Ball Tea)之名，專用以指中國茶壓成球形以抵抗各種氣候變化者而言。

束茶——束茶爲廣州烏龍所製，用絲帶束之。

中國外銷茶之分級

中國茶葉經各項製造手續之後，再依其葉之大小及採掇之鬆緊，用篩分篩爲若干級或若干形式，例如白毫(Pekoe)及小種(Souchong)，以及雨茶(Young Hyson)，均爲表示形式之名稱。但此種名稱常冠以地名分別之。惟用地名之分類，常缺乏統一性，有時依茶葉出產地而

命名；有時依茶葉製造分級地而命名；有時甲地所出之茶，而用乙地之名。甚至因茶葉相同之故，有以他省省名之者。

製造方法亦頗有差異，同一茶葉在不同地方處理，即得不同之特徵。因此最後處理之地方，頗關重要。即使採用同一方法，各地有其不同之應用方式，使茶葉之品級受不可避免之影響。例如以出上等品質著名之地方，其所產茶地之最低、普通及最次各等茶葉中，其最次茶葉之品質，往往較其他出產地之最上等茶葉為佳。他如採摘茶葉之時期，亦頗關重要。

中國茶商對於茶葉之分類法

中國茶商自有其分類之方法，此種方法與外銷之分類法相一致。其成茶為：紅茶、綠茶、金茶（即黃色茶不供外銷）及紅碎茶、綠磚茶。每一類又分為粗、細、陳、新，共成二十類，再各分為上貨、次貨二類，成為四十種。中國商人更以其出產地及省名等分為二百餘種，因此完全土法之分類，實有八千餘級。

上海市場上依茶葉至上海之來源而分為莊茶——即山各地完全製成後輸上上海市場之茶；毛茶——為上海鄉間所造之茶；土莊茶——為湖州及其附近所產之茶而在上海製造者；洋莊茶——為在上海拼和之各種茶葉冠以地方名稱，常為珠茶、雨茶等，又稱為上海包裝茶（Shanghai Packed Tea）。

政府之援助

一九○五年中國政府派茶葉專家赴印度、錫蘭考察茶葉座製情形，其考察報告謂採取新式方法，當可使中國茶葉增產，並減低成本，且撥議中國各埠設立大規模之茶廠，裝備新式機械。但其撰議並未獲政府採用，直至一九一五年，始在祁門設立新式茶園，但所產品質尚未臻上乘，且其茶價亦較昂。一九一五年，政府援助上海茶業同業公會之請，減低出口稅百分之二十。一九一七年茶葉出口完全免稅。

中國茶區圖

黑影處表示產茶省份

一六六

第十六章　台灣茶葉之栽培與製造

地位——茶區——土壤分析——氣候、雨量、日照及高度
茶樹品種——彥剪——探摘——烏龍茶之製造——第一步
製法——萎凋——醱酵——篩炒——托弪——第二步
製法——覆火或精製——包種茶之製造——裝箱及船運——改
遞推銷事業——茶葉協會及其規則——檢查規則——分級

台灣位於西太平洋，其主島為長卵圓形，附有若干小島，地處亞熱帶。東西寬九十七哩以上，南北長二四四哩。在北緯二一度四五分至二五度三八分之間及東經一二〇度六分之間。與古巴、墨西哥、撒哈拉沙漠及北緬甸在同一緯線上。

島中縱貫一高山山脈，由北而南。本島與中國大陸間之海，深僅三百呎，惟在島之東岸，離陸不遠，即有深海。此島之東北與日本相距七五二哩，西與廈門相近。面積一一三、四二九方哩，較荷蘭本國稍大。惟較瑞士略小，本島與日本標準時間相差五十四分鐘。

台灣之北半部，位於溫帶，南半部則位於亞熱帶。北回歸線在近嘉義處，通過本島之中心，故除高山頂在冬季有一短時期積雪外，其餘極少降雪。

關於台灣茶葉之栽培與製造，James Hutchison 曾有詳細之記錄，報告於印度茶業協會。（註一）

茶區橫限於該島之北部。在西北高山與沿海平原之間。該區地形有三種：丘陵地、台地及起伏地。丘陵地平均高度約自一〇〇呎至二〇〇〇呎。但大多數則在一五〇至七〇〇呎之間，在一、〇〇〇呎以上者極少種茶。

大多數之茶園均位於二五〇至一、〇〇〇呎高度之台地，台地大都

向西傾斜，為該島最大河流淡水河與主要山脈之山麓相隔離，惟有若干水道橫貫其間，然此種水道一年中大部時間均為乾枯者。此區起伏地包括起伏之岩及主要山脈西方之崩岩，共間亦有稻田。此區海拔約二〇〇呎至三〇〇呎，該島品質最優良之茶葉均產於此。

凡栽植茶樹之土壤，悉屬於第三紀層及第四紀層，各種栽茶土壤之面積及其平均之產茶量，因起伏地及丘陵地之茶園散漫無序，難以正確估計。惟在起伏地之產茶量，每畝當在八〇至一〇〇磅之間。丘陵區域為一六〇至二〇〇磅，台地為二五〇至三三〇磅。

台灣之主要產茶區如下：

台北縣：文山、海山、新莊、基隆、淡水、七堵。產量每年約六〇〇〇、〇〇〇台斤。

新竹縣：桃園、大溪、中壢、新竹、竹東、竹南、苗栗。每年產茶約一一、〇〇〇、〇〇〇台斤。

台中縣產茶約十萬斤。平均每甲產粗製茶四〇〇台斤，即等於每畝產二三〇磅。（一甲＝二・三九七畝；一台斤＝一・三二五磅）

烏龍種佔台灣栽培最多之茶樹，約佔全產量之半數，黃柑種次之。在三十餘品種中，其主要者為白毛猴，百分之三五在四月至五月製造，百分之二十產於秋季。奈茶富於香氣，夏茶香種、竹棚種及貓斗種等。

製造——自六月至八月。百分之四十五在四月至五月製造，百分之二十產於秋季。每年葉產之百分之四十五在四月至五月製造，百分之三十五在夏季。

註1：James Hutchison 著：Report on the Cultivation and Manufacture of Formosa Oolong tea 一九〇四年加賓客等出版

氣外形均佳，滋味亦較濃烈。秋茶外觀雖佳，但其湯水不濃。

台灣農民種植茶樹，完全爲副業性質，彼等以種植五穀、蕃藷等爲主，僅以一小部分之土地種茶。高地之一般種植地面較寬，茶園面積之比例亦較大。然卽在此種地區之土地，亦全由農家個別耕種，難以計算生產成本。

中間商人深入鄉間，向製茶者購買茶葉，再轉售與當地商人，幾經暖賣，集成較大數量，然後包裝。在最繁忙之時，茶園工作超過家族之工作能量，亦屈用短工，但此種情形甚少。

當採茶時節，常送食品至田間，每日有達五次之多者，但普通仍閉家就餐。

採茶工作多由女子擔任。

茶用土壤

中央山脈附近之第三紀及第四紀沖積土壤，最適於茶樹之生長。此種土壤，依其位置而差異，但大部均富有機物質，且顏多小石粒。最肥沃之土壤爲淡綠色土。

就茶樹栽培之實際應用而論，台灣之土壤可分爲二類：（一）紅色或帶紅褐色之壤土，各地因所含砂土之多寡而脆性不同。（二）黃粘土，山分解之岩石而成，其中常含砂礫。

紅色壤土爲丘陵地之特徵，死火山斜坡上土壤，並有石礫露出，此種土壤有時在黃粘土之心土中亦可發現此紅色壤土，此種台地之土壤，常在一層粗圓之水蝕石礫之上。山麓之土壤深邃——海拔一二〇呎之高地，則深可六呎以上。此種台地，僅掩沒石礫層，而在海拔四〇五呎之高地，土人稱爲低塬。

質上普通被稱爲低鄉之台地，其平均高度遠在起伏地帶之各著名地方之上。有若干地方，赤土與黃土混合，惟區域不大，亦不顯著。該島之種茶者，認爲土壤及地位與茶之香味顏有關係，共信仰橙與法國種葡萄者相似。法人謂葡萄愈劣，酒味愈佳。台灣之種茶人，則常謂「黃土小樹出好茶」。

專賣上土地之時矚與嶙岣，可減少雨景過多之影響，阻止雨水積滯於土壤中，崎嶇之區。景象蕭條，植物倚能生根於崩壞之岩石面，因生存困難，性質遂顏強健。但若無適宜之土壤與氣候，以及健康之樹根，則亦不能產生優良之品質。栽培者於此所注意者不復爲產量之多少問題，而均以品質爲唯一之注意點。

台灣之茶區土壤，著名化學家 H. H. Mann 曾加分析，而印度某茶業協會刻研究此土壤與台灣島龍茶之具有特殊香氣之影響。Mann 氏在台灣茶區三種土壤中各取一代表樣品，其報告如下：

黃粘土燃燒在起伏地見之。造成此種土壤之岩石，受歷年日光、雨水之浸蝕，其邊緣次第破碎分解，較細之粉末，沖積於鄰近田野，卽成爲重粘土土地。黃粘土地方所產茶葉，品質顏著名，常裕爲高地茶；邪爲兒，最重要者，爲製茶原料之特殊茶樹品種——即所謂菁心烏龍。同

上述三種土壤經分析結果，如第一表所示。Mann 博士發現台灣島能茶之具特殊香氣，除生產地之土壤以外，尚有其他若干原因。依渠之

表 一
土壤分析

	丘陵地 No. 1	台地 No. 4	起伏地 No. 5
有機物等*	12.76%	6.92%	4.30%
氧化鐵	11.19	4.75	3.29
鋁	24.25	10.04	6.86
氧化錳	.01	.06	.04
鈣	.05	.02	.05
鎂	.17	.35	.17
鉀	.28	.54	.46
鈉	.27	.32	.25
磷酸	.20	.06	.08
不溶性矽化合物	50.82	76.94	84.50
	100.00	100.00	100.00
* 含氮量	.15%	.13%	.08%

心一堂 飲食文化經典文庫

時彼指出此品種之繁殖，全用壓條法；且在此優良品質區域之產量甚小（每畝僅八〇至一〇〇磅），而在產量較多之區域，茶葉之價值亦形降落。彼並未述及中國早有此品種，而後傳至台灣；但彼之見解，對富於香味之台灣烏龍之特質，極爲讚美，彼謂除台灣以外，再無一處可集品種、氣候及土壤於一處以產生此種特殊香味者。

氣候、雨量與高度

不論產生烏龍茶特殊香味之原因爲何，但台灣之氣候極適宜於生產優良茶葉，並易於處理，已無疑問。該島最高溫度爲華氏九十五度，用野丘陵，終年青翠可愛。當最熱季節，溫度不及日本之九州，但夏季甚長。夏季時有驟雨，雨後必有涼風，使人即可忘却悶熱。

台灣之氣候有一特徵，即同一高度而相距不及二十哩之兩地，雨量頗有差異。此種差異乃由於中間高山阻礙東北及西南季候風之故。是以一地恆乾季，而一地則爲濕季。更以日本暖流沿島之西岸通過，遂使此種澇興，更爲增溫。

以台北爲中心，與作茶區東邊最潮溼之地點——基隆相比較，擷氣象之報告，五年間雨量平均如表二。

表 二
雨量五年平均

月　份	台　北（吋）	基　隆（吋）
一　月	3.60	16.78
二　月	6.38	10.43
三　月	5.12	10.25
四　月	6.06	8.80
五　月	7.21	6.95
六　月	10.16	9.88
七　月	9.21	3.38
八　月	18.19	12.17
九　月	10.91	14.45
十　月	5.18	18.30
十一月	3.37	22.74
十二月	2.44	15.82
總　計	87.83	149.96

除法非產茶期之多季月份——十一月、十二月、一月、二月及三月——之雨量，則二地之雨量相近（六六·九二吋與七三·九四吋）。此表給予一種較優之概念，即二地之有效之雨量，並非全年雨量。

日照與茶樹之品質有密切之關係，氣象台特就上述二地點，將日照時間之百分數，列如第三表。此表指明當七個生產月份之平均日照近於百分之四十，並爲全年之百分之三十三又三分之一。

自六月初至九月底，台灣每日下午幾乎均有陣雨，但實際上則除颱風期（九、十月間）繼續下雨至二、三日外，普通僅爲陣雨。每日均有相當時間之日照，爲台灣氣候最重要之特徵，蓋可使大部之茶葉得以乾燥，凡能在日中曝晒，而可當日製造，如四無日光而在次日製造，則必損及品質，照例茶樹在天雨時不加採摘。

表 三
日照百分率

月　份	台北	基隆
	百分率	百分率
一　月	25	18
二　月	24	16
三　月	31	26
四　月	25	26
五　月	36	28
六　月	39	31
七　月	50	63
八　月	50	51
九　月	47	45
十　月	37	32
十一月	24	18
十二月	30	18
總平均	35	31

所有茶區之溫度，均甚平均。台北市在茶區之中心，可作代表。每年平均溫度爲華氏七一·六度，平均最高溫度爲七七·七度，平均最低溫度爲六五·五度。最高溫度爲一一二·二度，最低溫度爲七一·四度，平均差爲一三·三度。單就製造期之平均溫度而實，爲七八度，平均最高溫度爲八四·七度，最低溫度爲七一·四度，平均差爲一三·三度。

台北之海拔僅五〇呎，但全島茶區之平均海拔，爲三五〇呎。

茶樹品種

台灣所栽培之茶樹品種，大部爲中國種，間或有一、二日本種。此種。兩者之區別甚易，蓋日本種之葉色淡綠，形圓，組織較薄；中國茶樹栽培者細爲台灣茶樹有八種品種，可分爲三類。

第一類包括四種：青心烏龍，紅心烏龍，黃柑種及竹樹種，由此類

品種所製成之茶均甚濃烈，其中青心烏龍如遇適當土壤氣候及製法，可具有特別之香氣，而爲其他品種所無。

第二類包含三種：時茶（She-tay）、枝蘭種（Kilam）、柑子種（Kana）。此種茶樹葉均廣闊，而側脈與主脈幾成直角，組織單薄而多纖維，缺乏澀味與香氣，因其具有結種之直之特性，此種特性，本類中均具有之，而與第一類判然不同。實際上第二類品種，均用種籽繁殖，而第一類品種則用壓條繁殖。

第三類祇有一種，即白毛猴，此品種可製成一種優美白毛茶葉，稱為白毛猴。

繁殖

除以上所述各種外，尚有在試驗場中之大葉烏龍，係青心種用種籽繁殖時之變種，爲偶然所成之品種，數量極少，不歸入上述三類。青心烏龍約佔栽茶面積之百分之四十，紅心烏龍佔百分之三十，其他各品種估百分之三十。至於大部分地方栽培之品種之理由，據氏當一八八〇年左右，該地茶業驟然發展，青心烏龍不敷供應，遂由中國輸入其他種類。紅心烏龍祇在幼芽時可由顏色分別，故多用之代替青心烏龍，現在此二品種常混植一處，尤以台地一帶為甚。

青心烏龍之生產量較時茶等爲少，此亦爲其特點，時茶每十日可採摘一次，而青心烏龍則須每三星期採摘一次，豐富之產並能在大等品種中得之。

台灣最優良茶樹品種之繁殖，全用壓條法，上述第一類之四品種，即均採用，此法此類品種產籽極少，但此並非爲不用種籽繁殖之原因，因以其有特殊香氣，如用播種繁殖，易起變化。（註二）上述之大葉烏龍種，即須用種籽繁殖時之變種。

壓條時期在六、七月之初雨時，其生根後與母株之分離，則在冬季或六月初雨時。其法將茶樹之側枝用竹鈎壓入於地下，使其生根後與原樹切斷，最後移植於預先選定種植之茶園，普通俟穴種植二、種中得之。

三枝。

在壓條時，栽培者於側枝壓至地下之點，加以強烈絞撚，其目的的正如荷蘭石竹及馬鞭草等處之壓條時之半可斷然，以阻止養分流通，而促進其根部生長側枝。如上法處理至母樹之半數枝條已壓入地下爲止。時茶枝蘭及柑子三品種因產有豐富之種籽，故常用種籽繁植。

種植與栽培

茶樹之種植，常在冬季十二月初或六月初雨季前行之，在起伏地種植之距離通常約爲 $3\frac{1}{4} \times 3$ 呎，但在台地則常爲 5×3 呎。在起伏地帶茶樹在傾斜面上成橫行，鮮有利用階梯狀栽培者。在台地如可能行耕地時，常用牛耕，其後跟從一人，茶叢甚小，其間常有二呎空隙，故可聚耕三行。此種聚耕甚爲完善，往往深達四、五呎，在六月底茶園均可消除雜草。在起伏地減較緩窄之區，則每年用鋤耕四次。

修剪

起伏地帶頗少施行修剪，僅在茶樹生長過劣或產量過少時行之。修剪時除留主幹數呎外，餘均剪去。

在台地之茶園，常加重修剪，此種茶樹之一切處理，均選較起伏區域為慎重。重修剪後所留下之枝幹，有時爲一呎，但普通則爲三呎或四呎。該地甚少修剪，因此地之採摘甚烈，已有輕修剪之功用。可使所產茶葉之品質受損，據栽培者云，至少須有二年時間，方可恢復。

關於茶樹修剪時期，並無一定，有若干處在四月擧行，有若干處則在五月或六月初，即在第一次採摘後行之。

註一：A. C. Kingsford 及 M. K. Bamber 合著，Rep I. on The Tea Industries of Java, Formosa and Japan 一九〇七年在哥倫坡出版。

依其他各產茶國（包括日本在內）之標準而言，台灣之採摘，實較修剪更為粗放。凡葉之可以採摘者，連魚葉在內，自枝頂至枝底，一概採下。至萎凋時始將其最粗者揀去，若其有特殊香氣者，則另行製造。

然此等粗葉亦能採成美觀之茶葉，實令人驚奇不置。

在台灣北部之採摘，可自四月至十二月初。此季節分為五期：春季自四月初至五月中；夏季第一次自四月至五月下旬至六月底，夏季第二次自六月底至八月中；秋季自八月下旬至十月中；冬季自十月下旬至十二月初。每年約可採摘十一至二十次。

春茶將終時——五月底或六月初，葉質變粗，然大部份之茶葉，均在此時採摘。是季採葉較為注意，往往採取一芽二葉三葉，但亦有採三葉者。

在起伏地帶，發育不良之茶樹普通多採取一芽二葉，在台地可得十五磅至二十磅。惟山地帶而言，每日所採數量較此數為少。採摘量既如此之少，採摘費自必異常昂貴，幸台灣採茶者全國家族勞動，不計工資，祇有大量種植及特別農忙時，方雇用工人。

烏龍茶之製造

台灣烏龍茶最初係模倣福建烏龍茶製造，以供移居本島之福建人飲用。烏龍茶在貿易上稱為半醱酵茶，蓋此茶具有若干紅茶之特性，惟其有綠茶之湯味，朗似為二者之拼和茶。惟台灣烏龍茶之滋味顯與福建烏龍茶不同。

台灣烏龍茶之製造，可分二個過程，第一過程在產地進行，第二過程則在茶廠行之。

第一過程包括日晒萎凋、室內萎凋、初炒、採捻烘焙，經此過程所製成之茶即為毛茶。毛茶之優劣，關係製成茶葉之最後品質甚大，故此茶不同。一切工作均用手工，製品之結果，全賴製造之技術

，而此種製茶技術全由經驗而得，可稱為一種藝術，絕非模倣所能及。

日晒或萎凋

鮮葉於中午運到工場，即攤於帆布簾上或淺竹籃中，每侷約盛二磅，澄於日光下，使其萎凋。最初攤放較薄，俟葉漸暖，則加倍之。所需時間約自二十分鐘至一小時，聲日結時較長。較嫩之葉，經此步驟後，形必稍捲曲，但須注意勿使其晒焦或變色。

下午所採之葉，最好亦於當日施行日晒與萎凋，如在雨天而係曬葉時，則先將茶葉攤於框中，至翌晨再行日晒，惟遇此種情形時，製茶品質必難優良。

醱酵

萎凋後即將茶葉移入室內，攤於恒上，厚約三、四吋，使其萎凋及醱酵。先放置十分至二十分鐘，然後混合之，並用手搖動，再繼開如畫，此手續每隔十五分鐘舉行一次，其間隔之時間依此步驟之進度而次第縮短。

茶葉自日光中移入室內經二小時或二小時半後，葉色漸變，嫩葉及葉緣之鋸齒處，且發現褐色，當此種變色於較嫩之葉上逐延成斑點狀並在較老葉之邊緣漸濃薄時，則為已適於焙炒之徵軟，但較製紅茶用之醱酵葉，程度稍淺。全過程所需時間，即自放於日光下至加火停止醱酵，如葉處之溫度，在葉氏八十二度至八十六度，約需四小時半至五小時。在較新式工廠，鮮葉在棉製或竹製框上經過日晒後，亦有採用與 Bosscha 式萎凋機相似之醱酵機者。

烘　炒

茶葉自光中移入室內...同時進行萎凋與醱酵為製造烏龍之主要特點，任何欲製成烏龍茶之鮮葉之最後品質，大部由此一步驟決定之。

包種茶之製造

包種茶之採摘及製造與烏龍茶不同，其異點在於前者以獲得不醱酵之茶湯為目的，且不若烏龍茶之需要細小之捲葉。

製造包種茶或燻花茶，乃烏龍茶在再火前混入茉莉及梔子花，茶與花之配合花與茶重量之比例為：一份茉莉與三份茶葉；一份秀英花與四份茶葉；一份梔子花與一份茶葉。此種花之栽培在大稻埕一帶之郊間已成為一種實業。

大量製造時，乾茶與花堆於烘場之地板上，少量時則放於圓瓷內行之，茶與花相間堆放先應灑以水，堆高多在三呎左右，上蓋以布，在一○四度之溫度下過夜，約經二十四小時，即可使茶軟化並滲入香氣。其後即將花揀出，茶葉以一八○度至二○○度之溫度烘之。其出品每箱約重一磅或二磅，銷售於菲律濱、荷屬東印度、安南、暹羅及海峽殖民地一帶之華僑。

改進事業

台灣政府對於改進台灣茶葉品質，增加生產，減低成本之工作，貢獻甚多。自日本佔領該島後，為振興台灣落後之茶業，首即成立三井公司，其主要計劃在台北、台中、新竹諸州將土地大量租與農民種植茶樹，而受此公司之管理，並採用科學方法施肥及除草耕作。在此種改進生產工作之下，估計每歲之成茶產量可增加至三、二○○磅。該公司又因政府之匡助，開闢新茶園，設立製茶工廠，並裝置新式機械以製造全醱酵及醒醱酵四分之三之茶葉。

台灣之紅茶製造，年有增加。大溪及中壢兩地保用賞柑種製造，新竹州用野生茶製造，埔里匼用亞薩姆種製造，現台灣政府對紅茶之製造甚為獎勵。

四分之三醱酵茶之製造，保將茶葉在日光下迅速萎凋，其餘步驟與他國製紅茶方法相似。全醱酵茶之製造方法全保採取印度及錫蘭之進步方法，故茜為英美市場所歡迎。當著者至台灣考察時，曾參觀三井株式會社之製茶設施。該公司有適合於植茶之地八四、○○○噸，其聯合公司即著名之台灣實業公司，有植茶地二○、○○○噸。

著者曾赴瑞芳參觀一完全新式之製茶工廠。在錫蘭、印度及爪哇新式工廠隨處可見，因鐵路縱橫，道路要緊鬆淆佳，交通均甚便利，故新式工廠設立之可能性較大。而在荒僻與交通梗塞之台灣，設置新式工廠，自較困難，然而在瑞芳之新式工廠內，備有醱酵室、萎凋室、採捻機、烘焙機、揉捻機、切茶機及整套之分篩機，均為台灣政府之成績。

台灣擇自一九一八年以來即鼓勵當地茶葉生產者成立地方協會，名為組合，每一完備組織組織一中央工廠，該組合所有之茶葉，均集中於中央製茶廠製造，此次計劃已獲得成功，會員亦逐年增加。

台灣原有之生產製造方法與印度、錫蘭及爪哇等產茶國所提倡之茶園制度迥然不同，後者係由茶園辦理茶葉之種植、栽培、製造及出口等事，因此得以減輕產製費用者並非除小規模製茶業上之一切積弊。台灣在現行制度下，生產者與出口者之間尚有許多中間商人，因之茶業生產費用遂增高二倍或三倍之多。為解決此項困難，台灣政府曾於一九二三年指定基金，專為改進茶業之用。為謀茶葉之生產改進上，茶園園主均被勸導共同組織協會，貸予製茶機械及器具，免費供給種籽並給予補助金以購置肥料。

組織A穀協會有茶地六百甲（每甲合二‧三九七噸）。其設約五○、○○○日圓（每日圓合○‧四九八五元美金），全年能持費約達五、○○○日圓，此外另有二○、○○○日圓作為購買種籽免費供給會員之用。

台灣政府所屬之中央研究所設有一茶葉試驗場，其名稱為平鎮茶業試驗場。

另一發展係自一九二三年始由台灣政府創辦之檢驗制度，其目的在禁止劣等茶之出口，以增高台灣茶在國際市場上之信譽。

茶葉全書（上）

一七四

因欲改進台灣茶之市場情況，於一九二三年創設台灣茶共同販賣所於大稻埕，俾使協會得直接與銷售者及出口者發生關係，剷除中間商人所取得之一切不正當利益。然而那買上台灣之烏龍茶買賣，中間商人仍係不可少者。

共同販賣所接受協會會員及非會員之委託，推銷其茶葉，該所依照所定之價格出售。

一九二六年共同販賣所開始貸款與出售茶葉之茶農，以不超過茶價之百分之五十爲限，俟茶葉在販賣所出售後，如數結還之。

心一堂　飲食文化經典文庫

地理位置——茶區——氣候與土壤——繁殖方法——地勢
及排水——施肥、耕種及修剪——遮蔭——日本茶之採摘——
病蟲害——製茶種類——製造方法——煎茶之手製法及機製法
——玉露茶及碾茶之製造——分類——茶葉拼合——科學工作

日本本部包括四大島——九州、四國、本州及北海道——及大量之
小島，自北緯三十度至四十六度，人口五千九百餘萬，面積一四七、三
二七方哩。適於種茶之土地，概括言之，在北緯四十度以南，故茶區均
分佈於是地。

全國多山，惟東京四週有廣大平原，茶棚多種於山坡或小塊荒地，
排水佳良。惟良之農田多種稻作與其他作物，故茶區與鐵路相距甚遠，
運輸不便。

重要茶區

日本雖爲東方之工業國，但人民以業農爲主，全國人口百分之六十
爲農民。農民咸承襲三千年來之農作，對於土壤與作物，具有廣泛之智
識。近年此種智識始爲現代科學所代替，各縣均設立農事試驗場。

日本植茶地面積自一八九二年以來，逐年減少，是年茶地面積計一
四八、七一四畝。一九三一年僅九三、三五一畝。一八九四年茶廠爲三
〇五、九二八家，一九二八年增至一、一五三、七六七家，達於最高
峯。一八九二年茶葉產量爲五九、七二六、五〇二磅，一九三一年增至
八四、四四七、九九四磅。

主要產茶區域爲靜岡縣，位於富士山山麓之風景區。京都縣——包
括產玉露茶出名之宇治，以及鄰近之三重、奈良。滋賀縣亦爲主要產茶

區。事實上本州及九州各縣，無不種茶，爲全國之主要茶區。除已列舉
者外，本州尚有埼玉縣與岐阜縣，九州尚有熊本縣與宮崎縣。

全國產茶量之半數及全部輸出國外之茶葉，均集中於靜岡縣製造，
並在靜岡城及其附近城市精製，由鄰近之清水港或橫濱出口。但具有特
徵之日本綠茶，則產於近京都之宇治縣。日本嗜茶者所樂飲之玉露茶，
卽產於是縣。

慢級而高貴之茶葉，產於近京都之山城碧治，大部份產品供作神祀
之用，並有特殊品級之內銷茶。

埼玉縣之狹山地方，以產狹山茶著名，狹山茶又稱爲八王子茶，爲
大於山城茶之上等品。惟以種植原因，漸形衰落；但其名稱則至今仍爲
美國茶商所熟諳。

表一爲四十六縣茶區之分佈情形。以產量計，當推靜岡、京都、三
重爲最重要。

氣候

日本氣候溫和，雨量豐富，環境最宜於植茶。每年有三次雨季。第
一次在四月中旬至五月間，第二次在六月中旬至七月初，第三次在九月
初至十月初。六月爲全年雨量最多之一月，正月則爲雨量最少之一月。

日本在氣候上最受影響之因素爲往來於中央亞細亞平原之風，卽普
通所謂季候風者。季候風起因於戈壁沙漠，夏季時該處熱空氣上昇，游
洋上空氣較太平洋裝冷，經過日本，疲梨其澤氣於該島之東部。冬季時
沙漠地帶氣向海洋方面吹去，此時最大之雨量在
島之西部山脈地帶降落。不論季候風之風向如何，其風勢必播過大洋之

209

表 一
1928年日本茶之產量及栽培面積

縣名	茶廠數	栽培面積（町）	製茶數量（頁）
岩手	1,432	12.9	986
宮城	2,572	88.9	5,901
秋田	17	2.1	73
山形	79	17.4	1,377
福島	7,302	84.8	7,554
茨城	42,288	1,979.3	197,033
栃木	15,878	372.4	37,419
群馬	5,697	118.0	8,463
埼玉	23,932	1,583.3	247,579
千葉	23,963	645.3	73,603
東京	19,995	630.0	71,901
神奈川	20,424	262.5	30,110
新潟	1,013	512.1	84,027
富山	2,718	409.7	42,117
石川	4,889	244.0	54,174
福井	28,535	325.1	164,026
山梨	4,078	84.1	5,480
長野	2,477	24.0	4,409
岐阜	47,978	863.8	218,891
靜岡	31,052	16,000.7	5,308,798
愛知	25,914	231.3	70,320
三重	26,796	1,707.0	491,242
滋賀	29,925	958.8	245,956
京都	28,010	1,498.8	544,131
大阪	4,825	201.0	88,908
兵庫	40,561	647.0	146,024
奈良	12,118	737.0	276,180
和歌山	26,499	365.0	94,125
鳥取	7,532	40.0	11,818
島根	38,537	476.8	107,315
岡山	34,839	291.0	91,586
廣島	79,575	277.4	122,342
山口	40,741	526.1	98,605
德島	18,595	435.4	89,097
香川	2,080	29.4	2,430
愛媛	20,607	439.7	55,255
高知	37,870	1,127.6	144,968
福岡	37,842	1,619.2	142,067
佐賀	30,837	462.3	69,831
長崎	32,721	390.7	66,487
熊本	69,531	1,876.5	213,116
大分	51,454	568.4	67,804
宮崎	60,550	1,059.7	211,018
鹿兒島	117,791	2,887.6	407,073
沖繩	1,053	51.4	1,672
總計	1,153,767	43,164.6	10,423,291

1町=2.45畝 1頁=8.28磅
農林省農業部報告

表 二
溫度與雨量

京都（包括宇治地方）

月份	最高溫度（華氏）	最低溫度（華氏）	雨量（吋）
1	47.4	34.9	2.14
2	48.7	34.2	2.62
3	52.2	33.6	4.57
4	66.8	42.1	4.38
5	74.0	50.0	3.64
6	80.9	62.4	9.45
7	89.1	70.9	5.34
8	88.9	70.5	5.59
9	73.1	64.6	8.91
10	72.7	52.7	6.16
11	61.8	41.6	3.73
12	51.6	32.6	2.73
			總量 59.26

靜岡縣之金谷

月份	最高溫度（華氏）	最低溫度（華氏）	雨量（吋）
1	47.5	33.9	2.83
2	51.4	34.5	5.53
3	55.7	37.6	7.45
4	64.9	48.5	10.95
5	71.2	54.2	9.02
6	75.2	61.7	10.99
7	82.1	69.7	8.17
8	84.6	70.7	12.29
9	79.3	65.5	15.23
10	71.0	56.1	7.80
11	62.5	47.6	7.14
12	52.7	35.6	3.01
			總量 100.41

波浪而收聚蒸氣，並再降落於種茶之山地，使該島受其患澤。

有利之地方條件

多數茶園均在島之西南部，即日本之溫暖部份。茶匱中心爲靜岡縣之牧野原。靜岡縣之大部茶葉，均生長於最有利之地位，而其他作物則不能或至多勉強生長。奈良及京都（包括著名之宇治茶區）位於離海約三十哩之內地，故對於大颶雨之遮避，較靜岡縣爲佳。同時因與大海遙隔，夏季較熱而冬季較寒。

園地常在沿河川或湖沼之山上，該處有適宜之溫度，並有濃霧重露，使茶樹易於繁茂。宇治、川根及狹山等著名茶區，並屬如此。

表二爲京都及金谷每日平均最高及最低溫度與雨量。

日本氣溫較低之影響，至爲顯明。靑葉於採摘後可以貯藏過夜，再行蒸靑；而在印度溼熱之八月及九月，此種延擱將使茶葉完全攝壞。烈陽與驟雨之交互作用，可以增强茶之生長力，並有使茶湯色濃味苦之功用。在靜岡一縣，當六月與九月不宜於產茶，其理由不在於陽光之缺乏，而在於多雨，因陽光缺乏，有碍於綠茶之品質，採摘溼葉常

不能製品質較好之茶，此在科學上之理由尚未釋明。

茶用土壤

日本種茶常利用不宜於種植稻穀及其他作物之地，前已述及之。除宇治附近以外，茶樹常種於傾斜山坡以及當風不毛之高原或成行種於稻田之田塍，果園之空地，桑樹之間，以及其他荒地。祇有宇治一處，則以廣大之低地闢爲茶園。

日本茶農咸信土壤對於茶葉外形與品質頗有關係。紅粘土土壤可產帶褐色之黃葉，腐植質土壤則產深綠色之葉，並賦予香氣，沙質土壤則爲可產淺綠色葉；粘土土壤視爲可產暗色葉，最適予外銷。即葉之形狀，據稱亦與土壤有關，紅土土壤產狹長葉，便於揉捻。

靜岡縣因地域較廣，縣內各地地形頗有差異。因其各地土壤亦互不同，每一區域所產茶葉之品質，常與土壤性質發生連帶關係。牧野原一處以紅色土壤居多，產茶品質中等。阿部在靜岡市之附近，土壤爲壤質土。產茶品質甚佳。在富士鎮之周圍一帶，爲火山性之富士山所在地，所產茶葉，味薄而色佳。此種綠色非出於黑火山灰與腐植質，而由於施肥覆蔭所致。沿河山坡之土，均適種茶，因根地近河濱，所產茶葉爲靜岡縣出產之最佳者。

日本對於茶業研究工作，歷來均注重於製造方面，而對於土壤方面較不重視，因此各地土壤尚有未經分析者。表三爲二主要產茶區之六種土壤不完全之分析，就大體而論，日本土壤含有促成茶樹繁茂之各種重要元素，且土層極深，二呎以下之土壤與表土同樣肥沃。

茶樹繁殖法

日本所栽植之茶樹均爲中國種。在靜岡縣廳開田村及金谷附近之牧野原之縣立試驗場，曾從事種植亞薩姆種之試驗，因不能抵抗濶冽之氣候與嚴霜，頗少成效。

日本之茶樹繁殖，就一般而論，均直接播種於茶園，頗少另設苗圃。惟少數用扦插、壓條或嫁接法繁殖之。日本頗注意在優良區域採集種籽，大都於晚秋搜集，用水選法擇其況於水中者，而棄其浮於水面之低劣者。

種茶有兩時期，即春季與秋季。春播常在三月中至四月初，秋播常在十一月上半月行之。播種之種籽數量，每段（日本面積名，約等於四分之一畝）約五十四至七十二公斤。

凡欲育成一苗木而完全保持母樹之特徵者，則多用扦插、壓條或嫁接方法。金谷地方扦插茶樹已成功。在六月間切取長約六吋之枝榾，除去大部份芽葉，以防生長太速，插於地中。如經過良好，則枝下生根，二年後移植。若採用壓條法時，以茶叢備極長某一芽腺下一吋左右，稍予切傷，然後將其枝，將芽腺埋於地下，俟生根後始自母樹切斷，再移植於適當之地。插枝可施油餅或魚肥，並用稻草保護。

播種法有遂播與條播兩種，遂播更分爲環播與叢播；叢播又分爲一條播與變條播。環播時將種籽密切排列成直徑約十八吋之圓圈，每一圓圈之中心點與第二圓環圈之中心點相距約三、四呎。叢播使種籽互相接

表三　土壤分析

京都區

	宇治	久世	Niosawa 磁漿土
有效性磷酸	0.710	0.106	
有效性鉀	0.010	0.010	0.020
有效性石灰	0.025	0.025	0.130
腐植質	1.710	1.620	
酸度	57.	48.	酸
總氮量			0.440

靜岡區

	靜岡壤土	竜原沙可壤土	牧野原腐植壤土
有效性磷酸			
有效性鉀	0.008	0.010	0.006
有效性石灰	0.160	0.200	0.100
腐植質			
酸度	中性	激酸	酸
總氮量	0.25	0.17	0.51

茶葉全書（上）

近成一地，不作環狀，由種籽長成幼樹，均成蜂集形，最後則成籬狀行條，行距因茶叢之高低而異，惟每條中心點與他條中心點之平均距離，以五呎至六呎爲最普遍，條播最適於傾斜地面。

單條播係將種籽接連播成一行；雙條播之法相同，播成雙行，行與行間相距約一呎。單條與雙條播之行間距離則均以五呎至六呎爲最普遍，條播最適於傾斜地面。

地形與排水

日本最著名之茶區均位於沿河之山坡，如宇治一帶，茶樹栽培於宇治川兩側之緩傾斜山坡，排水優良，同時又可得到河水所生之蒸氣，使空氣常保濕潤。

伊河通過靜岡縣之川根地方，兩岸均爲山坡，成爲天然之排水系統。在狹山區及阿部川之間，亦具有同樣之特徵。

金谷位於靜岡縣之牧野原地方，爲氣候較烈之平原，東南濱太洋。Harler 氏曾描述該地之風光謂：「在春季暴風挾雨橫掃過鄉野之時，氣候似惟與茶相宜。……在晴朗天氣時，金谷景色異常偉麗，一望綠野，均爲茶樹，離谷較遠，色彩美麗，均爲其他各種穀物，對河斜坡，遍種茶樹，後接松林」。

神祕絕倫之富士山俯瞰於此景色之上，其頂終年積雪，自半地捲入雲際遠一二、三六五呎之高。

京都不若牧野原之曠闊，產茶中心地宇治位於宇治川之旁，此川自琵琶湖蜿蜒延至大阪海。一若牧野原之地形位置，對其氣候常有密切關係。

日本茶園中無排水工程，亦無真正之階段，在醉圍城周圍雖有若干簡陋之梯園，但因通均種植綠籬，以防土壤流失。

肥料

茶樹所有肥料爲豆餅、乾餅、海鳥糞、菜子餅、油粕、乾魚以及硫酸鉀、硝酸鈉、蒔蘿餅、過燐酸石炭、硫酸銨、人造肥料、米糠、人糞尿、綠肥等。硫酸鉀及硝酸鈉爲速效肥料，施肥之唯一作用，無非爲供給養分。在宇治附近，一畝用氮三二〇磅，並用小量之燐及鉀。印度每一畝僅用氮三十磅，作爲速效肥料。

爲促進新枝葉之生長，常用分解之菜子餅及磨碎之乾魚、米糠或其他有速效性之肥料。此種肥料又稱補肥或發酵肥料，施於茶叢周圍之淺溝中，每年三次。最主要一次，常在九月中旬至十月中旬深耕時施之，所用肥料爲速效性，常埋入地下三吋至四吋之深處。

日本雖不常用綠肥，但亦應用一小部份。普通所用者爲紫雲英、黑豆及 Seradella，但紅金花菜亦常栽培作綠肥用。此種綠肥常於夏季及秋末撒於表土上。

耕種

在日本茶園中有兩種耕法：一爲深耕，一爲淺耕。深耕係在各行茶叢之間耕至二呎深。表面側根均被切斷將泥土堆積於茶叢基部之四周。深耕時期並無一定，但通常於九月至十月末行之。每年於三月至十月，行淺耕三、四次，祇及地面一、二吋，以適於除草鬆土爲度。茶樹以稻草或竹枝遮護，其爲普遍，護根物於秋季放置，翌年耕入土中。

修剪

供製上品茶葉如煎茶、玉露茶及碾茶之茶叢，任其高長至三呎，製中等茶葉者，其樹常栽成一呎半。但剪枝不可過度，以免茶葉在冬季受凍害。

修剪時期依氣候情況及農用或製茶工作之忙閒而異，惟普通均於採摘頭茶後即行修剪，間亦有於二茶之後行之。初次修剪在茶齡約達三、四年時，高低依照定茶叢生長應達之高度低去百分之二十至三十度，此後三、四年間，茶叢長至所需之高度，其期應注裁保護，以防揚及幼

髣髴枝。此種茶叢自地面至叢頂次第修剪，即可形成圓頂之採摘面。茶叢如見衰老，可於根基刈去，加肥覆遮。經此刈割後，即能便樹勢恢復，枝葉繁茂，但四、五年後則又復衰退。經重刈不常採行，因一般認爲高茶叢所產茶葉之品質常較優良也。在靜岡縣約每五年或十年於茶幹離地二呎之處台刈一次；在京都產茶較佳之茶園，在三十至四十年間，始台刈一次。

遮蔭

在茶叢間種植遮蔭樹，在日本幾無所聞，蓋用人工遮蔭方法，以生產較優茶葉。如玉露茶完全遮蔭，覆茶則用一部份遮蔭，以生產較優茶葉。

人工遮蔭分爲二類：單叢遮蔭及全園覆遮或區域墾遮，前者蓄以草薦，猶如乾草堆所用之草頂，阻止生長，增進茶色，如種茶即稱覆茶。玉露茶園在採摘前完全用特殊構造之遮柵。據目人稱，如此可以使玉露茶具有特殊之色味，且可增加甜味及茶之深綠色。在四月紫茶芽將發之時，在地面裝置高六呎之棚架，芽將成葉，即用纖覆於架上，十一日後，簾上加稻草，採摘後即將此簾除去。

採摘

茶樹種植三、四年後，方可採摘。八年至十五年間，茶質最佳。普通茶樹壽命爲二十五年。以前採摘均爲手摘，現則改用特製之採摘鋏。此採摘鋏形如修剪茶樹之大剪，刀片旁有一袋，片上有一組碾物，俾使茶葉落於袋中，鋏用右手持取，左手扳動有刀鋒之刀片，刀長約八吋。舊法手摘每日可得一六磅半至八三磅，平均爲四五磅。但用採茶鋏時，婦女每日可採摘二〇〇至二五〇磅，男子可採三〇〇磅，最高記錄每日達四三三磅。此種方法對日本茶樹特別有效，因其茶樹猶如黃楊之籬，葉面平坦而均勻。

在宇治地方，常採摘遮蔭茶叢之嫩芽以製造玉露茶。新枝之較粗部份常製爲番茶。二茶則製煎茶。但靜岡縣自頭茶至四茶均製煎茶。宇治

採茶均係僱用女工手摘，此輩女子多穿體服，在草棚下工作，不易爲人所見。採摘時常唱採茶歌，狀至怡悅。

採茶期有三、四次。第一次採摘之茶爲一番茶，自五月一日至六月十五日，此爲最佳之茶，約佔全收穫量之半數；第二次採摘爲二番茶，在六月下旬底至七月上旬，約自八月二十日至九月五日；如採第四次，則在九月底或十月初，爲時甚晳。

採茶將所採茶葉集於小籮，再傾入大籮，每兩大籮由一工人用扁担挑送至茶廠。

病蟲害

日本多害蟲，故在英領及荷領印度所常有之病蟲害，每因塞冷而避免，惠益茶農不少。惟 Harler 氏發見印度最普通之害蟲，在日本均有發現，如紅蛛虫、紅蜘蛛、青蠅、日本茶毛虫、茶尺蠖、避債虫及播葉虫等。至於成育印度茶蠹茶蚊，則尚無發見。

日本茶樹之病害，餅病常發生於各季，但於九月及十一月爲甚。茶樹由於施肥過度之結果，餅病常發生根腐病。當發現根腐病時，掘去患病之茶叢，以防傳染。其他穿孔病菌、赤銹病、茶癒攝以及根腐病等皆有發見。亦常發生褐斑病。牧野原科學部貧川版便利茶農之圖表，列示各病可能發生之時期及其防治方法。

日本茶農普通使用右炭硫黃劑及波爾多液，在採製期後使用。據考察所得，如能於採製前二十至三十日噴波爾多液於茶樹，對於茶葉頗爲有益。

製茶之種類

日本所製茶葉，以綠茶佔多數，綠茶中四分之三以上製成煎茶，即普通茶，爲主要之輸出茶葉。其次爲番茶，品質較次，多爲國內所用。再次爲玉露茶及碾茶，後者更分爲濃茶 (Koicha) 與淡茶 (Usucha) 二種。茲四示各種茶葉之生產量。

紅茶製造

紅茶產量雖少，但最近五年幾已增加三倍，此由於私人及政府獎勵之結果。日本最初製造紅茶之目的在於代替東印度紅茶在日本國內之銷場，後以美國紅茶鴻費漸見普遍，日本紅茶復為美國人所愛好，乃欲爭取美國市場。此種實見為美國農業部前茶葉檢驗主任 George F. Mitchell 所支持，渠謂日本必能產製適用之紅茶。

前印度托格拉茶葉試驗場之 C. R. Harler 亦謂日本茶種既與中國相同，常無不能製成中國式紅茶之理，渠稱：

製茶之過程

日本茶葉製造可略分為三類：(一)手製法：(二)機械製法；(三)手工機械混合法。玉露茶與嫩茶用手工製造，煎茶幾全用機械揉捻。在一九二八年，以靜岡縣一縣而論，手製者佔百分之八，機製者佔百分之七十一，其餘百分之二十一，則為用手工機械混合製造。

手工製法

蒸茶——手工製茶之第一步驟為蒸茶。普通所用之器其為大底面口徑為一呎半至二呎之鐵鍋，放於以磚、粘土或瓦砌成之炭爐上，鍋上加一木製蒸籠，蒸籠形如琵琶，桶高十八吋，中有一開孔之隔板，蒸氣即由此種小孔透出。有時隔板僅開一孔，接以鐵管，上裝交叉成十字形並由此種小孔透出。

表四	
1928年日本製茶種類	
種類	製造磅數
玉露茶	589,528
煎茶	68,588,050
番茶	16,671,838
紅茶	45,880
其他	409,553
	86,304,849

開有細孔之管子，由細孔中透出蒸氣，使其均勻分佈。

茶葉盛於鍋中約五吋厚，盤底為金屬絲網，放入蒸籠中，上加蓋。當蒸氣由蓋透出，則用棒提拌之，盤底為長短，依蒸葉之多少而定，惟在攝氏一百度時，普通以四十至五十秒鐘程度。蒸煮不足之茶有苦味，蒸煮過度之茶則葉片變軟，顏色不佳，茶湯亦濁。蒸後葉片攤於架上，使其冷却。

乾燥——乾燥為第二步驟。用紙盤放於一以粘土或瓦砌成之木炭爐上行之。爐之直徑三呎，深五呎二吋半，頂稍向前傾斜，後面高二呎，前面高二呎，裏襯一陶土壁，近底處稍厚，故爐腔底部常較狹於頂部。

爐中放木炭十至十三磅燃之，上覆稻草約一又四分之一磅至一又四分之三磅，俟燒成灰後，遮於炭火面，使火力稍微，爐頂有五、六條鐵棒，上覆一網。圓一呎五吋，長三呎至三吋半。網面更數一淮鐵板，使熱氣均勻。木框紙底之盤放於爐面，茶葉即攤於盤面，於是用手指將茶葉起再播散之，如起迅速反覆行之，但其熱度甚可較盤溫稍高。乾燥完畢時，茶葉已失去光澤，茶梗纖細，葉片生碎斑點。

揉捻——日本之手揉，保多年經驗所得之技術，其法分為六步：

(一)迴轉揉，(二)玉解，(三)中休，(四)中揉，(五)轉鞣揉，(六)仕上揉。

(一)迴轉揉。揉捻工作在澄於火爐上之紙盤中行之。

(二)玉解，(三)中休，(四)中揉，(五)轉鞣揉，(六)仕上揉。

迴轉揉為初步手續，約行三十五分鐘，目的在使茶乾燥而不損傷。但如週轉太過亦有損茶味，非惟溫度須觀含水量之多寡而調節，並須同時調節週轉速度及壓力。週轉揉至葉體裏面有溜氣時中止。

玉解或解塊隨週轉揉之。其作用在使葉片可平均乾燥，同時並用手輕搓。

中休為間隔約十四分鐘之名稱。使茶葉微涼，並藉溜紙盤。中揉或中間性揉捻，將茶葉一握一握用手搓捻，並加大壓力，俟葉呈暗綠色而止，時間約二十五分鐘。

轉繩揉用以調葉菜形，須十分小心，否則液質不佳，當葉將乾之時，以兩手由兩側揉茶。時間約爲十五分鐘。

在手中無粘性而光滑時爲止。

最後乾燥——將揉捻之葉另移於另一焙爐一可搬勤之乾燥器上，此乾燥器係木製而有多數抽屜者，每一抽屜長闊各三呎，深三呎，其高度常依工廠情形而定。熱源爲放於爐底之木炭盆。每隔一定時間，將抽屜互調，使茶葉可以均勻乾燥，葉乾脆至在手指間可以壓碎成粉時，乾燥始告完成。製成之茶，水分約爲百分之四。最後乾燥後，再任其冷却，即可澄於密閉之容器內。

機製法

最近十年來機械製茶之風漸盛。勤力用電動機、汽油發動機、蒸氣機或水車。

蒸葉——機製法中有兩種蒸茶機器可資應用，即螺旋形筒及過轉帶。前者爲小工廠中所常用，係一圓形筒，長三呎，內徑一呎，有一軸可以旋轉。葉放於一端，過轉後卽漸次移至他端，此間適可蒸熟。此器每小時可蒸茶二百磅。

過轉帶機器爲一長六呎、闊三呎之平箱，有一竹帶或網帶，上置茶葉，通過該箱時，蒸氣由箱底之汽管放出。茶葉由箱之一端達到他端，約需四十至六十秒鐘。其後用風扇吹冷之。

初揉——初揉機器兼作茶葉乾燥及過轉捻之用，式樣甚多，但均大同小異。一般式樣爲一圓形筒，固定於過轉之編軸，在筒內有許多器及叉，將葉抛高，而叉則壓葉使與筒壁相捻揉。筒常爲鐵製或鋁製，內襯以木。更有一風扇，送熱空氣入機器。

最著名之揉捻機爲高橋式，乃日本首創之製茶機。惟有栗田式、原崎式，均爲乾燥、初採、中採及仕上之混合機器。入木式□乾燥、初採、中採、仕上及再乾燥機。

中揉——中揉機器之形式與印度、錫蘭、爪哇所用之 Jackson 式機相似。惟揉捻台不在箱內，機器較小，每次茶葉秖可揉捻二十至二十四磅。使用此機之目的，在使初揉之葉，可以均勻。於揉捻時粗葉常較細葉需時爲多。平均所需時間爲十分鐘。製造此機者，以臼井、望月及果用會最著名。

再乾燥——再乾燥機與初揉機形狀相似，惟不作任何揉捻工作。機內溫度常保持攝氏六十度，其速度每分鐘過轉三十五轉。工作時間需十五分鐘。

最後揉捻——最後揉捻機爲一長圓槽，下置熱源。上有一木製揉捻滾筒，可以調節速度與壓力，在葉片上前後移動。溫度常保持攝氏七十度，而揉捻時間爲四十至六十分鐘。每一機器每日工作十小時，可製茶八十至二四〇磅。由此器取用之茶葉最後亦如手揉法乾燥之。

手工機器混合法

手工機器混合法卽手工與機器並用，前一半之過程用機器，中揉後卽以手工完成之。

玉露茶製法

製造玉露茶之第一步卽篩分葉片，再由女工揀去一切草屑茶梗、老葉等。蒸茶方法與煎茶（卽青通茶）無甚差異，惟更爲慎重，時間約十秒鐘。其他各過程與製煎茶之區別，亦僅在於工作精細而已。茶葉經最後揉捻後，置於熱鍋中乾燥，再篩製之。乾燥需時四小時，其溫度較青通煎茶稍低，一切手續均用手工。

玉露茶製造中之電熱

在京都有若干製玉露茶者，試用木炭及其他燃料之製茶機，與舊間

縣青通所用者相似，但結果不佳，此乃熱力供給缺乏所致。最近試用電熱，所得成績較佳。應用電熱之機器包括蒸葉之蒸發器、粗採機、再揉機及乾燥機。

電熱之特殊利益，在於依需要而調節溫度，並可使之均勻。一九二〇年左右，京都電燈公司開始應用電熱之試驗，至一九二四年乃得完美結果，現已有多數工廠，採用此法。

礦茶製造法

礦茶（式茶）為供儀式用之茶，常為粉末。製造之第一步手續與玉露茶相同，惟遮於爐的烘茶之紙底盤，較製玉礫茶及煎茶者稍大，闊為六呎，長為三呎。

放置烘茶爐之房間，關閉甚密，室內溫度至少當保持攝氏五十度。在盤上攤放一叉四分之三磅之鮮葉，每隔五、六分鐘即用竹把將葉徐徐攪拌，俟水分發散六、七成，乃取起葉片，用扇去熱，再放回盤中，如前攪拌，將乾時再取起放置架上，待其乾燥。

茶葉於完全乾燥後，將葉片碎成小片，加以揀選。暗色者即濃色茶，淡色者即淡色茶。以後再將此種小片磨成粉末。

礦茶乾燥所需之標準時間，第一次為三十至四十分鐘，第二次約卅分鐘，在架上乾燥約需四小時。製成茶量僅為原鮮葉重之百分之十七。

覆火

一八六二年，中國茶司將外銷茶覆火之方法傳授於日本，日本乃習用此法，直至一九一一年仍沿用中國方法。法將茶葉五磅置入鐵絲，在炭爐上烘之，再行着色。一八九八年行原崎發明再烘鍋，現今日本仍多採用之。

輸出之茶多在靜岡縣覆火，此項工作包括加火、精製與裝褙。大工廠室有多數份庫。工廠設備除鍋及木炭爐外，更備有各種篩眼之篩、風車、切茶機、屑光筒、去梗器以及其他附屬器具，均藉頂上之迴轉軸轉動之。烘青時則以烘籠代鍋，葉可拼和亦可不拼和。

精製茶有三種：原葉茶、篩選茶及釜製茶，統稱為煎茶。原葉茶常用紙盤拍烘，俱以某種理由，在日本貿易上過去曾稱為窑製茶，現常稱為窑製葉茶（Natural Leaf）。窑製茶者得長葉所製，外觀極美，最上等品捲成二吋半長。葉細如針，故有針葉茶與蜘蛛腳茶之稱，若干年前東京某某著名茶商曾題為天下第一茶。

釜製茶由小葉製成，佔外銷茶百分之七十。

釜炒——製造釜製茶常以原料二十磅投入鐵鍋中，用機械攪拌。此種鐵鍋常排列成行，茶葉原料經攪拌至二十五至四十分鐘後，另投入一簡中，再厲擦使之光滑。

其次為精製，即先放茶葉於篩分機，或用人工執竹簾分別粗細，於篩分時更用風車吹去其粉末及碎片。凡葉片太長或太圓而不適於釜製茶者，則先送入切葉器，切斷後再行精製。如葉尖為最柔軟之部分，製造時易製成圓形如珠茶，此種葉尖當以特種切茶機與篩分出。玉綠茶即依照兩茶之形式而製成，專供運銷北非、俄國及阿富汗等地。

籠焙——長形裝置常行籠焙，先將茶葉精製，再行焙火。俟揀去番茶粉末以及篩底、茶片以及葉屑等。以五磅投入於竹籠中，籠深四呎，形如滿漏沙時器，在其腰部有一可以移動之淺盤。籠置於覆灰之炭火爐面，焙烘三十至四十分鐘。在焙烘中，籠自火爐取出敷次，用手攪拌葉片。

副產物——在製造精製茶時，共所得之副產品為番茶、葉尖、葉梗碎片、篩底、茶片以及葉屑等。番茶為揀選所得之粗葉，專供國內用。最近攙番茶銷路頗廣。櫻芽茶色如咖啡，味極濃。葉尖與中國珠茶形式相似，在手捻茶中，葉尖之量約有百分之三。葉尖有一種特別香味，更尖山外銷茶中揀出，但留作國內消費者則不揀去茶梗。常與番茶相混使用。碎片、篩底、茶片，除一部分外銷外，餘供國內用。茶屑售與化學工廠，供製造茶素用。

釜製茶與原葉茶經焙火之後，投於水平週轉之圓筒中磨光，所需時間依葉之種類及所需光滑之程度而異。但蒸製茶無此種過程。

其次為揀出茶梗，小葉茶如釜炒茶等葉片細小者，可用機器揀選，但原葉茶以及蒸製茶則必須用手揀選。

內銷茶之覆火

銷於日本國內之茶，用手工覆火，其手續與龍製茶完全相同。零售茶葉每斤價在日金一圓六角以上者，即不用焙光，蓋其自然之綠色，頗為顧客所重視。硬茶及玉露茶，鮮有施行覆火者。

包裝

茶葉經複火及精製工作後，卸送至倉庫拼推裝箱。供外銷省用板箱裝。箱有多種，外為彩色紙，箱內襯鉛皮，再規紙。茶裝入箱後，將鉛襯鋲密，箱外加緻包，上刷商標、號數及淨重。然後綑縛，亦有將茶葉裝於紙袋中，再裝襯鉛或能完全防濕之木箱或鉛罐中，再裝入木箱。外銷箱茶之重量，如附表所示。

內銷茶裝於體積14×16½×28½时之箱中，箱襯錫皮及鋅皮。玉露茶及硬茶則裝於小箱。

表 五
外銷箱茶重量

	火箱	小箱	盒
釜製茶	80磅	70/50磅 或 5/10磅	1/4,1/2 或 1磅
德製茶	70磅	40/50磅 或 5/10磅	......
原葉茶	70至80磅	40/50磅 或 5/10磅	......

真空中自茶浸出波製成，再用離心機去共膠粘物質。

成本

靜岡縣最優良之茶園，一九二八年地價每段七○九日圓，中等者四七七日圓，下等者二六三日圓（每段等於○‧二四五英畝）。每年上等茶園地租為三一‧二二日圓，中等者一九‧九五日圓，次等者二一‧○一日圓。

在製造方面，機製茶與手工製茶成本相差頗大。工廠中工人每日用揉捻機工作，可出產八至一○貫，用手工採捻之工廠，每人每日祇得一‧三貫。表五示二者生產成本之區別。

表 五
用機械採捻製茶之生產成本

鮮葉4貫，每貫55圓	2.200日圓
薪　炭	.300
人　工	.210
動　力	.040
器械折舊	.220
稅　金	.012
其他雜費	.050
總計每貫茶葉成本	3.042日圓

用手工採捻製茶之生產成本

鮮葉4貫，每貫55元	2.200日圓
薪　炭	.700
人　工	2.300
稅　金	.035
其他雜費	.070
總計每貫茶葉成本	5.305日圓

茶　精

在製茶及消費茶葉之國家，每多有其他種類之茶精製造品，日本亦製造其一種。此種茶精與牛乳相混，或與橡汁相混，製成液體或粉末狀。但製造過程均保守祕密。大概言之，係在

日本茶之分類

除極少數紅茶外，日本所製之茶均為綠茶，分為下列四種：

（1）玉露茶或露珠茶，為坡優良之日本茶，生長於蔭棚下，以減少單密量，但增加其茶素，同時使葉色光亮而香氣增加。

（2）硬茶或式茶，亦如玉露茶之栽於蔭處，但不加採捻即行乾

燥，磨碎為粉末。

（3）煎茶，一種由幼嫩葉製成據撚萁佳之普通茶，為內外銷最齊通之茶類。

（4）番茶，為一種用較粗之葉製造或在煎茶時揀出之粗茶。

煎茶常作外銷，可分為：

（a）釜製茶，係用鐵鍋炒焙而成，原料葉撚捲良好略捲曲。

（b）蕗製茶，用焙範煨火，葉為長形，其最佳者為針狀形。其原料撚捲良好，長而直。

（c）原葉茶，形式在二者之間，供內銷。

（d）玉絲茶，或稱彎曲茶，形甚彎曲，如其茶名。

茶業協會

日本茶業協會受政府之統制，其法規及章則均由政府制定。一八九一年農商省所頒布之第四號法規，規定無論茶農、茶廠、茶商以及經紀販賣人等，均須參加茶業協會。各縣之中有一聯合茶業協會，其代表由各地協會推選，更由聯合協會選出代表組織日本中央茶業協會。

每一地方協會，包括一城一鎮或一縣之各種茶業人員。例如在靜岡縣有靜岡縣茶業組合、富士村茶業組合、靜岡縣製茶業組合及其他地方組合約有十三所。組合之主要目的，在謀發展當地之茶業，並辦理技術人員之訓練及籌開茶業展覽會並檢查機器等。

關於協會之工作，可就靜岡縣茶業聯合協會即普通所謂靜岡茶業組合知其概況。該會每年在三月舉行年會一次，小十六縣選舉代表出席。除設會長、副會長、主事、會計之外，更用技士二人，助理員二人，書記七人。該會之工作，更規定立檢查站以檢視各廠所製之茶葉，規定標準品級，防止不良製品。凡新發明之茶葉機器者，則予獎金；津貼茶農改良茶園；在茶葉競賽展覽會，頒給獎品；補助設講習班，教授機械製茶法。在牧野原茶葉試驗場舉行科學研究；補助

地方協會經費：在海外分派通訊員，途登廣告於外國各報紙、雜誌，並附送日本茶葉樣品；派專員至國外視察市場；造倉所於清水港。數年前曾出版茶葉史，又出版「茶業界」雜誌，以供會員參考。

靜岡縣聯合會之規則，於一九二四年三月一日加以修正後，更為嚴格。規則甚長，此處不便逐一引述，惟有一條甚有趣味。——第六條茲有聲明，規定任何人不得售賣未經檢驗而貼給合格證之茶葉，凡獲得合格證，必須品質適合或超過每年三月所規定之標準樣茶。日本中央茶業會議所及靜岡縣聯合會之經費，即由此種合格證手續費撥充。會

加上所述日本中央茶業會議所，乃由各照組合推舉代表所組成。關於會務所之工作，每年不同，大體上可分為二部分：（一）茶業生產之改進；（二）日本茶葉國外市場之擴張，關於有獎之茶會比賽展覽會方面，津貼講演課程，訓練技術人員，舉行茶葉競張對外貿易方面，則派遣代表或團體至美國研究市場情況，舉辦報紙、雜誌，譯述美覽會及商場中之展覽，登載廣告於美國及加拿大各報紙，雜誌，譯述美國市況之報告分發各會員：補助出口商在海外登載日本茶之廣告；惟除俄國、加拿大及美國之外，在其他國家（除參加英法美博覽會外）並未進行其他重要推銷工作。

茶葉試驗場

關於日本茶葉栽培及製造上所有之科學研究以及教育及指導茶業生產者之工作，均由日本六大茶葉試驗場担任之。此六大茶葉試驗場之名為：

一、農林省茶葉試驗場，在靜岡縣谷西南之牧野原。

二、靜岡縣茶葉試驗場。

三、京都茶葉試驗場，在牧野原之勝間田村西北。

四、奈良縣茶葉試驗場。

五、熊本縣茶葉試驗場。

六、鹿兒島縣茶葉試驗場。

日本茶區圖

以上六試驗場，依其經費前言，以中央政府之牧野原試驗場爲最主要。該場之工作，致育及示範較研究工作爲多。每年經費以前爲一六、○○○日圓，一九三二年時增加至二一○、○○○日圓。

靜岡縣之試驗場，聘有化學家三人，農學家二人，技師四人，機械師一人及昆虫學家一人。場中研究室設備頗爲完備，並設有最優良之工廠——手工及機械——及一廣達十五畝之試驗茶園。每年經費爲四二、○○○日圓。

除上逑各試驗場之外，尚有其餘較小之茶葉試驗室及研究所，在本州、四國及九州各島之縣廳事試驗場內從事茶葉研究工作。尚有若干組合會亦從事於茶葉試驗工作，例如前已逑及之靜岡縣之茶業組合，即有一座特別完全爲茶葉製造試驗之建築物，如應用電熱於新式製茶機等。其他各組合會亦從事關於茶葉栽培，防病蟲害等試驗，以及改進製茶方法之研究工作。

第十八章　爪哇及蘇門答臘茶葉之栽培與製造

地位——茶區之土壤——氣候、雨景及高度——開墾及佈
置——排水系統——建築道路——建築階段——樹籽
繁殖——無性繁殖——種植——綠肥——遮蔭樹及防風樹
繁蕊——地被物——施肥——病蟲害——修剪——採摘
問運輸——製造方法——勞工及工資——工人住宅——種植者
協令——茶葉試驗場——茶葉評驗局

爪哇及蘇門答臘為馬來羣島之一部份，此羣島又名馬來西亞、東印度羣島、印蘇林德（Insulinde）或印度尼西亞（Indonesia），為世界上最大之羣島。除菲律賓羣島、英屬婆羅洲、葡領帝汶島之一半外，其餘均為荷蘭屬地，故又名荷屬東印度羣島。羣島綿延於赤道上東經九十五度至一百四十一度及北緯六度及南緯十一度之間。

荷屬東印度係由東至西之闊度與美國自紐約至舊金山相等，面積為荷蘭本國之五十八倍，人口六一、〇〇〇、〇〇〇，亦幾為荷蘭之七倍。爪哇島為羣島中之最重要者，面積約與紐約州相等，亦幾為荷蘭之三倍。蘇門答臘面積為爪哇之三華，但人口僅七、八四一、〇〇〇。

爪哇島長達六二〇哩，闊度由五五至一三一哩不等。位於南緯六度至九度之間，為世界上最富庶之地。南海岸險峻而多岩石，北海岸則甚低淺。全島內部多山，其壁所保由火山崖所組成。島上河流雖多，但懷有少數可以航行。

成中之火山峯大部現已熄滅，形成本島之脊骨。此種火山峯之間為極肥沃之火平原，故一般多在此種平原上或鄰近出嶺之斜坡上經營茶園。

革達（Gedeh）與沙羅（Salak）火山，位於茂物（Buitenzorg）附近，在巴達維亞之南三十六哩，形成巴達維亞與布林加爾空曠地之屏障。革達山在布林加爾內，而沙羅山則在巴達維亞州內。在此二山脈之斜坡上，有許多著名之茶園，如革達之哥爾巴拉（Goalpara）茶園及沙羅之怕拉康沙羅（Parakan Salak）茶園。

在布林加爾州之南，另有一重要之山區，此地與閩繞革達及沙羅之各地均有多數茶園。島之東部，亦有茶樹生長，惟不若西部之繁茂，此乃因雨水分佈較為適當之故。

最重要之商業中心為巴達維亞、三寶壠（Semarang）及泗水（Soerabaya），均位於島之北部。三寶壠及泗水為海港，有天然之港口，巴達維亞灘北港口德喬比利克（Tandjong Priok）約六哩。巴達維亞、三寶壠及泗水至島之各端均有鐵路連絡。專實上所有之茶葉均在巴達維亞出口。萬丹（Bantam）位於島之西北岸，在十六世紀時會為荷蘭最富之香料貿易之大本營，現今已失其商業上之地位。爪哇之檳茶面積，至一九三三年止之統計為一五〇、四六五公頃，茶園二九三個。

蘇門答臘接於爪哇西端之西北方，在南緯六度至北緯六度之間。高由綿延，至西端達印度洋時突然中斷。在東部則漸形成一廣大之沖積平原，由於此種地形關係，遂使由之西部之河流短而不利於航行。在東部者則較長，可通小船。

東北岸之棉蘭（Medan）為主要之商業中心，由白里港（Belawan）至該地有鐵路及良好之公路連絡。棉蘭之南約九十哩為棧他爾（Siantar），位於蘇門答臘東海岸州，該地拔海一、二〇〇呎，為蘇門答臘茶樹生長並迅速之茶區中心。多數茶園位於卑他爾山地，亦有

少數茶園經營於西海岸之巨港（Palembang）及本庫蘭（Benkoelen）之統計爲三三、八六〇公頃，茶園計四一所。此外，適於植茶之土地尚有數百方哩。

蘇門答臘之歐人粗地制度，使歐人企業得在長時期中保有大面積土地之產權，租期長至七十五年，此雖非眞正獲得土地所有權，但對耕種上之目的及投資上之安全，均與私有土地無異。意大利政府在爪哇芽惹（Garoet）附近之芝比吐（Tjibitoe）經營一茶園。總計在蘇門答臘東海岸所投之資本，非荷人者亦達半勤，若將煙草除外，外人之投資額更爲可觀。

蘇門答臘之地租甚廉，每公頃第一年爲〇·五弗（Florin），第五年以後則爲三弗。政府更可視該地之肥瘠而酌予減租。第一年之租金可分期付款，以免在籌備時開即負重稅。普通首年付全値五分之一，次年付五分之二，第三年付五分之三，至第五年價清，以後即按年付值。

茶區之土壤

爪哇及蘇門答臘之土壤，對於茶樹生長之影響不及氣候之重要。惟茶樹生長在沙質土或壤質土較粘質土爲適宜，尤以輕鬆易碎含有腐植質及氮充分者爲最佳。

最適宜之土壤成份爲礫粒及粗砂一份，細砂及泥二份，細砂及粘土一份，此種土壤可在潘加倫根討之。其風化程度並不過份充分，但已能供給植物養料所需之礦物質，且多孔而易碎。如土壤愈風化，則粘性愈重，亦愈易於粉碎。蘇門答臘與他爾之土壤，大都氣化遲漫，極易乾旱，幸氣候良好，每年有均勻之雨量可補此缺憾，或爲此島中茶樹生長繁茂之原因。

佳良之茶園土壤其中所含有機物與腐植質之比不能少於三比一，此比例甚爲重要。聚倫爾土壤缺乏有機物及腐植質，故須要種植綠肥，以增茶葉產量。

爪哇之多爲土壤，由火山灰所構成。生成西爪哇火山灰之岩石，主要者爲安山岩及玄武岩，崩解極易，因高溫與普通之溼氣更促進其風化。然因風化過速，若無充足之腐植質吸收，此種礦物性之植物養料因熱帶之大雨頗有冲刷淨盡之危險。因此如何保持土壤中之腐植質，實爲茶園中之重要工作。且下述之道路之佈置，排水之設備，大見改良，均有阻止表土中所含腐植質流失之效用。此外尚有一種改良方法，即爲種植豆科植物之溼籬笆以被複物，此種植物不惟可防止表土之流失，且可作爲綠肥，供給有機物與腐植質及氮素。

一般而言，茶園之高度愈高，則火山土之年齡亦愈新，而越積於此種土壤所產生之茶葉品質亦愈佳。較古之火山土，則積集於山麓，風化

表一爲爪哇及蘇門答臘主要茶區土壤之分析結果：

表　一
土　壤　分　析

	爪　哇　茶　區			蘇門答臘茶區
	芝比吐 Tjibeder	索卡卑米 Soekaboemi	潘加倫根 Pengaengan	聖他爾 Siantar
機械分析				
砂礫及碎石	10 } 23 } 33	2 } 29 } 31	1 } 23 } -4	18 } 52 } 70
粗砂	10 } 15 } 25	23 } 27 } 50	23 } 31 } 54	10 } 6 } 16
細泥	15 } 27 } 42	12 } 7 } 19	15 } 7 } 22	7 } 7 } 14
化學分析				
氮	0.38	0.48	0.69	0.60
氧化鉀	0.04	0.01	0.03	0.15
磷酸	0.03	0.10	0.11	0.05
石灰	0.08	0.05	0.74	0.93
有效磷酸	0.01	0.02	0.02	0.01
有機物	5.20	12.32	15.30	0.54
可溶腐植質	—	2.65	5.10	0.94

既烈，所含粘土量亦多，如保壔得當，耕耘合宜，則由於低地之優越氣候，亦可產生大量茶藝，惟味濃色暗，缺少香氣。

島之西部產茶較多之原因，爲空氣潤澤及土壤之來源爲火山岩，據一九一六年印度茶業協會科學研究部主任 G. D. Hope 關於爪哇之茶業報告有云：在巴達維亞及布林加州之廣大產茶地帶，幾全爲第三紀之土壤，而大部份包含員最近此岩火山岩所分解之火山土。（註一）

布林加州大多數茶園，均位於火山之斜坡上，僅少數南方茶園在冲積平原上。布林加以北有茶園面積甚多，以茂物及克拉溫區（Kra Wang）、巴遜維亞區、與井里汶區（Cheribon）爲主，亦均在火山土上。爪哇中部，茶園集中於潘加倫根、三寶壠、葛魯（Kedoe）、蘇拉加爾塔（Soerakarta）文黑粉（Madioen）及諫義里（Kediri）各州之山坡上。爪哇東部之茶園則在於岩望（Passoeroean）及比索基（Besoeki）之山坡上。

除布林加以南之數茶園在冲積土上而外，其他所有之爪哇茶園均在火山土上。例如葦達山上之革達、哥亞爾巴拉（Goalpara）及百達華特（Perbawati）茶園，均在較高之斜坡上，亦即在較新之火山土上；其他顯茶園則在較低卽較低之火山土上。

布林加淸帶之冲積土，其原始亦爲火山土，後爲海水所侵沒，有時顯沈積一層珊瑚石灰岩於其上，現今海拔在二，○○○呎至四，○○○呎之間，並已完全風化，爲一粘土之結合體。

就全島而論，在高處較新之土常呈灰色而多石，且必出產品質佳良之茶葉。在低坡較古之土壤，色稍紅，因風化而完全分解，實植質含量黃少。新火山土之產量較荷歟（Bouw）約爲一，○○○至一，五○○磅（約合每畝產茶九七五至五○磅），古土壤中含腐植質少，每荷畝產茶七○○至一，二○○磅（合每英畝產茶四○○至六八○磅）。在五千呎高度之處，土壤中含腐植質及氮素根豐，故多數優良茶園均位於此種地帶，每荷畝可產二，○○○磅之優良茶葉（每畝約一，一四○磅），

其色茶園均在馬拉巴（Malabar）、蒂羅（Tiloe）、魏雅（Wajang）

氣候、雨量及高度

爪哇及蘇門答臘與馬來羣島完全相同，因受海洋之調劑，得享受溫

註一：G. D. Hope 著：Report on Certain Aspects of the Tea Industry of Java and Sumatra，一九一六年在加爾各答出版。

及溫多（Windoe）之高坡上。

份布於蘇門答臘東北海岸之樂他爾之土壤，起原於火山上，由噴出之石英粗面岩所造成，下層較粘重而帶黃白色，表土黑色易碎，易於耕耘，雜有石英細粒，大雨後使地表發出一片閃光。其微細土較常被冲刷流去，致表平均之地，有若干腐植帶傾斜者，土成爲腐質。底土組織稍密，惟性質仍與底土相同，表土平均深度約九吋，足供茶根之伸展。有時可發現一片紅色土壤，表示其風化及其中鐵質已經氧化，致雨後始有積水成澇之事。土中之砂土部分，所含礦物質大多爲鉀長石、石英及小量之震母石等。

在蘇門答臘西南海岸之巴東（Padang）高地之坦那他浴（Tanang Taloe）茶園，乃位於平坦而微有起伏之地，北坡度較樂他爾地方爲甚。該地森林不密，表土腐植質甚深而呈黑色。與樂他爾土壤相比較，則該區之土壤石粒較少，故持水力強，需要排水。在樂他爾之土壤，更有一層粘土與砂之混合物。砂擠石英砂，只發現於此岩土內，並不若在樂他爾之遍滿全土。因有砂質泥土，故多孔而根易深入，水亦容易滲透。砂土之下，有一層黃粘土，接觸空氣後漸次風化。更下者則爲白色之下層，則茶樹根將難以發育。幸皆在較深之處，如在腐植土之下層，則茶樹根亦鬆而多石。茶樹最適宜之土壤，爲黑色腐植土之在腐植層下面，對茶樹亦屬不幸。在此種土壤中，深耕與排水仍屬絕對需要。

和之熱帶氣候。冬夏溫度變化極少，巴達維亞之最高溫度爲華氏九六·○八度，最低爲六六·○二度。

西南季候風在七月時經過蘇門答臘北部，其情形與亞洲南部大陸相同。同時，在澳洲附近有一高氣壓區，又有東南風經過蘇門答臘南部及爪哇。此兩種主要氣流與其餘若干次要之因子決定爲中六、七月時各方之風向。一月時，在亞洲有一氣流向南吹來，同時又有西風經過爪哇，海岸附近乃比內地受風更多。事實上此風在內地高山地帶幾不足注意。近海岸及高山之地，平時又常有本地之氣流，由東來之氣流，普通於四月開始，由西來者則於十一月開始。由於此地與赤道接近之故，空氣鬱力無顯著之變化，故完全無颶風發現。

季候風與降雨有密切之聯繫，其主要之特點堪予以注意者，爲在一月及二月之西季候風時，給予爪哇大量雨水，七月、八月、九月，則爲比較乾燥之東南季候風。

在爪哇及蘇門答臘，茶樹於三，○○○呎至五，○○○呎高度之山區，生長最爲繁茂，該處全年雨量爲一○○至一六○吋，各季分佈極爲平均。早晨陽光照射，午後或傍晚下雨，爲最理想之氣候。太乾燥之天氣，使植物軟弱，易於感受病害。茶樹栽培偏處於靠近平原及沙蘭山之布林加州及茂物一帶，即爲合於上述理想氣候狀態之故。爪哇中部之山區，亦適於茶樹栽培，在東爪哇之試驗亦已證實成功。爪哇中部之高度自八○○呎至六、○○○呎。

蘇門答臘有幾處茶最理想之氣候及高度之地，在渠他兩一帶，地近淡水湖（Toba），海拔達一、二○○呎，爲產茶最著名之地。西海岸之巴東高地及西南海岸高三、○○○呎至五、○○○呎之巴廉蘭（Bankoelen）亦適於植茶。

表二及表三爲爪哇西部主要產茶區之每月平均雨量及溫度。

從上表觀之，雖在四月秒至十月東季候風之旱季，上述各地仍無顯明之乾期。爪哇西部由於雨量分佈均勻，故較本島之東部及中部更遍於茶樹之生育，且西部之空氣較東部爲潤溼。東部亦有小地區植茶，但因

表　二

雨　量　（吋）

月　份	爪			哇	蘇　門　答　臘
	茂物 (Buitenzorg) 800呎	加索馬郎園 (Kassomalang) 1550呎	哥爾伯拉園 (Goalpara) 3300呎	馬拉巴園 (Malabar) 4650呎	潘馬埠一悉他爾 (Pematang-Siantar) 1200呎
一　月	16.93	19.11	16.73	13.85	10.14
二　月	15.37	15.76	15.07	12.87	7.33
三　月	17.33	23.16	18.84	12.95	8.31
四　月	15.60	17.47	19.42	10.65	8.35
五　月	14.04	11.65	12.64	6.63	12.62
六　月	10.49	7.72	8.66	4.33	6.55
七　月	9.67	4.21	5.7	2.54	6.05
八　月	9.57	1.68	5.6	2.42	9.17
九　月	12.75	5.30	8.39	3.82	12.35
十　月	16.69	7.06	14.08	7.64	15.95
十一月	15.89	13.88	19.81	10.92	9.48
十二月	13.55	16.20	20.40	13.34	9.79
總　計	167.88	140.20	163.34	101.95	116.09

表三

溫度（華氏表度數）

月份	爪哇				蘇門答臘
	茂物 800呎	佩索馬蘭園 1550呎	蕃爾怕拉園 3300呎	馬拉巴園 4650呎	潘馬潭一哷他園 1200呎
一月	75.4	72.5	65.9	62.6	71.0
二月	75.6	72.1	66.9	62.6	72.6
三月	76.1	73.2	67.4	62.7	73.7
四月	77.0	74.1	68.1	63.3	73.9
五月	77.1	74.3	68.1	63.1	74.6
六月	77.0	73.5	67.6	62.6	73.7
七月	77.0	73.2	67.4	61.5	73.4
八月	77.1	73.5	67.1	61.3	73.4
九月	77.5	74.1	67.4	62.2	73.0
十月	77.5	74.3	67.6	62.6	72.3
十一月	76.0	73.7	67.4	62.4	71.9
十二月	75.9	73.0	66.7	62.4	71.9
平均	76.6	73.4	67.3	62.4	72.9

受長期乾旱與懊熱風之影響，終難獲得優良結果。

另一氣候凶因了爲霜，在五、〇〇〇呎至七、〇〇〇呎高度之潘加倫根高原，有一、二茶園常爲霜所侵襲，尤以在七、八、九月爲甚。在此時期內，天氣晴朗，地熱盡散，常致夜間下霜，通常在平坦之茶地多受其侵襲，但叢山包圍區域則無霜。

茶園之開墾及佈置

爪哇及蘇門答臘之植茶者之最大努力，卽在防止表土流失，故無論在開墾以後或茶苗移植之初，必在斜坡築成階段。各階堤旁均植以根部繁茂之豆科植物，較緩之斜坡，則在外開掘溝渠或築堤，或掘溝而又植絲籬，以保護表土。

茶樹植於階段之上，斜坡愈陡，則階段愈狹，每級所植之茶樹亦愈少。在最陡之斜坡，每階段只能植茶一行，斜坡較緩者，階段較寬，可植數行。此制最易施行，因荷人植茶者將茶樹依斜坡之地形線種植，已視爲慣例。

在平坦而疏鬆之土地，如潘加倫根高原，則防表土之沖刷，則乎若混有 Tjadas 及石灰岩亞粘土之處緊要。但無論何處，皆不宜使地下吸收多量之水，故需要防止水流過多。

原始森林地帶，闢作茶園，周遍相宜，但終以已開闢過之森林地爲更有利。又生長 Alang-alang 草及灌木之平地或其他之老咖啡園、金鷄納樹園以及荒發茶園等亦可再開闢，其計雖難依情形而異，但初步之工作必爲防止水流冲刷，是乃爪哇及蘇門答臘茶園之特點。

土地之開闢

開闢濃密之原始森林地時，首須開闢道路，以便測量管理。欲闢作茶園之每區土地，各山一組工人先砍去樹下之植物，任其乾枯。其次，遷適宜之樹木，約在離地三、四呎處砍伐之。直徑三呎以上之大樹，砍伐成爲困難，且最費勞力，宜還根伐之，以得一清淨之土地。若樹幹任其留在原處，則易惹起茶樹之根病，而尤以在富於礦質之土壤爲甚。樹枝灌木及小樹，最好堆於將來預備作路之處燒燬之，因燃燒時有損土壤中之礦質也。伐倒之大樹如不鋸成木材出賣，應依斜坡方向放置，以防其滾落而妨害種植，小木則可滾入山谷中。

鹺林（Secondary forest）之開闢較易，費用亦少，但土壤不佳。

被覆灌木及雜草之土地，開翻更易，先將所有之草木刈下，俟乾燥後披燒之。草及草根須小心除去，以免日後之麻煩。

老咖啡園、金鷄納樹園及老茶園改闢爲茶園時，首先宜除去尚在生長之植物而重新種植之。有時新植物雜於生根，可植荳科植物如 Leu Caena、Tephrosia 及 Crotalaria，數年後，舊園可完全重闢爲茶園。

耕作之開始

土地特雜樹完全清除後，乃開始耕作。是否需婆重耕，全視土壤之性質而定。疏鬆之砂質土及含腐植質多之土壤如潘加偏根者，不必重耕，以防乾燥。反之，粘土則須重耕。開始時須儘量深耕，同時除去草根及有宿雜草。惟 Alang-alang 草及他種雜草，極難除根，故必須十分留意，保證其確係深耕而將草完全除去，其後如有雜草發現，亦當立即除去。在爪哇及蘇門答臘或感種植以後再行耕耘爲錯誤，故耕耘宜在種植前行之。

粘質之土壤，最需深耕，使空氣及水分易於流通。且可使礦物質容易分解，促進茶樹生長。在疏鬆之砂地，水及空氣之循環極爲良好，故無庸多加耕耘，瘠植土亦然，因其多黃疏鬆也。

築　路

爪哇及蘇門答臘之公路極爲良好，建造亦極小心而合理。在茶園內當土地有一部份已清除後，即根據下列數原則而設計路網：

第一、建築道路之目的不在排水，而在防止路面水之泛濫。當茶園上積水時，應立即引入山谷下或路下之排水溝，故設計道路應在設計排水系統之前。

第二、在山地築路不宜絕對水平，每長四十公尺中應有一公尺之斜度，以防積水。倘路築於斜坡上，則路之方向可由山脊最高處直向山谷方面，如此則沿路之排水溝亦可縮短。

第三、起伏不甚大之路，在每隔一五〇至三〇〇公尺，即須設一橫

互之暗渠，以排洩泛溢之水。

第四、凡生藥運往製造廠，每日數次，故幹路應成蛛網狀，製造廠則在網之中心。路之種類則須爲石路或輕便鐵路。輕便鐵路之費用並不較石路爲多，養路費亦廉；亦有用纜道（Ropeway）者，但建築費用較昂。

如可利用輕便鐵路時，幹路不可太斜，以不超過一比三十或四十爲度。種植之後，頗難改變道路以適合敷軌，故在開始時即當注意及此。設計道路時，須顧及工人常選擇最短之路，甚至不計陡峻，如被發見能有短路可穿過耕地，則雖有障礙，還等亦必造一小路。

此外尚有百公尺制，以道路將茶園分爲百公尺長之四方形，並可築間道以便採摘者迅速到達製造廠。

平行支路之設計，亦如幹道，不可絕對水平而應斜向山谷。平行路之間，以急峻路線聯絡之，此路之斜度以不超過一比七至一比十爲宜。路之銜接處應在山脊，以便交通。

排水設備

爪哇及蘇門答臘之土壤均爲多孔性，故當小雨時，雨水立即滲入地下；倘過大雨，除非將雨水立刻排去，即有沖失土壤之虞。

欲防雨水之積聚而匯成小川，沿斜坡直下之排水溝實爲必要，惟如設置漫無系統，雜收質效。就經驗所得：

第一、排水溝不可太長，因流水到遙溝之底部，重量過大，仍不免起冲刷作用。欲得較短之排水溝，則溝之最高點須在山脊之頂，而依斜坡方向由直下谷底。北斜度因地之性質而異，由一比二十五至一比四十，平均約爲一比三十。兩條支溝之距離約爲五十至一百呎，倘遇下列之情形，則兩溝間之距離宜密：（a）雨量大，（b）土壤疏鬆，（c）地勢陡峻，（d）園地常除草者。

第二、山谷爲天然之排水溝，故主排水溝應設於此，曲轉愈少愈佳。

惟有反對上述意見者，謂山谷中之土壤最佳，但水流向，山谷凹地下水關係，應用深主溝排水。

主排水溝如爲陡峻者，則漸變深溝，其上段及掘水溝同時行之，但有使土壤超過吸水常度之處，故先決條件，必皆土之逐漸流失之故。溝之兩側應植草保護之，則溝旁之水流可因之緩慢。

地表水出支溝匯合面引入主溝，支溝之斜度宜緩，其計劃在設置時須極小心。兩側之上下部，均植以適宜之豆科作物，最適合者爲 Andropogon aciculatus，此草生長甚易，成一厚密之籬笆，根部伸長面積極大，可保持溝旁之泥土。支溝常須清理，以利水之流通。

水源

蓄水源之設置對山區茶園實爲最有用之發明。第一、在大雨後，水源能容蓄相當水量，使水能有時間滲透入地下；第二、雨水冲注表土，在此蓄水源中沉積以後，再可掘出而移於地面。滲透性不大之土壤，水源能積滿一日或一日以上之水量。故其所貯之水，並不能全部隨時有用，普通能達容量二半，已屬滿意。潭圓○‧一五公尺，深○‧四公尺，長二‧七公尺，潭間距離○‧九公尺。在茶樹畦間每間一行掘之，其行間距離爲一‧二公尺。每公頃(二‧四七一畝)可掘一千一百五十潭，每潭容積爲○‧一六二立方公尺，每公頃所有水源之容量達一八六立方公尺，如以一半計之，即其能保貯之水量將少於十噸。此數雖較少，但水之貯留，對防止冲刷，則極重要。(註二)

如上所述，可知表土下如爲精質堅硬之土层，則不宜開掘水源。又植茶樹之畦非完全水平，故水源之長度不宜超過十呎，因若非水平時，常在較低之一邊起冲刷作用也。

建築階段

荷屬東印度度洼一帶，對於修築階段式茶園，有各種良好之見，皆視土地情形及雨量而定。多數階級斜坡，均築成階段式茶園；較緩斜坡，則隨排水溝以保護之，或植適宜之作物以爲籬笆，或掘水源。有時築階段及掘水源同時行之，但有使土壤超過吸水常度之處。故先決條件，必先明確土地是否需要多蓄水量，抑或有阻塞空氣之處。

倘地勢傾斜不甚，雨量亦不過多，則只掘水源或同種植以豆科作物爲籬笆，即已無碍。如土壤滲透性極强，能收大量雨水，則最好在一畦間掘長水源，另一畦間植豆科作物作籬笆。在現時茶叢間之小畦間，實無餘地可築階段及水穴。畦間在四呎或少於四呎時，祇可單獨築階段或掘水穴。若干植茶者在陡急斜坡上築有邃藏之階段而不掘水穴，惟在較斜之地，則需用石塊作成階段，並植各種作物以保護之。在較廣闊之階段，常在其內側相隔若干距離即掘水穴以收受從上冲下之物，隔相當時期，清理一次，將其中沉積之土壤再途閡上一層之階段。

繁殖種籽

爪哇及蘇門答臘開闢茶園之第一步工作，即爲設立大苗圃，使兩年後得以移植至已開墾之茶園。惟在初開闢之處女地，而環境優良時，植茶者恆願直接播種籽於茶園。採用直接栽培時，每穴播種籽二粒，如此則種籽較爲經濟。採用苗圃栽培時，荷蘭植茶者必慎重將事。苗床必選擇沃土，並須有充分水份之供給。此種土壤普通須耕深二呎，除去小石草及樹根，乃以二呎闊之主路分成數小區。每區闊二十呎至六十呎，在斜坡方向闢總苗床而成總長方形。小區內更有小路穿過，以路上之泥移入床上，高達一呎。每床之周圍植綠肥以爲籬笆，綠肥最適用者爲

註一)。A. R. W. Kerktoven 著：Wash in Tea Gardens 一九二四年在 Weltevreden 出版。

Leucoena glauca 或 Crotalaria usaramoenis，此籬笆可使苗床堅牢，並防止冲刷，又爲有用之適蔭樹及肥料。

在荷印之茶樹苗圃上，常以鳳尾草或 Alang-alang 葉以作覆蓋。又有先將茶籽播種於發芽床，以促其發芽，在發芽床之上三十吋處，蓋以茅草。發芽床攔泥深至六吋，秤平後蓋以篩過之細砂，積籽即播於其上，壓入砂中達半吋深，芽眼向下，每隔二日澆溉一次，直至其萌破裂。在發現幼根前，即移入苗床。

幼苗在苗圃內須生長一年半至二年，芽眼向下，每隔二日澆溉一次，直至其萌破裂。

表四

苗圃播種距離之結果

播種距離(吋)	每綠之平均茶苗數量(吋)	平均高度(吋)	平均領周圍周(吋)
4	43	56	1.14
6	56	50	1.48
9	80	47	1.80
12	98	43	2.03
18	128	40	2.20

幼苗在苗圃內須生長一年半至二年，故如土地寬裕，種籽之間隔應爲六吋至八吋。幼苗必須達此年齡方可移植至茶園。移植前將主根剪成深一吋至二吋之時至九吋高。表四西爪哇試驗場舉行之各時種距離栽培試驗之結果。

從上表觀之，株間距離增加，則植物之重量及濃密度亦增加，但高度減少。由經驗獲知幼苗之年齡與間隔距離之最優良結果爲：

六個月之茶苗，相隔五吋，
十二個月之茶苗，相隔八吋，
二十四個月之茶苗，相隔十吋。

在苗床中用三角形播可較長方形。爲邊長八吋之三角形播，十二個月之茶苗，相隔八吋之高度，爲二○，○○○至二一○，○○○。

播多播百分之十四。每噸苗圃之最佳發芽率，可播種五茂特（Maund，一茂特約含種籽一五，○○○至二○，○○○粒）。在出芽前，苗床上離地約五呎或五呎以上之高度，以蕨草作蔭蔽，此種覆蔽物在四千呎高度以下之茶園多用之。幼苗高六吋時，必劃草以蔭苗床，在床邊緣者，則籍綠肥之籬笆以作遮蔭。用此種遮蔭者，苗床闊度以不超過三呎爲宜。

壓條、扦插、接枝等無性繁殖，在爪哇除採扦圈外，商業茶園多不採用。茂物試驗場曾就各種無性繁殖方法，如環接法、壓條法及插枝法、盾形芽接法、長方芽接法（Patch Budding），翻一報告。同時論及不適用於茶園者有半裂接枝法、連接接枝法及冠接法等。（註三）

種植及種植距離

當十一月及十二月之溼季開始時，正常季候風之雨亦已開始，乃移植茶苗。俟畦上株間距離決定後，即於應行植茶之處，掘一高三吋之竹桿，於是一霎苦力隨一工頭立即在此處掘成深二吋半至三吋之穴，此種工作在移植前一、二月即舉行，藉使土壤有充分之時間與空氣接觸。

一年半至二年大之茶苗於六吋至九吋之處切斷，乃將其掘出以備移植，同時將主根及側根加以修剪，但不可太重，因其不能長成強健之茶樹也。茶苗掘起後，立即用剪菜之葉包裹，放入竹籃內，然後送至茶園。

印度常採植發芽後六個月之幼苗。移植時根部必需連土塊掘出。但在爪哇及蘇門答臘則因土壤多屬砂質，不能團結，故多不連土塊。蘇門答臘常採用之一種移植方法，乃將兩株長約四吋至六吋並有少數葉子及一根之幼苗，同植於一穴中。

現今爪哇茶之株間距離普通爲三呎或四呎，畦間則爲四呎或五呎，但因土壤、氣候之情形，茶園之斜度、距離亦有不同，倘於茶叢間栽植綠肥，則距離以五呎爲最適當。

註三：A.A.M.N.Keuchenius 著：Vegetative Propagation of Tea 一九二三年在巴達維亞出版。

關於爪哇及蘇門答臘之茶園工作，有值得我人之注意者，為氮分利用豆科植物及其他植物供種種不同目的之用，例如綠肥、遮蔭、防風、保護階段、排水及防止斜坡地之冲刷等。

綠肥

茶園佈置就精並掘就移植穴後，應立即在茶樹行開種植綠肥，作為遮蔭樹、籬笆樹及覆蓋物。故在茶樹未移植以前，已在茶園栽植綠肥。爪哇及蘇門答臘之綠肥料為栽培，包括培育、剪枝及壅入土中諸工作，此已證明較人造肥料及化學肥料為廉，且能以較少之勞力，供給大量氮素及媒植質，獲得較長久之效果。若干爪哇茶園在茶叢中栽培綠肥，因而獲得加倍之茶葉產量。

豆科植物不論其為木本或草本，多有養育某種細菌於根瘤中之能力，吸取空氣中之遊離氮氣。氮氧固定作用在根瘤中行之，故根瘤含氮量較其他部份為多，最後乃變成可溶性蛋白質輸送予植物。

當豆科植物落葉或將其壅入土中時，氮素迅即變成其他植物之養料，一俟分解即開始，其礦物質化合物──如鉀鹽、磷酸及炭酸鈣，均為豆科植物自土壤中吸收者──亦歸還土壤，而變成易於利用之狀態。綠肥在有機物方面，亦能改良土壤，當其在良好環境下分解時，一部份變為腐植質。植物纖維素形成植物殘物之主要成份而加入於土壤中，其分解結果即變為土壤中腐植質之大部。

遮蔭及防風

豆科植物之作為遮蔭用者，除供給氮素及有機物外，倘有下列各種利益：

(1) 其深根使土壤成多孔性而易於透水。

(2) 其蔭影保持土壤清涼而濕潤。

(3) 抵禦大雨之破壞地力及防止土壤硬結。

(4) 蔭蔽物生長強健，增加其產量。

下列為用作遮蔭及防風之主要豆科植物：Albizzia stipulata、A. montana、A. Moluccana 及各種 Acacias，生長均甚迅速，Derris microphylla 為一種生長較慢之樹，但為強性之木材：餘如 Erythrina lithosperina、Leucaena Glauca。

此種植物之種植距離，普通為十八呎至二十四呎，當其生長達二十呎高時，即於十二呎之處將主幹伐去，可得傘狀之樹形，以供給茶樹適宜之遮蔭。

豆科植物常栽植於茶園之路旁，以防強風，蓋強風頗足影響茶樹之生長。風期中茶樹出產極少，有若干受強風侵襲之茶園，在一、二日後，茶樹已上無餘葉。在此種茶園，不獨須在路旁種植防風樹以保護之，且須於茶叢中，植以早季遮陰樹及籬笆樹。在乾旱季節變夜霜侵襲之茶園，亦須於茶叢中種植豆科遮蔭樹以籬笆樹。Acacia decurrens 最適於供此目的之用，但有時蔭蔽尚不足以防霽霜害，但在茶園內種相當距離，掘十呎至十五呎深之溝渠，則其為有用。

籬笆

為防止土壤之冲刷作用，常於茶叢間植多年生之綠肥。當茶園佈置就緒後，綠肥之種籽乃相間播於茶樹畦間之淺溝中，使生成籬笆。此種籬笆，常加修剪，以免妨礙茶叢之生長，剪下之枝葉，為一佳良之地被物，其富於氮素及增加土壤之腐植質，則更無論矣。下列數種常用作籬笆：Crotolaria usaramoensis、C. anagyroides、Tephrosia Candida、T. noctiflora、Leucoena Glauca、Clitoria cajanifolia。

由於茶樹依等高線種植，故排列不成規則，於是單位面積亦無法勘示，對於採摘管理頗有困難，補救之法，為在茶園中割成二十分之一荷畝（一荷畝＝一・七五礦）之小區，每區周圍植以籬笆植物。千年蕉（Dracoenas）常作為此種籬笆植物，因其與茶樹並不抵觸，且其高度及明亮之顏色，極易判別。其他亦有用 Leucoena glauca 及數種……

覆地植物

近年來種豆科植物以作覆地植物者日多，其目的乃在保持土壤之陰涼及防止熱帶大雨之洗刷。最常用者爲：Tephrosia candida、Crotolaria usaramoensis、C. anagyroides、Indigofera endecaphylla、Calopogonium mucunoides、Vigna oligosperma 及 Leucoena glauca。最佳者爲 In ligo endecaphylla，因其並不攀綠茶樹。在老茶園中，茶樹生長稠密，豆科之纏莖植物，反屬有害，故宜捆去而改用地植物。

在更老之茶園，覆地植物之栽植，不若新園之有效，故當茶樹種植後，應立即栽植覆地植物，使共有充分時間生長蔓枝，迅速蓋覆地面，中耕時將蔓枝翻轉，耕後再散展於地面。

肥料

爪哇及蘇門答臘施用人造肥料不若在日本、錫蘭及印度之盛，原因爲荷人能樂階段以保護茶園，防止表土洗刷，並大量使用綠肥而不應用速效肥料。該處有充足雨量，故對於多年生之植物如茶者，荷人寧用慢性肥料如油餅、骨粉、矽基性火山灰及木灰。近數年來運效可溶性肥料如磷酸銨與磷酸鹽（磷鈉肥料）混合施用之結果，頗見成效。油餅及骨粉，在土壤中被細菌緩慢分解，可長期留存土中，不易因雨水所冲失，對於茶樹剪枝期間有連續性之肥效。有時人造肥料能促進綠肥植物之生長，間接給與茶樹以更佳之效果，而減少肥料因冲洗所受之損失。

施肥常在於剪枝後不久行之，因管理工人及肥料在已剪枝茶園較未剪枝茶園易於施行。需用肥料之量，以足供茶樹用至下次剪枝時爲準（即一年至二年）。可溶性肥料如硝酸銨等之效果，普通爲八至十個月，惟多雨季節在短時間內即有被冲失之虞。每畝最適宜之施肥量爲油餅六百五十磅；骨粉一百六十磅，硫酸鉀一百六十磅或木灰三百磅，可供給氮

爪哇茶樹之病虫害

爪哇之各種害虫中，蚊蟊（Helopeltis）爲最嚴重之一種，蚊字實爲誤稱，因此昆虫不屬於蚊科而爲盾椿象科（Capsid）爲害茶之嫩葉及嫩枝之綠色葉柄，吮吸其中汁液，猶如蚊之吸人血然。蚊蟊將其口器刺入葉中，注入一種液體，以破壞共周圍之細胞，遂致產生一種小圓形之死組織，葉遂捲縮而變黑，生機亦告停止。

蚊蟊成災時，平均減少葉產量約 $10,000,000$ 公斤，有時或更過之。前茶葉試驗場之昆虫學家 R. Menzel 博士發現此蚊蟊之寄生蜂爲 Euphorus helopeltidis，屬 Braconid 科。此蜂產卵於蚊蟊之幼虫中，共後遂爲寄生幼虫所佔據。蜂之幼虫，至稚虫期即離開寄生，此寄生之幼虫在土壤之衣面或縫隙中作繭，經十六、七日後變爲成虫，而顯出藥中，注入一種液體，以破壞共周圍之細胞，遂致產生一種小圓形

寄生蜂雖在各茶園均有發現，但依據被至最近爲止之研究結果，尚未發見用寄生蜂以制裁蚊蟊之有效方法。爲一寄生蜂能寄生於一蚊蟊，而蚊蟊之生殖超過寄生虫極多。

其他之害蟲爲各種之蜘蛛：橙色蜘蛛，緋紅蜘蛛，黃蜘蛛及紫蚜

磷酸及鉀三種主要成份（前二者爲遲效性）。有時更加用石灰，用量依土壤分析之結果及土壤之酸度而定，施用石灰常在施用他種肥料之一月前。

人造肥料與綠肥合用則更爲經濟，故栽培嫩梢者再施人造肥料，必獲最優良結果，倘綠肥生長緩慢，可施以木灰、石灰或速效性之無機肥料如磷酸鉀或磷酸鹽以補救之。

硝酸鹽（如硝酸鈉）初施肥能促進產生嫩梢，但在爪哇此種可溶性肥料易被水所冲失，不適於大量使用，隨時少量施之或較有效。施肥適宜可使每年茶樹由土壤吸去之養料依然歸還於土中。此非推測之辭，可由每年肥料用量以推算之，舊需用肥料可由土壤分析及肥料試驗而確證之。

蛛。最畏者為橙色蜘蛛（Brevipalpus obovatus），為害於高度四千呎以上之茶園，而紫蜘蛛（Eriophyes Carinatus）則為害於高度二千呎以下之茶園。當蜘蛛為害劇烈時，茶葉變紅黃色或黑色，最後乃脫落。此多發現於旱期中，在雨季時蜘蛛被雨水沖離葉面，故茶樹不久可再發新芽。

抵抗茶樹蟲害必須施肥——尤其為綠肥，並應以輕度之採摘及剪枝，以保持其健康狀態。

紅鏽黴（Cephaleuros virescens）屬藻類，侵害已受蚊蟲、重剪枝或其他原因而致衰弱之茶樹。使健康之茶樹葉上產生稀疏之圓點，迅速侵入弱組織，而使葉脫落，樹榦破裂而枯死。

其他之病害如根、枝及藁之病，均由於生長於各種朽腐植物，如殘留樹根上之黴菌，而傳染至茶樹之根，茶樹因此致死，更傳佈至鄰株。

為害茶根之黴菌有三種最厲危險，即為兩種根腐病菌（Rosellinia）及紅根菌；前者如在較低之茶園，後者如在高地茶園，後者更易猖獗。

爪哇尚有無數次遲之病蟲害，茶叢之所以發生如此繁多之病蟲害，與印度相較，或由於勇枝次數較少及採摘較輕之故。至於高山茶園之受地衣蘚苔，介殼蟲侵蝕枝榦，則兩地之情形相同。

凡茶園之耕種管理疏忽之茶園受病蟲害之侵害較輕。各地茶園既以斜坡為多，茶叢又高，故噴霧殺蟲劑及其他直接防治方法，殊難實用。故橫茶者所能為者莫如選擇強健茶樹以抵抗蟲害，並宜停止採摘，使植於排水良好之土地上，增以綠肥。如茶樹已受害，則宜停止採摘，使其休養復原而發生抵抗力。茂物茶葉試驗場有多數關於茶葉病蟲害之著作，實為研究此類科學實省所宜熟讀。

馬拉巴茶園於一九二八年六月十六日舉行一試驗，以決定藉管理得法之茶園能否減少蟲害。此試驗既以斜坡病蟲害方法上是否實用。試驗區域約三公頃，在數分鐘開來即飛行四次，而成有規則均勻之粉雲，證明應用此新方法以防治病蟲害，在植茶上亦為實用，但茶園須空曠如潘加倫根及布空中，工作極為良好。播藥粉在防治茶樹病蟲害方法上是否實用。播藥粉在蘇門答臘東海岸之茶園無如此之高，故此害蟲。

日果等，無異山陵嶺且不陡峻而面積又廣大者，方為適用。

蘇門答臘茶樹之病蟲害

蘇門答臘東海岸之茶樹，生長壯健，尚無病蟲害發現，只在少數適於微菌生育之地，發現根部菌病。Bernard 博士曾告誡蘇門答臘之種茶者，謂欲防禦根病，必需保持土地之完全清潔，尤須注意於除去一切樹榦、殘株、樹枝及根。又謂斷定病菌之確實種類，並不重要，而祇需要者使植茶者明瞭地下之朽腐壞身，能發生無數之黴菌，並能傳入植物之根莖，乃掘地至十九至二十三吋深，掘去所有之枝根，商用溝渠排離不能移去之枝根。

紅鏽黴（Cephaleuros virescens）及灰色藥枯菌（Colletotrichum Camelliae），葉及枝之主要寄生菌為藥枯菌（Pestalozzia theae）多發現於老葉上，在幼樹上則只能為害於曾受他種病而致衰弱者，但在蘇門答臘東海岸尚屬少見。

蟲病為害不烈，但 Adrama 幼蟲曾發現於從爪哇輸入之牛破裂之茶籽上，故此等茶籽須放於裝有紗窗之室內而揀別之，受害種籽須澈底毀滅。

Helopeltis sumatrana 曾在 Uncaria gambier 樹上發現，且似特別愛好此植物。但試驗證明亦可為害茶樹，蚊蟲之另一種亦發現於 Eugenia jambolana 樹上，但並無侵襲茶樹也。Pachypeltis 為蚊蟲之一種，為害情形與蚊蟲相同，而蚊蟲僅能為害衰弱之茶樹或曾受侵襲之茶樹。但壯健之茶樹雖曾侵襲，仍可萌芽而不受損失，由此可見蚊蟲未必能影響於蘇門答臘東海岸之茶園，因該處茶樹生長旺盛。

Bernard 博士曾在爪哇高度四千呎以上之茶園，發現 Brevipalpus obovatus 之數種跡象，蘇門答臘東海岸之茶園並無如此之高，故此害蟲未必能繁殖於蘇門答臘，但紫藥蟲則在蘇門答臘亦甚普遍。

註四：Ch. Bernard 著：Diseas and Pests of Tea on the East Coast of Sumatra 一九一七年在巴達維亞出版。

红蜡益之为害较轻，散种蛾及蟛蜞属植物亦为害於茶园。在Grev-illees及Sesbania树下生长之茶树，如发现某种Lawana，同时亦必发现Reduviid，此乃捕吞Lawana者无疑。概言之，苏门答腊之茶树受病虫害之侵袭尚轻。

修剪

修剪在爪哇首由Jacobus Jacobson於早期实验茶园中行之，其目的乃欲明疗何时适於採摘。当时对茶树之栽培知识甚少，故此为探求处理茶树唯一可实行之方法。(註五)

今日修剪已为增加嫩梢产量之方法，但程庭不若印度之甚，且亦不觉需姿，蓄若十地方之土壤肥沃而深厚，即一独幹茶树，不弯至八呎高度以下，仍能连续数年产生丰富之产量，而不需剪枝。据Cohen Stuart博士报告称：

修剪並不能使茶树强壮，反损失其原气，且坐长新芽乃犠牲貯藏食料之结果。电流剪之茶树者两次探去其新芽，结果则因枯锡而两死。故修剪及採摘须缩小心，只须施肥以补充之。

该作者同时叙述修剪之目的及限制：

爪哇之剪枝方法，依土壤性质及各处之特殊环境大概可分为高剪及低剪两种。在潘加伦根等地，土壤肥沃，气候极适於栽茶，故种植者常喜高剪。此种剪枝方法在该地施用固甚圆满，但在别处及低剪倾向未证明成功。

在离万隆三十三哩倍於潘加伦根高原之马拉巴茶园，茶树高而幹直，一般均为高剪，亦即为爪哇剪枝之较古或原始之方法。锡兰植茶者○四年至爪哇调查茶业，关於较老之修剪方法报告如下：

第一次之茶树系通常高剪，应用大而窄之剪枝刀，工作甚似锄草，茶树之生长状態多數慢悴而痩弱。在此减茶园，即使在较幼茶树之树幹上均现灰色。惟剪枝後树皮即现绿色，逐渐强健，有时茶树掏中心太濕，即予剪去，尤其若新芽掏掏极掏时，但其意欲在阻止茶树生长太高之间……剪枝时期在海拔较低者为十四个月，在五千呎者为两年半。(註六)

较新之方法，第一原则为低剪；第二原则为改正不良树型之方法，即将茶丛之中心枝條剪至较周围为低；第三原则为修剪应能在两枝相接之处。此正确之茶枝原则，与工作实施上之谨慎管理，为坡新修剪方法之显著特点，此项工作在任何产茶国家中常视为优良者。

修剪非一星期或数日之事，而须在全年次第行之。在早季举行更可减少割口剪液漏出。在爪哇及苏门答腊若干地方，幾全年多在修剪中，普通之程序如下：

修剪幼树——茶树已种入地中时：

（a）如直接播种之苗或方由前圃移於茶园而未经修剪者，首次修剪通常均俟幼树逾二龄，而高逾六呎时至一呎时行之。

（b）如茶苗在移栽时即行修剪者，通常乃於离地约九呎之处剪之。第二次修剪在其上十二至十八吋之处，如此处理之茶丛约为一单幹之茶树。

修剪壮树，轻剪或重剪——修剪之次数全视茶园之位置及高度而定。施行轻修剪之间隔时间，较东北印度为长，普通为一年半至三年。重修剪约於每五次或七次之修剪中举行一次，同时除去所有之微弱或枯死及有病之侧枝，以防传佈病害，此方法可得良好结果。

凡因蚊益及红锈徽之侵害而致茶树衰弱之茶园，茂物试验场主张高剪一二呎至二呎半，同时增厚浓密之树形。

註五：Jacobus Jsodorus Lodewijk Leviten Jacobson 著：Hand-boek Voor de Kultuur en fabrikatie van thee「一八四三年巴達維亞出版。

註六：M. Keiwy Bamber及A. C. Kinzford著：Report on the Tea Industries of Java, Formosa and Japan 1九○七年訶倫披出版。

試驗場之 Bernard 博士及 Deuss 博士曾試驗用何種物質可以塗封剪口而得厚硬而永久之保護外表，其結果如下：

（１）普通之焦臘（Coal tar）經洗去酚酸類（Pnenolic acid）者，皆實。

（２）須用於一齡以上之茶樹。

（３）剪枝後隔一日，方可塗之。

最近數年亦有用水泥及土瀝青瀝封較大之剪口者。瑞典焦油對茶樹有害，因其能灼傷枝幹之組織。其他物質或滲透太快，或易於脫落均不甚適用。

茶葉之採摘

爪哇氣候適宜，茶葉終年可以採摘，每隔八日至十四日舉行一次，其工人為婦女或小孩，而以一工頭管轄之。除偶然因修剪之外，茶芽可連續發放。修剪後，約停止採摘六十至九十日，俟樹勢恢復，又可採摘。

「嫩摘」為採頂端之嫩芽及二片嫩葉，中摘為採一芽二葉，「粗摘」為採一芽三葉。爪哇普通採摘法稱為「長摘」，即每次採摘後留一完全之葉。其結果乃使茶樹漸高，至剪枝前往往高達八呎至十呎，以致摘葉時不得不將茶枝壓下。

此種採摘法對茶葉生長有不良之影響。最佳之法為在茶叢中心採摘較深，兩外圍則採摘較淺，如此可免茶葉成羽毛狀。此種採法並可使樹中養液經常平均分給各枝葉，以作營養及發育之用。在修剪後二、三月之幼條，不宜採摘太重，此點亦極重要。至茶樹較強健後，乃可在茶叢中心粗摘。

世界大戰後不久，在爪哇某茶園舉行時間試驗，因而發明史把拉他採摘刀（Sperata Plucking Knife），其目的為在茶葉採集後，即除去茶梗，免去製造後再行揀出之麻煩，為萬隆附近史把拉他茶園監督（Carl Heinz Tillmanns）所發明。此刀用帶繫於摘工之腰上，照平常方法摘下。

茶葉，惟將枝條向同一方向突出，俟得一摘之葉，將各枝條放入Ｖ字形之刀口，將老葉及梗切斷，墜入附於刀口下之袋中。據發明者稱，此法是否可得優良出產，尚未證。

工人每日送生葉往工場二次，工場之房屋設備均極完善，裝置最新式機器，使用水、電、油或水蒸汽等原動力。生葉送到時，施行檢驗及過磅，並記錄每一工人所摘之量。工資一部份按量計算，普通半公斤為〇・〇八或一・五磅分。每一女工一日可摘十五至三十公斤。

田間運輸

生葉收集後普通均用棉布包裹，在中午送至工場，不如印度、錫蘭之用籃運送。普通最經濟之方法卽由採茶女工運由山地斜坡運至工場，但如在廣闊之滋加倫根高原茶園，如環境允許，共田間運輸由女工、狹軌電車、牛車、馬車及美國運輸汽車任之。在萬隆東南四十二哩之泰隆概言之，用田間運輸之方法常受本地地形之支配。在階段及坡地，輛不能使用，則苦力及高價之機車交替使用；在廣闊起伏之平原，或其斜度可建築車路之處，則用馬車、電車或運貨汽車，以解決困難之勞力問題。為流通空氣以保持生葉之新鮮及防止不良之發熱起見，車之周圍裝以紗網，亦有用木幾淺盆形之架，底襯紗網，疊置於車內。

有若干茶園，其生葉直接輸送至萎凋室，或送至一廣大之接收室過磅。工資依採葉數量而定。如按收室在樓下，而萎凋室在樓上，則須將生葉送至樓上。此法征營人所反對，以共有遺落生葉之處，尤以大量時為然。若干工廠用升降機，或用附有木整之循環帶，將生葉送至樓上卸下。

萎凋

爪哇植茶者對於萎凋一事，咸以生葉消失重量百分之四十而無不良影響為標準。同時，欲使生葉柔軟，在採捻時不致折斷，萎凋時須有規則而不可草率。

自然萎凋為最理想之方法，在數層之木屋內行之。每層裝有木架，上置木盆架，成對安置，架之中部留有通路，可使工人通行，遞送生葉，分攤盆上。每架可安置一憂數個之木盆，盆與盆間上下相隔約八時，盆之放置為水平或微向通路傾斜。生葉均勻分佈於木盆中，成一薄層，放置十六至十八小時。此屋建築之方法在使流動之風能沿建築物之前後兩端通過。在布林加一帶，因空氣潮溼，在屋內難以獲得充足之萎凋，每晨工廠開工時，均不易得到昨日萎凋完畢之萎葉，故此種萎凋室在此種地區頗少採用。用竹籠萎凋及架空氣之設備者，亦有同樣之缺點。從前竹籠之應用甚廣，其面積約七方呎，生葉分攤極薄——每籠約鋪葉半磅。第二列之竹籠置於第一列竹籠間之空處。在日間使竹籠儘量乾燥，竹籠有吸收水分之益處，木板及黑漆布亦具備此種作用，但不若竹籠之有攜出室外晒乾之便利。

最新式之萎凋設備為工場上設置一層以至三層之頂樓或與工場分離之萎凋室。其內部裝置與前述之萎凋室相同。架之裝置，每兩座成對，順房屋之縱軸，排列於屋側。每邊留一為通路，以遞送生葉。通路與架之間設牆為門。如架上置有木盆，則每盆上下相隔八時，最高之盆不高過地面八呎三時。當工人分攤生葉於其上時，常用一小梯，或於每架之兩邊離地二呎三時，釘一木條，與前述之處釘一木條，工人可踏於相對之木條上，達到最高之木盆。此種方法在其他萎凋架上亦有用之者。木盆或金屬網盆不准工人踐踏，放置成水平或微帶傾斜。金屬網盆常較傾斜，而黑漆布則為水平。黑漆布兩端裝有木製滾軸，當布鬆弛時，可使之緊張。布則為水平。盆充分時，如何卸下盆內之葉，曾發明各種方法。用木盆者，最簡單之方法，即用常將葉掏出，如工作不過分粗放，則此法最為簡便。

金屬網盆則從底下用手輕拍使葉跳出，但仍有少數葉遺留於網眼，有受損傷之缺點。若用黑漆布者則使一端脫離，將葉搐出，或全架懸於偏心軸上，將其旋轉，使葉跌落，如此略加轉動，即可使全架卸空。除通路外，全萎凋室內裝滿上述之架。

鳳扇置於室之一端或兩端，將室內空氣抽出，在兩端裝有鳳扇之室，住往忽視室下工場空氣之供給，此種空氣因其由乾燥機放出，熱而且濕；在隔離之萎凋室，熱空氣可由一隔離之空氣加熱器供給之，並與外界吸入空氣相混和。如混和空氣之室稍大，可得有規則之萎凋，若冷熱空氣未完全混和而吹過葉片，則萎凋難以均勻。有時肉，則開動鳳扇，直至翌晨六時。惟水力有時不能長期利用，而用蒸汽機或汽油發動機又太浪費，故鳳扇開至十一時或午夜即行停止。

馬拉巴茶園使用 K.A.R. Bossch a 所發明之萎凋機以促進萎凋。生葉照前之方法萎凋後，放入八角形之大筒，此筒之四邊裝設金屬網，沿一水平軸旋轉，吹入熱空氣，數分鐘後，取出茶葉冷卻，乃照常法將捻及醱酵。此種機器應用於溫度較低之潘加倫根高原，能減少醱酵所需時間達二、三小時，因在筒內之茶葉已起輕微之醱酵作用，故前茶葉試驗場 J.J.B. Deuss 博士主張命名為前醱酵機。中機內取出之葉，表面仍極新鮮，損失水分甚少，但有棕色之顏色及香米強烈如新鮮頻果之氣味。

生葉經過當之萎凋時，用手握之不發聲時，即知水分已減少百分之三十至五十，已適於採捻。

採捻

採捻茶葉，以前用手，現時則用機器。此機為一方形或圓筒形之筒，茶葉放入其內，此容器在一平台上環週轉動，採捻茶葉。「單動式」者，惟容器轉動或容器固定而平台轉動。「雙動式」者，則容器與平台兩者均以相對之方向轉動。「雙動式」者使用較多，以其結果良好

也。容器及平台設置黃銅板，機鋁者不佳，前皆用石英面之平台，現已完全廢棄。

平台之中心設置黃銅板，以助揉捻之進行。並附活門，以便揉捻完畢之茶葉排出。容器之頂為一活動之蓋，由一旋轉調節升降，施以適當之壓力，使汁液得完全混合，此在揉捻老葉時極為需要。如此壓力可以調節，或搜高其蓋使茶葉冷却。無此壓力齊之揉捻機稱為「開口採捻機」，其所需之壓力則全恃茶葉本身之重量。

在萎凋室有管直通至揉捻機，萎凋完畢之葉可經此管前達揉捻機。

每機一次可揉捻三三〇磅至四四〇磅之萎凋葉，但有時亦須化為二個步驟，再行揉捻。例如茶葉滿盛容器內後，即不加壓力，先採十五分鐘，再逐漸施壓力蓋旋下，使與茶葉接觸，然後取去壓力蓋，再捻十五分鐘，如此反覆行之。篩分後，粗葉再行採捻，逐漸增加壓力。揉捻完畢之葉，則使跌落於機下之淺平底小車內，迄卽運送至揉捻舼塊機，此機有一週轉之筒形篩或搖動之平底篩。篩出之細葉，則攤開使其醱酵，餘者則再揉捻之。

醱酵

舼塊機之篩通常不能將捲成球形之採捻葉解開，此物須由工人實助之。篩眼之大小須適度，否則老嫩茶葉混雜其中，勢難得均勻之醱酵。當醱酵時，葉之顏色變為棕色，而茶香亦開始發生。實則真正之醱酵已於採捻時開始，有時在萎凋箱內

揉捻後之葉分攤於淺盆內，此統有一視竹籃之木架，葉攤厚約二時，將欲醱酵之，經一小時半至四小時半，卽醱酵完足。

爪哇及錫門等脧之數家新式工場，茶葉攤放須極薄，否則空氣不能達時有一極滿潔之地，但此租地板上行之，使在工作於葉之中部，不能得到完全之醱酵。

為保持茶葉有充分之水分起見，淺盆之上更蓋以濕布，醱酵通常在隔離之室內行之，實為一良好制度，蓋易使各事完全調節而有規則也。保持醱酵室所需之濕度有方法多種，現時所常用者，與紡織廠所用者相似。可調節空中濕度至任意飽和點——普通為百分之九十五——且可永遠保持不變。醱酵時常以溫度計插入葉堆中檢查溫度。在醱酵完畢時，溫度最高。倘醱酵有規律時，溫度亦平均升高，因醱酵時能產生熱量也。

乾燥

茶葉醱酵完畢後，乃用攝氏九十至一百度之溫度乾燥之。乾燥以特製之熱空氣乾燥機行之。空氣先於加熱器或火爐內燒熱，用木柴或粗油為燃料。但在馬拉巴之熱空氣乾燥機全用電加熱。用粗油極易為清潔，調節容易。且可得更高之熱。大型乾燥機能於十七分鐘內達華氏二二二度之高溫，用柴則需三刻鐘之久。在那伽荷他（Nagahoera）茶國每小時鐘燃用八加侖半之粗油，雖其費用為柴之變倍，但如有貯藏油槽之設備，亦未嘗不可減低油價。

茶葉分攤於淺框，再用熱空氣吹之，其方式有若干種。例如「下抽式」之雪洛谷乾燥機，熱空氣從加熱器吸至乾燥室之上部，並使茶葉從乾燥室底部吸入上升至頂部；工作稍有疏忽，則茶葉有燒焦之虞，是為最大之缺點。

「上抽式」之雪洛谷乾燥機。在此種裝置中，熱空氣直接與乾熱空氣相接觸。

將法乾燥係於乾燥器中盛入方形穿孔金屬板大框數層，框中攤茶葉，上下各框由二工人循環交換，使茶葉全部祭鎮於乾燥空氣中，此機容量雖小，但易於操作，較新之方法，將淺框連續疊送，茶葉分佈於上層之盆，逐漸跌落至下層時，則葉已充分或將近乾燥。框之移動速度可以調節，欲使葉之乾燥至任何程度，皆可如靈。

煆火之機器，其容量每小時為一，四〇〇磅之濕葉，約得乾茶葉五

○○磅。乾燥室有偶門，以便清潔及修理，更裝有溫度計或用自動紀錄之溫度紀錄器。茶葉須分攤極薄，使其均勻乾燥而免燒焦。

使乾燥之茶葉迅速冷却，可攤於竹簍上或放入一箱內，此箱裝有槽突狀之穿孔通氣管，以排洩熱空氣。

試用電熱以乾燥茶葉，結果甚佳，價廉而便利，此爲 K. A. R. Boscha 之結論，彼曾在馬拉巴茶園中設置電力之萎凋機及乾燥機。

篩　分

在爪哇，巴乾燥之粗茶稱爲「廠茶」（Factory Tea），放入筒狀之旋轉篩內篩分之，或使用有播動篩之篩分機。爪哇及蘇門答臘之各工場均用自動篩分機。此機包括軋茶機及一組各號之篩，播動工作。

篩分後之茶再由男女工揀法及茶梗雜物等，手揀爲極小之工作。

在市場上之等級有九種：碎橙黃白毫、碎白毫、碎茶、嫩橙黃白毫、橙黃白毫、白毫、白毫小種、小種、茶末及本地名爲武夷茶（Bohea）者。此係含有茶捜之茶葉，普通銷售於本地土人。此種分類因市場之情勢而異，並非每工廠均製出相同之等級。製成之茶，貯藏於襯鋅或鉛之箱內，以待裝箱。

裝　箱

裝箱乃將茶葉裝置於木製襯鉛或鋁之箱內，每箱可裝一百磅。此種茶箱從前在茶廠內製造，但現時則用各種特許專利之箱，內有鉛製紙，再襯以紙。

裝箱係應用裝箱機，茶葉由漏斗放入機內，此機用以振動將茶葉裝滿，亦有用脚茶器使多放茶葉於箱內者。從前則由工人用足將茶踏實。茶箱充滿後，將鉛蓋小心銲接之，然後以運貨汽車或牛車運至最近之火車站。

多數製茶工廠均使用水力及電燈。茶葉之運撇均用人力，但近來則漸用節省勞力之搬運工具。

茶園管理

爪哇——以上所述乃欲人如何投資於爪哇經營茶業發展之概況。尤以在西爪哇布林加山地區有充分之廉價勞工、肥沃土壤及適宜之氣候，故茶葉成爲由僑居爪哇之歐人，每一茶園有經理一人及助理二人至六人，其中一人爲工廠助理，一人至五人爲茶園助理，依茶園面積之大小而定。以前若干植茶者即爲茶園之主人，現時則植茶人多半受僱於各大小公司。公司設於巴達維亞或荷蘭。

茶園或公司之出口及普通業務通常由巴達維亞之代理處負責，而普通之茶園管理則由富於茶業經驗者指揮之。每隔相當時間，巡視各茶園一次，檢查各種工作、預算及服務等。

蘇門答臘——蘇門答臘各茶業公司之現狀，就其產品之販賣及管理面論，顯然已循現代化大規模工業之途徑進展。茶園之組織形式可分爲三大類：第一種爲大規模之公司，如阿姆斯特丹公司，直接擁有若干茶園，管理各種製造上之工作，而由歐洲之指導委員主持出口。第二種爲茶園公司，自始即由其他商號簽名之主持管理，並爲其代理人及理事，如棉蘭之英國 Harrisons & Crosfield 有限公司管轄蘇門答臘西海岸之五十茶園。第三種，爲小規模而獨立之茶園，自行銷售其出產品於本地或歐洲方面。

勞工及工資

茶園之勞工可分爲永久工人及契約工人兩種。均爲西爪哇之土人，普通爲晃他人，包括男工及女工，由一工頭管轄之。工頭之工資普通爲每月一○至一五盾或每日三．八至五．七荷分（美金一五至二三分或英幣七辮士半至十一辮士半）；工人工資爲每月八至九盾或每日三．一至三．四荷分（美金一○至一六分，或歐幣五至八辮士）。發生於一九二六年之不景氣，使爪哇及蘇門答臘之工資減低百分之二十五至百分之六十。工人增

有家庭，一部分在茶園內，一部分在附近之本村，醫藥費用則常由茶園供給。茶園內亦設有工人子弟學校。粗重工作如伐林，耕耘及剪钗等均由男工任之，輕鬆者如採摘茶葉及除草，均由婦女及童工任之。爪哇每日約有十萬人爲茶業工作。

布林加區人口衆多，人民對於經營茶園之自信心亦逐漸發達，希望爲本身利益而工作，致各茶園發生勞工問題。蘇門答臘各茶園之工資較高，工人皆由爪哇輸入，通常月薪約爲一一·二〇盾，或每日四三荷分（美金一七分或英幣八辨士半），惟工人除有定期契約者外，至少在三年內不准離去。

土人茶園

爪哇除歐人經營之茶園外，自一八八〇年以後，即有多數土人茶園出現，多在布林加區。此種茶園面積甚小，多倚於悠峻之斜坡或荒地。在村落之內，或在村落之近郊，常與香蕉、參茇、番椒等作物混植。較富裕之土人常擁有二噉至三十噉之茶園。土人茶園之所有權，爲各人所有，有時屬於村公所。生葉通常售與鄰近之茶園，與茶園出產之葉一共製造；有時或將生葉售與島上中國人經營之小茶廠。一九三三年末，爪哇之土人茶園共有四六、二〇八公頃或一一四、一三二噉。

工人住宅

遠東之茶業工人受滿意之待遇及生活愉快者，莫過於爪哇及蘇門答臘。東印度羣島在勞工福利上常爲其他熱帶國家之表率，此等村落中有分離或半分離之竹或棕欄平屋，有本地市場、戲院、學校及醫院等。新式之村落，住宅爲建築有序之小舍，上蓋波紋鐵片屋頂。

蘇門答臘工人住宅爲荷印茶園之模範，整潔之小屋排列成行，圍以清潔整齊之籬笆，

前舖排水良好之道路，造成舒適衛生之住宅區，以供由爪哇移入之葉工住宿之用。街道、商店及一部分之住宅，均裝有電燈。兒童上學時之往躍情形，一如彼等居於歐洲或美洲者。醫藥由茶園供給，此爲法律所規定。設備完善之醫院在大茶園內數見不鮮，設備最佳之工人醫院在蘇門答臘，設備完善之醫院，娛樂並不缺之，舊爪哇染遊戲之能手也。不少從土人村落中選來之音樂家，跳舞家及伶人，形成一國際之集會。工人亦組織劇團、樂隊等。

植茶者協會

爪哇：—柰卡保密及橡皮栽植者協會爲改善爪哇茶業之首創組織。

在一九二四年初，柰卡保密栽植者協會與橡皮栽植者協會合併，以發展爪哇西部之各種農業如橡皮、茶、金鷄納樹、咖啡、油棕櫚、纖維植物等。其總會在萬隆。

農業總聯合社（General Agriculture Synidicate）之總社在巴達維亞，爲荷屬東印度山地植物栽植者之首腦組織。此團體管理茶、橡皮、咖啡及金鷄納試驗場所進行之科學研究工作。聯合社分五部，爲荷印之茶園、橡皮園、咖啡園、可可園及金鷄納之聯合會。

荷印植茶者協會之總會在巴達維亞，爲荷印歐人茶園主之組織。

蘇門答臘：—蘇門答臘茶業有一高度組織化之栽植者協會，爲蘇門答臘東海岸橡皮栽植者總協會，簡稱爲 A.V.R.O.S.，不僅代表各栽植者之集會，而爲有關各會員之代言人。協會名其行動。此協會代表各栽植者之集會，簡稱爲 A.V.R.O.S.，不僅代表蘇門答臘所有之多年生植物園，如橡皮、油棕櫚、纖維植物、咖啡、茶等，且包括蘇門答臘所有之多年生植物園，其總會在招闢。

栽植者協會之管理職務，除促進茶業及橡皮業之發展與福利外，尚維持一苦心經營之試驗場，進行關於各種技術及科學栽培、耕作、種籽選擇、橡膠收割、土壤分析、工廠內部之設備暨方法等之試驗及研究工作。

茂物試驗場

在茂物之西爪哇試驗場，爲索卡保露栽植者協會所設立，自一九二五年起，受農業聯協會之管理，爲栽植茶者及植樣皮者之利益而進行各種科學研究及試驗工作。一九〇七年即編輯各種研究之小叢書。除試驗空工作外，每年並巡視各茶園，對栽植者所發生之問題，加以解答，並發表報告。

多數茶園土壤曾經分析，並就各種土壤與所種茶樹之生長情形相比較，以便改良土壤，增加產量。土壤之分析分爲機械分析及化學分析兩種——機械分析方法與在葉盛頓土壤局所用者同，將土壤分爲不同之等級——砂礫、粗砂、細砂、泥、細泥及粘土——以決定土壤之風化程度，應用 Atterberg 之方法以露求土壤之物理性質。土壤之化學分析指示茶樹生長之遺缺因子，除鉀、磷酸及石灰外爲腐植質及氮素，以決土壤分析外，並有各種人造肥料之分析及中國茶、亞薩姆茶之分析。茶籽油及茶籽脂肪亦曾行試驗。

種籽之選擇甚爲重要。唯各產茶國家多忽視之。最近十五年來，茶葉試驗場曾舉行各種茶樹選種之科學試驗，其目的在於露求及繁殖產量較多，品質優良及抵抗各種之不良環境因子如蚊蟲及土壤等之品種。且期望此種工作之結果或能減少成本。再進一步由於此種之母株川接枝法移植於隔離之園內，以產種籽。此種無性繁殖之試驗，曾經大規模舉行，且經滿意之結果。種籽選擇之工作，需時數十年，始能完成，因急需良種，政府對於入口之茶種施行檢查，並監督育種茶園。

施肥、採摘及剪枝之試驗亦曾舉行，同時更注意於因除草及日晒而起之土壤沖蝕，爲防止土壤沖蝕及損遺起見，試驗場曾指導各茶園在茶叢間栽植各種豆料植物，作爲覆蔭作物及平籬、遮蔭樹等。栽植綠肥試驗之結果，使爪哇及蘇門答臘各處之茶葉產量大爲增加。

試驗場曾完全鑑定蚊蟲之生活史，並作有系統之害虫防治方法及耕作法之改良，獲得重要之結果。試驗場更試驗市場上之殺虫劑，獲得相反之結果，使栽茶者減去不少耗費與失望。茶樹害虫之天然大敵——寄生蜂——在茶樹病害及其寄主間，亦經研究，獲得極有趣味之結果。茶葉製造之各種過程，在理論與質際方面均經大規模之研究。試場對萎凋、醱酵等，均有重要之指導，有若干工廠賴以改進。一九二二年編纂一簡明茶葉製造法指南，頗爲植茶者所稱道。

茶葉評驗局

巴達維亞之茶葉評驗局成立於一九〇五年，爲爪哇及蘇門答臘植茶者所貢獻之另一重要組織。聘有對於各主要市場均極熟悉之茶師二人，共工作爲：（1）在茶葉出園前檢驗樣品，指示製造上之錯誤而加以改正。（2）舉行品質試驗，與以前之製品及其他茶園之製品相比較。（3）報告市場及價格之情形。（4）貢獻對於未來產品改良之意見。

茶葉評驗局成立之結果，對於擴展荷印茶葉之各主要消費市場，有極大之貢獻。此局更研究茶業市場之詳細形勢，並在美洲、澳洲對爪哇及蘇門答臘茶作直接宣傳。評驗局工作之使人感奮，可由其發展中見之——一九一〇年有七十一會員，提出茶樣二七、九七一件；則有一五〇會員，提出茶樣六、五〇五件，至一九三三年，則有一五〇會員。

茶葉評驗局在阿姆斯特丹，倫敦，加爾各答及哥倫坡均有通訊站，常以電報及郵遞保持連絡，可使會員對市價及主要市場之情形，獲得可靠而迅速之消息。

荷屬東印度植茶者之生活

在荷印曾有貴族與植茶者發生連繫。爪哇私人茶園之首創者爲荷蘭貴族，其後裔安居島上，成爲社會上與工業上之重要份子。其後始有富於工業組織能力及曾受茶葉產製訓練之專門人才參加於該島茶業，於是

237

爪哇茶區圖
灰色指示茶園地帶

新舊人材互相提攜，使茶業蒸蒸日上。

（乙）

爪哇——爪哇有志爲茶業助理之青年，保在本島雇用，或由歐洲聘來，以其有普通智識者爲合格，其中有農業學校卒業之學生，彼輩先受助理資格之理論及實際訓練，使能力高強者獲得經理之最高位置。

初級助理經理開始之月薪爲一五〇至二〇〇弗，升至高級助理員可加至二〇〇——四〇〇弗，普通由茶園供給不設家具之住宅，或由茶園付房租，且免費供給醫藥。

服務五、六年後，給予八個月之假期，唯無旅費津貼。假期中薪金之支給各有不同，平均爲全額及紅利之半。經理之月薪由五〇〇至一〇〇〇弗，其數額依收入淨利而定。

爪哇植茶者之目的，普通爲保有一茶園，或俟有相當資產時卽退隱，或爲一茶園之代理者等。惟多數約於十五至十五年後退隱歐洲。

蘇門答臘——蘇門答臘有遇見之青年植茶者通常來自歐洲，但亦有從爪哇茶園中轉僱而來者，彼等最先充任茶園或工廠之助理，學習全部之栽培及製造方法。

在東海岸之英人茶園則多僱用英人助理，彼等常爲畢業於亞伯頓（Aberdeen）農業學校之蘇格蘭青年。在荷人茶園中，其助理普通爲來自荷蘭或歐洲各處曾受農業訓練之青年，但其中亦有曾在爪哇學習茶樹栽培者。月薪由三〇〇至六〇〇盾，須服務五、六年後，薪金始能達到最高之五〇〇或六〇〇盾，此外經理及助理更有純利百分之幾之紅利，經理及助理均有一不設備家具之住宅，可隨各人之愛好而自行佈徑。經理辦公室爲茶園之首腦部，故有清華安適之設備。助理植茶者之合約各有不同，但必需服從政府之法律及助理之規則。助理每月有例假四日，其中二日必爲星期日，另二日期須與工人之每月例假二日同。此外助理尚有每年半月之例假，服務五、六年後則有八個月之返歐假期。歐人在假期中薪金仍照付，或有應得紅利之半數及旅費。

蘇門答臘茶區圖
黑影表示產茶區

二〇四

心一堂　飲食文化經典文庫

第十九章　印度茶之栽培與製造

茶區之地理範圍——茶園數及面積——雨量——產茶區域——土壤與氣候——繁殖及栽培方法——覆蔭及裁翦——其他——肥料——病蟲害——修翦與探摘——紅茶——綠茶——勞工問題之過去與現在——茶園鐵路與車路——印度茶人——印度茶業協會——試驗場——茶稅與茶稅委員會——種植者協會——植茶者之生活

印度為亞洲大陸伸向南奧出之一大半島，為英帝國之寶庫，位於北緯八至三十七度之間，南北長度及東西最闊之處，均約一，九○○哩，通緬甸面積共一，八○五，三三二方哩，人口三一八，九四二，四八○，其中有一，○九四，三○○為英國領土，直接受英人統治。其餘之七一一，○三二方哩土地則分為若干土邦，為土酋所管轄，此種土邦對內有最高權力。英領十五省為：亞逃米爾麥瓦拉（Ajmer Merw-ara），安達曼斯（Andamans）及尼科巴斯（Nicobars），亞薩姆（Assam），伸路支斯丹（Baluchistan），孟買（Bombay），孟加拉（Bengal），別哈爾（Bihar）及奧理薩（Orissa），緬甸（Burma），中央省（Central Provinces），庫耳（Coorg），德里（Delhi），麻打拉斯（Madras），西北邊省（Northwest Frontier Province），旁遮普（Punjab），亞格拉及島德聯合省（United Provinces of Agra and Oudh）。土邦中最重要者為海達拉巴（Hyderabad），邁索（Mysore），巴臘達（Baroda），略什米爾（Kashmir）及齊姆（Jammu），拉奇布答那邦（Rajputana Agency）與中央印度邦（Central India Agency）。

在亞薩姆省之布拉馬普特拉谷（Brahmaputra Valley）與滄馬谷（Surma）及北孟加拉之大吉嶺與查爾派吉利（Jalpaiguri）區之總商積中，有百分之七十七為茶地，沿南印之馬拉巴海岸之高原，包括爪蠻谷（Travancore）、交趾（Cochin）、馬拉巴、尼爾吉利斯（Nil-giris）及科印托（Coinbatore）等地，佔百分之十八。一九三二年印度之茶園數及植茶面積如表一所示。

每畝之平均成茶產量，各區不同，如第二○六頁表二所示。

歐戰前全印度每畝之茶葉平均產量為五○三磅，一九一五年時因澄摘而增至五八六磅，但至一九二一年，因受生產限制及施肥不足與過度翦枝而減至四三○磅。一九二八年為五七二磅，一九三二年則為五八八磅。

印度茶之名稱通常以區名或小區名表示，用邦名者甚少。例如不稱孟加拉茶（Bengal）而稱大吉嶺茶（Darjeeling），不稱旁遮普茶（Punjab）而稱康格拉茶（Kangra），不稱麻打拉斯茶（Madras）而稱尼爾吉利斯茶（Nilgiris）。

表　一

一九三二年印度茶園數及植茶面積

省份或主要區域	茶園數	植茶總畝數
亞　薩　姆	998	428,100
孟　加　拉	392	207,000
南　印　度	943	153,000
北　印　度	2,489	15,900
別哈爾及奧理薩	26	3,700
總　　計	4,848	807,700

239

表　二

一九三二年每噉之成茶產量

區　　域	降噉產量	區　　域	降噉產量
馬郭拉（Madura）	824磅	蒲爾尼亞（Purnea）	403磅
拉肯普（Lakhimpur）	745磅	卡姆蘆普（Kamrup）	397磅
薩地耶邊境（Sadiya F. T.）	735磅	大吉嶺（Darjeeling）	376磅
查爾滙古利（Jalpaiguri）	679磅	吉大港（Chittagong）	343磅
雪爾赫脫（Sylhet）	644磅	帖比拉（Tippera-Bengel）	288磅
悉薩加爾（Sibsagar）	630磅	交趾（Cochin）	286磅
達爛（Darrang）	603磅	吉大港山區（C. Hill Tracts）	273磅
卡察（Cachar）	554磅	邁棠（Mysore）	259磅
科印巴拓（Coimbatore）	553磅	台拉屯（Dehra Dun）	244磅
諾棠（Nowgong）	542磅	蘭溪（Ranchi）	163磅
庫耳（Coorg）	530磅	康格拉（Kangra）	142磅
馬拉巴（Malabar）	520磅	阿爾莫拉（Almora）	121磅
爪盤谷（Travancore）	519磅	丁尼佛萊（Tinnevelly）	50磅
哥亞爾伯拉（Goalpara）	515磅	加瓦爾（Garhwal）	20磅
尼爾吉利斯（Nilgiris）	423磅	哈薩利巴格（Hazaribagh）	19磅

全印度礦平均588磅

雨量

欲明瞭印度之氣候，須先有季候風轉變之概念。大概言之，地球上常有二風向固定之風，即爲貿易風及反貿易風。貿易風由北地方及南方吹向赤道，但因地球自轉，通常其方向常偏東北及西南，在溫帶中有反貿易風，此風在北半球乃由西南吹來，南半球則自東北吹來，中間有二平靜之地帶，形成沙漠地帶及薩哥薩海（Sargasso）。

印度北部則應陷入由撒哈拉、阿剌伯、波斯及塞爾（Thar）等沙漠地帶中，但實際上亞洲大陸夏季氣溫增高時即有氣流自南半球吹入，以代替亞洲高原所升起之氣流，最後因該氣流漸次強大，總至壓倒東北貿易風，於是西南季候風乃開始吹動。季候風因季節不同，其風力亦異。其根本原因雖未周知，但無論如何，一部分原因蓋由於此二風互相爭扰所致。

在錫蘭西部，季候風分為兩股，一吹向東非海岸，一吹向孟加拉灣。前者至東非海岸時，在阿比西尼亞高原降雨極多，致使尼羅河汛濫，故埃及之作物，雖在久旱之下，仍得欣欣向榮。此氣流到達阿比西尼亞高原後，乃愈而向東，經過伽達夫角（Gardafui）及索科特拉島（Socotra）時即消失，共向北之一股，遠孟買時幾全向西。孟買之雨量，爲一五〇吋，在內地即迅速減少，阿剌伯、波斯及信地（Sind）已十吋以下，但遠離海岸時則又形增加。當其沿岸至加拉奇（Karachi）時無季候風吹到，故略剩加拉奇祇有十吋之雨量。孟加拉灣之一股季候風較東非者爲鉅。當其沿孟加拉灣運動時，前者掃過細甸南部而至孟加拉，此雨流均受信地及拉旁布答那（Rajputana）一部分所形成之低地之影響。

至季節之末期，孟加拉之氣流又起，而爲旋轉於印度上空之颶風，颶風必含有之兩量，給與冬季作物以極大之影響。在夏季終了前，此氣流對於亞洲細亞之吸引力漸弱，至秋季則已轉向南方，而印度北部之雲層亦因西藏沙漠吹來之寒冷而乾燥，並牧集水氣，其後乃降落於麻打拉斯之南半部。

印度氣流之大概情形已如上述，由此可知亞細亞及印度東北角，在季候風軌跡之外，但因普通由西藏高原吹去之氣流經過此區域時常挾一定之潮濕空氣，而且喜馬拉雅山脈，綿亘於前，又有漏斗形之森馬谷及布

在南印度方面可代表不同雨量者，為在卡羅謨特爾海岸（Coromandel Coast）而對孟加拉灣之處打拉斯及在馬拉巴海岸（Malabar Coast）而對阿剌伯海之廿那諾（Cannanore）。在西海岸一帶青者為產茶區，尼爾吉利斯區（Niligiris）乃離海岸最遠者，而亞那馬那斯（Anamalais）及爪整谷則常直接受暴風雨之侵襲。南印度之雨量可於表四見之。

拉馬普特拉谷，當此等潮濕空氣進來時，即將其稽留，而使其成雲，環繞叢山，終積聚而成雨。因此亞薩姆雖處一乾燥之大陸中，但仍永保常綠。錫蘭西部及南印度主要為西南季候風，由不同之路而達亞薩姆。錫蘭東部及印度南部主要為東北季候風，在達孟加拉灣前，成乾燥之風而吹向印度東北部。

表三乃表示印度北部及東北部茶區之平均雨量。

表　三

印度北部及東北部茶區之平均雨量（吋）

	布拉馬普特拉谷（托克拉）	蓑馬谷（零爾查）	大吉嶺	杜爾斯（零里）	丹爾（隊弗）	別哈爾及奧理薩（羅溪）	零爾赫脫（哈溯干）	蓑爾派吉利	台拉屯
一　月	0.95	0.64	0.76	0.47	0.43	0.63	0.45	0.30	2.19
二　月	1.35	2.32	1.08	0.74	0.69	1.24	1.24	0.66	2.49
三　月	3.59	7.99	2.01	1.12	2.34	1.10	4.53	1.36	1.46
四　月	7.89	13.56	4.08	3.99	4.22	0.80	9.08	3.73	0.78
五　月	9.66	15.72	7.83	11.09	11.35	2.33	15.42	11.07	1.57
六　月	12.43	20.39	24.19	33.43	30.89	9.00	19.74	23.73	8.29
七　月	17.04	19.98	31.74	44.56	37.01	14.46	15.82	31.28	24.33
八　月	13.01	18.69	25.98	28.21	29.57	13.61	14.23	25.04	25.68
九　月	10.11	13.95	18.34	28.07	23.30	8.23	11.78	19.94	9.30
十　月	4.47	6.40	5.35	7.49	6.40	2.79	5.93	4.90	0.29
十一月	0.92	1.31	0.24	0.98	0.50	0.37	0.83	0.20	0.92
十二月	0.37	0.54	0.20	0.19	0.15	0.16	0.27	0.11	0.67
總　計	81.79	121.49	121.80	160.34	146.85	54.72	99.29	122.32	77.97

印度北部及東北部茶區

亞薩姆——為印度最大產茶區。前印度茶業協會之科學研究員 Harold H. Mann 博士曾謂上亞薩姆有植茶之理想氣候，溫和而潤澤，且無久旱，各地雨量相差頗巨。起拉盆其（Cherrapunji）為世界上最潮濕之處，其雨量平均達三八一吋，最高記錄達九〇五吋。雪蘭衣（Silohar）僅一二三吋；北拉肯齊在一六〇吋以上；迪勃魯加（Dibugarh）

表　四

南印度之平均雨量（吋）

	麻打拉斯	計那諾	尼爾吉利	亞那馬那斯	爪整谷
一　月	1.14	0.25	2.38	0.40	0.41
二　月	0.30	0.25	2.32	0.12	1.47
三　月	0.34	0.18	1.94	0.21	0.44
四　月	0.63	2.15	4.12	3.48	2.52
五　月	1.84	7.78	6.00	3.99	11.77
六　月	1.97	38.22	4.08	28.56	48.67
七　月	3.84	35.07	4.74	83.18	74.33
八　月	4.54	18.83	4.33	23.70	40.47
九　月	4.86	8.63	6.63	17.34	26.47
十　月	11.15	7.95	14.35	8.17	19.69
十一月	13.61	3.67	10.16	3.35	23.85
十二月	5.35	0.61	4.30	0.33	0.51
總　計	49.57	123.60	65.35	172.83	250.60

二〇七

則為一一二吋，哥那赫脫區（Golaghat）之米克山（Mikir）之陰地，雨量約五〇吋。

亞薩姆可分為兩大區域，即布拉馬普特拉谷及森馬谷。前者所產之茶普通稱為亞薩姆茶，而後者常以小區名為卡察茶（Cachar）或雪爾赫脫茶（Sylhet）。布拉馬普特拉谷之主要小區為拉肯普茶區之迪勃魯加及杜陀麥；悉薩加爾區（Sibsagar）之悉薩加爾，約哈脫及哥拉脫；達蘭（Darrang）區之比什惱斯，德士帕及孟加達，諾康區（Nowgong）之諸康。

一九三二年森馬谷植茶面積為一四一、五四三噸，產茶八〇、七一六、二三三磅。其氣候與亞薩姆之他處不同，雨量較多，分佈不勻，春季常旱。一至四月中最高溫度約較布拉馬普特拉谷高華氏七度，十一、十二月則較高四至八度。季候風時則幾相等。春寒對於森馬谷之影響，為季節開始較亞薩姆其他各地略遲，由於秋季氣溫較高，故採摘亦常繼續至十二月杪。此早期之卓魬常使產量劇減，因其時嫩芽停止伸長，而葉亦不再生長也。其駐芽除生長在探摘面以下者，均翼裘老。三、四月間雪爾赫脫受亞薩姆西北吹來之颶風之襲擊，冰雹暴風亦常發生。最初卡察之茶樹植於起伏之矮山上，當初佈置茶園，均未計及在地面設置灌溉保護物，故數年後表土即被沖失。其後茶樹改種於山間之平原，遂漸有排水設備，此處頗為潮濕，表土肥美，底土則不良於滲透。總之此地氣候與布拉馬普特拉谷完全不同。

布拉馬普特拉谷植茶面積為二八六、五三八噸，一九三二年產茶一七六、三四一、七一一磅。其南部由卡羅（Garo）、加錫（Khasi）、芥霽（Jaintia）、及那伽山（Naga）、及雪朗（Shillong）高原等地與森馬谷相隔離。喜馬拉雅山繞其北部，山谷由東面西，闊度不等，地勢之升高約為每哩一呎，土壤大部屬沖積土，物理性頗有差異。近河流者通常為沙質土，漸入山地則變細重，有數處竟為粘土。對茶樹生長最佳者為不分點之紅粗砂土或壤土，或在若干小高原上之較粘而帶紅色之沖積地。晋通稱

為亞薩姆布拉馬普特拉谷。此地不在熱帶，而在北緯二十六至二十八度之間，故有顯明之夏季與冬季，七月之平均溫度八三度，一月則為六〇度，主要之作物在四月至十一月時收獲，七月、八月、九月及十一月為收獲期。

拉肯普區為亞薩姆省植茶面積最大之一區，此區包括布拉馬普特拉谷兩側之大平原。其南部山嶺海拔約數千呎，但北部則高聳至雪線以上。河流以南之平原有相當高度，沿山麓一帶地方均為稠密之森林所掩蔽。中部有一部份可種茶樹及稻之地，均賴小河灌溉，故僅有數處耕種之地。

布拉馬普特拉谷之北岸，地勢較低，頗多卑濕之地，當季候氾時，竟至河水泛濫。由此區域直至薩地耶（Sadiya）森林地帶，均滿長野草及蘆葦。

拉肯普區為山嶺所包圍，地面極平坦，僅那伽山脈由地散折河（Disong）伸展至在浦（Jaipur）、馬牛里太（Margherita）及地龜（Digboi）仲展至在浦（Jaipur），馬牛里太之支脈有少數山嶺。迪勃魯加海拔約一千哩，但其高度僅三四〇呎，薩地耶亦不甚高，僅四〇〇呎高。

植茶地由河岸瀕向內地伸展，在河流東方之茶園，成立期約較西部或南部為遲，在拉肯普邊境區之杜陀麥區之東及康提（Khamti）有倘在開墾中之新闢茶園。此區稱為伊鄰興區（Burhi Dihing）。就生產調查之結果，知迪勃魯加所產之茶，品質頗優良，其平均售價僅次於東北印度之大吉嶺。

大吉嶺——在全印度中為最優美之茶區，位於尼泊爾、錫金（Sikkim）、不丹三王國之間。茶園均聚集於推斯大河（Teesta）以西，為由山嶺及深谷所組成之地帶，隆起於丹雷（Terai）平原山區，形成該區兩方之境界；北方之境界則為大明吉脫河（Great Rangit）之深谷；西方之新加來（Singalia）山脈在其北，而麥希（Mechi）河在其南。

大吉嶺之氣候與印度一般氣候無異，寒冷、酷熱而偏雨。前南印

度栽植者聯合協會之科學研究員 D. G. Munro 對於大吉嶺氣候報告如
次：

寒冷季節可分爲兩期：第一期在雨季之末，溫和而愉快，空氣澄淸，夜氣漸涼，無
灰塵及塵霧，此期內有大吉嶺之秋季。然初冬卽挾寒索俱來，十二月杪及翌年
一月時，地面海冰凍結，空氣乾燥，無雲而游。早晨嚴冷，日中因太陽
照射而暖和煖，但在陰影中亦然冷。十一月至二月間終日淸
寒，春季暴風常吹來，但喜馬拉雅山吹來，但爲時甚短，至三月杪卽停止。四月至五
月爲夏季，時有霪雨，六月初更甚。在此後三個月中，大吉嶺全受季候風
所襲，致陰雨連綿，白霧漫天。在喜馬拉雅山間之沖積平原，爲受季候風
平坦之海拔低三百呎，故自南方孟加拉灣來之潮涼水蒸汽體風侵
入，而全境日照時開冰漸長，至十月時完全停止。此後天氣變化甚大，覺日爲由深

大吉嶺大部茶園，平均在海拔一，〇〇〇至六，〇〇〇呎或更以上之
高度。其半均溫度較倫敦僅高二度。上下部爲熱帶，頂
部爲溫帶。在四、〇〇〇至四、五〇〇呎之高度有一顯明之分隔線。在季
候風季節，鬱綠以上完全爲白霧籠罩，高四、〇〇〇呎處，溫度與溼度
有顯著之變化。茶樹形狀迥異，生長遲緩，技幹之上，滿綴苔蘚。
大吉嶺大部茶之土地均非沖積土，而爲本區岩石風化而成，滲透性優
良，並富於植物營養所需之礦物成分。本區出產之茶葉爲全印之
冠，價值亦最高。一九三二年植茶面積爲六〇、四二四畝，產量三三、
〇九六、一七七磅，惟每畝產量僅三七六磅，與馬都拉軍之八二四磅相
較，自見遜色。

杜爾斯——杜爾斯在大吉嶺區之東南，亦屬於孟加拉省，位於查爾
派古利之境內，植茶土地佔一三二，〇〇〇畝。全境均爲新沖積土所被
覆，土壤之類則自砂礫至粘土均有，爲一部份過去與現在之河灣所形
成，但大部份面積爲較老之土壤，其來源尚未全明。
杜爾斯氣候與亞薩姆谷不同，平均最高溫度較亞薩姆高三度至五

度，但在二月中有時低至三十八度。近山之茶園，每年常有一八〇吋之
雨量；遠離山嶺者，普通有一二五吋。亞薩姆之托格拉平均僅七九．一
八吋。杜爾斯茶之所以能夠生長，據猜測係由於其土壤形成一種極佳之
被覆物，此說後經用開試驗，加以證實。

丹雷（Terai）——丹雷北界大喜馬拉雅山龍一帶，在與尼泊爾作疆界之麥
希河（Mechi）之西，東界推斯大河（Teesta）河之彼岸卽爲杜爾斯。
丹雷一字來自波斯，爲「潮溼」之意。此語可應用於喜馬拉雅山龍之狹
長地帶，但就茶叢而言，則僅指大吉嶺山龍一帶，而杜爾斯則正位於此
潮溼區域之內。

著名植物學家及探險家 Joseph Dalton Hooker 爵士於其喜馬拉雅
山遊記（Himalayan Journals）中關於丹雷之記述如下：

雪之努里（Siligooree）在丹雷之邊界，爲「潮溼之城氣地帶，自上遊
龐衡之薩得拉（Sutlej）至勃拉麥孔特（Brahmoakond），兩綿於喜馬拉
雅山之南，一入此區，凡植物、地質及動物之形遽與突然變易。海洋與地亦
無如此顯著之差異，自丹雷海岸至雪線間有顯著之植物分界線，此卽喜馬拉
雅山植物之登源地。（註二）

丹雷植茶面積爲一九，〇〇〇畝，但在年初時，雨量不足，土壤中砂質較多
，高地之土壤色澤更黑。

吉大港——吉大港爲孟加拉省最小之產茶區，植茶總面積僅五、四
〇〇畝，位於孟加拉灣，吉大港之東北，由海岸之低地漸次升至後方之
山地。氣候較亞薩姆爲佳。冷天較少，春雨似嫌不足。其土壤大致與雪
爾赫脫相似，山地土壤則與亞薩姆相似，地形與南雪爾赫脫相似。茶樹
普通常植於小山上，成一美麗之梯形地。南方爲向陽之斜坡，較向北峯
土壤略沿。

註一：D. G. Munro 著：Report on Tour in Assam for 1924—25
麈打拉斯南印度種植者協會科學部一九二五年出版。
註二：Joseph Dalton Hooker 著：Himalayan Journals 一八五四年
出版。

243

別哈蘭及奧理薩——此區與省同名，包括產茶之哈薩利巴格及蘭溪，在貿易上則統稱為別格浦茶（Chota Nagpur），此赤為別哈爾及奧理薩高原中一部之名稱。在蘭溪附近有茶園二十六處，包括三、六〇〇噉之積茶地，哈薩利巴格附近有茶園一處，積茶三〇〇噉。此區內有許多工人被雇至東北印度之茶園，如蒙達斯（Mundas）及奧隆斯（Orsons）兩園，其勞工卽為由蘭溪雇用者。其他少數茶園之工人，均自那近村落中招募而來。

茶區為一缺少樹木之高原，海拔約二、〇〇〇呎，氣候頗不適於植茶。因在季候風來臨之時（六月）始有雨水；而茶滋須在潤濕之空氣中方能滋生繁茂，因此該地氣候雖理想氣候尚遠，故茶樹生長不良。蘭溪之產量每噉為一六三磅，與亞薩姆之五七二磅比較，相差甚遠。

可他那格浦之茶樹品種為普通中國種，亞薩姆及緬甸茶種反較適色，因其僅能在潤濕之空氣中始能繁殖。

古門（Kumaon）——吉門為與西藏及尼泊爾相鄰之聯合省中之一區，內分兩小區，卽阿爾莫拉（Almora）及加瓦爾（Garhwal）高度五、〇〇〇至七、〇〇〇呎。有茶園十六所，植茶一、二〇〇噉。Edward Money甞在此區試驗植茶，結果頗為失望，以其氣候寒冷，遠離海口，故許多已植之茶樹均任其荒蕪，不加管理，但其土壤肥美，聚園與茶園混雜其中。茶商由北部經此貿易者，以綠茶為多。

台拉屯——台拉屯在古門間鄰一者，為隔離喜馬拉雅山外部支脈之一狹長山谷（或稱為盆地），與古門同區，區內有茶園二十一所，植茶五、〇五四噉。西北之燥熱天氣不適合茶樹之生育，早旱常令茶叢枯萎，頗難繁盛，但運費奇昂。

康格拉——康格拉為旁遮普之唯一產茶區，隆起於印度之西北部，在喀什米爾（Kashmir）之南，西藏之西，有茶園二、〇四六四所，植茶九、六九三噉，茶園數目之所以如此之多，乃因多數為小規模者，其中商店中容量頗低，故亦足以資佐證也。

南印度茶區

南印度茶業與錫蘭相似，南與東北部相異，因茶樹常與他種作物相混植也。普通每一茶園均兼營數種事業，通常與咖啡、橡膠合營，但亞薩姆之植茶者則並不經營副業。植茶之總面積如表五所示：

康格拉離在喜馬拉雅區城，但茶園之高度均不甚高，僅在二、〇〇〇至六、〇〇〇呎之間。氣候乾燥而寒冷，土壤肥美，勞工衆多，所產茶葉具有特殊香氣，故能獲得高價。多數銷售於西藏及尼泊爾，其餘則為內銷。因銷得量甚少，對市場之影響亦小。

帖比拉山——帖比拉為南雪爾娜脫及吉大港間之一小土邦。有茶園四十七所，植茶八、八〇〇噉，茶園均為印人所有，因歐人頗少遺產於此邦者。

表 五
南印度茶地總面積及產量（一九三二年）

	茶地面積（噉）	產量（磅）	
		紅 茶	綠 茶
應得拉斯			
尼爾吉利	35,347	12,481,712	……
馬拉巴	12,690	5,948,272	……
封印巴托	24,756	11,199,333	……
丁尼佛來	602	950	……
馬都拉	118	30,497	……
柯爾谷	74,357	32,640,970	……
邁索	4,239	153,842	……
安縣	523	88,791	……
總　　計	152,632	62,544,367	……

南印度之產茶區茶葉分佈於西高止（Western Ghats）山脈由南部之尖端邐邐至孟買附近，形成半島西海岸之屏幛。海岸與山脈之間價爲一狹小之地帶，在巴爾高脫（Palghat）附近有一裂罅，將在爪窪谷部份之山脈——卡當蒙山（Cardamon）主脈中分開，此裂罅闊約有十六哩，海拔僅一，〇〇〇呎。麻打拉斯鐵路通過其間，爲半島剛拔之主要交通線。巴爾高脫山北部之山脈，稱爲尼爾吉利斯山，此列山脈之西邊。

之平均雨量爲一〇〇时，面臨西南季候風，故茶多種植於此。馬拉巴海岸之平均雨量增加至二〇〇时，高山則增加至三〇〇时，西南季候風起於四月、五月、六月，東北季候風則起於十一月及十二月。茶園均在山地，不若大吉嶺之崎嶇，但較卡察及雪爾赫脫之起伏地爲高。土壤種類不同，有礫質土、紅壤土及重粘土等。

一九二七年麻打拉斯省政府職員 A. H. A. Todd 在關於土地賦稅之報告中，述及馬捏巴區之韋南特土魯克，在最近二十年來，植茶面積由一，六五四畝增加至五，〇〇〇畝，尼爾吉利區之古大路土魯克由二，四九六畝增加至五，八八〇畝。此種擴張之趨勢，迄今仍未多案，Todd 在某茶園中調查，每畝逐年之純利爲四、七五、一、一六六、八、七〇、五、二四、三、七四及二、八七鎊。渠並謂此茶園之利益並不超過投資者應得之利益，若在另一新事業則每畝可有六〇至八〇鎊之純利。又在另一大茶園調查，五百畝茶地之茶葉生產費爲三五〇、七二二五盧比，包括經理之薪金至工人之醫藥設備費等項，五十種款項，但工廠建築費、地價、租金及捐稅等則尚未在內，其中有一部分爲工廠建築費，分五年攤付，過此期間後，茶樹已完全成長。一千畝土地之新資，——大戰前及大戰中——平均每畝每年產茶五四一磅，每磅值四、七八辨士，逃費在外，故每畝每年之純利，至少當爲五鎊。尼爾吉利爲一高山區，海拔在四，〇〇〇呎至六，〇〇〇呎之間。茶葉品質優良，有時竟能與最佳者相埒。

種　籽

印度茶園中均留一小塊地段，注重栽植特選之茶樹，供繁殖種籽之用。此種地段常遠隔茶園，以防雜交。從前此種茶樹並不剪枝，任其生長。除中國種外，能高達三十至四十呎，近年則施行剪枝，使茶叢成爲高十二呎，直徑十五呎之灌木。如此可使茶樹增強其抵抗病害之能力。其他印度茶園從廣大區域之强健茶樹中，任選選擇種籽。

苗　圃

作苗圃之土地，須小心耕耘，使土壤粉碎，不論石礫及樹根均宜儘量移去。苗圃築成後方形，闊四呎，以小徑隔開，播種約深一呎，種籽間之距離約四时至九时。托格拉試驗場主張樹苗在六個月之年齡時移植，種籽之間隔爲五时，若在樹齡十二個月時移植則爲八时，二十四個月則爲十时。對遮陰灌溉及施肥須特別小心，遮蔭則搭一約五呎高之竹架，上舖絲茅草或蓆，苗圃中所有之雜草，則用手拔去。（註三）大體育之，在北印度茶園中之茶樹有四品種；中國種、張薩姆種（大葉種即黑葉種）及馬尼坡種（Manipuri）。北印度之平原區以大葉種較佳，黑葉種較淡色葉或淡色葉黑葉種耐寒，雖然兩者產量相若，惟阜薩姆種所得之茶葉常較慢良。在恩劣氣候之大吉嶺，則

註三：I. L. R. Cooper 著：Tea Nurseries 載印度茶業協會科學部一九二四年季刊第三部。

在英屬印度常在雨季之後開辟茶園，將小叢樹連根掘伐去並燒毀之。體將大樹砍倒，殘根須儘量掘出，否則將使茶樹發生根病。在卧藍婆及大吉嶺等地，普通常在樹穿掘一環繞之溝，將側面之枝根割斷，減少樹幹支持力，使其自行傾倒，用此法無殘根留道。有時如屬於芸科植物，則留作覆蔭林之用。樹木被砍伐後，即行犁地，並移去石礫及枝根，將土壤翻覆混合，倘爲平地茶園，並須開鑿排水溝。

以中國種爲最佳，杜爾斯及森馬谷地方氣候亦芳，但適宜黑色種，而布拉馬普特拉谷則適宜淡色葉之蟲螉種。

八月至十月爲茶樹開花期，果實經十二至十四個月可成熟，任其落下而牧樂之。晚上攤佈於寒涼地面，翌晨乃揀去石子、寮殼及其他雜物。

種籽之選擇普通用水選法，即將種籽投入水中，其乾者或空者浮於水面，將其棄去，餘者連即乾燥。有時較輕之種籽先保存於選沙中數日，再用水選法浮沉，俟得相當數目之種籽沉入水底，乃行播種，可得佳株。長方形植之者，一蒙特（八十磅）種籽之面積如表六所示。若爲三角形植者，則須減去百分之十五。（註西）

扦插或歷依等繁殖方法，在印度未獲得商業上之成功。

表 六　苗圃播種

距離(吋)	每畝株數	一蒙特種籽播種之面積(畝)
4×4	2722	3
4.5×4	2420	3.5
5×4	2178	4
5×5	1742	4.5
6×6	1210	7

移植

幼苗在苗圃中之時間各有不同，有經六個月，或十二個月，亦有至十八個月者。移植時在茶園上剬出直線，將幼苗在相當距離處植下，其間隔距離各有不同，多視土壤之性質及茶樹品種而異。普通多在四、五呎之間，即每樹與任何方向之茶樹距離約四呎至六呎。當剬線盡決定距離後，即以木橛示其應掘之洞穴，此洞至少有一呎闊及十吋深。掘就後即可種植。

普通移植雖多用手爲之，在東北印度，亦有用數種佳良之移植器者。最習用爲哲琵（Jeban）移植器，能連根旁之土壤一併掘出，放入一洋鐵製有活底之圓筒中，攜至茶園，置於已掘好之穴上，拉開活底，使苗連土塊落於洞中，移去圓筒，再用泥土填滿空隙，稍加鎮實，但率齡十八月以上之幼苗，用此法移植，似嫌過大。最新式而簡單之愛立脫（Elliott）移植器，用半圓形之鍬及一同形狀之鍚。每鍬約有十個鍬片，用時需二人，一人使用圓鍬掘土，另一人用鐵片將掘起之圓錐形泥土脫落。

中耕

北印度茶區多施行中耕，在環繞幼苗十二吋處，掘鬆土壤，深至三吋，爲防止雜草之繁殖妨礙幼苗之生長，同時須施行深耕及淺耕。在乾季開始時行深耕，深耕八吋，但能進此深度者甚少。其後每隔六層期，行淺耕一次，深約三吋。淺耕之目的在於抑制雜草之生長。當李候風時，氣候適於植物之發育，雜草常佔優勢。南印度之土壤較細碎，無需耕作太勤。但須時常除草。

在一九二二年托格拉試驗場開始大規模之栽培試驗，此種工作至今仍繼續進行中。其結果均證明雜草有害，故中耕雖因提動土壤致礙茶苗生長，仍須中耕以除雜草。通常使茶樹向陽發展，遮塑地表，以壓制雜草繁殖，如此不獨可減少犁地之需要，且可使土壤保持類似森林下之疏鬆土壤。

遮陰樹及防風林

印度茶園所植之遮陰樹普通爲 Albizzia stipulata，此樹在若十圓域須加修剪，有淡而均勻之蔭影，其落葉爲佳良之肥料，且能覆蓋地面，此爲落葉樹，十二月至一月時落葉，四月至五月則再發芽。壽命約爲二十五年。

其次通用者爲 Albizzia procera，對於抵抗腐脫病之侵蝕，較前者爲佳。

註四：Claud Baldem: Indian Tea, Its Culture And Manufacture 一九二二年加爾各荅出版。

誘，Dalbergia assamica 亦頗佳，但發葉稍遲。Derris robusta 有時生長極為普遍，亦用作遮蔭樹。Erythrina lithosperma 多用於南印度，東印度則甚少，因該處極易罹根病；Dalbergia sisu 及 Albizzia lebbec 均應用甚多。

南印度普遍之遮蔭樹為 Albizzia moluccana，此樹葉大而生長迅速，但因其枝梨籟鬆，偏任其自然生長，反而對其闊葉茶樹有害，因此樹為常綠樹，且具濃密之藤影，致土壤保留溼氣太多，故不宜用於東北印度。

以上所述，均屬荳科植物，在南印度赤有非荳科者，如銀橡（Grevillea robusta）、鐵刀木（Mesua ferrea）及無花果屬之植物。

南印度普通用作防風林者，為 Dalbergia 屬之數種樹木，其常綠之濃蔭使此種樹木特別有用，銀橡赤廣植之。

綠肥

綠肥之應用幾遍全印，因印度頗得天惠，土生荳科植物遍地皆是。綠肥大體可分為喬木、灌木及草本。

如前所述之 Albizzia stipulata，不但可當遮蔭樹，同時可作為綠肥。荳科之他種植物亦可用之。Dalbergia assamica 在某數地曾推廣種植。

用作綠肥之主要灌木為∴Tephrosia candida，普通稱為Bogamedeloa，大吉嶺稱為Bodlelara∴Cajeuus Indicus，或稱為Bogamed-Sesbania aculeata，或稱 Dhaincha∴Sesbania egyptiaca，或稱Jyanth∴Indigofera dosua∴Indigofera arrecta，或稱 Natal Java Indigo∴Desmodium polycarpum∴Desmodium tortuosum∴Desmodium retroflexum∴Leucoena glauca 及 Clitoria cajanifolia 等。

一年生之草本用作綠肥者，乃先播其種籽於茶苗行間，俟其萌芽後數星期或數月即摻入土中。此種植物有各種小豆屬植物，如Meti Kalai 或Kalaldol∴Vigna catiang，或稱黎豆，黃大豆（Glycine Hispida）

有時稱為Bhot mas∴Cyamopsis psoralioides，或稱Guar∴Crotalaria juncta，或稱 Sunn hemp∴Crotalaria striata。

他種肥料

印度茶園除特別情形外，每年或每隔年施肥一次，均在春季第一次淺耕時行之，倘將茶樹生長緩慢，宜施以速效性氮肥，以促進其生機。

凡市上所出售之各種肥料，無不可作為茶樹肥料，如硫酸錏、硝酸鈉、氰氨化鈣、油餅、血粉、魚肥、動物粉、蒸骨粉、獸皮及筋肉、海鳥糞、過磷酸鹽、石灰、骨、鹽基性火山灰、比利時磷酸鹽粉、阿根廷磷酸鹽粉、放射性燐化物（Radiophosphate）、硝石或硝酸鉀、鉀鹽、動物糞尿及石灰等。

肥料有時用輪施法者，茲舉一例如下∴

第一年──磷酸鹽及速效之綠肥，如黎豆。
第二年──氮肥及鉀肥。
第三年──Boga medeloa。
第四年──將剪下之Boga medeloa之枝葉埋土中。

從前以為還境需要時，第一年可用石灰，然後照上述輪施法，五年重覆一次。共後證實茶園土壤，並不需施石灰，任何土壤，如非顯明為酸性者，可施用硫磷粉改良之。氮為最重要之因子，價廉之可溶性人造肥料，最為有用。

雍土及培土

在若干情形之下，雍土不必將土掘開，只將落葉及其他植物遺體分佈於地面即可，共目的在使燥熱氣候時，保持土壤之溼度，且當其腐爛時，可變為佳良之肥料。此法並不行於東北印度。

改良土壤之有效方法，在印度被應用更廣者為培土，如鄰近者為肥土或泥炭土，則不難得優良土壤。當工人閒暇時，即可做此工作。培土約深三吋，每畝地約需泥土五百噸。

病蟲害

印度亦與其他產茶國相同，在茶樹上亦常發見某種蟲害及病害。蟲害中最重要者為茶蠅(Helopeltis theivora)、紅蜘蛛、緋紅壁虱、青蠅及牧草蟲。

茶蠅在丹雷發生於七月秒，但在其他被侵入各地，則以九月至秋季之末為蟲害最烈。防治之殺虫劑為石油乳劑，但動力不大。施用鉀肥以試驗有無防止之力，亦未成功。現在科學上所能貢獻於防治茶蠅者，似祇著重於剪枝時清除茶叢之微菌及被害枝條而已。

紅蜘蛛（Tetranychus Bioculatus）發現於四月秒，當茶苗第一次萌發色屑成熟之時，至六月中即消減，在中國種茶樹中發現更多。防治方法可在茶叢受雨水或霜逕潤時，撒以硫黃粉，每歐應用二十磅即足。每畝需費約二十磅比。

緋紅壁虱（Phytoptus Theae）喜孃食虛藤婦土生茶樹，發現於四月秒或五月初，如紮藥影於茶園，能減輕其作㶡。或施用硫黃亦可。紅色壁虱（Brevipelpus）及黃色壁虱（Phytoptus Theae）亦偶然為害茶樹。

青蠅（Empoasca flavescens）常發現產生於有優良香氣之茶葉之茶樹。以往其為害劇烈時，常使茶樹生育受阻，但最近試驗結果證明此說不確。

牧草蟲（Thrip）為一小魚雷形之昆蟲，一九○六年首先發現於大吉嶺，一九○八年為害最烈。在東北印度曾發現三種。防治牧草蟲最佳方法，為增強茶樹之生機，勤加中耕，施用肥液，或與石油混合噴射於茶叢上。

牧草蟲（Postentiosus）亦常為害茶樹，除以上之末婆蟲害外，尚有其他種類，如蟋蟀（Brandrytypes）為最烈，此蟲為甚。甲蟲為害茶樹，尤以Diapromorpha Melanopus為最烈，此蟲為害茶樹枝礦去，使其上部枯死。蟑螂蟲蟲（Lachnosterna Spp.）為害茶樹

之根部●

鱗翅目中為害茶樹之幼蟲最多，最著者為 Faggot 及 Bag worms (Clania Spp.)、Bark-eaters(Arbela Spp.)、Hoterusia Magnifica)、紅鐵蛀蟲(Zeuzera Cofeae)、蛆蟲(Biston Suppressaria)、Bunch Caterpillar (Andraea Bipunctata)、Sandwich Caterpillar (Agriophora Rhombata)、茶捲葉蟲（Homona Menciana)及Grec-jlaria Theivora、Nettle Grub（Thosea Spp.）。一種蛾（Blastobasis Spermogens）之幼蟲生於茶籽內。

茶籽蟲（Toxoptera Theaecola）使成接中之嫩芽捲縮而停止伸長，妨礙苗圃之幼苗及剪枝後之茶樹之發育。在大吉嶺之山嶺上，介殼蟲造成嚴重之傷害，但在平地則因茶樹生活力旺盛而減輕其為害程度。中以 Chionaspis Manni 吮吸由枝幹向下流之汁液，為害更重。茶粉蚤（Dactylopius Theaecola）損害茶樹之根，為大吉嶺之一大害。茶籽蚤（Peeciiocoria Latus）為育種園之大害，能將茶籽貫穿，使微菌侵入，毀壞種籽。

白蟻亦常成害，聚集於茶叢上。先害修剪所致之死節，逐漸蹓躂至全體，另有一種 Odontotermes 生於土中，分佈極廣。

農藥病

除蟲害外，印度茶樹尚有某數種病害，最普通屬灰葉枯病、棕葉枯病、銅色葉枯病、水泡葉枯病、線狀葉枯病、黑殯病、幹及根之各種病害。

病害之處理

托格拉試驗場對其會員提出處理茶樹病害之十條規則如下：

1. 隔離病樹，禁止工人與畜牲等觸及之。凡有必需耕作等工作應由特別之工人施行，並應用特別措定之器具。耕日工作完畢後，工人應用肥皂與石灰硫黃合液洗之，防此病菌之傳佈。石灰硫黃合液並不傷及皮膚或衣服，亦不可入眼。

2. 摘去或剷去所有病株，就地焚燬之，倘雖於燬者，可澆以火油。

3. 噴射役菌絕如石灰硫黃合液於病株上。
4. 痙病之作發源蓋在施行梁摘、剪枝及噴藥。
倘問時發生多種病害，則先處理小面積者，隔離大面積者，直至時間
許可時再處理之。

根病

1. 有已死或將死之樹會之茶廳隔離之，應用於此土地內之農具，亦應隔
離，工人則可不必消毒。
2. 大面積及小面積病區之浸綠，首先掘去已死及有病之樹叢，小心移去
其病株。
病株應在可能範圍內就地焚燒之，否則用籬布袋或密收集，恐至他處
燒燬。
3. 袋或籃以一併燬去最宜，否則地以石灰硫黃合液消毒。
4. 注意新登記之病害並立即處理之。
5. 倒去所有之死株。
茶樹感受多數徵菌之襲擊，大都由於耕作之不善，故注意栽培方法，亦
可抑制徵菌之生長，經研究所得，如採摘或施剪時如留業較多，亦可防止蘗
蟲之病害。（註五）

剪枝

印度剪枝普通於冬季十二月至二月行之，且視各品種之停止發芽先
後而定。中國種剪枝最早，其次為雜種，本地種最後。剪枝之形式，
在各匾各植茶者均不相同，東北印度每年全圍剪枝一次。倘茶樹不在季
節末抄剪枝。次年早期可得大量之產額，但下半年則減少。
剪枝時間各地亦有參差，如霜凍赫脫剪枝流行遲遍，因此地常受暴
風雪及乾旱襲擊，過早剪枝對於重抽新梢嫩芽必受損害，在古大港及其
他山區，春季氣溫低，早期之抽芽易受凍害，杜爾斯及丹雷亦宜剪枝稍
遲。但有時為減少微菌慢害，而行早期剪枝。
剪枝之年齡各有不同之意見，有主張於植茶後六個月庵行，有主張三年
後施行者，要持視其生長而定。首次剪枝多在離地面十五至十八吋之處，切
去主幹而留下部之側枝，在離地面十五至十八吋之側枝，亦一律剪去。
第二次剪枝乃在十五至十八吋之高度，所有枝幹一概剪去，以後之剪枝

印度剪枝之重剪枝在離地九至十五吋之處一律剪去，每隔十年方舉
行一次，結果使近年茶葉之產量減少一半，在山區者則減少三分之二至
四分之三。
台刈為剪枝中最劇烈者，若干茶葉專家認為普通情形下亦不必要，
無論如何非經二十年前不宜台刈，農人中完全不行台刈者。至於台刈之
法，乃掘去株旁之泥土，再有掘去株旁之泥土，再將主幹及
枝條斜間切斷，但此法只在二十年前用之，現今盡無採用者。
在印度剪枝之標準，乃視茶樹本身而定，普通均有一定之範圍，茶
叢之形狀通常為平面，但有時因側剪及採摘而成饅頭形。
輕剪乃為剪去因明茶樹高矮或強弱使略剪去所有徹枝之頂部，其方法乃
以上者一律剪去，但較保之
茶叢則不施行。

與剪枝相同者，為整潔剪（Cleaning-out），稀薄剪（Thinning-
out），空間剪（Spacing-out）及摘心。Hope 及 Carpenter 謂整潔剪
亦為剪枝之一法，有下列五項步驟：
(a) 剪去所有之將枝及不能生長者。
(b) 除去死株及殘枝。
(c) 處量共多之新株，其嫩枝只留一、二株。
則予保留。
(d) 刈去應剪枝之小側枝以減少枝之數目，而留少數之強壯者。
(e) 新出之莖一律剪短至六吋時段。（註六）

稀薄剪包括(a)(b)兩項工作，空間剪則包括(a)(b)(c)三項工
作。刈去之枝，均埋入土中，以增加腐植質。其一年以上者，則焚燬
之，以防傳染病害。

註五：A. C. Tunsali 著：Heavy Pruning and Stem Disease譯印
淡茶業協會科學部一九三一年季刊第三部。
註六：G. D. Hope 及 P. H. Carpenter 合著：Some Aspects of
Modern Tea Pruning 一九一二年在加爾各答出版。

採摘

南印度與錫蘭相同，不若北印度之有旱季或雹季，茶樹整年發芽，採摘亦可繼年行之。北印度則於風向轉變並在西藏高原吹來乾燥而寒冷之風時，茶樹停止萌芽，製造亦卽停止。三月時，春芽萌發，乃開始採摘，是爲頭茶。第二次於五月秒至六月初萌芽。此二次所採之茶，精製後含芽葉多，故可得善價。二茶以後期間不甚明顯，因在葉腋隨時能萌新芽。採摘時期由三月秒或四月初直至十二月中可繼續行之，出芽次數由十次至十五次。採摘時各留一發育完全之葉及魚葉。八月初暫停當季候風盛吹時，或停止萌芽，四月至五月及九月至十二月爲兩大萌芽季，前者可得全年精茶百分之二十五，後者可得百分之三十五至四十。

各區採摘量異極大。

南印度之採摘法乃摘一芽二葉，遺留魚葉外之三片發育完全之葉。嫩摘乃摘一芽二葉，粗摘乃三或四葉。嫩摘時每星期可採摘一次。在南印度則全年可採摘，使採摘至魚葉之茶叢得以休息。每大採摘相隔約七至九日，最盛時每畝可得鮮葉一二〇磅，製成精茶三十磅。

採摘有粗嫩長短之分，嫩枝之組成如次：

芽	一四%
第一葉	二一%
第二葉	三八%
梗	二七%

長摘乃在離老枝相當距離處摘斷之，重剪枝後之茶樹，必須應用此法，否則使茶樹受損太重，當其生長漸老頂部漸長，乃可行短摘，卽在離老枝約六吋處摘之。短摘、嫩摘可得優良茶葉。

東北印度採摘規定每一芽二葉，其採摘之多少，視茶勢之強弱而定，惟尚涉及其他問題。採摘一語在各植茶者俱樂部中時有爭辯，有主

強茶葉達三呎高度時摘成半面；有主張摘頭茶，待生長至理想高度時再摘之。

採摘一定晝之茶葉後，在嫩枝之端必成一葉及一蔟伏之芽，不再生長，此蔟稱爲不育葉，應否再摘之問題，迄未解決，但托格拉試驗場試驗結果謂不育葉應摘去，否則茶樹受損。

採摘多由女工用手採之，惟摘後有將葉放入女工所背着之布袋內，惟易惹起醱酵，故多已醱變。現用籃盛茶，其中部濕度亦能早至華氏一〇度，倘茶葉遇此高熱，易發紅色，此時變色之葉與新鮮菁葉混合，難於製成佳茶。

爲防止萎凋太早，每日至少須送菁葉往工廠二次。其過磅卽在原籃或傾入另一籃中行之，亦有在田間過磅，使採茶者可繼續不停工作，獲得更多之工資。

萎凋

南印度及錫蘭之氣候常年溼潤，北印度則只在季候風之四月期間較爲溼潤，故前者之生葉之萎凋均在不通氧之室內行之，若干萎凋室且有熱空氣循環通過之。在亞薩姆並不需要萎凋室，生葉攤於室內架上，卽可萎凋良好。杜爾斯、丹雷及大吉嶺地方季候風時氣候較亞薩姆溼潤，故亦常設萎凋室。

萎凋室有兩種型式，一種爲一疊之竹框架上蓋以黑漆布，俗架間距離三呎，僅容小童爬入攤佈生葉。全面堆積生葉，只留中部一通路，每室內約有十層。其他一種爲一疊之淺鐵絲網框架，上鋪以竹片或粗黑漆布，每架相隔六至九吋，稍傾斜，高約六吋。

新式之萎凋室用鐵構築，屋頂爲洋鐵片，裝有瀉水板，旁設有活動窗以防日光直射或雨水浸入，地板以竹片鋪之，上蓋以黑漆布，此型之萎凋室所費甚多，結果亦良好。

一般採用竹框架，式樣較鐵絲網架爲多，且可製成優良茶葉，以抵銷其較大之設備費用。又生葉分攤在竹框上較鐵絲網架上稍薄。在鐵絲

網框每磅生葉可攤九方呎，在竹框架則每磅葉片可攤十五方呎，分攤之厚度，乃視輸入之葉量及可分攤之面積而定，故有時葉之分攤，不能合乎理想。

室內普通均裝有風扇。風扇有兩種，一爲裝在地板上，一爲吊在天花板上者。其中最多用者爲雪洛谷式扇，可放於地板上；雪洛谷式扇；勃拉克孟式（Blackman）黃楊木葉扇，嵌入牆中以抽入外間空氣；勃拉克孟式流線型扇，開啟（Keith）式開放式迴輪等。

揉　捻

印度揉捻之步驟可分爲三：首爲揉捻，約十分至三十分鐘；次用解塊機解開團塊，其後再行四十五分鐘之重揉。重揉時加壓力十分鐘，再去壓五分鐘，或加壓七分鐘，去壓三分。第三次揉捻並非必需，多於醱酵後十分鐘時行之，揉捻時間不定。

揉捻盤每分鐘迴轉約八十次。普通之速度爲每分鐘七十至七十五次。大吉嶺一帶常迴轉較慢，爲六十五至七十次。南印度則爲四十至四十五次，故需要揉捻時間較長，需用揉捻機亦多。

揉捻盤以黃銅作面，黃銅解片後，常用水泥片代替之。揉捻機使用最廣者爲 Jackson 揉捻機，最大之機一次可容約四至五蒙特或三二〇至四〇〇磅之萎凋葉，相當於精茶之八〇磅。北印度一座新式揉捻機一季可採成一，〇〇〇蒙特或八〇，〇〇〇磅之精茶。

醱　酵

醱酵室普通與工場其他部份隔離，但須與揉捻室相近，方爲便利。溫度常保持華氏八十五度以下，爲全工廠中最涼爽之所。

依最新式之方法，茶葉係攤佈於水泥地面或玻璃板及磚面上，但效新式工場多用水泥，亦有用架、桌或淺框者。

茶葉分攤之厚薄視季節及葉之情形而定，普通爲一吋至四吋厚。上蓋遮布，但不可直接與茶葉接觸。醱酵所需之時間因氣候情形而異，約爲二小時至六小時。若干新式工場或有濕度調節器，以高壓將水經小口壓出，在室中造成水蒸氣。

烘　焙

印度各製茶工場均用機器烘焙，醱酵後之茶葉從機器上端放入，再從底部排出。熱空氣則由底部注入，由上端抽出，故最熱之空氣遇到故乾燥之茶葉。熱空氣之溫度均勻下降，頂部之濕葉所過之溫度約華氏一四〇度。

第一次烘焙，其乾燥程度應爲四分之三。除南印度以外，須再行第二次烘焙。第一次烘焙普通用大型之自動式機器，第二次則用人工管理之較小機器。烘焙時間約爲三十至四十分鐘。

一大型乾燥機之效率可與應用舊式木炭乾燥法三十八至四十八之工作效率相等。燃料火都由爐口加入。各茶廠所用烘乾方法未必盡同，有先用循環帶繼續轉動，使葉片之一部分乾燥，乃再以較小之乾燥機完全烘乾，亦有完全用大乾燥機一次乾燥者。印度人常用貨幣數目以表示乾燥程度，頗饒興趣。例如一盧比爲十六安那（Annas），故工人稱「十二安那」乾燥，即表示乾燥程度爲百分之七十五。

印度採用之著名乾燥機，包括雪洛谷下抽式乾燥機、雪洛谷上抽式乾燥機、雪洛谷下抽式乾燥機、雪洛谷密閉斜壓力乾燥機及雪洛谷循環狀加壓乾燥機，均爲 Davidson 公司所製。尚有 Jackson 專利機器，又有 Paragon、Empire、Venetian、Imperial Venetian 及 Victoria 等式機器。馬歇爾製茶機器公司（Marshall's Tea Machinery Co. Ltd.）所製造之

篩分及揀選

茶葉烘乾後，即放入切茶機中，將大葉切小。然後用篩分機分爲各

種等級。印度所用之篩分機普通有兩種——旋轉式及擺盪式，兩種均使茶葉經過一搖動之綠網，令其儲量經過網眼，網眼通常有五號，適合於普通採用之等級。

另一次篩用第十三號或第十四號篩，待分鐘轉動二十五次，取碎橙黃白毫；餘者通過十二號篩而得橙黃白毫。篩剩者含有白毫小種，用輾茶機切細之。篩分茶末用十四號。

等級分為碎橙黃白毫，橙黃白毫，白毫，碎白毫，白毫小種，茶片及茶末。亦有分為黃金芽嫩橙黃白毫及嫩白毫，但不如標準等級之通用。尚有一種纖毛乃於飛揚散落於廠房四壁後再搜集而得者，此種纖毛乃傳至加爾各答以製造茶素之用。優良之茶廠在茶葉篩分後必用手工揀選散火，揀去茶梗及其雜物。工人多係婦女孩童。揀出之茶梗亦可出售。

補火

揀揚後之茶葉在包裝之前再經補火，以除去在工作過程中所吸收之水分。茶葉在此過程中約吸收水份百分之十至十二。茶葉所含水份在百分之六以下方能保存良好。超過此數則易變壞發霉。惟茶葉過於乾燥反無香氣，而有一種難以言狀之氣味，尤以新製就之茶為然。補火即所以使茶葉含水分不超過百分之五至六。檢定茶葉水分之方法，甚為簡單而便利。其設備除烘箱、天平、乾燥器及若干小盆。在加爾各答各處紙費二〇〇盧比即可向任何藥房購得之，先稱一定量之茶葉於小盆中，以蒸氣烘箱供散小時，所損失之重量，即為水分之重。再依此算用其百分數，即可知尚否需要補火，或需

茶葉分級各級之茶再用屬攝濾去茶片及茶末。唯一供茶葉製造用之屬為麥克唐式扇（Mac Donald's deflector），若干植茶者應用屬式扇，如用以擺發散者。在杜陀麥及其數區地方用籃將茶葉簸揚，而以電風扇吹風通過篩面，以分離茶片及茶末。

要至如何程度。

勻堆及包裝

茶葉經揀過後放於工場內，積至相當數量乃可勻堆裝箱。通常茶葉須經華氏一五〇度之溫度補火，以減少水分之含量至百分之五，始可保持複郁之香氣而不發霉。勻堆時存在地上鋪一大布幕，將茶葉倒在幕上，以木耙將茶葉往返耙拌，使混合均勻。

包裝機器有數種，但其工作之原則均相同，即將茶箱振邊，一面傾茶葉入內，某種裝箱機乃一平台，每分鐘能振動二千次，將視鋁或鉛之箱置於其上；另一種較通用之裝箱機裝有一搖擺之台，將一或二個木箱緊縛其上，使能迅速振動。

普通每隻茶葉在五十至三百箱以上，上等者每色花色以不超過二十五至四十箱為度。每箱中另備二哺茶葉以備補價因蒸發而消失之量。茶箱種類最通用者為三夾板箱，以 Imperial、Luralda、Venesta 等商標為最普通。若干茶園仍用土製之大箱，但因其太重，安全效果難以抵價還費。三夾板箱多在上蓮薩姆之雷多（Ledo）地方製造，箱內配以鉛或鋁，如配鉛者則須再襯以紙張。

茶葉裝箱後，頂部以鉛片銲接，再小心半釘箱蓋，漆以廠名及批別，即可裝船運出。

綠茶

印度製造綠茶，已有七十五年之歷史，在某時期內各區中均有製造，現在則祇有康格拉、爪盤谷、雪爾赫脫、台拉屯、蘭溪、卡察、尼爾吉利、吉大港、邁索、阿爾墨拉、馬拉巴——加爾瓦及丁尼佛萊各地尚有繼續製造而已。地名先後依產量多少排列。

綠茶手製之程序與中國方法相同，Charles G. L. Judge 曾發明數種製綠茶之機器，茲分述其製造過程如次：

先將生葉放入直徑卅六吋至十二吋之鐵鍋內，鍋下燃柴或炭，使鍋添熱，用手或木棒急速翻動之，約經三分鐘後，生葉漸變柔軟，體橫赤褐小至一吋半，乃移重揉捻機用手揉捻之。因綠茶需要較佳之揉捻者，故揉捻較紅茶為久，倘有日光，則將已揉之葉薄攤於太陽下，直至硬黑青色，以手揉之，黏貼貳四止。如遇天晴，則將揉捻葉感於一鍋底上，不加炭火烘之，直至上述同樣程度為止。

其後再放入直徑二十五吋深十二吋之鍋內，用溫火炒之，溫度之高低，至其再變柔軟，復挾揉捻機揉捻之。

第二次揉捻後，放入小鍋至適當乾燥度，用火火不停翻炒之，約四小時，至茶葉特乾始為止。如欲製較多之珠茶，則將茶填滿一只大之長夾布袋中打路之，使成一緊結之塊圓，其分量約為半鍋，加溫若干不過接揉，需時約一小時，着色與

茶葉曾經滑色者，普通稱為「加工綠茶」或「真綠茶」。着色料通常用滑石粉，一茶匙足稱為「不加工綠茶」或「天然綠茶」。不着色者（註七）

自製造綠茶機器發明以後，若干手工方法逐漸絕跡，在一八九〇年斤右，有原在錫蘭後遷至爪蛙谷之植茶者 H. D. Deane 獲得蒸氣製綠茶之專利方法。到一九〇二年，蒸汽首次傳入印度。不久 Judge 發明離心機以分離茶葉之凝集水，此機即為離心力乾燥機。

Judge 又為改良茶色起見，發明綠茶精製及車色機，此機為六角形可轉動之筒形桶，直徑四呎，容量六〇〇至七五〇磅，中心為一固定之銅車軸，有網窗以流通空氣。其後市上更有其他之綠茶精製機出現。在台拉屯，生葉放於一淺鍋中直接加火殺菁，待發小爆裂聲，乃劇烈拌轉，立卽取出，以免燃焦。

張薩姆之綠茶製造程序如次：生葉採摘後立卽送至工場，輕攤於一長六呎形箱內，每分鐘旋轉二十五次，同時吹入蒸汽，約九十秒鐘，始

取出使冷。再放於一分鐘旋轉一千次之去水機內乾燥之，此時抽出多量液體，液中約含有百分之七十五之固體，故依此法處理後之茶乃製造紅茶，其分量必減少百分之十五。茶葉去水後出去水機內取出，略成餅狀，移至頂部開放之揉捻機內，揉捻約半小時，再放入以前所述之烘機內，乾燥至略成脆硬之程度。此種半乾茶葉，再揉捻半小時，最後以熱氣吸去其水分，可免葉汁之損失。

綠茶車色用旋轉之六角形攪鐵片木箱為之，加百分之一滑石粉，欲製優良之綠茶，須避免採摘硬葉。綠茶之等級為優等爾茶(Fine young Hyson)、雨茶(Young Hyson)、秀眉(Soumee)、平介(Twankay)、茶片(Fannings)、茶末(Dust)等。

由熱鍋製造之綠茶較用蒸汽者最佳。且熱鍋法造茶葉並不變遲，故無須用離心機分離其水分，可免葉汁之損失。

磚茶之試製

磚茶曾於大吉嶺及古門試製，以應西藏及不丹市場之需要，現在則不復製造。

遠在一八八三年時，即討論及印度磚茶輸入西藏之可能性，一九〇五年印度茶業協會派 James Hutchison 往中國調查磚茶之製造法及市場情況，其報告指出在西藏喇嘛有磚茶專賣權，故反對印度磚茶傳入以代替中國磚茶。

運輸

印度茶葉由出產地運輸至加爾各答之市場，至今仍為一困難問題，例如迪勃魯加(Dibrugarh)離加爾各答八三〇哩，以鐵路連路之。但薩姆與杜網斯則有不能架橋之河道橫阻路中。

註七：Charles G. P. Judge 著：Green Tea 一九二〇年加爾各答出版

阿薩姆之貿易通道自古迄今，即為布拉馬普得拉河，或稱為大河，最闊處達二哩以上，加爾各答至迪勃魯加有老式明輪汽船相通，二者相距幾近千哩，需時二星期。北岸一帶遠至高哈蒂（Gauhati），亦均以汽船為出口之工具。

在森馬谷鐵路未闢建以前，白拉克河（Barak）為出口之要道，箱茶由本地小船運至布拉馬普特拉再轉裝汽船。森馬更有鐵路直通吉大港，如欲運往加爾各答，需在陳德浦（Chandpur）轉裝汽船至科倫陀（Goalundo），再轉闊軌之孟加拉鐵路，而至加爾各答。

杜爾斯有聯絡孟加拉之孟杜鐵路，在拉爾孟納納哈脱（Lalmanirhat）與東孟加拉鐵路接軌，而成一孟加拉各答之鐵路線，此線直展至桑他哈（Santahar）而與由西利古利（Siliguri）而來之闊軌鐵路聯接。箱茶必須由桑他哈轉船或經過布拉馬普特拉之杜勃立（Dhubri）轉裝汽船直接至加爾各答。

阿薩姆之第一線鐵路為約赫的（Jorhat）地方鐵路及迪勃魯薩地耶（Dibru Sadiya）鐵路，兩者均以聯絡布拉馬普特拉與茶區為目的而建築。續此兩路之後，再築阿薩姆至加拉鐵路，由吉大港至汀蘇加橫過卡察直入阿薩姆谷之闊亭。此後更完成闊亭至高哈蒂線，如往加爾各答則在此轉汽船至杜勃立。此地與東孟加拉鐵路聯接，加爾各答與阿薩姆間之交通網最後一線為約敏岡鐵路，與高哈蒂相對。最近數年中，在阿薩姆已完成數條重要之支綫。

大吉嶺為一山嶺區域，故運輸不便，最困難者為箱茶運至大吉嶺喜馬拉雅鐵路之一段，此段鐵軌闊為二呎，由七千呎高度之大吉嶺降至平原地之西利古利與闊軌路聯接，通達加爾各答。

公路，在阿薩姆賴雨，爾後往往泥濘，祇能附牛車行駛。箱茶運輸至鐵路綫，有時須以卡車或牛車裝運數哩，故需裝佳良之公路，森馬谷中有若干公路路面較佳。杜爾斯及公路縱橫交錯，路面亦佳，但因河流太多，架橋較為困難。

小河代替，減少陸上運輸。

台拉屯赤用牛車或卡車運茶至往加爾各答之鐵路，蘭溪之情形亦同。在康格拉及古門，若干茶園距離太遠，箱茶多用海輪直運加爾各答及倫敦。

吉大港之路菱崎嶇，故箱茶多用海輪直運加爾各答及倫敦。

南印度有一完善之鐵路系統，有一支綫通至阿那馬那（Anamalaie），另一支綫通至郭泰卡蒙特（Ootacamund），公路亦用碎石舖成，箱茶用牛車或卡車運送一百哩至鐵路綫。最不利者為每月四、五十時之霪雨，致運輸常停頓數月或一週之久。

過去及現在之勞工問題

印度地大人眾，而茶業之困難問題反為勞力，實甚奇異，尤以在阿薩姆、杜爾斯及丹雷為然。其原因乃在此數地之印人必擁有自耕之田地，惟在可他那格浦及別哈爾省之培格爾加那斯、中央省之奧利薩以及較遠之麻打拉斯與孟買等省，雇用勞工較易。慕達斯、奧倫斯及娑達爾斯又因別哈爾及奧利薩省中補充勞工最易之地方。中央省之浮德斯，亦為勞工補充區。

茶區勞工協會可保護印度茶業協會主持勞工補充之一支會，在阿薩姆約有百分之九十二之植茶者，杜爾斯及丹雷約有百分之七十之植茶者均為該會會員，其祕書為加爾各答之培格爾洛浦公司（Begg, Dunlop & Co. ltd.）。

從前僱用工人均訂有合約，此約可依照工人背約法令或一八五九年第十三號法規延長至三年。由工頭所招募之工人，均須按照十三號法規訂約，其原因招募之引誘，此預支額每年約十二盧比，倘夫妻二人同受雇用，則二人所得之預支工資足以購買犁牛以供其自耕土地之用。數年前，合約期間減為一年，至一九二六年六月三十日取消十三號法規，而代以純粹公民式之合約，如遇有違約情事，祇可向民事法庭請求處理。

其後發覺由工頭承包之有限制招募對於新茶園及其擴充，殊多阻礙，乃於一九三二年通過一種新法令，取消此項限制，但為實施管理移民事

宜並注意工人之福利，凡在亞薩姆受顧滿三年者，供給旅費准許退里。此法令不適用於杜爾斯及丹雷之茶園，因該二處仍沿用工頭方法，其主要來源仍係經茶匠勞工協會之手招募而來。

茶樹生長於洪水泛濫之土地，然而在種茶之土地中有若干處仍不適合於茶之生長，其面積竟達百分之五十之多，此種土地只適於栽種水稻。因此，在多數茶園中，勞工如欲移墾，可酌撥稻田以供其私人耕種，牧取少數租金，或竟免租。在亞薩姆居留之五十萬勞工中，大多數均有私田。

稻田並非完全與茶園無關係。苦力應用於其私人耕種之時間過多，勢必減少其合約法令所規定最小限度之工作。此項工作在豐富經驗之工人每日須費二小時半至三小時。此等工人所處之地位無異封建時代之享受土地保有權者，既擁有稻田，又承認有每月最小限度二十四日工作之義務，如此每噉茶園最少須一至一個半工人為之耕作。

表七乃由商業統計部所製，指出工人工資之逐漸升高。在考察此工資時須注意大多數工人均擁有的一噉之稻田，種此稻田之收入已足以維持其全家之生計。

表　七
亞薩姆茶園工人之平均每月工資
（1926—27至1930—31）

年份	男子			婦女			小孩		
	盧比	安那	派	盧比	安那	派	盧比	安那	派
1926—27	11	6	1	9	8	5	5	14	0
1927—28	12	4	5	10	6	6	6	6	6
1928—29	13	2	3	10	6	6	6	10	10
1929—30	12	3	5	10	3	5	6	11	11
1930—31	12	8	7	9	12	2	6	6	8

註：平均工資乃以代表之兩月中（九月及三月）每日平均勞作計算，均措現金支付者。

每一工人除工資外，茶園尚給與如下之利益：

住宅：估計最低價值，每年約間三百盧比，可住三人，即應付一百盧比，每年每人之租金當為 ...... 一一・二五盧比

米 ...... 一〇・〇〇盧比

藥費 ...... 五、〇〇盧比

兒童教育費 ...... 二、〇〇盧比

特別費，如生育結婚、死亡、及其他紀念節日之禮物 ...... 一、〇〇盧比

毛氈，茶葉每人一條 ...... 五、六二盧比

每年每人用費 ...... 四、〇〇盧比

每人每日費用（每月以二十六日計算）...... 〇、一七盧比

...... 〇、一三盧比

除上述者外，茶園工人可免費享受自來水供給，供祭壇禮拜之蘆宇，或選擇其他相等之利益。每五百噉之茶園，對工人所耗之費用每年達二〇、六〇五盧比，多於其所付之工資。

為減輕補充勞力區域之土地荒蕪，亞薩姆之茶園不復能吸引其他那格浦或麻打拉斯地方之勞工，凡願移住者，不過因暫時之窮迫而出此，而已習慣於勞工移殖制度之種茶者，對於其租借土地之工人所任枝小限度之耕作，本無監管之必要，惟對於企求每日能獲十二安那至一盧比之新來工人，勢非有適應環境之計劃不可，而且又須常常加以管理，此等工人移殖之時期甚短，約自六個月至二年。

亞薩姆婦地方常遇兩種制度衝突之困難，移殖工人之安適生活，加以普通對有自尊心之工人，每日祇分派工作三小時。總之，在一茶園中之階級以及因工作清閒及自傲等等，乃成為煩惱之原因。杜爾斯與丹雷之勞工問題極相似，但無上述之限制勞工情形。茶園經理常親到他處覓屈工人，而今日之田園亦如在亞薩姆所見者同樣龐大。

最近茶匠勞工協會在杜爾斯成立一分會，由選出之杜爾斯管理委員會統轄之。此舉堪注意者，即為會員皆自動願受在他處認為亞薩姆植茶者之種桔之束縛。例如會員甘願受茶園工頭之約束，正如亞薩姆植茶省法令所規定而必須遵行者相同。但麻打拉斯一小部份之茶園則為例外。

勞工由本地工頭招募而來在一種聯合制度下分配於各茶園，藉以補充茶園

之工人。

勞工制度與在爪薩姆所施行者相似。惟茶園之工頭係僱用性質，得在其部下之工資內獲得十五至一百之二佣金，此種工頭並不訂約，亦不負祖工人之責，故與南印度茶園之 Kangani 或 Maistrie 不同，但在若干方面則與意大利工頭 Padrone 相似。

在爪薩姆及杜爾斯之茶園中，均可見印度各階級各種族之代表，故處理異族間之勞力分配問題，極難得圓滿之結果。茶區勞工協會曾編纂東北印度之階級及種族之手冊，用十二種方言印出，內容大多關於處理茶園生活之成語。此十二種方言如下：

1. Mundari語　2. Santali語　3. Telegu語　4. Kanarese語
5. Gondi語　6. Oriya語　7. Oraon語　8. Nepalese語
9. Assamese語　10. Khond語　11. Sadhani語　12. Kharia語

在茶園中所見最多者為 Dravidian 土著，其中又可分為兩大族：

（a）說 Dravidian 語者，以 Oraon 及 Telegu 為典型，有三十一種階級及種族。

（b）說 Kolarian 語者，以 Mundari 與 Sawara 為代表，有十二種階級及種族。

Dravidian 為印度之土著言語，Kolarian 則入於澳洲類，為印澳之中開語。說 Dravidian 語者大多為土著，但說 Kolarian 語者相傳為印澳由澳洲之最先侵入者——上述兩種方言均與雅利安方言——孟加拉語、印度土語及爪薩姆語——與印度邊境通行之蒙古語全無關係。尚有類乎土著之第三類，已多少與印度同化，包括六十七種階級及種族。

最近到達之移殖者，為爪薩姆人、印度人及孟加拉人混合而成。

故茶園經理不需說他種言語，不過植茶者如熟諳 Mundari、Santali、Gondi 或其他方言，則可與彼等接觸而增進彼此之瞭解，因之更能獲得若輩之助力。

茶園內之鐵路及車路

大茶園內有用吊車以運送生葉至製造廠者，倘其山為斜坡，則用纜車。滿載茶葉之籃因本身之重量將下面之空籃曳上。簡單之吊車僅一拉緊之鐵索，載物之籃用滑車掛於其上，因地心吸力而滑動，其行程常可達一哩之遠。唯其不便之處為空籃必須用手推回。機械動力之種車亦有用於平地上，以暢運茶葉，但不能應用地心吸力，衣土肥料亦常用船車運輸之。

倘茶園邊瀕河流，則用輕便鐵路運輸茶葉。爪薩姆之輕便鐵路由茶園聯接至布拉馬普特拉河之輪船埠頭。

從事茶業之印度人

擄某專家所述最先印人薬園為一雪爾赫脫人。於一八七六年創立。此人名 B. C. Gupta，與其同作 D. N. Dutt 為印人業茶者之鼻祖，繼其後者為雪爾赫脫之 Raja Girischandra Roy、布拉馬普特拉仓之 Mani-kohandra Barua、爰藤姆之 Rai Bahadur Bishnuram Barua 及查爾派古利之若干印人。自一九〇七年以來，在雪爾赫脫已有三十餘家土人所辦之公司。在康米拉、勃拉孟白利亞、查爾派古利、蘭實及加爾各答亦有印人所設之公司。至一九二〇年其中有若干宣告失敗。

在爪薩姆原有之茶園，為印人所有者極少，但在康格拉、大吉嶺、杜爾斯及丹雷則大多數之土地屬於印人，查爾派古利為印度植茶者協會之總會所在地。在吉大港有一、二茶園為印人所有，帖比拉山之所有茶園，均為印人所管轄。

印度茶業協會

印度之最初茶業組織即為印度茶業協會及偷敦之印度茶區協會及加爾各答之印度茶業協會合併而成者。前者於一八九四年合併之日即收消各答之印度茶區協會之名號。在倫敦所發生之問題由倫敦分會處理，在印度發生者則由加爾各答分會處理。每一分會由常務委員會主持一切，並對於隨時發生之各項問題向會員提出建議，但無執行建議事項之權。

概滯之，協會之重要目的在於推進一切從事於植茶及貿易者在東北印度之公共利益，並謀發展對內、對外之市場，後者包括宣傳運動及展覽會等。

加爾各答分會爲茶園業主、茶園經理或代理人以及若干有益公司組織而成。倫敦分會則由個人、公司、從事於印度茶業之商店所組成。前者所屬之茶園每年會費每噸茶園爲九安那。其事務及財政由每年選出之九個茶園所組成之常務委員會管理之，每園派一代表，主席爲其事，再由委員中互推主席與副主席各一人。

自一八八五年起，商會已與協會聯合，協會亦派一代表參加孟加拉立法會議。

加爾各答之印度茶業協會，會址在克里夫得皇家交易所大樓第二號。有二支會，一爲亞薩姆支會，設於迪勃魯加；一爲藤馬谷支會，設於卡察之平原廐地。

科學部之事業

印度茶業協會科學部之工作有三：研究、試驗結果之訂正及科學常識之傳佈。最主要者爲在實驗室內研究，以後再與田間之實際情形相對照，在菌學、昆蟲學、化學、植物學及細菌學各實驗室之工作人員皆爲印人，而每組由一歐人專家指導。多數工作表面上似乎離茶業之題目太遠，但此項純粹之科學工作在實際上最爲重要。

化學研究室中對於土壤分析及熱帶土壤酸度之研究甚詳。其他次部份工作則爲研究茶葉在製造中之化學變化，且在托格拉設有模範茶廠，以利進行。

昆蟲研究室研究茶樹之害蟲，意欲防除寄蟲。此種蚊類與吾人所詳知之蚊不同，實爲一種昆蟲，惟外觀略相似。茶蚊之爲害乃在鑽入嫩蕊中而吸其汁液，每年損失茶葉至數百萬磅之鉅。

菌學試驗室研究茶樹之病害，大凡關於藥、蟲及根部之病害莫不加以研究。尤注意致病原因及防治法，至今所發現之病害，爲數之多，令人驚異。

細菌研究室之主要工作在於研究土壤之有益細菌，先明瞭其生活史，乃可明白其生長適宜之環境。其次爲關於茶葉酸酵之細菌，關於此題曾經多數學者之探討，至今仍在繼續工作中。

科學研究部之第二步工作乃將得之結果與田間所發生之現象對照。茶農業上所遭遇之環境勢雖雷同，每一耕作者之工作均可觀爲一種在自然環境中之試驗，例如某種剪枝在某年甚佳，但次年卽完全失敗，欲求其原因，當檢討其甚否爲氣候關係，抑薬叢之環境或另有其他原因，以是需要科學試驗以探究其眞實原因。在理想之環境下，一定之處理方法可得到一定之結果，但常有出於意料之外者，此乃理論與事實對照之下所不能避免之缺憾。研究員之任務卽在溝通及解釋此項任務，現由托格拉之研究部負責進行。

科學部職員常分駐各地茶園從事調查，觀察各種方法之結果，收集資料而編成實實之報告。

托格拉試驗場

印度茶業協會在托格拉設立之試驗場，位於東北印度亞薩姆之辛那馬拉村（Cinnamara）郵政房附近，包括化學、園學、昆蟲學、細菌學、植物學等實驗室及模範茶廠、會客室、佳宅、工人宿舍等，佔地約十二噉。此外離婆勃黑他（Borbhetta）二哩半之處，擁有廣大之土地。在托格拉植茶之地，祇有五噉，而其主要地區稱爲托克拉 Clearance，爲供給品種試驗之用。就大體言之，茶樹品種可分爲三大類，即中國種、亞薩姆種及緬甸種，觀察每種之強弱、生產能力對氣候之適應

作之表現，一部分爲編輯季刊，現在則改爲年刊，但大部份工作爲巡視各茶園，各地都盼望了解別地茶園進行之工作及經驗。

印度茶業協會之第三步工作，將乃實驗所得之成績宣揚而推廣之，此項工

性等。倘有五十種以上之茶種，分植於各小區，內有印度支那、上緬甸、下緬甸及其他差別甚微之品種。

許多之剪枝試驗正在進行中，有數種方法可使灌木形之茶樹改成叢棚形，其高度適合於女子採摘。覺激烈之一法乃將幼茶樹齊地面切去而逐漸培成叢形，此法稱為台刈。另一法乃將茶叢在離地面十八吋處栽斷，以後減少其產量。托格拉之各種剪枝型式，並附以過去各年之生產量，其優點在於可供各地植茶者之參考。

剪枝之後即為採摘。茶樹雖有數百年之歷史，然其採摘方法仍未能合乎理想。採摘之輕重，當然視茶樹生勢強弱而定，然其是否合有其他問題，例如假定採摘而為離地三呎之高度，則迄否應將該平面以上之嫩梢即含有一芽二葉者一律摘去，抑或先採摘一部份，然後再任其生長到採摘面而行第二次採摘。此一簡單問題，經反覆試驗後，即產生不同之爭見，而收數量亦頗有差異。

在托格拉之另一研究亦結果認為綠肥最適於茶園之用。該場並建有設備完全之氣象觀察，以研究氣候對於茶葉樹產量之關係。由此即可確知用某種改良方法可以增加產量若干，因某種病蟲害而減少產量若干。在婆勃黑他現有茶地六十畝以作試驗之用。此外更注意於幾種耕作法如深耕、淺溝、淺耕及除草之效率。

之問題常存研究中，植茶者因貪圖近利往往不能實行其所知之遠大計劃。一九一二年加爾各答各茶葉薪俸俱每磅二安那（英金三先令），美金四分），至一九二四年漲至二盧比（英金二辦士，美金四分）。在此二年中，茶樹之生長及其自然環境雖同，但茶樹經營之方法亦有差異。祇注意關於茶樹每年生長之問題，而不顧及市場價值之變動，此說明在合理之範圍內，試驗場自不能斤斤計較成本。

在婆勃黑他之茶樹先植於苗圃，約一年後移植。關於最佳之苗圃遮蔭樹，最好之播種方法，最適宜之移植時期及其他許多問題，均在研究

之列。

此外，肥料亦在試驗中，蓋茶葉產量乃在其葉，而猶為促葉生長之肥料。故氮肥頗為廢要，必需明瞭何種氮肥最佳，何時及如何施用，以及用量之多寡。茶樹有一戲重之時期，即施行剪枝及採摘最旺盛之時期，以後更須施肥以補充其樹勢，但施肥亦有一定之量，過此則並無效益，此限度即為在婆勃黑他研究中之一問題，有人以為氮素過多易受某種菌病，其後乃知非由於用過量之氮，而在於用過量之硝酸鈉之氮。若用硫酸

鉀則可得良好之結果。

在托格拉曾舉行剪枝試驗，體之有採摘試驗。最後乃注意於耕積方法，此為有關勞工之一嚴重問題。實際所有茶園之耕種均用手工，因茶叢距離太密，不能使用耕耘機，實有效據輕便用牛拖曳之耕耘機經過試驗。此為由於幾種耕作法如深耕、淺溝、淺耕及除草之效率。此外更注意於幾種耕作法。

在托格拉之試驗為選種。按照法則，二株植物雜交結果，其父母本之特性可能混合表現之子樹，或的保持原有單純之性質。如上所述，茶樹品種可分數大類，故由最純粹之茶樹育種，連續數世代之選擇，然後可獲得一純粹之品種，由一種籽生長至結實時需三年，若更連續數世代以選擇純粹之品種，則須試驗之結果，最近數年中進步極少，在爪哇發現茶葉製造研究，以幾倘言。

凡研究茶葉者對於托格拉及婆勃黑他之化學家與細菌學家對於茶葉製造而須每年參觀一次，注意其試驗之發展經過及新法之採用情形，實際上可以時常隸屬於茶籽生長之各方面。因印度茶葉之中心雖在加爾各答，但其最初設則可設在托格拉及婆勃黑他。

印度茶葉協會以試驗工作只限於托格拉及婆勃黑池兩地，殊嫌範圍

逾狹，為於一九二五年成立一臨時分場於杜爾斯之雪里茶園，由化學家 C. R. Harler 主持之。杜爾斯當地之植茶者表示熱烈歡迎，並切望改為永久之機關，但因科學部之開支過鉅而中止。此後又曾提議設分場於大吉嶺之丹雷及卡察與雪爾赫脫之森馬谷，然研究之中心仍在托格拉，分場則只對地方性質之問題加以考慮，而引用在托格拉研究之結果。一九三〇年在杜爾斯之拉爾西帕拉（Tulsipara）成立一專作田間試驗之永久分場。

在托格拉科學部之工作報告此，對植茶者之講演為最重要，在秋季常有二十成蹊之人從各茶園到此，參與一週之聽講。

科學部之經費大部份為印度茶業協會所負擔，而協會則以會員茶園按噸數所納之稅得經費，除此以外份有亞薩姆辦及孟加拉省政府之津貼。因研究工作逐漸增加而經費激增，現今平均噸數約七安那（英金七辦士，美金一角四分），約佔印度茶業協會基金總額之百分之八十。科學部之財政由在加爾各答之印度茶業協會總幹管，眼目亦保存於該處，科學部主任預領若干現金以備支付下屬職員及工人之薪金及其他各零碎費用。每月結算一次，分送協會各會員審核。

印度茶業協會之科學部各委員會每兩週在加爾各答開會一次，對於有關該部之各種提案皆取決於此團體，此分委員會亦有權批准提案。科學部主任每季此委員會議一次，報告過去之重要工作及現時各職員在進行中之工作。

植茶者協會

加爾各答之印度茶業協會除在迪勃魯加有亞薩姆分會及在卡察之下那康地（Binnekendi）有森馬谷分會外，在南印度有植茶者之公共利益。促進此區域內一般植茶者之公共利益。在印度各產茶國普設植茶者分會，在加爾各答設有一植茶者之慈善機關。各區分會最重要之工作，為使植茶者共同努力以解決有關栽培耕作、利益之問題。

印人植茶者協會最近在爪盤谷成立，以促進本省印人槟茶者之利益。杜爾斯有一相似之印人植茶者之協會，總會設在查爾派古利，管轄在杜爾斯及丹雷所有之士人茶園。會方供給會員以討論及提出共同之意見在立法機關之機會，並常能得到其適當之考慮。此協會討論有關地方之重要問題，如鐵路及公路交通以及印刷品之改良等事，但並不給與會員以聽取科學家、茶人、衛生家及其他專家之特別演講之機會。

南印度植茶者聯合協會之茶業試驗場

在尼爾吉利之地凡索拉（Devarshola）之南印度植茶者聯合協會（U.P.A.S.I.）茶業試驗場，有地二十七畝，係向 Woodbriar 茶園之園主 E. A. Fulcher 所租賃者。全場建築包括研究員室、助理研究室、農場經理室、膏記室、發電廠、及冷氣室。所有房舍均用磚築成，蓋以屋瓦。歐人之居室及辦公室、試驗室均有自來水及電燈之設備。

南印度植茶者聯合協會科學部之最重要任務為推廣工作，其工作範圍包括肥料、病蟲害之處理、耕作法、剪枝、茶樹生長之適宜地土及其他與茶樹栽培有關之問題。小論文通常在 Planter's Chronicle 內發表，除編印年鑑外，茶葉科學研究員更有下列小冊子之出版：

1. 茶樹施肥之原則與方法之研究。
2. 南印度植茶者鈎於茶蜩（Helopeltis）之觀察。
3. 根腐病之處理方法。
4. 茶葉中之單富。

每一研究員規定每年若干時至茶區實地觀察，每二年紀交互巡觀各茶區一次。試驗室之重要工作為確定茶葉之成分如單寧等，並及於茶單寧之分解生成物，茶單寧與植物鹼之生成物，以及泡茶時成乳狀之物質等。

南印度植茶者協會之科學部經費乃由其會員每職捐納八安那而來，

再加以麻打拉斯省政府對三大濃產——茶、咖啡、檬皮——二萬八千盧比之津貼，每種觀其所種面積按比例分派之。

印度植茶者之生活

印度植茶業並非有名無實之事，除有栽培、剪枝、採摘及製茶之知識以外，倘須能栽竹、機磚、建築房屋、遠橋及修路，同時又須為一工程師、測量師及會計師，更須有堅強之信心及不折不撓之精神。

植茶者對於工人間之糾紛須加以調解，並為之醫病，熟悉其村落中所發生一切之事，觀工人如子女。總而實之，植茶者首須善於管理工人，無論在田間及業務上如何精明幹練，如不能管理工人，則其成功亦極屬有限。

惟其有天才者方能對此問題處理適當。彼須明瞭工人心理及有自信心，即可知園主管理勞工之能力。當入一茶園時，紙視工人是否快樂或不滿。

植茶者對於氣候及生活環境極感困苦，尤其在北印度有若干茶區地處偏僻或離加爾各答過遠，交通又極崎嶇，火車設備簡陋，則日常用品大部份必須經加爾各答輸入，若輩之唯一消遣為組織俱樂部及拜訪鄰國。

歐人在印度之植茶者為多來自英格蘭、蘇格蘭及愛爾蘭。在工場內橾需必工程人材，普通之助手以受農業訓練者為佳，職員之聘請，不論其為公立學校之學生或曾受特別訓練者，拚以才能為取去之標準，其中有少數為大學畢業生。

每年有成千成百之青年，遠離英倫三島而到遙遠之亞薩姆、杜爾斯等處之茶園及其他著名茶園，因為英國人富於忍受艱苦之精神，然亦為植茶者之生活待遇所引誘之結果，故來此植茶者極少有在成功以前回國者。

受雇之青年普通訂約三年至四年，每園所付薪額多寡不等，平均約為每月二百五十盧比，工程師則另有二十五至五十盧比之津貼。第一年每月致酬二百五十盧比，第二年二百七十五，第三年三百，第四年三百二十五，此種薪額頗為普通。助理員亦有卅五至五十盧比之津貼，經理所得之津貼則由六十至一百，觀各處之情形而定。此外尚有一所不供饍俱之住宅，二、三個僕人及其他津貼之優待。

新聘之職員，如為工程師，或可完全在工廠內工作，但大多數則須觀情形之需要，派赴外勤或內勤。通常之辦法在使工程師對於田間及廠內工作均有熟練之機會，以養成其最後充任茶園經理之資格，並須學習茶園中裕語及一、二種土人方言。一切經驗非全由田間學得，有一部份係學自工廠，以期可訓練成為經理，並可分得茶園淨利之百分之〇‧五至一之紅利，十年或十二年以後或可升至代理經理、薪金亦增加五十盧比。

助理之職務則為管理田間之工作，他須相當時間學習，有一部份必須在各茶區有成績則可實授為正式經理。在營業發達之年，大概每月在六百至一千盧比，另有百分之五至十之紅利，其薪金頗為可觀，至於居室及費用，各園不同，但經理則必有一所相當寬大之住宅，有僕役數人以供使用，助理則僅有寄宿舍。

植茶者無一定之辦公時間，無時不在工作中。黎明時督促工人開始工作，至晚則監視茶葉過秤。但除工作繁忙之季以外，常有充分之時間以從事運動及娛樂。在北印度之秋季，自十一月至三月，工作較閒，其餘如高爾夫球，網球及馬球最為流行，射擊及釣魚等，亦均為若輩所好。

大多數茶園在園內遍設有俱樂部，在傍晚日落時，使職員有娛樂之機會，例如橋牌戲、台球戲、跳舞、網球等。其離園較遠而不能參加俱樂部之娛樂者，則以射擊或釣魚為消遣。

青年植茶者在印度之生活不能常作撮戲，自始即須担任嚴重之工作。屆年雖鼓勵其參加俱樂部娛樂，但必須按時工作。

工頭雖亦能說英語，但為謀直接與工人接觸而使處理一切勞工問題

心一堂 飲食文化經典文庫

印度茶區圖

茶區　　山地區

尼泊爾　不丹　西藏　中國　拉奇布笛那州　聯合省　中央省　孟買州　阿剌伯海　海得拉巴州　馬德拉斯州　孟加拉灣　安達曼群島　加爾各答　仰光　緬甸　暹羅　錫蘭

有較爲圓滿之結果起見，故青年植茶者亦非學習土語不可。助理在鷄鳴時卽須起床，晨曦在太陽下消逝後進早膳，半小時後，日常工作乃開始。助理經過第一階段後，最後方可晉升爲經理。此時茶園供給寬暢華美而有爬蟲蚊蠅叢生之住宅，另有花園及菜園，薪金豐厚，並有紅利，此後養蓄豐盈，不難營建別墅卜居其中，以樂其餘年，倘再有一精明之助理及能幹之工頭，則其生活之舒適當無以復加矣。

經理之工作在早餐後開始，首先整理文件、郵電，然後往園中巡視。倘在採摘期間，得決定次日應採之區域。

中午經理返辦公室，浴後乃進午膳，午睡後，下午卽親察工廠製茶情形，黃昏時聽取工頭報告一日之工作，然後命令歐人助理發出次日關於工作程序之通告。

助理每隔四、五年，經理則每隔三、四年，有六個月之假期，准其離開印度。在假期內薪給仍照發，並津貼來囘之旅費，卽其家眷之旅費亦由公家撥給。

植茶者留在印度之時間約爲三十年，至其獲得足夠之資本以維持適度之收入後乃退休，有才幹者則留任爲若干茶園之督辦或加爾各答代理處之監察，但大部份退休於英格蘭之南方海岸，該處全爲退休之茶人所居；或退居於熱帶之屬地如澳洲新西蘭，此處氣候最適合會長期居住熱帶之人。

已退休返英國之植茶者，多在以前曾任經理之公司內爲董事，以資借重，每月到公司觀事一次，或只在倫敦出席會議。

茶業經營中包含甚多興趣，爲他業所不及，其最大之引誘力乃在於人類之創造性，倘一人在森林中從數袋茶樹種籽入手而漸次擴大至千餘畝之茶園時，此創造者將不顧退休而離去矣。

第二十章　錫蘭茶之栽培與製造

地理概述——茶區——土壤、氣候、雨量與高度——整地——繁殖方法——築路及排水溝——遮蔭防風及蔽土——肥料——病蟲害——栽培方法——田間運輸——錫蘭茶之製造、裝箱及用運——建築及機器——資本及其他——勞工——補植者協會——茶業研究所——錫蘭紅茶者之生活

錫蘭為英國之直轄殖民地，位於印度東南，孤懸於印度洋中，其形狀宛如一珠耳環，為孟加拉灣與阿剌伯海之中途站，北緯六至十度，與非洲之西拉里昂（Sierra Leone）或南美洲之圭亞那（Guianas）之緯度幾相等。英國歷史家 Hakluyt 曾稱錫蘭為「卓越之島」，土地肥沃，物產豐富，島長二七二哩，闊一三七哩，總面積二五、四八一哩，約等於荷蘭與比利時面積之總和，或英格蘭面積之半。英人稱之為「東方之克拉巴姆運絡點」（Clapham Junction）。錫蘭領為全地球徙端礼道上最重要之一站。

錫蘭之建設甚佳，舉凡鐵道、大路、旅館、遊藝場及汽車運輪等均極發達。由上氣候終年涼爽，令人愉快無比。哥倫坡被列為世界最大商埠之一，各國船舶從定期郵船以至本地之帆船，擁擠異常。

錫蘭九省中有六省產茶，以其重要程度依次排列之，為中央省、烏發省（Uva）、薩巴拉加慕瓦省（Sabaragamuwa）、南部省、西部省及西北省，在六省中茶園分佈之地域共有五十一區，每區之茶園數及植茶噸數如第二三九頁裝一所示。

多數均在三、〇〇〇呎以上。但有若干大茶區在西南平原，其中七以上主要產茶區位於多山之中央省，有高至海拔七、〇〇〇呎者，而大多數均在第二三九頁裝一所示。

悲隆尼谷（Kelani）省為耕省。凡在二、五〇〇呎以上之山地，茶為唯一之栽培作物。堪的（Kandy）與奈華勒愛立耶（Nuwara Eliya）間之區域，祇種茶樹，即為顯例。錫蘭之茶園面積，自五噸至三、〇〇〇噸不等，分佈於五十一區中，約在可倫坡騎程三至十二小時範圍以內。

錫蘭有鐵道七四〇哩，故可乘坐火車參觀大部份茶園。自哥倫坡至巴杜拉（Badulla）之火車路程最饒趣味，在首先五十哩，田地域，後即漸向上昇，椰子、可可樹、橡皮及豆蔻樹，盡入眼簾，離堪的不遠，約當海拔一、六〇〇呎之處，即可望見茶園。在堪的境內多數國地中，可可、橡皮、豆蔻與茶樹混植，自培拉垃里雅（Perade-niya）有一支綫至堪的，馬達爾（Matale）及四週均為種植橡皮及茶樹之山谷，至那伐拉比的耶（Newalapitiya）已不至，橡皮樹之栽植。從郡伐拉比的亞超，已入茶區中心，鐵路由南向東，山頂上藩植茶樹。經過此路之兩側每一石至哈東（Hatton）、他華問來（Talawakele）及那奴沃耶（Nanuoya）等地。

巴杜拉（Badulla）在以堪的及哈東茶區中心之極東邊界，哥倫坡一百八十哩，十四小時即可抵達，與此成對照者，為由加爾各答（Calcutta）至亞薩姆（Assam）重要產茶區之迪勃魯加（Dib ugarh）需時四十八小時，此處雖加爾各答各需時四十八小時，或離游岸一千哩，或由上海至中國產茶區祁門需十四天之旅程。

哈東之外，為笛可耶，此地前為繁盛之咖啡產區，若干咖啡工廠之遺址猶可於山谷中見之。在上笛可耶；及下笛可耶，有四萬噸以上土地

表　一

各區茶園數及植茶畝數表（一九三四年）

區　　域		茶園數	植茶畝數	茶業原皮共畝數
亞拉加拉	Alagala	0	4,150	175
亞巴加姆華	Ambagamuwa	37	6,050	850
巴杜拉	Badulla	83	33,300	
巴蘭果途	Balangoda	55	13,450	400
笛可耶	Dikoya	69	20,200	
下笛可耶	Dikoya Lower	25	10,200	
迪蒲拉	Dimbula	111	47,900	
多羅斯巴其	Dolosbage	42	12,100	400
達姆巴拉	Dumbara	28	800	100
加耶革達拉	Galagedara	53	1,600	700
加爾	Galle	186	9,800	1,800
漢丹尼	Hantane	61	6,800	600
哈蒲他爾	Haputale	76	23,100	300
西哈蒲他爾	Haputale West	13	2,700	
上希華希他	Hewaheta Upper	13	6,000	5
下希華希他	Hewaheta Lower	21	7,000	15
洪那斯幾利耶	Hunasgiriya	10	3,530	
嘉都爾那華	Kadugannawa	40	3,200	1,625
嘉彼他拉	Kalutara	238	8,500	2,300
華嘉拉	Kegalla	113	7,000	600
華爛尼	Kelani Valley	274	11,200	1,700
華爾波加	Kelehokka	12	5,300	
那克爾斯	Knuckles	19	7,400	
可脫曼利	Kotmale	20	11,500	50
苦魯尼加拉	Kurunegala	95	1,000	50
馬都爾雪馬及海華愛立耶 Madulsima And Hewa Eliya		27	10,000	
馬斯奇爾耶	Maskeliya	48	20,000	10
東馬達爾	Matale East	70	10,000	700
北馬達爾	Matale North	44	1,150	500
南馬達爾	Matale South	27	3,000	800
西馬地爾	Matale West	32	2,000	480
馬吐拉他	Maturata	15	7,000	
米達馬哈華拉	Medamahannwara	14	3,250	
蒙那拉加拉	Monaragala	11	600	
莫馬華可拉爾	Morawak Korale	62	9,800	125
新加爾威	New Galway	18	3,700	
尼拉姆比	Nilambe	21	6,900	120
列脫爾谷	Nitre Cave	10	310	
奴華勒愛立耶	Nuwara Eliya	20	4,850	
帕沙拉	Passara	17	9,850	
潘途羅耶	Pundaluoya	16	5,700	
普塞拉華	Pussellawa	68	17,100	1100
拉克華那	Rakwana	53	6,600	270
拉姆波達	Ramboda	15	6,300	
拉加拉	Rangala	14	5,900	
勒那布拉	Ratnapura	164	24,300	550
烏達布台爾拉華	Udapussellawa	37	14,700	
下華拉潘尼	Walapane Lower	4	1,000	
華特加馬	Watte ama	32	2,300	190
耶克爾薩	Yakdessa	7	1,050	
低地區	L.M.Districts	124	2,600	700
總計五十一區		2,694	453,740	17,215

栽植茶樹，茶園在二、三〇〇呎至五、〇〇〇呎高度之間，製茶廠建於溫暖而潮溼之山谷中，所產茶葉並不甚佳；或建於窐嶺之山邊，全視有無水力可利用而定。

錫蘭茶可耶之迪蒲拉區（Dimbula），爲錫蘭茶園中之最大而最完善者，植茶面積幾達五萬畝。參觀者可密見在五千呎高度之處，刺桐樹（Dadap）代替護讚樹（Acacia）作爲覆蔭及煞料之用。由那奴沃耶（Nanuoya）則溼植於茶園中作爲覆蔭及煞料之用。有一狹軟鐵路經過魯乘勒愛立耶（Ula Pussellawa）茶區而至蠶加拉（Ragala），此處有數茶園爲錫蘭最佳境大者，其中有少數高達七千呎，政府之旣制使在五千呎以上之叢林，不得再行開墾。

鐵路幹線達六、二二五呎最高點之貝塔布里（Pattipola），該處有一隧道可達島之東部島發（Uva）省之草地，從經驗上得知，旅行此地以在六、七月爲最佳，此時西南季候風猛烈打擊橫亘該島之山嶽而使雲堆積成怪形，每將山景淹沒，一聲汽笛長鳴，火車衝入雨霧之地，浮現壯麗之景色，變化之奇異，使人目之瞳目不止。若干茶園如疏婦巴華拉（Ambawella）地方之華魏克（Warwick）茶園，位於雨界內，步行哩許，卽可出入於季候風區域數次。

至哈蒲他爾（Haputale），鐵路轉向北方，經影達拉魯拉（Bandarawela）而至烏發省省會巴杜拉。台馬地拉（Demodera）在烏發

省有植茶地四萬畝，錫蘭之低地茶多產於島之西南邊之葛蘭尼（Kelani）山谷中。

錫蘭茶樹栽培因當受缺乏適於植茶土地之事實所限制，政府正計劃增多自耕農以替代多數無地之土著，故於最近之將來如有可耕作之地，將指定分派與各村民。

同一高度之茶園，其地價每年平均以西部較東部為高。島之西南部與東北部則無大區別，但由股票價格觀察，則知投資者常估計迪蒲拉拉及魯華勒立耶區之每畝價格，較錫蘭他區為高。

茶樹能生長於任何種排水良好之土壤，但欲成為商品化，則土壤必須含有氮、磷酸及鉀，此等事實早經錫蘭 Bamber、印度 Mann 及爪哇 Nanninga 指出。錫蘭茶園土壤所含植物所需之三要素如下：氮素百分之○‧一至○‧一五；有效磷酸鹽百分之○‧○○五‧；有效鉀百分之○‧一至○‧一五。

茶園土壤

錫蘭中部所見之岩石，屬於太古時代（Archaen Period），與南印度之片麻岩及花崗岩有關聯。沿海岸之椰子園土壤為砂質土，入內地而漸粘，紅土之比例亦增，最近重要之土壤，可於魯華勒愛立耶附近見之。

茶地可分三類：森林地、草原地及 Chena 地。稠密森林所遮蓋之土地最適於開墾茶地，惟錫蘭現已利用無遺。草原地在島發現之內甚多。Chena 地為土人在耕種前加以焚燒者，有如亞薩姆之 Jhoom 地，此種土壤雖缺乏腐植質，但物理性狀甚佳，可迅速變為良好茶地。惟旱時因缺乏腐植質，易變為硬盤（Hard-pen）。但可栽植荳科覆蓋作物及利用高頂木栽培，或以遮蔭棚之殘滓以補救之。雖有輕薄片之石英蓋蔽作物及上，仍以紅土為主。在山邊斜坡之土壤，因雨水之冲刷，往往失其原型；原型之土壤，只能於森林地見之。

由化學分析，知錫蘭土壤含有多量之鐵及鋁，可證明其年代煊久。錫蘭土壤所含之不溶解之砂與矽，常不足百分之五十，而在印度除東北賓之泥炭外，頗少此種情形。亞薩姆之土壤甚至如重粘土，其含不溶解矽量，亦與錫蘭土壤不同。但除却伽華他拉華（Bogawantalawa）外，錫蘭無一處土壤能與印度卡察地方之泥炭土相匹敵。包伽華他拉華含氮百分之○‧七九九，每畝產茶二、二三五磅，可與卡察之二、四○○磅產量相比較（註1）。

氣候、雨量及高度

錫蘭之氣候為潮溼之熱帶氣候，因地勢高峻而變化甚劇。濱海溫度不若印度之高，主要港口哥倫坡平均溫度為華氏八十一度，且晝夜間與一年中各期溫度之變化甚小。魯華勒愛立耶高約六千呎，平均溫度為華氏五十九度，其晝夜溫度之變化則較沿海為劇，且有時降霜。

每年有兩次不同之季候風時期：一為西南風，一為東北風。在兩季候風時期之間，風較少而雨多。季候風吹向山區時，迎風之處雨水尤盛多，在山背則因遮蔽作用，而雨量較少。在兩季候風之間，則各地之雨量平均之降雨，並不如季候風時期因遮蔽作用而雨量不勻，此時各地之雨，常視為季候風之結果，故事實上許多人民即以季候風作為「降雨」解釋。季候風與非季候風時期可分如下：西南季候風時期約五月至九月，非季候風時期為十月至十一月，東北季候風時期為十一月至二月，西南季候風為全年最舉之時，西南季候風時期為三月至四月；以全島言之，二月為最乾之時，東北季候風時期以及其以前之非季候風時期，東北季候風較東北季候風時期更有規則。東北季候風時期與西南季候風時期之影響差大，每年因低氣壓所經途徑不同，故各處雨量波勵甚大。

島中之氣候如此，故能生產特殊之植物如茶、橡皮、稻、椰子、可

註1：C. R. Harler 著：Tea in Ceylon 載印度茶業協會一九二四年季刊第四部。

可、香料、煙草及咖啡，其中最大宗者爲茶。各產茶區之氣候高度及地理環境各有不同。錫蘭之山脈使其中數區不受西南或東北季候風之侵襲。平均雨量由七十二吋至二百五十一吋，平均溫度爲華氏六十五度至八十五度或以上。普通茶園之氣候與歐洲之氣候極相類似，而以在五千呎之環境最佳。但長期連續不停之雨及霧，爲此理想氣候之唯一缺點。氣候影響於茶葉之香氣甚爲顯著，較冷之氣候，有抑制茶樹生長，促進芳香成份充分發展之傾向。當生長最旺之三月至五月或較冷之十月至十一月，雖高處茶園之茶葉品質亦降低，至生育轉旺時而又復原。在鳥發區，數日之乾燥風氣候，將使茶葉性質完全改變，產生一種芳香，茶價因而驟漲；在高山區，當一月及二月之晴日寒夜而有輕霜時，亦有相同結果。

錫蘭茶葉之香氣，受其栽培地高度之影響甚大。低地茶園之茶葉，性質烈而無顯著之香氣，優良香葉之茶葉乃產生於中等高度之茶園，而有較佳等香氣之茶葉，則生產於海拔六、〇〇〇呎之茶數區域。低區茶葉品質較次，但產量豐富。反之高地茶必具有良好之品質及香氣。現時錫蘭之山嶺區域，凡適合於植茶之森林地，已無私人森林存留，祇有政府之森林。倘有若干適當高度之草原可以開墾植茶，又在業經焚燒及生長雜林之中等地及低地，亦可向政府領購。

在十一月、十二月及一月吹東北季候風之潤濕季節，其茶葉之品質反形降低，然魯華勒愛立耶區當正月吹乾旱之東北季候風時，能產香氣醇郁之茶葉。

茶地之開墾

獲得土地之後，首須有二能幹之測量員加以測繪，並予適當之佈置，再僱工將林叢伐下，或將草原地及火燒地溝理，爲免除以後之麻煩及耗費，則宜完全焚燒爲佳。焚燒作用不獨開墾工作減少，且能使表土完全乾燥，殺死遺落於森林中之潛伏種籽，因此種種籽祇需有充分光綫及空氣即能萌芽。焚燒時如幹根巨大難以燒去者，則連留非任其腐爛，因消除幹根之損耗，不足以償所得。焚燒後第二步即爲留下地位，以備建築廠房及苗圃等。

在導倫坡及勒那布拉拉(Ratnapura)，五月至九月之西南季候風及十一月至二月之東北季候風界限極爲明顯，但勒那布拉拉後邊有山，故較諸倫坡之雨量爲多。堪的地位適中，四週無高山遮蔽，故有平均分佈之雨量。魯華勒愛立耶所處之高度，有最大之雨量，每年平均有二百五十一吋之雨量。勒那布拉拉之每年平均溫度爲華氏八十度。堪的(高一千六百呎)爲華氏七四‧四度，魯華勒愛立耶(高六千一百八十八呎)爲華氏五九‧二度，巴杜拉(高二千二百二十五呎)則爲華氏七七‧三度。實際上全年之平均溫度無甚變化，但最高及最低溫度則有變更。

三月、四月及五月均在東北及西南兩季候風區域，均爲最盛之萌芽期，若干茶園在上半年即獲得五分之三收量。六月、七月及八月季候風帶來強風暴雨，因而減少萌芽。八月以後至十一月時，收量又達第二次之最高點。在西南部者於十二月、一月及二月時，復過歉收時節。

乾旱之風威謂足使茶葉具有刺激性及香氣。就全島言之，四月至五月之萌芽盛期及六月、七月、八月之重季候風期，茶葉品質較劣。惟鳥發地方在重季候風時期則爲例外，因該處西南季候風爲乾燥也。但鳥發

繁殖方法

錫蘭茶樹之繁殖方法均爲實生法，凡擴充老園時，須在一年半至二年前頭備苗圃播種，以育苗木。開墾新茶園時，亦應及早於合宜地位作苗圃，苗圃之地位，以有遮蔭、土壤肥沃而灌漑方便之山凹處爲宜。

種籽在播種前須經水選，輕浮者完全撇去或另行播種。種籽之發芽保於椰子皮纖成之廊中或豫備之發芽床中行之。發芽床之底鋪以一厚層完全腐熟牛糞，其上再覆二吋厚之細砂。種籽密播砂上，以不互根接觸

為皮，然後再煮一薄屑之砂及稻草，其上更搭一棚，以蔽陽光，上鋪以蘚草或其他不易萎凋之葉，每隔一日即去其半，約一月後，種籽即可發芽；以後，每日刷去其弱者。高品種之種殼殼薄，故萌芽較快。

錫蘭之茶樹品種以葉淡色或黑色之亞薩姆土種、中國種及中國雜交種為普遍，而以雜交種對氣候之抵抗較強。品種對於生產顏有影響，優良品種產量雖高，但易受惡劣氣候之影響，需長時間始能恢復。在錫蘭從價格及品質觀之，最佳而適宜之品種為黑葉之馬尼坡（Manipuri）雜交種，但在東北印度及荷屬東印度現僅栽培純種。

已萌芽之種籽，即可移植於本園或其他苗圃，若為幼者，則植於深一時相距三、四時之穴。每穴植苗一株，支根向下，然後以泥土輕覆之，照發芽床一樣薇之。

茶苗約六十八月即可移植，移植時或連土塊一併掘出，但普通多為一單獨樹幹。茶苗切成四至八吋之高庭，先使土壤鬆弛，然後將幼苗拔出。政府對於防止茶苗蟲害甚為嚴密，故遠輪茶苗，需得政府之核准。如受害嚴重時，則該處苗木不得出境。從前作印度有大量茶籽輸入錫蘭，但為防止水泡病（Blister blight）之傳入，現已完全禁止。

有少許茶園專以老茶樹剪枝刈下之枝幹，繁殖成茶樹，雖得生長良好，但此法仍未能普遍。（註二）

道路及排水溝之設計

錫蘭道路暢達而優美，為旅客所共讚。實際上不獨公路如是，即茶園內者亦極佳。在各廠房之位置決定後，即小心設計一道路系統，以聯絡辦公室、工人住宅及工廠之內部交通，若非已築有短路，則工人常取捷徑，致損害茶樹。幹路圍十二呎，小路四呎，路面斜向水溝，雨水可流入溝中，不致沖路而流。

排水溝之設置在道路設計之後，其目的為保護路面之受沖刷作用。天然之山水溝由山頂用發，將過剩之水引入主溝，並防水泛溢於路面。天然之山

谷有主溝之作用，但因相距太遠，尚須以人工掘溝補充之。流入主溝之支溝以短為宜，以避免主溝各處均有大量之水流入，普通以一百五十呎長為準。在乾旱之鳥發區，排水溝中再造水閘，以保存雨水。

錫蘭亦有採用階段式栽種，因均已認識土壤冲蝕問題之嚴重故也。階段越斜種藥於排水溝之中間，並使成水平。所有碎石均用以築外屑，以避免冲洗作用。倘石塊不多，則在排水溝間植以厚密之 Tephrosia Candida，以保持土壤，且可作為綠肥。

種植

錫蘭種植茶樹之時期，因地而殊，在西南季候風區域，於六、七月及八月種植，在鳥發城，東北季候風季為潤濕期，種植時期即在此季節：十月、十一月及十二月。

種植之距離普通為三呎與三呎半，較亞薩姆之平地者略密，而與雲爾赫脫之矮山上者相等。茶樹種植成平行之直行，跨過山坡均為水平，與在爪哇相同。

種植時將一掘土之鐵鏟或木棒棲（Alavangoe）插於穴之中心，繼續轉動，至成一適合之洞為止，然後放入苗木，再將土覆上，使土壤密接苗木之根。

當萌芽不久之種籽移植茶園時，先種於發芽床內，然後再移植於一呎深之穴中。普通此種幼苗具植於克原地上，倘植時期即在六、七月則易受切根蟲（Cutworms）及其他蟋蟀之慢害。

遮陰防風及覆蓋植物

荳科樹木常被選作遮蔽茶園之用，且亦有防風之効，但他種植物亦佳。遮蔭樹之疎件須有均勻而稀疎之蔭影，豐富之葉量，並可用作燃

註二：E. C. Elliott 及 E. J. Whitehea 合著：Tea Planting in Ceylon 一九二六年哥倫坡出版。

料。非豆科之 Grevillea Robusta 凡有以上之各種條件，且為優美之防風林，但生長稍慢。如欲造成一防風線時，先應植樹木數行，與風之方向成直角。Grevilleas 單獨種植，生長不甚良好，但在中等地及低地，植於茶樹間則甚繁茂。

Albizzia Moluccana、A. Stipulata、Acaciadecurrens、Erythrina lithosperma (The dadap)、Gliricidia Macul ta、Leucaena Glauca 數種按語 (Eucalyptus) 植物及其他樹木，均可用作遮蔭及防風之用。此種樹木每隔七、八年即須移去，以免發生根病為害茶樹；每種各有利益及生長界限，且依栽地高度而異，故在一已知之環境之下選擇種類，不能不加以考慮。

栽植豆科植物以覆土之目的，在於防止土壤沖刷，並使土壤肥沃。雖常須除草，但仍為一般所通用。

坡近處蔭覆土作物，常選定某一種草，除去其他雜草，結果茶樹間之土地不久即為此種草所被覆，保護土壤，不受沖洗，主張完全除草者則反對之，謂當收草時期，此等草類，似有奪去茶樹所需水份之處。當選擇草種時，酢漿草 (Oxalis Corniculata) 為准許留存者。此草在錫蘭極普遍，生長蔓延，其節間着生根，其葉略似蕓薹，花及種莢為狹葉形，成熟時以手觸之即破裂 (註三)。

Tephrosia Candida或Boga medeloa及Vogili 常植於茶叢間作驅蟲樹，以防止土壤沖刷及供給腐植質。

施肥

施肥能增進茶葉之產量。在茶樹株間栽植綠肥作物，將其細枝定期剪下並運入土中。Dadap即為供此種目的所栽培之最普遍植物，但並非任何高度均能生長。相思樹屬在五千呎高度之處應用甚廣，在較矮之區域，則植 Grevilleas 及 Tephrosia，或其他生長迅速之綠肥植物。當其成熟時，即埋入土中，使增加腐植質之量。高幹及葡匐綠肥之輪栽引起粲人之注意，最近數年對锄培方法大加改良，尤其注重有系統之耕耘

及肥料之施用，茶葉研究所正努力於施用各種人造肥料之大規模試驗，以探覓最適合之施用時期，並注意其施用與剪枝之關係及使用之經濟，但倘無確實記收，可供應用，僅一、二箇式混合肥料，仍於修剪後施用。

若干茶園以為鉀為枝後之追肥宜含氮較磷酸及鉀為多，但亦有主張率在剪枝期施加多量之鉀。普通之配合比例為氮七分之三，磷酸七分之二，鉀七分之二。此比例並非一定不變。普通各茶園及管理方法之不同而異。亦有於剪枝前數月，即施用含氯百分之七十五，磷百分之二十五之速效性肥。依普通之施肥習慣而論，次數少而景多不如次數多而景少。

錫蘭並不如東北印度之廣用綠肥，豇豆、Vigna Catiang、Crotalaria Junceat及Sesbanii aculeata等生長六星期後，即可犁入土中。但在錫蘭大多茶園，因地勢陡急，故不使用，而代以其他之豆科遮蔭樹及防風樹，定期剪枝，而將剪出之枝葉壅入土中。有時則作為覆地物。在培拉丹巴雅 (Peradeniya)舉行之試驗，指出Dadap樹每載能剪出一萬磅枝葉，而Gliricidia Maculata 則倍之。Albizzia Moluccana亦可剪枝，但普通不作此用。金合歡樹亦常剪枝，但銀櫟因非屬豆科，不予剪枝。

深耕

在年中任何時期，可用各種式樣之耙以行深耕，普通常與施肥同時施行。深度愈深愈佳，耕時將耙柄向外推，將土耙鬆，稱為「封套式」(Envelope)耙法，能減少土壤流失至最低限度。

茶樹之病蟲害

凡在東北印度之普通茶樹病蟲害，雖亦有發現於錫蘭，但並不特別嚴重。前任茶葉研究所所長T. Petch 曾稱有六十餘種病害，並指出：

註三：T. Petch 著。Cover Plants。載The Tropical Agricultur ist 十三卷六期，一九二四年出版

紅蜘蛛為害於高山茶園，乾旱期間更為劇烈。加魯他拉蟎牛（Kalutara Shell）則常發現於低處，白蟻在中央省甚為猖獗，加魯他拉茶樹，乃將其摘去，輕省則以木油或Selignum處理之。白蟻只侵害已受枝癌腫病之死組織，Nett, Grub 在烏發省每年增加，成蟲一大害。第璧發為害不大，只令茶樹組織衰弱而已；赤壁登則能使茶樹致死，黃壁蟲則僅損害其嫩葉。

茶蚊（Helopeltis Theivora）時發現於低區茶園，但脆弱不廣。Harler 謂茶蚊常與 Cercosporella病不易區別，因該病之病徵，與茶蚊所留遺之搔跡相似，故非發現茶蚊，難以妄謂茶蚊之是否存在。惟錫蘭之茶園，尚未有如他處受茶蚊之大害。

剪枝

茶樹經一年以上之繼續採摘，元氣大損，故須行剪枝，以除去多餘之枝幹。剪枝在茶葉行事歷中，亦為重要，在降雨連綿之數區域內，則剪枝可長年行之。總之，剪枝之施行時期視高度、土壤、品種、耕耘及採摘等而異，普通每隔一年至三年行之（註五）。剪枝之結果，使茶叢保持在三呎以下。剪枝時剪去初生之芽，茶叢之頂成為水平。

在降雨不連續之區域，剪枝時期視氣候而異，蓋以避免乾旱也。在乾旱天氣以前，剪枝實屬錯誤。烏之西南部剪枝時期在二月至三月以及六月中旬至九月中旬。在烏發省多在六月至九月。

茶樹幼苗不能抵抗季候風之襲擊，故在苗圃時期即須於四時處割斷。此前次剪枝應用於移植後生長已十八月之茶苗，其時期則因高度而異。剪時於離地四吋之處切斷，此後各次茶樹長高二十四吋之時，即行第二次剪枝，即於最初四吋以上新剪二、三吋處剪之，使在此高度上發生

在普通茶樹生長之環境，赤適合於病之發生，惟定期施行剪枝，及發現時將其實行之有規則施肥，亦有助於抑止病害。多數惡見均受茶叢漸老時，病害亦漸增多。（註四）

錫蘭茶園所發生之葉病為灰色、棕色及銅色葉枯病，其名乃視茶葉上所變之色而定。天狗巢病（Witches Broom）使枝條成一叢狀：又有 Cercosporella（Chlorosis）使葉變黃色；另有一未定名之病，使分枝反常：又有 Cercosporella Theae Petch病，但至最近為止，其中無一發生嚴重之災情害。防治方法如下：

（一）摘去病葉而焚燒之；

（二）施肥及中耕；

（三）填射殺菌劑；

（四）移去易於感染 Cercosporella Theae 之相思樹屬樹木及其他遮蔭樹。

第一種方法摘去病葉，不能大規模施行；施肥及中耕則為防止葉病之重要方法，噴射殺菌劑雖未必對飲茶者有害，但 Cercosporella Theae 只侵於嫩芽，噴射亦難於見效。

錫蘭茶樹之葉病及枝幹病，最多省為紅銹病及黑腐病，其他較不重要。Watt 博士稱水泡葉枯病為「最惡劣之茶樹病害」，惟尚未發現於錫蘭，並希望政府禁止受害種子之傳入，以免蔓延。

枝幹之病包括各種之枝癌腫病、幹腐病及幹枯病，但其他數種不流行之病害，其中有一種剝幹病，在錫蘭最近發現，其病徵為受害植物上發生特有之黑色針刺。

根病之最流行者為：Ustulina Zonata、Fomes Lamenoensis、Poria Hypolateritia、Botryo Diplodia 及 Rosellinea Arcuata Petch，在錫蘭與他處相同，根病起因為殘枝之腐壞。昆蟲在錫蘭為害茶樹，只限於低地及中等高度之區域，捲葉蛾（Homona coffearia）、鑽蛀蟲（Xyleborus Fornicatus）及蕁蔴蟋蟀（Nettle Grub）為害顏烈。

註四：T. Petch 著：「The Diseases of the Tea Bush」一九二三年倫敦教出版。

註五：H. K. Rutherfor 著：「Ceylon Planters」一九二五年哥倫坡出版。

斬枝。

老樹枝之剪枝通常在上次剪過處之上約二吋半高處剪之，但當幹節莢多時，則在主幹較低之處剪斷，節則逐漸除去之。在若干地方，先在上部修剪三次，然後行低剪一次。概言之，錫蘭以輕剪成爲例規，但亦因氣候、土壤、品種及高度等而有變化。剪枝之後，任茶樹休息一時期，休息時間之長短，亦因高度而異，在低地區域，茶樹在剪枝後六至八星期卽仲長，而頭芽則約於十一星期後發現；在中等地區域約在剪枝後三至五月仲長，離地區域則間更長。

台刈甚少行於錫蘭，但在馬他喇區則試之常有成效。茶樹之所以宜定期低刈一次者，其目的在於除去樹液上下循環所受之阻礙，在年幼而强壯且滋長太高之茶樹。但現在均行漸進之剪枝。老茶國之茶樹，每次剪枝時均選擇除去小枝節，枯枝及腐幹，生長最劣者於開始時卽除去之。每次剪枝之後，均須任其休息，直至茶叢枝架復原爲止，偶如此仍雖挫回，則將茶樹掘去，另植一株以代枝之。

所有之重剪枝均以鋸行之，較輕者則用銳利之剪枝刀，此種刀更用以平滑鋸口。用刀亂砍枝叢爲一般所禁止，因此將樹幹破裂，使菌類有侵人機會。未復原之傷口以焦油或其他適當之物質處理之，以保持水份而免枯萎。但此種處理，並不常發生效力。

採摘

採摘茶葉需熟練之技術與精密之管理，普通均由結女或較大之童工以手採摘嫩芽及二三葉，男工做較重工作，如剪枝、耙地、施肥及掘溝等。全年均可採摘，共時間間隔依茶園高度而定，平常每隔七日至十四日採摘一次。首次及剪枝後數次之採摘謂之摘心，須由當地受過訓練之工頭指揮技術優良之工人行之，是爲平常之採摘法。否則，偏在重剪均以後前有時間侯其復原，則可摘至頂部之芽至預期之平面，約在上次之剪枝面上部六吋之處。待多汁液之嫩枝長大至底部現棕色之木質時，乃使工人摘去其頂芽，以抑此樹液，下部之幹遂得加粗及强健。中等及

佳良品種之茶樹，在中央剪枝部位上約二葉長之處，常得大量之枝芽，以供第二次採摘；但在劣種茶樹，如得一適當長度之枝時，頭芽摘後，遺留老葉甚多。

二芽發生後，倘使發育不良，在葉與莖間生一魚葉，普通在魚葉之上留一、二個完全之葉，俾使發育二芽，以製造樹液供滋養之。

大茶園只摘最嫩之葉，一芽二葉爲標準採摘，中等之採摘乃一芽二葉及第三葉之柔軟部分以及一或二個 Banji 葉（註六）。粗摘則一芽三葉連三葉以上，達一個以上之 Banji 葉。工人採摘時用拇指及食指將葉摘下，無論技巧如何精明，總不免有梗或老葉混雜其中，但當其休息時可飭令工人將其拋出。摘得之葉放入深十五至二十四吋直徑十三吋之竹籃內，此籃每一採摘工人分發一個，可裝十五至十八磅之青葉，偶將葉積壓，則易致破碎並開始發酵，故須嚴禁之。每一技術優良之摘工，每日可摘青葉七十至八十磅。摘葉工人將葉放入籃內，偶將青葉積此籃每上午九時及下午四時在田間秤葉一次，然後送至工場，由製茶師再秤一次。

錫蘭茶園每畝之平均生產量爲四〇〇至六〇〇磅，最高者能達七〇〇至九〇〇磅。產量最高之某茶園，其起錄如下：

剪枝後第一年	五〇〇磅
剪枝後第二年	九〇〇磅
剪枝後第三年	九五〇磅
剪枝後第四年	八五〇磅

茶樹生長 Banji 葉時，須行剪枝。在剪枝以前可行輕摘，蓋此時較重摘易於復原也。

工廠與田間接近之茶園，青葉由採摘者以頭頂之送至工廠，偶有相當之距離，則須數園共有一工廠，則不能不採用種運輸方法。青葉由摘工之籃傾入大籃、椰皮袋或麻袋，然後用牛車、汽車、纜車、電車等輪送，除攬車外，各種運輸器具均使青葉在途中受震動。若卜茶園則試以

註六：Banji 葉爲一有發育受阻之芽之葉子。

Mana 草堆積於車上，以減少茶葉之搖擊。

萎凋

青葉到工廠過磅後，即攤佈於萎凋室內使之萎凋。在錫蘭並不行室外萎凋，萎凋室均築於工廠之上部，使能控制而不受天氣之影響。工廠之上層爲一充滿萎凋架之房間，籍以麻布做成，緊於滾輪上或架上。茶葉即攤於其上，進行萎凋。此種萎凋，在種萎凋室四週廣開窗門，且設有導管通至地面之乾燥室，倘有必要時供給熱氣，在室之各端及中部均裝有風扇，由各風扇及門窗之開關，可調節空氣循環，以得均勻之萎凋。當天氣良好時，所有之窗門均可開放，以行自然萎凋。兩者合併舉行，間亦用之。

低溫度之自然萎凋較用熱空氣調節之萎凋尤爲可取。因空氣溫度愈高，茶之品質愈劣。因此，所有之萎凋室均有多量之窗門以便於低氣天氣行自然萎凋，且可於潮溼天氣時密閉使不流通空氣。

若干早期之錫蘭茶廠爲咖啡工廠所改成者，此等工廠多位於包圍之山谷中，以便獲得水力。現代化之工廠改成者，地點多在開曠之地，以便吹風，而利萎凋。由經驗上知茶係在開曠之高地者，可接受任何方向之風而行自然萎凋。傳式之工廠建築雖得佳良之自然萎凋，而在新式面地位優良者，則自然萎凋常得極優結果。在潮溼季節中，在十八至二十四小時內欲得優良之自然萎凋，甚爲困難，超過此時間，如尚未達適於採捻之程度，則茶葉即將變壞。且茶葉放置萎凋盤中超過二十四小時，此工廠之工作程序勢必混亂，每日之製造程序亦不能循序進行。

據以往之經驗，當天氣潮溼時，人工萎凋之唯一方法爲吹入熱空氣，但溫度並非主要因子，而熱空氣之相對溼度最爲重要，關於此點，可用溼度計測定之。從商以爲循環於萎凋架之空氣須有華氏九○度至一○○度之溼度連續施用十二小時以後始得萎凋，後知此種設施，非但有損於茶葉，且浪

費電力及熱力。其後發現在下層之乾燥機當乾燥茶葉時，將剩餘之熱而溼之空氣透至樓上之萎凋室，此熱空氣有將茶葉煮熟之現象，如此更引起相對溼度或空氣溼度之注意，最後認爲溼度較不重要，調節之萎凋乃爲相對溼度或空氣之乾燥力（註七）。

在多數工廠中，茶葉萎凋後即行過磅，由其重量與生葉之重量，可算出萎凋之程度，如一百磅生葉萎凋後得九十五磅，則稱爲百分之五十五萎凋，而葉即含有百分之六十萎凋，含水分約百分之五十四之水分。百分之五十萎凋，而百分之五十萎凋，即爲輕萎凋；而百分之五十萎凋，含水分約百分之五十八，適爲重萎凋。輕萎凋製成之茶葉，滋味辛濃而水色淡。重萎凋則滋味溫和面水色濃，重萎凋則滋味辛濃而水色淡。

最近之意見似爲將熱後窗放出不良空氣，再引入熱空氣以循環之，觀需萎情形繼續循環施行。萎凋後約十八小時，酥素即行發生。萎凋完全後，葉變柔軟，攤捻或採捻時即不能復囘原狀。萎凋之適當程度乃由山手之感覺及茶葉柔軟決定之，萎凋充分之茶葉有新鮮類菜葉味。萎凋之直接目的爲求適當於採捻之狀態，蒸護其後製造步驟之成功。萎凋尤須如勻，故攤佈生葉須求勻薄，因過多數萎凋亦不能過度或不足，萎凋完成後，茶葉乃送至工廠底層之揉捻機。

揉捻

茶葉須經過採捻機三次至八次，其目的在使撚捲葉片及破壞細胞，後則逐次增加。每次採捻後，將茶葉取出，移入採捻解塊之青葉篩分聯合機，篩分約十分鐘，嫩葉所需採捻時間較硬老葉爲少，故須篩出，需

茶液有特有色香味。第一次採捻背通不加壓力，第二次則加輕壓，以

註七：F. J. Whitehead 著：Notes on The Artificial Withering of Tea Leaf 一九二三年哥倫坡出版。

議：

要再揉之葉乃再放入揉捻機內，當應用壓力時，每五分鐘卽去壓數分鐘，以免發熱，從前錫蘭一橡膠廠者 H. J. Moppett 對揉捻有下列之建

遇當裝調之葉，揉捻標準時間表如下：

二十五分鐘，無壓力。
二十分鐘，無壓力。
三十分鐘，十五分鐘輕壓力，十五分鐘半壓力。
四十分鐘，同前。
四十四分鐘，全壓力，施壓十分鐘，去壓五分鐘。

海拔三、五〇〇呎以上之茶廠，製造碎茶揉捻之標準時間如下：

三十五分鐘，無壓力。
三十分鐘，同前。
二十分鐘，半壓力。
二十五分鐘，略加壓力。
二十分鐘，壓力稍重愈佳，在中間解塊三分鐘，
二十分鐘，同前。

在高地茶廠，揉捻時間應延長，低地者則縮減少。低地之標準時間如下：

四十分鐘，無壓力，
四十分鐘，中等壓力，施壓七分鐘，放鬆三分鐘。
四十分鐘，同前。

在可能範圍內，揉捻愈慢愈佳，錫蘭茶廠普通每分鐘四十五轉。過分裝調之茶葉，應向愛情形於揉捻時浸入一勺之水。（註八）

在錫蘭所用之揉捻機，普通有數種型式，其設計與兩手相合，一手固定、一手週轉相彷彿，設備單之揉捻機即一無底之箱放在有稜脊之平台上，此箱由一曲柄週環轉動，當其轉動時，迫入其中之葉在稜脊之上解擦而廻轉，葉細胞破裂而汁液流出，易於醱酵。此種汁液粘着於葉之表面，乾燥後爲爲乾物質，當用沸水泡茶極易於溶解。

錫蘭茶廠所用之揉捻機多爲 Jackson 式。有三十二吋方形機，二十四及三十六吋圓形機，三十六吋變動式金屬機，單動式金屬機，二十時，二十八吋及三十二吋經濟機，Brown三動式及最近討倫坡商業公司設計爲重揉捻之揉捻機，均應用甚廣。

揉捻時將葉放入有螺旋調節壓力之簡中，所施之壓力全視該調所畜之茶葉性質而異，重壓力可能低使茶味濃烈，但易損壤茶芽，如茶葉已有香氣時，極少用壓力。最重之揉捻能不需用切茶機而得碎茶類。

錫蘭茶廠認爲揉捻碎茶機之數目與揉捻機相同爲一重要之事，小茶廠之標準爲一架揉捻解塊菁葉篩分篩合機配二架揉捻機，揉捻時較少當，其比例恆爲二架揉捻解塊揉機配五架揉捻機，揉捻解塊機爲一簡單之篩分機，有一大而捶動之篩，每時四至五之網眼，爲由粗老葉中篩出細嫩葉而設計，裝有一漏斗形之袋裝箱，袋內有槽將揉捻時之圓塊打散。

醱酵

對於揉捻室之溫度及溼度問題現已較過去爲注意。自發現揉捻時已開始醱酵以來，遂認爲揉捻時之溼潤及定溫與醱酵室同樣重要；故揉捻室與醱酵室實可合併爲一。

揉捻後之生葉卽薄攤於其有充分冷空氣而無直接氣流之水泥台上，使之氧化醱酵、單寧之氧化及芳香油之發生，在揉捻時茶汁外溢後，卽行開始。錫蘭與印度相同，爲防空氣乾燥妨害醱酵，故醱酵台上懸有溼布使空氣保持潤溼，若干茶廠則將布張於葉面，但不與之接觸。

溼布之作用，除保持空氣潤溼外，尚因水分之蒸發而可減低空氣之溫度，此點甚爲重要，因超過華氏八二度之溼度時，能發生黑紅色之氧化合物，降低成茶之品質。事實上錫蘭茶葉醱酵溫度較此低下者多，有時低至華氏六一度或以下，而在强壓姆常有在華氏五度以上醱酵。發酵故適宜之溫度爲華氏七〇度，同時乾燥計之乾球與溼球相差不能超過二度以上，如無差別最佳，但除有調節乾溼設備之現代化工廠外，殊難得之。

醱酵室常在工廠之底層，有無數之窗孔，使隨時受風。Moppett 建

註八：H. J. Moppett 著：Tea Manufacture, It's Theory and Practice 一九二二年哥倫坡出版。

讓倘室內各部難以完全供給空氣，則可裝置小型風扇。青葉攤放約一時厚，但在高地區及氣候寒冷者則較厚，藉以保存醱酵所生之熱。醱酵所需時間自採捻開始時起，細葉約二小時半，粗老葉約四小時。

至香氣發出後，再經輕微醱酵，乃可移至乾燥機，則醱酵須繼續較長之時間，醱酵進行中葉色迅速變化，最後則成亮銅色，並發生成茶之香氣。

乾燥

當茶葉醱酵至適當之程度時，即移入一通熱空氣之乾燥機中，其目的爲停止醱酵作用及使葉乾燥，最重要者爲使用某程度之乾燥茶葉所含之水分而不損及其品質。乾燥機之能力，視溫度及氣流而定，溫度高而氧流不足者，則有損茶葉之刺激性：若溫度低，則成蒸散狀態。

各茶廠烘茶所用溫度各有不同，有在華氏二四〇度烘乾數分鐘，而以華氏一八〇度完成之，亦有始終用華氏一七〇度，薄攤之使其緩緩乾燥。當大量經當時，後者對乾燥之投資須大。

錫蘭烘茶一次完成，並不若亞薩姆之分爲二次。採捻及醱酵後之茶葉水分含量約爲百分之四十六至六十二，烘乾至不超過百分之三至五。

乾燥機通用者爲模範式(Paragon)乾燥機，連環鏈壓力乾燥機(Endless Chain Presure)等，而以喬倫披攷乾燥機、Brown式乾燥機、Siroco乾燥機，變乾式乾燥機尤受歡迎。喬倫披攷乾燥機有六盆，爲上抽式，每小時可烘一二〇至一五〇磅。Brown式乾燥機烘量較少，每小時八十至九十磅，但成績優美。有垂直管之邊櫥式乾燥機(Far bridge)，亦漸普遍。

經萎凋及採捻之茶葉烘培約二十五分鐘後，乃成爲乾燥商易碎之商品紅茶，但格式及形狀不同，故須再經篩分機分爲各等級。

如前所述，錫蘭茶葉乾燥在一次完成，但乾燥茶在潮濕空氣中容易吸收濕氣，故惡劣氣候須補火一次，成茶如含水分百分之五至六以上，則包裝後不能久藏，故雖認爲不必要之加熱有損香味，但發現含水量過多時，必需補火一次。茶葉水分含量不能由手觸或嗅覺判別，若干茶廠應用化學方法以決定標準之水分含量。

揀選及篩分

茶葉烘焙後，篩分成各種等級。在篩分以前，必須揀去所有之紅片、梗子及其他雜物。錫蘭茶葉各花色之百分比平均如下：碎橙黃白毫百分之五十，碎葉及茶片百分之二十，橙黃白毫及白毫百分之二十，白毫小種、茶末及茶片百分之十。普通所用之篩分機爲一組網眼大小不同之篩，稍形傾斜，疊成一架，而以一曲柄聯絡之，以傳遞搖動作用。最上之篩之網眼最大，漸低則漸小，當此篩葉搖動時，茶葉在最上篩投入，細小之茶葉卽穿過網眼之篩爲止，最後將每號篩上之茶葉各別收集於箱內。

粗老之茶葉經切茶機切小之，此切茶機爲一捲筒，整個小圓孔遍佈筒之表面，切刀與反而轉動，但不相切。當茶葉投入時，小者即落入孔中，而大者突出於外，與切刀相遇時即切。圓筒上之孔之大小，視茶葉之粗細而定。

綠茶

錫蘭只製造少量之綠茶。青葉採摘後，立卽以蒸汽蒸之，其與紅茶製造分歧之處，卽在不經任何醱酵作用。故採摘及運送生葉至工廠時，均極小心，不使發生破碎，並立卽以蒸汽消滅醱酵素。其法將葉放入六角形之木桶，桶內裝有多孔之蒸氣管，當桶轉動時，卽通入蒸汽，在三十至四十磅壓力之下，蒸煮約二分鐘。

其後將葉取出攤放使冷，乃放入採捻箱內，先篩去多餘之水，然後採捻十分鐘，再加輕壓力採捻十分鐘，無壓採捻五分鐘，此時一部份之茶採捻搗碎，故用乎解散之。茶葉在乾燥機內烘至有微膠粘性及橄欖綠色爲止，乃取出候冷，再採捻二十至三十分鐘，使茶

茶葉成緊密之條狀後。採捻後，茶葉經過採捻揉塊機，不能解開之團仍用手解散。最後，以華氏一八〇度至二〇〇度之溫度，補火一次，乃篩分成各種等級。綠茶之等級普通分爲雨茶（Young Hyson）、一號貢照、二號貢照、珠茶（Gunpower）及茶末。

包裝及運輸

茶葉篩分後，再經勻堆，即行裝箱，勻堆、裝箱須僅速辦理，以免由空氣中吸收水份。每花色有足夠分量後，乃裝箱而運出待售。裝箱普通用搖動之裝箱機，使茶葉迅速落下，不必加壓力。此機爲一小台，木箱夾住於其上，台後連一偏心軸，使台急連搖動。

每箱可裝八〇至一三〇磅茶葉，小箱（Half Chest）則裝五〇至九〇磅，視茶葉大小而定。鉛罐在裝茶前即燬於箱內，茶葉裝箱後即鄞密之，若用鉛罐則內部更須襯以紙張，最後乃釘蓋，外縛鐵箍。於是將茶葉運至可偷坡或在本地拍賣，或再運至倫敦求售。

建築

茶園內之職員辦公室多爲平房，在低地區者則多建二層，藉得涼爽。經理辦公室之，設計適於家庭居住，其餘則只有未婚者之設備，但均有適宜之環境，令人安適而愉快。若十舊茶園之廠房用劣等材料建築者，極易毀壞，但新式者則建築有永久性。其工廠用鋼筋作架，而蓋以鐵皮屋頂，牆爲鐵皮，內襯木板，基部以石塊築高約三呎牢，在採捻室周圍，則石塊高築至二樓，使其寒涼。錫蘭茶之普通排列，在採捻、醱酵室、烘乾室、包裝室及篩分室均在在地面層，葉潤室則在工廠之頂層。較爲簡規模之小者，則只有二層，若每年產量三五〇、〇〇〇磅者，則有三、四個姜湖樓。

資本及其他

茶地開墾所需之資本相差甚大，普通爲七五〇至一、二〇〇盾比

（一盧比等於英金一先令六辨士或美金三十六分）。此項費用可延長至四、五年支付，先期需用較多，以後漸次減少。此費用包括工廠建築、機器設備及其他茶園之經常費用，還本約須經四、五年。故錫蘭一茶園使成爲永久事業，須經十年，方能獲得。一優良茶園之最高度生產費，每畝爲一、二〇〇至三、五〇〇盾比。

勞工

錫蘭之多數茶園及全部高地區者之勞工，均由南印度之農人組織耳（Tamill）供給。茶園之生活及慢越之工資，吸引南印度之農人脫離其本鄉──該處紙能獲得一季之收成。在錫蘭有五八九、〇〇〇坦密耳人受僱於茶園及其他種園地。

坦密耳工人包括工頭、副工頭及田間工人、工廠工人，後者各種年齡及性別如有。補充工人之舊式應募方法已不復使用，而改由鼓勵家長（常爲副工頭）招其親屬工作。在多里奇諾波利（Trichinopoly）之錫蘭勞工理事官亦不贊正招募工人，僅爲茶園作宣傳而已。

現在之制度，一工人首先需受考試，以試驗其是否適於茶園工作，合格後則途至曼台邦（Mandapam）之檢疫所檢驗體格，在准許赴錫蘭以前，居留六日以候檢驗，一切所需費用均由坦密耳僑工按照一定比率認捐之普通基金內支付。凡茶園滿十畝或十畝以上者，則依照需要情形按畝捐款，所有技術之應募者及其旅行之團藉時，其旅裝、生活費及移民費等亦由此普通基金負擔。

日間工作規定爲每日八小時，上午七時開始至下午四時止。最近採摘工人之工資爲以採葉量而定，但多數茶園另有額外津貼，以引誘共每月工作至二十一日以上或每日九小時以上。

最近數年錫蘭茶園對於茶園之普通狀況，大加注意，如設立學校、宿舍及醫院等。茶園對工人之子女均須加以注意，較大之茶園有設備完善之醫院，每一茶園均駐有服務員診治輕微之病症及執行各區醫官之命令。米由茶園供給，價值比普通市價爲低，宿舍醫藥均不收費用。

一九三四年坦密耳工人之工資如下：

	高地茶園	中等地茶園	低地茶園
成人	四九分	四三分	四一分
婦人	三九分	三五分	三三分
小童	二九分	二九分	二四分

註：單位為錫蘭分，相當於英金五分之一辨士或美金五分之二分。

錫蘭茶園之工人宿舍，建築時因法律之限制而標準化，舊式宿舍亦被迫改建，政府規定無論瓦或鐵板屋頂，必須有一定之傾斜度。宿舍必須經當地醫師之認可方得建造，每室平均不准居住三、二人以上。工人宿舍最適當之位置乃在不甚傾斜之砂磁土上，水源在可能範圍內常建築成村，以悅工人。良好與否甚為重要，為免受天氣變化，故設有走廊。屋檐仲出走廊須有二呎之寬，地板高出地面十二時，材料可用磚，並以水泥補之，或用搗碎之砂土，蓋以牛葉與泥之混合物。工人宿舍之屋頂必須關火窗，以流通空氣，此天窗之型式爲規定者，每屋至少有一窗，三呎見方，門之大小亦有規定，不得小於六呎高，二呎六時闊。環繞工人宿舍須築費。雙列工人宿舍者每室約三五〇盧比，單列者三七五盧比。水料缺乏之處須用鐵代替時，費用約增加百分之二十以上。

種植者協會

錫蘭種植者協會爲島上關心於茶業經營者之代表團體，所有茶園主、商店主或私人，凡對茶業有興趣者，均有選舉及被選舉之資格。總會設在塔的維多利亞紀念大厦內，全體大會及委員會均在此舉行。鳥中各茶區約有十七個附屬協會，解決當地問題，各協會之代表亦服務於錫蘭種植者協會之普通委員會。

錫蘭園主協會會員包括五五四個園主或公司，栽培面積六四一、九二五哩之各茶之分配如下：茶三七五、五〇四哩，橡皮二四三、一〇〇哩，其他之各業二三、三二一哩。其目的乃促進茶與橡皮及其他農產品之關心。園主及代理者有五〇哩以上之園地即可被選爲

會員。

其他之茶業組織爲低地區產品生產協會。此爲低地區產品如椰子、橡皮及椶樹等栽植而積在二十哩以上者及上述產品之製造工廠、磨坊之所有者所設立，有四一二個會員。

研究所

最近數年來之錫蘭茶業問題，尤其關於茶樹之生理與土壤肥料之關係，茶業研究所之科學研究題目。此研究所在於梯拉華吉利（Tela-wakelle）之聖康勃茶園（St. Coombs）內。最近之重要問題爲各種土壤之石灰噴射需要量，殺益殺菌劑對茶製造之影響，生葉之化學成分及最優良茶葉製造中之化學與變化等。亦注意及 Tortrix、Trichogramma erosicornis 之寄生蟲之培養。自發現茶樹剪枝後，因缺乏澱粉而死後，對於 Diplola 病亦頗明瞭。以前未有紀錄之 Dadaps 病，現已發現爲一小蟲 Heteroda radicicola 之寄生所致。此研究所之工作結果多編纂於茶葉季刋（The Tea Quarterle）內。

錫蘭種植者之生活

最初來錫蘭植茶者，大多爲英國、蘇格蘭或愛爾蘭之公共學校之少年，偶或爲大學生及未經服務之人。錫蘭茶園徵求助理，訂以三年至五年之合約，或先行試用，對此試用制度有二大分歧之意見，聯合帝國新聞上之評論對此津貼力而幷爲正式助理。

對此試用制度有二大分歧之意見，聯合帝國新聞上之評論對此津貼試用制認爲不當，招選青年給與一百金磅之津貼實可維持最低生活，多數之茶園代理者則認爲此種試用制將產生大量候缺之青年，因而發生失業問題，而彼歐洲來之助理則可按需婆而招請，若干茶園甚至拒絕僱請貧乏試用之人。彼等指出有合約赴蘇門答臘及爪哇者，開始時即可領薪，而園主主張在錫蘭亦應相同。

反對此報意見之其他代理人，寧用貧受試用而成績良好之青年，不

顧僱用由倫敦代理處送來者。二十年前反對試用制者甚少，但無論如何，一個青年在試用期後而有成績優良之證明書者，不難得一職位。

錫蘭茶區圖

歐洲青年植茶者，開始由初級助理可升至二〇〇至三〇〇職。植茶地之管理者，其月薪在第一年為二五〇盧比或年新二四〇鎊（一、二〇〇美元），供給住宅、柴薪及二僕人、一園丁及一侍役，並給予茶裝，每年增加月薪五〇盧比以上，至達八〇〇至一、〇〇〇盧比或年薪七二〇鎊（三、五〇〇美元）為止。最先升級為高級助理，協助管理者之工作，然後再升為茶園之管理者，最後可升至經理或巡迴代理人。

除月薪外，管理者及經理倘可得七〇鎊至一、〇〇〇鎊之紅利，有住宅、四僕人及一馬車或汽車。經理可處理二園，薪金可高至二、五〇〇鎊，但平均為每年六〇〇至七〇〇鎊。茶園之巡視代理人或指導者不兼其他事務，可得年薪三、〇〇〇鎊至五、〇〇〇鎊（一四、六〇〇至二四、〇〇〇美元）。依照慣例不訂合約，但亦有訂者，多為三年至五年。助理先付薪給及來錫蘭之旅費，滿期時再續訂。每年有三星期之假期，三年至五年後視服務時間之長短及成績，可有六個月之返國假期，假期間薪金照支，並可延長二至四月，但祇支給薪金半數。多數茶園對植茶者及其家屬返園時，供給頭等之來囘旅費，但以返任為條件。

錫蘭植茶者之每日作息時間如下：早晨五時半起床，六時集合，六時至六時半進早餐，七時至正午巡視茶園及工廠，其後再進茶，下午二時再開始工作，乃為辦公室內各事之處理，四時晚會，四時半至六時繼續工作。普通星期六下午及星期日全日均休息，此時之遊戲為網球、高爾夫球、射擊或訪友，在晚上則為橋牌戲或參加私人集會。茶季時星期日早晨亦須至田間巡視。

植茶者在錫蘭服務之時間平均為二十八年，如為有雄心者，則較終必為多數茶園之經理、巡迴代理人、茶園所有者或為一茶園之大股東，做股東者可返倫敦退休，而由海外之有限公司與錫蘭保持聯絡，定期巡視錫蘭一次。

若干植茶者希為種植者協會之領導者，無論錫蘭之協會，倫敦或本地者無雄心者。只視為生活之所，甘願漂流，以聽命運輪之順利轉勤。錫蘭植茶者對其工作留戀而不願離去，已為定例。

第二十一章　其他各國茶葉之栽培與製造

茶樹温植於亞洲大陸及其他各地 —— 暹羅野茶之製造法 —— 緬甸人製造 Letpet，一種作蔬菜用之茶葉 —— 緬甸、法鍋印度支那、馬來聯邦、俄羅、納塔耳、尼亞薩蘭、葡鍋東非、爲乎達、坦噂尼加、亞速實、外高加索及巴西商品茶之栽製

科學家認爲暹羅、緬甸之原始部落及中國邊境之雲南省之人民，爲最初採摘並使用其本地山間所產之「茗」(M'ang) 或野茶樹之葉者。彼等將野茶蒸煮及醱醉後揑成小束，供作咀嚼之用。最初時且煮野茶樹之生葉作爲藥劑。中國栽培此種茶樹，並爲便於保存終年供給藥用起見，乃將生葉製成乾葉。此後南方諸地始自中國人學知製茶，以茶葉作爲飲料，但其範圍尙不廣大。

暹維 ——「茗」(M'ang) 爲暹羅所產之唯一茶葉，但只供內銷，並無出口。最初採摘並使用其四週整理，以便採摘。如係人工播種，保將稻秆埋入深二、三吋之穴中，四周圍以硬棒三根，以資保護，然後任其生長，並此移植，如此種植之茶樹，常種於野生茗樹之間。因茗有刺激性，嚼之可使人少食耐勞。

大茗園區域中之茶樹，有土人播種者，亦有自行繁植者。在野森林中如有野茶發現，則附近居民即將其四週整理，以便採摘。如係人工播種，保將稻秆埋入深二、三吋之穴中，四周圍以硬棒三根，以資保護，然後任其生長，並此移植，如此種植之茶樹，常種於野生茗樹之間。

幼茶樹長至六、七呎高時，始行採摘，其平均高度爲十六呎至二十呎、最高可至二十五呎至三十呎。離地面三呎處之樹幹，直徑平均爲八時至九吋，亦即在此處以上生長枝條。

茶樹除每年芟除野草二次外，並無其他培植，亦不剪枝或清除寄生

植物，故樹上叢生苔蘚、羊齒、蘭科植物等。「茗」樹最大之灌叢爲一種毛蟲，損害幼葉及幼芽。

「茗」之葉較中國茶樹葉爲大，但較印度茶樹之葉爲小，此三種茶樹均問屬一屬 —— Theasinsis (L.) Sims。普通茗葉之採摘可分四季 —— 六月、八月、十月及十二月。

十月與十二月所採之葉最佳，雖亦有在六月與八月採摘者，但品質甚劣。每次採摘期約視其採摘次數而定，大抵爲二至三星期。在某數區域如湳 (Nan) 之東北部之明普 (Muang Pua) 區較大之「茗」產地內，採摘期並不一定，全年任意採摘，此茶園多爲丁族人 (Tins) 所有，其採摘方法則與之以後所造各區域採摘法略異。

普通採茶時間均在早晨，但亦有整日探摘者。多數茶區之探茶工人，不論男女，每枝有四、五片葉之茶芽僅採其三分之二，其採法係用右手拇指與食指摘下，轉源與牛手，直至握滿爲此。然後用竹絲細緊成束，名爲一千 (Kam)，每一千之茶葉雖經製造，仍甚完善，並每一種「茗」茶葉經製造，仍甚完善，並每一種「茗」產一種登成單位。明普區之丁族人則將三、四葉之嫩芽，連莖採摘下製成「茗」茶。在此區內，每株茶樹平均產二、三十千客即爲上乘，蒂採客每日可採一百二十千。

製造茗茶時，先將每千生茶葉二小時，冷後置於籃中或竹桶中緊壓之，使其醱醉。經一個月，即可食用。此類茶葉可保藏一年不壞。偶有將茶莖置於竹筒心中，埋入地下，以保藏之，但僅在供過於求時用之。有時茗茶亦用鍋炒及手搓等方法，製成供作飲用之茶葉，此類方法懂興梅人 (Chiengmai) 西北之一小部份山地居民採用之。但在茗茶區域內，茗茶之需要，僅有暹羅一國與緬甸之極小部份

二四一

不能運用正確方法以生產商業化之茶葉，殊不可解。（註一）

緬甸——緬甸栽茶面積共約五五、〇〇〇畝，其中北撣部佔五〇、〇〇〇畝，南撣部佔二、〇〇〇畝，此項數字僅為古時土人茶業之仍留存於現時者之估計，此外亞拉根州（Arahan）、坦納綏林州（Tenasse-rim）及西北邊區亦有四區生產茶葉。各區產茶面積如下：亞拉根之亞開勃（Akyab）六二畝，坦納綏林之東谷（Toungo）七〇〇畝，加綏（Katha）五〇三畝，上更的宛（Upper Chindwin）一、八四〇畝。每年茶葉總產量約在二百五十萬磅之間，均為緬甸人及撣族人所消費。

緬甸及撣部茶樹之品種與其近鄰之印度所產馬尼坡（Manipur）土種甚少嚴格之區別，惟葉片較厚而小，且鋸齒較尖銳，呈長橢圓形。其與馬尼坡種之所以不同，恐因緬甸茶樹數百年來皆用作茶蔬而不充飲料之故。野生之馬尼坡種在宛河流域及緬甸西北部支流一帶，生長而積甚廣，并公認為最堅實之茶樹之一種。

近年亞薩姆之土種已輸入緬甸，因亞薩姆品種較馬尼坡種為優美，故緬甸政府勸告人民種植於土壤肥沃及氣候適宜之地。惟環境不佳之處，仍以緬馬尼坡種為佳，因柔弱之品種在此種地區易罹病蟲害，而馬尼坡種獨可生長繁茂。

緬甸茶樹百分之九十產於 Tawnpeng Loilong 之北撣部，該地叢山高出海面六、〇〇〇尺以上。土壤呈暗褐色，為黏土之沃土，土層頗深，上覆大量腐植質，茶樹單本植，樹蔭頗大。蔭處生長繁茂，充分發育之葉達九吋，惟剪修枝立即使茶樹致死。

茶樹之栽培，多選擇稠密之森林地帶，以藍橡樹林或灌木林為最佳，松林之地則頗少種植。茶園皆位於山之兩邊斜坡，直達出岬，山脊地則生長原生叢林，峻峭之山坡茶樹富饒較小。茶園無有系統之種植，均茶籽在十一月收集，在次年二月或三月後播種於苗圃中，常至第二年齡達二呎時，乃於八月或九月間移植於已清除之山坡上。茶樹除於旱

季時潑水外，並不應用肥料。除草工作僅在雨前及十月後舉行，用鋤翻土。茶樹不施剪枝整形，任其自然生長；樹間空隙，則植以茶苗。

緬甸茶農皆自有茶園，其栽培方法仍為數百年來之舊法，迄今全國仍無一科學化栽培之茶園。

茶樹首次採摘，在第四年時，以後繼續採摘十年至十二年。自三月至十月，可採摘三次，此與萌芽之次數相當，其中以第二次採摘——五月至七月——為最佳，名為 Swe'pe，採摘方法甚為粗放，老幼操雜。第一次所採者較粗，製成溼茶或鹽漬茶，撣族人稱此種茶葉為 Neng Yam，緬甸人稱為 lepet。

Letpet之製造為緬甸之撣部及亞薩姆與緬甸間之若干山地所特有。

其法有二：一法將生葉投入沸水中，任其停留片刻，至葉片柔軟時即行取出，遲後用手採捻，然後任其冷却。加上一番柘榴葉所製之漿，然後倒置陰處二日，使其水汁流盡。當Letpet蒸入竹筒時，竹筒上端每留有少量空隙，裝入以水泥和之灰，以防虫類侵入。此盛滿Letpet之竹筒，隨即埋入土中，經六七星期醱酵後即可出售。竹筒如不埋入土內，則將轉黑色變壞。俟良者為黃色，裝入舖有樹葉之柳筷簍中，此法在伊洛瓦底河（Irrawadi）以西其盛行。

第二法行於伊洛瓦底河以東之地，係將生葉蒸煮，用手採捻，任其冷却後，放入裝饂木板或竹蓆之地坑內，上加以菁，并用重物緊壓。如是留藏其中，以至有人將其全部購去。茶蔬取出時係裝於竹簍中，此類 Letpet 茶或稱 Siloed 茶，係浸入油內與大蒜乾魚同食。此種調製認為奢侈之享用。

第二次採摘之茶或稱Swe'pe，多製成乾茶，生葉先蒸煮一夜，次晨取出緊壓採捻，然後置於竹蓆上在日光下曬晒。在四日內繼續採捻三、

註一：Report on the Cultivation of Miang 見一九二三年曼谷出版部長發表之紀錄。

四次，待完全乾後，即成乾茶，名Letpet Chank，藏於籃中。

撣族人以Letpet Chank作爲普通飲品，有少量輸入中國雲南省，以前此爲一重要貿易，但此種茶葉並不適合於歐人之嗜好。撣族人將茶葉漬於陶土壺中煮之，再加鹽飲用。

近年來有提倡用科學之栽培與製造方法以改進緬甸茶產之運動，惟因機械缺乏使製造上之改進尚未充分表現，但改良茶棧已極受國內市場之歡迎。

一九二九年緬甸農業部工作報告內云：

最近Thandaung茶園之茶葉經營管理已轉讓予仰光Mac Gregor公司，此茶園位於海拔四、五〇〇呎之山坡上，爲處女地所新闢省，全年雨量爲一八〇吋，其栽培方法與錫蘭相同。

全年四季均可採茶，在發芽旺盛時，每隔七、八日可採摘一次，普通則每隔一至三星期採摘一次，輸入之茶棚均爲緬甸與亞薩姆之優種茶種，其中以錫蘭之茶種爲佳，產量亦較豐。由撣部傳入之茶棚，爲數不多。

此種首倡建立緬甸之茶業努力所獲得之成就，給予緬茶在商業上可能成功之信念，故在不宜栽植其他作物之土地，可以引入一種新作物矣。

法屬印度支那──依照中國古代之舊法製茶之安南土人，久已放棄中國原始之栽製方法，而在東京浦東(Phu Tho)之國立實驗所(Governments Ecperimental Station)之鼓勵下，其出品亦漸能符合實際之商業標準。

安南土人最喜歡用濃厚刺激之茶，而不喜優香之茶，製茶原料均爲老大粗葉，因此土人所用之茶，成爲歐人今日所發展之茶業之有價值之副產品。

法屬印度支那之主要產茶區域爲安南、東京及交趾支那諸省，此外有大量野茶生長於上老撾山間，但其原始栽植之茶樹，死亡已久。

安南植茶地約六〇〇、〇〇〇噸，東京約八、〇〇〇噸。一九三〇年法屬印度支那之茶葉出口量共五〇〇、〇〇〇公斤，價值二、五〇〇、〇〇〇法郎；一九二九年共一、〇一二、四〇〇公斤，價值一〇三三、〇〇〇法郎，

法屬印度支那茶區圖　茶葉散區

本地栽植方法極爲幼雅，在居屋之四週栽植之茶樹，鮮有至一百至三百株者，茶籽直接播於田圃，不知苗圃育苗之法，每穴之幼樹長出後，僅留其中最肚之一株，其餘拔去。此後除芟草外，削無其他培護工作。茶樹經三年後，常可開始採摘，每年可採二、三次全部樹葉幾被採盡。採摘時不採嫩葉幼芽而摘老葉，常呈凋零狀態，易爲病虫所害。

土人製茶方法甚多，其中較爲普遍者，將茶葉緩緩乾燥後，放入米臼內杵之，再經完全乾燥後即成。此項手續頗相當於一般之萎凋、揉捻及乾燥方法，所製成之茶則爲米醪酥之粗茶。

交趾支那及東京一部地方製造綠茶，係將茶葉在鍋內蒸煮，再移置另一鍋內用手或足揉捻，然後攤放於日光下曬乾一小時，再採捻一次，

俟乾後卽成。

東京粗紅茶之製造法，為將茶葉於採摘後卽在硬木塊上研磨，然後分成小堆，稍洒水，上蓋以布，使醱酵十二至二十四小時，其後再置於日光下曝晒數日，俟乾燥卽成。用此方法製成之茶，味酸苦而缺乏香氣。

老撾省土人所飲之野茶，如 Meo-iuang 及 Mieugnoi，其製法較齊通日光下乾燥製法為繁雜。將山森林中採來之茶葉，首先傾入已燒至適當熱度之鐵鍋內，將茶葉不斷炒動，接近乾燥時，並用手揉捻，俟完全乾燥卽成，此種茶葉有一部份行銷於中國雲南省，其茶味與歐人所嗜好者頗為相近。

與七法製成茶葉處於相對地位者，為歐人在安南經營之六所新式茶園所製成之優異出品。此新式茶園之組織設備皆仿傚英屬印度、錫蘭、荷屬東印度之茶園。其中四所已有設備齊全之新式製茶工廠，餘二所在最近亦可完成其新式裝置。茶園面積在五○○至一、二○○畝之間，但六所茶園倘未完全在生產中。

歐人在安南所經營之第一所茶園，保設於低地，該地土人原已擁有茶園，但不久卽發現其錯誤，其他茶園遂均設於高山之上。最初認為本地氣候與爪哇相似，實為一最重之錯誤，因本地並非赤道氣候，冬季寒冷枯燥，與高旱之錫蘭島發霉域相似，非懂溫度、雨量、濕度與爪哇不同，且整個氣候亦受東北部之山脈及來自北部亞洲及中部亞洲之乾寒風之影響。

一般實之，土壤並不十分肥沃，但其物理性質宜於植茶，茶園所植均為亞薩姆種。茶苗先經苗圃培育後再行移植。最初所用茶籽係由爪哇及蘇門答臘輸入，亦有少量來自亞屬印度。今所有茶園之茶樹均為齊整之亞薩姆式之矮叢，低劣已證明有良好之結果。

安南工人因受中國工人之影響，在茶園工作甚力，男女工人之技病均頗熟習。茶葉在雨季中常每隔七、八日採摘一次，探摘頗為精細，僅摘一芽二葉，乾季內則每隔十天或二十天採摘一次。

英屬馬來聯邦——英屬馬來及海峽殖民地茶樹之種植，自經數年前在塔納拉泰（Tunah Rata）及開墾隆（Cameron）高地舉行小規模試驗栽植後，卽證明為一種成功事業。在雪蘭峩（Selangor）、彭亨（Pa-haug）及吉打（Kedah）等三處共有茶地二、○○○畝，在塞店（Ser-dang）設有實驗工場一所。馬米茶與印度卡祭茶甚相似。

惟一有商業希望之茶園為未加入聯邦之吉打州古蘭地（Gurun）地方之茶園，該處有茶地一四○畝。在松哲皮西（Sungei Besi）礦區內中國地主有茶地一四○畝。茶葉全係手工製造，行銷於該錫礦區中之中國工人。

伊朗（波斯）——吉蘭省（Gilan）累什特（Resht）附近四區，有茶地五、六七○噸，每年產額約值二○○、○○○磅。此四區卽：富曼（Fumen）、拉希哲（Lahijan）、拉甘（Lahan）及蘭格魯特（Langrud），此外馬匝得蘭（Maxenderan）省亦有茶樹栽植。根據加爾各答印度茶業協會前任總技師 G. P. Hope1 調查伊朗北部茶業情形之報告，伊朗之氣候、地勢及土壤均甚適合於植茶。

茶樹之播種常在十一月至次年四月間。幼苗在苗圃中經二年之培護，長至四分之一 Zar（1 Zar＝四○・五吋）高時，於春季或秋季定植之。茶樹在四年以內不行採摘，但須除草。採摘多在夏季，每隔七天一次，春季探摘之茶，品質較他季探摘者為佳。如遇夏季天旱，茶樹卽停止發生

微芽。剪枝則在秋季行之，俾以剪將茶叢切至適當高度。茶樹病害極為罕見，但茶苗常易因過度潮濕所毀。採摘時每隔十日而耕一次，所用之鋤名「bīl」，鏟名「Jappar」，為波斯式，鏟上配鐵樺，以便挖掘時可用足踏而施重力。

如茶樹生長強健，十天內可採摘二次。伊期茶樹常受長春藤之攀繞而至於枯萎。白色翅蛛亦常織網於茶樹上而妨礙其生長。

每Jereeb(約二·七噸)之地面，可植茶樹一〇、〇〇〇株，如株距在一Zar以上者，每洞中常植茶三株，以便採摘。伊朗之茶區均係人煙稀少之地，故人工之缺乏成為今日政府企圖擴克茶地面積之最大問題。採摘及栽培工人每日工資由一·二五至二·五Rial（一Rial約合〇·〇三美元）。

每一Jereeb（即一萬方zar）茶地須用工人二名。拉希哲地方無超過五Jereeb以上之茶園。

製茶方法頗為古舊，茶葉於採摘後經萎凋約十五小時，即用手採捻，再置入類似一小Siroooo式乾燥器之小木籠內。該箱內有棉布底之木盤四只，箱下置炭火烘約一小時至一小時半（註二）。

勞工為撰充茶國最大之問題，本地雖極窮乏之居民，寧願自耕其地而不願為人傭備，現政府正設法在濱海附近另行開墾茶地。

納塔爾（Natal）——納塔爾之茶葉生產已趨衰頹，其主要原因由於印度政府顯令禁止移民室納塔爾。所有茶樹均為強薩婦種，植於斯坦求（Stanger）附近海拔一、〇〇〇呎之高山地帶。適於茶樹生長之地，共約一五、〇〇〇畝，今已變植者僅二、〇〇〇畝。納塔爾氣候適合於茶樹之栽培，日光雨量充足，無殺霜之害，病蟲害亦黃少。採摘自九月至次年六月止。

該地產製茶工人原均來自印度，其合約現已終止，但仍有以較合約為高之工資繼續留用者。女工及女童工採茶技術極為熟練。自印度政府禁止工人至納塔爾後，遂雇用若干本地土人（Zulus）以代之，但其工作

非洲茶區圖

能力遠不及印度工人。

納塔爾有大規模茶園二所，一屬J. L. Hulett父子公司及W. R. Hindson公司所有，均在竇班（Durban）。此外另有較小之茶園四所。其規模較大之二茶園，均具有設備完全之製造工廠可行萎凋、採捻、醱酵、烘焙、分篩、裝箱及出運等工作。其中尤以J. L. Hulett父子公司經營之Kearsney茶園範圍最大，每年能製茶一〇、〇〇〇、〇〇〇磅。

納塔爾茶可分金白毫、白毫、白毫小種及小種四種。如除境內可以植茶之地盡行開墾，則不但可供南非洲全部之消費，並且尚可輸出國外。

根據南非政府年鑑，茶業之投資已達三、五〇〇、〇〇〇鎊。

尼亞薩蘭（Nyasaland）——茶樹栽植已超越試驗時期，且續有發展，但因氣候及雨量之限制，使產量無法增加，終難成為一大茶葉輸出國。茶樹大多栽植於二、〇〇〇呎高之姆蘭治（Mlanje）區，該區雨量充足，分佈平均，此外在一、〇〇〇呎高之科羅（Cholo）區亦有茶樹栽

註二：G. D. Hope 著：The Cultivation of Tea in the Caspra Province of Persia 一九一四年加爾各答用版。

植，但雨量則較姆蘭治爲少。

布臥推來（Blantyre）與松巴（Zonba）二區，雨量不足，不能獲得如姆蘭治及科羅間樣之成功。

尼亞薩蘭茶葉之最大產製者爲擁有姆蘭治匾 Lenderdale、Glenorchy 及 Limbali 三茶園及 F 科羅匾之 Zoa 茶園之布蘭推來東非公司（Blantye and East Africa），一九二九年該公司除尚在計劃繫植者外，已有茶地二、一五九畝。

最老之 Landerdale 茶地，一九二八年茶地九四〇畝，一九二八年之生產額爲三三四、〇〇〇磅，一九二九年則爲四一〇、〇〇〇磅。該處雨量在一九二八年爲七二時，而次年則增至一〇四時，其他天然環境亦甚適於植茶。

Ruo 茶園公司爲尼亞薩蘭之第二大茶葉生產者，該公司在輯蘭治匾內有茶園三所。此外尙有 Africa Lakes 公司之茶園及其他數家茶園。Lyons 公司在姆蘭治之盧吉地（Lujiri）創設一大規模之茶園，已有茶地一、二〇〇噸，並建築最新式四層樓製茶工廠一所，該地土壤肥沃，雨量亦充足。

科羅匾內近年來如 Conforzi、Scott、Harter、Wallace Rose等赤開繫茶園頗多，此外則有 Bandana 茶園、Zoa 茶園、Cholo Land and Rubber 公司之茶園及 Maxwell 之 Mandimwet茶園等。

印度種種籽常有輸入或自行繁殖，均經嚴格之揀籽選擇，植茶面積已自一九〇四年之二六〇噸增至一九三三年之二一、五九五畝，現仍在繼續擴充中，最新式之製茶機械亦已輸入採用，工廠建築均仿自印度、錫蘭。一九〇四年之出口額爲一、六一二磅，一九三三年則增至三、〇〇〇、〇〇〇磅。

茶樹栽植方法仿效印度與錫蘭，繁殖方法係於苗匾內用種籽播植，一年後再行移植，三年之內不行採摘，但常加修勞，促成矮漤，共高度在二呎至五呎之間，至第四年終，即開始由土人用手採摘，僅採一芽二葉或三葉，盛入籃中，帶囘茶廠製造，每日二、三次。約一星期後再開始第二次採摘，在茶樹生長期內，均如此繼續進行。茶樹發芽期之間隔，常隨氣候而變更，五日或十日不等。每畝茶葉乾量自二五〇磅至五〇〇磅。

茶樹生長期自十一月至次年五月，剪枝期由五月至八月，採摘期由十二月至次年四月，十二月採摘最盛，當接近寒冷而乾燥之季節時，採量即漸減少。

茶葉經採摘後，在工廠內過磅，再故置鐵上，並薄攤於鐵絲網架或棉布所製成之架上萎凋，使茶葉水分減少約三分之一。萎凋之時間爲十八小時，但全以空氣之狀況爲輕移。萎凋工場採用，因其天然與人工之萎凋法均有採用，茶葉生長於濕度濃厚區域者，因其所在地之空氣接近於飽和點，可能時皆用自然萎凋，唯需萎時亦用人工萎凋──此與錫蘭相同。

茶葉經萎凋後，即由斜溝輸至樓下之採捻室，用英國之採捻機採捻之。此機可容萎凋葉三五〇磅，揉捻三次以上，每次需時約四十分鐘。經過屏塊機及靑葉篩分機後，即移入醱酵室，攤置於水門汀、玻璃或鋼皮板上醱酵一小時半或二小時，醱酵完畢，用烘培機加以烘培再用分篩機分成普通各級之紅茶。

尼亞薩蘭僅製紅茶。茶葉裝於倫鉛之箱中，行銷於倫敦市場，其售價並不下於同等高度之錫蘭及印度紅茶。在姆蘭治設有茶葉協會一所。將來尼亞薩蘭之茶區範圍，當以姆蘭治及科羅二匾爲栽培極限，因氣候尤其普雨量爲之限制，主因則爲尼亞薩蘭西岸之雨量較多，如能改進交通，便利運輸，則茶業前途頗有發展之望。該地平均地價每畝五鎊。

據 H. H. Mann 博士報告，謂茶業之發展足爲該國富庶之重要基礎（註三）。

註三：Harold H. Mann著：Tea Cultivation and its Development in Nyasaland 一九三三年倫敦田版。

強鄰東非（莫三鼻給 Mozambique）——尼亞薩蘭之婦蘭治山與葡
屬東非洲相接，尼亞薩蘭與莫三鼻給之界河兩岸，有數處小面積土地，
其氣候適於茶樹生長，Empreze Agricola do Luglia Linitada 已開
墾茶地五〇〇畝，小規模之茶廠亦已建立，每年產額約九〇,〇〇〇
磅。該公司之總辦事處在里斯本（Lisbon）。

○烏干達（Uganda）及快尼亞（Kenya）。
烏干達，經茶樹栽培試驗後，已證明可生產優良品質之茶葉。今商業
性質之栽植業已開始，但尚幼稚，土壤肥沃，全係紅色黏質壤土。烏干
達之土地每畝可傳值四磅，快尼亞可傳十磅，烏干達茶地均在五,〇〇
〇呎之高地，快尼亞之里摩羅（Limurw）海拔七、三〇〇呎，陸勃
華（Lumbwa）為七,〇〇〇呎。
烏干達為國家茶園所在地，僅該地土壤業加分析，但非洲任何耕種
區土壤蓁異甚少。
烏干達及快尼亞二處發展茶葉之最大障礙為人工問題。茶葉能否由
實驗性質變為商業性，端賴此問題之完滿解決。
快尼亞產於基庫育省（Kikuyu）之江部區（Kiambu）、索亞省
（Nzoia）之南地（Nandi）、烏新吉舒省（Uasin Gishu）、遠珊西蓁亞（Trans
Nzoia）等區及尼亞薩省之北卡佛朗陀（Kavirondo North）、基蓁隆
地尼區（Kisumu Lond'ani）與基立各等區，基立各與里摩羅二區茶業
經營最佳。茶地總面積約二二,〇〇〇畝，每年產茶約三,〇〇〇、
〇〇〇磅。

○坦喀尼加屬地（Tanganyika Territory）——「坦喀尼亞西南高地植
茶之展望」為一九二九年之一種重要農業報告，該報告指陳中東非洲坦
喀尼加屬地有建立茶業之希望，且使人深信兩臺豐富地帶亦能產優良之
茶葉（註四）。
最近 H. H. Mann 博士赤謂茶業發展政策可用於蘭巴已拉山（Usa-
mbara）南方高原之木茶的（Mufindi）及蘭威（Rungwe）二區。該地可
開闢茶地五〇,〇〇〇畝。渠又估計上述地區之茶葉產額除供本地飲用

外，仍可大量輸出。同時可維持大量歐、印、非人之植茶者及勞工之生
活。渠又謂如欲免去茶業在經營上之種種困難，惟有仿行近世各國在
產茶地所用最新式之大規模組織或企業，至少亦須將人民團體集合，
如每一殖民者擁有三千鎊即可組織一中心工廠，運用合作力量及獨立資
金或其他方法以推展之。但此種方法須由政府予以輔助，方有發展希
望（註五）。

梁邁克爾（St. Miceael）及強遠爾蓁島（Azores Islands）——聖
邁克爾位於北緯三十七度三十分，西經二十五度三十分，屬葡屬亞速爾
羣島，有茶園四、五處，產優良之紅綠茶，大部份綠茶行銷於有優先進
口之葡萄牙。Gorreana 茶園創於一八四一年，由四、五中國植茶者指
導，但其栽製方法與常地土
壞、氣候環境及人工供給均不
適合，故乃為沿用本地土法。

俄領外高加索。

Tranocancasia（Russian
an）為一重要宿源，此區屬
於喬治亞蓁維埃聯邦之外高加
索，茶地多在黑海東海岸首都
巴統（Batoun）附近之亞德爾查
巴統（Adjar）南麓斜坡上。主
要產茶地均由政府經營，栽植
及製造之中心在查克伐（Cha-
kva）。

註四：M. F. Bell 著，見一九二九年農業部之報告，倫敦出版。
註五：Harold H. Mann 著：Report on tea Cultivation in Tang-
anyika Territory and its Development 一九三三年倫教出版。

蘇俄外高加索茶區

心一堂 飲食文化經典文庫

化以後，原屬皇室之查克伐茶地，今已隸於喬其亞農業人民委員會，一九一三年時喬治亞僅有茶地值一、八二五畝，一九三四年則已增至八○、○○○畝。

所產之茶葉，直至目前，尚屬普通，此種茶葉即倫敦明星巷專家所謂「清爽鮮美而無特殊性質之茶」。但 H. H. Mann 博士則謂可與大吉嶺所產者相比擬。

茶區位於北緯四十一度三十分及四十二度三十分之間，東經四十二度，此為栽茶最北之地。氣候屬亞洲帶，茶樹遍植於山坡，因高加索山之屏障，不受寒風之侵，由黑海吹來之風，溫度頗大，使氣候與其他茶區相若。巴統冬季之平均溫度在華氏四十四度左右，巴統附近平均雨量約為一○○吋。西喬治亞北部為五○吋，土壤為紅色粘土。

二年之茶苗移懂於茶園內，每畝常可植茶樹二、四三○至三、二一○株，亦有採行直接播種者。中耕除草時掘地深約十五至二十吋，因高加索山行剪枝，四、五年後始行採摘，每年三次，每畝可採青葉七○○至一、四○○磅或乾葉三○○至三五○磅，採工拮据，每日可採生葉十八至二十二磅，綠茶、紅茶皆有製造，以前採捻多用人工，但大規模製造則已採用機械，現已漸次普遍。

國內茶園均受喬治亞茶葉公司監督，該公司於一九二五年成立，資本為五、○○○、○○○盧布。膠東為喬治亞之亞得薩里斯坦及亞勃克茲細亞（Abkhasia）之農業委員會及中央聯合消費合作社。

當一九三七年蘇俄第二次五年計劃結束時，希望於今後十年後能於二五○、○○○畝茶園內年產一○○、○○○、○○○磅之茶葉。在大革命前，俄國每年平均茶葉消耗量達一三○、○○○、○○○磅，輸入

寄僅六○○、○○○磅。

政府現對國內中農及貧農長期貸放現款，種籽以發展茶業，該地茶種最初係來自中國、日本、印度及錫蘭。其中以交配雜種及中國種為最佳。在西喬治亞，因農民有集體農場之組織，茶業更有迅速之進步。

喬治亞茶葉公司設有試驗站三處，總站在奧薩其蒂（Ozurgeti），分站在查克伐及縣格蒂普（Zugtidi），三站專從事研究工作，如決定優良種籽、改良栽培方法及選擇適合於擴展之區域。此外該公司之農學職員復從事調查黑海沿岸之天然環境。

田園與工廠多已機械化，如大型曳引機、深耕機及德國西門子廠所製之小型馬達心耕機，皆已應用。Sadorsky 設計之世界第一部採摘機，已經試用，成績甚佳。採摘機可代二十五個採摘工人。此外更設計二種採摘機，正在試驗中。其一能於十小時內採摘三又四三分之畝面積之茶，相當於手摘三十日。新式婁測機現亦在採用中。據 H. H. Mann 博士最近報告，喬治亞之權威或可使機械製茶達完全自動化之程度，而世界上其他各國則尚未達到此種目標。藥以為蘇俄雖欲使國內茶葉完全自給，但尚無可能（註六）。

巴西（Brazil）——巴西之茶葉栽植，近年來亦有顯著之進步，尤以米那斯日拉斯（Minas Geraes）、聖保羅（Sao Paulo）及巴拉那（Parana）諸地為最。在聖保羅與巴拉那二地，有日本僑民經營之茶園十五所，茶積為亞薩姆種，所製茶葉皆供本地消費。

註六：Harold H. Mann 著::The Recent Tea Development in Georgia 印度茶業協會一九三二年季刊第二部。

第二十二章　製茶機器之發展

如何由中國古代手工製造發展爲現代之茶廠——爪哇及印度最初之方法——第一件英國專利品——Kinmond、Nelson、Dickinson、McMeekin、Money、G bbs及Barry之機器——印度製茶機器之研究——Holle及Kerkhoven在爪哇之工作——Jackson及Davidson之發明——過去七十五年間其他製茶機器之發展

吾人最初製造茶葉，完全以手工處理，然至今日，手工幾已全部屬棄，茶業已趨向於機械化矣。

中國茶葉完全以手工製造，數百年後，茶葉栽製方法傳至爪哇、印度、錫蘭等地，中國之製造方法，即爲該處最先採用者；但西方人與華人秉性不同，故最初由中國傳入之手揉、鍋炒等方法已改變爲今日用萎凋機、揉捻機、解塊機、水門汀醱酵樓、供茶機、切茶機、揀選機、篩分機及裝箱機之現代化茶廠矣。

中國古代製造方法

考中國古籍，飲茶者不獨自行煎茶，且自行製茶。關於中國古時商品茶之製造法有如下之記載：

將鮮葉攤於竹匾上，厚約五、六寸，置於空氣流通之處，俟其看守。自午至晚，約六小時，茶葉漸發出香氣，乃傾入大竹籠內，用手提抖約三、四百次，稱爲「做青」。此項處理使葉變軟變紅及葉生紅斑。次入鍋內炒之，然後倒於布揉盤，用手迴轉搓揉，約三、四百次，再放入鍋內，炒後再揉，重覆三、四次。炒揉精良者，手術拙劣者，則羅必粗鬆平直。次應於焙籠內，輕輕提抖，俟乾至八成而止。然後不攤於平整上約五小

爪哇及印度之最初方法

一八四三年，爪哇 J.I.L.L Jacobson著「茶葉栽培及製造法」一書，敍述當時茶葉製造情況。先將鮮葉用竹篩處貯，放於極上，在太陽中曬乾二十至二十五分鐘後，乃加翻動；再經二十分鐘後，又翻動一次。以後再經十五分鐘，翻動一次。日晒後即將竹篩搬至樹蔭下，捆在架上萎凋。更有一種可在一軸上週轉之水平八角形筛，此筒用一手柄搖轉，在無日光時，可作萎凋之用。

茶葉經萎凋後，迺入陶土鍋內，用木炭熱之，謂之烘焙。惟此鍋須謹慎使用，因紙有在廣東方可購得；如此在各種不同溫度下，乃攪將乾，移置於竹籃內揉捻之，至翌日，即可完成。已製造之茶葉揮至另一地方分堆，然後將茶裝入大罐或箱中，內襯鉛皮，外加裝飾。

由中國傳入亞薩姆之製茶方法可槪述如下：

1. 乾燥——將採摘之茶葉鹿於一火竹篩中，俟於輕巧之竹架上，在翌日下晒之。

2. 萎凋——茶葉乾燥後，即置於柏蔭下之架上，使茶葉變軟。

3. 炒焙——已萎凋之茶葉，即傾於燒紅之鐵鍋中，用手盡力攪拌。

時，鬆後去其老黃葉及葉梗。再放於文火上烙之，至正午翻雜一次，如此直放至三小時後，始完全乾燥，乃裝入箱中。

此爲複雜而用人工之方法，直至十九世紀中葉，除一六七二年日本埼玉縣人高林謙三發明補火用之烘爐外，吾人未見其改用節省人工之機械。

二五〇

4、採撚——茶葉經炒焙後，須用於種面上，用手採成圓形。

5、乾燥——最後一步工作，爲乾燥或烤烘茶葉，將巳採摘之茶葉，置於一形似沙漏計之焙籠中，茶葉散於中間較狹之上部，籠之下部則於炭火上。

亦有若干茶圈，其製茶手續更爲複雜，Edward Money 爲印度之最初種茶者，曾於一八七二年著文論述製茶方法，主張十二種製茶手續減少至五種。（註一）

茶葉乾燥時間，約自二十小時減至四小時。有一無名製茶家於一八〇年致書與加斂各答之 Lawrie 公司，內云：「不用鍋炒與文火乾燥二法，約在一八七一年始見諸實行；余以爲種植者認爲須貯綏裝箱時，仍須採用鍋炒。」一般老種植者亦常用鍋炒培自用之茶，因可使之耐久而味美。）

英國最初之專利品

印度、錫蘭、爪哇之植茶者均爲西方人，彼等極力尋求機械製茶以減少人工之方法。於是在一八五五年左右，一般機家開始製茶機之設計。Charles Henry Olivier 於一八五四年十月廿六日第一次在英國得到「改良乾燥器」之專利權。翌年，在一八五五年創立 Savage 公司之倫敦人 Edward Savage父子 Alfred Savage，發明一種分離或混合不同種類之茶及咖啡、朱古力等等之器械。在一八六〇年，渠因改良茶機，又獲得一專利權。

一八五九年四月三十日，Edward Francis 發明茶篩，在英國獲得專利權。一八六〇年八月六日，Henry de Mornay 設計之茶葉採撚機，其專利權保於一八六五年四月十一日爲賽拉特爾費亞之 H. Goddard 所得。

Kidmond 及 Nelson 之機器

約在一八六七年：英國土木工程師 James C. Kinmond 發明一採撚機，機由上下兩木盤所構成，下盤固定，上盤能在下盤面上作偏心旋轉。二盤之相接面，刻成凹凸濤，濤由中心而擴散至邊緣。在此粗糙面上，釘有帆布。機器之動力，可用動物、人工或蒸汽，盤面亦有用金屬製者，但此易使茶葉變色。採用此機製茶，一蒙特（Maund）僅費六安那或每磅不足一派。如一機器裝有二對之盤，則每日可製茶二十蒙特，四對者倍之。機長十六呎，闊五呎，高圓呎半。一八七六年 Kinmond 對此項機器再加改良，並得英國政府頒給之專利權。一年後，渠又發明一篩茶機與一乾燥機。

另有一先驅者名 James Nelson，彼設計一採茶機，將葉裝在袋內，夾於上下兩盤中採撚之。

Dickinson 之專利品

Benjamin Dickinson 於一八六五年在英國獲得發明乾燥機之專利機。一八六八年又得到改良其機器之專利權。J. F. W. Watson 於一八七一年著一論文，對於此機有下列之記述：

Dickinson 所發明之機器，可接洞並乾燥葉片，將茶葉放置於細屜內之盤上，用人工或火力或機器將風扇扇動，瓷熱空氣通過盤面之分別乾燥完善，尙不可知，因在事實上應用者甚少，作者其顧此器能否供妥洞之用，因其所用燃料少而省費，且其不佔地位。（註二）

Dickinson 更發明一採撚器，但僅用以代替手工者。此器有一大箱，中放石塊，置於已盛入茶爽之粗布袋上採撚。

Mc Meekin 之最初發明

卡察地方之Doodputlee茶園經理 Thomas McMeekin，首先發覺用鍋供茶之火力消耗而思有所利用之。按照過去之習慣，將茶葉放於一

註一：Edward Money 著：The Cultivation and Manufacture of Tea 一八七八年倫敦出版。

註二：J. F. W. Watson 著：Prize Essay on the Cultivation and Munufacture of Tea in India 一八七一年里爾各答出版。

細孔之竹籥上，籠放入籠中，置於地穴上，穴中生以炭火，熱氣通過篩上後便皆散失。在 McMeekin 之試見，欲以所餘之熱，使之通過其他葉程，故其在一八七六年所發明之器具，形如吞架之箱，上下相疊，各框底面保細鐵絲所織成，澄於灶上，熱氣由下上昇，經過一框，再遞至上框。如此由下層上昇之熱氣，可以同時烘數框之茶，惟各框之位近，應依烘焙之進行狀況，隨時變更。另有一鐵門，用以遮斷外間空氣，此器應用頗廣。

McMeekin 更發明一揉捻台，台有小縫，在台上揉捻時，其較細之葉，可以通過此縫而落於台下，但須輕輕揉捻，是為其缺點。

熱空氣代替炭火

其後植茶者對於烘焙茶葉究應用木炭抑另用其他相當之燃料，漸加注意。茶葉專家Money採用木材、煤及其他燃料，以試驗其是否適用，在一八七〇——七三年，由試驗中證明木炭所發之煙並非製茶所必要。Money 又發明一火爐，裝置於大吉嶺之栗姆（Soom），有若干植茶者前往參觀。應用此爐以後，可用熱氣烘茶，而室內溫度可以減低，且無臭濕之木炭煙味，人工及薪炭費亦可因之減少。

Gibbs 及 Barry 之乾燥機

英國厄苿斯（Essex）William Alfred Gibbs於一八七〇年發明一乾燥機，用以乾燥農產品、礦產品、化學品及商品，茶葉在亦包括在內。一八八六年渠又得到另一荄凋及乾燥機之專利權。其後又得到四種改良其機器之專利權。一八九六年渠與G. W. Sutton合作發明另一種乾燥機。其後又與John Boyle Barry博士之子James Hewett Barry，為一機械工程師，曾與 Gibbs 合作設計一乾燥機，即稱 Gibbs 及 Barry 乾燥機。

一八七一年，William Howorth發明一將茶葉裝入小袋中揉捻之機器，獲得英國之專利權。

印度製茶機器之研究

茲將印度製造紅茶機器之發展過程，作一比較研究，以供參考。製造技術上之三基本步驟——揉捻、乾燥及分篩，其所用機器均不關要，各有特殊之需要。揉捻機僅為揉捻茶葉而發明，其餘之製造過程均不需要此特殊之器具。乾燥機在各種製造工業及商業上均常採用，但其原理則與其他製造方面所應用之乾燥方法無異，因此將應用於其他方面之乾燥機加以若干修改以後，即可供茶葉、咖啡等乾燥之用。篩分機之機械需要性完全與揉捻及乾燥不同，但並非茶葉之特殊程序，凡用作篩分及揀選一切物質之篩分機，其原理完全相同，惟就製細精形而論，則亦有專為製造茶葉而發明之篩分機。

揉捻——在印度茶園向未採用機器以前，茶葉向在一長木檯上用人工揉捻，法以兩手各取滿把之菱凋葉，向左右二方揉捻，例如先向右前方揉捻，再向後方，又向前方揉捻，亦再回向後方。揉捻時須以手掌及前腕捺捻菱於檯面，此種向兩方之運動，使茶葉得到必要之捲緊程度，其動作可用「8」字表示之。在此「8」字動作中，置於其上之二手掌中之任何一點，均屬相同，且交互向右轉移，其直線成一交叉狀，正與舊式直交揉捻機（Jackson式）相同。

揉捻機採用機械揉捻者，為前已述及之 James Nelson，渠乃卡薩之茶園經理。據傳Nelson設計此器，全因觀察工人揉捻時所一時想及。渠以工人用手工揉捻，數量有限，遂思如何增加速度之法。工人用手揉捻既有長台，今加以檯面向下，置於另一台之上，然後將茶葉置於兩台面間前後同時運動，當可得與手工間易之效果。惟其茶葉在二檯面間易於散開，不得不置一盛貯之器，渠乃取一白榜，截去其二脚管，內盛葉片，縛其兩端，成袋狀，置於二檯面間，令工人數名，坐於上一檯上，以增壓力，而另用工人將上面之檯前後推拖，袋中之葉，即被揉捻。Nelson揉捻機，即因此發明，此器為一長兩重之木箱，二個有鋸框，能使其在一長木檯面上作前後交互之移動。移動係用手搖，是為最初發明之雛形

揉捻器。後有Howorth及Lyle二氏繼之設計，但其運動則為週轉式。

Lyle等形揉捻乃一木製有齒之圓筒或圓筏，架於橫軸上，放於圓柱狀鼠籠式之箱中，箱底有木製揉捻棍多個，各於其鐵桿軸上自由週轉，葉置於袋中成香腸形。推開箱之一部，將茶袋次第投入揉棍間，圓轉輪壓揉棍，乃週轉揉捻，如此葉在袋中壓之週轉，即可達到揉捻之結果。當箱門開放時，機亦自動停止工作，此機頗盛行一時。

後James C. Kinmond發明將茶葉陰陽置於箱或套中，夾在相疊之兩平面間揉捻，以代替許多茶袋，遂得解決機械揉捻之一問題。其後Jackson復加改良，於上而加一線簧聯動機，以調節由螺絲推下上面一板之壓力，此為最初造成之直交揉捻機，後經次第改良，最後乃造成「迴勤」揉捻機也。

從Kinmond式變至速勤式之間，更有Barber及Thompson式揉捻機之發明，此項機械之結構，其圓板能在圓筒之內依水平軸週轉，上下二板向反對方面迴轉，又可用螺絲校正其中間距離，但葉在二板面間之分布，總覺不能滿意，不若Kinmond-Jackson式之能得「8」字形之揉捻也。

茶葉揉捻機充滿一定量之茶葉，經一定之時間後取出，並非連續作用。近代自動乾燥機則為連續式，揉捻葉續放入而又續續取出。節分機亦可連續運用，以是曾設計各種方法，以求揉捻之有連續性，但終歸無效。惟揉捻與乾燥之間，倘有醱酵之過程，醱酵一次既須三、四小時，則揉捻之運續性即或能發明，對於茶廠將增加一大粉擾。

乾燥機──乾燥機器為由火爐、炭火等舊式乾燥方法進化而來，最初之改良為改用熱空氣。Davidson以其Sirocco分格爐證實之。此爐之一格與爐圖相通，用以洩煙，另一格與空氣相通，同時更用一通氣管圍繞於煙突四周，下端與乾燥室之頂部相接，Davidson之Sirocco上引式乾燥器，即依此原理而製成，工作效能雖佳，惟因用手處理，較費人工。

William Jackson繼用管狀火爐，並裝一風扇，送熱氣至乾燥室。

首先吾人必須研究Venetian式乾燥器，其葉盤棍不需用手更換，與Sirocco上引式乾燥機相同，可用炳將有孔之金屬板上之茶葉，傾於下面之二有孔金屬板上。Davidson乃再設計一下引式熱氣乾燥機，中有風扇，熱氣由火爐通過而至乾燥室之頂，復由室頂下降，葉框用手放入底部，由樓梯逐步推上至頂點。此器之原則，乃用手取出，其葉向熱氣氣流之對面方向移動，乾燥程度漸高，所遇之空氣亦更熱，而更少潮氣。其後Davidson又設計一斜框式乾燥機（Tilting Tray Drier），另有一種上引式風扇機，與Venetian式相似。

在記述近代應用自動乾燥機以前，當先述別有特點之其他兩種乾燥器，一為Kinmond式乾燥機，為用人工之框形機器，此機或即為乾燥機中最初使用熱風扇者。乾燥室中有抽斗式葉框，用手按放，再置一部分於乾燥室之一側，一部分仍送回於火爐而再加熱。此器効力甚大，但常鐵板燒破時，不易更換，是為其缺點。

Gibbs及Barry之乾燥機當視其為最初之茶葉自動乾燥機。其乾燥室為一圓筒，軸稍傾斜，在滾筒上徐徐旋轉，與現在所用之三和土混合機相似，圓筒內面有棱線。當茶葉傾入於圓筒之上端，即為許多棱線所阻，攜轉至上面，又因筒身傾斜而再落下，茶葉由徐徐排出。熱氣發自火爐之炭火，由風扇攜入筒內，因葉片機續在圓筒中旋轉，故可能使葉片捲捻良好，但葉色灰暗。此種氣體並未經過濾清，且工廠中一棱熱而令人不快之機器。後從事一試驗，其主要之設計為將此機與一密閉之筒及一軸相聯，將熱氣吹入筒內，但無卓絕之成功。

近代自動乾燥機當以Jackson（Marshall）之模範（Paragon）乾燥機、帝國式（Empire）乾燥機及Davidson之循環鏈圈壓力乾燥器（Endless Chain Pressure drier）為代表，二者均為扁帶式或網帶式乾燥器之表而為有孔之篩或篩板，置於鎖鏈上，鎖鏈在齒輪上週轉，齒輪則在乾燥器之側邊。此種原理為多數自動乾燥器所共用，所異者不過

極少部份。此類乾燥機中，最初適於實用而有成效者為 Jackson 之「勝利式」（Victoria）保在一八八五年左右設計，在容量及構造上，均超過以前各種乾燥機，其乾燥室、風扇、火爐等之設計，皆可與近代最新式者媲美，自一八八六年以來，至今仍多採用。此機中最重要之裝置為移動網或帶，與有機械動作之框或條片所合成。據傳大吉嶺之 Ansell 氏為此種網帶之發明人，但其名不見於專利品之目錄內，故即使為專利品，亦必為印度之專利品無疑。Ansell 網帶係由各框或條片連接而成

帶狀，將網帶環繞於二箇輪面旋轉，移動至齒輪間附近，因網帶週練至下面而落於一層之網面上，向反對之方向移動。網上有小孔，易使微細茶葉落入網底，亦易使茶葉變色，惟 Jackson 之勝利式網帶，則可設法避免此弊。

Thompson 曾將 Jackson 式機器加以改良，使網帶在齒輪上方及下方均可應用，以增加乾燥面。當條板移動至齒輪附近而週轉至近右下側時，條板能自行轉動，將茶葉落於下側之上面，再向前移動至近右齒輪時，條板又週轉而落於第二網之上面，因此各網均同一方向而週轉。

Thompson 之乾燥機稱為「權力式（Power）」乾燥機，為一上行熱氣之乾燥機，與勝利式相似，惟採用二風扇。以後 Jackson 又設計「大不列顛式（Britannia）」乾燥機，較勝利式並無多大進步，不過採用 Thompson 之方法，而使網框裝置為一彈簧之齒輪，能使每一框或條板均能急轉向下。Thompson 之動框裝置為一彈簧之齒輪，能使 Jackson 不用此法，而用重顯而滑之條板

式並採用 Jackson 模範式乾燥機，會風行一時，至今 Marshall 以解除此種困難。Jackson 之帝國式（Empire）乾燥機械公司仍在機緻製造。其後 Jackson 之帝國式（Empire）乾燥機器於茶葉之放入與取出以及火爐之分散保用，空氣先吹入與取出以及火爐之分散保用，由頂端放出，但網帶等之構造，則並無改變。其後 Davidson 亦採用自動式網帶，與 Thompson 所設計者相似，但其機器——Davidson——迴轉鋼鍊壓力乾燥機——為用壓力之機器（內部密氣

壓力較大於外部），此機與帝國式二種機器至今仍為最新式之茶葉乾燥機。

尚有一八九三年出世之乾燥機為 Sharpe 所發明，由林肯（Lincoln）之 Foster 公司製造。其乾燥機器為一垂直圓筒，中間有一週轉輻，乾燥面之茶葉十行有孔之框，各框作扇形，圍置於外角上，依垂直之軸週轉，各框又可於框之鈕上轉動，而傾斜其茶葉於周圍各處，此為一種上引機器，可與網帶機器交互用之。惟圖於空氣之分配及茶葉之攤佈等頗覺困難，曾製成數架應用，但現已不復採用。

篩分——從前印度分篩茶葉時，均由女工用竹篩為之，惟自動力篩及 Jackson 等發明家之研究，改成每一茶篩上可裝幾個篩眼，且可調節用以後，即採用篩之交互運動而以小輪推動之。又經 Ansell、Cooke 曾採用篩之交互運動而以小輪推動之。

篩眼——篩有各種大小之網眼，細茶葉通過篩眼而收集於下面之框，粗者在篩面移動至邊緣時即落至下側之第二篩；如此一再繼續，結果使設細者先前篩出，粗者亦順次篩出。Baillie 及 Thompson 式篩為一凹筒狀之篩，中間有一圓錐形篩，在一水平軸四周週轉，葉由尖端放入，篩之傾斜而週轉，近底面粗者最粗，以是細葉先篩出。網眼大小不同，近尖端者最小，因篩之傾斜而漸次篩出細葉。近年更有所謂奇異式（Magic）篩及 Moore 式篩，其運動部份極為複雜，設計及構造亦甚佳。其力量頗大，且不致篩成碎片。

茶篩在水平面週轉者，適於篩細葉及碎片，但欲分出緊結之白毫，則以採用一種前後推動能使葉片經過較長之篩面，因前後搖動，可使茶葉於篩落，且週轉速度能使切葉機或碎葉機將大片之乾葉切成適當之大小。篩分及分篩需用切葉機或碎葉機（即現在以切茶機出名者），最近則又有 Jackson 式勾茶機（Equalizer）及 Savage 式碎茶機與切茶機，此種機器在原理上無非為篩之有齒圓筒，並有固定之刀。目前對於種葉之調節、消潔及減少茶末方面，已加以相當改良。

調節、消潔及減少茶末方面，已加以相當改良。頻茶機（Fanning Machine）根據簸揚原理，以作清潔及分篩茶葉

之用。製茶之最後過程爲裝箱，此項工程發達爲有用。以前裝茶於箱中，用腳踏實，茶葉與裸足之間，鋪以布塊；但現已改用機器，Davidson 式、Jackson 式及 Briton 式裝箱機，均爲頗有工作效率樣高之機器，可不用壓力而用搖蕩或振動方式使茶葉能自然集聚而裝滿於箱中。此種工作顧爲簡單，但使用之機器亦必須完善，其運動必須輕捷，機器之週轉亦須有極快之速度。

除上述者外，尚有萎凋方面未曾述及。關於萎凋之機器亦有數種，但是否有機器可代替萎凋室之用途，則尚屬疑問。祇就鮮葉四倍於製成茶之量之一端而言，已知此機非極度膨大不可。萎凋機在氣候不良時，或可作萎凋室之一助，但關於萎凋上之困難，用調節室內溫度之方法並用風扇吹過一定重量之空氣，已可克服此種困難，故植茶者亦已認爲滿意。一九二七年 Marshall 父子公司經數年之試驗，製成一種茶葉萎凋機，堪供實用。

爪哇之第一具機器

七十年代之初，A. Holle 在爪哇巴拉甘薩拉克設計一揉捻機。機爲一圓木檯，其上另有一可以旋轉之木檯，且可自由上下，將茶葉夾於二種之間，上檯用牛力旋轉，直至葉捻就後始止。但其困難在於如何放入葉片。其後經 R. E. Kerkhoven 之改良，可將此器倒轉，以克服此項困難。即使下台旋轉，而茶葉則由固定之上檯孔隙內投入，但用機器揉捻後，仍須再用人工揉捻。

Kerkhoven 亦設計一種乾燥方法，使蒸氣先在鐵板下通過，再通至烟突，此項熱氣，保由爐中而來。

Jackson 與 Davidson 之專利品

蒸葉機器之有實際進步，以 William Jackson 與 Samuel Cleland Davidson 二氏之貢獻爲最多，其所得之專利權，有萎凋機、揉捻機、碎茶機、乾燥機及分篩機等。

Jackson 於一八七二年裝置最早之一架揉捻機於 Scottish Assam 茶葉公司之 Heeleakah 茶園中，翌年揉茶葉達六四，〇〇〇磅。Davidson 最初注意於茶葉之乾燥法，用作茶葉乾燥機之第一具 Sirocco 式熱氣機發明於一八七七年，此爲乾燥器之鼻祖。至一八七九年，始有第一號上引 Sirocco 式茶葉乾燥機發售。

七十年代之其他專利品

其他種植青及製茶者亦多注重於茶用機器之發明。一八七三年，英國伯明翰之 Josiah Pumphrey 獲得篩分機之專利權。翌年亞薩姆之 W. S. Lyle 獲得揉捻機之專利權。一八七六年 F. W. Mackenzie 更發明蒸氣乾燥機，而用木材及薪草等爲燃料。

不久英國對於茶葉揉拌和機續加以改良，一八七二年，英國布里司托爾（Bristol）之鐵工廠創辦人 John Bartlett 發明此爲 Bartlett 父子公司製造 Bartlett 式各種茶葉機器如磨茶機、篩分機、拌和機之起點。一九一一年與 Henry Pooley 公司合併，以後該公司即繼續製造 Bartlett 之各種機器。

一八七七年，J. P. Brougham 發明一種篩茶及篩茶機，此機並非最初出現之篩分機，蓋 Jackson 已早有此種機器間世矣。

一八七六年，爪哇吉薩拉克茶園（Tjisalak）管理人首先裝置 Jackson 式揉捻機。一八七九年，Jackson 發明週轉飼揉捻機，一八八〇年，渠在英國獲得茶葉乾燥機之專利權。其後 Davidson 亦繼續研究乾燥機。

早期之包裝方法

一八七〇——七五年時，印度之茶葉保裝於在茶園製造或向外購買之木箱中，箱之內部襯以鉛皮。綠茶常熱裝箱，俟補火着色後經鍋中取出時裝入。裝箱時例不甚緊，但每裝入少許即將箱搖動，紅茶有時亦乘熱裝箱，用足踏實。箱外標明廠號、商標、品類及箱額，若爲上等茶

葉，則邊緣再油漆美觀之裝飾。

爪哇茶摘多用標籤，茶園之木匠均勾心圖角，競作美觀之花樣。茶稍細以藤條，在裝載於貨箱時頗覺不便，但當美觀之紙籤脫落時，藤條亦即除去。

八十年代之發明

一八八〇年，錫蘭哥倫坡之 Walker 父子公司製造第一具茶葉揉捻機。一八八二年，錫蘭達羅斯巴共（Doloshbage）之溫莎（Windsor）林園製造第一部烘茶機。

一八八五年，John Brown 發明一烘茶機，即今日著名之 Brown乾燥機，係由夏令倫坡商業公司所製造。此機每小時可烘茶六〇至九五磅。一八九二年，Brown取得共三勳式（Triple Action）揉捻機之專利權，此機之揉捻台在一鑄鐵架上之平滑面上移動，台下可放入小車，以接受已揉捻之茶葉，下面之台爲圓形，蓋以木或金屬板，上下二台均輪週轉動。當施壓力於上部之筒箱時，此種聯合動作，可使茶葉不致停滯。茶葉之容器，由黃銅製成。

一八八六年，H. Compton 在英國獲得烘茶機之專利權，同時A.Bryans亦獲得萎凋機之專利權，所製者爲兩種揉捻機。日本之 Kenzo Takabayashi 亦獲得製造日本綠茶機之專利權。

Jackson 於一八八七年製造一採捻解塊機，爲一週轉之機，在藥直上加一曲柄，而以傾斜之聯動轉管理之。一八八七年，渠已能完全改良此型式，使曲柄作簡單之轉動管理之。此新設計之機器，稱爲「方形速動（Square Rapid）揉捻機」，應用甚廣。

篩，篩有半時寬之網眼，筒之中央有一耙狀之杵，轉動裝速。茶葉由開

口之一端放入，小葉通過網眼洛下，其成團者則被杵搗散。

Davidson 於一八八七年發明應用熱空氣以烘焙蔬茶之器具而獲得專利權。次年，復加以改良而成綠烘茶機。

一八八七年英格蘭甘蘇盟洛浦（Gainsborough）之HenryThompson獲得烘茶機之專利權。此項檔利之享受，自一八八八年至一八九〇年。該機爲伊布斯威池（Ipswich）之Ransomes, Sims & Jefferies 公司製造，爲自動上引式。一八八八年Thompson 亦發明一揉捻機。

一八八年，林肯（Lincoln）之John Richardson 獲得揉捻機之專利權，其特點爲用玻璃作揉茶。

William Jackson 亦在同年製成其第一部篩分機，此機有二台，上者在下者之上搖動，上者之篩眼爲牛時之方孔，下者爲鐵絲網。

同時，S. C. Davidson 致力於改良其各種製茶機器。一八八八年，其改良之烘茶機及萎凋機獲得專利，次年更得二種專利權。渠於一八九〇及一八九一年先後獲得揉捻解塊機及切茶機篩分機之專利權。

九十年代之早期專利品

一八九一年以前，英格蘭布里斯托爾（Bristol）之 Bartlett 父子公司機續經營其已獲專利之茶葉揉和機，是年 Charles Bartlett 更從而改良之，使茶葉從中軸抽出，因如此工作，能使速度增加，以後更設法使茶葉於傾出時經過內面之溝槽，並設有刀口及篩，以防止茶葉傾出時有粗細之分，渠因此種改良而文獲得一專利權。

一八九三年，Charles Bartlett 改良其切茶機，有一種具取出落入滾筒內之鐵釘及其他物質，以免損傷刀口及內部。此種器具名三刀過釘器（Triple Knife nail-passing gear）。

一八九二年，英格蘭薩利（Surrey）之 Edward Robinson 獲得烘茶機之專利。在一箱內裝有轉動之有孔圓筒，熱空氣從下向上通過此圓筒。一八九七年，Robinson 發明自動蒸汽烘茶機。熱空氣亦設計用乾熱空氣制度之人工萎凋，據錫蘭茶園報告，證明此方法頗爲成功。

一八九二年，倫敦之 Beeston Tupholme Grocer's 機器公司及 Waygood-Tupholme 公司因製造碎切、勻茶、拼和機而獲得專利。同時 Jackson 及 Davidson 二氏亦努力於改良其機器，一八九二年 Jackson 獲得二種改良採捻機之專利。翌年，渠之烘茶機父獲專利。Davidson 於一八九一年獲得碎切揀選機之專利，及相繼獲得二種改良烘茶機之專利。

錫蘭有一栽植者William Cameron及Brown 公司之James Brown 於一八九三年發明一碎茶機，其特點為縱切而非橫切之 W. Gow獲得解塊機之專利。

Marshall 父子公司製造模範式烘茶機，其形式與勝利式相似，但效力較大。W. Jackson於一八九四年獲得此一種機器之專利。此機對於茶葉入口裝設及空氣加熱器，亦曾加以改良。糨之而有「Venetian」式，較一八八四年所製者為大，且改良其框使成傾斜之拼列。一八九五年 Jackson 獲得其兩種採捻機及一種烘茶機之專利。翌年其改良烘茶機及烘茶機內熱空氣乾燥室之發送器亦均得專利權。

一八九四年，Davidson 與 F. G. Maguire 獲得裝箱機之專利。最初之機械為一搖動之平台而用足踐踏者，其後加以改良，不用踐踏方法。同年 Davidson 之改良裝潢機及烘茶機亦獲得專利。一八九六年，彼又獲二裝箱機、二採捻機、一乾燥機及一切茶機之專利。

一八九五年，加拿大之 P. C. Larkin 發明茶葉包裝機，將紙包放入一箱內，密封其底，此箱為紙包夾入一模型內，置於一活塞之頂端，茶葉傾入於漏斗形之容器中，然後流入箱內，由活塞壓緊，將箱移去，摺熱其頂而封裹之。

九十年代後期之專利品

一八九五年，C. H. Bartlett 改良其茶葉揉和機，由中心經一斜溝

一八九六年，哥倫坡之 J. M. Boustead 獲得電熱烘茶機之專種，此機有鐵絲圈捲於瓷板上，其一種型式，係將茶葉置發熱板上面或下面之篩上。另一種為茶葉放於連環帶上，此帶經過發熱板之上下。同年錫蘭之 J. S. Stevenson 亦獲得另一電熱乾燥機之專利。

一八九八年，日本之原崎源作發明節省人力之機械補火鍋，以製造日本綠茶。次年，B. H. Watson 及 H. C. Walker 合設之 Grocers 工程公司於倫敦獲得茶葉拼和機之專利。一九〇一年，B. H. Watson 獲得改良其「二十世紀」自動揉茶機之專利。

在一八九七、一八九八、一八九九及一九〇〇年間，Davidson 獲得七種專利，其中七種為改良烘茶機。Sirocco 式自動循環烘茶機於一八九七年出現，其茶葉入口裝置之原理與在新式循環壓力烘茶機上所用者相同。不同者乃敵入空氣經過裝膛，而新式之機器則將熱空氣吹入乾燥室。Sirocco 式循環鏈圈壓力烘茶機，一九一四年循環鏈圈壓力烘茶機製成，一年後又發明自動整壓力供茶機。一九〇七——〇八應用茶葉自動入口及分攤器，但因受世界大戰影響，直至一九一九年始發展其重要性，現已成為標準烘茶機之一。

回溯至一八九八年，Jackson 發明其第一部茶葉裝箱機，此機之特點為平台裝於有角之括弧形鋼彈簧上，其間並無任何聯接物，一面使此平台迅速震動，其震動傳至在箱內之茶葉。此機紙需一人即可管理。一八九八年 Jackson 復獲得其改良採捻機之專利，其改良篩分機及茶葉分級機，亦於一八九九年及一九〇〇年先後享受專利。

綠茶機器

各產茶國均有若干時期製造綠茶，雖然印度、錫蘭及爪哇現已專注力於紅茶。

西方國家製造綠茶亦有如紅茶之應用機器之傾向，第一部機器為錫蘭一植茶者Horace Drummond Deane所發明。約於一八九〇年時，渠

發明應用蒸氣之機器，使茶葉易於彎曲以便採捻。此機為六角形之木箱，長九呎，直徑三十三吋，邊緣包以錫鐵，有承軸安於架上，由動力轉動，小型者則用手搖，蒸氣從箱之兩端打入。約在一九〇〇年時，由於紅茶市場之不景氣，遂有一部份之槍茶者幾製綠茶，經過若干困難，方得專利權。Deane 乃與哥倫布名 Brown 公司合作製造機器，其

後，Rae 氏與渠合作，而得綠茶專利機器。

一九〇二年，有一新開記者兼發明家名 Charles G. L. Judge 者，轉其目光於綠茶，乃與 Denne 合作，攜帶最新機器赴印度，並與加爾各答 Heatly & Gresham 公司訂約仿製，後發覺由蒸汽凝結而成之水點，在茶上附着太多，為改正此種缺點，Judge 應用如製糖用之離心機，在二、三分鐘內除去所有之水分，每小時可搖葉三、〇〇〇磅，如此茶葉送至採捻機時，可無過多之水分。

Deane-Judge 式機器之步驟，除去水外，當生葉採下後，每半分鐘即從深鍋中浸沸水浸潤生葉，以保持其新鮮。錫蘭茶業協會之科學研究員 Kelway Bamber 為一著名化學家，渠應用遊離炭酸，將茶葉消毒，可使茶葉色深美觀，品質良好。但現在之綠茶雖有改良之湯水，尚無固有之色澤，且其色失之過綠，此雖可於熱鍋上炒焙以改良之，如此種手續既嫌過於耗費而又覺麻煩，乃有錫蘭 William Butler 爵士及印度之 Charles G. L. Judge 於一九〇二年同時發明車色磨光機器。

Butler 爵士之着色方法，需要二具機器，其一為長狹形轉動之鼓形混合機，乾燥之綠茶在其中轉勤二、三小時，使其平滑。然後途至着色機，此機稍一較小之旋轉筒，其邊為細小之鐵網。此後即將茶葉補火——通常在 Sutton 式真空烘茶機內。一九〇三年，Judge 式則另用一機施行着色、磨光、補火等步驟，一九〇三年，Judge 製成一鍋炒機 Pan-firing Machine）。

一九〇二年，等倫坡 Whittall 公司製造 Mitrailleuse 式鍋炒機，同年H. M. A. Alleyn發明一相似之機器，因受 William Butler 爵士專利之限制，不能輸入錫蘭。Alleyn 式機器之內部裝有架子，以防茶葉墜落

時被碎，因不加熱，故茶葉必須補火。Alleyn 及 J. Grieve 二氏於一九〇二年獲得另一綠茶及烏龍茶車色機之專利。

此外尚有其他發明家製造綠茶磨光機器。一九〇二年，印度之 D. Reid 及 Dale 製造一種機器，係一從外面加熱之大型金屬箱。一九〇四年 Davidson 公司亦製成綠茶磨光機。

一九〇四年，G. W. Sutton 製造一種磨光用之蒸氣雙層筒（Steam-Jacket Drum），渠又發明鍋炒揉捻機，有一蒸氣墻熱之平台在固定之平板上旋轉。

若干年以前，日本茶葉精製公司計劃一用手搖動之磨光機，其構造係一明輪在一金屬溝上轉勤，金屬溝以木炭加熱或不加熱均可。茶葉放於溝內，用手轉勤明輪。又哥倫坡 Whittall 公司之 A. H. Ayden 於一九〇三年發明一種揉捻以揉捻綠茶。

二十世紀早期，美國政府在南加羅里那州試驗植茶，由 Charles U. Shepard 博士主持，發明一採捻機，其製成之茶葉與日本之箱培相似，各種培茶之方法，雖曾迭經試驗，以做微中國綠茶，但無甚成功。

一九〇三年，錫蘭G. Streeling、H. Tarver及 F. E. Mackwood 三人發明一種旋轉之加熱容器，有刮刀、活門及漏斗以蒸煮、乾燥、炒焙及着色等之用。Judge 於一九〇四年獲得與此大略相似而有中心蒸汽加熱箱之機器之專利權。

二十世紀時代

在二十世紀開始時，印度、錫蘭、爪哇及日本製造茶葉已不復應用手工方法。在若干發明中，最先被採用者，懂為若干優良之機器，其餘皆被廢棄。一九〇〇年以後，新發明及專利品已較少。

一九〇〇年，亞諾娜之J. N. F. Greig獲得採捻機之專利。一九〇七年與A. F. Greig合作，獲得乾燥機及婁凋機之專利。一九〇〇年，G. W. Sutton 獲得乾燥機及婁凋機之專利，該機有數同軸之旋轉圓筒，容氣供給器用蒸汽或電力加熱。一九〇四年渠又獲得茶樹耕作機，馬達

茶樹耕作機及殼解器之專利。一九〇〇年，亞薩婦 W. F. Perman 獲得揉捻機之專利，至一九一二年復又發明自動壓榨機，以絕去茶葉取出時過多之水分。

一九〇〇年，美國 Robert Burns 獲得茶葉混合機之專利。此機爲紐約 Jabez Burns 公司所製造。同時 Charles Bartlett 努力於改良其切茶機及拚和機，一九〇一年，渠內改良其切茶機而獲專利，二年後獲得同樣之專利。

一九〇一年，印度之 F. E. Winsland 及 G. E. Moore 二人獲得茶葉裝箱機之專利。翌年，錫蘭之 H. M. Alleyn 發明若干製造綠茶之機器，其中篩分、切茶及分級用之機器獲得英國之專利。一九〇五年，此機更得美國之專利。

一九〇二年，前已述及之 Charles U. Shepard 博士在美國獲得綠茶殺青機之專利，此機有一可旋轉之圓筒，內有凸輪，一端有一用以吹入熱空氣之導管及漏斗，茶葉由漏斗放入，並在圓筒內旋轉，筒內熱空氣之溫度，逐漸降低，茶葉流入於彼端之一箱內。

William Jackson 及 Marshall 公司常獲得改良品之專利。一九〇二及一九〇四年，Jackson 獲得改良其切茶、拚和及篩分機之專利。在一九〇四、一九〇六及一九〇七年，將其改良之乾燥機註冊。S. C. Davidson 亦於一九〇六及一九〇七年獲得其改良乾燥機之專利。

一九〇五年，英格蘭利茲（Leeds）之 Job Day 公司開始製造茶葉包裝機。

倫敦 Bartlett 父子公司之 C. P. Bartlett 繼續改良其切茶、拚和及篩分機，迨於一九〇六年獲得專利。至一九一二年又獲得 Bartlett 又發明一碎切篩分機，特設有雙切、單切、及直切等之裝置。

一九〇七年，卡察（Cachar）有一植茶者 Joon McDonald，發明一種機器，能防止茶葉在發揚及篩分時變爲灰色，此機稱爲 Mc Donald 專利之「偏斜式」（Deflector）茶葉風扇。

一九〇八年，J. Begg 獲得萎凋機內所用攤佈器之專利。同年 W. G. Firman 之篩茶機在入口處裝有適當之漏斗，亦得專利。爪哇之 K. A. R. Bosscha 亦於是年發明一萎凋機及一電熱乾燥機。

一九〇九年，J. Howden 獲得茶葉萎凋、醱酵及乾燥機之專利。生葉首先潤於旋轉器內，可調節其溫度及壓力。醱酵則於一密閉之器內加壓力行之。乾燥亦在旋轉之真空器內行之。

Jackson 及 Marshall 公司於一九〇七年製成鼓勤式「金遢」揉捻機，其效力較方形「速勤」揉捻機尤大，因用金屬代替木材，機器之壽命較長。Jackson 於一九〇八及一九一四年獲得揉捻機，一九〇八年獲得乾燥機。一九一四年獲得篩分機之專利。一九一〇年，茶廠增加甚多，產葉亦增，故需要較大之乾燥機，第一具上引式壓力乾燥機，即於同年問世。其原理爲壓入熱密空氣通過選葉以代替抽出熱空氣，如此可得均勻之乾燥並遍及於乾燥器內各處，此式之較大型者爲「帝國」牌。Davidson 亦努力於改進其機器，彼於一九〇九、一九一〇、一九一二及一九一五年，獲得其揉捻機之專利。

一九一〇年，日本茶葉出口商富士公司之高級董事原崎源作，發明一茶葉覆火機。

一九一一年，George L. Mitchell 獲得茶樹剪枝機之專利，在森麥維爾（Summerville）之 Pinehurst 茶園試驗，結果每畝之剪枝費由二、三美元減至四十分。

Brooke Bond 公司及 Gerald T. Walker 於一九一五年獲得切茶機中茶葉入口裝置之專利。一九一九年 Phillips 工程公司及 Walker 在英國獲得切茶機之專利。

一九二〇年，印度有一植茶者 C. S. Bateman 獲得碎切揀選機之專利，其後 Marshall 公司製成 Bateman 自動磨茶揀梗機。Myddel-to) 之揀梗機在印度亦盛流行，爲兩個偏疊置之淺框組成。爪哇之 Sperata 茶園之監督 C. H. Tillmans 於一九二四年發明 Sperata 式採摘刀。一九二七年，Marshall 公司製出 Marshall 萎凋機及

Briton 裝箱機，後者可同時裝一箱或二箱，亦可裝小箱或大箱。Mars-hall 機器之最近發展，更能增大機械之効率，絕對濕度之控制使管理極為容易。一九三〇年，製成一種頂部開口之揉捻機以應最初不用壓力採捻之勢姿。一九三四年，Marshall 公司改名為 Marshall 製茶機公司。

約於一九三六年，亞薩姆之 T. A. Chalmers 獲得軋茶機之專利。後於一九三一年 Marshall 公司製成 William Mckerchor 之 C. T. C 式（Crushing, Tearing, Curling）機器。此機之設計在於製造優質之茶葉。Mckerchor 會試驗軋茶機經數年之久，結果乃有此發明。此機為兩個滾筒與軋布機相似之有稜骨之滾筒，其中一個滾筒每分鐘約能旋轉七百次，另一個約轉八十次，將略經揉捻之茶放入機內，經過滾筒時不僅軋過而且能使變形狀。茶葉儘受短時間之壓力而不及加熱，通過滾筒時被壓出之液汁能立刻再被吸收。

一九二六年，加爾各答 Balmer Lawrie 公司製成 Moore 之連續自動 Chota 式揀茶機，此機為種植省 G. E. Moore 所發明，其動作為水平循環之轉動，原理與在中國所用手揀之圓形篩相同。其工作連續不斷，每次加入茶葉時不須停止，每機每小時可揀十餘特（Maund）之茶葉。

一九二七年，英格蘭布拉德福特（Bradford）之 Bever Darling 公司製出改良之 Lanka 式揉捻機，採用 Sutton 所專利之不銹鋼製前揉捻機。

最通用之茶篩為 Chalmers 牌，為印度之不列顛工程公司所製造。

一九二八年，A. L. McWilliam 獲得一雙動式揉捻機之專利權。

一九三〇年，耳倫坡 Hoare 工程公司製成 Multiflu 牌乾燥機，其特點能節省燃料。

一九三二年，耳倫坡商粱公司製出「C.C.C.」單動式揉捻機，翌年再製成「C.C.C.」揉捻解塊及青葉篩分機，此項機器乃根據錫蘭 Mab-atéene 茶園之 Neville L. Anley 所定青葉等級而設計。

一九三三年，製茶機器上最顯著之發展為 Marshall 公司製出先 Ma-rshall-Boustead 揉捻機，應用循環之攪化銅液，以調節茶葉之濕度。

耳倫坡 Walker 父子公司最新製出之「耳倫坡」「自動壓力」及「經濟」揉捻機，與八十年代間之「耳倫坡」乾燥機及「經濟」揉揉機同相，最近復製出一種「五角形」青葉篩，為六角形及圓筒形之改良茶篩。

一九三三年「Sadovsky」將其茶葉採摘機傳至俄國，餘者亦隨之而入。

一九三三年，Marshall 公司製就 S. C. Gawthropp 所發明之聯動器裝於 Marshall 揉捻機上，能自動控制兩壓力器，使壓力自動減輕或加重。

自 Samuel C. Davidson 爵士逝世後，北 Sirocco 牌製茶機之發明及改良更為迅速者為「Sirocco」密陰式裝箱機，此機大致與前述者相同，但所有之旋轉部份及承軸則均屬密陰。

一九二七年，有一改良揉捻機之發明，名 Sirocco O. C. B 揉捻機，其特點為曲柄在上，可使機器活動較便而迅速，並可減少耗損及破裂，最近之機器為曲柄在上，更有大型循環帶壓力乾燥機之效力，其設計之形式與密陰式者相似，但有兩倍闊度之乾燥室，分為兩部而各單獨工作。

本世紀之初，德國之發明家亦曾致力於製茶機器，最有成績者為馬德堡（Magdeburg）之 Fried Krupp Grusonwerk 工廠之各項製品。

第三篇 科學方面

原书空白

亞薩姆土種茶樹

亞薩姆茶樹之葉、花及種子莢

印度茶與馬替樹之比較
1.—印度茶樹之標本。2.—巴拉
圭茶樹(PARAGUAY TEA)或
馬替樹(MATE)

中國茶種，武夷雜種 (VAR.
BOHEA)

茶樹之葉

茶樹之果實
（WINTON）

葉之上表皮及P橢
圓狀細胞；在一六
〇倍檢螢鏡下觀察
（MOELLER）

Upper epidermis of leaf and p
group of palisade cells, seen from
below. × 160. (Moeller.)

葉之下表皮：h芽毛，p氣
孔，m葉肉之淸縮組織。在
一六〇倍顯微鏡觀察
（MOELLER）

茶樹之葉，自
然狀態。
（MOELLER）

以藥醇水化弱處理後
之葉片，圖示葉齒、
葉脈、結晶匣莖及石
細胞，略放大
（SCHIMPER）

經葉之中肋之橫剖面——
h d下表皮，g木之蒸管，
p柔軟細胞組織，m篩狀
組織，sch硬細胞組織之
纖維，sp氣孔，硬細胞組
織之細胞毛，一三〇倍
（WARNECKE）

在鹼內加熱溶解及以玻璃壓
碎漿之葉之組織：g葉脈之
螺旋形導管，p葉綠質柔軟
細胞組織，st石細胞，h芽
毛，一六〇倍（MOELLER）

葉之橫斷面：epa上表皮，cpi下
表皮，st裂口，p櫚欄狀細胞，
m有結晶匣k之葉肉，id細胞毛，
ㅊ細胞毛之橫斷面

（以上第二十四章）

心一堂　飲食文化經典文庫

文明世界中關於茶之葉、樹及飲料之字均直接探自最早栽培茶葉之中國——世界上兩種茶字形式之起源及其傳佈——中國語、日本語、波斯語、阿拉伯語、土耳其語、俄語、湘輸牙語、荷蘭語及奚語中之茶字——其他語音中之茶字

文明各國與「茶」字相當之語言，均直接探來自最早栽培之中國，中國茶字之發音在廣東省爲「Cha」，在廈門則轉變爲「Tay」，由此二音中之一，略加轉變，或無變化，即成爲現代各種語音中關於此字之來源。

中國在紀元七二五年以前，早期文獻上祗借用表示其他一種植物之字以名茶，故在此時以前，各文人所述是否指茶而言，尚屬疑問。王襄約在紀元前五十年所作「僮約」一文，內有「武都買茶，楊氏擔荷」一句，武都爲四川著名產茶區之一山名，故在王襄著文之時，當已產茶葉，有若干東方學者認王襄之所謂茶，當指茶葉而言。中國茶字爲古代茶字之借用字，有三種意義：(一)苦荼，(二)草，(三)茶。故必須依據當時情形而斷定其所指爲何物。

據德國著名植物學家 E. Bretschneider（一八三三——一九〇一）服務於北京俄國公使館時所述，謂「世說」記載惠帝（即平帝，四世紀中藥）之岳父王濛類好飲茶，關保指茶而實（註一）。晉朝（紀元後六世紀）詩人張孟揚賦詩讚美飲茶，在「登成都樓」詩中有云：「芳茶冠六情，溢味播九洲」。在中國之教會醫生 John Dudgeon 由康熙字典中指出荼字之解釋：「人謂荼即古代之荼，但不知荼有幾種，惟撰、苦荼之荼即現今之荼。珠炎謂荼葉並非消淨植物，亦非苦菜」。（註二）

檟爲茶之另一借用字，會爲中國早期之文人所採用，其應用之原因乃爲彼等對茶樹不能正確植物分類所致，故在由中國作家之作品選譯而成之「中國之蘊藏」（The Chinese Repository）中稱「在爾雅中稱茶爲檟，意爲苦茶。郭璞註云：樹小如梔子，葉冬生（即常綠）。

郭璞爲中國晉代（二六五——三一七）之作家，會校訂爾雅，說明茶之意義如下：「檟，苦荼，常綠小樹，與梔相似，取其葉煎之，可作飲料。早採者爲茶，晚採者爲茗，又名荈，蜀民則稱苦荼。」

郭璞並指其他二種非 Thea stensis(L)Sims 之植物爲檟。若爲古代茶之另一名稱，由退羅語「Miang」轉爲雲南土音「者」，此爲故早以茶作爲食物之一種。Bretschneider 博士謂紀元前數世紀所寫之晏子春秋中，載茗茶爲食物之一種（紀元前五百年）晏嬰時代之食物。食貨志中亦稱茶爲茗，該書雖指揚爲神農時代（約在紀元前二七三七年）之菁藉，但實爲後漢時代（二五——二一九）所寫成。至公元第五世紀，茶仍稱爲茗，當時有一中國女作家鮑令暉稱之爲「香茗」。

明代（一三六八——一六二八）顧元慶所編之茶譜內云：隋（五八〇——一八〇〇）文帝病腦，僧人告以煮茗草作藥，服之果效。當茶之飲用漸廣時，有數種意義之「茶」字減去一劃而成爲「茶」

註一：Emil Bretschneider 博士著：Botanicon Sinicum，載 Journal of the China Branch of the Royal Asiatic Society 卷十五，一八九三年上海出版。

註二：John Dudgeon 著：The Beverages of the Chinese 一八九五年天津出版。

字，此茶字只有一種意義。據公元第七世紀時評註註家楊士奇之記錄，

「茶」字在此時期方轉為「茶」字。據 Bretschnei-

der 博士云：在茶經出版以前，茶字之應用并不普遍。

約公元七八〇年時，中國著名作家陸羽著作茶經。據

陸羽在茶經中述及當時代表茶者有五字：

茶　—　茶
檟　—　茶
蔎　—　茶
茗　—　春芽
荈　—　老葉

Dudgeon 博士對古代書籍中并無茶字，且謂茶字首載於蘇庚（Su
Kung）之本草（註三）中，蘇庚為唐代（紀元六三〇——九〇四）
之官吏，彼訂正並完成唐代本草，著作本草綱婆，此書被認為雜入神農
食醫志中之膌品，但實際上并非膌造，而為蘇庚增訂而已。何以見之，
蓋在郭璞爾雅以前，并未發現茶字。

中國茶字之譯為他國文字，乃在茶葉出傳於外人之時。Brinkley 謂
第五世紀末葉（註三）土耳其商隊出現於華北邊疆時，茶葉首先成為輸
出品。其後亞拉伯人從烏茲伯克（Usbeck）韃靼人處購買中國茶，最
先之亞拉伯作者稱之為「Chah」（註四）或「Sax」（註五）。現今亞
拉伯及土耳共均有相似之為「Shai」，土耳共稱之為

「Chay」，均由廣東話直接演變而來。

第八世紀中國茶籽首次輸入日本，同時輸入「茶葉」。

波斯之茶字，亦由中國字演變而來，在一六三三年 Holstein 公爵
出使波斯時，在其報告中謂波斯人極嗜飲茶，茶葉乃向韃靼人購來。

（註六）「Cha」字在波斯（現稱依朗）語中至今仍無變化。

十七世紀中葉，茶在俄國甚為普遍，同時傳入西歐，但俄國與西歐
不同者，為茶葉由陸路商隊運入，故俄文「Chai」字，亦如土耳其及亞
拉伯之「Chay」及「Shai」字，由中國「茶葉」二字演變而來。

歐人採用廣東語「Cha」字者，僅有葡萄牙一國，因葡萄牙人為歐
洲人中最先與中國建立貿易關係者（一五一六），而與其交易者為廣州之
商人。荷蘭繼從事東方貿易之第二國家，並與東方貿易最大之先驅者，
最初由爪哇萬丹輸入茶葉，此種茶葉則向中國福建廈門商人購來，由遞

廈門土語「Tay」用拉丁文譯成「Thea」音。其餘歐洲各國，除葡萄牙外，
初時均賴荷蘭供給茶葉，故其茶字均由廈門土音演變而成。

英語之「Tea」字，原來發音為「Tay」，後變「Tee」，均由荷文演變而
成者。據英英國東印度公司之紀錄，一六六四年茶字之拼音為「Thea」，一
六六八年變為「Tey」。此字為原有之英文或歐洲之古
文改造，慣應用於 Thea Sinensis(L.)Sims 之葉及飲料，但當應用於其
他植物時，如巴拉圭茶（Ilex paraguayensis）、Jesuit 茶（Psoralea
glandulosa）、新澤西茶（Ceanothus americanus）等，則僅為借用字。
此字并未見於聖經、沙士比亞及十七世紀末葉以前之出版物
中。在英國初於茶葉之記述中，英國人將此字寫作「Tee」，
以「Tee」之形式出現，其發音為「Tay」。但直至十八世紀中葉，其發音
仍為「Tay」。

一六六〇年時，始拼成「Tea」字。

按照 Hobson-Jobson 字典，發音之改變，必在一七二〇——五〇年
開，因其後曾在 Thomas Moore 之詩中見之。

在一七四五年出版之字典中，英國人將此字寫作「Tee」或「Tea」，
發音為「Tiy」，與現時之發音相近似。

「Thea」字應用於茶樹，為山茶科（Theaceae）中之一種植物學
名，最先為德國博物學家 Engelbert Kaempfer 博士（一六五一——
七一六）所應用，其著作 Amoenitats Exoticarum 於一七一二年出版。

註三：Capt. F. Brinkley 著：China: Its History, Arts and Lit-
erature，一九〇二年波士頓及東京出版。

註四：Eusebe Renaudot 著：Ancient Account of Indian and China
by two Arabian Travelers in the Ninth Century（A.D. 580）with
Notes and Illustrations 一七三三年巴黎出版，一七三三年倫敦出版。

註五：Bernard Laufer 著：Sino-Iranica，一九一九年芝加哥出版。

註六：John Davis 著：Travels of the Ambassadors 一六六二年
倫敦出版。

「Thea」為希臘職文「Oea」之拉丁翻譯，希臘字之原來讀法為「女神」——或為「藥草」，Kaempfer首創此字，是否曾注意及此，無從考稽，惟必保直接由廈門土語演變而來，似較可靠，法文之「Thé」，荷文及德文之「Thee」及英文之「Tea」亦同。

瑞典植物學家Linnaeus（一七〇七——一七七八）於一七三七年將茶名分為兩大類：Camellia及Thea，Thea字係借用Kaempfer所創之字。

現在世界各國現代語中之茶字，均由中國之茶字之（1）讀東省「Cha」及（2）廈門音「te」轉變而來，即為：

（1）日本語，茶；俄語，Chai；亞拉伯語，Shai（音Shi）；土耳

其語，Chay；葡萄牙語，Cha；伊朗語，Cha；印度語，Cha；烏爾語（Urduer）；Cha；意大利語，Cia（巳疑）；西班牙語，Cha（巳疑）；英國軍隊俚語，Chah；西藏語，Ja（dza）；安南語，Tsa；保加利亞語，Chi。

（2）英語，Tea；荷語及德語，Thee，Theo，丹麥語，Te；瑞典語，Te，法語，Thé；意大利語，Te；西班牙語，Te；馬來語，Te或Teh；錫蘭士語，te或Teh；拉丁文（科學用）；Thea；新賀語（Sinhalese），Thay；塔木耳語（Tamilian），Tey；日耳愛士語，Thee；芬蘭語，Tee；挪威語，Te；世界語，Téo-a；拉脫維亞語，Teja；捷克斯拉伐克語，Te；匈牙利語，Te；猶夏語，Ta。

心一堂 飲食文化經典文庫

第二十四章　茶之植物學與組織學

茶之分類——Linnaeus首將茶定為Thea Sinensis，後將茶定為Camellia。一般初之分類設今日普通所採用——Sinensis之普通性徵——茶之變種與品種——茶之代用品——Thea——用摻雜物摻加茶葉之重量，擴大其體積，改進其外表——翻發摻下組織

茶樹屬於種子植物門，顯花植物中種類最多且最重要之一綱——雙子葉植物綱。其所屬之目，為離瓣花目，科名雖曾稱為茶科，但今已多稱為山茶科。以上諸點，已為植物學家所公認而確定者。惟若論及其所屬之屬名及種名時，則常有若干不同之意見。

瑞典植物學家 Carl von Linné（一七〇七——七八）以 Linnaeus 之名著稱於世，為最初採用植物之二名法者。其名著「植物種類」（Species Plantarum）一書，於一七五三年出版，首創此植物命名方法，故其著作實為近代植物分類學之基礎。

一九〇五年，世界各國植物學家會集於維也納，舉行國際會議，議定國際規則，共第十九條中說明：「全部脈管組織植物之植物命名，均以 Linnaeus 所著一七五三年初版之植物種類為根據」，共著作之重要，由此可見。

Linnaeus 在其「植物種類」第一卷五一五頁上，將茶為 Thea sinensis，文在第二卷六九八頁則稱為 Camellia。因此在植物學界對於茶之名稱問題卽發生兩種不同之見解，（1）是否有兩種不同之屬，Camellia 與 Thea；（2）Camellia 與 Thea 應否合併為 Thea 一屬。Linnaeus 決定茶樹之特徵，其根據之材料不甚充分，似無可疑。因後來植物學家得到若干親緣種類，故若干學者認為 Thea 與 Camellia

二屬不可分離，因此遂發生合併為一屬之後究應冠以何名之問題。著名英國植物學家 Robert Sweet（一七八三——一八三五）於一八一八年（註一）最初以二屬合併的冠以 Camellia 之名。德國博物學家兼物理學家 Heinrich Frederick Link（一七六七——一八五一）亦於一八二二年採用同樣之分類法（註二）。因此，Thea 之名先於 Camellia，二屬合併時，此屬當稱為 Thea，故依攝國際命名規則，茶屬植物應毫無疑義稱為 Thea，如視 Camellia 與 Thea 分立之二屬，則茶仍為 Thea 屬。

惟據國際命名規則第四十六條，凡二種或二種以上相類似之種類合併時，應保留其最舊之一名。在 Thea 與 Camellia 二名之前言，「植物種類」之第一卷出版於一七五三年五月，第二卷出版於是年八月。因此，Thea 之名先於 Camellia，二屬合併時，此屬當稱為 Thea。亦有採用 Camellia 與 Thea 不能作為分立之二屬，而將 Thea 作為種名。例如著名經濟植物學權威 George Watt 爵士（註三）以及 S. E. Chandler 博士（註四）均將茶之學名定為 Camellia Thea Link。

但近年以來，多數植物學家已採用 Linnaeus 最初給予此植物之學名 Thea sinensis Linn，當然此名在地理上不甚正確，故 Linnaeus 本人在其「植物種類」之第二版（一七六二），卽放棄 T. sinensis 之名，決定花

註一：Robert Sweet 著：Hortus Suburbanus Londonensis 一八一八年倫敦出版。

註二：Heinrich Frederick Link 著：Enumeratio Plantarum hortiregii botanici Berolinensis，一八二二年柏林出版。

註三：George Watt 著：Commercial Products of India 一九〇八年倫敦出版。

註四：Bulletin of Imperial Institute 卷二，一九一二年倫敦出版。

稱六片者爲T. bohea，花瓣九片者爲T. viridis。爲正與英國雜文著作者及植物學者 John Hill（一七一六——一七七五）之分紅茶及綠茶，同爲武斷（註五）。

近代植物學家對此問題可資記述者爲 C. P. Cohen Stuart 博士，博士在任爪哇茂物茶葉試驗場植物學家時，分著植物學書籍甚多，嘗云：

段氏所採用之茶之學名，適與一七五三年著名瑞典植物學家 Linnaeus 最初所用之名 Thea Sinensia Linn. 相一致，自始以來，Thea 屬已包括 Linnaeus 所謂 Camellia 之一屬，而 Camellia 之代表即爲溫帶中所常有之 Camellia，現在稱爲 Thea japonica，具有紅色或白色之花者。科學家登記此屬之代表種頗多，更即三屬之中國產之茶而以一八二三年印物拉用 Linnaeus 時代之中國綠茶以近，而 Thea sinensia 乃沿用

待拉谷之森林中發見亞薩姆茶種以後，科學界又遭遇一迷惑問題，即此茶應否與中國種同祸於一種，或作爲 T.sinensis 之一變種，共或另立一種。因二種之形遞外表殊有差異，因此多數植物學家由於此種印象，或傾向於後者之意見，而稱亞薩姆每茶爲 Thea assamica。惟此種種植，今屬祗有一種，且晉人已知亞薩姆茶與中國茶全屬製造茶葉之植物，似已不宜再行偏見以恢復 Linnaeus 之 Thea Sinensis 爲原有地位，無論中國、亞薩姆以及其他各種變種、各種品種或品系之茶，均當視爲一種（註六）。

Charles Sprague Sargent 博士爲偷敦Linnaeus學會之外國會員，美國哈佛大學植物園主任及植物學教授，亦主張採用 Thea sinensis 之名。

Alfred Barton Rendle 爲英國皇家學會會員及 Linnaeus 學會會員，又爲英國博物館植物部主任，亦贊成 Thea sinensis 名稱。Gray 植物標本館之技師 Benjamin L. Robinson 及哈佛大學植物分類學教授 Asa Gray，亦與現今其他各種意見相同，主張以 Thea sinensis 爲茶所屬植物之實際名稱。而Thea一屬與 Camellia 一屬極爲相近，故對於屬之分類採取較廣之見解常，每將二者合併爲一屬，此全保依制斷之情形而定。而 Robinson 博士顯然認爲Thea與 Camellia 爲不同之屬，惟如此兄弊，對於 Thea sinensis 名稱之正確，已無疑問。

紐約 Brooklyn 植物園之 Alfred Gunderson 博士謂：「茶樹之花與裝飾用之 Camellias 花，有若干不同之特徵，故現在所謂茶及其類似之種類，雖與 Camellia 相近，但非隸於同一之屬。故茶之學名仍以 Linnaeus 在植物種類一書中所採用之 Thea sinensis 爲安」。

見於 Linnaeus 之「植物種類」第五一五頁（一七五三年五月），而 Camellia L 則發表於該書之六九六頁（一七五三年八月），故茶樹應稱爲Thea sinensis。蓋此係宜先給予該植物之名稱。

但於 J.Sims 在其「Thea Chinensis var. B. Bohea tea-tree」(載於一八○七年 Curtis's Botanical Magazine 卷卅五）一文中，首以 Bohea、Viridis、Cantoniensis 等併稱爲 Thea sinensis，共完全名稱爲 Thea sinensis(L.)Sims。

茶樹在植物分類學上之地位再重述如下：

門 (Division) ……… 種子植物門 (Angiospermae)
綱 (Class) ……… 雙子葉植物綱 (Dicotyledones)
目 (Order) ……… 離瓣花目 (Parietales)
科 (Family) ……… 山茶科 (Theaceae)
屬 (Genus) ……… 茶屬 (Thea)
種 (Species) ……… 茶 (sinensis)

一般特徵

茶爲喬木本或灌木本，有時高達三十呎，葉互生，常綠，橢圓或狹圓形，葉尖銳，有鋸齒，葉面光沿，有時葉背有軟毛。成長之葉，暗綠色，平沿堅韌，長自一吋至十二吋，嫩枝多有軟毛，且有薄而尖之芽

註五：John Hill 著：Exotic Botany 一七五九年倫敦出版？
註六：一九二六年四月致作者函。

（白毫Peloe）。

　花芽單生或叢生，自葉被之側芽發出，球形弛垂，與花相間。花色白，有芳香，直徑約一吋，蕚五片至七片，爲革質宿存，花瓣五片至七片，排成一圈，雄蕊多數癒合爲一體下垂，花藥爲二室，子房有毛，三或四室，花柱平滑，有三、四個長形雌蕊，茶之子葉細胞，含有大量之油及其他物質，備作發芽胚體營養之用。

　果實光滑，褐綠色，直徑約一吋。有一至四裂片，觀其是否由一室或者十室發育結果而定。每室有一至三個種籽，外表光滑，但具有溝痕，表示其子房結合之點。種籽暗褐色，直徑約半吋，球狀或扁平、光滑。在種籽中有大油狀片，二片即其子葉。分蘗時，其幼蘗與幼根可顯然分別，尤以在發芽時爲顯。果實之果皮在種籽成熟前，組織堅硬，呈綠色，但成熟後則變爲暗褐色。

茶樹之變種與品種

　如何正確分別茶樹（Thea sinensis）之變種，有株種不同之意見。變種本有易於變成中間形之傾向，僅憑其核微之差異以分別之，此種差異在植物學分類學上，實無作爲特徵之價値。在一般普遍栽培之茶樹，栽培者往往以其品質與普通茶樹稍有不同，即認爲茶樹之另一品系。此種見解，在商業上或有存在之價値，但實不足爲植物上之定義，因此種品系每無充分固定之特徵，作爲科學上品種之根據。此種變種，每因栽培上之選種而發展，具有一定之名稱。

　Watt 泉出茶樹之四種主要變種，即 --尖葉變種（var. viridir）、武夷變種（var. bohea）、直葉變種（var. stricta）以及尖蘗變種（var. lasiocalyx）。尖葉變種中更分爲六種 -- （1）亞薩姆土種(Assam indigenous）、（2）老撾種（Lushai）、（3）那伽山種（Naga Hills）、（4）馬尼坡種（Manipur）、（5）緬甸及撣部種（Burma and Shan）、（6）雲南及中國種。直葉變種爲一小叢之茶樹，據 Watt 所述，每見於印度之種籽園中，臨時開花結果，葉厚而堅靭，長一又十六

分之一吋至二吋半，闊十六分之一至四分之三吋，鮮有八簇以上之濃密葉脈，Watt 又謂尖蘗變種恐爲茶用之茶樹中之最熱帶性者，此爲一種新加坡及伯南（Penang）茶樹（註七）。

　Cohen Stuat 將四種變種或更多種類之分類最純，代替 Watt 之分類法，就其中最主要之亞薩姆標準型茶叢與中國種命名爲亞薩姆變種（var. assamica）及武夷變種（var. bohea），後者又名曰 Linnaeus（Shan-type）之土種（註八）。

　亞薩姆托格拉茶葉試驗場前任化學師 G. R. Harler 博士，研究 Cohen Stuart 之最近著作以後，將茶之四種變種之名，定爲武夷變種、大葉變種、撣部型變種以及亞薩姆變種。武夷變種（中國茶）爲一小而粗之茶叢，葉芽常爲紫色，爲小硬葉（長在三吋以下），有不甚顯明之葉脈十至十四對，葉與葉芽簇簇甚密，樹叢開花繁茂。大葉變種形狀如中國種，但樹身較大（約高十五呎），葉亦長達六吋，葉面有八對至九對葉脈，亦不明顯。撣部型變種至今尚無拉丁文名，但與亞薩姆變種相近，樹高四十五呎至三十呎，葉具十對左右之尖銳鋸齒，頂端銳尖，葉形較其他品種更爲橢圓，葉緣有小而密之尖銳鋸齒。亞薩姆變種（亞薩姆土種）在野生狀態高達三十呎，枝條較矮，有大而頂端銳尖之葉（六至十二吋），側脈爲十至十六對，頗細明，故在葉背形成顯著之溝，花少而不纂集。

　倘有若干植物學家 Joao de Loureiro（一七一五 ---- 一七九六）所定名之廣東變種（variety cantonensis Lour)亦頗重要，此變種較高約四呎，枝條甚密，葉爲披針形，有銳齒，平滑面較厚，莖短，花單生，

註七：George Wat 爵士著：Commercial Products of Ind a！
九〇八年紐約出版。
註八：一九二六年四月致著者函。

果實三房及三裂。（註九）

品種

Watt 分尖葉變種（var. viridis）為六品種，前巳述及其他各品種，

第一品種——亞薩姆土種，巳被認為一變種，巽記述其他各品種。其中之

品種第二號：（老撾種）（Luahai）——為一種大衆歡迎之五十至六十
呎高之小喬木，葉片充分成長後，平均長約八吋至十四吋，闊四吋至六吋，
是為現今所知之亞薩姆中國葉片及大者，較中國茶樹之任何記錄較大。此為
十二至二十四顯著之葉脈，惟排纜葉面之特徵則專及薩姆土種相似。此種
僅溊於雲爾赫脆及青大港之一部份，完全為地方性野生茶樹發見之結果。

品種第三號：（那伽山種）（Naga Hills）——為小而繁茂之樹，向上
發展之枝甚少，在近菲里麥（Pherima）一帶高達二千呎之地方特多。葉狹
長，長四吋至九吋，兩最圓之虛僅二吋至三吋。其粗纜與亞薩姆種相似，在
安姆古里（Anguri）一帶亦有栽培，而常用可與亞薩姆土種交配。

品種第四號：（馬尼坡種）（Manipur）——馬尼坡之野生茶，在該處
並未經人發掘，僅或因森林中之野生植物，如糰至卡泰、雪爾赫脫，甚至
糟望亞細亞種亦佳，並可與其品種相交配。其特徵係葉甚濶，幾呈
長橢圓形。長六吋至八吋，闊三吋半至四吋。在粗纜上，葉秋而緊翅，暗
綠色，脈纜疏而開放，殆近因烏龍茶而變法之台灣茶。

品種第五號：「馬尼坡種」（Manipur）——關於此品種繼否與其他品種分別，
倘少研究，故此品種之地位，當待以後慎重之研究。此種一方面與馬尼坡種
相近，一方面又與雲南種相近，實粗糰，惟呈尖銳，其葉面不著
馬尼坡種之平滑。殆形狀完全恰相同。

品種第六號：「雲南中國種」——關於中國所產茶樹品種，知之極
少，倘種如印度茶之可以分類……在多數植物標本室中，常見中國各地所產
之茶樹標本甚少，但仰不詳細，直至最近 Henry 博士方詳細探集上之
研究雲南森林中之茶樹，其所梁標本在雲南分讚與各植物標本室。彼倘余訂此種係
一種小而分枝疏稀之茶樹，生長於濃密森林之樹蔭下，其情形與印度之真野
別而又顯著之品種，低得使其分立。

其他植物學家有不依此種分類法而將上述各品種作為不同變種者，
更有發見無數其他變種品種以及巽品種（Subraces）者。

茶之代用品

茶樹除茶葉作飲料之外，茶花乾懶後，依泡葉之方法亦可供作飲料
之用，故茶花可稱為茶之代用品。

茶之最主要代用品，常為馬特茶（Mate），又稱為巴西白馬替（Yeba
Mate）、巴拉圭茶（Paraguay tea）或巴西茶（Mate），為 Ilex Paraguayensis
之乾葉所製成，屬於多青科（Aquifoliaceae）植物之一種。葉長六吋
至八吋，有短葉柄，並有尖銳之葉尖。葉緣有整齊鋸齒。花小而色白，
形成開又之簇突出於葉腋。花鸞、花蕾及雄蕊均為四至五個，果實有四
個種籽。此植物在巴拉圭及巴西南部生長甚多。

採取馬替茶者大都為印邻安人，彼輩攀登樹上，然後用剪切取其生
葉之枝，各枝合為一束，乃在火面爛之，使其萎凋而不焙焦。經此種處
理後，乃送至工廠作最後乾燥，時間約需十四小時至十六小時。其次將
乾葉碎為粗粉，裝袋出售。有時亦有用鐵鍋放於磚礦上，正如中國烘茶
方法以乾燥者。

在巴拉圭及阿根廷，先將茶葉中肋剝下，然後培烘，稱為「加米里」
（Caa-miri）或「加米林」（Caa-mirien）。馬替茶則為較大之老葉製
成，並帶有嫩枝新梢及小蔓者，在巴西用之最多，前梢為「加伽科」
（Caa-guacu）或「加伽蘇」（Caa-gazu）或「賢拉陀布魯」（Yerra
do polos）。最優良者係用未開展之幼葉製成，常帶紅色，稱為「加科」
（Caa-cuy）或「加科育」（Caa-cuyo）。

馬替茶鷰從耶教徒首先栽植，但在古代似早已為印第安人飲用，
馬替一語，係由印加斯人（Incas）之語言而來，原意為胡蘆。「加

註九：Flora Cochinchinensis 1790年里斯本出版。
註十：George Watt 著：Tea and the Tea Plant，載一九〇七年
家園藝學會雜誌第三十二卷。

305

（Cea）爲此植物之印帝安土語。斯巴尼人（Spaniards）則稱爲「賢白」（Yerba）。

馬替茶用鑲銀之胡蘆爲泡茶器具，其大小約與大橙橡等，頂部開口，先以糖及少許熱水盛入器中，次加「馬替」，最後以滾水或熱牛乳充滿之，有時則以少許燒焦之糖或榨橡汁加入器中，以代牛乳。

此種飲料用長約六、七吋之金屬或蕉草乾所製之小管吸啜，一端呈球狀，爲用蕉草精細編織，或用金屬所製成，球面有細細之小孔，馬替茶即由管中吸入口中，稱此爲「Bombila」，在家庭中常以此種葫蘆與吸茶管逐一傳飲。馬替茶亦可用普通茶用之杓飲用。

倘有一種飲料，稱爲「Cassine」，爲一種北美所特產之冬青（Ilex Cassine）晒乾製成，此葉之方法，製成「綠Cossina」，「紅Cossina」及「Cossina 馬替」，最後一種與「油白馬替」極相似。

茶之代用品，不勝枚舉，多數國家均有其特種之「茶」，在歐戰時，因急切需要，均尋出許多古法，再加以若干新法以製茶之代用品。

最主要之一種代用品爲 Faham · Fa-am 或包穿茶（Bourbon-tea）爲一種稱爲 Angraecum fragrans 之果木之乾葉製成。此種植物原產於非洲，但以馬達加斯加、來龍（Reunion）、包旁（Bourbon）及毛里求斯爲最多。最初均信此種植物其有香臘草（Vanillic）香，後經 Cabley 發見其含有氣保因舍 Cumarine 之故。葉少，形狹細，花白而香，所謂包旁茶即爲其乾葉所製成，來龍人及馬達加斯加人自古以來即飲此茶。（註十一）

加波立茶（Kaporic）又稱咨包卡茶（Koporka）或意渥茶（Iwan），爲三種草經染色製成，即爲柳蘭（Epilobium angustifolium）、繡線菊（Filipendula ulmaria）及山利木（Sorbus aucuparia）之乾葉混合後，放入熱水中，再加膀擦，並搆入稀糖水，曬乾及加香料。南海茶（South Sea tea）用冬青科之一種灌木或小喬木 Aquifolia ceae 之葉製成，產於美國南部。

新紐殺茶（New Jersey tea）爲鼠李科（Rhamnaceae）之一種灌木 Ceanothus americanus 之葉製成，亦爲產於北美之茶。

山茶（Mountain tea）又稱爲加拿大茶、紅茶或紐芬蘭茶，爲屬於石南科（Ericaceae）之矮小灌木 Gaultheria procumbens 所製成，原產於加拿大及北美，有時稱爲馬蹄草或茶莓。

包海米亞茶（Bohemian）或克蘇丁茶（Croatian）由石蒜（Lithos-permum officinale）製成，常稱爲「茶」（Thea sinensis）而栽種之，用此製成紅「茶」或綠「茶」。又常以此冒克茶來。

拉勃拉特茶（Labrader）爲石南科直立小葉叢木磽磽屬（Ledum palustre）所製成，原產北美、加拿大及拉勃拉特。

俄斯威哥茶（Oswego）或賓夕爾瓦尼亞茶保磨形科 Monarda dilyma 之葉所製成，原產加拿大及美國北部，可作滋補藥及胃病藥。

柏格齊（Bergthee）或稱山茶，產於德國哈爾志山（Harz）由海苔花、烏荊子、歐薄荷、歡多、薄荷等合成，另加梓木根皮以及甘草根。

冬青茶（Winterberry tea）由冬青科一種常綠平葉叢生之灌木 Ilex glabra 之葉所製成，原產美國北部及加拿大，此種植物普通稱爲 Inkberry。

盆高倫（Benkoelen）或馬來亞茶，在蘇門答臘用之，用桃金孃科（Myrtaceae）之漆木 Leptospermum（alaphyria）nitida，產於馬來半島。倘有同科之其他種類之植物，如 Leptospermum 及 Melaleuca 二屬，在澳洲及新西蘭均稱爲「茶樹」。

墨西哥茶或 Jesuit 茶（Chenopodium ambrosioides）爲藜科（Chenopodiaceae）之多年生藜草，產於墨西哥，但已移植於南歐。此種植物通稱 Goosefoot或Pigweed。

波丹尼灣茶（Botany Bay tea）或稱甜茶及澳洲茶，爲原產澳洲之

註十一：見 Journal de Parmacie et de Chimie 卷十八。

牛尾菜科（Smilaceae）之一種蔓延性常綠灌木。

灌木茶（Bush）或岬茶（Cape）係由 Cyclopia genistoides，或其他近似種類之葉製成。

巴西茶（Brazilian tea）為高大單壺之二年生植物，花藍色穗狀，屬於馬鞭草科（Verbenaceae）。產於西印度及美洲之熱帶。

西印度茶由玄參科（Scrophulariaceae）之 Capraria biflora 之葉所製成。據殼原產北美，但已移植於西印度。通稱 Goatweed。

阿比西尼亞茶有時稱為亞拉伯茶，由 Catha edulis 葉製成，亞拉伯人飲之。

阿根廷茶為 Paronychia 之一種，其花可製成藥用茶。

伯爾伯里茶（Bahary）為黃楊刺（Box-thorn）或 Argyll 公爵茶樹（Lycium barbarum）。

藍山茶（Blue mountain tea）為北美產之Solidago odora之花及葉製成，又稱匙金棒茶。

丁姆斯忒茶（Teamster tea）為北美產之麻黃類（Ephedra antisyphilitica）植物所製成，有治性病之效能。

推山茶（Theezan）產於中國南部，其葉貧人作茶用。

在馬米蘭之 Anthemis nobilis 所製成。用花製飲料，稍帶苦味，此種植物在英、法、比均有栽種。

歐洲茶由 Veronica officinalis 之頭狀花所製，香氣殊佳，但有苦味。

法國茶或希臘茶，常用法國南部生產之鼠尾草（Salvia officinalis）所製成，有強列之香氣與特味。

其他尚有無數茶之代用品，玆舉其主要者如下：

菴門條臘人用咖啡葉煮之亦可代茶，好望角人用 Printzia aroma；中國人用薔薇科之［藺白花蛇莓屬（Fragaria）］；新荷蘭採用 Acaena sanguisorbae；日本採用一種八仙花屬（Hydrangea）；別之。

遇綠人用 Laoten。中非洲及錫蘭用蘭草屬（Eupatarium）；阿拉伯及西印度用 Carba edulis，即 Carba edulis（Cowslip）；以前選英人所採用，毛蕊花（Mullein）至今在德國及其他歐洲國家採用之，智利採用一種副冬植物，印度土人用 Tulasi。有一通石製成之沙賀伐爾茶（Salvador）及一種燒石礦料植物為澳洲馬尼亞及法克倫特人所採用，馬來採用 Glachya nitida，喀那利茶（Canary tea）或Sida conariensis，阿撲拉撿茶（Apalachian）即 V.burnum casinoides，Ilex v.mitoria 或 I.Glabra之葉，加羅里那茶（Carolina tea）即 Ilex Cosaine 所製，霍屯督茶（Hottentot tea）為 Helichrysum serpyllifolium。卡麥茶（Kaffir tea）即Helichrysum nudifolium；馬黛茶（Marsh tea）為鐵絲蘭（Ledum palustre）；塑希連寡茶（St. Helena tea）為Frankenia portulacifolia，歐荷；標櫚果茶；香臘木；百里香；金雀花；車軸草；當歸；芸香；鼠尾草；沙賀伐爾茶；蓄黃茶；失眠茶；宜母樹；橙等；菩提樹之花及乾葉；獨根梓木屬樹；荆芥；自由茶（Liberty tea）；原始神茶（Hyperion）；為薄荷之葉；薄荷葉；黑醋栗；黑莓葉（Orgau tea）即薄荷；歐薄荷；蔓麟茶；烏荆子葉；對樓草茶；（Senna tea）及阿拉伯茶，或 Catha edulis。

攙雜物

最普通之攙雜為攙入其他植物之葉，所用之葉，多有收斂性及邊緣有鋸齒者，其中如山毛櫸（Fagus sylvatica）、山楂（Crataegus oxyacantha）、茶梅（Camellia sasanqua）、烏荆子（Prunus spinosa）及金粟蘭（Chloranthus inconspicuus）之葉，但對於無關重要之顏色及君玉茶，雖與茶絕不相似之白楊葉、楓葉及其他樹葉亦攙雜之。

從前應用亞硅質之攙雜方法為攙入用過之茶葉，由餐館、旅社收集用過之茶葉，再乾燥之，混入真茶內。有時並無新鮮茶葉，僅將腐葉拌以兒茶、焦糖、靛靛、柏林青、滑膩植質、石墨等，所謂商除茶、墨石茶及君玉茶，據云乃用此方法製造，所謂高加索茶為用過之茶葉與 Vaccinium arctostaphylos 之葉混合。此種攙雜不能藉顯微鏡檢別，但可用化學方法，尤以檢定其熱水浸出物、單寧總量及可溶灰分等以檢

其他之攙雜乃欲增加其重量，所用物質爲黏土、石膏、鐵屑、砂礫等，由化學方法極易檢出。

以往茶葉多着色，以使其外觀美麗，所用色料，綠茶爲滑石、青魯土藍、蔥青、藍靛、藩黃、肥皂石及石膏等；紅茶則爲石墨。着色之顯微化驗檢驗方法，Leach 曾列舉如下。

着色之精細檢驗方法爲用篩篩出茶葉之末，或用水與茶葉搖勻後所得之沈澱，將粉末或沈澱物於顯微鏡下或放大鏡下觀察之。石膏現有光彩之黑色、點鳥石、灰色、石膏；普林士、藍靛、靛青色、黃色、普林士藍遇酸性鈉而褪色，藩青過鹼流釓作用，但遇鹽酸退色）、葷蒸遇上述兩種狀況均不退色。（註十二）

美國禁止着色茶入口，應用簡單之 Read 機械方法以檢驗着色茶。此方法爲美國化學局己故之 Alberta Read 女士發明，將茶葉篩出之粉末放於白紙上用角匙屑擦，任何着色劑無論青粉土藍、藍靛或翠青，均在紙上留下有色條紋，其後再在黑紙上作同樣試驗，若有石膏或硫酸鎂，則黑紙上立現白色。此簡單之試驗，各進口商可在其辦公室內行之，故甚爲方便。

爪哇茂物機茶葉試驗場之 J. B. Deuss 博士列舉眞茶分析須知如下：

一、當用顯微鏡觀察時，無乳糜之末。

二、茶葉之含水量應在百分之八至十二之間，此標準爲歐洲純粹茶葉之水分含量限度。

三、茶葉含礦物質最多百分之八，而不少於百分之三，但食用鹽或灰塵及鈣均能影響之。

四、綠茶水浸出物之含量至少有百分之二十，紅茶至少有百分之二十，紅茶則較少，蓋荷未完全浸出也。

五、咖啡鹼之含量至少爲百分之一，綠茶之單寧至少有百分之七．五。

六、不能含有奇異之色料。

七、茶如混有鉛，則絕不能作爲飲料，僅作爲提取茶素之用。（註十三）

顯微鏡下之組織

茶葉顯微鏡切片之製法有數種，依其葉之部位及檢驗之目的而異，最普通者爲將茶葉浸於沸水中，然後再放入含醶醇水化物二份與水一份之混合液中。

觀察葉底之表皮，可見特殊之茸毛，此爲茶葉之最大特徵，嫩葉較老葉特豐，（基部彎曲成直角，可成濃密之毛茸，長五百至七百 Micron（一瓱之千分之一），壁甚厚，有時在插入爽皮之處，爲放射狀之表皮細胞所包圍。茶葉先以蒼醇水化物浸之，再以甘油，最後以水浸過，乃可觀察其葉底之表皮細胞。細胞之外圍爲水波狀，老葉尤爲顯明。其中部有無數之氣孔，爲橢圓形，常爲三、四個附着之細胞包圍，彼此細胞較狹，循切線之方向密接。氣孔爲狹小之細孔，此亦爲茶葉之特徵。葉面之表皮有小而柔軟多角之細胞，但無氣孔。葉之邊緣爲鋸齒狀，每一鋸齒爲一圓錐狀之柔軟細胞，爲一層之腺細胞所覆。據 Cohen Stuart 謂：茶芽能產生一種膠質，倘一鋸國脫落時，在上表皮之下作一橫剖面，可見作栅狀欄狀組織之柔軟細胞，時或有二層。栅狀細胞在表面觀之爲圓形。葉面表皮之下爲海綿組織，間洖多。葉之中部有無數含有結晶體（草酸鈣）之細胞。茶葉最顯明之特徵爲綠色組織，此種組織爲大而無色。其形狀時爲星形，形狀特殊之厚膜細胞或石細胞組成，因葉之成熟而增加。美國著名作家 Albert E. 枝形，常有深摺痕之邊，支持上下之表皮。Leach 及 A. L. Winton 在其「食品分析」一文中云：「欲觀察此種組

（註十二）：Albert E. Leach著：Food Inspection and Analysis 一九一四年紐約出版。

（註十三）：J. J. B. Deuss 著：Overdruk uit het Ned r landsc 一九三二年出版。

（註十四）：C. P. Cohen Stuart 著：Handelingen van het Eerste Ned 一九一九年茂物出版。

總，最好製一窒或中肋之斷面，而與藥面平行。欲作此切片，應將葉片先浸於水中，再浸於酒精中，然後切之」（註十五）。倫敦大學英國藥物學會製配藥物學教授Henry C. Greenish 發明用縢黃酚（Phlorgluc-in）及鹽酸使其木質化之膜著色，俾易觀察。葉之內部，主要者為基礎組織，有充滿葉綠粒之細胞及脈管組織之纖維束包圍。Greenish亦指出辨別茶葉之特徵如下：

（1）葺毛之形狀與大小與底部之細胞同成放射狀排列。
（2）草酸鈣之結晶為簇形，常有結晶砂附著。

（3）厚膜細胞者，以在葉柄及中肋者，决不致完全缺少。
（4）氣孔。
（5）葉邊之鋸齒，或其脫落後之疤痕。（註十六）

註十五：Albert E. Leach 及 Andrew L. Winton 合著：Food Inspection and analysis。
註十六：Henry C. Greenish 著：The Microscopical Examination of Foods and Drugs 一九二二年出版。

第二十五章　茶之化學

——單寧含量之變動——咖啡鹼——茶之芳香油——茶葉中之其他成分——茶好油——製造中之「醱酵」——酵素、細菌及黴——製造中藥之變化——紅茶之萎凋、搓揉、醱酵及烘焙——含水量及發酵群——中國紅茶、烏龍茶及綠茶之製造——摘要——檢驗。

本章著者 C. R. Harler，哲學博士，理學士，化學學會會員，英國皇家氣象學會會員，前印度茶業協會托格拉茶業試驗場化學師。

概述論題之性質兼指示茶葉問題中科學研究之一般傾向，誠屬必要。

存討論茶之化學以前，

關於茶之化學，最初注重於商品成茶之簡單分析，嗣後在產茶國乃將分析方法行之於鮮葉。

研究方法始具悲礎。自此資料漸豐，約始於一八九〇年，嗣後二十年間，研究茶化學在製造時所發生之變化，對於茶葉化學之見解亦日新月異。

與製造紅茶有關之酵素、細菌、酵母菌之科學研究，肇端本世紀之初葉。

由於茶葉化學問題性質之複雜及現代生物化學智識之不足，吾人對於茶葉化學之智識，仍極簡陋。且因在爪哇、印度及錫蘭研究茶葉之化學家，與西方科學中心遠隔，更感受困難。

是故研究之觀點而言，並未明確，且研究所根據之理論與質施之方法，僅能引用歐西對於相似問題所施行者，而研究結果又多以實用及商業價值值為目的，因而影響工作之路徑，以致完全理

論性質之研究，終歸不可多得。

以下先單述近代茶葉化學觀念之發展，並將初期化學家之工作及其結論加以簡單之敘述，其次討論茶之主要成分及與茶葉有關之醱酵與微生物，最後敘述已知之茶葉製造時所發生之化學變化。

成茶之分析

本章力謀無專門化學智識之讀者易於瞭解，故擬提供若干定義與詳細之解釋，其中大半僅供說明某種論證或推理之用，非為專家所着想。如先敘述鮮葉之分析，次及成茶，似較以下無系統之敘述更合於邏輯。然為符合歷史之演進起見，首先論述商品成茶之分析，似屬必要。

初期之研究——Mulder (註1)、Peligot (註2) 與 Rochleder

Mulder (註1)、Peligot (註2) 與 Rochleder 三人在一八四〇與一八五〇年間完成若干最早之茶之化學研究工作。前二人依照當時之標準方法分析商品成茶。Rochleder 之研究，由茶葉中發現之單寧，並分離一物，名之為武彝酸(Bohelic acid)，蓋依據當時供製中國紅茶之植物——武彝茶樹(Thea bohea)之名而來。

Hlasiwetz 與 Malin (註3) 於一八六一年在茶中檢獲一種黃色結晶物質 (Quercetin)。Hlasiweto

註1：P. Mulder，Annalen Physik Chemie 一九三八年 Leipzig出版。

註2：E. Peligot，L'Institut 一八四三——四五年巴黎出版。

註3：Rochleder，Annalen Chem. Pharm. 一八四七年 Leibigs 及 Heidelberg 出版。

註4：Hlasiwetz 及 Malin，Jahresberichte Fortschritte Chem. 一八六七年出版。

覈實所謂武彝酸者乃沒食子酸、草酸、單寧與擹皮黃質（Quercitrin）之混合物。

在一八六〇年及其後數年，曾作多種茶葉分析，當化學智識擴展時，研究題目亦日益擴充，一八八〇年時，頗完全之分析方法已可應用。

一八七九年，Blyth 所發表之二文中（註五），列舉茶之成分爲香蹄、茶素（現稱咖啡鹼）、武彝酸、樹皮眞黃質、單寧、鞣皮黃酸（Quercitrinic acid）、沒食子酸、草酸、樹膠、寒膠、飄、蛋白質物、木質、色素與灰份。文中引用 Dragendorff 關於俄國商品紅茶之分析，以表示水溶解物、咖啡鹼、氮、單寧、碳酸鉀與磷酸之百分數，此種數字顯示一廣大之變動，而與現代分析結果之標準相符。

如將一八七九年 Blyth 對於通行之茶葉分析及化學分析對於評定茶價之未來用途之觀察加以注意，頗饒興趣。還云：「吾人無完全之茶葉分析，祇有無數部份之分析」。茶之全部成分今雖已可窺遠，但此言在今日仍屬正確，因普通之分析僅示個別之多種物質而已。

在同一文中，Blyth 繼云：「茶葉貿易完全額於分析並輔以茶師報告之時期恐已不遠。調鍊綠有葉之味覺，能鑑定特別香味，能分析未必能之。然一極其完全之茶葉分析則具有極高之價值，或作爲買主之南針，或作爲茶中並未攙有之明證」。此文雖寫於五十餘年之前，今日吾人於茶葉評價正仍唯茶師是賴，固無論茶化學之進步如何也。

Deuss（註六）於一九二四年發表一文，將茶師評茶所用之茶湯中之咖啡鹼、單寧及水溶解物行多次定量分析以後，結論云：「以介所見，欲作茶之成分及其品質之間確立關係，爲不可能之事」。文中所謂茶葉之成分，已知有刺激物存在，故無論如何，其一部份必與葉之刺激性及茶湯之品質相關。

一九一〇年，倫敦 Lancet 實驗所完成多種茶葉分析。其分析結果，咖啡鹼與單寧在上品茶中往往成爲一化合物，即單寧醯咖啡鹼，但在普通茶中，此二物大半爲不結合狀態。並謂如咖啡鹼與單寧以結合狀態而存在，一切飲茶之害可以減至極低限度。大儂而言，此種實驗皆未爲後人所信任。

近代之分析——在一九一四——一五年，Carpenter 與 Coope（註七）二人對於印度茶曾作極多次之分析，以定其咖啡鹼、單寧與水浸出物之含量，且曾研究單寧與咖啡鹼之化合物，但彼等不能使其定量分析與茶藥之市價或茶師之報告發生重大之連繫。

Deuss（註六）對於多種爪哇、日本、中國及台灣樣茶，曾測定五分鐘冲泡液中所抽出之咖啡鹼與茶葉品質比較後，乃得下述之結論。此種見解乃根據表一之數字而來。

咖啡鹼之定量方法將於敍述此物之一節中說明之。

單寧之定量方法如次：茶葉先用沸水抽提，其水抽出物用百分之四〇之醋酸處理之，加入濃鹽酸，並加熱十五分鐘，乃生成單寧與蠟醛狀物（Tannoform），一克單寧，生成一·二四克單寧狀物。此法並不完善，但 Deuss 堅稱應用此法可得確之結果。

此處須注意，依照單寧之舊分類法，乃將鹽酸與蟻醛能沉澱「兒茶酚」類靑類，

表一
五分鐘冲泡液所抽出之咖啡鹼與單寧

	咖啡鹼	單寧	五分鐘之水抽出物
爪哇紅茶……	2.7—4.4%	6—20%	16—26%
日本綠茶……	2.0—3.3%	4—12%	16—26%
中國紅茶……	2.0—3.7%	5—10%	16—22%
台灣烏龍茶……	3.1—3.7%	12—23%	23—25%

註五：A. J. W. Blyth 著：Analysis and Chemical Description of Tea and its Adulterants 一八七九年倫敦出版。

註六：J. J. B. Deuss 著：L'analyse Chimique du thé en rapport avec sa Qualité 一九二四年巴黎出版。

註七：P. H. Carpenter 及 H. R. Cooper 合著，載印度茶葉協會學刊一九二三年第二部。

（Catechol Tannins），但不能目「淡子酚」單寧類（Pyrogallol Tannins）全部沉澱或毫無沉澱作用。Deuss 之方法乃假定茶單寧屬於前一類。

今日研究茶葉之化學家，一致以爲成茶之市價並不能以現今化學分析表之數字估計之；雖然，近數年來日本綠茶品質之估計，親其茶沖泡液之花青素（Anthocyan）之含量而定（註八），已引起世人之注意。花青素爲在強烈日光下生成於藥之物質，味苦，並有損綠茶之品質，故最佳之綠茶乃從覆蔭之茶藥製造而成。

花青素試驗爲日本金谷茶業試驗場所完成，現被認爲用作測定日本綠茶品質之一種方法。此爲一簡單之試驗，方法如次：在茶之沖泡液中如茶師所泡製者，加入數滴稀鹽酸，如有花青素，此液即呈紅色，且紅色之深淺隨花青素之含量而增減。故用一組標準之顏色，即能將此景之花青素迅速檢定。茶液含萬分之一花青素即生苦味，顯然於茶之品質有損。玉露茶爲日本之上品綠茶，不含花青素。日本對於花青素之存在與變化，以及小量存在於茶葉中而與之有關之花黃素色質（Flavone Pigmente），正在作進一步之研究。對於此類物質，將於後文中再述之。

花青素之檢定法，不能用於紅茶。（註九）

印度、錫蘭、爪哇紅茶之品質，與其沖泡液之單寧含量有密切之關係，雖然用普通紅茶所測定之單寧含量亦不顯示此種關係。若將硫酸，食鹽或硫酸鐵加入紅茶之沖泡液，則發生沉澱，而茶液之單寧減少。多數學者以爲利用此種沉澱劑可將紅茶沖泡液中組成「單寧」之各種物質加以區別，對於此點之研究，Lancet 實驗所之工作者在一九一一年已有論文發表（註十）。較新之研究並已在亞薩姆（註十一）及錫蘭（註十二）開始進行。

答一節中詳細討論：單寧酸、咖啡鹼之生成將於咖啡鹼一節中聯帶討論之。

化學分析雖可確定茶之若干品質，但化學家是否將取茶師而代之，乃屬疑問。表二表明紅茶之種主要成分及其含量之合理範圍，但須補充一言，即茶葉成分之數值，往往超出此範圍，而與茶師之評價並無相對之關係。

綠茶其有與紅茶同一廣大之變動範圍，裝三表示玉露茶與煎茶分析結果之普通界限。前茶爲日本之普通綠茶。（註十三）

表　二　紅茶之主要成分與含量之範圍

水分	5～8 %
咖啡鹼	2.5～5 %
氮	4.75～5.50 %
單寧	7～14 %
水溶物	38～45 %
灰分	5～5.75 %

表　三　日本玉露茶與煎茶之分析

化學成分	玉　露　茶	煎　茶
水分	3～7 %	4.5～5 %
咖啡鹼	3～4 %	2.5～3.2 %
氮	6.2～6.8 %	5.5～5.8 %
單寧	10～13 %	14.5～18 %
水溶物	37～43 %	43～46 %
灰分	6～6.5 %	5.4～5.8 %

註八：J. J. B. Deuss著：On the Presence of Quercitrin in the Leaf of Camellia theifera and in Made Tea」一九一三年爪哇印度茶業協會季刊一九二四年。

註九：C. R. Harler著：Tea in Japan 印度茶業協會季刊一九二四年。第一部。

註十：P. H. Carpenter及C. J. Harrison合著：The Manufacture of Tea in North East India」一九二七年印度茶業協會出版。

註十一：P. H. Carpenter著：The Chemistry, Physiology Aesthetics of a Cup of Tea」

註十二：錫蘭茶業研究所一九二八年年報。

註十三：The Chemistry of Green Tea」一九二三年日本金谷茶業試驗所出版。

茶葉分析之結果顯示如此廣大之變動，故其平均值殊不重要，表二之平均值亦然。

茶葉之成分

化學成分	乾素	綠茶	紅茶
粗蛋白質	37.33%	37.43%	38.93%
粗纖維	10.44%	10.06%	10.07%
灰分	4.97%	4.92%	4.93%
咖啡鹼	3.30%	3.20%	3.30%
單寧	12.91%	10.64%	4.89%
熱水浸出物	50.97%	53.74%	47.23%
醚浸出物	6.49%	5.52%	5.72%
全氮量	5.97%	5.99%	6.22%

表四　Kosai對乾葉、綠茶與紅茶之分析

初期之研究——鮮葉最早之化學分析，在一八八〇與一八九〇年間舉行。一八八六——八七年，Kellner（註十四）詳細分析鮮葉及每隔一定日期所採集之鮮葉之灰分。一八八七至一八九二年間，茶之分析結果及記錄，由Paul及Cownley二人（註十五）收集發表，當時共為有用。一九〇年，日本由Kosai（註十六）研究茶葉，取一定量之葉，一部份在攝氏八〇度之溫度下迅速乾燥，一部份製成綠茶，三者之分析結果如表四所示。

可溶性單寧與熱水浸出物皆發生顯著之變化，在製造紅茶時，可溶性單寧約失去百分之八，約為總量之三分之二。首先對於茶葉化學與製造時所起變化之有系統之研究工作，為Bamber在印度及錫蘭所完成，在爪哇則為Van Romburgh、Lohmann與Nanninga三人。

在一八九一——九二年，Bamber首先在印度東北部為印度茶業協會工作，彼之著作「茶之化學與農藝」（The Chemistry and Agriculture of Tea）〔一八九三年加買各答出版〕，泰半採用彼在蘇婦之實驗而加以詳論。一八九八年彼與錫蘭種植者協會簽訂合約，研究錫蘭之土壤及該地茶葉之製造。彼之報告，題目為「錫蘭之茶土」

（Ceylon Tea Soils），其中關於茶之化學之材料甚多（註十八）。Bamber爾後之許多研究與試驗，乃發表於「印度之種植與園藝」（Inian Planting and Gardening）一書中。

一八九二年，Van Romburgh、Lohmann及Nanninga三人在爪哇出版之荷蘭雜誌中發表彼等之報告（註十九）。公之於世（註二十）。

自一九〇〇至一九〇七年，Mann工作於印度東北部，於茶葉化學、生物學方面致力頗多，同時Bernard及Wolter在爪哇亦作類似之工作。

自一九一〇年以來，研究茶葉間通之化學家更多，研究之範圍不斷擴張，個人之研究工作泯沒無聞者亦甚多。最近之工作者已完成茶葉製造中實驗方面之評盡研究。

鮮葉——茶之嫩葉與大多數植物之葉不同，含多量之單寧，且富有咖啡鹼。茶楣嫩梢之水分，在百分之七五至八〇之間。組成灰分之物質，約佔葉中乾物質之百分之五・五。

（註十四）：Kellner、Journal Chemical Society 一八八七年倫敦出版。

（註十五）：B. H. Paul 及 Cownley、Pharmaceutical Journal Transactions 一八八七年倫敦出版。

（註十六）：Y. Kosai著・Researches on the Manufacture of Various Kinds of Tea〔一八九〇年東京帝國大學院叢刊第七號〕

（註十七）：M. Kelway Bamber著：The Chemistry and Agriculture of Tea〔一八九三年加買各答出版〕

（註十八）：M. Kelway Bamber著：Ceylon Tea Soil and Their Effect on the Quality of Tea〔一九〇〇年哥倫坡出版〕

（註十九）：三氏之著作先後在一八九二、一八九三、一八九九、一九〇〇、一九〇二各年發表。

（註二十）：J. J. B. Deuss，Mededeelingen Proefstation v. Thee 一九一四年茂物出版。

樹膠狀物、糊精、果膠素、脂肪、蠟及灰分。此種物質佔茶葉固體物質之百分之九五，有時或過之。其餘百分之五包含葉綠素及其聯合色質，並有少量之澱粉、糖類、淡食子酸、草酸、擬皮黃質與其他色質。

鮮葉且含有微量揮發成分，可用蒸汽蒸餾鮮葉而得之。此種揮發成分有顯著之芳香，為一種酸，並含少量醛與一種還原劑。（註十二）

鮮葉之水浸出物，為一種酸。各樣品性往往大不相同，表五表示從研細之乾葉，用沸水抽出之物質之性質（註十二）。百分數以葉之乾物質計算。

茶葉之水中溶解物質及其於其他溶劑如三氯甲烷、乙醚、乙酸乙酯、乙醇中之溶解度，在以後關於紅茶酸酵一段中簡述之。

如其他條件相同，最佳之紅茶與綠茶乃由細小柔軟呈黃色之一芽二葉之嫩梢所製成，此種嫩葉在分析時所檢得之單寧、咖啡鹼、水溶解物，大概較同一環境下所生長之劣葉為高。表六為自爪哇薩姆牧集之佳葉與劣葉之代表分析。佳葉軟而多汁，劣葉則雖為嫩茶，但較硬而乾。此分析所用者為鮮葉之一小時沸水抽出物。

表 五
乾葉粉用沸水抽出物之性質

化　學　成　分	水浸出物積成
單寧 ……………………	27.70%
全氮量	2.50%
非蛋白質氮，咖啡鹼佔主	1.56%
樹膠狀物、糊精、果膠質、其他	6.00%
灰分	5.03%

表 六
亞薩姆茶之佳葉與劣葉之代表分析

化　學　成　分	乾物質之百分數	
	佳　葉	劣　葉
單寧	25%	15%
咖啡鹼	4%	2%
水溶物	47%	35%

成茶——紅茶製造時發生重要之化學變化，主要者為香味與芳香之發揮及其種單寧化合物之生成。若干單寧化合物溶解於茶之沖泡液中，而使之呈顯著之顏色，其他不溶者即不入於茶之沖泡液中。芳香與香味常與茶葉之芳香油有密帶之關係。

綠茶製造綠茶時，並無可溶性有色單寧之生成，葉中單寧泰半仍為可溶性。

紅茶之沖泡液，大率包含單寧與單寧生成物、咖啡鹼及少量除咖啡鹼以外之含氮物，並有芳香油之形跡與小量之色質。綠茶之沖泡液大率包含單寧、咖啡鹼、樹膠狀物、醣類及除咖啡鹼以外之少量含氮物所衍生之少量物質及色質。

紅茶與綠茶中最重要之物質為咖啡鹼，若無此種興奮劑，則作為飲料之茶，是否能引起如此廣大之需求，乃屬疑問。茶單寧被認為第二種極重要之成分，並非僅因茶單寧使茶湯帶有特殊之辛澀刺激與收斂性，且因茶單寧能產生冲泡液中之有色物體。自冷茶凝集之「乳皮狀物（Cream）」，包含一部分之單寧體。

茶中含有足量之香味與芳香，則其他特性皆無足輕重，芳香之茶必得極高之價格。許多最佳之中國祁門紅茶與寧州紅茶，幾全視其香味而評定價格。多種大吉嶺茶與錫蘭茶亦復如此。此種茶之單寧含量常低，在此情形之下，單寧當然並非一重要之因子。

在品質檢驗時，茶湯之濃厚或冲泡液之含氮量，亦視此氮量而定。因子，此種因子端賴熱水所抽出之固體物質。「身骨（Body）」乃一重要百分數之名稱，在紅茶與綠茶之重要及日本綠茶中皆屬重要。

如前所述，花青素之含量足以影響綠茶之品質。綠茶之品質亦可直接觀其葉之質量而變更，而冲泡液之含氮量之百分數亦能足此氮量而可然而關於上等或劣等紅茶與綠茶之主要成分總量，並無嚴密之規律可以確定。紅茶中芳香油與花青素及日本綠茶中花青素之有害作用，皆已述及。芳香油與花青素存在於茶中之量皆極微少。

在計論茶之水溶解成分及其對於沖泡液品質之影響時，應注意欲使葉中可抽出之質全部抽出，約須經一小時之久。茶師將茶葉沖泡六分鐘，其所檢定之茶液，約含一半之單寧，四分之三的咖啡鹼及一半之水浸出物。抽提亞薩姆茶所得之結果見表七。

茶單寧

單寧類——單寧一名，爲各種作家所採用，其義不一，有時專指一種特別物質，即櫟樹浸食子之單寧；有時泛指具有某種共同特性之一類物質。此處單寧一名，乃取其普通之意義。（註二十一）

單寧類之主要性質可以總括如下：

一　大多不能結晶，爲有斂歛性之膠體物質。

二　與高鐵鹽能生成藍黑色或最綠色之化合物，此種化合物最初即用以製造墨水。

三　具有與痠皮及歐皮化合之性質，即發生鞣皮作用，可得商品皮革。

四　一切單寧特能爲醋痠鉛所沉澱。此處單寧則能爲過量之溴水所沉澱。

五　能沉澱生物鹼及鹼物質。

六　在鹼性溶液中，單寧及其許多衍生物吸氧極速，色且轉黑。

七　在痠性溶液中，兒茶酚單寧類生成不溶性之紅色物質，是爲紅色複單寧（Phlo;phenes）或單寧「紅質」（Tannin reds）。

八　略呈痠性。

單寧一物，以總括論，廣佈於植物界中，在較高等之植物中，大概多少存於某一部組織中，如在樹皮內或跳於可以分離之特種細胞之較成熟部份。單寧又發現於多數植物之特別構造中，至於病理組織，如沒食子含痠特別豐富，可含有百分之二五至七五之單寧。在植物細胞液中，單寧存於細胞液中，因單寧遇蛋白質物即生沉

漿，故在單寧粒周圍之原形質，變爲不能滲透，否則原質形將被生成之單寧所缺。

茲略述天然單寧物質較重要之來源，以示單寧散佈之廣。在樹皮中，數種槲樹之皮爲用最廣，以錢杉（Hemlock）、落葉松（Larch）、雲杉（Spruce）、冷杉（Fir）、含羞草屬（Mimosa）、巴補樹（Babool）、楊柳（Willow）、樺木（Birch）等之樹皮亦爲各國所採用。各種木材中以生長於南美之破斧樹（Quebracho）最富於單寧。從栗木、槲樹及兒茶木所取得之單寧亦被利用——兒茶係印度染革所用媒染劑之名。印度之檳榔子（Gambier）及西西里之黃櫨（Sumach）之葉與細枝皆爲單寧而採集。

遍生於南美之雲栢濕（Divi-divi）之莢及印度阿裂勒樹（Myrobolan tree）未熟之乾果，皆作單寧之給源。至於從根中抽提單寧之植物，則以美國之扇葉棕櫚（Palmetto）及巴西哥與澳洲之坎愛格里樹（Canaigre）最爲普通。

單寧之化學性質，視其來源而大異。根據許多不同種單寧化學反應之廣泛研究，構成數種分類方法之基礎。單寧可分爲二大類，稱爲沒食子酚單寧與兒茶酚單寧，若含單寧之材料乾餾時，常生成此二者之一。沒食子酚單寧類約含百分之五二之碳，而兒茶酚單寧類則約含百分之六○之碳，數種分類法皆以此爲根據。

Procter（註二十二）將單寧分爲二類如下：

一、沒食子酚單寧類，包括雲檳屬、沒食子、黃櫨、阿裂勒、擷樹沒食子、槲木及栗樹等之單寧，有下列特性：

（a）遇高鐵鹽呈藍色。

（b）遇溴水不生沉澱。

（c）縮於葉上發生一種「花紋」（Bloom），內含雙沒食子痠（Ell-agsaigre）最易結晶。

註二十一：H Neuville，Technologie du thé 1926年巴黎出版。

註二十二：H. R. Procter 著：The Principles of Leather Manufacture 1903年倫敦出版。

表　七

經一小時煮沸與五分鐘沖泡後可抽出之固體物質

化　學　成　分	一小時煮沸	五分鐘沖泡
單寧	12.4%	7.3%
咖啡鹼	4.8%	3.6%
水抽出物	44.5%	23.2%

agic acid)

二、兒茶粉單寧類，包括1切之松、金合歡屬、含羞草屬、栩皮（但非栩木或栩樹沒食子）、破弊樹之木材、肉桂樹、坎愛格單樹、兒茶及檳榔，有下列特性：

（a）過鐵鹽類暴綠色。

（b）過矾水生沉澱。

（c）於其溶液中加入一滴濃硫酸，即在濃酸溶液接觸之處生成深紅色沉澱，即所謂紅色複單寧者是也。

（d）色之撰。色不生成「花紋」，但加酸煮沸之，即發生不溶性之紅基（Piloroglucinol radical）。

一種天然單寧之新分類法，較舊法沒食子酚——兒茶酚分類法區別更明，乃一九一八年Perkin及Everest所倡議者（註二十三）。彼等將單寧分爲三類如下：

1、醛酸酯類（Depsid，即舊法之沒食子單寧類）。

2、二苯基單寧類（Diphenyl Methoid，即舊法之雙沒食子單寧類）。

3、生色單寧類（Phlobatannins，即舊法之兒茶酚單寧類）。

此種分類法顯已進步，舊對於單寧分子之構造已加以考慮。

一九二〇年，Freudenberg貢獻一種分類方法，較上述方法更爲明確（註二十四），蓋得力於近年來單寧研究之大進步。在此領域中，最特色之化學研究爲一九一八年Emil Fischer（註二十五）合成沒食子單寧酸，此事使單寧化學之舊觀念爲之大變。Freudenberg與Fischer合作進行這項偉大工作，且彼與Nierenstein對於兒茶質組成之測定已致力甚多。兒茶質之可以代表兒茶酚單寧類，猶沒食子單寧酸之可以代表沒食子單寧類。

Freudenberg分單寧爲二大類：

第一類包括（a）酚酸（Phenolcrboxylic acids）與酚酸，或酚酸與醇酸所成之酯（即醇酸酯類），（b）酚酸與多元醇及酚酸與糖類所成之酯（即單寧類）及（c）生膠質類。第一類單寧最重要之特性爲能被酵素加水分解而成之成分，尤以單寧酵素（爲黑麯菌 Aspergillus niger 所分泌）或脂肪分解酵素著。

第二類單寧不被酵素分解爲簡單之組成，大概能爲溴素所況澱，且於用氧化劑或過酸處理時，結合高分子量之單寧或「紅質」。此類單寧依據籐黃酚之存在與否，又分爲二類，除少數例外，兒茶質類屬於籐黃酚亞類，而破弊樹即屬於此類，栩榔單寧大概亦屬於此。

關於生成單寧，現仍成爲一爭論之問題，在此可略述一、二，至植物中何以生成單寧，然庫產生於植物之綠葉中而運輸至整根等部。單寧與光合作用現於生長季開始時之綠茶中，存在於被發剝後起迅速變形之蟲囊中。單寧大概爲構成輕木組織之中間重生成物，又與色質之生成有關。

茶單寧之抽出法——製備茶單寧時，防止其氧化甚爲困難，且縱在稀酸之中，單寧紅生成物亦極易構成。故欲製取任何純單寧乃屬極端困難之事。

初期茶單寧之化學研究爲Dekker所報告（註二十六）。Nanninga製備茶單寧，先用三氯甲烷抽提烘乾之鮮葉，以除去咖啡鹼與葉綠素，

註二十三：A.C. Perkin與A.E. Everest 合著：The Natural Organic Coloring Matters，一九一八年紐約出版。

註二十四：K. Freudenberg 著：The Chemistry of the Natural Tannins，一九二〇年柏林出版。

註二十五：E. Fischer，Berichte deut. Chem. Gesell. 一九一八年柏林出版。

註二十六：J. Dekker，Die Gerbstoffe 一九一三年柏林出版。

繼用不含醋酸之乙酸乙酯以抽提單寧，乃於抽出物中反復加入三氯甲烷，使單寧沈澱，然所得之單寧並不純粹。（註二七）

Deuss（註二八）略變Lowe（註二九）之方法，以製取純粹茶單寧，其法如次：先將鮮葉於攝氏九〇至一〇〇度之空氣中乾燥之，然後研細，並加熱石油醚以抽出其葉綠素、樹脂等等。將過剩之石油醚蒸盡以後，乃加熱酒精於所得之粉狀葉塊提攝之，以驅去酒精，至剩餘之物呈膠漿狀，乃加入蒸餾水，可加入食鹽少許，於是某種雜質沈澱而出，單寧則溶於水中。欲去雜質迅速沈澱，可加入食鹽水，再加入少量之沒食子酸，先加乙醚於濾液，加以振盪，以除去微量之沒食子酸，乃加乙酸乙酯，再振盪之，以溶解單寧。加入食鹽可使單寧易溶於乙酸乙酯中。將此單寧之溶液中用硫酸鈉除去其中之水，再於真空中濃縮之。將此最後之溶液傾入無水之三氯甲烷中，以使單寧全部沈澱。乃僅速將沈澱濾過，並於真空中乾燥之。

如此所得之產物，通常爲黃色，然若由茶製取者則呈棕色，且不易使之純粹。將此物更番用乙酸乙酯及三氯甲烷溶解沈澱數次，即得純粹之茶單寧。

茶單寧之性質——依據化學分析與分子量之測定，茶單寧之分子式當爲$C_{20}H_{20}O_9$，其性質如次：過三氯化鐵發生黑色沈澱，在極淡之溶液中則呈藍黑色。遇醋酸鉛生成灰黃色沈澱；遇漫水生黃色沈澱；遇鹼酸卽能使其完全氧化，而硝酸則能還原斐林氏溶液（Fehling's Solution），遇萘肼則生黃色沈澱，並能還原氫化銀之氫溶液。於此可知茶單寧含有羥基，加百分之五硫酸煮沸之，則得一紅色化合物之沈澱，與從櫟樹單寧所得者相似。遇乙醯與無水醋酸鈉則生成單寧之乙醯化物（Acetylated tannin），其分子式爲$C_{36}H_{24}O_{17}$，此中八羥基之八個氫原子乃全爲乙醯基所取代。此數種反應表示茶單寧之分子，至少含一個羥基，八個羥基，但不含羧基。（註三十）。

純粹之茶單寧爲白色粉末，在空氣中極易氧化爲棕色樹膠狀物，此種變化在潮空氣中進行極速。茶單寧易溶於水、酒精、甲醇、丙酮及乙醚，稍溶於乙酸乙酯、硫酸及醋酸，不溶於三氯甲烷、石油醚及乾燥之乙醚。

茲再述稀酸作用於茶單寧所生之紅色物，此物於空氣不存在時，亦能生成，Deuss認爲紅色物之生成乃由於單寧中水分離而出之故。此種「紅質」不溶於茶單寧之水溶液。

若加少量氨水於茶單寧溶液，即得一棕色物，此物可被鋅粉與稀酸還原而成原來之單寧。Deuss以爲製造紅茶之時，單寧經氧化酵素之作用乃生成此棕色物。此物能溶於茶單寧之水溶液。

茶單寧之分類法——樽罐之單寧分類法仍在研討中。最初，單寧一物乃認爲植物性來源之物質，成水溶冊物體而存在於多種植物中，具有一定之化學性質，有收斂性，並能使獸皮變爲獸皮革。茶單寧雖具單寧之某種化學性質，能於溶液中使動物膠及獸皮變爲皮革，故茶單寧特爲擬似單寧（Pseudo-tannin）。（註三一）

關於單寧之分類，Dekker 將茶單寧與沒食子酸同列爲沒食子酸類（註二六），此乃Dekker分類法之一種（註三二）。包括茶單寧之類。此爲Dekker分類法之一種（註二八）。根據茶單寧之分析及其於酸類存在時易成紅化合物之事實，彼將茶單寧與櫟樹單寧或兒茶酚單寧歸爲一類。依照Perkin與Everest之分類法，茶單寧須

註二六：見前。

註二七：J. J. Deuss，Mededeelingen Proefstation V. Thee
in 茂物出版。

註二八：A. W. Nanninga，Mededeelingen's Landa Plantentu-
in 茂物出版。
一九一三年茂物出版。
二一年紐約出版。

註二九：Lowe，Zeit, Anal. Chem. Wiesbaden 出版。

註三十：J. B. Deuss，Recueil trav. Chim. 1913年 Leyden
出版。

註三一：R. W. Thatcher：The Chemistry of Plant Life：一九〇六年阿姆斯特丹出版。

註三二：J. Dekker 著：The Tannins 1906年阿姆斯特丹出版。

註二八：見前。

稱爲色色單寧（Phloba tannin）。

Freudenberg 之分類法，將茶單寧列於茶單寧類之第二亞類，即含有酚酸與多元醇及醣類所成之脂之一亞類。然 Deuss 與之論辯，謂根據茶單寧遇水而生沉澱及茶單寧爲縮合單寧類作用或氧化而生紅棕色物之事實，茶單寧應歸於縮合單寧類（註三十三）。Freudenberg已指明縮合單寧不能被酵素分解爲較簡單之成分。

在紅茶製造時，單寧氧化爲不溶於水而溶於茶單寧溶液之棕色物。Deuss 用其自己之方法所製取之茶單寧溶液，並不與用酒精自茶汁中沉澱內所得之酵素發生作用，此事便 Deuss 深信茶單寧爲一縮合單寧。

Deuss 倘未證明茶單寧是否含有鹽黃酚基，此乃縮合單寧類中許多單寧之特性。

Deuss 將紅色複單寧與「紅質」別爲二物，此二者皆係從茶單寧所生成者。彼以爲前者於單寧於酸類及鹽類不存在時氧化而生之棕色物，而「紅質」乃以稀酸處理茶單寧，

浸食子酸、花黃素類（Flavones）及花青素，皆爲與單寧有關之物質，將於本章後節中敘述之。

單寧含量之變動

因茶葉單寧含量之重要，故一般研究工作者對茶葉生長時期與製造時各階段所施行之單寧定量分析，不可勝數。

木齊內一切提及之單寧値（註三十四），求得換算因數〇・〇四六，乃略變 Lowenthal 之方法（註三十四），如無特別說明，則單寧之數字，係用獸皮粉方法所測定者。如無特別說明，保指用水煮沸一小時所抽出單寧之總量，以乾葉爲基而計算者。

鮮葉中之單寧——茶單寧並不均勻分佈於茶樹各部，大多存在於葉中，木質與根約含百分之一，籽中則極微，茶花約含百分之一・五（註六）。表八爲亞薩姆茶之嫩梢中單寧之分佈。

印度、錫蘭或爪哇，當茶樹生長全盛時期，其有二葉一芽之嫩梢中，含有單寧百分之一九至二二，然亦有超過此範圍者，印度、錫蘭及爪哇之茶樹，因其種類不同，其單寧含量亦有差異，但相差甚微（註八）。日本茶樹葉中之單寧含量僅百分之一五，但在高加索，單寧含量略高於百分之一五者，亦已發見。（註三十五）

精摘之嫩梢（包括二葉或三葉以上）所含之單寧量較粗摘（包括三葉）者爲豐，下表示優良嫩梢之單寧量之百分組成。甚至在精摘之嫩梢中，其第二葉與茶梗之重量，亦超過嫩梢總重。

表 八
亞薩姆茶之嫩枝中單寧之分佈

芽	27.8%單寧
第一葉	27.9%單寧
第二葉	21.3%單寧
第三葉	17.8%單寧
第四葉	14.5%單寧
上部茶梗	11.7%單寧
下部茶梗…（在第二葉與第四葉之間）…	6.4%單寧

優良嫩梢百分組成之平均數

芽	佔嫩梢總重	14%
第一葉	佔嫩梢總重	21%
第二葉	佔嫩梢總重	38%
梗	佔嫩梢總重	27%

den 出版。

註三十四：Procter's Modification of Lowenthal's Method〔一九一三年 Ley-部化學部公報第十三號。

註六：見前。

註八：見前。

註三十三：J. B. Deuss, Recueil trav. Chim.〔一九二三年 Ley-den 出版。

註三十五：J. Galy-Carles, Review of Applied Botany, Agricul-ture College 叢刊第八六號，一九二八年巴黎出版。

量之百分之六十。當摘採三葉一芽時，則第三葉與茶梗之重量即佔嫩弱
總重量之半，於是單寧成分大為減少。

在亞薩姆曾觀察嫩梢中單寧含量因季候關係而起之變化，在茶季初
（三月與四月），單寧之含量亦至最高限
度，自此至茶季末，單寧之含量乃降落。
表九說明亞薩姆之嫩梢中單寧
含量之變動。（註三十六）

表　九
亞薩姆茶之嫩梢中單寧含量之變動

五　　月　嫩枝包含單寧 ……	11.6%
六　　月　嫩枝包含單寧 ……	20.2%
八　　月　嫩枝包含單寧 ……	21.3%
九　　月　嫩枝包含單寧 ……	21.7%
十　　月　嫩枝包含單寧 ……	19.2%
十一　月　嫩枝包含單寧 ……	18.2%

在日本（註十三）與萄加案（註三十
七）。在錫蘭亦有記錄，謂單寧
依照剪枝後葉之年齡而變動，錫蘭內地茶
園所產茶葉之分析結果，為修剪五月之
嫩梢之單寧含量約為百分之一・四，修
剪後十六月，單寧含量約為百分之一・八・
七・修剪後三十四月單寧含量約為百分之

五・）已注意及茶季中早採之蘂所含單寧
較後採者為低。瓜哇之蘂所採使茶樹終年均
可發芽，紹初步之蘂，發及二年一度修
剪後之茶蘂，所含單寧較以後所生者為少
（註三十七）。

一七・三。（註十八）

葉之化學成分，自早至釋顯有增加。當自日開始之時，葉中生成一種樹膠狀物，在葉
中自早至釋，變更不息，若干光合作用之產物，此物
將使用蠟醱液檢定單寧時發生障礙，且此物若不除去，單寧即不能完
全沉澱。後知此樹膠狀物能被酒精沉澱，用此法除去此物以後，遂確之
單寧含量即可求代。（註三十八）

表十之數字，為沉澱後葉中水抽出物之總量，用酒精沉澱而出之樹
膠狀物及除去樹膠狀物以後之單寧含量，茶葉為一日中四次不同時間所採
摘者。

此點頗堪注意，即水抽出物總量之增加，主要乃由於被酒精沉澱之
樹膠狀物與單寧增加所致。

表　十
一日中四次不同時間所採摘之茶葉中水抽出物總量等之分析

	第一次	第二次	第三次	第四次
水抽物總量	36.4%	42.7%	46.1%	46.9%
加酒精所生之沉澱	極微	2.4%	4.0%	6.7%
單寧	17.7%	19.0%	20.4%	20.4%

愈少。故在亞薩姆，從茶芽長成之茶栯之嫩梢，

覆蔭對於綠茶與紅茶之品質皆有影響，
覆蔭對於日本綠茶之影響已提及；在亞薩
姆，以一般而論，覆蔭對於紅茶之品質不利
（註三十九）。Bamber 謂覆蔭外部之葉，
直接受陽光之照射，所含單寧較內部之葉為
多，並銷售鮮葉能產生單寧。其後 Hope
（註四十）所得觀察結果，用草或覆蔭覆蔭
茶叢，可以減少單寧之含量。

日本之宇治區，常於頭茶摘採以前之三
星期，用竹架蓆草蓆覆覆蔭茶園。如前所述，
此法最主要之效果為減少葉中花青素之含量，
研究覆蔭茶栯嫩梢中單寧含量之結果，知
覆蔭期間內可以減少單寧含量至百分之三之
多。

在亞薩姆，各種施肥方法並不能顯出對
於茶葉之單寧會發生不明確之影響。
嫩梢單寧之總量隨茶叢之摘採及修剪而
變異，茶樹愈嫩則嫩梢中單寧含量愈
多。

註三十三：見前。

註三十五：見前。

註十八：見前。

註三十六：T. Petch，載The Tea Quarterly 一九二八年哥倫坡出版
雜誌出版。

註三十七：J. J. B. Deuss著：Archief Theeculture 一九二八年巴達

註三十八：見前。

註三十六：P. H. Carpentier及C. R. Harlen合著，載一九二二年印度
茶業協會季刊第三部。

註三十九：T. R. Cooper著，一九二六年印度茶業協會季刊第二部。

註四十：G. D. Hope著：Experiment on the Quality of Tea（
九一〇年印度茶業協會出版。

所含單寧量小於百分之二一〇。而時常修剪與按期摘採以致發生強迫與迅速之生長者，約含單寧百分之二一五。

「駐梢」（Bhanji）（印度文不毛之意）乃一種嫩梢，其芽頗暫不伸長，而已生之葉則仍繼續徐徐長大，此種茶葉之單寧頗小。「駐留」（Bhanji-ness）乃一自然現象，發生於枝條生長之時，若受某種菌病之邊緣，嫩梢之葉之生長之速度變慢，則單寧之含量減低。摘探愈長則單寧愈少。接梢探摘之長度與嫩梢之單寧含量變有關，摘探生長茁長之新枝而膏，短梢探摘（Close Plucking）乃指嫩梢倚米茁長者之探摘（註四十一）。在亞薩姆曾有一例，茶樹被修剪至九時高，於長至三十六時時所採摘之嫩梢，剪齒至，單寧之平均含量為百分之二二一·七。同樣之茶叢，剪齒至三十時高，於長至三十六時時摘採，其摘採之嫩梢之平均含量為百分之二四·二。

表十一
製造紅茶與綠茶時各種階段中之單寧含量

葉之種項	水溶鮮單寧		
	錫蘭茶（註十八）	印度茶（註四十三）	日本綠茶（註四十三）
鮮葉	22.3%	22.2%	15.2%
萎凋之葉	22.1%	22.2%	
揉捻之葉	20.8%		
醱酵之葉	13.2%	12.9%	
成茶	12.9%	12.0%	12.2%

茲略述逃茶樹種類對於其嫩梢單寧含量之大小及葉尖之長度（註四十二）。因欲將茶樹分類，植物學家曾研究茶葉之各種大小及葉尖之長度與單寧含量稍有聯繫，其結論謂：僅一種葉尖之長度超過九畤之茶樹，於百分之一五。由此可知中國種茶樹之單寧量常較他種茶樹為低。

製造之時，茶葉製造時，其可溶性單寧含量之變化已成為研究之鵠的。此處並不討論單寧減少化學變化，僅研究其趣向與程度。表十一指示製造紅茶與綠茶之各種階段中之單寧量。

此處應注意茶葉製造時水溶解單寧之大量消失，乃發生於醱酵階段中。醱酵乃茶葉製造中氧化作用之名稱。供製綠茶之葉，在採摘以後立即加以烘炒，此種操作使醱酵變為不可能。

綠茶製造時水溶解單寧之減少不大，其平均數見表十二。（註八）

對於印度、錫蘭、中國紅茶之單寧含量，表十三所示之單寧值，乃由硫酸金雞納鹼沉澱單寧而得。（註）

表十二
綠茶製造時水溶解單寧之減少

鮮葉	15.2%單寧
第一次揉捻之後	12.8%單寧
第二次揉捻之後	12.3%單寧
末次揉捻之後	12.2%單寧

（註八）

表十三
用硫酸金雞納鹼沈澱單寧所得之單寧值

印度紅茶…	13.32—14.98單寧
錫蘭紅茶…	10.31—13.91單寧
中國紅茶…	7.27—10.93單寧

四四

此種單寧值大可取為說明之資料，中國紅茶之單寧值大半由於中國種茶樹原來之鮮葉所含單寧較印度與錫蘭所產之大葉種為少。中國製造紅茶之方法，使醱酵極為完全，亦為使成茶之單寧較印度茶為少之原因。尚有若干關因可以解釋錫蘭茶所含單寧往往較純粹之亞薩姆種為少，大多數錫蘭茶園位於高度極大之高原上，因此使茶樹之生長遲緩，且其摘採往往較印度為長，此皆為使嫩梢單寧含量降低之因子，故成茶單寧含量亦隨之

註四十一：探摘問題之討論，見C. P. Cohen Stuart、E. Hamsters 及 E. J. Siasaj 合著，載 Mededeelingen Pr-æfstation V. Thee 出版。
註四十二：C. P. Cohen Stuart：Zeit f/Jan Zenzuche 一九二〇年
註四十三：C. R. Harler 著：Tea in Celyon 一九二二年印度茶業協
註十八：見前。
註四十三：見前。
註八：見前。
註四十四：A. C. Chapman, Analyet 一九〇八年倫敦出版。

心一堂 飲食文化經典文庫

三二二

而降低。

關於紅茶冲泡液之單寧含量不能與辛澀、剌澄、清快、濃厚及水色發生連繫，前已述及此四者爲皆茶之品質，完全或多少受冲泡液中之單寧與水溶解單寧生成物之影響，此或由於平常單寧之測定，並未將各種單寧體區分之故，此種種單寧，雖有與動物膠結合之通性，然在組成茶之冲泡液中，可以有不同之作用。表十四爲區分製造時各種單寧體之曾試。

表十四
製造進行時單寧值逐漸消失之狀況

葉 之 種 風	水 溶 解 單 寧	
	總 量	加 鹼 以 後
萎凋葉	23.6%	22.8%
萎凋葉，揉捻三十分鐘者	21.3%	19.8%
萎凋葉，第二次揉捻之後	19.8%	16.9%
萎凋葉，第三次揉捻之後	17.5%	12.4%

當稀硫酸或單寧鞣酸加入茶之冲泡液時，此液之單寧值減少，加入萎凋葉或醱酵葉之冲泡液中，亦能發生沈澱。此種種單寧值之消失，隨製造之進行俱增，在錫蘭已有此種變化之紀錄，見表十四。

加單寧於茶

加酸於紅茶冲泡液後所生沈澱之（註十二）

加酸以後單寧之消失，被認爲表示可溶性單寧變爲不溶性單寧之某一階段。加酸時所得之沈澱與單寧之色氫化生成物有密切之關係，且成茶之性質或或多少受此沈澱之決定。（註十二）

進一步之研究，乃與單寧酸咖啡鹼有關，將於本章咖啡鹼一節中討論之。

試親在許多茶中，單寧爲如此重要之因子，故設法加入單寧以改進茶葉品質之嘗試，爲當中之事，在爪哇已有人嘗試之（註四十五）。最初之報告，結果良好，然此結果並未能反復得之。此種失敗，恐由於加入之單寧屬於沒食子單寧類，而非擴樹單寧類之故，茶單寧保屬於後

一類。（註二十一）

咖啡鹼

咖啡鹼最初於一八二〇年發見於咖啡中，一八二七年在茶中發見，最後，茶之茶素與咖啡之茶素定名茶素。其後得之於巴拉圭茶及其他各種植物中，茶素一名即被廢棄。

咖啡鹼乃强有力之生物鹼，爲人體金系之奮興劑，茶與咖啡之作爲小宗飲料，即因此二物含有咖啡鹼之故。咖啡鹼之大量需求供製造藥劑及製造某種不含酒精之飲料。商品咖啡鹼普通自綠質之茶及茶渣中製取之。

純粹之咖啡鹼爲白色絲狀長針形晶體，但極易變爲輕鬆之羊毛狀物質。其針狀晶體屬於六方晶系，含有一分子之水。加熱至攝氏一五〇度，晶體乃失去水分，熱至攝氏二三四度時，咖啡鹼即行熔融，咖啡鹼溶於冷水，而易溶於酒精及乙醚，溶於酸中則生成不安定之鹽。

加熱時咖啡鹼形成蒸氣，此氣遇冷面即成固體而凝集於上。此即昇華作用，開始於攝氏一二〇度而完成於攝氏一七八度。

咖啡鹼之成分，已爲 Emil Fischer（註四六）所作嘌呤族純粹科學研究之合成試驗之過程中所確定。咖啡鹼、可可鹼（Theobromine，可可之主要生物鹼）、黃花鹼（肉之水溶時成分之二）與酸間之相似點，以其構造式表示如下。

咖啡鹼爲三甲基黃花鹼（Tri-methyl-xonthine），下列構造式表示嘌呤族之此數物質間之化學關係，惟切勿以爲此種化合物之構造式相

註十二：見蘭。

註四五：K. A. R. Bosscha及A. D. Maurenbrecher 合著，Mededelingen Proefstation V. Thee 一九一三年茂物出版。

註二十一：見蘭。

註四六：E. Fischer, Berichte deut. chem. Gesell 一八九二年柏林出版。

茶葉全書（上）

321

似，其生理上之作用亦能著。咖啡鹼分子中甲基（$-CH_3$）之存在及其位次，大概爲咖啡鹼之作用與其同族者不同之主要因子。

尿酸（Uric Acid）　黃花鹼（Xanthine）

可可鹼（Theobromine）　咖啡鹼（Caffeine）

二八四

處理之，乃將溶液蒸發至乾，再將所得之固體物質溶於熱水，濾過後加入稀硫酸，並煮沸半小時，再將溶液濾過，加入三氯甲烷抽提之，並在三氯甲烷抽出物中加入少量氫氧化鉀，以破壞於其中之任何色質，乃將此液蒸發至乾，殘液則以三氯甲烷處理之，於是咖啡鹼被溶而剩下雜質；最後將三氯甲烷蒸發，即可得純粹之咖啡鹼。

Deuss則用下法（註六）：將含百分之二〇至二五水分之茶樣十克，澄於脂肪抽出器中，以三氯甲烷處理二小時。抽提之後，蒸去三氯甲烷，再以先加入數滴醋酸鉛溶液沸水處理殘渣。將此溶液稀釋至一二五〇過濾。然後將幾爲無色之濾液取出一〇〇cc加入六〇至七〇cc三氯甲烷處理三次，於是所有之咖啡鹼皆溶於三氯甲烷中，蒸溜去三氯甲烷，在攝氏一〇〇至一〇二度之溫度下將咖啡鹼烘乾，並稱其重量。

商業抽提法——商業上從茶葉中抽提咖啡鹼，需要一簡單而價廉之法，並須能將咖啡鹼幾乎全部抽出方可。Van Romburgh與Lohmann曾提出二法。（註四十八）

在第一法中，茶渣先用水抽提，此提出物陸續以稀硫酸、石灰乳、醋酸鉛處理之。將許多咖啡鹼以外之水溶解物沈澱而出，以後多蒸發溶液而得不純之咖啡鹼。於是以三氯甲烷抽提此咖啡鹼，再以重覆結晶法精製之。

Van Romburgh與Lohmann均以爲在工業上直接用三氯甲烷抽提咖啡鹼係屬可能之事。結論爲此法可應用於含百分之二〇至二五水分之茶渣，用較乾之茶渣則抽提較不完全。直接抽出法三氯甲烷之消費雖較間接法爲大，然其工廠設備較簡，故其成本與關接法可以不相上下。現今抽提咖啡鹼之通用方法如次：將泡過之茶葉用水潤溼至約含百

茶葉中咖啡鹼之抽出法——咖啡鹼可用多種方法自茶葉中大量抽出。若干方法係用咖啡鹼之溶劑如三氯甲烷、酒精或石油醚抽提之；有時則加入生石灰、氯化鎂或氨水，用上述之溶劑抽提。其他方法則先用生石灰、氯化鎂或氨之稀溶液抽提，機將此溶液用三氯甲烷抽提之。鹼之效用爲使咖啡鹼從某種結合中分解而出，蓋在自然狀態之下，咖啡鹼或係結合物而存在。在一切抽提法中，倘須運用第二步手續，以除去與咖啡鹼成結合物而溶之其他物質。

此處當詳述兩種方法：Power與Chesnut法（註四十七），爲常用方法之一。乾茶葉先用熱酒精抽提，其抽出物以百分之二〇氧化鎂溶液

註四十七：F. B. Power 及 V. K. Chesnut，Journal Americ n Chemical Society 一九一九年 Easton 出版。

註六：見前。

註四十八：P. van Romburgh 及 C. E. J. Lohmann，Verslag's Lands Plantentuin 一八九九年茂物出版。

勁。

分之二五水分爲止，乃用萘或甲萘抽提之。於抽出物中加少量之水，而行蒸餾，炭輕化合物乃蒸餾而出。第一次之結晶含咖啡鹼百分之九五，如將結晶法重覆三次，而於末次結晶時用骨礆處理，即可得純粹之咖啡鹼。收聚爲茶流之百分之二・五至三。此法乃與 Watson、Sheth 與 Sudborough 諸人（註四十九）之方法相同，彼等曾以茶或甲萘加石灰水在攝氏九〇至一〇〇度之溫度下將茶抽提，以測定茶中之咖啡鹼。

茶葉中之咖啡鹼——咖啡鹼究以何種狀態存在於茶葉中，現所知者極少，多年前 Van Romburgh 與 Lohmann（註五十）已研究此問題。彼等將鮮葉與成茶用酒精及乙酸乙酯抽提，直至抽出物無色而後已。已被抽提之葉，則用稀硫酸處理之，其目的爲使茶葉中尚有存餘之咖啡鹼之化合物分解遊離而出，但如此處理以後，所得咖啡鹼並不多。第二人發見鮮葉與成茶中之咖啡鹼。

此二學者不顯此種結果，緊信喇啡鹼以結合狀態存在於茶葉中，並謂此化合物在製造茶葉時發生分解。惟在研究抽提時所得之各種液體以後，彼等確覓得一似乎與咖啡鹼化合之物質，此物之性質及其構造迄今仍爲未解決之問題。

咖啡鹼在葉中之天然任務，倘未確知。咖啡鹼之積聚於老葉內與其被生長時構成歧白質分子之用，毋寧謂係由於養份之不足所致。或謂咖啡鹼乃供植物生長時構成歧白質分子之用，但 Hartwich 與 Du Pasquier（註五十一）二氏之結論，則謂咖啡鹼並不作如此之用，反而爲歧白質分解之產物。

咖啡鹼含量之變動——咖啡鹼在嫩梢中之分佈無一定之規則。Van Romburgh與Lohmann二人作成表十五，指出茶樹各部之咖啡鹼含量。

日本已證明嫩梢中之咖啡鹼含量，在春季第一次採摘之茶維往往最大，但在全茶季中並無多大變動。爪哇亦已證明咖啡鹼之含量幾乎不變，並知修剪後採摘之茶葉，其咖啡鹼含量最高。（註三十七）

亞薩姆亦已證明咖啡鹼之含量並不因施肥分量之輕重而有顯明之變動。

啡鹼與「結合」咖啡鹼之總量。

對於茶葉冲泡液中咖啡鹼與單寧之化合物之研究，已有許多工作完成。Lancet實驗所（註十）之學者發覺如將稀硫酸或硫酸鏵加入於茶之冲泡液中，即得一沈澱，其中咖啡鹼與單寧之重量之比爲一比三。爲以此種研究證明中國茶中之大部份鼠寧係以結合狀態存在，但錫蘭與印度紅茶之單寧則大多數以游離狀態存在。

然而，嗣後之研究證明所得之沈澱，其咖啡鹼與單寧之比並不如是一定不變，其比例可自一比三起至一比十二爲止，抄照所用茶液之濃厚及所用沈澱劑之濃度而定。

咖啡鹼之含量在茶葉製造時雖無顯著之變化，然已有多人認爲茶葉製造時咖啡鹼複化物曾發生分解與化合作用。Hartwich 與 du Pasquier（註五十一）曾作成一表，表示在製造之各階級中「游離」咖啡鹼。（註五十三）

美國北加維黑那州派恩霍司脫（Pinehurst）國立茶葉試驗場，發見覆蔭茶樹可以增加咖啡鹼至百分之五〇之多（註五十二）。日本亦已探得覆蔭可增進茶葉中之咖啡鹼。（註五十三）

表十五

茶樹各部之咖啡鹼含量

茶　樹　之　部　份	咖啡鹼含量
第一、二兩葉……………	3.4 %
第五、六兩葉……………	1.5 %
第五、六兩葉間之茶梗……	0.5 %
茶花……………………	0.6 %
綠色茶花之蕚…………	0.6 %
茶籽……………………	0.0 %
嫩葉之毛………………	2.25 %

註十九：H. E. Waston、K. M. Sheth 及 Sudborough 合著，載 Journal India Institute of Science 一九二三年加爾各答出版。

註五十：同註四十八。

註五十一：C. Hartwich 及 P. A. du Pasquier，Apoth Zeit 一九〇九年柏林出版。

註十三：見前。

註三十七：見前。

註五十二：見前。

註五十三：華慶頓茶葉檢驗員 Geo. F. Mitchell 處得來之私人消息。

註十一：見前。

Deuss 於無水存在時製成茶單寧酸咖啡鹼，並榮得此種化合物遇水而分解（註二十一）。茶單寧與咖啡鹼之化合物與其他單寧之化合物不同。

茶之芳香油

製取茶之芳香油，乃先將紅茶用蒸氣蒸溜。此種芳香油有時稱為蒸氣蒸溜之非水溶解物，於一〇〇、〇〇〇份茶中得六份之芳香油。芳香油抽出（註十七）於每一〇、〇〇〇份茶中製得三份之芳香油，並謂此物為無色具有高折光度之不規則之油滴。Van Romburgh（註五十三）Bamber（註十七）

因芳香油之量甚微，故其性質之研究並不完全。Van Romburgh 探得水蒸氣蒸溜液中之水溶解物部份中並含有丙酮及一種易揮發之產物其有醛之反應者。在此水溶解物部份並含有丙酮及一種易揮發之產物其有醛集於蒸溜液中，有強烈之茶香。在攝氏二六度時比重為〇・八六六，並略具旋光性。Van Romburgh 用蒸溜法將此油分為兩部，其一之沸點為攝氏一七〇度，另一之沸點高於攝氏一七〇度，此低沸點之油為一無色之液醴，具有茶之氣味。依照分析之結果，此物之樟腦式當為 $C_6H_{10}O$（沸點高於攝氏一七〇度之部份，則含有小量之水楊酸甲脂（冬青油）。

Gilmeister 與 Hoffmann 二人（註五十四）謂此芳香油之主要成分及分子式為 $C_6H_{10}O$ 之醇。

此種芳香油需於空氣中因氧化作用而變為樹脂狀。香精可得之於酸醇之茶，但是否存在於鮮葉中，則尚未證明。鮮葉一經採捻而任其醱酵，此油立卽生成。Bamber（註十七）察覺當初期烘焙過程中，芳香油繼續增加，嗣後乃減少。此油不能得之於綠茶，但 Mulder（註一）謂稀已於末醱酵之茶中將此物大量取得。

Hartwich與du Pa quier 二人（註五十一）以為芳香油之主要成份

乃成生糖質而存於鮮葉中，當製茶之時，此物乃游離而出。Steub（註五十五）認為此種之游離為酵素作用之結果，並非由於酵母菌或絪菌。Deuss（註五十六）之意見，為製茶之時從若干比較複雜之物質生成一種醣，以供給芳香油中之醇。

茶葉之其他成分

茶之三大主要成分，業已討論，茲再簡述其他數種成分。通常對於茶之品質並不重要。

色質——葉綠素即植物之綠色質及其聯合之色質，當然存在於茶葉中。葉綠素對於植物之光合作用極為重要。葉綠素 d 與 β 及其聯合之色質胡蘿蔔素（Carotin）與葉黃素（Xanthophyll）有時可佔植物乾物質之百分之一・六之多。關於茶葉中此種色質，並無可靠之數字可以應用。葉綠素雖不溶於水，茶葉之綠色及綠色之茶沖溶液，歐示有某種型式之葉綠素之產物進入於茶液中，此部份之葉綠素通常認為係在紅茶醱酵時被破壞。

一切紅茶除由於芳香油所生之正常香氣之外，尚有其他限於某種地域與季候之香氣。關於生成此種香氣之物質尚無肯定之化學報告。當某種茶稱為[香]（Flavory）時，乃指茶之芳香油所生香氣以外之香氣。

註二十一：見前。

註十七：見前。

註五十三：P. von Romburgh, Schimmel's Berichte 一八九七年 Leipzig 出版。

註五十四：R. Gildomeister 及 F. Hofmann, Les huiles essentiel-les 一九〇〇年巴鎏出版。

註十七：見前。

註一：見前。

註五十一：見前。

註五十五：W. Staub, Bull Jardin Botanique 一九一二年茂物出版

註五十六：J. J. B. Deuss, Mededeeling n Pr efication V Ta-e 一九一二年茂物出版。

花黃素族與花青素族之物質亦存在於茶葉中。花黃素與花黃酚色質（Flavonol pigments）為成分相似之黃色物體，並有相似之性質。此二物之存在於植物中者常成為生糖質。棚皮黃質為在茶中發見之花黃酚的一種衍生物，此乃一生糖質，於加水分解時生成棚皮及黃質（四羥基花黃酚）與鼠李糖——一種糖。

Deuss（註五十七）證明棚皮黃質之存在如次：從鮮葉或成茶所得之水抽出物中，加入百分之〇・五鹽酸，上裝迴流冷凝器，乃三氧化碳之蒸氣下煮沸之，即得一棕色之沈澱，大部份為單寧「紅質」。將此物烘乾後用乙醚抽提，乃得棚皮眞黃質，無論鮮葉或成茶中揩提棚皮眞黃質發現，故 Deuss 以為存在於茶中者為生糖質態之棚皮黃質（Glucoside Quercitrin）。

Nanninga（註五十八）曾詳述一生糖質，為彼從茶中分離而出者，此物類有即為棚皮黃質之可能。

Shibata（註五十九）曾證明在日光下生長之茶含有之花黃素類較生長於覆蔭者為多。

花青素色質在綠茶中之重要，業已論述。花黃素類與花青素之間已知有密切之關係存在，且此二類物體皆與茶質有關。Freudenberg（註六十）用「兒茶質類」一名作為從植物中所得之此類物質之總稱。花青素在植物中所發見者往往為生糖質及稱為花青母素（Anthocyanidins）之物質。存在於茶葉中之花青素為量極微，對於此類物質現尚無詳細之研究。

沒食子酸——少量沒食子酸，可於茶中得之，此物亦存在於沒食子數種櫚皮及數種植物中。

沒食子酸之晶體為絲狀針形，在鹽性溶液中生成棕色葉能還原變林氏溶液，但並不能沈澱勳物膠。從沒食子酸可得雙沒食子酸，雙沒食子酸與沒食子單寧酸（即櫚樹沒食子單寧）之關係，為 Fischer 於其合成五價雙沒食子酸葡萄醣酯（Pentadigalloyl-glucose）中所證明。

Fischer 合成之物，實際與沒食子單寧酸（即沒食子酚單寧類與致者名之一種）完全相同。

初期研究者將茶單寧歸入沒食子酚單寧類，或受沒食子酸存在於茶中之影響。

茶鹼（Theophyllin）及其他——在一八八八年，Kossel（註六十一）將茶鹼（$C_7H_8N_4O_2$）從茶葉中分離而出。此物在茶葉之量極微。茶鹼為存在於可可中之生物鹼，即可可鹼之同素異性體。

微量之黃花鹼（Xanthin）、亞黃花鹼（Hypoxanthin）、腺鹼（adenine）及可可鹼（Theobromine）之存在，亦已有報告，此類物質與茶之關係，尚未有確切之研究。

蛋白質體——茶或乾葉中之含量約為百分之五・五，其中約五分之一可作為即醃鹼之氮量。藥中「粗蛋白質」之含量從實驗計算所得，約為百分之二六。此值包括蛋白質、氨基化合物及其他含氮物體。「純蛋白質」之含量包括蛋白質、氨基化合物及百分之百分之一五。此值為 Pellkot 於一八四五年所發表（註二）。後被證明無誤。

製造茶葉時，蛋白質之一部份為單寧所沈澱，一部份在烘焙中受熱而膠凝，結果竟使葉中之水溶解蛋白質亦變成不溶性，即使結果並不如此，則泡茶所用之沸水亦將使其如此變化。茶之冲泡液包含少量咖啡

註五十七：J. B. Deuss，Recueil trav. Chim 一九二三年 Leyde 出版。

註五十八：A. W. Nanninga，Verslag onderzoekingen Java gecult theeen 一九〇〇年茂物出版。

註五十九：K. Shibata，Botanical Magazine 一九一五年倫敦出版，卷二十九。

註六十：K. Freudenberg，Berichte deut. Chem. Gesel. 一九二〇年柏林出版。

註六十一：A. Kossel，Berichte deut. Chem. Gesell. 一八八八年柏林出版。

註二：見前。

驗以外之含氮物體，亦可作蛋白質計算。（註十二）在日本已察用鞣酸於綠茶之品質中佔一重要位置。日本綠茶之分析常列出粗蛋白質、純白質及氮基酸等項。

施用重量之氮質肥料，可以增加葉之氮量，以改進茶之品質，在日本業已探得（註八）。在亞麻胺用重量之飲質肥料，雖亦能增進葉之氮量，但不能改進茶之品質。（註六十二）

磷水化合物及其他——纖維素大量存在於鮮葉及茶中，因葉之構造大牛為纖維素所組成。纖維素之含量約為百分之二一，但因不溶於水，故不進入於茶之冲泡液中，且於茶葉製造時亦不起顯著之變化。

勘類則少量存在於茶葉中。 Maurenbrecher 與 Tollens（註六十三）於茶葉中發見分解乳糖與樹膠醛糖。日本之研究（註十三）發覺儲藏於茶葉中之勘類，多少依照生長之環境，複蔭等而變動。用以製造玉露茶之茶樹，經覆蔭與不經覆蔭者，對之總量作為已糖計算者，均約為百分之一‧二。然經覆蔭之茶樹幣含微量之還原糖，而不經覆蔭之茶樹所含之量，期從微量起至百分之〇‧四為止。蔗糖之量作為已糖計算者，在覆蔭之茶樹中約為百分之〇‧九，在不覆蔭之茶樹中約為百分之〇‧六。玉露茶中勘之總量從百分之一‧二至一‧八。

樹膠狀物，糊精及果膠素之變動從百分之中乾物質百分之六或七。當茶葉供焙時，其中若干或被烘焦，在雞焙爐時紅茶所發之「焦大麥」氣味，一部份乃由於此種變化所致。此種物質溶於沸水之量頗大，並影響茶湯之厚度。

澱粉之量，在嫩葉中甚少，約為百分之〇‧五，但在老葉中之量則較大。茶樹之木質部份，含有百分之一五或更多之澱粉，茶籽則含百分之三〇。自然生長之茶樹，即採籽用之茶樹之嫩稍，其澱粉之總量較按時修剪及採摘之茶稍高出許多。駐稍（Bhanji）中澱粉之含量蓋寶。一般而言，葉之澱粉含甚大者，其單寧含量較澱粉含甚小者為低。

茶葉之澱粉量在日間增加，當萎凋時澱粉實際蓋已消失。

茶葉含有各種無機鹽及有機鹽。鹽酸、草酸與磷酸之鉀鹽存在於鮮葉與成茶中，已為 Nanninga 所證實。磷酸之大部份成鉀鹽而仔在。灰分約佔乾葉重量之百分之五‧五，包含百分之五〇之碳酸鉀及百分之一五之磷酸。其餘部份大多為生石灰與氧化鎂，鈉、二氧化矽、硫及氯。若干日水茶之灰分含量竟達百分之九之高，葉之其他物質，如脂肪、粗纖維及草酸，葉之其他物質，如脂肪、粗纖維約為百分之一〇。與鹽約佔葉之百分之一‧五，粗纖維約為百分之一〇。

茶籽油

此處大可將茶籽油一題加以討論。首先必須注意者，即此油與醋鮮茶葉之芳香油大不相同。歐洲人管理之茶地，除幽種籽園外，多不利用茶籽。存種茶園中，茶籽並不採摘，任其生長而結籽。在幽薬之茶園，茶籽被認爲對茶葉之產量有害，故茶籽或茶花於修剪時均被剔除。

茶籽油產於中國、印度支那及日本。作爲商品。中國產量之主要中心爲贛東與滇南，主要出口地區漢江與武挺（Wuchow）——此油乃從各種茶樹之籽煎榨而得，但專爲採葉而種之茶，其籽並不作榨油之用。隨籽之種類及其生長之地域而異，約每百分之一五至四五。彼油之含量，隨籽之種類及其生長之地域而異，約每百分之一五至四五。

Deuss（註六十四）於爪哇之茶籽中求得油之平均量每百分之三〇至三五。亞薩姆之茶籽則含百分之四三

求中國之茶籽含油百分之三〇至三五。

註十二：見前。
註八：見前。
註六十二：R. H. Carpenter 及 C. R. Harler 著，一九二二年印度茶業協會季刊第四部。
註六十三：A. D. Maurenbrecher 及 B. Tollens，Zeit. Rübenzuchter Indus. 一九〇八年柏林出版。
註十三：見前。
註六十四：J. J. B. Deuss，L' Agronomie Coloniale 一九二三年六月巴黎出版。

至四五。

茶籽油為一種不乾性油，其色從黃至橙，粗油有難聞之氣味，且多少含有苦味，但用適當之精製法，皆能除去之。

上品之油作為髮油之用；普通茶籽油之較佳者，大部份供產茶國人民食用。品質較劣之茶籽油，則作為製造肥皂及燈油之用。

茶葉製造中之醱酵

前已敘述茶葉之化學成分，現須詳述茶中之酵素與葉上之微生物，蓋無此方面之智識，則製造過程各過程之要義將不能瞭解。

酵素與微生物被認為在紅茶或醱酵茶及烏龍茶或半醱酵茶中最為重要。製造此種茶之第一步過程為萎凋，在此過程中茶葉實際已在正常之氣溫下發生部份之乾燥。此後將葉揉捻，茶汁乃暴露於空氣中。此種暴露，稱為「醱酵」。醱酵之細胞內之破裂，茶汁乃暴或酵素分解而生醇與氧體。此種研究者以為茶葉製造時真正之醱酵容或稍有進行，因酵母菌既存在於葉上而醇類亦存在於葉汁中，且在醱酵時所生之芳香油中發現一種醇，然而茶之「醱酵」之主要作用乃係茶單寧之氧化。

「醱酵」一名用於製茶時，僅為種植者之術語。Bamber 於其初期工作中用「氧化」一名以指此種過程，文 Mitchell（註六十五）在其公報中，關於在美國之茶葉堅用此「氧化」之名。

在下列討論中，「醱酵」一名之採用，乃依照對於茶葉發生興趣之歐洲人之通常用法。

茶單寧之氧化，為得酵素之動而進行，在綠茶製造時，揉捻之前，即將葉烘焙，因此酵素之活動力被阻過，而氧化並不發生。綠茶葉指末醱酵之茶。

酵素、細菌及酵母菌——在敘述關於茶葉之酵素與微生物之研究工作之前，先須將此種物體予以簡單之界說。

在有機化合物中，有一大類稱為酵素，此中許多存在於每種植物

質中。此種物有某種共同特性，即於植物中促進化學反應而其本身並不發生任何永久之變化；易言之，此種物質為有機觸媒。許多植物細胞中所發生之反應，因有酵素存在，在常溫度亦有極大之速度，然用人工方面使其進行時，則需要不斷加熱之高溫度。

酵素普通可用水自其存在之植物中抽出之，惟須將植物之組織液底分裂。酵素之化學組成現尚未知，此種物質常於攝氏六〇度以上之溫度破壞。

許多植物內部酵素所控制之作用，於適宜之情形下，在試管中亦能為酵素所促進。大多數已知之植物酵素，能控制加水分解及其逆反應，即去水之結合作用；然在人工處理時，以加水分解，最為普遍。

水解與合成實非藉酵素纔能有之作用，如氧化酵素於植物中可以促進物質之氧化，尤能促進芳香族化合物之氧化。此外尚有膠凝酵素、醱酵酵素及還原酵素等。

酵素助成呼吸合作用產物之生成，在呼吸作用過程中，此時複雜之物被酵素分解作用變為簡單之物質，酵素亦參與其間。此種酵素亦使不溶之物變為可溶，以便在植物內部運行。酵素觸媒在植物中反應之種類，現尚未能完全了解。

酵素各有其作用，普通亦按其作用而分類。普通之植物酵素，可用下法分類之：

（a）水解酵素　此種酵素能使物質加水或失水，依照其所作用之物質，更分為脂肪水解酵素（fat-splitting hydrolytic enzymes）、糖類水解酵素（carbohydrate-splitting hydrolytic enzymes）、生糖質水解酵素（glucoside-splitting hydrolytic enzymes）及蛋白質水解酵素（protein-splitting hydrolytic enzymes）。

（b）氧化酵素　過氧化酵素可使過氧化合物兩釋離「不活性」氧，催化酵素從過氧化氫游離「不活性」氧，催化酵素並不為真正之氧化酵素。

註六十五：G. F. Mitchell 著，載美國農部一九一二年公報第二三四號。

（ｃ）酵素　即酵母菌之酵素，促進某種已醣之分解而生成酒精與二氧化碳。醣後酵素存在於某種胡蘿蔔中，能將某種酸分解而為醋酸。

茶葉酸酵之酵素既為氧化酵素，故此酵素將加以評述。

植物中氧化酵素之存在，久已與下列現象相伴發生：將若干植物組織揉而得之汁或其水抽出物，於空氣存在時加入癒瘡木樹膠（guaiacum gum）中，少頃，則呈深藍色。反之，若干他種植物之汁或水抽出物並不生如此之顏色；惟此時若再加入數滴過氧化氫溶液，則此色立即出現。植物之細胞含有一種「氧化酵素」者，則其抽出物僅遇癒瘡木樹膠即成藍色，故稱為含有一種「過氧化酵素」者，則除癒瘡木樹膠以外，尚須加入過氧化氫方呈藍色。

含有氯化酵素之植物尚有其他微象，若將其組織之抽出物曝露於空氣中，則其色變暗。常為棕色或紅棕色；如果露於三氧甲烷蒸氣中，即得同樣之效果。植物之僅有過氧化酵素作用者，並無此種現象。

各種假設曾被提出以解釋氯化酵素之作用。常被接受之假設為氯化酵素包含兩種成分——一種過氧化物與一種過氧化酵素。此過氧化合物既可為過氧化氫又可為有機過氧化合物。過氧化酵素作用於過氧化合物，奪去其中一氧原子，此氧原子乃為「活動」狀態下被遷移於作用基體（Substrate）之上，後者乃被氧化。在上述試驗中，癒瘡木樹膠即為作用基體。

基於上述之假設，乃假定能發生氧化酵素反應之汁或抽出物中，必有一種有機含氫物能有過氧化合物之作用者存在於其間，專實證明植物之其有氧化酵素反應及損傷後變棕色者，含有一種具有兒茶酚基之芳香族化合物。當植物細胞損傷或因三氯甲烷蒸氣而死亡，此芳香族氧化合物為過氧化酵素所氧化，生成一種棕色及一種氧化生成物，此物存氧化酵素系中為一種有機過氧化物，氧化酵素系中為一種有機氧化物。

上述之植物氧化酵素反應可為愈擴木樹膠所檢出者，乃細胞死後變化之結果，在活樹生存之新陳代謝作用中，氧化酵素系之真正作用，迄今仍在討論中。

細菌與酵素不同，有繁殖力，細菌為極微小之植物性微生物，大多為單細胞，且無葉綠素，此種微生物行簡單之橫斷分裂繁殖。細菌內植物生命之最下等型式，每種細菌在適宜於生長發育之環境下，即將迅速繁殖。

細菌幾乎隨地可於水、食物、土壤、胃及一切動物之腸中得之，但健康動物之血中或植物之組織中並無此物。一切微生物於攝氏一五〇度之溫度下保持半小時，皆不能生存。殺菌劑亦能破壞細菌。

酵母一名，係指一大部份之單細胞菌，其中多種生長於果汁、麥芽汁及其他含糖之溶液中時，有產生酒精之能力。如此抽出之酵素，有促進醱酵之力，但不能生長或繁殖。

酵母菌與細菌相若，為微細之植物性微生物，但其較細菌更進化之生命型式，酵母菌有一定之適宜於生長活動之溫度，於高溫度將不能生存。酵母菌有分解某種糖類為酒精與二氧化碳之能力，端賴於酵母菌細胞中所分泌出之酵素。此種酵素可將酵母菌與砂共同研磨，並加高壓而抽出之。

「茶葉百科全書」（Tea Cyclopaedia）（註六十六）內將茶葉醱酵之性質業已討論多年。在一八八一年出版之初期研究——茶葉醱酵之酵素——茶葉醱酵之性質。有人以為此乃一種變化，可與大麥發芽時澱粉質之水解相比擬，同時有人以為茶葉酸酵乃為腐敗開始時之一種作用。

此問題之科學研究，濫端本世紀之初。首被研究者為何物使萎凋之顏色在接觸以後從綠而變為新鑄銅幣之赤褐色。Bamber（註十七）初研究此種變化時，以為乃一種純粹之化學變化，並無酵素或微生物參與其間。嗣後（註十八）彼設法從茶中分離一種酵素，與 Nanninga 在爪哇

註六十六：Tea Cyclopaedia 一八八七年加爾各答出版。
註十七：見備。
註十八：見前。

之間樣發見幾為同時（註五十八）。在日本，麻生氏亦證明茶葉含有一種酵素（註六十七）。Newton 研究關於茶葉醱酵之酵素並予以茶酵素（Tbease）一名（註六十八）。Mann 關於此問題曾供給許多資料（註六十九），嗣後 Bernard、Welter（註七十）與 Staub 三人（註七十一）更發表進一步之詳細研究。

Bamber 證明關於茶葉醱酵之酵素乃氧化酵素，此物在醱酵時氧化葉中之若干成分。麻生氏之結論謂茶之黑色乃由於氧化酵素對於單寧之作用，並謂從橡葉於製造時之第一步過程中已被破壞。

細菌可自茶葉中分離之。多年前古在氏（註七十六）但議於先，Wahgel（註七十二）繼之於後，以為茶葉醱酵乃一細菌作用。對於此種見解，或即對於微生物有任何控制作用之理之發展，最早之反對論辯，為微生物當醱酵時期並無時間以充分發展，嗣後之研究，將茶葉先行殺菌，乃禮之以醱酵，證明此種見解，即未婆之作用乃由於微生物以外之作用，為確鑿無誤。

Bernard（註七十三）於鮮葉中分離醱酵母菌並作純粹培養。在其關於酵母菌一文中，Bernard 根據當時已可應用之理論，討論茶葉醱酵之三種理論。此三種理論為：

(a) 化學的氧化作用。——簡單之氧化作用。

(b) 酵素理論。——藉酵素之助而發生之氧化作用，酵素存在於茶葉中，釋氧化作用並非由於茶葉中之酵素。

(c) 微生物理論。——氧化作用是由於生長於葉上之微生物細胞中之酵素。

第一種理論已被放棄，因所有事實與之不符。酵素論雖為當時大眾所接受，並為 Bamber、van Romburgh、Nanninga 及 Mann 諸人所信任，並某種試驗似乎啟示醱酵有重要之影響。但 Bernard 認為細菌對於茶之醱酵並不重要，並謂細菌對於茶之品質，常有不良效果。

Boscha 相信醱酵母細胞在茶葉醱酵中佔一極重要之位置，彼之此種意見，在彼與 Nanninga 之間引起關於此問題之爭論。（註七十四）

以後之研究並未發生新事實足以證明微生物在茶葉醱酵中佔一重要位置。事實證明醱酵之主要作用乃氧化酵素所左右，細菌通常有害，酵母菌或可佔一次要位置。酵母可與氧化酵素之芳香有關，雖然芳香之發揮在醱酵之一般過程中係一次要反應，芳香顯屬重要。

後期工作——Bernard 與 Welter 二人及其後 Welter 所作之研究，對於醱酵作用詳細之研究，酵素則用 Mann 所用之方法於茶葉中分離而出（註七十六）。鮮葉加濕度粉為爛，殘皮粉為沈澱單寧之用。單寧之除去係屬必要，畜此物將所檢定酵素之檢膠木檢膠反應有有效用作祟，將漿狀之葉與熟皮粉之混合物置於布中絞之，如此所得之液體含有酵素，可用酒精沈澱而出，為一結滑之物質，乾燥後為一種白色粉末。

Bernard 與 Welter 二人在茶樹各部份所檢得之氧化酵素與過氧化酵

註五十八：見前。

註六十七：C. R. Newton著，見一九○一年東京農學院公報。

註六十八：C. R. Newton著：The Fermentation of the Tea Leaf 載一九○一年印度植物及園藝雜誌。

註六十九：H. H. Mann著：The Ferment of The Tea Leaf 一九○一年；一九○三、一九○四年印度茶業協會季刊第一、二、四期。

註七十：C. Bernard及H. L. Welter：Mededeelingen Proefstation V. Thee 一九一二年及十三期茂物出版。

註七十一：W. Staub：Mededeelingen Proefstation V. Thee 一九一二年十三期茂物出版。

註七十六：見前。

註七十二：H. Wangel著：Chem. Zeitung 一九○三年二十七期。

註七十三：C. Bernard：Mededeelingen Proefstation V. Thee 一九○七年，茂物出版。

註七十四：J. Boscha著：The Ferment of Tea-A. W. Nanninga 著：Dissusion of Communication Concerning Yeases。

註七十五：H. L. Welter著：Mededeelingen Proefstation V. thee 一九一二年十五期。

註七十六：H. H. Mann 著：The Fermentation of Tea 一九○六、一九○八印度茶業協會季刊第一、二期。

藥，其量幾相等，並注意製造時葉中酵素之總量，並無明顯之變化。用愈淹木樹膠反應所測定之酵素之活勤力，於攝氏二五度至七五度間亦大略相同。在攝氏七八度時，此反應變爲慢而弱，在此溫度之上，即無反應。然而此種酵素可以抗熱，如在攝氏八○度以上之溫度保持若干時間，此種酵素僅暫時消失其能力而已。

Welter證明石炭酸或硫化墨與過量之氧化錳，亦能破壞酵素之能力。磷酸能障碍酵素作用而變慢。

完全停止。

酵母菌破壞境以後，醱酵依然發生，蓋酵母既亦含有過氧化酵素，則此酵素於酵母破壞以後亦將參與醱酵，誠屬可能。欲明瞭此點，Welter探取茶梢上未展開之芽，假定無酵母菌存在，並在用三氯甲烷處理之後，加以採揉，醱酵之發生與平常茶葉在正常狀况下所發生者相若。

Welter又發見成茶用冷水抽提以後，對於意窟木樹膠亦呈過氧化酵素之反應，從此專可得茶之醇熱（Mellowing）或後醱酵（Post-fermentation）之解釋，並可得到酵素對於熱及乾燥具有強大抵抗力之概念。

一九二三年，Deuss（註七十七）對Bernard與Welter二人未發表之論文予以評論，以茶葉醱酵（Tea fermentation）爲題。

Evans在錫蘭新近曾研究茶葉醱酵中之酵素系（註十二），觀察碎葉吸收氧氣之速度，並察用在起初三或四小時，氧氣之黃收甚速，此後氧氣吸收漸緩。所吸氧氣之黃與所需時間之關係，能爲一山高而低之整齊曲線所代表，此種曲線可表示醱酵反應之特性。氧氣之吸收爲在醱酵之茶葉烘乾，或於高溫曲線將茶葉烘乾。約數分鐘，此能力即消失。此外，鮮葉能被浸於百分之一二之氧化汞溶液中，對於其吸氧之能力並無損害。由此觀之，此種特性並非由於微生物之存在。

Evans並已研究茶葉中催化酵素之作用，並於測定其從過氧化氫放氧之速度時，發覺催化酵素之活勤力在萎凋時增而在醱酵時降落。於葉細胞破壞後之四小時，催化酵素之作用，變成極微小。

茲再逃茶葉之微生物。鮮葉中有許多細菌類（bacterial flora），業被證明，但關於此問題極少專門之研究工作。在正在醱酵之葉中，更有多種之細菌發見，Bamber（註十八）並發見酪酸菌大量存在於醱酵已四或五小時以上之茶葉中。醱酵過度之茶之酸味，彼歸諸酪酸菌之作用。茶葉之其他「變質」亦可認爲由於細菌之作用。（註七十八）Bosscha與Brzesowsky二人（註七十九）測定正在醱酵之茶葉之微生物，發見許多種細菌，其中大多數對於茶之品質並無損害。於茶有害之細菌，似保從外面侵入。

酵母菌參與茶葉醱酵之可能性前已叙及，若干研究者亦支持此種意見，即某種茶之風於地域與季候之香味，亦可爲酵菌之作用。關於此事，已有紀載，謂亞薩姆茶葉在春季與秋季，葉中之酵母菌不多，此時之茶有香味，及至季候風季節，葉中之酵母菌豐富，此時菌薩姆油所生之茶有香味，鮮有其他香味。

正在醱酵之葉，除含有細菌與酵母菌型式之微生物外，並已證明可以含有某種較高等微菌型式之微生物（註七十九），如青徽菌屬（penicillium）、麴菌屬（aspergillus）、毛徽屬（mucor）與白羽菌（dematium）。

註七十七：J. J. B. Deuss, Chem. Weekblod 1923年阿斯特丹出版。

註十二：見前。

註十八：見前。

註七十八：A. C. Tunstall 著，資表於一九二三年印度茶葉協會季刊第四部。

註七十九：K. A. R. Bosscha及A. Brzesowsky著，載Mededeelingen Proefnation V. Thee 一九一六年四七期，茂特出版。

印度、錫蘭與荷印製造紅茶幾採同樣方式，此種製造方法已爲若干
工業受歐洲人所控制之其他國家所採用，是法包括五種過程，即萎凋、
揉捻、醱酵、烘焙與篩分。中國所用方法則不相同，須另行敍述之。
最後一種操作仝係機械工作，此處懂須討論箱茶之水分在篩分時將
茶葉曝露所受之影響。簡言之，各種過程所起之變化如下：

萎凋時茶葉失去水分而變爲柔軟，能作適當揉捻。茶葉一經揉破，
醱酵立即發生，又當茶葉在醱酵室曝露於空氣中時，醱酵進行更速。烘
焙之時，葉變完全烘乾，醱酵作用實際因此停止。

紅茶製造中之萎凋

依照現有智識，鮮葉萎凋時最重要之變化爲失水。失水大多發生於
葉之背面。

萎凋時細胞壁之滲透性加大，此事可證明如次：將鮮葉及萎凋葉浸
於水中，注意前者遇三氯化鐵不呈顏色，而後者經數分鐘即呈顏色，故
示其單寧之迅速擴散。單寧與其他物質被沸水抽出之容易，亦隨萎凋而
俱增。

茶葉採下以後，其呼吸作用仍繼續進行，但其速度較小。茶葉萎凋
至含有百分之五五水分時，仍不斷呼吸，但較鮮葉之速度略低。萎凋葉
之呼吸速度，在揉破以後即受阻礙，但如鮮葉經此處理，則並無明顯之
變動。

萎凋時仝僅葉之失水，且有一部份固體物質亦因呼吸作用發生變化
而消失。如此消尖之固體物質之總量，頗爲可觀。葉之水溶解物於萎凋
時期顯有增加，但若將因呼吸作用而面消失之物質加以複算，即可知水溶
解物之百分數，並無真正明顯加增。（註八十）

爪哇之初期茶葉工作者說明水抽出物在萎凋時有百分之一至二之減
少。此事或由於萎凋之過度，或由於萎凋時高溫度之影響。高溫度影響

之極端情形，實際上常在將茶葉置於茶籠任其發熱時發生。在某種情
形之下，一萎茶葉中之中心恒有溫度達到華氏一四〇度之紀錄。在此種
細胞液之酸度在茶萎凋時並不變更，其 pH 值恆
爲四・三一四・五。葉中少量之澱粉，在萎凋時實際似已消失。萎凋
之葉具有一種水果之味。

如將鮮葉或萎凋葉泡以沸水，則得一黃綠色之溶液。據茶師言，此
種沖闊液謂之「生」(raw)或「粗」(harsh)。若將鮮葉或萎凋葉加
以損傷並保存數分鐘，此葉即生紅色之沖闊液，茶師仍稱
之爲「生」，並已察覺含有辛渥剌激之特性。茶葉一經沖渥，即生辛渥
剌激之特性，此種特性大概與醱酵之結果，並與單寧之氧化生成物有
關。此事闊饋興趣，Peacock（註八十一）以爲巴拉圭木之收斂性，乃由
於紅色複單寧存在之故。

總括關於萎凋時期中所起變化之事實，可知萎凋之主要原因爲使之
柔軟而適宜於揉捻。在實用上，萎凋之程度乃用各種極普通之方法所判
別，其中大多包括試探葉柔軟與硬之膨大。現在除此物理方法以外，並無試
驗萎凋狀況之其他方法。

雖然，事實證明時間亦爲萎凋之因子，由實驗所得之結果，記爲最
佳之萎凋乃水分之必要消失約完成於十八小時中者。因時間既被認爲一
種因子，故使人相信萎凋時，胥發生若干變化與變化，但在爪哇與
印度之多數研究，卻不能指出任何明顯之變化，事實說明非謹慎施行萎
凋，則損害成茶之化學變化可能發生。

時間對於萎凋之效果仝用下列假說說明，此根本之假設卽萎之乾燥
使細胞液濃縮，因此改變細胞成分之擴散程度。因濃度之增加而影響葉

註八十：錫蘭茶葉研究所報告，載於一九一八年七十一卷三期熱帶農業雜誌及一九二九年茶葉季刊二卷第二部。

註八十一：J. C. & B. L. Peacock 著，Jour. Am. Pharm. Assn. 一九二二年卷九，Easton 出版。

二九三

茶葉全書（上）

中膠體物質之物理狀態，因此滲透度與表面面積生變化，表面面積對於細胞之氧化作用，極爲重要。膠質既受時間與溫度之影響，亦受濃度之影響，達到水分之必要消失時所需之時間與所用之溫度，可能影響細胞之變化程度，走以氧化之有效表面面積之總和，即將依照茶葉之萎凋狀况而變更。（註八十二）

紅茶製造中之揉捻

將葉揉捻之目的，爲使萎細胞破碎，並因此混和細胞中之成分，從附屬於此操作之化學變化之膠體前言，揉捻與醱酵有密切之連繫，此種變化將於此後關於醱酵一節中討論之。

醱酵時所起變化之大小，大部份爲揉捻之程度所左右，易言之，即爲葉細胞破壞之個數所控制。

揉捻時，揉捻器中多少將發熱，葉之溫度通常比醚榨而出，華氏三度至一五度，此種熱大多由於醱酵而生。

茶葉萎凋不足或揉捻過劇，則茶汁從揉捻器中醚榨而出。此汁於氣候較燥之茶區迅速變紅，因此常被捨棄。在亞薩姆已察得若將此汁揉入葉中，則所製成之茶爲平淡（flat——醱酵過度）（註八十三）。一部份爲由於汁之醱酵較葉更迅之故。據分析結果，知醚榨出之汁含有百分之一至一·五之固體物質及百分之○·二五至○·三五之單寧，易暫而則此成分愈豐富。如萎凋適度之葉，則榨出之汁極少。（註八十四）

紅茶製造中之醱酵

紅茶製造中之多數化學變化，皆發生於醱酵之時，水色、濃厚、辛澀、刺激與芳香發揮均於此時發生。在限度以內，揉捻愈劇烈愈長久，則茶之濃厚愈濃，水色愈深，然劇烈揉捻，將使茶硬參入於成茶中。

老硬之茶葉，醱酵不能圓滿，一半由於其缺乏單寧，一半則由於其細胞在揉捻時不易破碎，可以斷言。

茶之醱酵至圓滿之階段時，則發生一定之顏色與芳香，實用上，通常依操茶師之報告停止醱酵，更憑茶師之經驗，探求體酵之適合於其種市場之茶。

茶葉在貯空中並不醱酵，在二氧化碳中亦然。氧氣對於醱酵極屬重要，正在醱酵之葉，质吸收之氧氣量隨揉捻之程度而增加。萎凋葉在揉捻時吸收之氧氣，較鮮葉爲多。

氧氣對於醱酵既屬必要，即可以瞭解醱酵葉攤鋪之厚度，不可忽視，蓋此厚度可以調節空氣之供給量。一般而言，葉攤放愈薄，則醱酵愈遠。

大氣中之濕度於醱酵有助，如空氣乾燥，則葉之表面乾燥，葉之氣化不能順利進行。由於表面作用，茶葉醱酵大概需要一種液體媒介存在於葉上，以楔闊滿發展。

茶葉醱酵中微生物究佔若何位置之問題，迄今尚未完全解決，但茶廠之一般習慣，乃使醱酵室清潔而毫無微生物。當然此法並不祛除茶葉本身所附人之微生物，僅避免其積聚而已。

Nanninga 曾研究茶葉成分之溶解度於醱酵時所起之變化。彼用三氯燒乙醛、乙酸乙酯、酒精與水抽提乾葉及製成之紅茶之溶解度，迄下列變化：

一部份之葉綠素頹於醱酵時被破壞，然而此事尚非被肯定證明。

光能阻礙醱酵素之作用已被證明。雖然光對於醱酵有害，倘未證實，惟實用上強光已被指諸醱酵室之外。

水溶解單寧大部消失，水溶解物則從百分之六二減少至五○。各種抽提以後所剩餘之物質，大部份包含蛋白質體、纖維素及纖維物質，Nanninga證明水溶解物於醱酵化學變化之影響，Nanninga證明水溶解物往關於此剩餘之物質，大部份對於醱酵之化學變化之影響弱。當醱酵以後水溶解單寧往醱酵時間之增加而減少，茶之收斂性因此變弱。

註八十一：D. L. Eanes著，載一九二八年茶業季刊第一卷第四部。

註八十二：P. H. Carpenter及H. R. Cooper著，載一九二二年印度茶業協會季刊第二部。

註八十三：載一九二八年茶業季刊第一卷第四部。

註八十四：C. R. Harler著，載一九二三年印度茶業協會季刊第四部。

茶減低至原量之半。葉之水抽出物，初於醱酵進展時增加，繼乃減少。醱酵之進行幾不可見，醱酵現溫度愈低則醱酵愈慢。在攝氏一五度（華氏五九度）以下，醱酵之進行亦不適宜。因醱酵中水溶解物在此種高溫下亦將減少。彼發見最佳之結果爲約攝氏二七度（華氏八〇度）施行醱酵，此時醱酵之複雜反應，顯然以最佳之秩序進行。並未發見醱酵適宜於低溫，蓋此長時間之操作，勢將使芳香消失。關於此點，Nanninga 曾強調管控醱酵時間與溫度確切之規律甚爲重要。

現代之經驗，證明醱酵室中須約攝氏二五度（華氏七七度）之氣溫作爲標準。茶葉之溫度於醱酵時容或從攝氏二五度昇至約三〇度（華氏八六度），此乃依照其攤放之厚薄而定，此種溫度之昇高爲害。已知三至四小時之總醱酵時間（包括揉捻在內），能得到最佳之結果。

紅茶製造中之烘焙

製造時茶眾寧所進行之變化之眞質性質，現今所知尚不完全。一種單寧之氧化生成物，溶於茶之冲泡液者以生成。若干單寧被葉中之蛋白質使之變爲不溶於水。對於醱酵過程中香精之構成，實際尚無所知。

從化學效用而言，烘焙茶葉之目的，不外使可以參與茶葉醱酵之酵素與微生物變爲不活動。加熱與去水實際上使醱酵停止。烘焙時葉之若干成分發生變化。未經烘焙之茶葉冲泡以後之「青臭」，於烘焙時一變而爲「麥芽」香氣。若干葉之成分之部份焦化，容或發生。

數種葉中實實之成分，即生成芳香與香味者，容或於烘焙時消失一部份。標誌成芳香油之物質，能於水蒸氣中揮發，高溫度且加則其消失。烘焙機納葉過多之時，水蒸氣聚集而葉被「烙熟」(Stewed)，香味有顯著之消失。欲保存芳香油之最高量，茶葉應用低溫度烘焙，且攤放須薄。在某一時期，高溫度之烘焙曾被認爲能將茶之咖啡鹼含量減少，於

烘焙機中常見之灰色粉末，又被假定大半係咖啡鹼，然據 Keiller 之報告（註八十五），謂此物僅含百分之三咖啡鹼與平常茶之碳毛相同。Nanninga 研究烘焙溫度對於茶葉化學成分之影響，彼連續用淺碟、乙酸乙酯與酒精抽提成茶以後，其結論謂攝氏一一〇度（華氏二三〇度）之高溫度烘焙所製成之茶，所含之游離單寧（溶於醚）較攝氏八五度（華氏一八五度）低溫度烘焙者爲少。彼發覺高溫烘焙於茶之品質有損。

經鹽酸醯鹽於華氏一七〇度以下烘焙之茶，不耐久藏（註八十六）。用人造乾燥空氣冷卻之茶葉乾之之嘗試，已可製成富有香味之茶，但亦不能耐藏。欲使醱酵充分停止，高於華氏一七〇度之溫度，勢屬必要。

含水量與後醱酵

在萎凋與烘焙過程中，茶葉失去水分。下表可作爲在印度東北部茶葉水分消失之過程之代表。（註八十七）

醱酵之葉於烘焙時變成黑色，但於冲泡時遲葉仍現紅色。連續之冲泡能將其紅色色質大量除去，剩下之葉則爲醬棕色。咖啡鹼以外之含氮化合物進入茶之冲泡液中，然此種物質大概屬於蛋白質之分解形式（degraded forms of proteins）。

在錫蘭將茶萎凋至約含百分之六〇爲止。在此二圖中茶葉之烘焙通常爲一次完成。印度與爪哇之試驗皆證明茶葉於含百分之六至七水分時，包裝最

註八十五：P. A. Keiller 著，載一九二三年哥倫坡熱帶農業雜誌。

註八十六：E. C. Elliot & F. J. Whitehead 著：Tea Planting in Ceylon 一九二六年哥倫坡出版。

註四十三：見前。

註八十七：C. R. Harler，一九二八年印度茶葉協會季刊第二部。

宜，因在此條件下不可能發生醱酵或「醇熟」作用。成茶包裝時含水分過少，則於包裝後不能醇熟；然含水分過多，則貯藏時容易「變質」。

印度東北部茶葉水分消失之過程	
鮮葉……	約含77%水分
萎凋之葉……	約含66%水分
顏酵之葉……	約含66%水分
首次烘焙之葉……	約含26%水分
末次烘焙之葉……	約含3%水分
包裝之茶……	約含6%水分

成茶從乾燥器中排出時離約含水分百分之三，然在歸存室中，當篩分之時，必依照此室空氣之濕度而吸收外界之水分。Deuss（註八十八）之許多實驗，證明成茶放置於相對濕度為百分之六五之空氣中，則依照其原有之含量，吸收或消失水分至約為百分之六而止。

中國紅茶之製造

在中國，茶葉在採摘之日即行製造，存以萎凋。將葉置於日光下迅速萎凋之以捲與攤放。將烘焙分為數次施行，其間雜以揉捻。葉細胞之破裂較用機械採捻者更為完全。在中國，對於茶葉之蔬慎操作之門的，為健量使茶汁含蓄於葉中度、錫蘭及爪哇所發生者有之不同之可能，蓄在此三地，茶汁任其曝露於空氣中。

中國方法中細胞汁之混合極其均勻，加以葉溫之不時加熱，而共溫度並不足以使醱酵停止，可以確保醱酵之極其完全。此外，中國之鮮葉所含單寧較印度、錫蘭或爪哇為少，故中國所製之茶包含單寧不多。中國製法中，為蛋白質沉澱之西方之方法可能較西方之方法為多。因此中國茶必將缺少單寧「紅質」，事實上中國茶之水色不深，指示單寧「紅質」確屬缺少。

烏龍茶之製造

烏龍茶之製造，除醱酵停止較早之外，與中國之紅茶之製造極相似。

對於烏龍茶，一如優良中國紅茶，芳香之發揮為主要目的。從製造

之型式可以推測烏龍茶因醱酵程度較淡，故其所含水溶解單寧大概較其相當之紅茶為多。

綠茶之製造

中國製造綠茶時，略去開端之萎凋過程——此乃對於紅茶製造所必要者——將茶葉立即用足以使酵素與微生物不活動之高溫度下加以鍋炒，如此使醱酵變為不可能，體之以更番之揉捻與炒焙，至茶葉過亂不適於再行操作為止。最後將茶葉置於烘籠中或鐵鍋烘焙之。

日本之殺青常以蒸汽為之，然在印度製綠茶之少數地點，則蒸氣與鍋炒皆被採用。在日本，茶葉之揉捻於板之上，或於特製棚造之機器中有機械採捻。此機之加熱可使揉捻與烘焙間時進行，而烘焙之速度一定。下表指示為日本所分析水分消失之過程。（註八）

日本茶葉之水分消失	機採	手揉
鮮葉……	76%水分	76%水分
第一次採捻之後	59%水分	69%水分
第二次採捻之後	59%水分	51%水分
第三次採捻之後	28%水分	32%水分
末次採捻之後	11%水分	17%水分

外銷茶在包裝之前，先經集中場所加以烘焙，並將水分減少至百分之三。

綠茶與紅茶之主要不同，乃由於醱酵。在綠茶中單寧之大部分皆為水溶解狀態，即由於葉中之單寧為水溶解時單寧之少量消失，大概由於葉中蛋白質使其沉澱之故。在殺青之前，如已受損傷之葉，則醱酵或將發生，但由此醱酵所生之損失可以不計，蓋從綠茶之沖泡波之無紅色可以判明。

在日本，單寧之含量於製造時約從百分之一五降落至百分之一二（註八），而在印度之東北部用單寧含量之約為百分之二〇之鮮葉所製成之綠茶，其

註八十八：J. J. B. Deuss, De Thee 一九二六年九月茂物出版。

註八：見前。

單寧量降落至百分之一‧四。（註八十九）

數種分析指示綠茶之咖啡鹼較用同樣鮮葉製成之紅茶所含者易於抽出。（註八十九）

綠茶沖泡以後，葉底須保持其天然之綠色，並無棕色或新鑄銅幣之赤褐色之混雜物，此物乃醱酵之標識。綠茶製造時假定葉綠素並不進行任何劇烈之變化。

綠茶製造時並不生成芳香油。

摘　要

作總括鮮葉製成紅茶或綠茶時所起變化之嘗試，為一困難之工作，閃關於此問題通缺少確切之智識。

製造時茶葉消失水水分。中國、日本及台灣之製茶，在製造之全部過程中水分不斷消失；但在印度、錫蘭與爪哇，則水分之消失僅發生於萎凋及烘焙之時，鮮葉約含百分之七七，但水分之消失則為百分之三至八。

茶葉之單寧在紅茶製造時進行重大之變化，水溶解單寧氧化物，一部份由於構成單寧氧化物，一部份由於與蛋白質結合而成不溶於水之化合物。綠茶製造時單寧之消失大概不及其半。此種消失，在綠茶製造時單寧之消失大概由於與蛋白質結合之故。綠茶製造時，並無水溶性有色單寧生成物之生成。

製造時咖啡鹼之變化情形，現尚未知，但事實啟示咖啡鹼之變化小。咖啡鹼之含量於製造時並不變更。

紅茶之香味與芳香，為與芳香油有關之品質，芳香油則發生於茶葉製造時之醱酵過程中。綠茶既不醱酵，故綠茶不含芳香油。

鮮葉中之蛋白質類在製造時膠凝，故不進入茶之沖泡液中。除咖啡鹼以外之含氮物體，於綠茶之沖泡液中認為重要。此種含氮物體之常作為蛋白質，但此種物質大概為蛋白質之分解物。

樹膠、糊精與果膠質並不發生多大變化，雖然在印度、錫蘭與爪哇之烘焙過程中，糊精容或發生裝種焦化。

纖維素與粗纖維並不進入茶之沖泡液中，此二物於製造時大概不起變化。對於小量存在於葉中之脂肪與蠟，所知無幾，且從製茶之一點而言，並不重要。

葉綠素不溶於水，故可不進入茶之沖泡液中。然綠素使泡過之綠茶仍呈綠色，殊屬重要。通常認葉綠素之一部份於紅茶製造時分解，但在綠茶製造之時則否。其他色質、花黃素類與花青素進入於沖泡液，對於紅茶頗為重要，於綠茶則否。

茶葉之氧化酵素與紅茶製造中所起之大部份變化有關。細菌對於茶葉之醱酵並非必要，且於數種情形之下，已證明有害。若酵母菌於紅茶之製造有作用，則其作用現在尚未明瞭。烘焙後微弱之後醱酵，雖仍明顯發生，惟實際上已使酵母菌與微生物變為不活動。

在綠茶之製造中，殺青使酵素與微生物變為不活動而不發生醱酵，紅茶製造時，酵素並不增加，但微生物則增加。葉中之水溶解物質約減少百分之一○，泰半由於單寧所引起之變化。在綠茶製造時水溶解物質之減少率較小。根據可以應用之資料，製成一總表（見二九八頁），表示紅茶製造中所發生之數種變化。表中數字皆為約略之數，並以印度、錫蘭、爪哇與蘇門答臘所製之紅茶為據，而非指中國茶而言。

紫外線對於茶葉之效用

一九三四年在倫敦舉行之試驗，以探求紫外線對於乾茶之效用，其結果乃單寧百分數之明顯減少及品質之改進。或謂在完全電氣化之工廠出現以後，在製造過程中，對於鮮葉利用紫外線之研究，將有顯著之發展。（註九十）

註八十。見前。

註八十九。：C. J. Harrison著，載一九二七年印度茶業協會季刊第二部

註九十。"Home and Colonial Mail"一九三四年四月二十七日倫敦出版，見第十一頁。

化　學　總　表

印度、錫蘭、爪哇與蘇門答臘之茶製造時所起之數種變化

（百分數乃約略之數，計算時以乾物質為基）

鮮　葉	萎　凋　葉	醱　酵　葉	烘　焙　茶	給予成茶之特性
單寧……………22%	22%	13%	12%	⎱ 辛澀刺激，濃厚與水色
		生成單寧氧化生成物	?	⎰
咖啡鹼…………4%	並無變化可以檢知		4%	辣激性
?	芳香發揮於醱酵之時	微量之芳香油	芳香與香味	
粗蛋白質…………27%	使若干單寧變成不溶於水	膠凝		⎱
樹膠，糊精，果膠質…70%	或部份焦化		3%	⎰ 茶湯之厚度
醣類………………5.5%			5.5%	
纖維素，纖維，粗脂肪與灰……25%	或無變化			
葉綠素與色質……	一部份葉綠素於醱酵時破壞			
氧化酵素…………	量不變	單寧氧化	破壞	
酵母菌與細菌……	數目增加		破壞	
水溶解物總量…48——55%			38——45%	

　　在萎凋時鮮葉之水分約從百分之七七減低至六〇，在醱酵時之水分不再有顯著之變化。烘焙約將水分減低至百分之三，但此數換算時約增高至百分之六，乃行包裝。本表所示之百分數代表從沸水抽提一小時所得之各種成分。茶師之冲泡液之製備乃將一二五CC沸水加於三克之茶，並放置六分鐘。在此時間中約抽出水溶解物總量之半，即百分之一九至二三之乾葉重量。此抽出物之組成約為百分之七單寧實體，百分之三咖啡鹼，百分之三無機鹽類，若干樹膠、糊精、果膠質等等，除咖啡鹼以外之少量含氮物質，微量之茶葉色質及極微量之芳香油。本表所示之數字，係指從茶之百分數。

第二十六章　茶　之　藥　物　學

藥中之咖啡鹼——咖啡鹼之效力——茶
及人體各部系統之影響——肌肉活動、精神狀況
茶——單寧之功效——無羅克之茶——茶書
中之低白質、色澤及維他命——日本及美國維他命之
結果——茶之不同泡製法與其成分之關係——結論

茶之普遍飲用及其普遍化之理由——咖啡鹼之效力——茶

茶、咖啡及其他飲料對於人體之消化及健康之功效，曾經長久之爭
論而無結果之問題，益對於此等性質之試驗因受縝密管理之限制而極難
施行也。此問題因有商業上之宣傳作用而更形複雜。本章僅論及純粹科
學之試驗而詳其結論。

堅持茶對健康有害者之理論，常基於惱人之經驗及茶之用量過度
時之假說。茶爲地球上居住於各種氣候下之人民之飲料，雖然茶之普遍
應用不能成爲適於健康之理由，但茶既有一種普遍之需要，而探求此需
要之本質實屬必要。

究竟關於茶之普遍應用之事實何在了中國四萬萬餘人口每年消費茶
藥約八萬萬磅，此雖與習俗不無關係；但如中國之國家，食水中常含有
有害之黴菌，茶質爲安全之飲料，此當爲飲茶普遍一大原因。惟在聯合
王國（英國）每人每年消資茶葉九磅以上，則無如此理由可作解釋，此
大概可想像爲英國之氣候關繫爲茶之飲料；但英國之氣候並非重婆之理
由，因在天氣炎熱而乾燥之澳大利亞，每人每年之消費量亦庶合王國相
近似；在印度之英人，仍愛以熱茶爲飲料。印度人現在亦傾向飲茶，雖
然往人之消費量甚少，今全印度每年共約消費五千萬磅。

茶葉普遍化之原由

其次，吾人必須詢開茶葉何以能流行如是之廣？茶曾一度爲東印度
公司之專賣品，其後印度、錫蘭漸處於事勢之排拒，茶製乃成爲英帝國之產
品，此等事實並不減低茶作爲飲料之價值，而其影響所及，且使茶成爲
英人之飲料。同樣，荷人亦因受荷屬東印度生產茶葉之影響，而使現時
每人消費約三．六四磅，爲日本、中國、印度及其他亞洲國家之飲茶，一部份或
持母國之連繫，而日本、中國、印度及其他亞洲國民財富之飲茶，一部份或
因出產茶葉之故，而其較大理由，則因茶葉爲國民財富之主要源泉。

上述使飲茶成爲習慣之理由只是部份的，並不能以此解釋茶在德
國、法國、俄國及南美之應用，更不能證明在美國飲用至若何程度，在
美國傳統之愛國主義對於茶之完全拒絕之而後快。吾人應從茶葉本身
探究其最重要之原因，使其所以能過一切之競爭者而受全世界人之歡
迎，其故亦在於此。

茶之被人類所飲用，因共有輕鬆之感覺，在正常狀態下容易消化；
茶雖爲熱飲品，但在高溫度下有發汗作用而使人涼快；有辛辣之美味及
香氣；最重要者爲其對於神經及肌肉系統之興奮作用，此作用在溫和之
刺激與安適之休息中間誘引起一種登識狀態。飲茶並不因共有食物之價
值，祇不過當作一種輔助食品而已。據云一杯熱茶能從皮膚上蒸發五十
倍茶所加給予吾人之熱度。

綠茶與紅茶約含有等量之單寧、茶素（咖啡鹼）及浸出物，倘爲濃而
熱之，則給與內部之安適及刺激不減於紅茶。至於茶湯清淡如在遠東所
飲者，則其價值懽較此湯樹稍佳耳。

337

茶之各種成分對於人體之作用有加以研討之必要。

茶素（咖啡鹼）之功效

當討論飲茶之害處時，必提及其二大成分，即茶素與單寧，單寧常被認爲對消化有不良影響，而茶素則其爲一興奮劑，亦不免同遭反對。

「英國藥物法典」（British Pharmaceutical Codex）內述及茶素作爲藥用時對於人體各系統之作用如下：：

茶素有三大作用：（a）對於中央神經系統；（b）對於肌肉，包括心臟在內；（c）對於腎臟。

對於中央神經系統之作用，最主要者在於腦與身體之因素發生關聯，其功效爲保持清醒之狀態及增加精神之活動能力，感然印象之判斷，更完全而正確，思想亦較爲清楚而敏捷。

茶素用量過多時，其作用由內體擴興至神經，病者最初變成不安寧而煩躁，其後或表現興奮之顫動，此爲常人而論，茶素能使各種體力工作省力，且能實際控制外間之工作。以常人而論，其難指出此對於肌肉之作用，若干相於肌肉之作用，但因被勞首先表現在中央之作用，故茶素減少疲勞之作用主要發當在中央。茶素使肌肉增速，此略提高血壓，但並無如老地黃（Digitalis）之作用，由於增加心臟肌肉之刺激，多用茶素易使心臟救勞。

上述之報告可代表英國醫界之意兒，而此中所包含之事實均爲彼輩認爲可編入於一般之刊物上者。

「美國藥劑大全」（Pharmacopoeia of the United States）內載，茶素之平均藥用量爲十五瓱（二瓱半）。（註二）

茶葉中之茶素鹽

在敍述若干關於茶素對於人體功效之試驗以前，先應論及普通飲茶者所吸取此成分之份量。

以歐人經營之茶業觀點而育，英國當認爲最主要之茶業消費國，每人每年消費茶葉約十磅，按照茶葉中茶素含量百分之三計算，則平均每人每年所飲之茶內含有此成分共四•八哂或每日五又四分之三瓱。此爲假設茶素完全被提出而飲入體內，但實際上並不可信，因在五分鐘之浸液中，茶素僅有四分之三浸出，浸泡較久或再度冲泡，可將剩餘之茶素全部或一部份提出。是則英國人每日飲用之茶素在四瓱以下，似爲可能。

如以一磅茶葉冲成二百杯，則一杯茶內所含之茶素平均少於一瓱。一杯茶對於人體之影響時，必須明瞭茶中之茶素並非以純粹之狀態服進之者，更非立刻冲成同化作用，一杯茶飲後將對於身體所起之作用僅爲瀨進之者，且在若干時以後始生效力，故所餘茶中所含一定份量之茶素，其功並不如英國藥物法典所載者之大，該書可供直接攝取純粹茶素之參照。

一杯茶所經與吾人之刺激力之大小甚難確定，此端視個人之神經系統情形、煎煮濃度、茶葉之性質及新鮮與否而定。如飲濃淡少量之茶，其功效僅稍優爲止渴劑，並促進發汗而已；但若全日飲服濃茶，則其累積之結果，將對人體發生強烈之刺激。

常有人以一磅咖啡中之茶素，其形態較在茶中者對人體更有效用，苦以爲茶中之茶素因與茶單寧結合而一部份不起作用，但此種假說並不爲科學觀點所支持。一杯咖啡之刺激性普通較一杯茶所以更大者，因其含茶素較多故也。一磅茶中含有茶素約二一〇瓱，在首次冲泡時約有一七〇瓱被提出，一磅茶可冲泡一百六十杯至二百杯，故每頭泡茶每杯平均含

註一：英國藥物法典，一九二三年版，第二二八頁。

註二：美國藥劑大全，一九二六年版，第八四頁。

茶素少於一瓱。一磅咖啡含茶素約一百四十瓱，但平均祗能沖泡四十杯，茶素者之工作能力較不服食者爲大，以下，而且咖啡中之茶素幾可完全提出，故一杯中約含有茶素三瓱半，此足爲解釋咖啡之刺激性較大之理由。

茶素（咖啡鹼）與心臟作用

在醫報上所載關於茶素作用之意見，普通頗多歧異，曾以犬、貓、豚鼠、鳥等爲試驗，用大量或小量之藥劑注射之，而得不同之結果（註三）。此種工作之困難由於尚有甚多未可利用之材料必須加以研究，則其平均所得結果，方不致受例外之影響。

試驗茶素對於下等動物之作用時，發現植物鹼能增加脈搏次數，加強心臟之收縮力及刺激血管運動中樞。但以人類做試驗時，結果並不如上述之詳盡，其一部份原因，無疑因施於畜類之藥量比較苦大，如 Wood 研究少量藥劑對於人體之影響，彼用六瓱藥量不能察覺輕對於血壓有若何顯著之升高（註四）。若干研究者試驗血液循環與人相似之犬，其血壓受茶素之影響而增高甚劇，Wood 以下列之事實說明其差異之處：以犬作試驗時，爲體重一公斤施藥量十瓱，即相當於一○○瓱藥量施於普通軀幹之人，倘以少量之藥劑施於犬身（每公斤一瓱）時，其脈搏次數並不增加（註五）。

Wood 以治療用之藥量（約三至六瓱）施於人類，發現只少微增加心臟之收縮力，而使動脈之血壓略高。

茶素（咖啡鹼）與肌肉活動

茶素對於肌肉收縮力之影響，曾有人加以研究，一八九二年 De Sario 及 Bernardini 用驗力器表明茶素能增加此種力量（註六）。其他若干研究者多數應用肌力計方法，亦表明茶素之刺激效力，其結論大半爲 Rivers 及 Webber 所證實，彼等亦斷定肌肉工作之增加不由於任何興趣及提示之心理的因子（註七）。 Wood 祗以治療藥量研究茶素對於自動肌肉之遠動之影響，彼謂茶素對於脊髓之反射中樞有興奮作用，使肌肉之收縮更有力而不發生間接之衰頹。所有研究之結論，可知服食大量服用茶素而引起肌肉之特別情形，類似死後硬直之狀，在普通人類所吸入之份量，並不致發生此種現象。

茶素（咖啡鹼）與精神

茶素對於精神之影響，亦爲歷來研究之題材。Kraeplin 云：「吾人已知茶素與咖啡能增加吾人之精神效能至一定之限度，故可利用此等飲料作爲克服精神疲勞之方法。在早晨，此種飲料能除去精神上疲勞之最後之痕跡，至黃昏當吾人處理心智上之工作時，又能使吾人保持清醒狀態」（註八）。Wedemeyer 認爲經常服用茶素，則心理上之影響在四、五星期以後即見減低。（註九）

茶素（咖啡鹼）與人體全部系統

除上述之特別研究外，H. L. Hollingworth 在紐約曾倫比亞大學曾舉行茶素對於人體各系統之普通試驗，彼於工作時，竭力除去此項試驗所常有之錯誤，其結論（參閱第三○二頁附表）乃根據於無數次之測量而得，所試驗者主要爲穩定（Steadiness）、輕叩（Tapping）、取拾(Coordination)打字、辨色、計算、反面(Opposites)、取消（Canellation）

註三：Salant 及 Rieger 合著：「The Toxicity of Caffeine 美國農業部出版之化學局公報第一四八號。

註四：Wood著，見一九一二年診療公報二十八卷一期。

註五：Rtichert著，載一八九○年診療公報六卷六。

註六：Revista sper di Freniatria 卷一八○。

註七：見The Influence of Alcohol and other Drugs on Fatigue and Muscular Systems 一九一二年診療公報二十八卷一期。

註八：Kraeplin，Ueber die Beeinflussung einfacher Psychischer Vorgänge durch einige Arzeneimittel

註九：Wedemeyer，Aroh. Exp. Path. Pharm. 一九二○年，卷八五○。

及辨別等試驗，再加以近似形量之幻覺。

上述試驗係於一特別設備之實驗室中舉行，欲知試驗技術之詳細情形，可參考心理學叢背（Archives of psychology）中一篇專門論文，題為「哥倫比亞對於哲學及心理學之貢獻」。

茶素對於心智及運動過程之影響						
過程	試驗項目	少量	中量	大量	作用時間（小時）	持續時間（小時）
運動速率 等 Coordination	1. 程叩	輕激	輕激	輕激	3/4—1 1/2	2—4
	2. 三洞 Three Hole	輕激	無影響	運緩	1—1 1/2	3—4
	3. 打字 a遠率 b錯誤	輕激	無影響	運緩	結果僅以全日之工作表示 一切藥量均較少	
聯想	4. 辨色	輕激	輕激	輕激	2—2 1/2	3—4
	5. 反面	輕激	輕激	輕激	2 1/2—3	次日
	6. 計算	輕激	輕激	輕激	2 1/2	次日
選擇	7. 區別及反應時間	運緩	無影響	輕激	2—4	次日
	8. 取銷	運緩	?	輕激	3—5	無資料
	9. 形量之幻覺	無影響	無影響	無影響		
一般狀況	10. 穩定	?	不穩定		1—3	3—4
	11. 睡眠之質	個別之差異				
	12. 睡眠之量				2 ?	
	13. 一般之健康	視體重及用藥情形而定				

茶素儲於膠囊及糖漿內，給與被試驗者以膠囊及糖漿，使被試者不知已服有茶素與否。

簡言之，此項試驗之目的如下：

（一）在控制之情形下，研究若干成人在長時間——四十日——內之動作，以決定茶素無論在定性及定量方面對於心智及運動過程（Mental and motor processes）之影響。

（二）研究因被試者之性別、體重、年齡及特辨兩改變比影響之方法，因藥髓之多寡變化所需之時間不同而所受影響之程度。

（三）研究茶素對於被試驗者一般之健康、睡眠之量及其食物習慣之影響。研究之結果體於本頁附表內。

簡言之，此項試驗之結論為茶素對於運動過程之影響迅運而顯著，惟為時甚暫；對於心智過程則遲緩而較為耐久。

應用之藥量由一至六囓，四囓以上即認為大量。在各種試驗中均無副反應。一般之結論為茶素對於運動過程之影響迅運而顯著，惟為時甚暫；對於心智過程則遲緩而較為耐久。

有二重要之因子能改變茶素之影響過程者，為體重及服入茶素時留在胃中之食物。在各種試驗中改變茶素之影響程度恰與體重成反比例，尤以空腹攝取時更為顯著，此種作用之變化對於睡眠之質及量亦然，若連續數日攝取之則更甚。茶素之效力似不受年齡、性別或固有之茶素辨之影響。當試驗時不用舍有茶素之飲料，被試驗者亦無要求此飲料之表示。

無關接的萎頓痕跡之存在，甚為重要，增進工作能力之真實理由雖無明證，但事實上個人之工作標準却因茶素而增加。由此試驗所得之結論，即取飲含茶素之飲料，應認為正當。（註十）

茶素（咖啡鹼）由體內之排出

關於茶素由體內之排出之問題，Salant及Rieger從兔、豚鼠、貓及犬身上研究之結果，發覺一部份由尿中排出，一部份入於腸管及膽汁。其結論為茶素之重甲基迅速換，在肉食動物中較在食草動物中者為多，故肉食動物利用此作用以防禦此藥之

註：H. L. Hollingworth著：The Influence of Caffeine on Mental and Motor Efficiency 載診療公報卷二八，一九一二年第一期。

糖性，蓋茶素對於肉食動物之溶害較甚於草食動物也。（註十一）

茶素、尿酸及嘌呤屬（Purine）之其他各部在構造上之關係，已在茶之化學章中迷及，可知茶素受重甲基置換（移去 CH_3 根）及氧化作用（以氧代替氫）後可變成尿酸。

動物服食茶素後，從尿中排出少量（少服食量十分之二），Rost 謂人類在尿中排出之茶素，僅約百分之二。（註十二）

Mendel 及 Wardel 報告，謂無嘌呤之食物中添加茶、咖啡或茶素後，茶素排泄量之增加與服食之茶素量成比例（註十三）。但 Clark 及 Lorimer 在最近之報告中反對此說，共試驗乃施行於加里福尼亞聖昆丁悔過所（San Quentin Penitentiary）中之拘留者，服食茶素雖能增加此物在尿中排出量，但 Mendel 與 Wardel 並未能查得此二量間之一定關係。服食茶素後尿中排出之尿酸增加，但彼等不以爲此額外之尿酸乃由於茶素之受重甲基置換及氧化作用所致，彼等亦發現服食茶素能增加血液中之尿酸濃度。

上述各合作者亦謂因服食藥物係由口腔輸入，故極難說明有若干被人體組織所吸收，此乃視各種情形而定，如剩餘食物之份量、細菌活動情形、蠕動率等。（註十四）

K. Okushima 謂飲茶或咖啡後一小時，尿中排泄之茶素即行增加，五小時之久。（註十五）

此等對於茶素排泄之研究，並不包括從汗及腸道之排出，此整個問題，在下任何重要結論之前，需要更進一步之研究。

無茶素之茶

在結束茶素問題以前，須略述無茶素之茶葉之製造。此問題並不如已在發展中相似之咖啡製品之注意（此類工作大部份已在此一圖中完成），但大概因消茶在德國及美國消費較少之故。咖啡倘在烘焙以前之青綠狀態時處理，或許更爲有效，而茶葉在製造完成前唯一可處理之時間爲在茶園內，此亦爲無茶素之茶葉不能發達之一原因。

Meyer 及 Winmer 曾試毀無茶素之茶，將茶葉以揮發性溶劑如醚、石油精、焿或硬甲仿等處理之，以除去其芳香物質，將此溶液移去後，茶葉用蒸氣及飽氣，硫黃、二氧化硫或鹽酸處理之，以游離在結合狀態中之茶素，於是將茶葉浸入有芳香成份之揮發性溶劑中，以提去茶素，此後將溶劑蒸發，使葉乾燥，乃得一種無茶素而微有香氣之茶葉（註十六）。Seisser 繼之而作大體相同之試驗（註十七）。

但爲何必欲製此種無茶素之茶葉？茶之生理作用實際上由於茶素，且在一杯中所攝取之量殊不足爲害，茶中之茶素的作用又爲延緩性者。純粹之茶素能於短期間內產生最大之刺激作用，而在茶中之茶素的刺激作用不甚劇烈，惟較爲持久。

在某種情形之下，有充分之理由可以說明何以茶素非除去不可，例如患風痛病者，須竭力減少服食茶素，以減輕腎臟過重之負担，遇有此種情形時，則無茶素之飲料極爲適宜。

單寧之功效

在生理學之觀點上，單寧爲一種藥，在藥物學上極爲著名。就茶而論，單寧通常被視爲飲茶過量時之一大禍源，一般人之意見以爲因茶含

註十一：Salant 及 Rieger 合著：The Elimination of Caffeine An Experimental Study on Herbivora and Carnivora 載美國農部化學局公報第一五七號。

註十二：Rost：Arch. Expt. Path. Pharm 一八九五年，三六卷。

註十三：Mendel 及 Wardel 著，美國醫學會雜誌，一九一七年，六八卷。

註十四：Mendel 及 Wardel 著，美國生理學雜誌，一九二六年，七七卷二期。

註十五：K. Okushima 著：Ch'm. Zeit 一二九卷。

註十六：英國專利一八，六一二，一九○六年八月二十日；美國專利八九七，七六四，一九○八年九月十六日；德國專利二二三，七八三，一九○八年七月十六日。

有單寧，而易使胃靈化。

下列對於單寧之說明乃錄自英國藥物法典，其標題爲「單寧酸或單寧」。

單寧之性質因與蛋白質或腸之化學的相互作用而異。……其游離之酸值有收斂性，當被蛋白素或酸中和時，其收斂性乃消失。入口時有收斂之特性，將表皮刷剝於內和時，其收斂性乃消失。在胃中與禮以及蛋白素結合兩成單寧體鹽，當蛋白素與其他之凝結蛋白質烤軟化時，單寧即被游離而再與其他物質結合。當在小腸時，單寧將蛋白質漫結而減少分泌，致懷成便祕，故偶或用於治療痢疾。（註十八）

單寧對於消化管之任何部份，如口、食道、胃或腸等或許有害——乃觀其份量與其他物質及其構造而定。當加牛乳於茶時，乾酪素（Casein）即與茶單寧結合，阻止其對口腔內之黏液膜及食物之蛋白質結合。

無論茶單寧被牛乳中之乾酪素或胃中之蛋白質所凝固，其造成之單寧酸鹽與任何凝結蛋白質成鹼性……當部份消化之食物移入小腸時，單寧再被游離。小腸內爲鹼性，游離之單寧於是成爲鹼質之單寧酸鹽。在此區域內爲顯示單寧之可能損害作用，而不慣飲茶者往往因輕微之收斂性而感覺便祕，但常飲茶者則逐漸養成對於茶單寧之抵抗力。

通常認爲食肉後飲茶爲有害，因肉中有蛋白質被茶單寧所沈澱而致不消化，此問題質有詳加試驗之必要。

首須明瞭者，爲大部份之茶單寧加於茶中之牛乳酪素結合，其次須說明常常屬生肉含有約三五〇喱之蛋白質，即等於生肉重量五分之一。一杯濃茶之茶，在未加牛乳以前，含有十喱以下有收斂性之單寧，即使假定一份單寧能完全沉澱六份蛋白質，而肉類蛋白質受一杯茶所沉澱者，爲數仍屬甚微，此比例係在極安全之限度內所假定者，且遠過於單寧所能沉澱蛋白質之限量。

如上所述，蛋白質在腸中受同化作用，而所有之單寧與蛋白質結合體則被分解，而將單寧游離，根據此種論斷，故可認爲肉與茶同食亦無若

何害處，澳大利亞洲之飲濃茶習慣誠可爲此說之明證。惟有許多人不欲在進餐時同時食肉與飲茶，即作者亦有此習慣。

醫藥界一致之意見亦反對過量飲茶，其最大之原因爲單寧對於消化道之影響，單寧之收斂性可使腸閉塞而發生便祕及減少腸之分泌而使消化不良。

$C_{14}H_{10}O_9$。

欲泡裂最佳之茶，浸泡時間應以五分鐘爲限，在此時間內，四分之三之茶素及三分之一之單寧被浸出；第二次浸泡時浸出大部份剩餘之茶素（約爲原有總量之四分之一）及較第一次爲少之單寧。第二泡較頭泡刺激性略少，且不生同樣欣快舒適之感覺。

在療病上，紅茶與綠茶並無大區別，兩者均含茶素及單寧之素素而綠茶之單寧含量常較紅茶爲多，但此種差別無關重要，就茶素之浸出而論，綠茶較紅茶爲速，以迄有若干權威家其至目爲春藥之一種。

普通之單寧爲藥劑，據英國藥物法典所載，爲三至六公釐（五至十喱），在美國藥劑大全中所載者則爲五公釐（八喱）

藥學上之單寧酸鹽爲五價沒食子醯葡萄糖（Pentadigalloyl glucose），其一般單寧之性質（註十九），其與蛋白素或動物膠結合成爲不溶解之單寧酸鹽，故亦爲收斂劑。

茶葉中單寧含量

計算每一飲茶者消耗若干單寧，爲頗饒趣味之一問題。紅茶之單寧含量平均約爲百分之十，雖然若干一次沖泡之茶所浸出之單寧不過一半或略多，在安全方面，假定單寧之四分之三被浸出，當一磅茶葉沖成二百杯時，則每杯茶中約有單寧二喱，對於此問題，目下尚少研究，但據

註十八：英國藥物法典，一九二三年版，第五一頁。

註十九：J. J. Deuss，Mededeelingen Proefstation Voor Thee，二七期，爪哇茂物出版。

三〇四

在五分鐘之浸泡中能浸出百分之六十之單寧，此茶湯卽覺有刺激性，其餘則變成單寧酸鹽而無刺激性。此有刺激性之單寧被認爲增進水色者。以此數字爲根據，通常一杯茶中含有一䕺半以下之刺激性單寧。

無單寧之茶

爲除去或減少茶中之單寧，曾經若干努力，通常所用之原理卽利用單寧與蛋白素結合之性質。Christopher Leftwich 將茶湯在眞空罐內蒸發至乾，然後磨成粉碎，與明膠粉混和，再溶解之，濾去單寧之結合物，濾出之液汁中卽不含單寧，故認爲無傷於消化器官（註二十）。Grimshaw 用相同之方法使茶中單寧沉澱，其不同之處乃將明膠在茶葉泡浸前加入（註二十一）。Somstadt 使單寧沉澱於牛乳或脫脂乳中，約用八磅牛乳以提取一磅之茶，乾酪素成爲不溶解之單寧酸酪素，作緊密之凝狀，然後使之分離。（註二十二）

其他有若干與上述性質相似之專利手續皆已註於（註二十三）。Bell雖不擬除去茶中單寧，但欲設法使單寧與茶素間成立平衡狀態，如此在茶中之最後比例應爲一份茶素對三份單寧。含單寧過多之茶可噴射茶素或鹽類之溶液於用以乾燥茶葉之氣流中，而使之平均，或賞茶葉醱酵時使與茶素溶液密切接觸，亦可使趨於平衡。（註二十四）

飲茶雖或在生理上有不良影響，但此飲料之消費日趨普遍，且製造無單寧茶之方法亦無進展。其原因爲除去單寧不獨減去刺激性，且減低茶湯之濃度，在飲茶者之心目中，茶之生理影響固不如茶湯之重要也。

一九一一年 Lancet 實驗所發表一篇論文，謂優良茶中單寧與茶素結合而不生糜化作用（註二十五）。後來之化學研究工作證明此說不可靠，不論從佳茶或劣茶泡出之茶湯，均含有若干之刺激性。

實際上印度、錫蘭及爪哇茶含量，平均較中國紅茶所含爲多，故中國茶不如前者之易澄起消化不良。英國、澳洲及北他國家之人民，嗜茶成辭，大半因茶含有單寧之故，昧淡之中國紅茶則非若輩所喜歟。

茶之蛋白質

在藥物學之觀點上，茶素及單寧爲茶中最重要之化合物，但從食物價值上之立場研究此物質，亦屬應當。

茶之營養物乃得自加入茶湯中之牛乳及糖，而非出於茶之本身，一杯加牛乳及糖之茶，其實際之成份因其種類及泡製方法而異，普通英國人家庭所泡之一杯茶中，含茶素四分之三䕺至一䕺，單寧及單寧化合物五至十䕺，尙有少量除茶素以外之含氮物質、膠質物、炭水化合物及極少量之芳香油。

茶葉含粗蛋白質約百分之三十。關於茶蛋白質之研究工作，向極缺少，但早於一八四三年時，Peligot 估計生藥含有百分之十純蛋白質（註二十六）。茶製造時蛋白質受熱凝固而變成不溶性，故成茶之泡液中幾無蛋白質之存在，但其中總有若干含氮物質，此項物質在日本茶中尤爲重要。

由試驗綠茶所得之結果，僅有五分之一粗蛋白質被浸出於茶液內，其中祇有少數爲純蛋白質。（註二十七）

由此觀之，茶不能認爲有任何蛋白質食物之價值，雖飲茶時加入牛乳（約一湯匙），每杯茶中約增加十䕺蛋白質，而普通人每日須從食物

註二十：英國專利一四，八七，一八八八年十月十六日。

註二十一：英國專利九八二，一八九〇年一月二十日。

註二十二：英國專利六，五九六，一八九三年三月二十九日。

註二十三：Alexander-Katy 德國專利一，八二六，一八九七年八月九日；Martin 英國專利二七，四六〇，一八九七年十一月二十三日；Davidson 英國專利四，二六八，一八九九年二月十七日；Bergheim 英國專利一一，九四八，一九〇〇年七月二日及英國專利二六，二五四，一九〇二年十一月二十八日。

註二十四：英國專利一〇，四七一，一九一二年五月二日。

註二十五：倫敦 Lancet 雜誌，一九一一年七月七日。

註二十六：巴黎 L' Institut 雜誌，一八四三——四五年。

註二十七：日本金谷茶葉試驗場編輯之「綠茶之化學」。

中攝取三哂（一千三百三十二曜）之蛋白質，此份量之意義如何，可以想見。有少數人僅需少量之蛋白質，但茶中所含者實亦不足。

一部份亞洲人以各種方式吃茶之生葉，此舉極為合理，蓋如此可得生葉中之營養利益，在若干地方將茶葉與油脂及調味料製成一種湯而飲之。

茶之熱量

食物之能量及身體所需之能量均以熱量（卡路里）計算之，富於脂肪之食品有高熱量，而富於蛋白質、糖及澱粉者，其熱量亦較含水分多者為高。

在美國若干餐室流行之法定衛生食品表中，指出一杯八哂茶（熱或冰涼者）之熱量為十卡路里——一卡路里為蛋白質，一卡路里為脂肪，八卡路里為炭水化物。茶中有如此之熱量，是否正確，茲難斷言。因在著名之食物價值表內，茶與寒咖啡均未列入。

對於熱量價值之認識，由於每一普通人每日需要能供給二、五〇〇至三，〇〇〇卡路里之一種學說而來。如在华品胶（Pint）之茶內加入一湯匙牛乳（十卡）及一塊酥餅（二十五卡），如此則一杯茶共可產生四十五卡路里，就此價值而論，即可謂此種食料為適當，但若與一小捲麵包或一小薄片罐頭波蘿即能產生一百卡路里者相比較，則此價值並不甚大。

同一衛生食品表中亦指出一杯咖啡之熱量為十二卡路里，一杯發顆咖啡代用品為十卡。

茶之維他命

近數年來對於維他命之問題較前更多研究，最近且論及於茶葉中之維他命含量。在茶葉製造之乾燥過程中，由乾燥機吹入之熱空氣能將維他命之大部份破壞，此在維他命之科學未若現今之發達以前，實際上已常常發覺，但並非所有之維他命全被破壞，蓋若干研究者在成茶中仍發見有維他命存在。綠茶，尤其為手製者，並不受甚高之溫度及如機製紅茶之熱空氣者，故綠茶之維他命含量可能較紅茶為大。

數年前，Vivi B. Appleton 曾引起世人對於茶葉中維他命B之注意，雖其嘗驗無試驗資料之支持。彼在沿貝蘭島（Belle Isle）海峽之拉布拉多（Labrador）地方，紀錄其觀察如下：

每一家廚每年需茶二十至四十磅，此覺為球處處之飲料，無論老幼，於每次進膳時，均飲二、三杯……在二月間穀食缺乏之人民，備餘少量之麥粉及茶……秋收之新農產，須至六月抄方能到手……其間主要之食品為乾魚，此類食物之能量及水化合物甚少，而缺乏某種維他命之適當之蛋白質。……維他命之可能供給，只有在野鴨及少量之嫩乳、蔬菜與雜質，在如此粗劣食品之中，僟乳不足之疾病甚少發生，無疑茶中之維他命有極大之價值。

（註二十八）

一九二二年，Shepard 發現茶葉含有維他命B，茶葉及浸液均被試驗作為取給維他命之原料，但此項工作並無確切之證據（維他命B或水溶性B為防治脚氣病之維他命）。

日本化學家三浦政太郎及辻村於一九二四年發現茶葉含有維他命C（或水溶性C為抵抗壞血病之維他命），據彼等觀察，綠茶有相當大之抵抗壞血病效能，而紅茶則無此功效。彼等並以為紅茶之發失維他命C乃因其製造過程中之氧化作用（醱酵）所致。

豚鼠常利用為試驗品，以表明茶葉中含有維他命C之混合飼料飼之，然後加新鮮製好之茶湯為飼料中，則該動物可避免壞血病。擬此可知茶湯中含有必需之維他命C，而使之成確為完全飼料。

新茶及陳茶之效能均輕試驗，其結果如下：其中數字乃表示治療或預防豚鼠之壞血病所需之量。

新茶	每日〇、四至〇、六克
一年陳茶	每日〇、七五克

註二十八：Journal Home Economics 一九二一年五月十三卷。

二年陳茶　　每日一克　　無顯著效力
三年陳茶

從普通商店購得之一年陳茶四分之三克所泡成之茶湯，可防治一隻體重二七〇克至三三〇克之豚鼠，使不致染壞血病，其有效期間在六十日以上。在此期間毫無壞血病象徵之表現。但茶葉貯藏時間愈長則抗壞血病之効能漸減，三年以後則完全消失。

三浦與岡部二氏亦證明以半公分日本綠茶加於猴子之每日飼料中可使其壞血病迅速而完全控制。（註二十九）

一九二五年，美國克利夫蘭（Cleveland）之美國解剖學者協會宣讀一論文，題爲「抗不孕性維他命，脂肪溶性E」。在此文中指出動物組織有經常貯藏，但缺乏維他命E。維他命E集中於某數種植物，特別於種好及青葉中成對照。並謂如萵苣、紫苜蓿、豆及茶等植物之葉，經小心之乾燥後，對於維他命仍無損害，胲文亦述及此種維他命大量存在於猴等茶葉中。（註三十）

最近紐約羅徹斯特（Rochester）之 J. R. Murlin，試驗茶中之維他命C，因缺乏完備之化學試驗，用生物學之方法僅能決定其比較含量。被試動物爲豚鼠，用作試驗之茶葉爲釜炒及籠焙之綠茶、烏龍茶及紅茶之浸液。除於飼料中加釜炒綠茶之豚鼠外，其他均死於壞血病，出此證明釜炒茶有維他命C之存在。（註三十一）

Metill 及 Pratt 在羅徹斯特大學之人生經濟系中更將 Murlin 之工作擴大而補充之，亦得相似之結論。不過彼等之結果有斯著之限制，彼等並不知茶與貯減若干時以後尚能保存維他命C，且只就一批茶而加以試驗，且除食物來源不在此問題以內之外，並未主張以維他命C之可能來源。（註三十二）

一九二八年，密芝安（Michigan）戰河療養院（Battle Creek Sanitarium）營養試驗室指導 Helen S. Mitchell 博士經試驗後決定日本綠茶浸液並不含有維他命C（註三十三），其結論發表後，受若十人之反對，於是重制試驗，翌年其所得結編謂綠茶中即使有維他命C，含量

亦微稀至不足注意。（註三十四）

一九二九年六月，三浦政太郎發表一關於泡製日本綠茶用水溫度之紀錄，觀此紀錄中知在日本試驗時，試驗液製成後強使豚鼠立刻服食，如此將有不能完全攝取之危險，而非在二十四小時內任豚鼠隨便服食，同時亦將逐漸失去維他命C之活力。

三浦發現綠茶在攝氏六五度左右之水中浸漬五分鐘，則有維他命C總量三分之二被浸出，餘者也可以第二次用樣方法浸出之。如此製成之茶湯有強烈之抗壞血病効能。再若將茶葉於攝氏70至七五度蒸薫若干時候，其浸液之抗壞血病價值損失百分之七十四。倘綠茶以沸水泡浸之，則損失大部份之抗壞血病効能，其損失力蓋水溫度冷之速率及高溫之持續時間而定，倘溫度急速降低，約可保住原來活力百分之三十三，如上述茶葉以攝氏六五度之水浸出之茶液，在二十四小時以後方失去活力。

上述之試驗結果，據三浦之意，以爲即可解釋歷來試驗不能發現在綠茶浸液中有相當之維他命C之理由。（註三十五）

但有人以爲日本之內銷茶只經過輕微之炒焙，故有相當之維他命C含量，但其外銷茶則經過華氏二一〇至二六〇度之補火，故此種成份已

註二十九：三浦及岡部著，一九二六年二月茶商協會出版。
註三十：在克利夫蘭美國解剖學者協會中所宣讀之論文「抗不孕性維他命，脂肪溶性E」。
註三十一：J. R. Murlin 著：「Tea as an Anti-scorbutic」載一九二七年「茶與咖啡貿易雜誌」十一月五三卷五期。
註三十二：H. A. Mattill 及 A. D. Pratt 合著：「N te on Tea as a Source of Vitamin C」一九二八年 Pro. Soc. for Experimental Biology and Medicine」C卷。
註三十三：Helen S. Mitchell，Good Health」一九二八年九月。
註三十四：Helen S. Mitchell，Vitamin-C in Green Tea」載於「茶與咖啡貿易雜誌」五六卷五期。
註三十五：三浦：「泡製日本綠茶之水溫對於抗壞血病効能之影響」，節錄自東京物理化學研究院公報，一九二九年六月，八卷六期。

損失殆盡。S. Josephine Baker 支持此說，其嘗曰：「因受熱而破壞之唯一維他命爲維他命C」，彼又謂因此維他命存在於檸檬、橘子及葡萄汁內，故極易輸入於食品中。（註三六）

最近之研究工作表明維他命C之毀滅，由於氧化作用者多，而由於高溫度者少。（註三七）倘使茶葉乾燥所用之溫度高達攝氏二一〇度，則維他命C卽全被毀滅。

美國農業部家庭經濟局應食物藥品及殺菌藥管理處及聯合貿易委員會之請，於一九二九年初期研究茶葉中維他命C之含量，根據美國農業部於同年七月廿八日所發表之報告，綠茶並無滿曹的可作爲維他命C之來源。其報告內容如下：

大衆經濟局曾獲得其多信件，詢問此項宣傳是否可靠。於是用豚鼠飼有三個月爲試驗品，其蒔命較優稱基本食料之負對照試驗品平均多三至六月，可茶中維他命C之含量殊微。此種鼠因之壞血病徵，其嚴重一如受作爲對照之豚鼠。每日飼以二CC橘子汁之豚鼠，其壽命可延長及基全試驗期之九十日，而體恤亦有繼着之狀況，且卷無壞血病徵候。換言之，二CC橘子汁能供給是量之維他命C，以應豚鼠正常生長之需要，而十五CC茶浸液所含維他命C，決不足以減少在試驗期中之死亡，而十五CC橘子汁能爲豚鼠之對照試驗品，僅飼以基本飼料，二豚爲正對照試驗品，飼以基本飼料及認爲最豐富之橘子汁。

若干商人所榮稱茶不能常以實驗室中之研究證實之。分配商普宣傳綠茶富有維他命之價值，此種宣傳似有理由，因彼等知在市場上出售者係爲嫩葉。

家庭經濟局會獲獎其多信件，詢問此項宣傳是否可靠。於是用豚鼠飼有

結果，證明雖使豚鼠攝量飲茶，然茶中之維他命C決不足以維持其生命（註三九）。

關於茶之含有維他命問題，至今未得明確之證據，雖有人力晉茶中確有維他命存在，但就晉人對於維他命之現有知識而論，亦未見其有若何重要性，倘在一種指定之食品內缺乏少量之某種維他命，飲茶或可防止營養不足病之發生。

茶之不同泡製法與其成分之關係

現在可得一結論，卽飲茶並非因其有食物之價值，而原在於其有興奮作用，大則因其有特殊之滋味。基於此，卽須決定如何泡製，方可得最佳之茶。爲將解決此問題，諳霍斯特丹之荷印茶業生產者協會提出下列問題。諳霍斯特丹之貿易陳列所研究，卽是否可用分析方法以決定各種泡茶方法之影響及茶之之滋味是否可用數字表示之。後者在吾人現時之知識觀之，實爲不可能之事，但各種泡製方法之結果，如此所得之價值亦頗有用。分析方法以決定，如此所得之價值亦頗有用。

泡茶在五分鐘內約可浸出茶素總量之百分之七十五，單寧則約百分之四十，若冲泡時間較長，則可浸出較多之單寧及色素。

對於茶液之平均估計，並不注意於比較在日常生活普通泡茶方法之效果，貿易陳列所之化學家卽在此點加以研究，以爪哇茶之三種樣品爲材料，其成份如下表所示：

	茶素	單寧	可溶物
第一號茶	3.21%	21.0%	44.3%
第二號茶	3.10%	18.60%	42.6%
第三號茶	1.53%	16.40%	38.1%

註三六：S. Josephine Baker, Ladies' Home Journal 一九二八年四月。

註三七：與作者私人通訊。

註三八：美國農業部新聞公報（Clip Sheet Bulletin）五七八期。

註三九：Hazel E. Munsell 著：Vitamin Content of Green Tea Negligible 載於一九三〇年三月八日聯總報N〔聯邦日報〕。

在三種樣品中，單寧之含量均甚高。

當乾茶以沸水泡浸，則被浸出物質之量視水之溫度及泡浸之時間而異。在低溫下所浸出之量自較在高溫下爲少，因此茶壺應放在保溫之物體內（如茶壺套之類），必需防止熱之散失，或放於燭火或酒精燈上，或用俄國式之銅壺。前者可防止熱之散失，後者則由燈火補充新熱。無論用何方法，如浸液之溫度相同，則浸出之可溶物量亦相等。

有若干人反對將茶壺置於燈上，以爲如此茶壺部份受熱，在壺底之茶葉將因熱前分解，實際上除非應用大量之茶葉，此種意外之弊並不致發生，且試驗之結果，證明茶壺在燈上加熱，溫度仍極均勻。惟用燈火將使芳香油隨水蒸氣蒸發而損失，則確爲事實。

若干國家之習慣，往往從茶壺外部加熱以保持茶之溫度。對於此種方法之結果曾加以研究。試驗時將風乾茶葉十八克（約三分之二啢），用九〇〇 CC（〇·九五夸特 Imp. quart）沸水浸五分鐘後，乃傾出其浸液，再加九〇〇CC沸水浸二十分鐘，復將浸液傾出，有時首次之浸泡時間或爲三十三分鐘。

上述三種茶之平均浸出物及成分如下表所示：

泡　浸　方　法	茶素	單寧	可溶物
1. 在保溫器下泡浸五分鐘	82%	38%	61%
第二次用沸水在保溫器下泡浸二十分鐘	21%	21%	24%
2. 在保溫器下泡浸三十三分鐘	96%	64%	81%

在托格拉以亞薩姆茶作爲試驗之結果，表明茶素與可溶物之價值與上表相似，雖然單寧被浸出之比例約爲百分之六十。大多數亞薩姆茶約含單寧百分之十，故亞薩姆茶浸出液之百分之六十與爪哇茶之浸出液，其單寧量亦相等。

料。

上表明顯表明迅速泡浸之利益，可避免過多之單寧而得興奮之飲料。

數。

下表表示茶壺在酒精燈上保酒所浸出之茶素、單寧及可溶物之百分

泡　浸　方　法	茶素	單寧	可溶物
1. 在酒精燈上五分鐘	86%	37%	63%
第二次用沸水在酒精燈上二十分鐘	17%	23%	24%
2. 在酒精燈上三十三分鐘	98%	65%	84%

上表中之數字與茶藏於保溫器內者相似。

前茂物茶葉試驗場之 Bernard 博士評論上述試驗之結果，謂可證實從前由經驗所得之知識，由此項事實可得一結論：如欲泡製一杯好茶，茶葉不必太多並限定在一短時間內泡浸，如此可得富有香氣之茶，因芳香油極易溶解於熱水中，但茶之滋味將嫌太苦，並有一部份需要之單寧亦將損失。同時亦必有充份之單寧素存在。此使水色佳而帶少許酸澀味，如此即可稱爲泡製良好之茶。在此方面，茶可與酒比較，波根地酒因不含單寧，被嗜酒消者認爲無價值之酒，品若家對於茶亦希望有單寧之澀味。故於此，嗜茶者經驗上決定用三克茶葉於一〇〇至一五〇〇公之水中泡浸五分鐘，如此所得之浸液，水色黃美，而其帶苦味之香氣與酸澀性，均恰到好處。

科學之結論

從上述泡茶之科學分析所得之結論如下：

一杯茶平均含有一喱以下之茶素及二喱之單寧，茶液爲極微弱之酸性，pH值在五至六之間，幾成爲中和性。胃液之pH值爲一·〇至二·〇，其酸性至少較茶大一千倍。

茶中加入牛乳後，鞣素被乳中之乾酪素所凝固，茶中加糖僅便其味甜，並增加此欲料之食品價值而已。

茶中加牛乳使茶失卻刺激性，當飲此浸液時，首先進入胃中，糖如其他普通食物然，即被吸收，而茶素未被攝取，此飲料之溫暖所得之慰藉效果，在飲後立刻感覺，但茶之刺激性須以一刻鐘以後始發生。

單寧與乾酪素之化合物之被消化與其他任何凝結蛋白質相同，其被
游離之單寧入於小腸中，發生輕微之刺激作用。

雖然若干人因有單寧成份而反對飲茶，但此成分及其醱酵產品對於

此飲料極爲重要，故無單寧之茶甚難發展。同時茶素之刺激性亦盡其
婆，故無茶素之茶亦不爲飲茶者所取。

第二十七章　茶　與　衛　生

關於茶及咖啡之文獻，未經發炎者尚多，故將凵飲料傳佈以來之各種胃論蒐集成帙，再加入若干權威方面之觀察，亦為一彌補之策。首步之工作，即為將報紙與定期刊物上之記載以及名家所發表之科學、醫學及通俗的意見加以編輯。其間意見顏有不同，此殆由於缺乏適宜之合理觀察。本章所引各節，須與純粹科學性之藥物學章分別觀察。

補身之飲料

一巴黎醫士潮生理醫生 Louis Lemery 博士云：

茶為補身之飲料，因其產生佳良之效果多而不良之影響少，每人日欧十至十二杯，亦不致有任何傷害。於神經紛擾時欲茶一杯，可恢復元組，無論何時，任何年齡及環境無不適合。——一九〇二年巴黎出版之食品篇（A. Treatise on Foods）

茶有補於肝臟

他國著名化學家 Baron Justus Von Liebig 云：

吾人可謂此含氮化合物之茶素，為有補於肝臟之食物，因其所含之成分，使該器官完成其功能。——一九四二年出版之動物化學。

茶在心理學上之價值

倫敦蘭葉說雜誌（Lancet）上云：

茶對性情有不可思議之影響，使對事物之觀感發生奇異之改變，此改變常為良好方面者，在沮喪失常中受此影響而獲得信心、希望及鼓勵；細胞組織受著干感情之影響賽而迅速損耗時，茶亦有奇效。——一八六三年倫敦 Lancet 雜誌。

代替酒之飲料

馬利蘭州（Maryland）衛生局祕書 C. W. Chancellor 云：

茶不僅使一民族節酒，且增加甚多社交之樂趣，而無強烈飲料所引起之刺激。——一八七八年一月馬利蘭州衛生局報告。

康樂之飲料

W. Gordon Stables 云：

在午前或炎熱之日，一杯清茶較酒更使人涼快安舒及增加活力，其作用且頗持久，遍再過相當時間，亦不致因反作用而需求多欲，以損害德談。——「茶，康樂之飲料」，一八八三年倫敦出版。

茶可減少疲勞

倫敦 Thomas Inman 云：

余曾小心閲讀所有此等耐努力之紀述，極贊同素食及以茶作飲料，斷定長時間看護病人之看護，究極需要以此補飲料操作其特神。——Arthur Reade 著：「茶與咖茶」，一八八四年倫敦出版。

茶可抗寒及熱

倫敦 Edward A. Parkes 教授云：

作為士兵之糧食，茶最為重要，一杯熱茶有抗寒及抗熱之效，於炎熱天

氣中，對恢復疲勞尤爲有用，且有使水消潔之效果。茶如此茶之淡薄，且易於泡裂揖帶，故應作爲士兵及在勤務中之飲料。茶可減少痢疾之傳染。茶可減少痢疾之傳染。——同上書。

茶可減少細胞組織之損耗

美國博物館 Wm. B. Marshall 云：

吾人常有比較輕鬆，即一日之緊張工作遺耗身體及精神上之能力追遠時，茶有恢復元氣之效果，但此等效果爲時甚暫。當時支起萎靡之精神，俾身體得有時間以排除從曼腺各部情所生之影響。茶能無有之便易。當身體各部分之報告似有佳良時，精神上乃不受用内外之痛苦告令。茶置無有秩序之情形時，茶素有減少細胞組織損耗之性質。之作用加整理一紊亂之房屋使得秩序。——「茶」，載於一九〇三年二月菲列得爾菲亞美國葯學雜誌。

茶爲神經營養劑

倫敦 Jonathan Hutchinson 爵士云：

余提議命小孩飲茶及咖啡，余可說明此爲熟思後方行之者。除去若干偶中，大體上幼年飲茶亦無若何影響。其功用可鼓發類衰之精神，使慣怒平靜，防止頑痛，非久久性亦非累積者。加「神經刺戟藥」之功於此實貨食物，在余實質一不良之印象，蓋茶實可算於神經營養劑之列也。——一九〇四年十月一日倫敦泰晤士報。

機械時代之慰撫物

紐約 George F. Shrady 云：

茶之要素——芳香油對於神經超過和之刺激，對於神精系統及消化系統有平靜及鎮定之效果，此等影響亦非永久性亦非累積。電器之要素「茶」有助於鎮靜耐神經及減少細胞組織之耗費。在今日之緊張及不停之高度新門生活中，茶殆爲最佳之興奮劑。——一九〇五年十一月廿八日紐約先騙報。

茶能治療神經衰弱

華盛頓佐治城大學（Georgetown Unl）治療學講師 George Lloyd

Magruder 云：

余不知如何能對飲茶之效果及茶對於神經系統之影響加以任何討論。溫和之茶對於普通人類少有益處，婦女鼈日於對價遇慎，夜間恆家時較精神復常，此時即在於神經衰弱之狀態，而藥劫於一杯茶，在數分鐘内乃能精神復元，此乃由於茶素之效，此乃由於茶素之作用。——一九〇五年十二月一日紐約先騙報。

從容應付各事物

紐約 Edward Anthony Spitzka 云：

茶之飲用如此之廣，且有如許之優點無人能否認之。實際上，在討論茶及過份於茶所生之可能影響時，須知每人飲之害不限於此飲料。過度之飲煙，或威士忌酒或其他之物，對於神經系統亦皆發生不良之影響。——一九〇五年十二月二日紐約先騙報。

溫和及無害之興奮劑

倫敦皇家醫學院 Yorke Davies 云：

茶之飲用如著有節制，則爲一溫和而無害之興奮劑……茶滿有滿足食慾之能力。茶除爲興奮劑外，倘能輕和及消解酒精飲料所引起之刺激。——一九

茶之評論

芝加哥 G. F. Lydston 云：

茶使人有良好之健康而不影響神經……飲茶、咖啡及可可均有節制，則完全無害。——一九〇五年十二月二日紐約先騙報。

茶之節飲

前紐約衛生局局長 Thomas Darlington 云：

盡行於我國之飲茶並無害處，惟常過量飲用或泡裂不適宜時有害而已。茶亦如其他食物，均須節用。——一九〇五年十二月十一日紐約先騙報。

單寧無惡影響

紐約 Isaac Oppenheimer 云：

若係就單寧而言，余可謂之無若何之影響。——一九〇五年十二月七日紐約先驅報。

促進腦力

倫敦皇家研究院講師 William Stirling 云：

茶、咖啡及可可皆可促進腦力，但酒精無論為何形態，如活香引人之香檳，或下等之家用啤酒，則較商者之麻醉作用為多。茶能促進精神之活動能力，酒精則反是，為一種鎮靜劑。——「食品與營養」，載一九〇七年七月紐約茶與咖啡貿易雜誌。

茶為輔助食物

Woods Hutchinson 云：

此二物本身雖少食糧，但佢使大多人尤其是緒女食麵包、牛油、脆餅干、肉餅後振進食物。茶與咖啡不但不減少食或咖啡之消費，反而皆加之，且飲用時宜加糖、乳酪或牛乳，如比則一杯茶或咖啡之消費，反佢用時皆加物，其營養價即相當於一小碟之早餐食物。——一九〇七

每日五、六杯無害

美國陸軍少校 Roswell D. Trimble 云：

茶為良好之興奮劑，故如非服用不當，不致有如何影響。倘晉人不用任何之興奮劑，則其餘之養生品當甚少，因任何食物能阻止消耗或就與新生者，即為興奮劑也。茶至水在某種情形之下赤可作強興奮劑之下赤可作強興奮劑也。甚至水在某種情形之下赤可作強興奮劑也。茶亦無毒，即為水在某種之問題，可同時即同答是或否之問題，可同時即同答是或否有害劣茶，冲泡六分鐘後必須將茶葉去；著時茶炙沸或長久浸漬之，則變為有害。吾人應冲泡六分鐘後必須將茶葉去；著時茶炙沸或長久浸漬之，則肯通人難曰飲五、六杯亦無害。——「

軍隊之食料

美國鹽軍第七步兵聯隊長 Carl Reihmann 云：

余在滿洲日曝之戰爭中，兩民族均為著名之飲茶者，彼等之賣勞並目覩者不誠設信。夏日之軍械潮濕而窒悶，常有驟雨，故路上甚泥濘，行軍成為之苦。在大戰中，戰鬥不止，傷有少許之飲料隨食，彼等難苦，但不氣餒，彼等飲茶一杯，復又前進......在炎熱中備解渴者莫如一杯茶。抑止雷鳴之空腹，溫暖冷僻之身體，赤莫如一杯茶。余入營時，首先注重余之食其粗，使充滿茶葉。——一九〇八年四月倫敦 Lancet 雜誌。

增強及持續體力之飲料

英國陸軍軍醫總監 de Renzy 云：

余所能言者，即當軍隊在長期行軍兩極度之勞苦時，一杯紅茶能使兵士體力增加及持久。——一九〇八年四月倫敦 Lancet 雜誌。

茶為純粹之興奮劑

C. W. Saleeby 云：

吾人冒味定下法則，以非觀察稀達信——茶能使其病醒而咖啡則否之人，即在自然之一部分中，信仰決定事實，但懂此一部份而已。......余雖酒精及其他藥品被稱為興奮劑，則吾人對於使用酒精麻醉劑與使用茶及咖啡所得之根本差異，將無法了解。當晉人發現茶素之興奮劑而無關作用時，晉人之觀點始能正確。今吾人酒精護養常倦力者眾人可令此等排囊素解剖茶素能致人於死，或令彼等在顯微鏡下以任何手活動之結果指示晉人，令彼等等招用任何一肌肉變化，任何「興惡及死微，彼等不能，且自知其不能。——「健康、體力及快樂」，一九〇八年紐約的出版。

牛乳使單寧無害

A. E. Duchesne 在印度茶業協會演講云：

單寧大約不致影響於活潑之細胞組織，其作用用顧及於胃之表皮，無足輕重。牛乳與單寧即結合成軍寧酸乳酪素，沈澱或不溶解狀，乃變為無害。單寧在茶液中之漫出遠較茶素為慢，故在普通沖泡之茶湯中僅含少許之單寧及足量之茶素。——一九一〇年在倫敦印度樂茶協會演講。

茶能增加快樂

捷克卡爾斯巴得（Carlsbad）之日光浴醫生 Arnold Lorand 云：

飲茶一杯後感覺無限之快樂，疲勞漸減，此乃 Koch 及 Kraepelin 所發現之芳香油及茶素之聯合力量。——Old Age Defferred 1911年出版。

茶素為博愛者

C. W. Saleeby 云：

茶素純為茶素之作用，無論其成何種形式，被吸收後卽增加身體內之熱能，傾吾人考究細時，則其真實之興奮作用更顯著。酒及鴉片吸收愈多時，卽人愈過遲入睡，若此物吸收愈多，而人保持醒覺愈久。十五亳之茶素卽使人在一夜或更久之時間內不眠，並能增加心智上之工作可高速度進行，使腦有優越之能力，若無茶素，則此正憶審整纖眠之時間也。

茶素與齊酣，有益於身體之生活，促進生活所需之燃燒進行，增加生活力。無論何處，一杯茶或咖啡可得完氣不少，廠生更新之精力，提高器官安衛之感受能力及遠合之意識，此與酒精及鴉片之妨害意識而不安寧，完全不同。茶之消滅不安前意識，並非以使人不發生此種感覺，而由於激動越特力之泉源，並代以安前之意識，茶素乃為趣正之興奮劑，有益於生命……。

茶素為佳品，因其恰為一真正之興奮劑，有禅於生活中重量過程之茶或咖啡，與其他之飲醉藥完全不同，因其不致成殼雨漸好其量也。其可烹除煩悶，並非由於一種暫時之實際營養作用，而由於直攻其原因之所在。——時代病（人）一九一一年出版。

茶對於年老者之功用

南方藥物學院生理學教授 George M. Niles 云：

茶對神經系統為溫和之興奮劑，提作精神鎮撫，免除身體疲勞。頭痛由於神經之疲弱，茶常能迅速治愈之。著千年老者胃之機能活動變剝時，常覺茶特殊滿衰及煩悶，在此桑榆希景之時，消化器官更需供給足量之熱量及能力，茶用能溫是萎蘼之腸門，以竹強其所負之任扮。——一九一二年七月紐約茶與咖啡貿易雜誌。

茶使反射中樞興奮

菲列得爾菲亞 Medico-Chirurgical 學院藥物學教授 H. C. Wood 云：

茶素在脊髓內對反射中樞作為興奮劑，使肌肉收縮成更有力而不起即作用，故肌肉活動之糖及鹽類茶素影嚮者為大。余不能反對此賽謰人頭以茶素飲料談試驗之結論；至為聚確，余不得不指卯之。——一九一二年十月紐約茶與咖啡貿易雜誌。

杷憂家太多

斯丹福特大學之 F. H. Barnes 云：

不相信茶與咖啡有害，如非用量不適當……余之意見，乃為在醫生及門外漢之中，橫繪論者與杷憂者太多。——一九一二年十月茶與咖啡貿易雜誌。

增加心智及體力之工作

搐藤斯城醫學院神經學教授 G. Wilse Robinson 云：

經日一杯茶或咖啡，其量雖少，赤為神經及肌肉組織之興奮劑。茶素作用於神經之過程，能大腦外皮對反射更易受刺激，改良心之機能，思潮迅速，所有含意識之起始刺澄緩低，疲勞之感覺消失，闊覺繼續，心智及體力之惰性消失。——一九一二年十月紐約茶與咖啡貿易雜誌。

安許茶葉為不誠實

Charles D. Lockwod 云：

在大多數庶民人，茶與咖啡之適度飲用並無損害，但甚多人受撮遶之之宣傳而生曲解及恐懼心。——一九一二年十月紐約茶與咖啡貿易雜誌。

茶為文化之救主

前倫教教藥學會主席 James Crichton Browne 爵士云：

余確信茶為人類救主之一，陝洲者無茶與咖啡之傳入，必致酒盃死。——一九一五年四月紐約茶與咖啡貿易雜誌。

茶素為適當之興奮劑

密芝安大學醫學院長 V. C. Vaughn 云：

余相信以茶素為飲料而適度用之，對於大多數成人不但無害而且有益。當然若干人有嗜好茶素之特癖，亦與嗜好楊梅及薔薇等物相同，故茶素之對人體有害無益，實無法證明。余之飲咖啡金四其含有鞣酸（即茶素）。余曾試驗除去咖啡酸之飲料，但非余所需，以其並不供給身體以適當之興奮。相信茶為生理之興奮劑，使吾人常在靈覺及良好狀態之中。——「咖啡飲料之利益」，載一九一三年五月紐約茶與咖啡貿易雜誌。

茶素之影響不致累積

若干德國科學家云：

P. Pietzer 於一八八七年之試驗：茶素之效果迅速而無累積作用。Liebreich之試驗結果，亦知茶素不若地黄素之有累積作用。O. Bela Szekacs 潤：「茶素之最大徵處在其無累積作用。」O. J. Pawinski 發現茶素無累積作用，由於其排泄迅速，故無中毒之危險。O. Seifert發覺茶素之作用為排泄，由於Harold Hirsch著：「茶素為極好之興奮劑」，載於一九一四年六月紐約茶與咖啡貿易雜誌。

茶素能克服寒冷

羅馬大學之 A. Montuori 及 R. Pollitzer 云：

茶素為理想之興奮劑，以維持體溫於極端寒冷之中。茶素直接作用於神經，使之興奮，而克服此極端寒冷所引起之疲勞。——F. H. Frankel著：「茶素為人體之暖器」，載一九一六年十月紐約茶與咖啡貿易雜誌。

茶素有益於肌力

紐約哥倫比亞大學已退職之神經學教授 M. A. Starr 云：

各大學之運動家在各項運動之前飲用濃茶，已成為習慣。瑞士之阿爾卑斯山寒帶赤道帶茶業，力攜其登爬山之功用。在俄國，飲茶較歐洲其他國家為普遍，大量飲茶以輔助肌肉運動。當在戰爭時，英國軍隊免費供給茶葉，在營中代辫白開水。……一般之經驗，無論其由臨床及實驗室內研究各

茶增加工作能力

慕尼黑大學心理學教授 R. Pauli 云：

茶對心理作用為對於致之意識，如增加回憶、邏輯、作詩、計時間關係之會悟、注意力之活動、區別差異等。此等影響約在四十分鐘後達最高點，再過三十分鐘乃消滅。……最近在慕尼黑大學心理研究與德國食品化

茶不引起神經過敏

波士頓健康飲食專家 Martin Edwards 云：

余承認大多數美國人比副夏神經過敏及暴躁，但不同意此情形超因於茶與咖啡之特用。……中國人飲茶已有數世紀之久，亦不見飲茶者多屬神經過敏或暴躁之民族。就經營及波里維亞之山民商賈，彼鄉咀嚼一種名叫多麻茶之植物之葉，仍能比白人在波里維亞之山民族中完成較多之艱苦工作，其持久性亦長久，彼等依康德而長涤之民族之植物。美國人之午茶適習慣，此種習慣趣又有一適當之理由，人體中之神經浪潮一日內有二次低落，一在黄昏，另一為時期消茶及咖啡茲過遣。……在美國之五時茶亦無害。——一九二四年四月波士頓郵報。

茶能破壞傷寒病菌子

美國陸軍醫總監 J. G. McNaught 少校云：

傷寒病菌胞子在純粹培養中放於茶液內經四小時，能減少其數目。二十小時後，用茶者在冷茶中再無發現。在臺中士兵夢作時，以冷茶代煮開水最佳。——一九二三年七月紐約茶與咖啡貿易雜誌。

無害之興奮劑

William Brady 云：

每戲早餐飲一、二杯咖啡，加或不加乳酪及糖，對於多數成人為無害。據余之意見，且認為保健而有益。每日之勝食加以一、二杯茶，亦有同樣效果。——載一九二二年 Brooklyn Eagle。

德病人而得者，或由社會上茶之應用而得者，其結臨同為「由一杯歡愉而不醉之茶獲得無限安祉及愉快」。——一九二二年紐約醫學紀載。

學研究所共同研究，發現更多之證據，說明茶可促進心智之工作……中所含尼古酒內含十五克酒精，可加速心神之活動二十分鐘，隨後卻繼以繼著之衰敗，其時間長至一倍。另一方面，一杯茶可使心神能力增加百分之十，歷四十五分鐘之久，此後乃再復常態，而一杯如酒精所引起之不良影響。○——一九二四年七月紐約茶與咖啡貿易雜誌。

特異之因子

馬薩諸塞州工藝研究院 S. C. Prescott 云：

偷對於茶或咖啡特別敏感者，則其飲用只能限於極小之量，此與其他多種食品——肉、介貝類、蛋、牛乳或生茶等相同，對於好人各適應不同。○——一九二四年一月紐約茶與咖啡貿易雜誌。

茶清滌人體

前芝加哥 Hahnemann 醫學院院長及醫院院長、Newark 工藝學院院長 Daniel R. Hodgon 云：

佳茶照通常方法冲泡，為最美味而經濟之飲料。適度飲之，對各系統有保健之效果，與解身體之器官，並解除疲勞……年老之人多好飲茶以助消化……茶為最便宜之飲料。○——一九二四年紐約茶與咖啡貿易雜誌。

合理之飲茶無害

前紐約市健康委員會委員及紐約州參議員 Royal S. Bopeland 云：

合理之飲茶對於成人無害。泡茶不宜濃至如單常之結合物狀，但新鮮冲泡之茶則可科日飲二次而無損健康。一日最佳飲之時間為午後四時或晚餐之間，在此時通茶一杯，可增無限舒適及愉快。餐時飲茶最為合理，因其幫助消化及增加食桌上之歡樂也。○——一九二五年十二月紐約茶與咖啡貿易雜誌。

茶保持精神之平衡

紐約哥倫比亞大學藥物學院院長 H. H. Busby 云：

茶與咖啡直接刺激腦之活動，故精神之平衡得以保持。心智活動之量增加，而不影響其質。○——一九二五年八月茶與咖啡貿易雜誌。

茶能產生安寧

據多倫多(Toronto)Insulin 之發現者 F. G. Banting 談稱：

如家大著名之醫生均偏午茶一安眠劑，為課思、智巧、創造之務者。一杯茶關係之中，絕有生氣。午茶對於武器際而有健全列際能力之故率為一最有價值之促進者。會於工廠、大洋公處、百貨商店及銀行中舉行試驗，二十分鐘休息中之飲食，可獲得恢復工作效能之結果……茶已促進選及散與諒解袋佳之習，時間之思考，短時間之飲食——茶為觀值之習慣，其不僅位一種歡樂，且為生活力之平衡……美國人所需要者為得日有數分鐘之歇間可以思考，以自問吾人何故如此興奮，如何方能擬作。○余發成午後四時休息之寢具。○——一九○五年一月紐約茶與咖啡貿易雜誌。

適度飲茶無害

美國醫藥會雜誌編輯 Morris Fishbein 云：

最好之科學證明指用茶適度飲用時，茶與咖啡均無害。若干人每日飲茶或咖啡，經五十至六十年而無顯著之不良結果。○——一九二七年十月紐約茶與咖啡貿易雜誌。

綠茶與紅茶之作用

Hygeia 編者答覆讀者之問題如下：

紅茶與綠茶在治撩作用方面無大區別，其重要之作用為茶素。兩種茶中單甯含量大小微有不同，恐無何等實際關係。○——一九二七年二月芝加哥 Hygeia 雜誌。

茶為偉大之興奮物

James Crichton-Browne 爵士云：

茶無疑為東方贈與人類之利益無法估計！其給與人類之禮物，不少失意之哲人因得一杯茶而獲撩其憂悶……茶為偉大之興奮物，輕疾病之衰愁而別其價值。茶合時之茶斷免於有藥。○——一九二七年十月紐約茶與咖啡貿易雜誌。

現代生活之必須品

倫敦新德健康會會員、世界大戰時食品部之科學顧問 J. Campbell 云：

茶可稱為現代生活之必需品，因其為興奮而無密之飲料，在日間最需要之時，一種興奮劑之刺激。O茶有一種與於咖啡而最受歡迎之香氣，如以優良茶葉適當製成而適度飲用之，絕不致處生神經衰弱、心臟病或消化不良之顯影響。O——一九二八年三月紐約茶與咖啡貿易雜誌。

最佳之雞尾酒

James Crichton-Browne 爵士云：

吾人在報上常見對於過量飲茶之有害之結果登諸聲告，此實為偏見者及您親者之論調。O倘以單寧代替茶，當然有害。O任何凄物如冷水或噻啤酒，飲之過量亦有害，更無論有興奮作用之飲料矣。O飲食衛生之最新子所謂過量飲茶之害，亦貨信其在一萬次中能有些發之發現也。O吾人應感謝其普通之飲料，使人滿意，思維清閒，茶為最佳之雞尾酒。O一九二八年十月在倫敦 Bovril. 公司常年敘餐會上對保證實任雜貨商店經理、董事及職員之演講。O

興奮而衛生之飲料

W. Arbuthnot Lane 醫士云：

遮度飲用佳茶，為最有益及興奮衛生之飲料……佳茶終為最便宜最經濟之物。O——一九二八年十月倫敦旦郵報。O

最有效之興奮劑

倫敦大學生理學教授 J. S. McDowall 云：

吾人可得一結論，即就吾人所知，遮度飲用正常製造之茶，為最有益及興奮衛生之客處，而與勝食共進之，則可抵抗膳後之睡寶——「茶之生理作用」，載一九二八年十月倫敦雜士雜誌。

茶不產生酸性

紐約康乃爾大學醫學院臨床醫學副教授 A. L. Holland 云：

茶葉中之茶素，並無嚴要之害處，除非過量之飲之。O理論上，可使勝門之各種攝之活體受害，但在普通泡製之茶中常食量不多。故不致對此等組織發生顯著之作用，尤以與牛乳及其他食品共進之數年前，作者在紐約康乃爾大學醫學院臨床醫學上努力考究茶在胃中產生酸性之影響，為此目的給與以各種顏色及開水之試驗，勝食一小時後，抽出胃中之食物而分析其內容。O如此經長久之實驗，結論則謂在此等酸性之下，茶之遮度飲用並不使腸產生之酸性有顯著增加……消化及其他器官之反常活動被誘起為茶之所致，實則其原因乃在先天之不足或組織之不健全。O——一九二八年五月紐約茶與咖啡貿易雜誌。

無害而頤神之快事

Ronald Ross 爵士云：

余赤如英國之大多數人民，在一生中每日飲茶二、三次，對此從無此並無客處，凡以文明生活之快事……因茶無害而頤神。O英人每年許人消等茶素約十磅，若以世紀茶素消費之相對的減少，而酒精之消費相較，則可見十九世紀茶素消費之增加而酒精之減少，與據一九二三年倫敦郡健康醫官一九二三年度報告，在最近八年中，國民之茶素命增加二年較上。O——一九二九年十月廿五日致倫敦鋼鐵協會主席 W. Shakespeare 函。

對國民健康有利

Malcolm Watson 云：

任何物品遮量之，均致身體及精神患病，茶與咖啡之過量亦可妨害安眠，引起頭痛及其他之神經紛波。O但據吾人之經驗，三十餘年來，在溫帶及熱帶飲茶及咖啡之民族中，似飲至此極度之人從未發現。O吾人相信，茶對民族發生有實質衛生之專實無證據，而此頗神飲料消發之增加及其在英國各大城市中供膳之便利最為有益，則反兩確有證據。O——一九二九年十月卅一日致倫敦鋼鐵協會主席 W. Shakespeare 函。

飲茶使身體纖細

芝加哥藥物學家 Hugh A. McGuigan 云：

飲茶及咖啡遮較食之害愈少——在今日無論老少均揭望有苗條之體態，而脂肪食又為普遍之過失。O此款科實能減少體鎖之窗調，故在若干範圍內可防止飽食。O——一九三〇年四月紐約茶與咖啡貿易雜誌。

書名：茶葉全書（權威中譯足本）（上）
系列：心一堂·飲食文化經典文庫
原著/譯著：美國威廉·烏克斯
翻譯：中國茶葉研究社
主編·責任編輯：陳劍聰

出版：心一堂有限公司
地址/門市：香港九龍旺角西洋菜南街五號好望角大廈一〇〇三室
電話號碼：(852) 6715-0840
網址：www.sunyata.cc publish.sunyata.cc
電郵：sunyatabook@gmail.com
心一堂 讀者論壇：http://bbs.sunyata.cc
網上書店：   http://book.sunyata.cc

香港發行：香港聯合書刊物流有限公司
地址：香港新界大埔汀麗路三十六號中華商務印刷大廈三樓
電話號碼：(852) 2150-2100
傳真號碼：(852) 2407-3062
電郵：info@suplogistics.com.hk

台灣發行：秀威資訊科技股份有限公司
地址：台灣台北市內湖區瑞光路七十六巷六十五號一樓
電話號碼：+886-2-2796-3638
傳真號碼：+886-2-2796-1377
網絡書店：www.bodbooks.com.tw
心一堂台灣國家書店讀者服務中心：
地址：台灣台北市中山區松江路二〇九號一樓
電話號碼：+886-2-2518-0207
傳真號碼：+886-2-2518-0778
網址：http://www.govbooks.com.tw/

中國大陸發行·零售：心一堂
深圳地址：中國深圳羅湖立新路六號東門博雅負一層零零八號
電話號碼：(86) 0755-82224934
心一堂官方淘寶流通處：http://sunyatacc.taobao.com/

版次：二零一七年十月初版，平裝

定價： 港幣   三百八十八元正   （上下二冊不分售）
      新台幣 一千四百九十八元正

國際書號 ISBN 978-988-8317-85-1